Fradelle and Young, Photo. 1889

SIR GEORGE GABRIEL STOKES, BART.

MEMOIRS

PRESENTED TO THE

CAMBRIDGE PHILOSOPHICAL SOCIETY

ON THE OCCASION OF THE JUBILEE OF

SIR GEORGE GABRIEL STOKES, BART.

HON. LL.D., HON. SC.D.

LUCASIAN PROFESSOR

CAMBRIDGE
AT THE UNIVERSITY PRESS
1900

These Memoirs are also issued as Volume XVIII. of the Transactions of the Cambridge Philosophical Society.

IN HONOREM

GEORGII GABRIELIS STOKES

PHYSICAM ET MATHEMATICAM

APVD CANTABRIGIENSES

IAM QVINQVAGINTA ANNOS PROFITENTIS

CONTENTS.

PLATES.

ERRATA.

Page 210, line 5 from the top, *omit* the equation $AB \cdot CD = kBC \cdot DA$.

„ 332. In regard to §§ 7—11, reference ought to have been made to the results of Lie, *Math. Ann.* XIV. pp. 373—378, or to Darboux § 325, from which the special type of surfaces considered might also be derived.

ORDER OF PROCEEDINGS

AT THE

CELEBRATION

OF

THE JUBILEE OF

SIR GEORGE GABRIEL STOKES, BART.

VIRO
ILLVSTRI
ET DE PHILOSOPHIA
EGREGIE MERITO
GEORGIO GABRIELI STOKES
NEWTONI CATHEDRAM
APVD CANTABRIGIENSES
ANNVM IAM L OBTINENTI
ET SVA ACADEMIA
ET MVLTAE ACADEMIAE
SALVTEM AMICISSIME PRECANTVR
TAM SIBI QVAM IPSI
DE TALI VITA
TANTO INGENIO
GRATVLANTES
KAL·IVN·
A·S·MDCCCXCIX

ORDER OF PROCEEDINGS

AT THE

FORMAL CELEBRATION BY THE UNIVERSITY OF CAMBRIDGE

OF

THE JUBILEE OF

SIR GEORGE GABRIEL STOKES, BART., M.A., HON. LL.D., HON. SC.D.

Thursday, 1 June, 1899.

In the evening the Vice-Chancellor was present at a Conversazione in the Fitzwilliam Museum. About one thousand guests accepted the invitation of the University.

Lord Kelvin, on behalf of the subscribers to the marble busts of Sir G. G. Stokes by Hamo Thornycroft, R.A., offered one of them to the University, and the other to Pembroke College. The former was accepted on behalf of the University by the Vice-Chancellor, the latter on behalf of the College by the Rev. C. H. Prior, M.A.

Friday, 2 June, 1899. A Congregation was held this day at 11 A.M. Sir G. G. Stokes sat on the right hand of the Vice-Chancellor.

The Delegates sent by Universities, Academies, Colleges and Societies were presented to the Vice-Chancellor in the chronological order of the Institutions represented.

The names of the Institutions and of the Delegates were announced by the Registrary, as follows:

University of Paris	Professor Gaston Darboux, *Doyen de la Faculté des Sciences.*
University of Oxford	Sir William Reynell Anson, Bart., M.P., and Robert Edward Baynes, M.A., *Lee's Reader in Physics.*
University of Heidelberg	Professor Quincke.

University of St Andrews	P. R. Scott Lang, M.A., *Regius Professor of Mathematics.*
University of Glasgow	Very Rev. Robert Herbert Story, D.D., *Principal,* and Lord Kelvin, M.A., Hon. LL.D., G.C.V.O.
Academies of Upsala, Copenhagen, Helsingfors	Professor Mittag-Leffler.
University of Aberdeen	Sir William Duguid Geddes, LL.D., *Principal.*
University of Edinburgh	George Chrystal, M.A., *Professor of Mathematics,* and G. F. Armstrong, M.A., *Professor of Engineering.*
University of Dublin	George Salmon, D.D., *Provost,* and Benjamin Williamson, M.A., D.Sc.
Royal Society	Lord Lister, Hon. LL.D., *President.* Alfred Bray Kempe, M.A., *Treasurer.* Michael Foster, M.A., *Professor of Physiology.* } Arthur William Rücker, M.A. (Oxon.), *Professor of Physics, Royal College of Science.* } *Secretaries.*
Académie des Sciences, Paris	Professor Becquerel.
University of Pennsylvania American Philosophical Society }	Professor G. F. Barker, *Vice-President.*
Gesellschaft der Wissenschaften zu Göttingen	Edward Riecke, *Professor of Physics.*
New York, Columbia University	Robert S. Woodward, Ph.D., *Professor of Mechanics and Mathematical Physics, Dean of the Faculty of Pure Science.*
Princeton University, New Jersey	Professor Edgar Odele Lovett.
Imperial Academy of Military Medicine, St Petersburg	Professor Egoroff.
Bataafsch Genootschap voor Physika, Rotterdam	Dr Elie van Rijckevorsel.
Académie Royale des Sciences des Lettres et des Beaux Arts de Belgique	Professor Alphonse Rénard, Professor G. Van der Mensbrugghe.
Manchester Literary and Philosophical Society	Reginald Felix Gwyther, M.A., *Secretary.*
Royal Irish Academy	Earl of Rosse, K.P., *President,* George F. FitzGerald, M.A., *Professor of Natural and Experimental Philosophy, Trinity College, Dublin.*
Royal Society of Edinburgh	Lord Kelvin, M.A., Hon. LL.D., *President,* and Sir John Murray, K.C.B., Hon. Sc.D.
St Edmund's College, Ware	Right Rev. J. L. Patterson, M.A. (Oxon.), Bishop of Emmaus.
École Polytechnique, Paris	Professor Cornu and Professor Becquerel.
École Normale Supérieure, Paris	Professor Borel.
Royal Institution	Sir J. Crichton Browne, M.D. (Edinb.), *Treasurer.*

Philosophical Society of Glasgow	Lord Blythswood.
University of Bonn	Professor Kayser.
Cambridge Philosophical Society	Joseph Larmor, M.A., *President.*
Royal Astronomical Society	George Howard Darwin, M.A., *Plumian Professor of Astronomy, President.*
University of Toronto	R. Ramsay Wright, M.A., B.Sc., *Professor of Biology.*
St David's College, Lampeter	A. W. Scott, M.A., Trinity College (Dubl.), *Professor of Physical Science and Mathematics.*
Institution of Civil Engineers	William Henry Preece, C.B., *President.*
King's College, London	Archibald Robertson, D.D. (Durham), *Principal.*
British Association	Sir William Crookes, *President.*
University of Durham	Ralph Allen Sampson, M.A., *Professor of Mathematics.*
Solar Physics Committee, Science and Art Department	Prof. G. H. Darwin.
Cambridge Ray Club	Alfred Newton, M.A., *Professor of Zoology and Comparative Anatomy.*
University of London	Sir H. Roscoe.
London Chemical Society	Dr T. E. Thorpe.
Queen's College, Belfast	Thomas Hamilton, D.D., *President.*
Queen's College, Galway	Alexander Anderson, M.A., *President.*
University of Sydney	Philip Sydney Jones, M.D. (Lond.), *Fellow of the Senate of the University of Sydney.*
Royal College of Science, London	John Wesley Judd, C.B., LL.D., *Dean*; W. A. Tilden, *Professor of Chemistry.*
The Owens College, Manchester	Alfred Hopkinson, Q.C., M.A., *Principal.*
University of Bombay	Dr H. M. Birdwood, M.A., C.S.I.
University of Madras	Hon. H. H. Shephard, M.A., *Puisne Judge of the High Court of Madras.*
London Mathematical Society	Lord Kelvin, M.A., Hon. LL.D., *President.*
University of New Zealand	Edward John Routh, M.A., Sc.D.
Durham College of Science, Newcastle-on-Tyne	Henry Palin Gurney, M.A., *Principal.*
University of Adelaide	Horace Lamb, M.A., *Professor of Mathematics in Owens College, Manchester.*
University College of Wales, Aberystwyth	Robert Davies Roberts, M.A.
Physical Society of Paris	M. Henri Deslandres.
Yorkshire College, Leeds	Leonard J. Rogers, M.A., *Professor of Mathematics.*
Physical Society of London	Oliver J. Lodge, D.Sc., *Professor of Physics, University College, Liverpool, President.*
Mason College, Birmingham	John Henry Poynting, Sc.D., *Professor of Physics.*

Johns Hopkins University, Baltimore	Simon Newcomb, Hon. Sc.D., LL.D., *Professor of Mathematics and Astronomy*; and Professor Ames.
Firth College, Sheffield	William Mitchinson Hicks, Sc.D., *Principal.*
University College, Bristol	Frank R. Barrell, M.A., *Professor of Mathematics.*
City and Guilds of London Institute for Advancement of Technical Education	Sir Frederick Abel, K.C.B.
University College, Dundee	John Yule Mackay, *Principal.*
University College, Nottingham	John Elliotson Symes, M.A., *Principal.*
Victoria University	Nathan Bodington, Litt.D., *Vice-Chancellor.*
Royal University of Ireland	Right Rev. Monsignor Molloy, D.D., D.Sc.
Royal College of Science for Ireland	Walter Noel Hartley, *Professor of Chemistry.*
University College, Liverpool	Richard Tetley Glazebrook, M.A., *Principal.*
University of the Punjab	Sir Charles Arthur Roe, M.A., *late First Judge of the Chief Court, Punjab; late Vice-Chancellor of the University.*
University College of South Wales, Cardiff	H. W. Lloyd Tanner, M.A. (Oxon.), *Professor of Mathematics.*
University College of North Wales, Bangor	Henry R. Reichel, M.A. (Oxon.), *Principal.*
Royal Indian Engineering College, Coopers Hill	Prof. A. Lodge, M.A. (Oxon.), *Professor of Mathematics.*
University of Allahabad	G. Thibaut, Ph.D., *Principal of the Muir Central College, Allahabad.*
University of Wales	J. Viriamu Jones, M.A., *Vice-Chancellor.*

The following Institutions sent Addresses:

Yale University.
American Academy of Arts and Sciences, Boston.
Royal Academy of the Netherlands.
Imperial University of Tokio.
Reale Accademia dei Lincei di Roma.

A telegram was received from the Hungarian Academy, and a letter from Professor Pascal, in the name of himself and the University of Pavia.

At 1.30 P.M. the Vice-Chancellor gave a luncheon at Downing College, at which the Chancellor, Sir G. G. Stokes, the Delegates, the invited guests of the University, and many members of the Senate were present.

A second Congregation was held at 2.45 P.M.

A Procession was formed at the Library at 2.35 P.M. in the following order:

The Esquire Bedells

SIR G. G. STOKES THE CHANCELLOR

The Recipients of the Degree of Doctor in Science, *honoris causâ*:

1. Marie Alfred Cornu
2. Jean Gaston Darboux
3. Alfred Abraham Michelson
4. Magnus Gustaf Mittag-Leffler
5. Georg Hermann Quincke
6. Woldemar Voigt

The Lord Lieutenant The Vice-Chancellor accompanied by the Registrary

The Representatives in Parliament

The Heads of Colleges

Doctors in Divinity

Doctors in Law

Doctors in Medicine

Doctors in Science and Letters

Doctors in Music

The Public Orator

The Librarian

Professors

Members of the Council of the Senate

The Proctors

The Procession passed round Senate House Yard, and entered the Senate House by the South Door.

The following Address, as approved by the Senate, and sealed with the University seal, was read by the Public Orator, and presented to Sir George Gabriel Stokes by the Chancellor.

Baronetto insigni
Georgio Gabrieli Stokes
Iuris et Scientiarum Doctori
Regiae Societatis quondam Praesidi
Scientiae Mathematicae per annos quinquaginta inter Cantabrigienses Professori
S. P. D.
Universitas Cantabrigiensis.

QUOD per annos quinquaginta inter nosmet ipsos Professoris munus tam praeclare ornavisti, et tibi, vir venerabilis, et nobis ipsis vehementer gratulamur. Iuvat vitam tam longam, tam serenam, tot studiorum fructibus maturis felicem, tot tantisque honoribus illustrem, tanta morum modestia et benignitate insignem, hodie paulisper contemplari. Anno eodem, quo Regina nostra Victoria insularum nostrarum solio et sceptro potita est, ipse eodem aetatis anno Newtoni nostri Universitatem iuvenis petisti, Newtoni cathedram postea per decem lustra ornaturus, Newtoni exemplum et in Senatu Britannico et in Societate Regia ante oculos habiturus, Newtoni vestigia in scientiarum terminis proferendis pressurus et ingenii tanti imaginem etiam nostro in saeculo praesentem redditurus. Olim studiorum mathematicorum e certamine laurea prima reportata, postea (ne plura commemoremus) primum aquae et immotae et turbatae rationes, quae hydrostatica et hydrodynamica nominantur, subtilissime examinasti; deinde vel aquae vel aëris fluctibus corporum motus paulatim tardatos minutissime perpendisti; lucis denique leges obscuras ingenii tui lumine luculenter illustrasti. Idem etiam scientiae mathematicae in puro quodam caelo diu vixisti, atque hominum e controversiis procul remotus, sapientiae quasi in templo quodam sereno per vitam totam securus habitasti. In posterum autem famam diuturnam tibi propterea praesertim auguramur, quod, in inventis tuis pervulgandis perquam cautus et consideratus, nihil praeproperum, nihil immaturum, nihil temporis cursu postea obsolefactum, sed omnia matura et perfecta, omnia omnibus numeris absoluta, protulisti. Talia propter merita non modo in insulis nostris doctrinae sedes septem te doctorem honoris causa nominaverunt, sed etiam exterae gentes honoribus eximiis certatim cumulaverunt. Hodie eodem doctoris titulo studiorum tuorum socios nonnullos exteris e gentibus ad nos advectos, et ipsorum et tuum in honorem, velut exempli causa, libenter ornamus. In perpetuum denique observantiae nostrae et reverentiae testimonium, in honorem alumni diu a nobis dilecti et ab aliis nomismate honorifico non uno donati, ipsi nomisma novum cudendum curavimus. In honore nostro novo in te primum conferendo, inter vitae ante actae gratulationes, tibi omnia prospera etiam in posterum exoptamus. Vale.

Datum in Senaculo
mensis Iunii die secundo
A. S. MDCCCXCIX.

A Commemorative Gold Medal was presented to Sir G. G. Stokes by the Chancellor.

Professor Cornu and Professor Becquerel presented the Arago Medal to Sir G. G. Stokes on behalf of the Academy of Sciences, Paris.

The following degrees were conferred:

Doctors in Science (honoris causâ)

Marie Alfred Cornu
(Professor of Experimental Physics in the École Polytechnique, Paris)

Jean Gaston Darboux
(Dean of the Faculty of Sciences in the University of France)

Albert Abraham Michelson
(Professor of Experimental Physics in the University of Chicago)

Magnus Gustav Mittag-Leffler
(Professor of Pure Mathematics, Stockholm)

Georg Hermann Quincke
(Professor of Experimental Physics in the University of Heidelberg)

Woldemar Voigt
(Professor of Mathematical Physics in the University of Göttingen)

The Public Orator made the following speeches in presenting the several recipients of honorary degrees to the Chancellor.

Primum vobis praesento artium plurimarum Scholae Parisiensis professorem, quem in hoc ipso loco die hesterno perspicuitate solita disserentem audivistis, virum non modo solis de lumine in partes suas solvendo, sed etiam orbis terrarum de mole metienda per annos plurimos praeclare meritum. Lucis in natura explicanda, quanta cum doctrinae elegantia, quanta cum experimentorum subtilitate, quam diu versatus est. Idem quam accurate velocitatem illam est dimensus, qua per aeris intervallum immensum lucis simulacra minutissima transvolitant,

'suppeditatur enim confestim lumine lumen,
et quasi protelo stimulatur fulgere fulgur.'

Lucis transmittendae in λαμπαδηφορίᾳ quam feliciter lampada a suis sibi traditam ipse etiam trans aequor Atlanticum alii tradidit.

Duco ad vos ALFREDUM CORNU.

Sequitur deinceps vir insignis Nemausi natus, Parisiensium in Universitate illustri geometriam diu professus et scientiarum facultati toti praepositus. Peritis nota sunt quattuor illa volumina, in quibus superficierum rationem universam inclusit; etiam pluribus notum est, quantum patriae legatus deliberationibus illis profuerit, quae a Societate nostra Regia primum institutae, id potissimum spectant, ut omnibus e gentibus quicquid a scientiarum cultoribus conquiritur, indicis unius in thesaurum, gentium omnium ad fructum, in posterum conferatur. Incepto tanto talium virorum auxilio ad exitum perducto, inter omnes gentes ei qui rerum naturae praesertim scientiam excolunt, sine dubio vinculis artioribus inter sese coniungentur.

Duco ad vos IOHANNEM GASTONUM DARBOUX.

Trans aequor Atlanticum ad nos advectus est vir insignis, qui ea quae professor noster Lucasianus de aetheris immensi regione, in qua lux propagatur, orbis terrarum motu perturbata, olim praesagiebat, ipse experimentis exquisitis adhibitis penitus exploravit. Lucis explorandae in provincia is certe scientiarum inter lumina numeratur, qui olim fratrum nostrorum transmarinorum in classe non ignotus, lampade trans oceanum e Gallia sibi tradita feliciter accepta, etiam exteris gentibus subito affulsit, velocitatem immensam eleganter dimensus, qua lucis fluctus videntur (ut Lucretii verbis utar)

'per totum caeli spatium diffundere sese,
perque volare mare ac terras, caelumque rigare.'

Duco ad vos ALBERTUM ABRAHAM MICHELSON.

Scandinavia ad nos misit scientiae mathematicae professorem illustrem, qui studiorum suorum velut e campo puro laudem plurimam victor reportavit. Idem Regis sui auspiciis, qui praemiis propositis magnum huic scientiae attulit adiumentum, etiam exterarum gentium ad communem fructum prope viginti per annos Acta illa Mathematica edidit, quae in his studiis quasi gentium omnium internuntium esse dixerim. Ipse Homerus (ut Pindari versus verbo uno tantum mutato proferam) *ἄγγελον ἐσλὸν ἔφα τιμὰν μεγίσταν πράγματι παντὶ φέρειν· αὔξεται καὶ* Μ*άθησις δι' ἀγγελίας ὀρθᾶς.*

Duco ad vos MAGNUM GUSTAVUM MITTAG-LEFFLER.

Universitatem Heidelbergensem abhinc annos quadraginta professorum par nobile spectroscopo invento in perpetuum illustravit. Adest inde discipulorum plurimorum in scientia physica praeceptor, qui et in instrumentis novis inveniendis sollertiam singularem et in eisdem adhibendis industriam indefessam praestitit. Ei qui in scientiae physicae ratione universa versati, viri huiusce inventis utuntur, etiam de sua scientia verum esse confitebuntur, quod de arte oratoria praesertim dixit Quintilianus:—'in omnibus fere minus valent praecepta quam experimenta.'

Duco ad vos GEORGIUM HERMANNUM QUINCKE.

Universitatem Goettingensem, a Rege nostro Hanoveriensi Georgio secundo conditam, vinculo non uno cum Universitate nostra coniunctam esse constat. Constat eandem etiam per annos prope quinquaginta Caroli Frederici Gaussii, scientiae mathematicae et physicae professoris celeberrimi, gloria esse illustratam, qui cum ingenio fecundissimo disserendi genus consummatum coniunxit. Iuvat inde professorem ad nos advectum excipere, qui scientiae eiusdem pulcherrimam nactus provinciam, etiam lucem ipsam et crystalla ingenii sui lumine illustravit.

Sex virorum insignium seriem consummavit hodie WOLDEMAR VOIGT.

In the evening the CHANCELLOR presided at a dinner in the Hall of Trinity College (kindly placed at the disposal of the University by the Council of the College), at which Sir George Gabriel Stokes, the Delegates, and the invited guests of the University were entertained.

JOHN WILLIS CLARK,
Registrary.

LA THÉORIE DES ONDES LUMINEUSES:
SON INFLUENCE SUR LA PHYSIQUE MODERNE*.

PAR ALFRED CORNU,

DE L'ACADÉMIE DES SCIENCES ET DE LA SOCIÉTÉ ROYALE DE LONDRES,
PROFESSEUR À L'ÉCOLE POLYTECHNIQUE.

THE REDE LECTURE (1er JUIN 1899).

Notre époque se distingue des âges précédents par une merveilleuse utilisation des forces naturelles; l'homme, cet être faible et sans défense, a su, par son génie, acquérir une puissance extraordinaire et plier à son service des agents subtils ou redoutables, dont ses ancêtres ignoraient même l'existence.

Cet admirable accroissement de la puissance matérielle de l'homme dans les temps modernes est dû tout entier à l'étude patiente et approfondie des phénomènes de la Nature, à la connaissance précise des lois qui les régissent et à la savante combinaison de leurs effets.

Mais ce qui est particulièrement instructif, c'est la disproportion qui existe entre le phénomène primitif et la grandeur des effets que l'industrie en a fait jaillir. Ainsi, ces formidables engins fondés sur l'électricité ou la vapeur ne dérivent ni de la foudre, ni des volcans; ils tirent leur origine de phénomènes presque imperceptibles qui seraient

* En dehors de l'intérêt que présente un coup d'œil d'ensemble sur les progrès et l'influence de l'Optique, cette *lecture* offre les conclusions d'une étude approfondie du Traité d'Optique de Newton. On verra que la pensée du grand physicien a été singulièrement altérée par une sorte de légende répandue dans les traités élémentaires où la théorie de l'émission est exposée. Pour rendre plus claire la théorie des accès, les commentateurs ont imaginé de matérialiser la molécule lumineuse, sous la forme d'une flèche rotative se présentant alternativement par la pointe et par le travers. Ce mode d'exposition a contribué à faire croire que toute la théorie newtonienne de l'émission était renfermée dans cette image un peu enfantine; il n'en est rien. Nulle part, dans son Traité, Newton ne donne une représentation mécanique de la molécule lumineuse: il se borne à décrire les faits, puis les résume dans un énoncé empirique, sans explications hypothétiques. Il se défend même de faire aucune théorie, quoique l'intervention des ondes excitées dans l'éther lui apparaisse comme fort probable. De sorte que l'impression générale résultant de la lecture du Traité d'Optique, et surtout des "Questions" du troisième livre, peut se résumer en disant que Newton, loin d'être l'adversaire du système de Descartes, comme on le représente généralement, est, au contraire, très favorable aux principes de ce système: frappé des ressources qu'offrait l'hypothèse ondulatoire pour l'explication des phénomènes lumineux, il l'aurait sans doute adoptée, si l'objection grave relative à la propagation rectiligne de la lumière, résolue seulement de nos jours par Fresnel, ne l'en avait détourné.

demeurés éternellement cachés aux yeux du vulgaire, mais que des observateurs pénétrants ont su reconnaître et apprécier.

Cette humble origine de la plupart des grandes découvertes dont l'humanité bénéficie montre bien que c'est l'esprit scientifique qui est adjourd'hui le grand ressort de la vie des nations et que c'est dans le progrès de la Science pure qu'il faut chercher le secret de la puissance croissante du monde moderne.

De là une série de questions qui s'imposent à l'attention de tous. A quelle occasion le goût de la Philosophie naturelle, si chère aux philosophes de l'Antiquité, abandonnée pendant des siècles, a-t-il pu renaître et se développer? Quelles ont été les phases de son développement? Comment ont apparu ces notions nouvelles qui ont si profondément modifié nos idées sur le mécanisme des forces de la Nature? Enfin, quelle est la voie féconde qui, insensiblement, nous conduit à d'admirables généralisations, conformément au plan grandiose entrevu par les fondateurs de la Physique moderne?

Telles sont les questions que je me propose, comme physicien, d'examiner devant vous: c'est un sujet un peu abstrait, je dirai même un peu sévère; mais nul autre ne m'a paru plus digne d'attirer votre attention, à la fête que l'Université de Cambridge célèbre aujourd'hui, pour honorer le cinquantenaire du professorat de Sir George-Gabriel Stokes, qui, dans sa belle carrière, a précisément touché d'une main magistrale aux problèmes les plus profitables à l'avancement de la Philosophie naturelle.

Ce sujet est d'autant mieux à sa place ici qu'en citant les noms des grands esprits qui ont le plus fait pour la Science, nous trouverons ceux qui honorent le plus l'Université de Cambridge, ses professeurs ou ses élèves, Sir Isaac Newton, Thomas Young, George Green, Sir George Airy, Lord Kelvin, Clerk Maxwell, Lord Rayleigh; et le souvenir de gloire qui se perpétue à travers les siècles jusqu'au temps présent rehaussera l'éclat de cette belle cérémonie.

I

Cherchons donc, dans un rapide coup d'œil sur la Renaissance scientifique, à reconnaître l'influence secrète, mais puissante, qui a été la force directrice de la Physique moderne.

Je suis porté à penser que l'étude de la lumière, par l'attraction qu'elle a exercée sur les plus vigoureux esprits, a été l'une des causes les plus efficaces du retour des idées vers la Philosophie naturelle, et à considérer l'Optique comme ayant eu sur la marche des Sciences une influence dont on ne saurait exagérer la portée.

Cette influence, déjà visible dès la création de la Philosophie expérimentale, par Galilée, a grandi dans de telles proportions qu'on prévoit aujourd'hui une immense synthèse des forces physiques, fondée sur les principes de la Théorie des ondes lumineuses.

On se rende compte aisément de cette influence lorsqu'on songe que la voie par laquelle arrive à notre intelligence la connaissance du monde extérieur est la lumière.

C'est, en effet, la vision qui nous fournit les notions les plus rapides et les plus complètes sur les objets qui nous entourent; nos autres sens, l'ouïe, le toucher, nous apportent aussi leur part d'instruction, mais la vue seule nous fournit une abondance d'informations simultanées, forme, éclat, couleur, qu'aucun des autres sens ne peut nous donner.

Il n'est donc pas étonnant que la lumière, lien perpétuel entre notre personnalité et le monde extérieur, intervienne à chaque instant, par toutes les ressources de sa constitution intime, pour préciser l'observation des phénomènes naturels. Aussi chaque découverte relative à quelque propriété nouvelle de la lumière a-t-elle eu un retentissement immédiat sur les autres branches des connaissances humaines; souvent même, elle a déterminé la naissance d'une science nouvelle en apportant un nouveau moyen d'investigation d'une puissance et d'une délicatesse inattendues.

L'Optique est véritablement une science moderne; les anciens philosophes n'avaient pas soupçonné la complexité de ce qu'on appelle vulgairement la lumière: ils confondaient sous la même dénomination ce qui est personnel à l'homme et ce qui lui est extérieur. Ils avaient cependant aperçu une des propriétés caractéristiques du lien qui existe entre la source lumineuse et l'œil qui perçoit l'impression: *la lumière se meut en ligne droite.* L'expérience vulgaire leur avait révélé cet axiome, en observant les traînées brillantes que le Soleil trace dans le ciel en perçant les nuées brumeuses ou en pénétrant dans un espace obscur. De là étaient résultées deux notions empiriques: la définition des rayons de lumière et celle de la ligne droite; la première devint la base de l'Optique; l'autre, la base de la Géométrie.

Il ne nous reste presque rien des livres d'Optique des anciens; nous savons, toutefois, qu'ils connaissaient la réflexion des rayons lumineux sur les surfaces polies et l'explication des images formées par les miroirs.

Il faut attendre bien des siècles, jusqu'à la Renaissance scientifique, pour rencontrer un nouveau progrès dans l'Optique; mais celui-là est considérable, il annonce l'ère nouvelle: c'est l'invention de la lunette astronomique.

L'ère nouvelle commence à Galilée, Boyle et Descartes, les fondateurs de la Philosophie expérimentale; tous trois consacrent leur vie à méditer sur la nature de la lumière, des couleurs et des forces. Galilée jette les bases de la Mécanique, et, avec le télescope à réfraction, celles de l'Astronomie physique; Boyle perfectionne l'expérimentation; quant à Descartes, il embrasse d'une vue pénétrante l'ensemble de la Philosophie naturelle; il repousse toutes les causes occultes admises par les scholastiques; il pose en principe que tous les phénomènes sont gouvernés par les lois de la Mécanique. Dans son système du monde, la lumière joue un rôle prépondérant*; elle est produite par les ondulations excitées dans la matière subtile qui, suivant lui, remplit tout l'espace. Cette matière subtile (qui représente ce que nous appelons aujourd'hui l'éther), il la considère comme formée de particules en contact immédiat; elle constitue donc en même temps le véhicule des forces existant entre les corps matériels qui y sont plongés. On reconnaît là les fameux tourbillons de Descartes, tantôt admirés, tantôt bafoués aux siècles derniers, mais auxquels d'habiles géomètres contemporains ont rendu la justice qui leur est due.

Quelle que soit l'opinion qu'on porte sur la rigueur des déductions du grand philosophe, on doit rester frappé de la hardiesse avec laquelle il affirme la liaison des grands problèmes cosmiques, et de la pénétration avec laquelle il annonce des solutions dont les générations actuelles s'approchent insensiblement.

* *Le Monde de M. Descartes ou le Traité de la Lumière.* Paris, 1664.

Pour Descartes, le mécanisme de la lumière et celui de la gravitation sont inséparables; le siège des phénomènes qui leur correspondent est cette matière subtile qui remplit l'Univers et leur propagation doit s'effectuer par ondes autour des centres actifs.

II

Cette conception de la nature de la lumière heurtait les idées en faveur ; elle souleva de vives oppositions. Depuis l'Antiquité, on avait coutume de se représenter les rayons lumineux comme la trajectoire de projectiles rapides lancés par la source radiante, leur choc sur les nerfs de l'œil produisant la vision; leur rebondissement ou leur changement de vitesse, la réflexion ou la réfraction.

La théorie cartésienne avait toutefois des aspects séduisants qui lui amenèrent des défenseurs: les ondes excitées à la surface des eaux tranquilles offrent une image si claire de la propagation d'un mouvement autour d'un centre d'ébranlement! D'autre part, n'est-ce pas par ondes que nous arrivent les impressions sonores? L'esprit éprouve donc une véritable satisfaction à penser que nos deux organes les plus précis et délicats, l'œil et l'oreille, sont impressionnés par un mécanisme de même nature.

Cependant, une grave différence subsiste; le son ne se meut pas nécessairement en ligne droite comme la lumière; il tourne les obstacles qu'on lui oppose et parcourt les routes les plus sinueuses presque sans s'affaiblir.

Les physiciens se partagèrent alors en deux camps: les uns, partisans de l'émission, les autres, partisans des ondes. Comme chacun des deux systèmes se prétendait supérieur à l'autre, et l'était en effet sur quelques points, il fallait en appeler à d'autres phénomènes pour trancher entre eux.

Le hasard des découvertes en amena plusieurs qui auraient dû décider en faveur de la théorie des ondes, ainsi qu'on le reconnut un siècle plus tard; mais les claires vérités n'apparaissent jamais sans un long labeur.

Un compromis singulier s'établit entre les deux systèmes, à l'abri d'un nom illustre entre tous, et la victoire fut attribuée, pendant un siècle, à la théorie de l'émission; en voici l'étrange histoire :

En 1661, un jeune élève plein d'ardeur et de pénétration entrait à Trinity College de Cambridge; il se nommait Isaac Newton; il avait déjà lu dans son village l'*Optique* de Kepler. A peine entré, tout en suivant les leçons d'Optique de Barrow, il étudie avec passion la Géométrie de Descartes; il achète sur ses économies un prisme pour étudier les couleurs et, entre temps, médite déjà longuement sur les causes de la gravité. Huit ans après, ses maîtres le trouvent digne de succéder à Barrow dans la chaire lucasienne, et il enseigne à son tour l'Optique. L'élève dépasse bientôt le maître et annonce une découverte capitale: La lumière blanche, qui semblait le type de la lumière pure, n'est pas homogène; elle est formée de rayons de diverses réfrangibilités. Et il le démontre par la célèbre expérience du spectre solaire, dans laquelle un rayon de lumière blanche est décomposé en une série de rayons colorés comme l'arc-en-ciel; chacune de ces couleurs est simple, car le prisme ne la décompose plus. Telle est l'origine de l'analyse spectrale.

Cette analyse de la lumière blanche amena Newton à expliquer les colorations des lames minces qu'on observe en particulier sur les bulles de savon; l'expérience fondamentale, dite des anneaux de Newton, est l'une des plus instructives de l'Optique, et les lois qui la résument sont d'une admirable simplicité. Il en exposa la théorie dans un discours adressé à la *Société Royale* sous le titre: Hypothèse nouvelle concernant la lumière et les couleurs.

Ce discours provoqua de la part de Hooke une vive réclamation. Hooke avait antérieurement observé aussi les colorations des lames minces et cherché à les expliquer dans le système des ondes: il avait eu le mérite (que Newton lui-même reconnut sans peine) de substituer à l'onde progressive de Descartes une onde vibratoire, notion nouvelle et extrêmement importante: il avait même aperçu le rôle des deux surfaces réfléchissantes de la lame mince, ainsi que l'action mutuelle des ondes réfléchies. Hooke eût été ainsi le véritable précurseur de la théorie moderne, s'il avait eu, comme Newton, la perception claire des rayons simples; mais ses raisonnements vagues pour expliquer la coloration ôtent toute valeur démonstrative à sa théorie.

Newton fut très affecté de cette réclamation de priorité; il combat les arguments de son adversaire en rappelant que la théorie des ondes est inadmissible, parce qu'elle ne rend pas compte de l'existence du rayon lumineux et des ombres. Il se défend d'avoir constitué une théorie, il déclare qu'il n'admet ni l'hypothèse des ondes, ni celle de l'émission; seulement il est obligé, pour abréger le discours et faire image, d'avoir recours à l'une et à l'autre, comme s'il les admettait.

Et, en fait, dans la XIIe Proposition, au IIe livre de son *Optique**, qui constitue ce que l'on a appelé depuis la *théorie des accès*, Newton reste absolument sur le terrain des faits.

Il dit simplement: "Le phénomène des lames minces prouve que le rayon lumineux est mis alternativement dans un accès de facile réflexion ou de facile transmission." Il ajoute, toutefois, que si l'on désire une explication de ces alternances, *on peut* les attribuer aux vibrations excitées par le choc des corpuscules et propagées sous forme d'ondes par l'éther†.

En résumé, malgré son désir de rester sur le terrain solide des faits, Newton n'a pas pu s'empêcher d'essayer une explication rationnelle; il a trop lu les écrits de Descartes pour n'être pas, au fond, comme Huyghens, partisan de l'universel mécanisme et pour ne pas désirer secrètement trouver, dans les ondulations pures, l'explication du beau phénomène qu'il a réduit en lois si simples.

Son admirable livre des *Principes* porte la trace de ses profondes méditations sur la propagation des ondes, car on y trouve, pour la première fois, l'expression mathématique de leur vitesse, aussi bien pour les vibrations longitudinales des corps compressibles que pour les vibrations transversales des surfaces fluides.

* Prop. XII.—Tout rayon de lumière dans son passage à travers une surface réfringente est mis dans un certain état passager qui, dans la progression du rayon, revient à intervalles égaux et dispose le rayon, á chaque retour, à être facilement transmis à travers la prochaine surface réfringente, et entre les retours, à être aisément réfléchie par elle.

(Sir Isaac Newton, *Opticks* or a *Treatise* of the Reflections, Refractions, Inflexions and Colours of *Light*.—London, 1718, second edition, with additions, p. 253.)

† *Loc. cit.*, p. 255.

Mais c'est surtout le troisième livre de son *Optique*, qui témoigne le plus vivement de ses aspirations cartésiennes et surtout de sa perplexité. Ses fameuses "*Questions*" sont un exposé si complet des arguments en faveur de la théorie des ondes lumineuses que Thomas Young les citera plus tard comme preuve de la conversion finale de Newton à la doctrine ondulatoire. Newton aurait certainement cédé à ce secret entraînement si la logique inflexible de son esprit le lui avait permis; mais, après avoir énuméré toutes les ressources dont la théorie des ondes dispose pour expliquer la nature intime de la lumière, arrivé aux dernières questions, il s'arrête comme pris d'un remords subit et la rejette résolument. Et le seul argument qu'il donne, c'est qu'il n'y voit pas la possibilité de rendre compte du rayon lumineux rectiligne *.

* Voici, d'abord, un extrait des "*Questions*" qui prouve la tendance des vues de Newton vers la théorie ondulatoire et les idées cartésiennes.

"*Question* 12.—Les rayons de lumière, en frappant le fond de l'œil, n'excitent-ils pas des vibrations dans la *tunica retina?* Ces vibrations, étant propagées le long des fibres solides des nerfs optiques dans le cerveau, causent la sensation de la vision...

"*Question* 13.—Les diverses sortes de rayons ne font-elles pas des vibrations de diverses grandeurs, qui, suivant leurs diverses grandeurs, excitent les sensations des diverses couleurs, de la même manière que les vibrations de l'air, suivant leurs diverses grandeurs, excitent les sensations des divers sons? Et, en particulier, ne sont-ce pas les rayons les plus réfrangibles qui excitent les plus courtes vibrations pour produire la sensation du violet extrême; les moins réfrangibles, les plus grandes, pour produire la sensation du rouge extrême, etc.?...

"*Question* 18.—La chaleur d'un espace chaud n'est-elle pas transmise à travers le vide par les vibrations d'un milieu beaucoup plus subtil que l'air, qui reste dans le vide après que l'air en a été enlevé?

"Et ce milieu n'est-il pas le même que le milieu par lequel la lumière est réfractée et réfléchie, par les vibrations duquel la lumière communique la chaleur aux corps et est mise dans les accès de facile réflexion et de facile transmission?

"Et ce milieu n'est-il pas infiniment (*exceedingly*) plus rare et subtil que l'air et infiniment plus élastique et actif? Et ne remplit-il pas tous les corps? Et (par sa force élastique) ne se répand-il pas dans tout l'espace céleste?"

Newton examine ensuite le rôle possible de ce milieu (l'éther) dans la gravitation et dans la transmission des sensations et du mouvement chez les êtres vivants (questions 19 à 24). Les propriétés dissymétriques des deux rayons du spath d'Islande attirent également son attention (questions 25 et 26).

Puis arrive cette volte-face soudaine, cette espèce de remords d'avoir exposé avec trop de complaisance les ressources de la théorie cartésienne fondée sur le *plein:* il fait, en quelque sorte, amende honorable et continue ainsi:

"*Question* 27.—Ne sont-elles pas erronées toutes les hypothèses qui ont été inventées jusqu'ici pour expliquer les phénomènes de la lumière par de nouvelles modifications des rayons?

"*Question* 28.—Ne sont-elles pas erronées toutes les hypothèses dans lesquelles la lumière est supposée consister en une pression ou un mouvement propagé à travers un milieu fluide?

"Si elle (la lumière) consiste seulement en une pression ou un mouvement propagé instantanément ou progressivement, elle se courberait dans l'ombre. Car une pression ou un mouvement ne peut pas se propager en ligne droite dans un fluide au delà de l'obstacle qui arrête une partie du mouvement; il y a inflexion et dispersion de tous côtés dans le milieu en repos situé au delà de l'obstacle...

"... Car une cloche ou un canon peuvent s'entendre au delà d'une colline qui intercepte la vue du corps sonore, et les sons se propagent aussi bien à travers des tubes courbés qu'à travers des tubes droits. Tandis que l'on ne voit jamais la lumière suivre des routes tortueuses, ni s'infléchir dans l'ombre."

Devant cette objection, Newton se voit obligé de revenir à la théorie corpusculaire.

"*Question* 29.—Les rayons de lumière ne sont-ils pas de petits corps émis par les substances brillantes?...

"*Question* 30.—Les corps grossiers de la lumière ne sont-ils pas convertissables l'un dans l'autre?... Le changement des corps en lumière et de lumière en corps matériels est très conforme au cours de la nature, qui se plaît aux transmutations."

La logique le force à poursuivre l'hypothèse du *vide* et des *atomes* et même à invoquer (question 28, p. 343), à ce sujet, l'autorité des anciens philosophes de la Grèce et de la Phénicie: on ne doit donc pas s'étonner de voir sa perplexité se traduire par les paroles suivantes:

"*Question* 31e et dernière.—Les petites particules des corps n'ont-elles pas certains pouvoirs, vertus ou forces, par lesquels elles agissent à distance non seulement sur les rayons de lumière pour les réfléchir, les réfracter ou les infléchir, mais aussi les unes sur les autres pour produire une grande partie des phénomènes de la Nature?"

Mais il s'aperçoit qu'il va peut-être un peu loin et qu'il va se compromettre: aussi ses secrètes tendances, développées dans la première question, reparaissent-elles un instant:

Considéré à ce point de vue, le troisième livre de l'*Optique* n'est plus la discussion seulement impartiale de systèmes opposés ; il apparaît comme la peinture des souffrances d'un génie puissant, tourmenté par le doute, tour à tour entraîné par les suggestions séduisantes de l'imagination et rappelé par les exigences impérieuses de la logique. Nous assistons à un drame, à l'éternel combat de l'amour et du devoir, et c'est le devoir qui a été le plus fort.

Telle est, j'imagine, la genèse intime de la Théorie des accès, mélange bizarre des deux systèmes opposés; elle a été beaucoup admirée à cause de l'autorité du grand géomètre qui a eu la gloire de ramener l'ensemble des mouvements célestes à la loi unique de la gravitation universelle.

Aujourd'hui, cette théorie est abandonnée ; elle est condamnée par l'*experimentum crucis* d'Arago, réalisé par Fizeau et Foucault: on doit pourtant reconnaître qu'elle a constitué un réel progrès par la notion précise et nouvelle qu'elle renferme. Le rayon de lumière considéré jusque-là était simplement la trajectoire d'une particule en mouvement rectiligne: le rayon de lumière tel que le décrit Newton possède une structure périodique régulière, et la période ou *longueur d'accès* caractérise la couleur du rayon; c'est là un résultat capital. Il ne manque plus qu'une interprétation convenable pour transformer le rayon lumineux en une onde vibratoire ; mais il faut attendre un siècle, et c'est le Dr Thomas Young qui, en 1801, aura l'honneur de la découvrir.

III

Reprenant l'étude des lames minces, Thomas Young montre que tout s'explique avec une extrême simplicité, si l'on suppose que le rayon lumineux homogène est l'analyse de l'onde sonore produite par un son musical; que les vibrations de l'éther, soumises aux lois des petits mouvements, doivent se composer, c'est-à-dire *interférer*, suivant l'expression qu'il propose pour exprimer leur action mutuelle. Quoique Young eût pris l'habile précaution de se réclamer de l'autorité de Newton*, l'hypothèse n'eut aucune faveur; son principe d'interférence conduisait à cette singulière conséquence que la lumière ajoutée à de la lumière pouvait, dans certains cas, produire l'obscurité; résultat paradoxal, contredit par l'expérience journalière. La seule vérification que Young apportât était l'existence des anneaux obscurs dans l'expérience de Newton, obscurité due, suivant lui, à l'interférence des ondes réfléchies aux deux faces de la lame ; mais, comme la théorie newtonienne interprétait le fait autrement, la preuve restait douteuse; il fallait un *experimentum crucis*, Young ne réussit pas à l'obtenir.

"Comment ces attractions (gravité, magnétisme et électricité) peuvent-elles se produire, je ne m'y arrête pas ici. Ce que j'appelle attraction peut être produit par des impulsions ou par d'autres moyens que j'ignore..."

Il y aurait encore bien des remarques curieuses à faire sur l'état d'esprit du grand physicien, géomètre et philosophe, qui se révèle naïvement dans ces "*Questions.*" Les courts extraits qui précèdent suffisent, je crois, à justifier la conclusion qui ressort de cette étude, à savoir, que Newton n'avait pas, sur le mécanisme de la lumière, les idées arrêtées qu'on lui prête en le considérant comme initiateur de la théorie de l'émission. En réalité, il hésite entre les deux systèmes opposés dont il aperçoit clairement l'insuffisance et, dans cette discussion, il s'efforce de s'éloigner le moins possible des faits bien établis: voilà pourquoi il ne formule aucune théorie dogmatique. Il serait donc injuste de rendre Newton responsable de tout ce que les partisans de l'émission ont abrité sous son autorité.

* The Bakerian Lecture, on the Theory of Light and Colours.—By Thomas Young. *Philos. Trans. of the Royal Society of London*, 1802, p. 12.

La théorie des ondes retombait donc encore une fois dans l'obscurité des controverses, et le terrible argument de la propagation rectiligne se dressait de nouveau contre elle. Les plus habiles géomètres de l'époque, Laplace, Biot, Poisson, s'étaient naturellement rangés à l'opinion newtonienne: Laplace en particulier, le célèbre auteur de la *Mécanique céleste*, avait même pris l'offensive; il était allé attaquer la théorie des ondes jusque dans le plus solide de ses retranchements, celui qui avait été élevé par l'illustre Huyghens.

Huyghens, en effet, dans son *Traité de la Lumière*, avait résolu un problème devant lequel la théorie de l'émission était restée muette, à savoir, l'explication de la biréfringence du cristal d'Islande; la théorie des ondes, au contraire, ramenait à une construction géométrique des plus simples la marche des deux rayons, ordinaire et extraordinaire; l'expérience confirmait en tous points ces résultats. Laplace réussit, à son tour, à l'aide d'hypothèses sur la constitution des particules lumineuses, à expliquer la marche de ces étranges rayons. La victoire de la théorie particulaire paraissait donc complète: un nouveau phénomène arrivait même tout à point pour la rendre éclatante.

Malus découvrait qu'un rayon de lumière naturelle, réfléchi sous un certain angle, acquiert des propriétés dissymétriques semblables à celles des rayons du cristal d'Islande; il expliqua ce phénomène par une orientation de la molécule lumineuse, et, en conséquence, nomma cette lumière, *lumière polarisée*; c'était un nouveau succès pour l'émission.

Le triomphe ne fut pas de longue durée; en 1816, un jeune ingénieur, à peine sorti de l'École Polytechnique, Augustin Fresnel, confiait à Arago ses doutes sur la théorie en faveur et lui indiquait les expériences qui tendaient à la renverser; s'appuyant sur les idées d'Huyghens, il avait attaqué la redoutable question des rayons et des ombres et l'avait résolue; tous les phénomènes de diffraction étaient ramenés à un problème d'analyse et l'observation vérifiait merveilleusement le calcul. Il avait, sans les connaître, retrouvé les raisonnements de Young, ainsi que le principe des interférences; mais, plus heureux que lui, il apportait l'*experimentum crucis*, l'expérience des deux miroirs; là, deux rayons issus d'une même source, purs de toute altération, produisent par leur concours, tantôt de la lumière, tantôt de l'obscurité. L'illustre Young fut le premier à applaudir au succès de son jeune émule et lui témoigna une bienveillance qui ne se démentit jamais.

Ainsi, grâce à l'expérience des deux miroirs, la théorie du Dr Young, c'est-à-dire l'analogie complète du rayon lumineux et de l'onde sonore, est solidement établie.

En outre, la théorie de la diffraction de Fresnel montre la cause de leur dissemblance; la lumière se propage en ligne droite parce que les ondes lumineuses sont extrêmement petites; au contraire, le son se diffuse parce que les longueurs des ondes sonores sont relativement très grandes.

Ainsi s'évanouit la terrible objection qui avait tant tourmenté l'esprit du grand Newton.

Mais il restait encore à expliquer une autre différence essentielle entre l'onde lumineuse et l'onde sonore; celle-ci ne se polarise pas, comment se fait-il que l'onde lumineuse se polarise ?

La réponse à cette question paraissait si difficile que Young déclara renoncer à la chercher. Fresnel travailla plus de cinq ans à la découvrir; elle est aussi simple qu'inattendue :

L'onde sonore ne peut pas se polariser parce que ses vibrations sont longitudinales; la lumière, au contraire, se polarise parce que ses vibrations sont transversales, c'est-à-dire perpendiculaires au rayon lumineux.

Désormais, la nature de la lumière est complètement établie; tous les phénomènes présentés comme des objections absolues s'expliquent avec une merveilleuse facilité, jusque dans leurs plus minutieux détails.

Je voudrais pouvoir vous retracer par quel admirable enchaînement d'expériences et de raisonnements Fresnel est arrivé à cette découverte, l'une des plus importantes de la science moderne; mais le temps me presse. Il m'a suffi de vous faire comprendre la grandeur des difficultés qu'il a fallu vaincre pour l'accomplir; j'ai hâte d'en faire ressortir les conséquences.

IV

Vous avez vu, au début, les raisons purement physiologiques qui font de l'étude de la lumière le centre nécessaire des informations de l'intelligence humaine. Vous devez juger maintenant par les péripéties de ce long développement des théories optiques, quelle préoccupation elle a toujours causée aux puissants esprits qui s'intéressent aux forces naturelles. En effet, tous les phénomènes qui se passent sous nos yeux impliquent une transmission à distance de force ou de mouvement; que la distance soit infiniment grande, comme dans les espaces célestes, ou infiniment petite, comme dans les intervalles moléculaires, le mystère est le même. Or, la lumière est l'agent qui nous amène le mouvement des corps lumineux : approfondir le mécanisme de cette transmission, c'est approfondir celui de toutes les autres, et Descartes en avait eu l'admirable intuition lorsqu'il embrassait tous ces problèmes dans une même conception mécanique : voilà le lien secret qui a toujours attiré les physiciens et les géomètres vers l'étude de la lumière.

Envisagée à ce point de vue, l'histoire de l'Optique acquiert une portée philosophique considérable; elle devient l'histoire des progrès successifs de nos connaissances sur les moyens que la Nature emploie pour transmettre à distance le mouvement et la force.

La première idée qui est venue à l'esprit de l'homme, dès l'état sauvage, pour exercer sa force hors de sa portée, c'est le jet d'une pierre, d'une flèche ou d'un projectile quelconque; voilà le germe de la théorie de l'émission : cette théorie correspond au système philosophique qui suppose un espace vide où le projectile se meut librement.

A un degré de culture plus avancé, l'homme, devenu physicien, a eu l'idée plus délicate de la transmission du mouvement par ondes, suggérée d'abord par l'étude des vagues, puis par celle du son. Ce second mode suppose, au contraire, que l'espace est plein : il n'y a plus ici transport de matière, les particules oscillent dans le sens de la propagation, et c'est par compression ou dilatation d'un milieu élastique continu que le mouvement et la force sont transmis. Telle a été l'origine de la théorie des ondes lumineuses; sous cette forme, elle ne pouvait représenter qu'une partie des phénomènes, ainsi qu'on l'a vu précédemment; elle était donc insuffisante. Mais les géomètres et les physiciens avant Fresnel ne connaissaient pas d'autre mécanisme ondulatoire dans un milieu continu.

La grande découverte de Fresnel a été de révéler un troisième mode de transmission, tout aussi naturel que le précédent, mais qui offre une richesse de ressources incomparable. Ce sont les ondes à vibrations transversales excitées dans un milieu continu incompressible, celles qui rendent compte de toutes les propriétés de la lumière. Dans ce mode ondulatoire, le déplacement des particules met en jeu une élasticité d'un genre spécial; c'est le glissement relatif des couches concentriques à l'ébranlement qui transmet le mouvement et l'effort. Le caractère de ces ondes est de n'imposer au milieu aucune variation de densité, comme dans le système de Descartes.

La richesse de ressources annoncée plus haut provient de ce que la forme de la vibration transversale reste indéterminée, ce qui confère aux ondes une variété infinie de propriétés différentes.

Les formes rectiligne, circulaire, elliptique, caractérisent précisément ces polarisations si inattendues que Fresnel a découvertes et à l'aide desquelles il a si admirablement expliqué les beaux phénomènes d'Arago produits par les lames cristallisées.

L'existence possible d'ondes se propageant sans changement de densité a modifié profondément la théorie mathématique de l'Élasticité. Les géomètres retrouvèrent dans leurs équations ces ondes à vibrations transversales qui leur étaient inconnues; ils apprirent, en outre, de Fresnel la constitution la plus générale des milieux élastiques, à laquelle ils n'avaient pas songé.

C'est dans son admirable Mémoire sur la double réfraction que le grand physicien émet l'idée que, dans les cristaux, l'élasticité de l'éther doit être variable avec la direction, condition inattendue et d'une extrême importance qui transformera les bases fondamentales de la Mécanique moléculaire; les travaux de Cauchy et de Green en sont la preuve frappante.

De ce principe, Fresnel conclut la forme la plus générale de la surface de l'onde lumineuse dans les cristaux et retrouva (comme cas particulier) la sphère et l'ellipsoïde que Huyghens avait assignés au cristal d'Islande.

Cette nouvelle découverte excita l'admiration universelle parmi les physiciens et les géomètres; lorsque Arago vint l'exposer devant l'Académie des Sciences, Laplace, si longtemps hostile, se déclara convaincu. Deux ans après, Fresnel, élu membre de l'Académie à l'unanimité des suffrages, était élu, avec la même unanimité, membre étranger de la Société Royale de Londres; ce fut Young lui-même qui lui transmit la nouvelle de cette distinction avec l'hommage personnel de son admiration sincère.

V

L'établissement définitif de la théorie des ondes impose la nécessité d'admettre l'existence d'un milieu élastique pour transmettre le mouvement lumineux. Mais toute transmission à distance de mouvement ou de force n'implique-t-elle pas la même condition? C'est à Faraday que revient l'honneur d'avoir, en véritable disciple de Descartes et de Leibnitz, proclamé ce principe et d'avoir résolument attribué aux réactions du milieu ambiant l'apparente action à distance des systèmes électriques et magnétiques. Faraday fut récompensé de sa hardiesse par la découverte de l'induction. Et, comme l'induction s'exerce même à travers un espace vide de matière pondérable, on est forcé d'admettre que le milieu actif est justement celui qui transmet les ondes lumineuses, l'éther.

La transmission d'un mouvement par un milieu élastique ne peut pas être instantanée; si c'est vraiment l'éther luminifère qui est le milieu transmetteur, l'induction ne doit-elle pas se propager avec la vitesse des ondes lumineuses.

La vérification était malaisée; Von Helmholz, qui tenta la mesure directe de cette vitesse, trouva, comme autrefois Galilée, pour la vitesse de la lumière, une valeur pratiquement infinie.

Mais l'attention des physiciens fut attirée par une singulière coïncidence numérique: le rapport de l'unité de quantité électrostatique à l'unité électro-magnétique est représenté par un nombre précisément égal à la vitesse de la lumière.

L'illustre Clerk Maxwell, suivant les idées de Faraday, n'hésita pas à voir dans ce rapport la mesure indirecte de la vitesse d'induction, et, par une série d'intuitions remarquables, il parvint à élever cette célèbre théorie électro-magnétique de la lumière, qui identifie, dans un même mécanisme, trois groupes de phénomènes en apparence complètement distincts: Lumière, Électricité, Magnétisme.

Mais les théories abstraites des phénomènes naturels ne sont rien sans le contrôle de l'expérience. La théorie de Maxwell fut soumise à l'épreuve et le succès dépassa toute attente.

Les résultats sont trop récents et trop bien connus, ici surtout, pour qu'il soit nécessaire d'y insister.

Un jeune physicien allemand, Henry Hertz, enlevé prématurément à la Science, empruntant à von Helmholz et à Lord Kelvin leur belle analyse des décharges oscillantes, réalisa si parfaitement des ondes électriques et électro-magnétiques, que ces ondes possèdent toutes les propriétés des ondes lumineuses; la seule particularité qui les distingue, c'est que leurs vibrations sont moins rapides que celles de la lumière.

Il en résulte qu'on peut reproduire, avec des décharges électriques, les expériences les plus délicates de l'Optique moderne: réflexion, réfraction, diffraction, polarisation rectiligne, circulaire, elliptique, etc.

Mais, je m'arrête, Messieurs; je sens que j'ai assumé une tâche trop lourde en essayant de vous énumérer toutes les richesses que les ondes à vibrations transversales concentrent aujourd'hui dans nos mains.

J'ai dit, en commençant, que l'Optique me paraissait être la Science directrice de la Physique moderne.

Si quelque doute a pu s'élever dans votre esprit, j'espère que cette impression s'est effacée pour faire place à un sentiment de surprise et d'admiration en voyant tout ce que l'étude de la lumière a apporté d'idées nouvelles sur le mécanisme des forces de la Nature.

Elle a ramené insensiblement à la conception cartésienne d'un milieu unique remplissant l'espace, siège des phénomènes électriques, magnétiques et umineux; elle laisse entrevoir que ce milieu est le dépositaire de l'énergie répandue dans le monde matériel, le véhicule nécessaire de toutes les forces, l'origine même de la gravitation universelle.

Voilà l'œuvre accomplie par l'Optique; c'est peut-être la plus grande chose du siècle!

L'étude des propriétés des ondes envisagées sous tous leurs aspects est donc, à l'heure actuelle, la voie véritablement féconde.

C'est celle qu'a suivie, dans sa double carrière de géomètre et de physicien, Sir George Stokes, à qui nous allons rendre un hommage si touchant et si mérité. Tous ses beaux travaux, aussi bien en Hydrodynamique qu'en Optique théorique ou expérimentale, se rapportent précisément aux transformations que les divers milieux font subir aux ondes qui les traversent. Dans les phénomènes variés qu'il a découverts ou analysés, mouvement des fluides, diffraction, interférences, fluorescence, rayons Röntgen, l'idée directrice que je vous signale est toujours visible, et c'est ce qui fait l'harmonieuse unité de la vie scientifique de Sir George Stokes.

Que l'Université de Cambridge soit fière de sa chaire Lucasienne de Physique mathématique, car, depuis Sir Isaac Newton jusqu'à Sir George Stokes, elle contribue pour une part glorieuse aux progrès de la Philosophie naturelle.

MEMOIRS

PRESENTED TO THE

CAMBRIDGE PHILOSOPHICAL SOCIETY.

I. *On the analytical representation of a uniform branch of a monogenic function.*

By G. Mittag-Leffler.

[Received 25 *April*, 1899.]

Let a denote a point in the plane of the complex variable x, and associate with a an unlimited array of quantities

$$F(a),\ F^{(1)}(a),\ F^{(2)}(a), \ldots,\ F^{(\mu)}(a), \ldots \qquad (1),$$

where each quantity is completely determinate when the position which it occupies in the array is known.

Suppose that, as is possible in an infinite number of ways, these quantities F are chosen so that Cauchy's condition*, that the series

$$P(x|a) = \sum_{\mu=0}^{\infty} \frac{1}{\mu!} F^{(\mu)}(a)(x-a)^{\mu} \ \ldots \qquad (2),$$

shall have a circle of convergence, is satisfied.

In the theory of analytic functions constructed by Weierstrass, the function is defined by the series $P(x|a)$ and by the analytic continuation of this series. The function is completely determinate provided the elements

$$F(a),\ F^{(1)}(a),\ F^{(2)}(a), \ldots,\ F^{(\mu)}(a), \ldots$$

are given. We denote generally by $F(x)$ the function in its totality which is defined by these elements.

If K is a continuum formed by a single piece, which nowhere overlaps itself and encloses the point a, and if it is such that the branch of the function $F(x)$ formed by $P(x|a)$ and by its analytic continuation within K remains uniform and regular, I shall denote this branch by $FK(x)$. The problem to be discussed here is that of finding

* Cauchy, *Cours d'Analyse de l'École royale polytechnique*, 1ère partie, Analyse Algébrique, Paris 1821, chapitre 9, § 2, theorème I, p. 286. Expressed in modern phraseology, Cauchy's condition would be formulated thus : *The upper limit of the limiting values of the moduli*

$$\left| \left\{ \frac{1}{\mu!} F^{(\mu)}(a) \right\}^{\frac{1}{\mu}} \right|$$

is a finite magnitude. It is known that, if this finite magnitude be denoted by $\frac{1}{r}$, the quantity r is the radius of the circle of convergence of the series (2).

an analytical representation of a branch $FK(x)$ which is to be chosen as extensive as possible.

Merely from the definition of the analytic function $F(x)$ and from that of the branch $FK(x)$, there follows at once a kind of analytical representation of the branch $FK(x)$ in question. In effect, such a representation is always given by an enumerable number of analytical continuations of $P(x|a)$. But as the radius of the circle of convergence of such an analytical continuation is given only by Cauchy's criterion already quoted, this mode of representing $FK(x)$ becomes extremely complicated and rather unworkable. The analytical continuation ought rather to be regarded as the definition of the function than as a mode of representation.

There is another mode of representation which arises immediately from the principles upon which Cauchy's theory of functions is based. Such a representation is given by the formula

$$FK(x) = \int^{S} \frac{FK(z)}{z-x}\, dz \quad \text{......................................} (3),$$

where the integral is taken along a closed contour S within K. By the definition of an integral, it is clear that the integral (3) can be replaced by an infinite sum of rational functions of x, the coefficients of which are expressed by special values of x (there being an enumerable number of these) and the corresponding values of $FK(x)$. This observation was the point of departure of the investigation of M. Runge* as well as of the subsequent investigations of MM. Painlevé, Hilbert and others. The analytical representation thus obtained accordingly requires a knowledge of the value of $FK(x)$ at an infinite and enumerable number of points. Now in the customary problems of analysis these values are not known. In general it is, on the contrary, the series of values

$$F(a),\ F^{(1)}(a),\ F^{(2)}(a), \ldots$$

which is given. Adopting the usual point of view, it is thus for instance in the problem of the integration of differential equations.

When, then, we have to find the analytical representation of $FK(x)$, it must be drawn from the elements (1) and, by means of those elements alone, a formula must be constructed to represent the branch $FK(x)$ completely. Let C denote the circle of convergence of the series (2). The expression

$$\sum_{\mu=0}^{\infty} \frac{1}{\mu!} F^{(\mu)}(a)(x-a)^{\mu}$$

then gives the analytical representation of $FC(x)$, the equality

$$FC(x) = \sum_{\mu=0}^{\infty} \frac{1}{\mu!} F^{(\mu)}(a)(x-a)^{\mu}$$

holding for all points within C. This expression is constructed by means of the elements

$$F(a),\ F^{(1)}(a),\ F^{(2)}(a), \ldots$$

* "Zur Theorie der eindeutigen analytischen Functionen," § 1, pp. 229—239, *Acta Mathematica*, tome 6.

and of the rational numbers $\frac{1}{\mu\,!}$ independent of the choice of the elements: and it is to be remarked that the expression is formed without any *a priori* knowledge of the radius of the circle C. This radius is determinate, in connection with the elements, by Cauchy's theorem, and there are various methods of obtaining it from them; but it does not enter explicitly into the expression. Thus Taylor's series is formed simply by the elements

$$F(a),\ F^{(1)}(a),\ F^{(2)}(a), \ldots,$$

when these are the derivatives of the function.

The following question may therefore be proposed: Is it possible to obtain for a branch $FK(x)$ with the greatest range possible an analytical representation of this nature? As I have shewn in various notes, published in Swedish by the Stockholm Academy of Sciences during the past year, the reply is in the affirmative, and consequently it is possible to fill an important lacuna in the theory of analytic functions. In fact, hitherto it has been impossible to give for the general branch $FK(x)$ an analytical representation similar to that found from the very beginning of the theory for the branch $FC(x)$.

For a fundamental treatment of the question which has been proposed, it is first necessary to define a domain K which shall be as great as possible. This I shall do by the introduction of a new geometrical conception—a *Star*-figure.

In the plane of the complex variable x, let an area be generated as follows. Round a fixed point a let a vector l (a straight line terminated at a) revolve once: on each position of the vector, determine uniquely a point, say a_l, at a distance from a greater than a given positive quantity, this quantity being the same for all positions of the vector. The points thus determined may be at a finite or at an infinite distance from a. When the distance between a_l and a is finite, the part of the vector from a_l to infinity is excluded from the plane of the variable.

The region which remains after all these sections (*coupures*) in the plane of x have been made is what I call a *Star*-figure. Manifestly the star is a continuum formed of a single simply-connected area.

Associate with a the elements

$$F(a),\ F^{(1)}(a),\ F^{(2)}(a), \ldots,\ F^{(\mu)}(a), \ldots$$

satisfying Cauchy's condition; and form the series

$$P(x|a) = \sum_{\mu=0}^{\infty} \frac{1}{\mu\,!} F^{(\mu)}(a)(x-a)^{\mu}.$$

Construct the analytical continuation of $P(x|a)$ along a vector from a. It may be the case that every point of this vector belongs to the circle of convergence of a series which itself is an analytical continuation of $P(x|a)$ obtained by proceeding along the vector; but it is also possible that, on proceeding along the vector, a point is met not situated within the circle of convergence of any analytical continuation of $P(x|a)$ along the vector. In the latter case, I exclude from the plane of the variable that part of the vector comprised between the point thus met and infinity. On making this vector describe one complete revolution round a, a *Star*-figure (as defined above) is obtained.

This star being given in a unique manner as soon as the elements (1) are assigned, I call it the *Star belonging to these elements,* and I denote* it by A. In defining the star, straight lines have been used as vectors: it is easy to see that curved lines, suitably defined, might have been chosen for the purpose.

In accordance with the phrase *the star belonging to the elements* (1), I speak of *the function* $F(x)$, as well as of *the functional branch* $FA(x)$, *belonging to these elements.*

These preliminaries being settled, my main theorem is as follows:—

Denote by A the star belonging to the elements

$$F(a),\ F^{(1)}(a),\ F^{(2)}(a),\ \ldots\ldots$$

and by $FA(x)$ the corresponding functional branch belonging to the same elements; let X be any finite domain within A; and let σ denote a positive quantity as small as we please. Then it is always possible to find an integer $\bar{n}$ such that the modulus of the difference between $FA(x)$ and the polynomial

$$g_n(x) = \sum_{\nu} c_{\nu}^{(n)} F^{\nu}(a)(x-a)^{\nu}$$

for values of n greater than $\bar{n}$, is less than σ for all the values of x belonging to X. The coefficients $c_{\nu}^{(n)}$ are chosen a priori and are absolutely independent of a, of $F(a)$, $F^{(1)}(a)$, $F^{(2)}(a)$, ..., and of x.

It is very important to observe that the explicit knowledge of the star is not necessary for the construction of the function $g_n(x)$. When the elements $F(a)$, $F^{(1)}(a)$, $F^{(2)}(a)$, ... are once given, the star belonging to them is definite; but it does not enter explicitly into the expression $g_n(x)$. The case is precisely the same as for Taylor's series where the radius of the circle of convergence does not enter explicitly into the expression.

The theorem can be proved by very elementary considerations, using especially the fundamental theorem established by Weierstrass in his memoir *Zur Theorie der Potenzreihen,* dated† 1841.

Passing from the same theorem for functions of several variables, we can easily obtain a generalisation of my main theorem which includes the case of any finite number of independent variables.

The coefficients denoted by $c_{\nu}^{(n)}$ are given *a priori.* They are quite independent of the special function to be represented just as are the coefficients $\frac{1}{\mu!}$ in Taylor's series. But the choice of these coefficients is not unique. On the contrary it can be made in an infinitude of ways; and when conditions are given, the problem arises of making a choice which is the best adapted to these conditions.

* As the first letter of the word ἀστήρ.

† *Ges. Werke*, Bd. I, p. 67.

The formula

$$g_n(x) = \sum_{h_1=0}^{n^2} \sum_{h_2=0}^{n^4} \dots \sum_{h_n=0}^{n^{2n}} \frac{1}{h_1!\, h_2! \dots h_n!} F^{(h_1+h_2+\dots+h_n)}(a) \left(\frac{x-a}{n}\right)^{h_1+h_2+\dots+h_n} \qquad \dots\dots\dots\dots(4)$$

gives an expression for $g_n(x)$ which perhaps is the simplest of all as regards the mere form. There are other forms in which the coefficients $c_\nu^{(n)}$ are rational numbers, or are numbers depending in a special manner upon the transcendents e and π, and which are of great simplicity.

Upon this I shall not dwell: but I enunciate another theorem which is an almost immediate consequence of my main theorem.

Denote by A the star which belongs to the elements

$$F(a),\ F^{(1)}(a),\ F^{(2)}(a),\ \dots\dots,$$

and by $FA(x)$ the corresponding functional branch belonging to the same elements. This branch $FA(x)$ can always be represented by a series

$$\sum_{\mu=0}^{\infty} G_\mu(x),$$

where the quantities $G_\mu(x)$ are polynomials of the form

$$G_\mu(x) = \sum_\nu \mathfrak{c}_\nu^{(\mu)} F^{(\nu)}(a)(x-a)^\nu,$$

each coefficient $\mathfrak{c}_\nu^{(\mu)}$ being a determinate number (which can be taken as rational) depending only upon μ and ν. The series

$$\sum_{\mu=0}^{\infty} G_\mu(x),$$

converges for every value of x within A, and it converges uniformly for every domain within A. For all values within A we have

$$\sum_{\mu=0}^{\infty} G_\mu(x) = \operatorname*{Lim}_{n=\infty} g_n(x),$$

where $g_n(x)$ is the polynomial in my main theorem.

In what precedes, a definition has been given of the *star belonging to the elements*

$$F(a),\ F^{(1)}(a),\ F^{(2)}(a), \dots\dots\dots\dots\dots\dots\dots\dots\dots\dots\dots\dots(1).$$

In accordance with this terminology, we can speak of *the circle belonging to the elements* (1) which, in fact, is the circle of convergence C of the series

$$P(x \mid a) = \sum_{\mu=0}^{\infty} \frac{1}{\mu!} F^{(\mu)}(a)(x-a)^\mu.$$

It is evident that this circle is inscribed in the star which belongs to the same elements. The circle may be regarded as a first approximation to the star. To the circle C corresponds an analytical expression $P(x \mid a)$ which has the property of representing $FA(x)$ within C, of converging uniformly for any domain within C, and of ceasing to converge outside

C. Between the circle and the star, intermediary domains $C^{(\mu)}$, ($\mu = 1, 2, 3, \ldots$), exist, unlimited in number; each of them in succession includes the domain that precedes it; and they can be chosen so that, corresponding to each domain $C^{(\mu)}$, there is an analytical expression representing $FA(x)$ within $C^{(\mu)}$ which converges uniformly for every domain within $C^{(\mu)}$ and ceases to converge outside $C^{(\mu)}$. On this question there is an interesting study to be made which I have merely sketched in my Swedish memoirs; to it I shall return on another occasion.

The only writer who, so far as I know, has found a general representation of $FA(x)$ valid outside the circle belonging to the elements (1) is M. Borel. In two important memoirs*, M. Borel is concerned with what he calls the summability of a series. It appears to me that the chief interest of this investigation of M. Borel is that the author really finds an expression valid for a domain which in general includes the circle C. The domains which I have called $C^{(\mu)}$ can easily be chosen so that $C^{(1)}$ becomes this domain K: so that M. Borel's domain K becomes the second approximation to the Star, the circle being the first as already indicated.

But M. Borel has discussed the same class of ideas in another publication. In his book† published without any acquaintance with my Swedish Notes of the same year, the author says‡:—

"Pour résumer les résultats acquis sur le problème de la représentation analytique "des fonctions uniformes, nous pouvons dire§ que nous en connaissons deux solutions "complètes; l'une est fournie par le théorème de Taylor, l'autre par le théorème de "M. Runge‖. Ces deux solutions ont une très grande importance à cause de leur "généralité; mais chacune d'elles a de graves inconvénients dont les principaux sont, pour "la série de Taylor, de diverger en des régions où la fonction existe; et, pour la repré- "sentation de M. Runge et celles de M. Painlevé, d'être possibles d'une infinité de "manières¶.

....

"Le but idéal à atteindre, c'est de trouver une représentation réunissant les avantages "de la série de Taylor et des séries de M. Runge ou de M. Painlevé, sans avoir aucun "de leurs inconvénients**, et le but immédiat, c'est de trouver une telle représentation "pour des classes de fonctions de plus en plus étendues††."

* *Journal de Mathématiques*, 5me Sér., t. ii. (1896), "Fondements de la théorie des séries divergentes sommables," pp. 103—122; "Sur les séries de Taylor admettant leur cercle de convergence comme coupure," pp. 441—454.

† *Leçons sur la théorie des fonctions*, Paris, 1898.

‡ pp. 88 ff.

§ All that follows on the analytical representation of uniform functions can be applied, *mutatis mutandis*, to the functional branch $FA(x)$.

‖ I have indicated above that, in M. Runge's theorem, there is nothing which is not already in principle contained in the representation by Cauchy's integral.

¶ In what precedes, I have pointed out what appears to me a graver inconvenience, viz. that these expressions require the knowledge of an enumerable number of values of the function which correspond to points that approach indefinitely near the limit of existence of the function.

** It will be seen that I have achieved this aim, not only for uniform analytic functions but also for the functional branch $FA(x)$. It might be asked whether it would not be possible to achieve the same aim for the function $F(x)$ in its totality. It is not so: such a question is too general. The problem was mainly that of limiting the question so as to make a solution possible without diminishing the generality more than was necessary. I believe that this problem is solved by the introduction of the star and of the functional branch $FA(x)$.

†† It appears that M. Borel has not regarded his own

There exist a certain number of other investigations having relations with my theorems but belonging to a range of ideas quite different from M. Borel's. I have already spoken of the representation which follows from Cauchy's integral

$$FA(x) = \frac{1}{2\pi i}\int^{S}\frac{FA(z)}{z-x}dz.$$

With M. Runge, we can transform this integral into a series every term of which is a polynomial in x. But in order to construct these polynomials, it is necessary to know not only the star A but also the values of the function for an enumerable number of points approaching indefinitely near the boundary of A. Investigations have been carried out in which the elements $F(a)$, $F^{(1)}(a)$, $F^{(2)}(a), \ldots$ are substituted for these values of the function. But these investigations always abut, in a manner more or less direct, upon the conformal representation of the circle of convergence on another figure known beforehand: and they still require that we should know, as to the function which is to be represented, that it is regular within the domain represented on the circle. The most interesting and the most significant theorem in this range of ideas appears to me to be that of M. Painlevé*:

Given a convex domain D and an internal point a, a set of polynomials

$$\Pi_{\mu 0}(x),\ \Pi_{\mu 1}(x), \ldots,\ \Pi_{\mu\mu}(x);\ (\mu = 1, 2, 3, \ldots),$$

can be constructed such that any function $F(x)$ holomorphic in D is developable in that domain in the form

$$F(x) = \sum_{\mu=0}^{\infty}\{F_0(a)\,\Pi_{\mu 0}(x) + F^{(1)}(a)\,\Pi_{\mu 1}(x) + \ldots + F^{(\mu)}(a)\,\Pi_{\mu\mu}(x)\}.$$

The resemblance between M. Painlevé's formula and mine is obvious. Writing

$$\Pi_{\mu\nu}(x) = \mathfrak{c}_{\nu}^{(\mu)}(x-a)^{\nu}$$

in M. Painlevé's formula, mine follows. Yet the resemblance is entirely formal, because the formation of the polynomials $\Pi_{\mu 0}(x)$, $\Pi_{\mu 1}(x), \ldots,\ \Pi_{\mu\mu}(x)$ requires the *a priori* establishment of the domain D and the knowledge of the function $F(x)$ that it is holomorphic in D: whereas with me the formula of representation, so far from supposing any *a priori* knowledge of the star A, gives on the contrary the means of determining the star†.

In other publications, it is my intention to develop other theorems in the same range of ideas as well as to return to the numerous applications that can be made of my theorems: I restrict myself in this place to the following indications. I have just explained that, besides the circle C and the star A, there is an infinite number of other

investigations on the summability of series from the point of view just indicated so clearly in his book. Otherwise he rather might have said: that the immediate aim was to find a general representation valid for a domain still more extensive than this domain K (that is, $C^{(1)}$).

* *Comptes Rendus*, t. CXXVI (24 Jan., 1898), pp. 320, 321.

† While the present note was passing through the press, a new and interesting note of M. Painlevé's, discussing the relation of these investigations to my own, has appeared in the *Comptes Rendus* (23 May, 1899). In the same number of the *Comptes Rendus*, there is a note by M. Borel related to my investigations. The reader is also referred to an addition to the "mémoire sur les séries divergentes par É. Borel" (*Ann. de l'Éc. Norm.*, 1899), and to two important notes by M. Picard (*Comptes Rendus*, 5 June, 1899) and M. Phragmén (*Comptes Rendus*, 12 June, 1899): all of them are connected with these investigations.

stars $C^{(1)}$, $C^{(2)}$, $C^{(3)}$, ... each of which is circumscribed to that which precedes it and is inscribed* to that which follows it; to these there correspond expansions $PC^{(1)}(x|a)$, $PC^{(2)}(x|a)$, $PC^{(3)}(x|a)$, ... which preserve all the principal characters of the Taylor's series $PC(x|a)$. The expression $PC^{(\mu)}(x|a)$ is merely a $(\mu+1)$-ple series with limited convergence.

There is another method of generalising Taylor's series as follows:

Denote by A a star with its centre at a, and by $A^{(\delta)}$ an associate star, concentric with A and inscribed in A, defined with reference to A in some suitable manner. This star $A^{(\delta)}$ is to be such that it becomes a circle when $\delta=1$ and that it encloses in its interior every domain within A when the quantity δ is sufficiently small.

Now suppose that A is the star belonging to the elements $F(a)$, $F^{(1)}(a)$, $F^{(2)}(a)$, ..., and construct the series

$$P_\delta(x|a)=F(a)$$
$$+\sum_{\lambda=1}^{\infty}\{h_1^{(\lambda)}(\delta)F^{(1)}(a)(x-a)+h_2^{(\lambda)}(\delta)F^{(2)}(a)(x-a)^2+\ldots+h_\lambda^{(\lambda)}(\delta)F^{(\lambda)}(a)(x-a)^\lambda\} \quad \ldots(5).$$

The coefficients

$$h_\mu^{(\lambda)}(\delta), \qquad \begin{pmatrix}\mu=1,\ 2,\ \ldots,\ \lambda\\ \lambda=1,\ 2,\ \ldots,\ \infty\end{pmatrix},$$

can be assigned a priori, independently of a, of $F(a)$, $F^{(1)}(a)$, $F^{(2)}(a)$, ... and of x, so that the series possesses the following properties: it converges for every point within $A^{(\delta)}$ and converges uniformly for every domain within $A^{(\delta)}$. If convergence takes place for any value, the value necessarily belongs to the interior of $A^{(\delta)}$ or is a point of the star $A^{(\delta)}$. When $\delta=1$, the series becomes Taylor's series.

The equality

$$FA(x)=P_\delta(x|a),$$

exists throughout the interior of $A^{(\delta)}$.

Among other differences between the two generalisations of Taylor's theorem, this may be noted: that in the first the stars $C^{(1)}$, $C^{(2)}$, $C^{(3)}$, ... form, so to speak, a discontinuous sequence of domains of convergence, while in the second there is a continuous transition from the circle $C\,(=A^{(1)})$ to the star $A\,(=A^{(0)})$.

The star which belongs to the elements $F(a)$, $F^{(1)}(a)$, ... is given at the same time as these elements, just as the circle which belongs to the elements also is given. But in order actually to construct the star on the circle, we must in the first case know the points of the star (it is thus that I describe the points formerly denoted by a_l) and in the second case the distance between a and the nearest point of the star. It might be difficult to deduce this knowledge simply by the study of the elements $F(a)$, $F^{(1)}(a)$, $F^{(2)}(a)$, ... But in some problems the points of the star are directly given: e.g. the determination of the general integral of a differential all of whose critical points are fixed, being finite in number. In this case, we can construct the star directly and can obtain an analytical expression for the integral valid over the whole plane except

* A star is inscribed in another which circumscribes it if the whole of the first star belongs to the second and if the two stars have common points such as a_l.

at a finite number of determinate sections. Notwithstanding the remarkable researches of M. Fuchs and M. Appell and others, this problem of finding a representation, which at once is unique for the whole plane and is sufficiently simple, has not hitherto been solved.

The beautiful researches of MM. Fabry, Hadamard, Borel and other French writers, which have their origin in M. Darboux's memoir* "Sur l'approximation des fonctions de très-grands nombres" and which aim at the development of the criteria whether a point on a circle belonging to the elements $F(a)$, $F^{(1)}(a)$, $F^{(2)}(a), \ldots$ is a singularity of the function or not, are well known. My theorems make it possible to study this problem from a more general point of view than these writers and to find the criteria which distinguish the points of the star belonging to the elements $F(a)$, $F^{(1)}(a)$, $F^{(2)}(a), \ldots$ from other points. It can be stated that, to each selection of the coefficients called $c_\nu^{(n)}$, there corresponds a special system of criteria.

For these investigations, the following theorem can serve as the point of departure:—

If x is a point within the star A belonging to the elements $F(a)$, $F^{(1)}(a)$, $F^{(2)}(a), \ldots$, and if ϵ is a positive quantity sufficiently small, it is always possible to choose a positive number δ so that, σ being a positive quantity as small as we please, a positive integer $\bar{\lambda}$ exists such that

$$|h_1^{(\lambda)}(\delta) F^{(1)}(a)(1+\epsilon)(x-a) + h_2^{(\lambda)}(\delta) F^{(2)}(a)\{(1+\epsilon)(x-a)\}^2 + \ldots + h_\lambda^{(\lambda)}(a) F^{\lambda}(a)\{(1+\epsilon)(x-a)\}^\lambda| < \sigma,$$

provided† $\lambda \geqslant \bar{\lambda}$.

If on the contrary, x does not lie within A, this property does not hold.

M. Poincaré has pointed out a certain substitution which is of great value in the study of certain mechanical problems, particularly in that of n bodies. When this substitution is used, a development of the function in powers of the time can be obtained which is valid for real values of the time as far as the first *positive* or *negative* singularity nearest the origin. But the mechanical problem requires in general a knowledge of the first positive singularity, and not merely the nearest singularity, positive or negative. It is obvious that the resolution of this problem can be brought within my theorem. In fact, knowing the elements $F(t_0)$, $F^{(1)}(t_0)$, $F^{(2)}(t_0), \ldots$ at a given epoch t_0, we can obtain a development which represents the function and is valid for all real values of $t > t_0$ up to the first singularity of the function.

Recently I had an opportunity of giving an account of a portion of my investigations before the Academy of Sciences of Turin. My friend M. Volterra then made the following interesting communication.

If in any dynamical problem the unknown functions be regarded as analytic functions of the time, the problem will be solved completely from the analytical point of view when it can be shewn that the real axis of the time falls completely within the stars of the

* Liouville, *Journ. de Math.*, 3me Sér., t. iv. (1875), pp. 5—54.

† The quantities δ and $h_\mu^{(\lambda)}(\delta)$ have the same significance as in the formula (5).

unknown functions, the centre of the stars being the initial value of the time. In fact, it is sufficient to employ M. Mittag-Leffler's expansions to obtain the unknown functions for any value of the time. The coefficients in the expansions will be determined by the initial conditions of motion.

1°. A very extensive class of dynamical equations can be reduced to the integration of differential equations of the type

$$\dot{p}_s = \sum_1^{\nu}{}_s \sum_1^{\nu}{}_\kappa \, a_{s\kappa}^{(r)} p_\kappa p_r,$$

where $a_{s\kappa}^{(r)} + a_{s\kappa}^{(r)} = 0$. Since in this case a finite strip enclosing the real axis is contained in the stars of the functions p_s, the centre being $t = 0$, new forms of the integrals of these equations can be derivable by M. Mittag-Leffler's expansions*.

2°. Passing to the problems of attraction, it may be remarked that the problem of the motion of a point attracted by fixed points placed in a straight line, the force being according to Newton's law, has not been resolved when the number of attracting points is greater than two. Let us consider the general case and suppose that the moment of the initial velocity of the moving point m, with reference to the axis x of fixed points, is not zero. Then ϑ being the angle which the plane mx makes with a fixed plane through x, and r being the distance of m from the axis x, we have the areal integral

$$r^2\dot{\vartheta} = C = \text{constant},$$

and the integral of vis viva $T - P = h = \text{constant}$, where

$$T = \tfrac{1}{2}m(\dot{r}^2 + r^2\dot{\vartheta}^2 + \dot{x}^2), \quad P = \Sigma \frac{M_i m}{r_i},$$

T being the vis viva and P the potential: in the latter expression the masses of the fixed point are denoted by M_i and their distances from m by r_i. It is at once obvious that r cannot vanish. In effect, if for $t = t_0$, r can become indefinitely small, let us take this quantity as an infinitesimal of the first order. On account of the areal integral, $\dot{\vartheta}$ would be infinitely great of the second order, and consequently $r^2\dot{\vartheta}^2 (= C\dot{\vartheta})$ would also be of the second order: T therefore would be infinitely great of the second order. But P if it become infinitely great, can be so only to the first order because the quantities r_i are greater than r; hence if r could become infinitely small, the integral of vis viva would not be verified. It therefore is to be inferred that the real axis of the time is contained in the stars of the unknown elements: and consequently these elements are expressible by Mittag-Leffler's series.

3°. Given n points repelling one another according to the Newtonian law of force, the integral of vis viva may be written

$$\tfrac{1}{2}\sum_i m_i(\dot{x}_i^2 + \dot{y}_i^2 + \dot{z}_i^2) + \sum_{i,s} \frac{m_i m_s}{r_{i,s}} = h,$$

* I have studied this class of equations in three Notes published by the Academy of Turin in 1898 and 1899. The class can be still further extended so as to include many of the classical problems in dynamics.

where x_i, y_i, z_i are the coordinates of the moving points, m_i their masses, $r_{i,s}$ their distances, and h is a constant quantity. By noting that in this equation all the terms are positive, we infer that the points cannot collide and that their velocities are finite. Hence in this case also, the real axis of the time lies within the stars. But we can pass from the case of repulsion to that of attraction by changing t into $t\sqrt{-1}$. Through this transformation, the components of the velocities become imaginary if they were real, and *vice versa*. But if at the beginning of the time they were zero, the transformation leaves them zero. Hence we deduce the very curious theorem:

Consider the problem of n bodies in the most general case, with the sole condition that the initial velocities of the bodies are zero: then taking the origin at the beginning of the time, the real axis is not included within the stars of the coordinates, but the imaginary axis is always completely included. That is to say, M. Mittag-Leffler's expansions will be valid for imaginary values of the time even if they are not so for all real values.

4°. Finally it may be remarked that M. Mittag-Leffler's expansions can be used for the motion of straight and parallel vortices. Reference may be made to Lecture XX. in Kirchhoff's *Mechanik* for the differential equations of the motion.

The interest of this development is manifest. I remark, however, that the main importance of my theorems so far as concerns mechanics appears to me to be that they provide a means of finding a real and positive point of my star, and of determining whether this point is at infinity or not. M. Volterra on the contrary supposes as always known beforehand that this point is at infinity. My principal theorem also provides in this case a means of representing the function, with any approximation desired for any real domain whatever, by a polynomial into which there enter no elements taken from the function other than a limited number of the quantities $F(t_0)$, $F^{(1)}(t_0)$, $F^{(2)}(t_0)$, ... It appears to me that this point of view may become useful in applications to mechanics.

PERUGIA, *April*, 1899.

II. *Application of the Partition Analysis to the study of the properties of any system of Consecutive Integers.* By Major P. A. MacMahon, R.A., D.Sc., F.R.S., Hon. Mem. C.P.S.

[Received 15 *May*, 1899.]

INTRODUCTION.

The object of this paper is to solve a problem, concerning any arbitrarily selected set of consecutive integers, by the application of a new method of Partition analysis. I will first explain the problem, and afterwards the analysis that will be used.

In the binomial and multinomial expansions, the exponent being a positive integer, every coefficient is an integer. This fact depends analytically upon the circumstance that the product of any m consecutive integers is divisible by factorial m; we have

$$\left(\frac{n+1}{1}\right)\left(\frac{n+2}{2}\right)\left(\frac{n+3}{3}\right)\dots\left(\frac{n+m}{m}\right),$$

an integer for all values of n.

The present question is the determination of all values of $\alpha_1, \alpha_2, \alpha_3, \dots \alpha_m$ for which the expression

$$\left(\frac{n+1}{1}\right)^{\alpha_1}\left(\frac{n+2}{2}\right)^{\alpha_2}\left(\frac{n+3}{3}\right)^{\alpha_3}\dots\left(\frac{n+m}{m}\right)^{\alpha_m}$$

is an integer for all values of n; in particular the discovery of the finite number of ground or fundamental products of this form, from which all the forms may be generated by multiplication.

There is a parallel theory connected with the algebraic product

$$\left(\frac{1-x^{n+1}}{1-x}\right)^{\alpha_1}\left(\frac{1-x^{n+2}}{1-x^2}\right)^{\alpha_2}\left(\frac{1-x^{n+3}}{1-x^3}\right)^{\alpha_3}\dots\left(\frac{1-x^{n+m}}{1-x^m}\right)^{\alpha_m},$$

where $\alpha_1, \alpha_2, \alpha_3, \dots \alpha_m$ have to be assigned so that the product is finite and integral for all values of n. This has been discussed by me in the 'Memoir on the Theory of the Partitions of Numbers, Part II.' *Phil. Trans. R. S.* 1899. It will be observed that the algebraic product merges into the arithmetical product for the particular case $x=1$, so that all algebraic products which are finite and integral produce in this manner arithmetical products which are integers. This, however, is as much as can be said, for otherwise the theories proceed on widely divergent lines; as might be expected the arithmetical products form a more extended group than the algebraical.

Denote, for brevity,

$$\frac{1-x^{n+s}}{1-x^s} \text{ and } \frac{n+s}{s}$$

by X_s and N_s respectively.

The principal X theorem, that has been obtained *loc. cit.*, is to the effect that constructing any X rectangle

$$\begin{matrix} X_1 & X_2 & X_3 & X_4 & \dots X_l \\ X_2 & X_3 & X_4 & X_5 & \dots X_{l+1} \\ X_3 & X_4 & X_5 & X_6 & \dots X_{l+2} \\ X_4 & X_5 & X_6 & X_7 & \dots X_{l+3} \\ \vdots & \vdots & \vdots & \vdots & \vdots \\ X_m & X_{m+1} & X_{m+2} & X_{m+3} & \dots X_{l+m+1}, \end{matrix}$$

l and m having any values, with the law that any X has a suffix one greater than the X above it or to the left of it, the product

$$X_1 X_2^2 X_3^3 \dots X_{l+m-1},$$

obtained by multiplying all the X's together, is finite and integral for all values of the integer n. There are other forms as well, e.g. the product

$$X_1 X_2 X_3^2 X_4 X_5,$$

which are not expressible in the rectangular lattice form, the theory of which is not yet complete.

We see therefore that the product of N's contained in the rectangle

$$\begin{matrix} N_1 & N_2 & N_3 & \dots N_l \\ N_2 & N_3 & N_4 & \dots N_{l+1} \\ N_3 & N_4 & N_5 & \dots N_{l+2} \\ \vdots & \vdots & \vdots & \vdots \\ N_m & N_{m+1} & N_{m+2} & \dots N_{l+m-1} \end{matrix}$$

is an integer for all values of n.

It will appear moreover that no product exists which is free from N_1, so that all these products, being irreducible, are fundamental solutions of the problem.

The method of partition analysis is concerned with the solution of one or more relations of the type

$$\lambda_1\alpha_1 + \lambda_2\alpha_2 + \lambda_3\alpha_3 + \dots + \lambda_s\alpha_s$$

$$\geqslant \mu_1\beta_1 + \mu_2\beta_2 + \mu_3\beta_3 + \dots + \mu_t\beta_t,$$

the coefficients λ and μ being given positive integers, and it is required to find the general values of α_1, $\alpha_2 \dots \beta_1$, β_2, ..., being positive integers, which satisfy the one or more relations.

This is accomplished by constructing the sum

$$\Sigma x_1^{\alpha_1} x_2^{\alpha_2} x_3^{\alpha_3} \ldots x_s^{\alpha_s} y_1^{\beta_1} y_2^{\beta_2} y_3^{\beta_3} \ldots y_t^{\beta_t}$$

for all sets of values of $\alpha_1, \alpha_2 \ldots \beta_1, \beta_2, \ldots$ which satisfy the relation. The expression obtained is found to indicate the ground solutions of the relations and the syzygies that connect them.

The sum is expressible in the crude form

$$\underset{\geqslant}{\Omega} \frac{1}{1 - m^{\lambda_1} x_1 \,.\, 1 - m^{\lambda_2} x_2 \ldots 1 - m^{\lambda_s} x_s \,.\, 1 - m^{-\mu_1} y_1 \,.\, 1 - m^{-\mu_2} y_2 \ldots 1 - m^{-\mu_t} y_t}$$

where the symbol of operation

$$\underset{\geqslant}{\Omega}$$

is connected with the auxiliary symbol m in the following manner:—

The fraction is to be expanded in ascending powers of $x_1, x_2, \ldots y_1, y_2, \ldots$; all terms containing negative powers of m are to be then deleted; subsequently, in the remaining terms, m is to be put equal to unity.

Slight reflection will shew that the conditional relation will be satisfied in all products which survive this operation, and that if we can perform the operation so as to retain the fractional form we shall arrive at a reduced generating function which will establish the ground solutions and the syzygies which connect them.

As a simple example of reduction which is of great service in what follows take

$$\alpha_1 \geqslant \beta_1;$$

this leads to

$$\underset{\geqslant}{\Omega} \frac{1}{1 - m x_1 \,.\, 1 - \frac{1}{m} y_1},$$

and observing that

$$\frac{1}{1 - m x_1 \,.\, 1 - \frac{1}{m} y_1} = \frac{1}{1 - m x_1 \,.\, 1 - x_1 y_1} + \frac{\frac{1}{m} y_1}{1 - \frac{1}{m} y_1 \,.\, 1 - x_1 y_1},$$

we find

$$\underset{\geqslant}{\Omega} \frac{1}{1 - m x_1 \,.\, 1 - \frac{1}{m} y_1} = \frac{1}{1 - x_1 \,.\, 1 - x_1 y_1};$$

also

$$\underset{\geqslant}{\Omega} \frac{\frac{1}{m^s}}{1 - m x_1 \,.\, 1 - \frac{1}{m} y_1} = \frac{x_1^s}{1 - x_1 \,.\, 1 - x_1 y_1};$$

which is the solution of

$$\alpha_1 \geqslant \beta_1 + s;$$

so that the solution of

$$\alpha_1 > \beta_1$$

is given by

$$\underset{\geqslant}{\Omega} \frac{\frac{1}{m}}{1 - mx_1 . 1 - \frac{1}{m} y_1} = \frac{x_1}{1 - x_1 . 1 - x_1 y_1}.$$

Again, if

$$\alpha_1 \geqslant \beta_1 + \beta_2,$$

we have

$$\underset{\geqslant}{\Omega} \frac{1}{1 - mx_1 . 1 - \frac{1}{m} y_1 . 1 - \frac{1}{m} y_2}$$

$$= \underset{\geqslant}{\Omega} \frac{1}{1 - mx_1 . 1 - \frac{1}{m} y_1 . 1 - x_1 y_2},$$

$$= \frac{1}{1 - x_1 . 1 - x_1 y_1 . 1 - x_1 y_2},$$

the solution.

Also the solution of

$$\alpha_1 > \beta_1 + \beta_2$$

is

$$\frac{x_1}{1 - x_1 . 1 - x_1 y_1 . 1 - x_1 y_2}.$$

Lastly,

$$\alpha_1 + \alpha_2 \geqslant \beta_1$$

gives, by repeated application of the above simple theorem,

$$\frac{1 - x_1 x_2 y_1}{1 - x_1 . 1 - x_2 . 1 - x_1 y_1 . 1 - x_2 y_1}.$$

In general the subsequent work merely involves processes easily derivable from these cases.

Particular theorems will be given as they become necessary, and for the general theory, which is here not needed, the reader is referred to Part III. of the Memoir on Partitions which may appear shortly in *Phil. Trans. R. S.*

To come to the object of the paper I commence with

ORDER 2.

$$\left(\frac{n+1}{1}\right)^{\alpha_1} \left(\frac{n+2}{2}\right)^{\alpha_2} = N_1^{\alpha_1} N_2^{\alpha_2};$$

this product is an integer when n is even, but when n is uneven we must have

$$\alpha_1 \geqslant \alpha_2;$$

and

$$\Sigma N_1^{\alpha_1} N_2^{\alpha_2} = \underset{\geqslant}{\Omega} \frac{1}{1 - aN . 1 - \frac{1}{a} N_2},$$

$$= \frac{1}{1 - N_1 . 1 - N_1 N_2};$$

shewing that the ground products are N_1, N_1N_2,

or $(\alpha_1\alpha_2) = (1, 0); (1, 1)$.

ORDER 3.

$$\binom{n+1}{1}^{\alpha_1}\binom{n+2}{2}^{\alpha_2}\binom{n+3}{3}^{\alpha_3} = N_1^{\alpha_1}N_2^{\alpha_2}N_3^{\alpha_3}.$$

When n is of form	condition is	
$4m+1$,	$\alpha_1 + 2\alpha_3 \geqslant \alpha_2$	(a),
$4m+3$,	$2\alpha_1 + \alpha_3 \geqslant \alpha_2$	,
$3m+1$,	$\alpha_2 \geqslant \alpha_3$	(b),
$3m+2$,	$\alpha_1 \geqslant \alpha_2$	(c).

We may omit the second of these as being implied by the first and fourth and introducing the auxiliaries a, b, c in the relations marked (a), (b), (c) respectively we write down the Ω function

$$\underset{\geqslant}{\Omega} \frac{1}{1 - acN_1 \,.\, 1 - \frac{b}{a}N_2 \,.\, 1 - \frac{a^2}{bc}N_3},$$

as the expression of the sum $\Sigma N_1^{\alpha_1}N_2^{\alpha_2}N_3^{\alpha_3}$.

It must be observed that the operating symbol $\underset{\geqslant}{\Omega}$, has reference to each of the three auxiliaries a, b, c.

These must be dealt with in the most convenient order, so that unnecessary labour may be avoided; this order is not always obvious without some preliminary experiments. In the present instance it is clearly advisable to commence with b because a occurs to the second power, and operation upon c will introduce a^3. It should be remarked that operation upon one letter may cause two letters to vanish; this would indicate that the relations associated with these letters are not independent members of the system of relations. It does not follow conversely that if the relations are not all independent two letters must vanish as the result of operation upon some one letter. This does follow for a certain order of operation upon the letters, but not for all orders.

Eliminating b we obtain

$$\underset{\geqslant}{\Omega} \frac{1}{1 - acN_1 \,.\, 1 - \frac{1}{a}N_2 \,.\, 1 - \frac{a}{c}N_2N_3}.$$

Observe that this expression would have presented itself if for the two relations

$$\alpha_1 + \alpha_3 \geqslant \alpha_2,$$

$$\alpha_1 \geqslant \alpha_3,$$

we had constructed the sum $\Sigma N_1^{\alpha_1}N_2^{\alpha_2}(N_2N_3)^{\alpha_3}$.

The fact is that we can reduce the three relations (*a*), (*b*), (*c*) to two by writing $\alpha_2+\alpha_3$ for α_2, a tranformation that the relation (*b*) permits, and then we have to write N_2N_3 for N_3 in the sum

$$\Sigma N_1^{\alpha_1}N_2^{\alpha_2}N_3^{\alpha_3}.$$

We next eliminate *c*, obtaining

$$\underset{\geqslant}{\Omega}\frac{1}{1-aN_1\,.\,1-\dfrac{1}{a}N_2\,.\,1-a^2N_1N_2N_3},$$

an expression that would have presented itself if we had been summing

$$\Sigma N_1^{\alpha_1}N_2^{\alpha_2}(N_1N_2N_3)^{\alpha_3}$$

for the single relation $\alpha_1+2\alpha_3\geqslant\alpha_2,$

obtained from the relation

$$\alpha_1+\alpha_3\geqslant\alpha_2,$$

by writing $\alpha_1+\alpha_3$ for α_1, a transformation permitted by the relation

$$\alpha_1\geqslant\alpha_3.$$

The process employed is therefore equivalent to a gradual reduction in the number of the conditional relations associated with a proper transformation of the product to be summed.

To eliminate *a* we require the subsidiary theorem

$$\underset{\geqslant}{\Omega}\frac{1}{1-a^2x\,.\,1-ay\,.\,1-\dfrac{1}{a}z}=\frac{1+xy-xyz-xyz^2}{1-x\,.\,1-y\,.\,1-yz\,.\,1-xz^2};$$

and thence we derive

$$\frac{1+N_1N_2^2N_3-N_1^2N_2^2N_3-N_1^2N_2^3N_3}{1-N_1\,.\,1-N_1N_2\,.\,1-N_1N_2N_3\,.\,1-N_1N_2^3N_3}$$

$$=\frac{1-N_1^2N_2^2N_3-N_1^2N_2^3N_3-N_1^2N_2^4N_3^2+N_1^3N_2^4N_3^2+N_1^3N_2^5N_3^2}{1-N_1\,.\,1-N_1N_2\,.\,1-N_1N_2N_3\,.\,1-N_1N_2^2N_3\,.\,1-N_1N_2^3N_3}.$$

In this result the denominator indicates the ground products, and the numerator the simple and compound syzygies which connect them.

It is manifest that the ground products are

$$N_1,\quad N_1N_2,\quad N_1N_2N_3,\quad N_1N_2^2N_3,\quad N_1N_2^3N_3$$

connected by the simple syzygies

$$(A)=(N_1)(N_1N_2^2N_3)-(N_1N_2)(N_1N_2N_3)=0,$$

$$(B)=(N_1)(N_1N_2^3N_3)-(N_1N_2)(N_1N_2^2N_3)=0,$$

$$(C)-(N_1N_2N_3)(N_1N_2^3N_3)-(N_1N_2^2N_3)^2=0;$$

and the compound syzygies

$$(N_1)(C) - (N_1N_2N_3)(B) = 0,$$
$$(N_1N_2^2N_3)(B) - (N_1N_2^3N_3)(A) = 0;$$

indicated by the numerator terms:

$$-N_1^2N_2^2N_3, \quad -N_1^2N_2^3N_3, \quad -N_1^2N_2^4N_3^2, \quad +N_1^3N_2^4N_3^2, \quad +N_1^3N_2^5N_3^2$$

respectively.

The generating function takes also the suggestive form:—

$$\frac{1 - N_1^2N_2^3N_3}{1 - N_1 \,.\, 1 - N_1N_2 \,.\, 1 - N_1N_2N_3 \,.\, 1 - N_1N_2^3N_3}$$
$$+ \frac{N_1N_2^2N_3}{1 - N_1N_2 \,.\, 1 - N_1N_2N_3 \,.\, 1 - N_1N_2^3N_3}.$$

By proceeding in this manner we not only obtain the new ground products appertaining to the order but also those of lower orders previously obtained. It would be desirable to exclude the latter, and in the case before us we see *à posteriori* that this could have been secured by impressing the additional condition

$$\alpha_1 = \alpha_3;$$

but no method, similar to this, seems to be available for an order higher than 3, as no equation invariably connects the indices of the ground products.

ORDER 4.

$$\left(\frac{n+1}{1}\right)^{\alpha_1}\left(\frac{n+2}{2}\right)^{\alpha_2}\left(\frac{n+3}{3}\right)^{\alpha_3}\left(\frac{n+4}{4}\right)^{\alpha_4} = N_1^{\alpha_1}N_2^{\alpha_2}N_3^{\alpha_3}N_4^{\alpha_4}.$$

When n is of the form	condition is
$4m+1$,	$\alpha_1 + 2\alpha_3 \geqslant \alpha_2 + 2\alpha_4$,
$4m+2$,	$\alpha_2 \geqslant \alpha_4$,
$4m+3$,	$2\alpha_1 + \alpha_3 \geqslant \alpha_2 + 2\alpha_4$,
$3m+1$,	$\alpha_2 \geqslant \alpha_3$,
$3m+2$,	$\alpha_1 + \alpha_4 \geqslant \alpha_3$.

The Ω function which can be at once written down is somewhat troublesome to deal with, so that I find it appropriate to divide the generating function into two parts according as $\alpha_1 \geqslant \alpha_3$, $\alpha_3 > \alpha_1$.

Case 1. $\alpha_1 \geqslant \alpha_3$.

The conditions reduce to

$$\alpha_1 \geqslant \alpha_3 \qquad (a),$$
$$\alpha_1 + 2\alpha_3 \geqslant \alpha_2 + 2\alpha_4 \qquad (b),$$
$$\alpha_2 \geqslant \alpha_4 \qquad (c),$$
$$\alpha_2 \geqslant \alpha_3 \qquad (d),$$

and it is convenient to add the implied condition

$$\alpha_1 \geqslant \alpha_4 \qquad (e).$$

We obtain, for $\Sigma N_1^{\alpha_1} N_2^{\alpha_2} N_3^{\alpha_3} N_4^{\alpha_4}$,

$$\underset{\geqslant}{\Omega} \frac{1}{1 - abeN_1 \,.\, 1 - \frac{cd}{b} N_2 \,.\, 1 - \frac{b^2}{ad} N_3 \,.\, 1 - \frac{1}{b^2 ce} N_4};$$

and, eliminating d and e, this is

$$\underset{\geqslant}{\Omega} \frac{1}{1 - abN_1 \,.\, 1 - \frac{c}{b} N_2 \,.\, 1 - \frac{bc}{a} N_2 N_3 \,.\, 1 - \frac{a}{bc} N_1 N_4},$$

which, eliminating c, is

$$\underset{\geqslant}{\Omega} \frac{1 - \frac{1}{b} N_1 N_2^2 N_3 N_4}{1 - abN_1 \,.\, 1 - \frac{1}{b} N_2 \,.\, 1 - \frac{b}{a} N_2 N_3 \,.\, 1 - \frac{a}{b^2} N_1 N_2 N_4 \,.\, 1 - N_1 N_2 N_3 N_4};$$

and, eliminating a, this becomes

$$\underset{\geqslant}{\Omega} \frac{1 - N_1^2 N_2^2 N_3 N_4}{1 - bN_1 \,.\, 1 - \frac{1}{b} N_2 \,.\, 1 - \frac{1}{b^2} N_1 N_2 N_4 \,.\, 1 - b^2 N_1 N_2 N_3 \,.\, 1 - N_1 N_2 N_3 N_4},$$

the term $1 - \frac{1}{b} N_1 N_2^2 N_3 N_4$ disappearing.

This is equal to

$$\frac{1 - N_1^2 N_2^2 N_3 N_4 \Omega}{1 - N_1 N_2 N_3 N_4 \geqslant} \left\{ \frac{1}{1 - bN_1 \,.\, 1 - N_1 N_2} + \frac{\frac{1}{b} N_2}{1 - \frac{1}{b} N_2 \,.\, 1 - N_1 N_2} \right\}$$

$$\times \left\{ \frac{1}{1 - b^2 N_1 N_2 N_3 \,.\, 1 - N_1^2 N_2^2 N_3 N_4} + \frac{\frac{1}{b^2} N_1 N_2 N_4}{1 - \frac{1}{b^2} N_1 N_2 N_4 \,.\, N_1^2 N_2^2 N_3 N_4} \right\}$$

$$= \frac{1}{1 - N_1 \,.\, 1 - N_1 N_2 \,.\, 1 - N_1 N_2 N_3 \,.\, 1 - N_1 N_2 N_3 N_4}$$

$$+ \underset{\geqslant}{\Omega} \frac{\frac{1}{b} N_2}{1 - b^2 N_1 N_2 N_3 \,.\, 1 - \frac{1}{b} N_2} \cdot \frac{1}{1 - N_1 N_2 \,.\, 1 - N_1 N_2 N_3 N_4}$$

$$+ \underset{\geqslant}{\Omega} \frac{\frac{1}{b^2} N_1 N_2 N_4}{1 - bN_1 \,.\, 1 - \frac{1}{b^2} N_1 N_2 N_4} \cdot \frac{1}{1 - N_1 N_2 \,.\, 1 - N_1 N_2 N_3 N_4}$$

$$=\frac{1}{1-N_1\,.\,1-N_1N_2\,.\,1-N_1N_2N_3\,.\,1-N_1N_2N_3N_4}$$
$$+\frac{N_1N_2^2N_3+N_1N_2^3N_3}{1-N_1N_2\,.\,1-N_1N_2N_3\,.\,1-N_1N_2N_3N_4\,.\,1-N_1N_2^3N_3}$$
$$+\frac{N_1^3N_2N_4}{1-N_1\,.\,1-N_1N_2\,.\,1-N_1N_2N_3N_4\,.\,1-N_1^3N_2N_4}.$$

Case 2. $\alpha_3 > \alpha_1$.

The conditions become

$$\alpha_3 > \alpha_1 \qquad (a),$$
$$2\alpha_1+\alpha_3 \geqslant \alpha_2+2\alpha_4 \qquad (b),$$
$$\alpha_2 \geqslant \alpha_4 \qquad (c),$$
$$\alpha_2 \geqslant \alpha_3 \qquad (d),$$
$$\alpha_1+\alpha_4 \geqslant \alpha_3 \qquad (e);$$

to which it is convenient to add the implied conditions

$$\alpha_1 \geqslant \alpha_4 \qquad (f),$$
$$\alpha_3 \geqslant \alpha_4 \qquad (g);$$

the Ω function is

$$\underset{\geqslant}{\Omega}\frac{\frac{1}{a}}{1-\frac{b^2ef}{a}N_1\,.\,1-\frac{cd}{b}N_2\,.\,1-\frac{abg}{de}N_3\,.\,1-\frac{e}{b^2cfg}N_4}$$

$$=\underset{\geqslant}{\Omega}\frac{\frac{1}{a}}{1-\frac{b^2e}{a}N_1\,.\,1-\frac{cd}{b}N_2\,.\,1-\frac{ab}{de}N_3\,.\,1-\frac{be}{cd}N_1N_3N_4}$$

$$=\underset{\geqslant}{\Omega}\frac{\frac{b}{de}N_3}{1-\frac{b^3}{d}N_1N_3\,.\,1-\frac{d}{b}N_2\,.\,1-\frac{b}{de}N_3\,.\,1-eN_1N_2N_3N_4}$$

$$=\frac{1}{1-N_1N_2N_3N_4}\,.\,\underset{\geqslant}{\Omega}\frac{\frac{b}{d}N_1N_2N_3^2N_4}{1-\frac{b^3}{d}N_1N_3\,.\,1-\frac{d}{b}N_2\,.\,1-\frac{b}{d}N_1N_2N_3^2N_4}$$

$$=\frac{N_1N_2^2N_3^2N_4}{1-N_1N_2N_3N_4}\underset{\geqslant}{\Omega}\frac{1}{1-b^2N_1N_2N_3\,.\,1-\frac{1}{b}N_2\,.\,1-N_1N_2^2N_3^2N_4}$$

$$=\frac{N_1N_2^2N_3^2N_4(1+N_1N_2^2N_3)}{1-N_1N_2N_3\,.\,1-N_1N_2^3N_3\,.\,1-N_1N_2N_3N_4\,.\,1-N_1N_2^2N_3^2N_4}.$$

Hence the complete sum

$$\Sigma N_1^{a_1} N_2^{a_2} N_3^{a_3} N_4^{a_4},$$

is

$$\frac{1}{1 - N_1 . 1 - N_1 N_2 . 1 - N_1 N_2 N_3 . 1 - N_1 N_2 N_3 N_4}$$

$$+ \frac{N_1 N_2^2 N_3 + N_1 N_2^3 N_3}{1 - N_1 N_2 . 1 - N_1 N_2 N_3 . 1 - N_1 N_2 N_3 N_4 . 1 - N_1 N_2^3 N_3}$$

$$+ \frac{N_1^3 N_2 N_4}{1 - N_1 . 1 - N_1 N_2 . 1 - N_1 N_2 N_3 N_4 . 1 - N_1^3 N_2 N_4}$$

$$+ \frac{N_1 N_2^2 N_3^2 N_4 (1 + N_1 N_2^2 N_3)}{1 - N_1 N_2 N_3 . 1 - N_1 N_2^3 N_3 . 1 - N_1 N_2 N_3 N_4 . 1 - N_1 N_2^2 N_3^2 N_4},$$

and we have three ground products of order 4, viz.:—

$$N_1 N_2 N_3 N_4,$$
$$N_1^3 N_2 N_4,$$
$$N_1 N_2^2 N_3^2 N_4,$$

and every product of order 4 can be compounded of these and of ground products of lower orders.

I pause to observe that the form $N_1^3 N_2 N_4$ is one of a kind that always presents itself for an even order. The system is

$$N_1^{a_1} N_2^{a_2} N_4^{a_4} N_6^{a_6} \dots N_{2s}^{a_{2s}},$$

and may be separately examined. For the order 6 the ground products

$$N_1^2 N_2 N_6, \quad N_1^4 N_2 N_4 N_6, \quad N_1^6 N_2 N_4^2 N_6, \quad N_1^8 N_2 N_4^3 N_6,$$

and for the order 8

$$N_1^7 N_2 N_4 N_6 N_8, \quad N_1^8 N_2 N_4 N_6^2 N_8, \quad N_1^8 N_2^3 N_4 N_8,$$
$$N_1^{10} N_2 N_4^2 N_6^2 N_8, \quad N_1^{22} N_2^2 N_4^3 N_6^5 N_8^3,$$

are easily obtained.

ORDER 5.

We now come to a very complicated system of forms, which includes no fewer than 13 ground products of order 5. These I find to be

$$N_1 N_2 N_3 N_4 N_5, \quad N_1 N_2 N_3^2 N_4 N_5, \quad N_1 N_2^2 N_3 N_4 N_5,$$
$$N_1 N_2^2 N_3^2 N_4 N_5, \quad N_1 N_2^2 N_3^2 N_4^2 N_5, \quad N_1 N_2^2 N_3^3 N_4^2 N_5,$$
$$N_1 N_2^3 N_3^2 N_4 N_5, \quad N_1 N_2^3 N_3^3 N_4^2 N_5, \quad N_1 N_2^4 N_3^2 N_4 N_5,$$
$$N_1^2 N_2^5 N_3^7 N_4^5 N_5^2, \quad N_1^3 N_2^2 N_3 N_4^2 N_5, \quad N_1^3 N_2^3 N_3^2 N_4^3 N_5^2,$$
$$N_1^3 N_2^4 N_3^3 N_4^4 F_5^3.$$

The complete generating function can be obtained without difficulty, but, on account of its great length, I restrict my endeavours to the establishing of the **13** ground products. I find it necessary to adopt abridged notations, and in future, where it is convenient, I denote

$$N_1^{\alpha_1}N_2^{\alpha_2}N_3^{\alpha_3}N_4^{\alpha_4}N_5^{\alpha_5} \text{ by } (\alpha_1\alpha_2\alpha_3\alpha_4\alpha_5).$$

Further, if a portion of the generating function presents itself, which involves merely ground products already obtained in the previous work, I enclose it in brackets [ ] and thenceforward omit it. For example, I write

$$A = [B] + C \equiv C = [D] + E \equiv E;$$

and so on.

For
$$\left(\frac{n+1}{1}\right)^{\alpha_1}\left(\frac{n+2}{2}\right)^{\alpha_2}\left(\frac{n+3}{3}\right)^{\alpha_3}\left(\frac{n+4}{4}\right)^{\alpha_4}\left(\frac{n+5}{5}\right)^{\alpha_5}$$
$$= N_1^{\alpha_1}N_2^{\alpha_2}N_3^{\alpha_3}N_4^{\alpha_4}N_5^{\alpha_5} = (\alpha_1\alpha_2\alpha_3\alpha_4\alpha_5).$$

When n is of form	condition is
$4p+1$,	$\alpha_1 + 2\alpha_3 + \alpha_5 \geqslant \alpha_2 + 2\alpha_4$,
$4p+2$,	$\alpha_2 \geqslant \alpha_4$,
$4p+3$,	$2\alpha_1 + \alpha_3 + 2\alpha_5 \geqslant \alpha_2 + 2\alpha_4$,
$3p+1$,	$\alpha_2 + \alpha_5 \geqslant \alpha_3$,
$3p+2$,	$\alpha_1 + \alpha_4 \geqslant \alpha_3$,
$5p+1$,	$\alpha_4 \geqslant \alpha_5$,
$5p+2$,	$\alpha_3 \geqslant \alpha_5$,
$5p+3$,	$\alpha_2 \geqslant \alpha_5$ omit,
$5p+4$,	$\alpha_1 \geqslant \alpha_5$;

the eighth of these conditions may be omitted as being implied by the second and sixth. I separate the generating function into six portions corresponding to

Case 1.	$\alpha_1 \geqslant \alpha_2,\ \alpha_2 \geqslant \alpha_3$;
Case 2.	$\alpha_1 \geqslant \alpha_2,\ \alpha_3 > \alpha_2$;
Case 3.	$\alpha_2 > \alpha_1,\ \alpha_2 \geqslant \alpha_3,\ \alpha_1 + \alpha_5 \geqslant \alpha_3$;
Case 4.	$\alpha_2 > \alpha_1,\ \alpha_2 \geqslant \alpha_3,\quad \alpha_3 > \alpha_1 + \alpha_5$;
Case 5.	$\alpha_2 > \alpha_1,\ \alpha_3 > \alpha_2,\ \alpha_1 + \alpha_5 \geqslant \alpha_3$;
Case 6.	$\alpha_2 > \alpha_1,\ \alpha_3 > \alpha_2,\quad \alpha_3 > \alpha_1 + \alpha_5$.

For Case 1. The conditions become

$$\alpha_1 + 2\alpha_3 + \alpha_5 \geqslant \alpha_2 + 2\alpha_4 \quad\ldots\ldots(a),$$

$$\begin{cases}\alpha_1 \geqslant \alpha_2 \ldots\ldots(b),\\ \alpha_2 \geqslant \alpha_3 \ldots\ldots(c),\end{cases}$$

$$\alpha_4 \geqslant \alpha_5 \quad\ldots\ldots(d),$$

$$\alpha_3 \geqslant \alpha_5 \ldots\ldots(e),$$

$$\alpha_2 \geqslant \alpha_4 \quad\ldots\ldots(f),$$

for which the generating function is

$$\underset{\geqslant}{\Omega} \frac{1}{1 - abN_1 \,.\, 1 - \frac{cf}{ab}N_2 \,.\, 1 - \frac{a^2e}{c}N_3 \,.\, 1 - \frac{d}{a^2f}N_4 \,.\, 1 - \frac{a}{de}N_5};$$

which, eliminating b and c, is

$$\underset{\geqslant}{\Omega} \frac{1}{1 - aN_1 \,.\, 1 - fN_1N_2 \,.\, 1 - a^2efN_1N_2N_3 \,.\, 1 - \frac{d}{a^2f}N_4 \,.\, 1 - \frac{a}{de}N_5};$$

and eliminating d, e, and f,

$$\underset{\geqslant}{\Omega} \frac{1-(2211)}{1 - N_1N_2 \,.\, 1 - a^2N_1N_2N_3 \,.\, 1 - \frac{1}{a^2}N_1N_2N_4 \,.\, 1 - aN_1 \,.\, 1 - a(11111) \,.\, 1 - (1111)}.$$

Now $\underset{\geqslant}{\Omega} \dfrac{1}{1 - a^2x \,.\, 1 - ay \,.\, 1 - az \,.\, 1 - \frac{1}{a^2}w}$

$$= \frac{1}{1 - xw} \underset{\geqslant}{\Omega} \left\{ \frac{1}{1 - a^2x \,.\, 1 - ay \,.\, 1 - az} + \frac{\frac{w}{a^2}}{1 - ay \,.\, 1 - az \,.\, 1 - \frac{w}{a^2}} \right\}$$

$$= \frac{1}{1 - x \,.\, 1 - y \,.\, 1 - z \,.\, 1 - xw} + \frac{z^2w + yzw}{1 - xw \,.\, 1 - z \,.\, 1 - z^2w}$$

$$+ \underset{\geqslant}{\Omega} \frac{wy^2}{1 - ay \,.\, 1 - az \,.\, 1 - \frac{w}{a^2} \,.\, 1 - xw}$$

$$= \frac{1}{1 - x \,.\, 1 - y \,.\, 1 - z \,.\, 1 - xw} + \frac{z^2w + yzw}{1 - xw \,.\, 1 - z \,.\, 1 - z^2w}$$

$$+ \frac{y^2w}{1 - y \,.\, 1 - z \,.\, 1 - z^2w \,.\, 1 - xw} + \frac{y^2w\,(y^2w + yzw)}{1 - y \,.\, 1 - y^2w \,.\, 1 - z^2w \,.\, 1 - xw}.$$

Hence, putting $x = N_1N_2N_3$, $y = N_1$, $z = (11111)$, $w = N_1N_2N_4$, we have

$$xw = (2211),$$
$$y^2w = N_1^3N_2N_4,$$
$$z^2w = (33232),$$
$$yzw = (32121);$$

and we arrive at the three ground products

(11111),

(32121),

(33232),

which, as far as this case is concerned, are irreducible.

Case 2. $\alpha_1 \geqslant \alpha_2,\ \alpha_3 > \alpha_2.$

The system of conditions reduces to

$$\alpha_1 \geqslant \alpha_2 \quad\ldots\ldots\ldots\ldots\ldots\ldots(a),$$
$$\alpha_3 > \alpha_2 \quad\ldots\ldots\ldots\ldots\ldots\ldots(b),$$
$$\alpha_2 \geqslant \alpha_4 \quad\ldots\ldots\ldots\ldots\ldots\ldots(c),$$
$$\alpha_2 + \alpha_5 \geqslant \alpha_3 \quad\ldots\ldots\ldots\ldots\ldots\ldots(d),$$
$$\alpha_4 \geqslant \alpha_5 \quad\ldots\ldots\ldots\ldots\ldots\ldots(e),$$

and

$$\Sigma N_1^{\alpha_1}N_2^{\alpha_2}N_3^{\alpha_3}N_4^{\alpha_4}N_5^{\alpha_5}$$

$$= \underset{\geqslant}{\Omega} \frac{\frac{1}{b}}{1 - aN_1 \,.\, 1 - \frac{cd}{ab}N_2 \,.\, 1 - \frac{b}{d}N_3 \,.\, 1 - \frac{e}{c}N_4 \,.\, 1 - \frac{d}{e}N_5}$$

$$= \underset{\geqslant}{\Omega} \frac{\frac{1}{d}N_3}{1 - aN_1 \,.\, 1 - \frac{c}{a}N_2N_3 \,.\, 1 - \frac{1}{d}N_3 \,.\, 1 - \frac{1}{c}N_4 \,.\, 1 - \frac{d}{c}N_4N_5}$$

$$= \underset{\geqslant}{\Omega} \frac{\frac{1}{c}N_3N_4N_5}{1 - N_1 \,.\, 1 - cN_1N_2N_3 \,.\, 1 - \frac{1}{c}N_3N_4N_5 \,.\, 1 - \frac{1}{c}N_4 \,.\, 1 - \frac{1}{c}N_4N_5}$$

$$= \frac{(11211)}{1 - N_1 \,.\, 1 - N_1N_2N_3 \,.\, 1 - N_1N_2N_3N_4 \,.\, 1 - (11111) \,.\, 1 - (11211)},$$

yielding the new ground product

(11211).

Case 3. $\alpha_2 > \alpha_1,\ \alpha_2 \geqslant \alpha_3,\ \alpha_1 + \alpha_5 \geqslant \alpha_3.$

The reduced conditions are

$$\alpha_2 > \alpha_1 \quad \dots\dots(a),$$
$$\alpha_2 \geqslant \alpha_3 \quad \dots\dots(b),$$
$$\alpha_1 + \alpha_5 \geqslant \alpha_3 \quad \dots\dots(c),$$
$$\alpha_1 + 2\alpha_3 + \alpha_5 \geqslant \alpha_2 + 2\alpha_4 \quad \dots\dots(d),$$
$$\alpha_1 + \alpha_4 \geqslant \alpha_3 \quad \dots\dots(e),$$
$$\alpha_2 \geqslant \alpha_4 \quad \dots\dots(f),$$
$$\alpha_4 \geqslant \alpha_5 \quad \dots\dots(g),$$
$$\alpha_3 \geqslant \alpha_5 \quad \dots\dots(h),$$
$$\alpha_1 \geqslant \alpha_5 \quad \dots\dots(i),$$

of which the generator is

$$\underset{\geqslant}{\Omega}\frac{\frac{1}{a}}{1-\frac{cdei}{a}N_1 \,.\, 1-\frac{abf}{d}N_2 \,.\, 1-\frac{d^2h}{bce}N_3 \,.\, 1-\frac{eg}{d^2f}N_4 \,.\, 1-\frac{cd}{ghi}N_5}$$

$$=\underset{\geqslant}{\Omega}\frac{\frac{bf}{d}N_2}{1-bcefN_1N_2 \,.\, 1-\frac{bf}{d}N_2 \,.\, 1-\frac{d^2}{bce}N_3 \,.\, 1-\frac{e}{d^2f}N_4 \,.\, 1-ced\,N_1N_2N_3N_4N_5};$$

the result of eliminating a, g, h and i.

It might be thought advisable at this stage to eliminate b or f, but experiment shews an advantage in proceeding with d.

Consider

$$\underset{\geqslant}{\Omega}\frac{\frac{p}{d}}{1-d^2x \,.\, 1-\frac{y}{d^2} \,.\, 1-dz \,.\, 1-\frac{w}{d}}$$

$$=\underset{\geqslant}{\Omega}\frac{\frac{p}{d}}{1-xy \,.\, 1-zw}\left(\frac{1}{1-d^2x}+\frac{\frac{y}{d^2}}{1-\frac{y}{d^2}}\right)\left(\frac{1}{1-dz}+\frac{\frac{w}{d}}{1-\frac{w}{d}}\right)$$

$$=\underset{\geqslant}{\Omega}\frac{\frac{p}{d}}{1-xy \,.\, 1-zw \,.\, 1-d^2x \,.\, 1-dz}+\underset{\geqslant}{\Omega}\frac{\frac{1}{d^2}pw}{1-xy \,.\, 1-zw \,.\, 1-d^2x \,.\, 1-\frac{w}{d}}$$

$$+\underset{\geqslant}{\Omega}\frac{\frac{1}{d^3}py}{1-xy \,.\, 1-zw \,.\, 1-dz \,.\, 1-\frac{y}{d^2}}$$

$$=\frac{px}{1-x\,.\,1-xy\,.\,1-zw}+\frac{pz}{1-x\,.\,1-z\,.\,1-xy\,.\,1-zw}$$

$$+\frac{pxw\,(1+xw)}{1-x\,.\,1-xy\,.\,1-zw\,.\,1-xw^2}+\frac{pyz^3}{1-z\,.\,1-xy\,.\,1-zw\,.\,1-yz^2}.$$

Hence the generator is :—

$$\left(\text{putting } p=bfN_2,\ x=\frac{1}{bce}N_3,\ y=\frac{e}{f}N_4,\ z=ced\,(11111)\right)$$

$$\underset{\geqslant}{\Omega}\left\{\frac{\frac{f}{ce}N_2N_3}{1-\frac{1}{bce}N_3\,.\,1-\frac{1}{bcf}N_3N_4\,.\,1-bcef\,(12111)\,.\,1-bcefN_1N_2}\right.$$

$$+\frac{bcef\,(12111)}{1-\frac{1}{bce}N_3\,.\,1-ce\,(11111)\,.\,1-\frac{1}{bcf}N_3N_4\,.\,1-bcef\,(12111)\,.\,1-bcefN_1N_2}$$

$$+\frac{bc^3\,(34343)}{1-c\,(11111)\,.\,1-\frac{1}{bcf}N_3N_4\,.\,1-bcf\,(12111)\,.\,1-\frac{c^2}{f}\,(22232)\,.\,1-bcfN_1N_2}$$

$$\left.+\frac{\frac{bf^2}{ce}N_2^2N_3\left(1+\frac{f}{ce}N_2N_3\right)}{1-\frac{1}{bce}N_3\,.\,1-\frac{1}{bcf}N_3N_4\,.\,1-bcef\,(12111)\,.\,1-\frac{bf^2}{ce}N_2^2N_3\,.\,1-bcefN_1N_2}\right\}$$

$=A+B+C+D$, suppose.

$$\text{Now } A=\underset{\geqslant}{\Omega}\frac{\frac{1}{ce}N_2N_3}{1-bceN_1N_2\,.\,1-bce\,(12111)\,.\,1-e\,(12221)\,.\,1-\frac{1}{bce}N_3}$$

$$+\underset{\geqslant}{\Omega}\frac{\frac{1}{bc^2e}N_2N_3^2N_4}{1-bceN_1N_2\,.\,1-e\,(1111)\,.\,1-e\,(12221)\,.\,1-\frac{1}{bce}N_3}$$

$$=\underset{\geqslant}{\Omega}\frac{\frac{1}{ce}N_2N_3\,\{1-N_1N_2^2N_3\,(11111)\}}{1-ceN_1N_2\,.\,1-ce\,(12111)\,.\,1-e\,(12221)\,.\,1-N_1N_2N_3\,.\,1-(12211)}$$

$$+\underset{\geqslant}{\Omega}\frac{be\,(2321)}{1-beN_1N_2\,.\,1-e\,(1111)\,.\,1-e\,(12221)\,.\,1-N_1N_2N_3}$$

$$=\frac{(13211)\,\{1-(121)\,(11111)\}}{1-(111)\,.\,1-(12111)\,.\,1-(12211)\,.\,1-(12221)}$$

$$+\frac{(121)\,\{1-(121\}\,(11111)\}}{1-(11)\,.\,1-(111)\,.\,1-(12111)\,.\,1-(12211)\,.\,1-(12221)}$$

$$+\frac{(121)\,(1111)}{1-(11)\,.\,1-(1111)\,.\,1-(111)\,.\,1-(12221)};$$

a result which indicates the new ground forms

$$(12111),$$
$$(12211),$$
$$(12221),$$
$$(13211).$$

B is easily shewn to have the expression

$$\frac{(12111)}{1-(11).1-(111).1-(1111).1-(11111).1-(12111)}$$
$$+\frac{(12211)}{1-(111).1-(1111).1-(11111).1-(12111).1-(12211)}.$$

C, by elimination of b and c (in one operation), becomes

$$\frac{(34343)}{1-(1111).1-(11111)}\underset{\geqslant}{\Omega}\frac{1}{1-f(12111).1-f(11).1-\frac{1}{f}(22232)}$$

$$+\frac{(34453)}{1-(1111).1-(11111).1-(12221)}\underset{\geqslant}{\Omega}\frac{\frac{1}{f}}{1-f(12111).1-\frac{1}{f}(22232)}$$

$$=\frac{(34343)\{1-(45343)\}}{1-(11).1-(1111).1-(11111).1-(12111).1-(34343).1-(33232)}$$

$$+\frac{(46564)}{1-(1111).1-(11111).1-(12221).1-(12111).1-(34343)};$$

wherein observe that $(45343)=(11)(34343),$

$$(46564)=(12221)(34343);$$

so that (34343) is the only new ground product that emerges.

Separating the numerator terms of D it can be written D_1+D_2.

For D_1 we require the result

$$\underset{\geqslant}{\Omega}\frac{\frac{w}{e}}{1-ex.1-ey.1-\frac{z}{e}.1-\frac{w}{e}}$$

$$=\frac{yw}{1-y.1-xz.1-yw}+\frac{xw}{1-x.1-y.1-xz.1-yw}+\frac{x^2w^2}{1-x.1-xz.1-xw.1-yw}$$

$$+\frac{y^2zw}{1-y.1-xz.1-yz.1-yw};$$

which $\left(\text{putting } x = bcf(12111),\ y = bcf(11),\ z = \frac{1}{bc}N_3,\ w = \frac{bf^2}{c}N_2^2N_3\right)$ brings it to

$$\underset{\geqslant}{\Omega}\frac{b^2f^3(131)}{1-\frac{1}{bcf}N_3N_4 . 1-f(12211) . 1-b^2f^3(131) . 1-bcf(11)}$$

$$+\underset{\geqslant}{\Omega}\frac{b^2f^3(14211)}{1-\frac{1}{bcf}N_3N_4 . 1-f(12211) . 1-b^2f^3(131) . 1-bcf(11) . 1-bcf(12111)}$$

$$+\underset{\geqslant}{\Omega}\frac{b^4f^6(28422)}{1-\frac{1}{bcf}N_3N_4 . 1-f(12211) . 1-b^2f^3(131) . 1-bcf(12111) . 1-b^2f^3(14211)}$$

$$+\underset{\geqslant}{\Omega}\frac{b^2f^4(121)^2}{1-\frac{1}{bcf}N_3N_4 . 1-f(12211) . 1-b^2f^3(131) . 1-bcf(11) . 1-f(111)}$$

$$=\frac{(131)}{1-(11) . 1-(1111) . 1-(131) . 1-(12211)}$$

$$+\frac{(14211)\{1-(11)(12221)\}}{1-11 . 1-(1111) . 1-(131) . 1-(12111) . 1-(12211) . 1-(12221)}$$

$$+\frac{(14211)^2}{1-(131) . 1-(12111) . 1-(12211) . 1-(12221) . 1-(14211)}$$

$$+\frac{(121)^2}{1-(11) . 1-(111) . 1-(1111) . 1-(131) . 1-(12211)};$$

yielding the single new ground product

(14211).

For D_2 we require the result

$$\underset{\geqslant}{\Omega}\frac{\frac{p}{e^2}}{1-ex . 1-ey . 1-\frac{z}{e} . 1-\frac{w}{e}}$$

$$=\frac{p}{1-xz . 1-yw}\left\{\frac{y^2}{1-y}+\frac{xy}{1-y}+\frac{x^2}{1-x . 1-y}+\frac{x^3w}{1-x . 1-xw}+\frac{y^3z}{1-y . 1-yz}\right\},$$

and putting $p = \frac{bf^3}{c^2}N_2^3N_3^2,\ x = bcf(12111),\ y = bcf(11),$

$$z = \frac{1}{bc}N_3, \qquad w = \frac{bf^2}{c}N_2^2N_3,$$

and observing that we may put $b=f=1$ and that moreover

$$xz=(12111),\quad yw=(131),$$
$$py^2=(121)(131),\quad pxy=(121)(14211),$$
$$px^2=(13211)(14211),\quad px^3w=(13211)(14211)^2,$$
$$py^3z=(121)^3,\quad xw=(14211),\quad yz=(111),$$

while operation upon the remaining letter c produces no new form, it is clear that no new form arises.

Case 4. $\alpha_2>\alpha_1,\ \alpha_2\geqslant\alpha_3,\ \alpha_3>\alpha_1+\alpha_5$.

The reduced conditions are

$$\alpha_2>\alpha_1 \quad\ldots\ldots\ldots\ldots\ldots\ldots\ldots\ldots\ldots\ldots(a),$$
$$\alpha_2\geqslant\alpha_3 \quad\ldots\ldots\ldots\ldots\ldots\ldots\ldots\ldots\ldots\ldots(b),$$
$$\alpha_3>\alpha_1+\alpha_5 \quad\ldots\ldots\ldots\ldots\ldots\ldots\ldots\ldots\ldots\ldots(c),$$
$$2\alpha_1+\alpha_3+2\alpha_5\geqslant\alpha_2+2\alpha_4 \ldots\ldots\ldots\ldots\ldots\ldots\ldots\ldots\ldots\ldots(d),$$
$$\alpha_1+\alpha_4\geqslant\alpha_3 \quad\ldots\ldots\ldots\ldots\ldots\ldots\ldots\ldots\ldots\ldots(e),$$
$$\alpha_2\geqslant\alpha_4 \quad\ldots\ldots\ldots\ldots\ldots\ldots\ldots\ldots\ldots\ldots(f),$$
$$\alpha_4\geqslant\alpha_5 \quad\ldots\ldots\ldots\ldots\ldots\ldots\ldots\ldots\ldots\ldots(g),$$
$$\alpha_1\geqslant\alpha_5 \quad\ldots\ldots\ldots\ldots\ldots\ldots\ldots\ldots\ldots\ldots(h);$$

leading to $\Sigma N_1^{\alpha_1}N_2^{\alpha_2}N_3^{\alpha_3}N_4^{\alpha_4}N_5^{\alpha_5}$

$$=\underset{\geqslant}{\Omega}\frac{\dfrac{1}{ac}}{1-\dfrac{d^2eh}{ac}N_1\,.\,1-\dfrac{abf}{d}N_2\,.\,1-\dfrac{cd}{be}N_3\,.\,1-\dfrac{eg}{d^2f}N_4\,.\,\dfrac{d^2}{cgh}N_5};$$

and this by elimination of a, b, c, e, g and h becomes

$$\underset{\geqslant}{\Omega}\frac{\dfrac{1}{d^2}N_2N_3N_4}{1-d^2f(111)\,.\,1-d^2f(12211)\,.\,1-\dfrac{f}{d}N_2\,.\,1-\dfrac{1}{d^2f}N_4\,.\,1-\dfrac{1}{d^2}N_2N_3N_4};$$

and since $$\underset{\geqslant}{\Omega}\frac{1}{1-fx\,.\,1-fy\,.\,1-fz\,.\,1-\dfrac{1}{f}w}$$

$$=\frac{1}{1-x\,.\,1-y\,.\,1-z\,.\,1-zw}+\frac{yw}{1-y\,.\,1-yw\,.\,1-zw}$$

$$+\frac{xw}{1-x\,.\,1-y\,.\,1-yw\,.\,1-zw}+\left[\frac{x^2w^2}{1-x\,.\,1-xw\,.\,1-yw\,.\,1-zw}\right]$$

this becomes:—

$$\left(\text{putting } x=d^2(111),\ y=d^2(12211),\ z=\frac{1}{d}N_2,\ w=\frac{1}{d^2}N_4\right)$$

$$\underset{\geqslant}{\Omega}\frac{\frac{1}{d^2}N_2N_3N_4}{1-\frac{1}{d^2}N_2N_3N_4}\left\{\frac{1}{1-d^2(111).1-d^2(12211).1-\frac{1}{d}N_2.1-\frac{1}{d^3}N_2N_4}\right.$$

$$+\frac{(12221)}{1-d^2(12211).1-\frac{1}{d^3}N_2N_4.1-(12221)}$$

$$\left.+\frac{(1111)}{1-d^2(111).1-d^2(12211).1-\frac{1}{d^3}N_2N_4.1-(12221)}\right\};$$

the fourth fraction being omitted as obviously contributing nothing new.

Now writing $x=(111)$, $y=(12211)$, $z=N_2$, $w=N_2N_3N_4$,

$$p=N_2N_4,$$

$$\underset{\geqslant}{\Omega}\frac{\frac{w}{d^2}}{1-d^2y.1-\frac{w}{d^2}.1-\frac{p}{d^3}}=\frac{yw(1+y^2p)}{1-y.1-yw.1-y^3p^2};$$

$$\underset{\geqslant}{\Omega}\frac{\frac{w}{d^2}}{1-d^2x.1-d^2y.1-\frac{w}{d^2}.1-\frac{p}{d^3}}=\frac{yw(1+y^2p)}{1-y.1-xw.1-yw.1-y^3p^2}$$

$$+\frac{x^3(1+y+y^2)(1+p)}{1-x.1-x^3p^2.1-y^3p^2}\cdot\frac{xw}{1-xw}$$

$$+\frac{y^3(1+p)}{1-x.1-y.1-y^3p^2}\cdot\frac{xw}{1-xw}$$

$$+\frac{K}{1-x^3p^2.1-y^3p^2}\cdot\frac{xw}{1-xw},$$

where

$$K=1+x+y+x^2+xy+y^2+x^2y+xy^2+x^2y^2$$
$$+(x^2+xy+y^2+x^2y+xy^2+x^2y^2)p$$
$$+(x^2y+xy^2+x^2y^2)p^2;$$

$$\underset{\geqslant}{\Omega}\frac{\frac{w}{d^2}}{1-d^2x.1-d^2y.1-\frac{z}{d}.1-\frac{w}{d^2}.1-\frac{p}{d^3}}$$

$$=\frac{yw(1+y^2p)(1+yz)}{1-y.1-xw.1-yw.1-y^3p^2.1-yz^2}+\frac{y^3zwp}{1-xw.1-yw.1-y^3p^2.1-yz^2}$$

$$+\frac{xw(1+xz)(1+y^2p)}{1-x.1-y.1-xw.1-xz^2.1-y^3p^2}+\frac{xw(yz+y^2zp)}{1-y.1-xw.1-y^3p^2}$$

$$+\frac{xw(xyp+xyzp+x^3p^2+x^2yp^2+x^4zp^2+x^3y^2p^3+x^2y^2zp^2+x^3yz^2p^2+x^3y^2zp^3)}{1-x.1-xw.1-xz^2.1-x^3p^2.1-y^3p^2}.$$

In verifying these laborious calculations the relations

$$\frac{1}{1-d^2y.1-\frac{z}{d}}=\frac{1+dyz}{1-yz^2.1-d^2y}+\frac{\frac{z}{d}}{1-yz^2.1-\frac{z}{d}},$$

$$\frac{1}{1-d^2y.1-\frac{p}{d^3}}=\frac{1+dy^2p}{1-y^3p^2.1-d^2y}+\frac{\frac{p}{d^3}+\frac{y^2p^2}{d^2}+\frac{yp}{d}}{1-y^3p^2.1-\frac{p}{d^3}},$$

will be found useful.

On examining these results we find that

$$yw=(13321)$$

is a new ground form, and that every other term is expressible by means of it and of ground forms previously reached.

Case 5. $\alpha_2>\alpha_1$, $\alpha_3>\alpha_2$, $\alpha_1+\alpha_5 \geqslant \alpha_3$.

The reduced conditions are

$$\alpha_2>\alpha_1 \qquad (a),$$

$$\alpha_3>\alpha_2 \qquad (b),$$

$$\alpha_1+\alpha_5\geqslant\alpha_3 \qquad (c),$$

$$\alpha_2\geqslant\alpha_4 \qquad (d),$$

$$\alpha_4\geqslant\alpha_5 \qquad (e),$$

$$\alpha_1\geqslant\alpha_5 \qquad (f);$$

from which

$$\underset{\geqslant}{\Omega}\frac{\frac{1}{ab}}{1-\frac{cf}{a}N_1.1-\frac{ab}{d}N_2.1-\frac{b}{c}N_3.1-\frac{e}{d}N_4.1-\frac{c}{ef}N_5},$$

$$=\underset{\geqslant}{\Omega}\frac{\frac{d}{c^2}N_2N_3^2}{1-c(11111).1-\frac{d}{c}N_2N_3.1-\frac{1}{c}N_3.1-d(111).1-\frac{1}{d}N_4},$$

$$=\underset{\geqslant}{\Omega}\frac{d(23422)}{1-d(12211).1-d(111).1-\frac{1}{d}N_4.1-(11111).1-(11211)}$$

$$=\frac{(12211)(11211)}{1-(11111).1-(11211)}\left\{\frac{(12211)}{1-(12211).1-(111).1-(1111)}+\frac{(12221)}{1-(12211).1-(12221).1-(1111)}\right\},$$

so that new forms do not arise.

Case 6. $\alpha_2>\alpha_1,\ \alpha_3>\alpha_2,\ \alpha_3>\alpha_1+\alpha_5$.

The reduced conditions are

$$\begin{aligned}\alpha_3&>\alpha_2 &&(a),\\ \alpha_3&>\alpha_1+\alpha_5 &&(b),\\ 2\alpha_1+\alpha_3+2\alpha_5&\geqslant\alpha_2+2\alpha_4 &&(c),\\ \alpha_2&\geqslant\alpha_4 &&(d),\\ \alpha_2+\alpha_5&\geqslant\alpha_3 &&(e),\\ \alpha_1+\alpha_4&\geqslant\alpha_3 &&(f),\\ \alpha_1&\geqslant\alpha_5 &&(g);\end{aligned}$$

leading to

$$\underset{\geqslant}{\Omega}\frac{\frac{1}{ab}}{1-\frac{c^2fg}{b}N_1.1-\frac{de}{ac}N_2.1-\frac{abc}{ef}N_3.1-\frac{f}{c^2d}N_4.1-\frac{c^2e}{bg}N_5},$$

which is readily thrown into the form

$$\underset{\geqslant}{\Omega}\frac{\frac{c^5}{b^2}N_1N_3N_5\left(1-\frac{c^6}{b^2}N_1^2N_2N_3N_5\right)}{1-c^2(111).1-\frac{b}{c^2}N_2N_3N_4.1-\frac{c^2}{b}N_1.1-\frac{c^4}{b}N_1N_2N_3N_5.1-\frac{c^5}{b}N_1N_3N_5.1-\frac{c^4}{b^2}N_1N_5},$$

and eliminating b this is

$$\underset{\geqslant}{\Omega}\frac{c(12321)-c^3(11)(12321)^2}{1-c^2(111).1-\frac{1}{c^2}N_2N_3N_4.1-(1111).1-c^2(12211).1-c^3(11211).1-(12221)}$$

$$=\underset{\geqslant}{\Omega}\frac{c(12321)}{1-(1111).1-(12221).1-c^3(11211).1-c^2(111).1-\frac{1}{c^2}N_2N_3N_4}$$

$$+\underset{\geqslant}{\Omega}\frac{c^3(12211)(12321)}{1-(12221).1-c^3(11211).1-c^2(12211).1-c^2(111).1-\frac{1}{c^2}N_2N_3N_4}.$$

Now

$$\underset{\geqslant}{\Omega}\frac{c}{1-c^3x.1-c^2y.1-\frac{1}{c^2}z}$$

$$=\frac{1}{1-x.1-y.1-yz}+\frac{xz+xz^2+x^2z^3}{1-x.1-yz.1-x^2z^3}$$

and

$$\underset{\geqslant}{\Omega} \frac{c^3}{1-c^3x \,.\, 1-c^2y \,.\, 1-c^2w \,.\, 1-\frac{1}{c^2}z}$$

$$= \frac{1}{1-x \,.\, 1-y \,.\, 1-w} + \frac{z}{1-x \,.\, 1-y \,.\, 1-w \,.\, 1-wz}$$

$$+ \frac{xz^2}{1-x \,.\, 1-y \,.\, 1-wz \,.\, 1-yz} + \frac{yz^2}{1-y \,.\, 1-wz \,.\, 1-yz}$$

$$+ \frac{xz^3+x^2z^4+x^3z^5}{1-x \,.\, 1-wz \,.\, 1-yz \,.\, 1-x^2z^3}.$$

Putting now

$$x=(11211),\quad y=(111),\quad w=(12211),\quad z=(0111),$$

we can examine the generating function.

It is clear that

$$xz=(12321)$$

is a ground product.

Also

$$x^2z^3=(12321)(13431)=(25752)$$

is a ground product, (13431) not being a solution of the conditions.

Further

$$(12211)(12321)z=(12321)(13321),$$
$$wz=(13321),$$
$$(12211)(12321)yz^2=(121)(25752),$$
$$(12211)(12321)xz^3=(13321)(25752);$$

so that there are no more ground products.

We have therefore in Case 6 obtained the new fundamental forms:—

(12321),
(25752).

The investigation that has been given does not establish that the 13 forms obtained are ground products *quâ* the whole of the six cases, but it does prove that all the ground products are included amongst these 13. But it is clear that all forms in which $\alpha_1=1$ are necessarily ground products. This accounts for 9 of the 13 and it is easy by actual experiment to convince oneself that the remaining 4, viz.:—

(25752),
(32121),
(33232),
(34343),

are, in fact, irreducible.

Hence the 13 ground products of order 5 are established.

Finally, to resume the foregoing, it has been shewn, in respect of the arithmetical function

$$\binom{n+1}{1}^{\alpha_1}\binom{n+2}{2}^{\alpha_2}\binom{n+3}{3}^{\alpha_3}\binom{n+4}{4}^{\alpha_4}\binom{n+5}{5}^{\alpha_5} \equiv (\alpha_1, \alpha_2, \alpha_3, \alpha_4, \alpha_5)\text{'}$$

n being any integer whatever, that all integral forms are expressible as products of

(1)	order 1,
(11)	order 2,
(111) (121) (131)	order 3,
(1111) (3101) (1221)	order 4,
(11111) (11211) (12111) (12211) (12221) (12321) (13211) (13321) (14211) (25752) (32121) (33232) (34343)	order 5.

III. *On the Integrals of Systems of Differential Equations.*

By Professor A. R. Forsyth.

[Received, 28 *July*, 1899.]

Introductory.

The present paper deals with the character of the most general integral of a system of two equations of the first order and the first degree in the derivatives of a couple of dependent variables with regard to a single independent variable, the integrals being determined with reference to assigned initial values. It will be seen that corresponding results can be established for a system of n equations, of the first order and the first degree in the derivatives of n dependent variables.

When the equations are given in the form

$$\frac{dy}{dx} = f(x, y, z), \qquad \frac{dz}{dx} = g(x, y, z),$$

then Cauchy's existence-theorem shews that, if $x = a$, $y = b$, $z = c$ be an ordinary combination of values for the functions f and g, so that f and g are regular in the vicinity of $x = a$, $y = b$, $z = c$, there exist integrals y and z of the equations, which are regular functions of x and which acquire values b and c respectively when $x = a$; these solutions are the only regular functions satisfying the assigned conditions; and it may be (but it is not necessarily) the case that they are the only solutions of the equation (whether regular or non-regular functions of x) determined by the assigned conditions.

If however a, b, c be not an ordinary combination of values, then the character of the integrals of the equations depends upon the character of the functions f and g in the vicinity. One important form, which includes a large number of cases, occurs when a, b, c is an accidental singularity of the second kind for both f and g, that is, the two functions are each of them expressible in the form

$$\frac{P(x-a,\ y-b,\ z-c)}{Q(x-a,\ y-b,\ z-c)},$$

where P and Q are regular functions of their arguments, each of them vanishing when $x = a$, $y = b$, $z = c$. It is necessary to obtain an equivalent reduced form of the equations: and one method is the appropriate generalisation of Briot and Bouquet's method as applied to a single equation of the first order. This has been carried out in the case of

n variables by Königsberger*, and in the case of two variables by Goursat†. For our system, the most important reduced equivalent form is

$$\left.\begin{aligned} t\frac{dU}{dt} &= \alpha_1 U + \beta_1 V + \gamma_1 t + \ldots = \theta_1(U, V, t) \\ t\frac{dV}{dt} &= \alpha_2 U + \beta_2 V + \gamma_2 t + \ldots = \theta_2(U, V, t) \end{aligned}\right\} \quad \ldots\ldots\ldots\ldots\ldots\ldots\ldots\ldots(\mathrm{A}),$$

where θ_1 and θ_2 are regular functions of their three arguments each of which vanishes with U, V, t. The relations between the variables are

$$x - a = t^{\psi}, \quad y - b = (b_1 + U)\,t^{\theta}, \quad z - c = (c_1 + V)\,t^{\phi},$$

where θ, ϕ, ψ are positive integers with no factor common to all three, and b_1 and c_1 are appropriately determined constants. The new conditions attaching to the dependent variables U and V are that $U = 0$ and $V = 0$ when $t = 0$; these correspond to the initial conditions that $y = b$ and $z = c$ when $x = a$; and the matter to be discussed is the determination of integrals of the equations (A) subject to the condition that $U = 0$ and $V = 0$ when $t = 0$.

The integrals, so determined, are either regular or non-regular functions of t: their existence and their character are affected by the nature of the roots of

$$(\xi - \alpha_1)(\xi - \beta_2) - \alpha_2\beta_1 = 0,$$

which may be called the *critical quadratic*. Various theorems have been from time to time enunciated in various investigations. Thus Picard‡ proved that the equations possess integrals, satisfying the required conditions and expressible as regular functions of t provided neither root of the critical quadratic is a positive integer; and Goursat shewed§ that, if the real parts of each of the roots of the critical quadratic are negative, then the equation possesses no integrals other than the regular functions of t satisfying the required conditions. Also Poincaré‖ and, following him, Bendixson¶, have discussed the integrals of n equations of the form

$$t\frac{du_r}{dt} = \theta_r(u_1, u_2, \ldots, u_n), \quad (r = 1, \ldots, n),$$

the functions θ_r being regular functions of their arguments and vanishing when $u_1 = 0$, $u_2 = 0, \ldots, u_n = 0$: these can be made to include the system (A) by writing $n = 3$, and taking the third equation in the form

$$t\frac{du_3}{dt} = u_3,$$

with the condition that u_1, u_2, u_3 all vanish with t. In this case, there is a critical

* *Lehrbuch der Theorie der Differentialgleichungen*, Leipzig (1889), pp. 352 et seq.

† *Amer. Journ. Math.*, vol. XI (1889), pp. 340, 341.

‡ *Comptes Rendus*, t. LXXXVII (1878), pp. 430—432, 743—745; see also his *Cours d'Analyse*, t. III, ch. I.

§ *Amer. Journ. Math.*, vol. XI, p. 342.

‖ *Inaugural Dissertation*, 1879.

¶ *Stockh. Öfver.*, t. LI (1894), pp. 141—151.

cubic corresponding to the critical quadratic specified above; one root of the cubic being unity. But all the alternative possibilities for the general equation are not set out in detail in the memoirs specified, so that all the possibilities for the limited cubic would have to be considered independently.

Again, a considerable portion of Chapter V. of Königsberger's treatise, already cited, is devoted to the corresponding discussion for n equations; some difficulties as regards adequacy of proof of the theorems, independently of the general statement, prevent me from thinking the investigation entirely satisfactory, that is, if I understand it correctly*. Some papers by Horn† may be consulted: further references will be found in them.

My intention in this paper is to take account of the different general cases that can arise owing to the various possibilities of the form of the roots of the critical quadratic. For this purpose, the method used by Jordan‡ for the corresponding discussion of a single equation is adapted to the system of two equations. The different cases are:—

I. The quadratic has unequal roots:—

(a) neither root being a positive integer:

(b) one root being a positive integer, the other not:

(c) both roots being positive integers.

II. The quadratic has equal roots:—

(a) the (repeated) root not being a positive integer:

(b) the (repeated) root being a positive integer.

It should be added that a further assumption will be made for the present purpose, viz. that the critical quadratic has not a zero-root. As a matter of fact, the existence of a zero-root would imply (as for a single equation of the first order) that the reduced form of the system belongs to a type different from that here considered.

* The investigation seems to imply (p. 397) that, taking $n=2$, the non-regular integrals of

$$\left.\begin{aligned} x\frac{dY_1}{dx} &= \lambda_1 Y_1 + [x,\ Y_1,\ Y_2] \\ x\frac{dY_2}{dx} &= \lambda_2 Y_2 + [x,\ Y_1,\ Y_2] \end{aligned}\right\},$$

when the real parts of λ_1 and λ_2 are positive, are

$$\left.\begin{aligned} Y_1 &= x^{\lambda_1}\,\Sigma c\, x^{\mu_1+\lambda_1\nu_{11}+\lambda_2\nu_{12}} \\ Y_2 &= x^{\lambda_2}\,\Sigma c' x^{\mu_2+\lambda_1\nu_{21}+\lambda_2\nu_{22}} \end{aligned}\right\},$$

that is, x^{λ_1} is a factor of Y_1 and x^{λ_2} a factor of Y_2. But the integrals of

$$\left.\begin{aligned} z\frac{dx}{dz} &= \lambda_1 x + azx + bzy + cy^2 \\ z\frac{dy}{dz} &= \lambda_2 y + \alpha zx + \beta zy + \gamma y^2 \end{aligned}\right\}$$

are

$$\left.\begin{aligned} x &= A\zeta_1 + aAz\zeta_1 + \frac{bB}{1+\lambda_2-\lambda_1}z\zeta_2 + \frac{cB^2}{2\lambda_2-\lambda_1}\zeta_2{}^2 + \dots \\ y &= \frac{\alpha A}{1+\lambda_1-\lambda_2}z\zeta_1 + \frac{\gamma A^2}{2\lambda_1-\lambda_2}\zeta_1{}^2 + B\zeta_2 + \beta Bz\zeta_2 + \dots \end{aligned}\right\},$$

the unexpressed terms being terms of higher order in z, ζ_1, ζ_2, and ζ_1, ζ_2 denoting z^{λ_1}, z^{λ_2} respectively. The only way in which z^{λ_1} can be a factor of x is by having $B=0$, and then z^{λ_2} is not a factor of y; and similarly as regards z^{λ_2} and z^{λ_1}.

† *Crelle*, t. CXVI (1896), pp. 265—306, *ib.*, t. CXVII (1897), pp. 104—128, 254—266.

‡ *Cours d'Analyse*, t. III, §§ 94—97.

It is convenient to transform the variables. When the roots of the critical quadratic

$$(\xi-\alpha_1)(\xi-\beta_2)-\alpha_2\beta_1=0$$

are unequal, say ξ_1 and ξ_2, we introduce new variables u and v, such that

$$u=\lambda U+\mu V,\quad v=\lambda' U+\mu' V,$$

where
$$\left.\begin{array}{r}(\alpha_1-\xi_1)\lambda+\alpha_2\mu=0\\ \beta_1\lambda+(\beta_2-\xi_1)\mu=0\end{array}\right\},\quad \left.\begin{array}{r}(\alpha_1-\xi_2)\lambda'+\alpha_2\mu'=0\\ \beta_1\lambda'+(\beta_2-\xi_2)\mu'=0\end{array}\right\};$$

the ratios $\lambda:\mu$ and $\lambda':\mu'$ are unequal, and consequently the new variables u, v are distinct. The equations become

$$\left.\begin{array}{l}t\dfrac{du}{dt}=\xi_1 u+\phi_1(u,v,t)\\[2ex] t\dfrac{dv}{dt}=\xi_2 v+\phi_2(u,v,t)\end{array}\right\},$$

where ϕ_1, ϕ_2 are regular functions of their arguments, vanishing with them; except for a term in t, they have all their terms of the second or higher orders in u, v, t combined.

When the roots of the critical quadratic are equal, having a value ξ, say, we introduce a new variable u such that

$$u=\lambda U+\mu V,$$

where
$$(\alpha_1-\xi)\lambda+\alpha_2\mu=0,\quad \beta_1\lambda+(\beta_2-\xi)\mu=0.$$

Then we have

$$t\frac{du}{dt}=\xi u+\phi_1(u,v,t),$$

$$t\frac{dV}{dt}=\frac{\alpha_2}{\lambda}u+\xi V+\phi_2(u,V,t)$$

$$=\kappa u+\xi V+\phi_2(u,V,t),$$

say.

It therefore appears that the equations corresponding to the cases I (a), I (b), I (c), are

$$\left.\begin{array}{l}t\dfrac{du}{dt}=\xi_1 u+\phi_1(u,v,t)\\[2ex] t\dfrac{dv}{dt}=\xi_2 v+\phi_2(u,v,t)\end{array}\right\},$$

where ξ_1 and ξ_2 are unequal to one another: and that the equations corresponding to the cases II (a), II (b), are

$$\left.\begin{array}{l}t\dfrac{du}{dt}=\xi u+\phi_1(u,v,t)\\[2ex] t\dfrac{dv}{dt}=\kappa u+\xi v+\phi_2(u,v,t)\end{array}\right\}.$$

In both forms, the functions ϕ_1 and ϕ_2 are regular functions of their arguments and vanish with them; and the only term of the first order in ϕ_1 and ϕ_2 is possibly a term in t. For both forms, the initial conditions are that $u=0$, $v=0$, when $t=0$.

For brevity, integrals, which are regular functions of t, will be called *regular integrals*: and integrals, which are not regular functions of t but are regular functions of quantities that themselves are not regular in t, will be called *non-regular integrals.* The results are obtained for the transformed equations in u and v; since U and V are linear homogeneous combinations of u and v, the results apply to the original equations.

REGULAR INTEGRALS.

CASE I (a): *the critical quadratic has unequal roots, neither being a positive integer.*

1. If the equations

$$t\frac{du}{dt}=\xi_1 u+\phi_1(u, v, t), \qquad t\frac{dv}{dt}=\xi_2 v+\phi_2(u, v, t),$$

possess regular integrals vanishing with t, these integrals must have the form

$$u=\sum_{n=1}^{\infty} a_n t^n, \qquad v=\sum_{n=1}^{\infty} b_n t^n.$$

That they may have significance, the power-series must converge; that they may be solutions, they must satisfy the equations identically.

Accordingly, substituting the expressions and comparing coefficients of t^n, we have

$$(n-\xi_1)\, a_n=f_n, \qquad (n-\xi_2)\, b_n=g_n,$$

where f_n and g_n are the coefficients of t^n in ϕ_1 and ϕ_2 respectively after the expressions for u and v are substituted. From the forms of ϕ_1 and ϕ_2, it is clear that f_n and g_n are linear combinations of the coefficients in ϕ_1 and ϕ_2, that they are rational integral combinations of the coefficients $a_1, a_2, \ldots, b_1, b_2, \ldots$, and that they contain no coefficient a after a_{n-1} and no coefficient b after b_{n-1} in the respective sets. Since neither ξ_1 nor ξ_2 is a positive integer, the equations can be solved in succession for increasing values of n, so as to determine formal expressions for all the coefficients. In particular, a_n and b_n are obtained each of them as sums of quotients; the numerators of these quotients are integral algebraical functions of the coefficients in ϕ_1 and ϕ_2, and the denominators are products of powers of the quantities

$$1-\xi_1,\quad 2-\xi_1,\ \ldots,\quad n-1-\xi_1,\quad n-\xi_1,$$

$$1-\xi_2,\quad 2-\xi_2,\ \ldots,\quad n-1-\xi_2,\quad n-\xi_2.$$

To discuss the convergence of the power-series, we introduce an associated set of dominant equations. The functions ϕ_1 and ϕ_2 are regular in the vicinity of $u=0$, $v=0$, $t=0$; let their domain of existence include a region $|t| \leqslant r$, $|u| \leqslant \rho'$, $|v| \leqslant \rho''$: of the two quantities ρ' and ρ'', let ρ denote the smaller, so that ϕ_1 and ϕ_2 are certainly regular in a region $|t| \leqslant r$, $|u| \leqslant \rho$, $|v| \leqslant \rho$. Within that region, let M' denote the greatest value of $|\phi_1|$ and M'' the greatest value of $|\phi_2|$: of the two quantities M' and M'', let M denote the larger, so that

$$|\phi_1| \leqslant M, \quad |\phi_2| \leqslant M,$$

within the region specified, and M is a finite magnitude. Then if f_{ijk} and g_{ijk} are the coefficients of $u^i v^j t^k$ in ϕ_1 and ϕ_2 respectively, it is known that

$$|f_{ijk}| \leqslant \frac{M}{\rho^{i+j} r^k}, \qquad |g_{ijk}| \leqslant \frac{M}{\rho^{i+j} r^k}.$$

Further, no one of the quantities $m-\xi_1$, $m-\xi_2$ for integer values of m vanishes; there is therefore a least (and non-zero) value of $|m-\xi_1|$, $|m-\xi_2|$, for the various values of m; let it be denoted by ϵ.

Now consider the equations

$$\left.\begin{aligned} \epsilon X &= \frac{M}{r} t + \Sigma \frac{M}{\rho^{i+j} r^k} X^i Y^j t^k \\ \epsilon Y &= \frac{M}{r} t + \Sigma \frac{M}{\rho^{i+j} r^k} X^i Y^j t^k \end{aligned}\right\},$$

where the summation is for integer values of i, j, k such that $i+j+k \geqslant 2$. Clearly $X=Y$; and each of them is given by

$$\begin{aligned} \epsilon X &= \frac{M}{r} t + \Sigma \frac{M}{\rho^{i+j} r^k} X^{i+j} t^k \\ &= \frac{M}{\left(1-\frac{t}{r}\right)\left(1-\frac{X}{\rho}\right)^2} - 2\frac{M}{\rho} X - M, \end{aligned}$$

and therefore

$$X\left(\epsilon + 2\frac{M}{\rho}\right)\left(1-\frac{X}{\rho}\right)^2 = \frac{M}{1-\frac{t}{r}} - M\left(1-\frac{X}{\rho}\right)^2.$$

In this cubic equation, the term independent of X vanishes when $t=0$, and the term involving the first power does not vanish because ϵ is not zero. Hence when $t=0$, the cubic equation has one root and only one root which vanishes. It therefore follows, from the continuity of roots of an algebraical equation, that the cubic has one root which vanishes with t and which is a regular function of t for values of $|t|$ less than the least modulus of a root of the discriminant, that is, for a finite range.

To obtain the expansion of this root as a regular function, it is sufficient to determine the coefficients in the power-series

$$X = A_1 t + A_2 t^2 + \dots + A_n t^n + \dots,$$

so that the equation

$$\epsilon X = \frac{M}{r} t + \Sigma \frac{M}{\rho^{i+j} r^k} X^{i+j} t^k$$

is identically satisfied; because the root which vanishes with t is the only root of the cubic of that type, and the series for X is known to converge within the finite range indicated. Clearly we have

$$A_n = \frac{F_n}{\epsilon},$$

where F_n is the coefficient of t^n on the right-hand side of the equation for ϵX. When this value of A_n is used for successive values of n, and the new expressions for $A_1, \dots, A_{n-1}$ are substituted in F_n, the ultimate formal expression obtained for F_n is the quotient of an integral algebraical expression in the coefficients $\frac{M}{\rho^{i+j} r^k}$ by a power of ϵ.

Comparing the quantities $|f_n|$ and F_n, we note that a quantity greater than $|f_n|$ is obtained when in its numerator every term is replaced by its modulus; that this greater quantity is further increased when the modulus of the coefficient of $u^i v^j t^k$ in ϕ_1 or in ϕ_2 is replaced by $\frac{M}{\rho^{i+j} r^k}$; and that this increased quantity is still further appreciated when every factor of the type $|m - \xi|$ in the denominator is replaced by ϵ. But, on comparing the two coefficients a_n and A_n, it is clear that these three changes turn f_n into F_n; accordingly

$$|f_n| < F_n.$$

Similarly for g_n and F_n, so that

$$|g_n| < F_n.$$

Also $$|n - \xi_1| \geqslant \epsilon, \quad |n - \xi_2| \geqslant \epsilon;$$

hence $$|a_n| < A_n, \quad |b_n| < A_n.$$

The series $$A_1 t + A_2 t^2 + A_3 t^3 + \dots$$

converges absolutely within a finite region round $t = 0$; therefore also the series

$$a_1 t + a_2 t^2 + a_3 t^3 + \dots,$$

$$b_1 t + b_2 t^2 + b_3 t^3 + \dots,$$

converge absolutely within that region.

Hence *the differential equations possess regular integrals which vanish with t.* It is not difficult to prove that *they are the only regular integrals which vanish with t.*

CASE I (b): *the critical quadratic has unequal roots, one of which is a positive integer and the other of which is not a positive integer.*

2. The equations may be taken in the form

$$\left.\begin{aligned} t\frac{du}{dt} &= mu + \alpha t + \theta(u, v, t) \\ t\frac{dv}{dt} &= \xi v + \beta t + \phi(u, v, t) \end{aligned}\right\},$$

where m is a positive integer, ξ is not a positive integer, θ and ϕ are regular functions of their arguments, vanishing with u, v, t, and contain no terms of dimensions lower than 2.

If regular solutions exist, which vanish with t, we can take

$$u = t(\lambda + u_1), \quad v = t(\mu + v_1),$$

choosing the constants λ and μ so that u_1 and v_1 vanish with t. Then t^2 is a factor of θ and ϕ after this substitution is made, say

$$\theta(u, v, t) = t^2\theta_1'(u_1, v_1, t), \quad \phi(u, v, t) = t^2\phi_1'(u_1, v_1, t);$$

but θ_1' and ϕ_1' do not necessarily vanish when t, u_1, v_1 vanish. The equations for the new variables are

$$\left.\begin{aligned} t\frac{du_1}{dt} &= (m-1)\lambda + \alpha + (m-1)u_1 + t\theta_1'(u_1, v_1, t) \\ t\frac{dv_1}{dt} &= (\xi - 1)\mu + \beta + (\xi - 1)v_1 + t\phi_1'(u_1, v_1, t) \end{aligned}\right\}.$$

Now as u_1, v_1 are regular functions of t, the expressions on the left-hand side vanish when $t=0$; hence

$$(m-1)\lambda + \alpha = 0, \quad (\xi - 1)\mu + \beta = 0.$$

If $\theta_1'(0, 0, 0) = \alpha_1$, $\phi_1'(0, 0, 0) = \beta_1$, the equations are

$$\left.\begin{aligned} t\frac{du_1}{dt} &= (m-1)u_1 + \alpha_1 t + t\theta_1(u_1, v_1, t) \\ t\frac{dv_1}{dt} &= (\xi - 1)v_1 + \beta_1 t + t\phi_1(u_1, v_1, t) \end{aligned}\right\},$$

where θ_1 and ϕ_1 are regular functions of their arguments and vanish when $u_1 = 0$, $v_1 = 0$, $t = 0$. The equations are, in form, the same as before, except that the coefficients of the first power of the dependent variables on the right-hand side have been reduced by unity; and the relation between the two sets of dependent variables is

$$u = t\left(-\frac{\alpha}{m-1} + u_1\right), \quad v = t\left(-\frac{\beta}{\xi - 1} + v_1\right).$$

It is manifest that the equations in u_1 and v_1 can be subjected to a similar transformation with a corresponding result; and that, as m is a positive integer while ξ is not, the process can be carried out $m-1$ times, but not more. Denoting the dependent variables after all these transformations have been effected by u', v', we have equations in the form

$$\left.\begin{aligned} t\frac{du'}{dt} &= u' + at + h(u', v', t) \\ t\frac{dv'}{dt} &= \kappa v' + bt + k(u', v', t) \end{aligned}\right\},$$

where κ, $=\xi - m + 1$, is not a positive integer; h, k are regular functions of their arguments, vanishing with t and containing no terms of order less than 2. The relation between the variables u, v and u', v' is of the form

$$u = P_{m-1} + t^{m-1}u', \quad v = Q_{m-1} + t^{m-1}v',$$

where P_{m-1} and Q_{m-1} are algebraical polynomials of degree $m-1$ vanishing with t; and $u'=0$, $v'=0$ when $t=0$. The coefficients a and b are algebraical functions of the original coefficients.

The equations can possess regular integrals only if a is zero. For regular integrals must be of the form

$$u' = p_1 t + p_2 t^2 + \ldots, \quad v' = q_1 t + q_2 t^2 + \ldots;$$

substituting these, remembering that h and k are then of the second order at least in t, and equating coefficients of t in the first of the equations, we must have

$$p_1 = p_1 + a,$$

which is possible for non-infinite values of p_1 only if a is zero.

Suppose now that a is zero. Since u' and v' (if they exist as regular functions of t) vanish with t, we can assume

$$u' = t\eta_1, \quad v' = t\eta_2,$$

the sole transferred condition being that η_1 and η_2 are regular functions of t, which now need not necessarily vanish with t. We have

$$t^2\frac{d\eta_1}{dt} = h(t\eta_1, t\eta_2, t) = t^2 H(\eta_1, \eta_2, t),$$

$$\begin{aligned} t^2\frac{d\eta_2}{dt} &= (\kappa - 1)t\eta_2 + bt + k(t\eta_1, t\eta_2, t) \\ &= (\kappa - 1)t\eta_2 + bt + t^2 K(\eta_1, \eta_2, t), \end{aligned}$$

where H and K are regular functions of their arguments. The second equation shews that, when $t=0$, then $(\kappa-1)\eta_2 + b = 0$; accordingly taking

$$\eta_2 = \frac{b}{1-\kappa} + \zeta_2,$$

6—2

we have ζ_2 vanishing when $t=0$. As regards η_1, there is, as yet, no restriction upon its value when $t=0$; denoting it by A, we take

$$\eta_1 = A + \zeta_1,$$

where ζ_1 vanishes when $t=0$. Both ζ_1 and ζ_2 are regular functions of t. When the values are substituted, A remains undetermined by the equations; and therefore an arbitrary (finite) value can be assigned to A. The equations for ζ_1 and ζ_2 now are

$$\left.\begin{aligned} t\frac{d\zeta_1}{dt} &= tH\left(A+\zeta_1,\ \frac{b}{1-\kappa}+\zeta_2,\ t\right) \\ t\frac{d\zeta_2}{dt} &= (\kappa-1)\,\zeta_2 + tK\left(A+\zeta_1,\ \frac{b}{1-\kappa}+\zeta_2,\ t\right) \end{aligned}\right\},$$

with the condition that ζ_1 and ζ_2 must be regular functions of t vanishing with t.

Let them, if they exist, be denoted by

$$\zeta_1 = \sum_{n=1} a_n t^n, \quad \zeta_2 = \sum_{n=1} b_n t^n;$$

substituting in the equations which must be satisfied identically, and equating coefficients, we have relations

$$na_n = f_n, \quad (n-\kappa+1)\,b_n = g_n,$$

similar to those in the Case I (a).

These equations are treated in the same way as in the Case I (a). Since κ is not a positive integer, no one of the coefficients of b_n vanishes; and thence it is easy to see that the whole of the treatment in I (a) subsequent to the corresponding stage can, with only slight changes in the analysis, be applied to the present case. It leads to the result that the power-series for ζ_1 and ζ_2 converge absolutely for a finite region round $t=0$; and from the form of the equations for ζ_1 and ζ_2, it is clear that the coefficients in the power-series will involve the arbitrary constant A.

Hence it follows that, *unless the condition represented by* $a=0$ *be satisfied, the equations do not possess regular integrals vanishing with* $t=0$. *If that condition be satisfied, the equations possess regular integrals vanishing with* $t=0$ *and involving an arbitrary constant: in other words, they possess a single infinitude of regular integrals vanishing with* $t=0$.

The condition represented by $a=0$ can be obtained from the original equations

$$\left.\begin{aligned} t\frac{du}{dt} &= mu + \alpha t + \theta(u,\ v,\ t) \\ t\frac{dv}{dt} &= \xi u + \beta t + \phi(u,\ v,\ t) \end{aligned}\right\},$$

as follows. Let

$$u = \sum_{p=1}^{m-1} f_p t^p + t^m U,$$

$$v = \sum_{p=1}^{m-1} g_p t^p + t^m V;$$

substitute in the equations, and determine (by comparison of the coefficients) the values of $f_1, \dots, f_{m-1}, g_1, \dots, g_{m-1}$. Then the condition is that the coefficient of t^m in

$$\alpha t + \theta\left(\sum_{p=1}^{m-1} f_p t^p, \sum_{p=1}^{m-1} g_p t^p, t\right)$$

shall be zero. This statement can easily be verified.

CASE I (c): *the critical quadratic has unequal roots, both of which are positive integers.*

3. Let m and n be the two unequal roots, of which m is the smaller, so that the equations may be taken in the form

$$\left.\begin{aligned} t\frac{du}{dt} &= mu + \alpha t + \theta(u, v, t) \\ t\frac{dv}{dt} &= nv + \beta t + \phi(u, v, t) \end{aligned}\right\}.$$

These equations can be transformed, as in the Case I (b), by $m-1$ substitutions in turn; and ultimately they acquire the form

$$\left.\begin{aligned} t\frac{du'}{dt} &= u' + at + h(u', v', t) \\ t\frac{dv'}{dt} &= \kappa v' + bt + k(u', v', t) \end{aligned}\right\},$$

where $\kappa, = n - m + 1$, is a positive integer greater than unity, u' and v' are regular functions of t vanishing when $t = 0$, and the functions h, k have the same signification as in I (b).

If the equations possess regular solutions, the latter must be of the form

$$u' = \sum_{l=1} p_l t^l, \quad v' = \sum_{l=1} q_l t^l;$$

substituting these values and equating coefficients, we have

$$p_1 = p_1 + a, \quad q_1 = \kappa q_1 + b,$$

$$(l-1) p_l = \text{coefficient of } t^l \text{ in } h(u', v', t),$$

$$(l-\kappa) q_l = \dots\dots\dots\dots\dots \; t^l \text{ in } k(u', v', t).$$

It is clear that, if a is different from zero, the first equation cannot be satisfied; and therefore as one condition for the possession of regular integrals, a must be zero. Assuming this satisfied, we see that p_1 is left undetermined: let a value α, provisionally arbitrary, be assigned to it.

Solving now the remaining equations for the values $l = 1, 2, \dots, \kappa - 1$ in successive sets, each set being associated with one value of l, we have the values of $p_1, \dots, p_{\kappa-1}$, $q_1, \dots, q_{\kappa-1}$; all these in general involve α. In order that q_κ may have a finite value, so that $(l-\kappa)q_l$ vanishes for $l=\kappa$, we must have the coefficient of t^κ in $k(u', v', t)$ zero. If this coefficient be zero, the value of q_κ is undetermined; let a value β, provisionally arbitrary, be assigned to it. For the remaining values of l, the equations determine formal expressions for the remaining coefficients, involving α and β: and no further formal conditions need to be imposed. When the values of $p_1, \ldots, p_{\kappa-1}, q_1, \ldots, q_{\kappa-1}$ are inserted in $k(u', v', t)$, the coefficient of t^κ in that quantity may be an identical zero; in that case, the functions u', v' involve two arbitrary constants α and β so that, if the functions actually exist, there is a double infinitude of regular solutions vanishing with t. Or the coefficient may be zero only if some relation among the constants of the original equations be satisfied; if the relation is not satisfied, there are no regular integrals of the original equations vanishing with t: if the relation is satisfied, there is a double infinitude of regular integrals. Or the coefficient may be zero only if some relation among the constants of the original equations and α be satisfied; this relation is then to be regarded as determining α, and then for each value of α so determined, there is a single infinitude of regular solutions vanishing with t.

These results are stated on the assumption that the power-series, as obtained with the coefficients p and q, converge: the assumption can be justified as follows. Let

$$A_{\kappa-1} = p_1 t + p_2 t^2 + \ldots + p_{\kappa-1} t^{\kappa-1},$$

$$B_{\kappa-1} = q_1 t + q_2 t^2 + \ldots + q_{\kappa-1} t^{\kappa-1},$$

the coefficients p and q being known; then if functions u' and v' exist of the specified form, we can assume

$$u' = A_{\kappa-1} + t^{\kappa-1} U',$$

$$v' = B_{\kappa-1} + t^{\kappa-1} V',$$

where U' and V' are regular functions of t that vanish with t. Thus, assuming $a=0$, we have

$$t\frac{dA_{\kappa-1}}{dt} + t^\kappa \frac{dU'}{dt} + (\kappa-1)t^{\kappa-1}U' = A_{\kappa-1} + t^{\kappa-1}U' + h(A_{\kappa-1} + t^{\kappa-1}U', B_{\kappa-1} + t^{\kappa-1}V', t).$$

Now the quantity

$$t\frac{dA_{\kappa-1}}{dt} - A_{\kappa-1}$$

is equal to the aggregate of the terms involving $t, t^2, \ldots, t^{\kappa-1}$ in

$$h(A_{\kappa-1}, B_{\kappa-1}, t).$$

Also in $h(u', v', t)$ there are no terms of dimensions lower than 2 so that, in

$$h(A_{\kappa-1} + t^{\kappa-1}U', B_{\kappa-1} + t^{\kappa-1}V', t) - h(A_{\kappa-1}, B_{\kappa-1}, t),$$

the coefficients of $t^{\kappa-1}U'$, $t^{\kappa-1}V'$ are of dimension at least unity, and therefore this expression may be taken as equal to

$$t^{\kappa-1} H_1(U', V', t),$$

where H_1 is a regular function of its arguments, which vanishes with them and contains no terms of dimension lower than 2. Also let the terms in $h(A_{\kappa-1}, B_{\kappa-1}, t)$ of order higher than $\kappa - 1$ be

$$c_\kappa t^\kappa + c_{\kappa+1} t^{\kappa+1} + \dots;$$

then

$$t^\kappa \frac{dU'}{dt} + (\kappa - 2) t^{\kappa-1} U' = c_\kappa t^\kappa + c_{\kappa+1} t^{\kappa+1} + \dots + t^{\kappa-1} H_1(U', V', t),$$

and therefore

$$t \frac{dU'}{dt} = (2 - \kappa) U' + c_\kappa t + H(U', V', t),$$

on absorbing the other powers of t into H_1 and denoting by H the new function which has the same character as H_1. Similarly

$$t \frac{dV'}{dt} = V' + b_\kappa t + K(U', V', t),$$

where the terms in $k(A_{\kappa-1}, B_{\kappa-1}, t)$ of order higher than $\kappa - 1$ are

$$b_\kappa t^\kappa + \dots,$$

and K is a function of the same character as H.

As κ is a positive integer >1, $2-\kappa$ is not a positive integer $\geqslant 1$. Thus the coefficient of U' is not a positive integer, while the coefficient of V' is unity; and thus the two equations for U' and V' are a particular instance of the general form discussed in I(*b*). There is no regular integral vanishing with t unless $b_\kappa = 0$; the significance of this condition, either as an identity, or as a relation among the constants of the original equations, or as an equation determining α, has already been discussed. Assuming the condition $b_\kappa = 0$ satisfied, it is known from the preceding result that the equations in U' and V' possess regular integrals, which vanish with t and involve an arbitrary constant that does not appear in the differential equations. The inferences stated earlier are therefore established.

It appears from the investigation that two conditions must be satisfied in order to the possession of regular integrals: one of them is a relation among the constants of the equation represented by $a = 0$: the other of them is the relation represented by $b_\kappa = 0$. To obtain them directly from the original forms, we can proceed as follows. Let

$$u = \sum_{l=1} p_l t^l, \quad v = \sum_{l=1} q_l t^l,$$

be substituted in the original equations: and determine $p_1, \dots, p_{m-1}, q_1, \dots, q_{m-1}$. The first condition is that the coefficient of t^m in

$$\theta \left(\sum_{l=1}^{m-1} p_l t^l, \ \sum_{l=1}^{m-1} q_l t^l, \ t \right)$$

shall vanish. Take $p_m = \alpha$; and then from the original equations determine $p_{m+1}, \ldots, p_{n-1}$, $q_m, \ldots, q_{n-1}$. The second condition is that the coefficient of t^n in

$$\phi\left(\sum_{l=1}^{n-1} p_l t^l, \sum_{l=1}^{n-1} q_l t^l, t\right)$$

shall vanish. It is not difficult to verify these statements.

Summarising the results, it appears that, *unless one condition be satisfied, the equations possess no regular integrals vanishing with t. When the condition is satisfied, another relation must be satisfied. If this relation determines a parameter, the equations possess a single infinitude of regular integrals; if it involves only the constants in the differential equations, then, when it is not satisfied, there are no regular integrals vanishing with t: and, when it is satisfied, there is a double infinitude of such integrals.*

CASE II (a): *the critical quadratic has equal roots, not a positive integer.*

4. The equations are

$$\left.\begin{aligned} t\frac{du}{dt} &= \xi u + \phi_1(u, v, t) \\ t\frac{dv}{dt} &= \kappa u + \xi v + \phi_2(u, v, t) \end{aligned}\right\},$$

where ξ is not a positive integer; the functions ϕ_1 and ϕ_2 are regular and (with the possible exception of a term in t) contain no terms of order lower than 2. If they possess regular integrals vanishing with t, they must have the forms

$$u = \sum_{n=1} p_n t^n, \quad v = \sum_{n=1} q_n t^n.$$

Substituting these expressions and equating coefficients, we find

$$\left.\begin{aligned} (n-\xi)\, p_n &= f_n \\ (n-\xi)\, q_n &= g_n + \kappa p_n \end{aligned}\right\},$$

where f_n and g_n are the coefficients of t^n in ϕ_1 and ϕ_2 respectively, when the series for u and v are substituted. It is clear that f_n and g_n are linear in the coefficients of ϕ_1 and ϕ_2, that they are integral algebraical combinations of $p_1, p_2, \ldots, q_1, q_2, \ldots$, and that they contain no coefficient p or q in the succession later than p_{n-1} and q_{n-1}. As ξ is not an integer, the foregoing equations, taken for successive values of n, determine formal expressions for the whole set of coefficients p and q; in particular, p_n and q_n are obtained as sums of quotients, the numerators of which are integral functions of the coefficients in ϕ_1 and ϕ_2, and the denominators of which are products of powers of the quantities

$$1-\xi,\ 2-\xi, \ldots,\ n-\xi.$$

To discuss the convergence of the power-series for u and v with these coefficients, we introduce an associated set of dominant equations. Let a common region of existence of ϕ_1 and ϕ_2 be determined by the range

$$|u| \leqslant \rho, \quad |v| \leqslant \sigma, \quad |t| \leqslant r;$$

within this region let the greatest value of $|\phi_1|$ be M, and that of $|\phi_2|$ be N, so that within the region

$$|\phi_1| \leqslant M, \quad |\phi_2| \leqslant N,$$

M and N denoting finite magnitudes. Also, let ϵ denote the smallest value of $|m-\xi|$ for values of the integer m; and let $|\kappa| = c$. Then we consider the dominant equations given by

$$\epsilon X = \frac{M}{r}t + \Sigma \frac{M}{\rho^i \sigma^j r^k} X^i Y^j t^k,$$

$$\epsilon Y = cX + \frac{N}{r}t + \Sigma \frac{N}{\rho^i \sigma^j r^k} X^i Y^j t^k,$$

where the summations on the right-hand side are for integer values of i, j, k such that $i+j+k \geqslant 2$.

The general course of the argument is similar to that in I (a). In the first place, X and Y can be determined by the simultaneous equations

$$\left.\begin{aligned} \epsilon X &= \frac{M}{\left(1-\frac{t}{r}\right)\left(1-\frac{X}{\rho}\right)\left(1-\frac{Y}{\sigma}\right)} - M - \frac{M}{\rho}X - \frac{M}{\sigma}Y \\ \epsilon Y &= cX + \frac{N}{\left(1-\frac{t}{r}\right)\left(1-\frac{X}{\rho}\right)\left(1-\frac{Y}{\sigma}\right)} - N - \frac{N}{\rho}X - \frac{N}{\sigma}Y \end{aligned}\right\}.$$

From these we have

$$N\epsilon X = M(\epsilon Y - cX),$$

so that

$$Y = X\left(\frac{N}{M} + \frac{c}{\epsilon}\right);$$

when this value is substituted for Y in either equation, say in the first, we have

$$\left(\epsilon + \frac{M}{\rho} + \frac{N}{\sigma} + \frac{cM}{\sigma\epsilon}\right) X \left(1 - \frac{X}{\rho}\right)\left\{1 - \frac{X}{\sigma}\left(\frac{N}{M} + \frac{c}{\epsilon}\right)\right\}$$

$$= \frac{M}{1-\frac{t}{r}} - M\left(1-\frac{X}{\rho}\right)\left\{1 - \frac{X}{\sigma}\left(\frac{N}{M}+\frac{c}{\epsilon}\right)\right\},$$

a cubic equation in X. The term independent of X vanishes when $t=0$; and the term involving the first power of X does not vanish when $t=0$, because ϵ is not zero. Hence the cubic has one (and only one) root vanishing when $t=0$.

It follows, as before, that this root of the cubic vanishing with t can be expressed as a regular function of t in the form of a power-series, which converges absolutely for values of $|t|$ less than the least modulus of a root of the discriminant, that is, for a finite range. When the power-series for X has been obtained, the power-series for Y is given by

$$Y = X\left(\frac{N}{M} + \frac{c}{\epsilon}\right),$$

say

$$\left.\begin{aligned} X &= P_1 t + P_2 t^2 + \dots + P_n t^n + \dots \\ Y &= Q_1 t + Q_2 t^2 + \dots + Q_n t^n + \dots \end{aligned}\right\}.$$

In the second place it can, as before, be shewn that the analysis, effective for the determination of p_n and q_n in connection with the original equations, is effective for the determination of P_n and Q_n in connection with the dominant equations by merely making literal changes, and that these literal changes are such as to give

$$|p_n| < P_n, \quad |q_n| < Q_n$$

for all values of n. It therefore follows that the series

$$p_1 t + p_2 t^2 + p_3 t^3 + \dots,$$

$$q_1 t + q_2 t^2 + q_3 t^3 + \dots,$$

converge absolutely within a not infinitesimal region round $t = 0$. Consequently *the equations possess regular integrals vanishing with t*: and it is not difficult to prove that *these regular integrals are unique as regular integrals with the assigned conditions.*

CASE II (*b*): *when the critical quadratic has equal roots, the repeated root being a positive integer.*

5. The equations are

$$\left.\begin{aligned} t\frac{du}{dt} &= mu + \alpha t + \theta(u, v, t) \\ t\frac{dv}{dt} &= \kappa u + mv + \beta t + \phi(u, v, t) \end{aligned}\right\},$$

where m is a positive integer, the functions θ and ϕ are regular, vanishing with u, v, t, and containing no terms of dimensions lower than 2.

We transform the equations as in I (*b*) by successive substitutions, each of which leads to new equations of a similar form with a diminution by one unit in the coefficients of u and of v after each operation. We take

$$u = t(\lambda + u_1), \quad v = t(\mu + v_1),$$

choosing λ and μ so that u_1 and v_1 vanish with t: then u_1 and v_1 are regular functions of t, if the equations possess regular integrals. To secure this form of transformation, we must have

$$(m-1)\lambda + \alpha = 0,$$

$$\kappa\lambda + (m-1)\mu + \beta = 0,$$

so that

$$\lambda = -\frac{\alpha}{m-1}, \quad \mu = \frac{\kappa\alpha}{(m-1)^2} - \frac{\beta}{m-1};$$

and the new equations are

$$\left.\begin{aligned} t\frac{du_1}{dt} &= (m-1)\,u_1 + \alpha' t + \theta_1(u_1, v_1, t) \\ t\frac{dv_1}{dt} &= \kappa u_1 + (m-1)\,v_1 + \beta' t + \phi_1(u_1, v_1, t) \end{aligned}\right\}.$$

A similar transformation can be effected upon this pair, with a similar result; and the process can be carried out $m-1$ times in all, leading to equations

$$\left.\begin{aligned} t\frac{du'}{dt} &= u' + at + h(u', v', t) \\ t\frac{dv'}{dt} &= \kappa u' + v' + bt + k(u', v', t) \end{aligned}\right\},$$

where h, k are regular functions, vanishing with u', v', t, and containing no terms of dimensions lower than 2; also u', v' are to vanish with t.

There are two sub-cases to be considered, according as κ is zero and κ is different from zero.

First, let κ be 0; so that the equations are

$$\left.\begin{aligned} t\frac{du'}{dt} &= u' + at + h(u', v', t) \\ t\frac{dv'}{dt} &= v' + bt + k(u', v', t) \end{aligned}\right\}.$$

It is easy to see, by substituting expressions of the form

$$u' = p_1 t + p_2 t^2 + \ldots, \quad v' = q_1 t + q_2 t^2 + \ldots,$$

that the equations cannot possess regular integrals vanishing with t unless

$$a = 0, \quad b = 0.$$

Assume, therefore, that $a = 0$, $b = 0$. If the equations then possess regular integrals vanishing with t, we can take

$$u' = tU', \qquad v' = tV',$$

where now the only transferred condition to be imposed upon U' and V' is that they are to be regular functions of t. Substituting these values, we find

$$t^2\frac{dU'}{dt} = h(tU', tV', t) = t^2 H(U', V', t),$$

$$t^2\frac{dV'}{dt} = k(tU', tV', t) = t^2 K(U', V', t),$$

so that

$$\frac{dU'}{dt} = H(U', V', t), \quad \frac{dV'}{dt} = K(U', V', t),$$

where H and K are regular functions of their arguments. To these equations, Cauchy's general existence-theorem can be applied; it shews that they possess integrals which are regular functions of t and assume assigned (arbitrary) values when $t=0$. Accordingly, *the equations in u' and v', in the case when the conditions $a=0$, $b=0$ are satisfied and when the constant κ is zero, possess a double infinitude of regular integrals which vanish when $t=0$.*

Secondly, let κ be different from zero. If the equations possess regular integrals, they are expressible in the form

$$u' = a_1 t + a_2 t^2 + \ldots, \quad v' = b_1 t + b_2 t^2 + \ldots;$$

substituting these, and taking account of the first power of t on the two sides of both equations, we have

$$a_1 = a_1 + a, \qquad b_1 = \kappa a_1 + b_1 + b.$$

Hence we must have $a=0$; then b_1 is undetermined, and

$$a_1 = -\frac{b}{\kappa},$$

a finite quantity because κ is not zero.

Assuming that the condition $a=0$ is satisfied, and assigning an arbitrary value A to b_1, let

$$u' = t\left(-\frac{b}{\kappa} + \eta_1\right), \qquad v' = t(A + \eta_2),$$

so that η_1 and η_2 are to be regular functions of t vanishing with t; the equations for η_1 and η_2 are

$$\begin{aligned} t^2 \frac{d\eta_1}{dt} &= h\left(-t\frac{b}{\kappa} + t\eta_1, \ tA + t\eta_2, \ t\right) \\ &= t^2 H(\eta_1, \eta_2, t), \\ t^2 \frac{d\eta_2}{dt} &= \kappa t\eta_1 + k\left(-t\frac{b}{\kappa} + t\eta_1, \ tA + t\eta_2, \ t\right) \\ &= \kappa t\eta_1 + t^2 K(\eta_1, \eta_2, t), \end{aligned}$$

that is, they are

$$\left.\begin{aligned} t\frac{d\eta_1}{dt} &= tH(\eta_1, \eta_2, t) \\ t\frac{d\eta_2}{dt} &= \kappa\eta_1 + tK(\eta_1, \eta_2, t) \end{aligned}\right\},$$

where H, K are regular functions of their arguments and involve the arbitrary constant A.

These equations are now the same as in the Case II (a) when ξ is made zero. Accordingly, all the analysis of that earlier discussion applies when in it ϵ is taken equal to unity. The equations in η_1 and η_2 possess regular integrals vanishing with t, and their expression involves A, the arbitrary constant; and therefore *the original equations in u and v possess no regular integrals vanishing with t unless the condition represented by $a = 0$ be satisfied; but if that condition be satisfied, they possess a simple infinitude of regular integrals vanishing with t.*

The conditions represented by $a = 0$ and $b = 0$ in the sub-case when κ is zero, and the condition represented by $a = 0$ in the sub-case when κ is different from zero, can be expressed as before. For the former sub-case, we determine coefficients a and b so that

$$\left.\begin{aligned} u &= a_1 t + \ldots + a_{m-1} t^{m-1} + \ldots \\ v &= b_1 t + \ldots + b_{m-1} t^{m-1} + \ldots \end{aligned}\right\}$$

satisfy the equations

$$\left.\begin{aligned} t\frac{du}{dt} &= mu + \alpha t + \theta(u, v, t) \\ t\frac{dv}{dt} &= mv + \beta t + \phi(u, v, t) \end{aligned}\right\}.$$

and the conditions are that the coefficient of t^m in

$$\alpha t + \theta\left(\sum_{l=1}^{m-1} a_l t^l, \sum_{l=1}^{m-1} b_l t^l, t\right),$$

and the same coefficient in

$$\beta t + \phi\left(\sum_{l=1}^{m-1} a_l t^l, \sum_{l=1}^{m-1} b_l t^l, t\right),$$

shall vanish. For the latter sub-case, we determine the $2(m-1)$ coefficients in u and v so that the equations

$$\left.\begin{aligned} t\frac{du}{dt} &= mu + \alpha t + \theta(u, v, t) \\ t\frac{dv}{dt} &= \kappa u + mv + \beta t + \phi(u, v, t) \end{aligned}\right\}$$

are satisfied; and the single condition is that the coefficient of t^m in

$$\alpha t + \theta\left(\sum_{l=1}^{m-1} a_l t^l, \sum_{l=1}^{m-1} b_l t^l, t\right)$$

shall vanish.

This completes the discussion of the regular integrals vanishing with t, with the respective results as enunciated in the various cases.

NON-REGULAR INTEGRALS.

6. It has been seen that, either in general or subject to certain conditions, the equations

$$\left.\begin{aligned} t\frac{dU}{dt} &= \alpha_1 U + \beta_1 V + \gamma_1 t + \ldots = \theta_1(U, V, z) \\ t\frac{dV}{dt} &= \alpha_2 U + \beta_2 V + \gamma_2 t + \ldots = \theta_2(U, V, z) \end{aligned}\right\}$$

possess regular integrals which vanish with t: and these are unique as regular integrals. Denoting them by u_1, v_1, let

$$U = u_1 + x, \quad V = v_1 + y;$$

so that if functions x and y exist, different from constant zero, they are non-regular functions of t, and they must vanish with t because U, u_1, V, v_1 all vanish with t. Then

$$\left.\begin{aligned} t\frac{dx}{dt} &= \theta_1(u_1 + x, v_1 + y, t) - \theta_1(u_1, v_1, t) \\ &= \sum_{n=1} \frac{1}{n!}\left(x\frac{\partial}{\partial u_1} + y\frac{\partial}{\partial v_1}\right)^n \theta_1(u_1, v_1, t) \\ t\frac{dy}{dt} &= \sum_{n=1} \frac{1}{n!}\left(x\frac{\partial}{\partial u_1} + y\frac{\partial}{\partial v_1}\right)^n \theta_2(u_1, v_1, t) \end{aligned}\right\}$$

are equations to determine x and y. On the right-hand sides there are no terms involving t alone; the only terms of the first order are $\alpha_1 x + \beta_1 y$, $\alpha_2 x + \beta_2 y$ respectively; and the coefficients of the other powers of x and y are functions of t and of u_1, v_1, that is, after substitution of the values of u_1, v_1, these coefficients are regular functions of t. Hence we may take the equations in the form

$$\left.\begin{aligned} t\frac{dx}{dt} &= \alpha_1 x + \beta_1 y + \vartheta_1(x, y, t) \\ t\frac{dy}{dt} &= \alpha_2 x + \beta_2 y + \vartheta_2(x, y, t) \end{aligned}\right\},$$

where ϑ_1 and ϑ_2 are regular functions of x, y, t, vanishing when $x = 0$, $y = 0$, and containing no terms of dimensions lower than 2 in x, y, and t. The dependent variables x and y, if they exist as other than zero constants (which manifestly satisfy the equations), are to be non-regular functions of t which vanish when $t = 0$.

It is convenient to transform the equations by linear changes of the dependent variables, as was done for the discussion of regular integrals: the new forms depending upon the roots of the critical quadratic

$$(\xi - \alpha_1)(\xi - \beta_2) - \alpha_2\beta_1 = 0.$$

When the roots of the quadratic are unequal, say ξ_1 and ξ_2, we take new variables

$$t_1 = \lambda x + \mu y, \qquad t_2 = \lambda' x + \mu' y,$$

where

$$\left.\begin{array}{r}(\alpha_1 - \xi_1)\lambda + \alpha_2\mu = 0\\ \beta_1\lambda + (\beta_2 - \xi_1)\mu = 0\end{array}\right\}, \qquad \left.\begin{array}{r}(\alpha_1 - \xi_2)\lambda' + \alpha_2\mu' = 0\\ \beta_1\lambda' + (\beta_1 - \xi_2)\mu' = 0\end{array}\right\};$$

the equations become

$$\left.\begin{array}{l} t\dfrac{dt_1}{dt} = \xi_1 t_1 + \phi_1(t_1, t_2, t) \\ \\ t\dfrac{dt_2}{dt} = \xi_2 t_2 + \phi_2(t_1, t_2, t) \end{array}\right\},$$

where the regular functions ϕ_1 and ϕ_2 vanish when $t_1 = 0$, $t_2 = 0$, and contain no terms in t_1, t_2, t of dimensions lower than 2.

When the roots of the quadratic are equal, the common value being ξ, the corresponding forms are

$$\left.\begin{array}{l} t\dfrac{dt_1}{dt} = \xi t_1 + \phi_1(t_1, t_2, t) \\ \\ t\dfrac{dt_2}{dt} = \kappa t_1 + \xi t_2 + \phi_2(t_1, t_2, t) \end{array}\right\},$$

with the same characteristic properties of the functions ϕ_1 and ϕ_2 as for the former case; here $t_2 = y$ and $t_1 = \lambda x + \mu y$, where

$$(\alpha_1 - \xi)\lambda + \alpha_2\mu = 0, \qquad \beta_1\lambda + (\beta_2 - \xi)\mu = 0,$$

and the constant κ is given by $\kappa\lambda = \alpha_2$.

We proceed to deal with the various alternative cases, as for the regular integrals: merely remarking that, for those instances of the original equations which do not possess regular integrals because the appropriate condition is not satisfied, it will be necessary to return to those original equations for the discussion of the non-regular integrals.

7. Some indication of the character of the solutions may be derived from the consideration of two simple examples, one of each form.

A simple example of the case when the roots of the critical quadratic are unequal is

$$\left.\begin{array}{l} t\dfrac{dt_1}{dt} = \lambda t_1 + att_2 \\ \\ t\dfrac{dt_2}{dt} = \mu t_2 + btt_1 \end{array}\right\};$$

integrals (if they exist) are required which vanish when $t = 0$. The solution of these equations, which are linear, can be made to depend upon that of a linear equation of the second order having $t=0$ for a singularity: it appears that the integrals are normal in the vicinity of $t=0$. Their full expression is

$$t_1 = At^\lambda \left\{1 + \frac{abt^2}{2(1+\rho)} + \frac{(abt^2)^2}{2.4(1+\rho)(3+\rho)} + \dots\right\}$$

$$+ \frac{a}{1-\rho} Bt^{\mu+1} \left\{1 + \frac{abt^2}{2(3-\rho)} + \frac{(abt^2)^2}{2.4(3-\rho)(5-\rho)} + \dots\right\},$$

$$t_2 = \frac{b}{1+\rho} At^{\lambda+1} \left\{1 + \frac{abt^2}{2(3+\rho)} + \frac{(abt^2)^2}{2.4(3+\rho)(5+\rho)} + \dots\right\}$$

$$+ Bt^\mu \left\{1 + \frac{abt^2}{2(1-\rho)} + \frac{(abt^2)^2}{2.4(1-\rho)(3-\rho)} + \dots\right\},$$

where $\rho = \lambda - \mu$: in order that the solution may be satisfactory, it is manifest that ρ may not be an integer, positive or negative. For the present purpose, the general integrals must be chosen so that they vanish with t; and consequently the most important terms in the immediate vicinity of $t=0$ are

$$\left.\begin{aligned} t_1 &= At^\lambda + \frac{a}{1-\rho} Bt^{\mu+1} \\ t_2 &= \frac{b}{1+\rho} At^{\lambda+1} + Bt^\mu \end{aligned}\right\},$$

the quantities A and B being arbitrary.

If the real part of λ and the real part of μ be both positive, then, when the variable t approaches its origin not making an infinite number of circuits round that origin, t_1 and t_2 ultimately vanish when $t=0$, that is, as λ and μ are not integers, there is a double infinitude of non-regular integrals vanishing with t.

If the real part of λ be positive and the real part of μ be negative, then, when t tends to zero as before, t_2 can tend to zero only if B be zero: and if $B=0$, then t_1 and t_2 ultimately vanish when $t=0$, that is, there is a single infinitude of non-regular integrals vanishing with t.

Similarly, if the real part of λ be negative and the real part of μ be positive, there is a single infinitude of non-regular integrals vanishing with t.

If both the real part of λ and the real part of μ be negative, then t_1 and t_2 vanish with t only if $A=0$, $B=0$: that is, non-regular integrals vanishing with t do not then exist. This last result is in accordance with Goursat's result already quoted in the introductory remarks.

It will be noticed that the parts depending upon t^λ alone, when they exist, are of the form

$$t_1 = t^\lambda \rho_1, \quad t_2 = t^\lambda \rho_2,$$

where ρ_1 is an arbitrary finite quantity and ρ_2 is zero when $t=0$; and that the parts depending upon t^μ alone, when they exist, are of the form

$$t_1 = t^\mu \sigma_1, \quad t_2 = t^\mu \sigma_2,$$

where σ_2 is another arbitrary finite quantity, and σ_1 is zero when $t=0$. These particular results are general and, in this form, can be established by an appropriate modification of Goursat's argument (*l.c.*). They are included in the more general theorems that will be considered immediately.

A simple example of the case when the roots of the critical quadratic are equal is

$$\left.\begin{aligned} t\frac{dt_1}{dt} &= \lambda t_1 + att_2 \\ t\frac{dt_2}{dt} &= \kappa t_1 + \lambda t_2 \end{aligned}\right\};$$

integrals (if they exist) are required which vanish when $t=0$. The solution of these equations can, as for the preceding example, be made to depend upon the solution of a linear equation of the second order, having $t=0$ for a singularity; and their expressions can be obtained in the form

$$t_1 = Aat^{\lambda+1}(1+\tfrac{1}{2}a\kappa t+\ldots) + Ba\,\{a\kappa t^{\lambda+1}(1+\tfrac{1}{2}a\kappa t+\ldots)\log t + (1-\tfrac{3}{4}a^2\kappa^2t^2-\ldots)\,t^\lambda\},$$

$$t_2 = At^\lambda(1+a\kappa t+\ldots) + B\,\{a\kappa t^\lambda(1+a\kappa t+\ldots)\log t + (a\kappa - a^2\kappa^2 t-\ldots)\,t^\lambda\}.$$

When the real part of λ is positive, these integrals vanish with t; and there is a double infinitude of them. When the real part of λ is negative, then it is necessary that A and B both vanish: that is, the integrals do not exist if they are to vanish with t.

When B is zero, then the integrals become of the form

$$t_1 = t^\lambda \rho_1, \quad t_2 = t^\lambda \rho_2,$$

where ρ_2 is an arbitrary finite quantity, and ρ_1 is zero when $t=0$. This result is general. There is no corresponding simple inference from the parts that depend solely upon B: the complication is caused by the term κt_1 in the second equation.

The special results here obtained are included in the theorems relating to the equations in their general form: they suggest that integrals exist which are regular functions of t, t^λ, and $t^\lambda \log t$, when the real part of λ is positive.

CASE I (a): *the critical quadratic has unequal roots, neither of them being a positive integer.*

8. It has been proved that the original equations in this case possess regular integrals vanishing with t: and therefore, in order to consider the non-regular integrals (if any) that vanish with t, we transform the equations as in § 6, and we study the derived system

$$\left.\begin{aligned} t\frac{dt_1}{dt} &= \xi_1 t_1 + \phi_1(t_1,\ t_2,\ t) \\ t\frac{dt_2}{dt} &= \xi_2 t_2 + \phi_2(t_1,\ t_2,\ t) \end{aligned}\right\},$$

where ϕ_1 and ϕ_2 are regular functions of their arguments, vanishing when $t_1=0$, $t_2=0$, and containing no terms of dimensions less than 2 in t_1, t_2, t. The integrals t_1 and t_2 are to be non-regular functions of t, required to vanish with t.

The main theorem is as follows:—

When the roots of the critical quadratic ξ_1 and ξ_2 have their real parts positive, and are such that no one of the quantities

$$(\lambda-1)\,\xi_1+\mu\xi_2+\nu, \quad \lambda\xi_1+(\mu-1)\,\xi_2+\nu,$$

vanishes for positive integer values of λ, μ, ν such that $\lambda+\mu+\nu \geqslant 2$, then the equations possess a double infinitude of non-regular integrals vanishing with t, these integrals being regular functions of t, t^{ξ_1}, t^{ξ_2}.

Immediate corollaries, when once this theorem is established, are as follows:—

If the real part of ξ_1 be positive and that of ξ_2 be negative, there is only a single infinitude of non-regular integrals vanishing with t: they are regular functions of t and t^{ξ_1}.

Likewise, if the real part of ξ_2 be positive and that of ξ_1 be negative, there is only a single infinitude of non-regular integrals vanishing with t: they are regular functions of t and t^{ξ_2}.

If the real part both of ξ_1 and of ξ_2 be negative, there are no non-regular integrals of the equations that vanish with t.

These results (the last of which is due to Goursat in the first instance) will be found sufficiently obvious to dispense with any proof subsequent to the establishment of the main theorem.

9. In discussing the equations, it will be convenient to replace t^{ξ_1} and t^{ξ_2} by new variables, say

$$t^{\xi_1}=z_1, \quad t^{\xi_2}=z_2,$$

so that, by the general theorem, regular functions of z_1, z_2, t are to be established as solutions of the equations. Accordingly, regarding t_1 and t_2 as functions of these three arguments, assume

$$\left.\begin{aligned} t_1 &= \Sigma\Sigma\Sigma a_{mnp}\, z_1{}^m z_2{}^n t^p \\ t_2 &= \Sigma\Sigma\Sigma b_{mnp}\, z_1{}^m z_2{}^n t^p \end{aligned}\right\},$$

where the summation is for all positive (and zero) values of the integers m, n, p, with the conventions

$$a_{000} = 0, \quad b_{000} = 0.$$

Moreover

$$t\frac{d}{dt} = t\frac{\partial}{\partial t} + \xi_1 z_1 \frac{\partial}{\partial z_1} + \xi_2 z_2 \frac{\partial}{\partial z_2}.$$

Hence the differential equations are

$$\left.\begin{aligned} t\frac{\partial t_1}{\partial t} + \xi_1 z_1 \frac{\partial t_1}{\partial z_1} + \xi_2 z_2 \frac{\partial t_1}{\partial z_2} &= \xi_1 t_1 + \phi_1(t_1,\ t_2,\ t) \\ t\frac{\partial t_2}{\partial t} + \xi_1 z_1 \frac{\partial t_2}{\partial z_1} + \xi_2 z_2 \frac{\partial t_2}{\partial z_2} &= \xi_2 t_2 + \phi_2(t_1,\ t_2,\ t) \end{aligned}\right\}.$$

Substituting the assumed values of t_1 and t_2, and afterwards equating coefficients of $z_1{}^m z_2{}^n t^p$, we have

$$\left.\begin{aligned} \{(m-1)\,\xi_1 + n\xi_2 + p\}\, a_{mnp} &= \alpha'_{mnp} \\ \{m\xi_1 + (n-1)\,\xi_2 + p\}\, b_{mnp} &= \beta'_{mnp} \end{aligned}\right\}:$$

where α'_{mnp} is a rational algebraical function of the coefficients in ϕ_1, of the coefficients $a_{m'n'p'}$ in t_1 such that

$$m' \leqslant m,\ n' \leqslant n,\ p' \leqslant p,\ m' + n' + p' < m + n + p,$$

and of the coefficients $b_{m'n'p'}$ in t_2 with the same restrictions: and likewise for β'_{mnp} in relation to ϕ_2.

As there is no term in $\phi_1(t_1,\ t_2,\ t)$ of dimension unity in $t,\ t_1,\ t_2$, there can be no term of dimension unity in $z_1,\ z_2,\ t$ after substitution of the values of t_1 and t_2: hence

$$\{(m-1)\,\xi_1 + n\xi_2 + p\}\, a_{mnp} = 0,$$

when $m+n+p=1$. Accordingly

$$a_{010} = 0, \quad a_{001} = 0;$$

but there is no limitation upon a_{100}, so that it can be taken arbitrarily: we assume

$$a_{100} = A.$$

For similar reasons

$$\{m\xi_1 + (n-1)\,\xi_2 + p\}\, b_{mnp} = 0,$$

when $m+n+p=1$; and we infer that

$$b_{100} = 0, \quad b_{001} = 0, \quad b_{010} = B,$$

where B is arbitrary.

Suppose now that no one of the quantities

$$(m-1)\,\xi_1 + n\xi_2 + p, \quad m\xi_1 + (n-1)\,\xi_2 + p,$$

for positive integer values of m, n, p such that

$$m+n+p \geqslant 2,$$

vanishes. Then when the equations

$$\left.\begin{aligned}\{(m-1)\,\xi_1 + n\xi_2 + p\}\, a_{mnp} &= \alpha'_{mnp}\\ \{m\xi_1 + (n-1)\,\xi_2 + p\}\, b_{mnp} &= \beta'_{mnp}\end{aligned}\right\}$$

are solved in groups for the same value of $m+n+p$, and in successive groups for increasing values of $m+n+p$ beginning with 2, they lead to results of the form

$$a_{mnp} = \alpha_{mnp}, \quad b_{mnp} = \beta_{mnp},$$

where α_{mnp}, β_{mnp} are rational integral functions of the coefficients that occur in ϕ_1 and ϕ_2, these functions being divided by a product of factors of the forms

$$(m-1)\,\xi_1 + n\xi_2 + p, \quad m\xi_1 + (n-1)\,\xi_2 + p, \text{ for } m+n+p \geqslant 2.$$

It has been seen that $a_{001}=0$, $b_{001}=0$: we easily see that $a_{00p}=0$, $b_{00p}=0$ for all values of p. For every term in $\phi_1(t_1, t_2, t)$ and every term in $\phi_2(t_1, t_2, t)$ involve t_1, or t_2, or both: and the equations for a_{00p}, b_{00p} are

$$(p-\xi_1)\, a_{00p} = A_{00p}, \quad (p-\xi_2)\, b_{00p} = B_{00p},$$

where A_{00p}, B_{00p} are integral functions of the coefficients in ϕ_1 and ϕ_2, and of coefficients $a_{00p'}$, $b_{00p'}$ such that $p' < p$, these integral functions being divided by factors of the form $p'-\xi_1$, $p'-\xi_2$. No term occurs either in A_{00p}, B_{00p} independent of $a_{00p'}$, $b_{00p'}$ because there is no term in ϕ_1 or in ϕ_2 independent of t_1 and t_2. Hence if all the coefficients $a_{00p'}$, $b_{00p'}$ vanish when $p' < p$, then a_{00p}, b_{00p} also vanish. But $a_{001}=0$, $b_{001}=0$: hence $a_{002}=0$, $b_{002}=0$: and so on with the whole series.

Consequently in the expressions for t_1 and t_2, there occur no terms that involve t alone without either z_1, or z_2, or z_1 and z_2: which is therefore one general characteristic of the non-regular integrals if they exist.

From t_1 and t_2, let all the terms which do not involve z_2 be gathered together. By what has just been proved, there are no terms which involve t alone: hence the aggregates of the selected terms contain z_1 as a factor, and the aggregates of the remainders contain z_2 as a factor, so that we can write

$$t_1 = z_1\rho + z_2\Theta_1,$$

$$t_2 = z_1\tau + z_2\Theta_2,$$

where ρ and τ are regular functions of t and z_1, which will be proved to be such that $\rho = A$, $\tau = 0$, when $t=0$, A being an arbitrary constant: and Θ_1, Θ_2 are regular functions of t, z_1, z_2, which will be proved to be such that $\Theta_1 = 0$, $\Theta_2 = B$ when $t = 0$, B being an arbitrary constant.

The first stage of the proof will establish the existence of the parts $z_1\rho$, $z_1\tau$: the second stage will establish the existence of the parts $z_2\Theta_1$, $z_2\Theta_2$. It may be added that, had it been deemed desirable, a selection from t_1 and t_2 of terms that do not involve z_1 might first have been made: the forms of t_1 and t_2 would then have been

$$t_1 = z_2\rho_1 + z_1\Psi_1, \quad t_2 = z_2\tau_1 + z_1\Psi_2,$$

where $\rho_1 = 0$, $\tau_1 = B$ when $t = 0$, and ρ_1, τ_1 are regular functions of t and z_2: also $\Psi_1 = A$, $\Psi_2 = 0$ when $t = 0$, and Ψ_1, Ψ_2 are regular functions of t, z_1, z_2. Further, it will be seen from the forms of the functions that ρ, τ, Ψ_1, Ψ_2 all vanish when $A = 0$: and that Θ_1, Θ_2, ρ_1, τ_1 all vanish when $B = 0$.

10. It is clear that if the equations under consideration possess integrals of the form

$$t_1 = \rho z_1, \quad t_2 = \tau z_1,$$

where ρ and τ are to be regular functions of z and z_1, then, taking account of the forms of ϕ_1 and ϕ_2, the quantities ρ and τ must satisfy the equations

$$\left.\begin{aligned} t\frac{\partial\rho}{\partial t} + \xi_1 z_1 \frac{\partial\rho}{\partial z_1} &= t\frac{d\rho}{dt} = \psi_1(\rho, \tau, z_1, t) \\ t\frac{\partial\tau}{\partial t} + \xi_1 z_1 \frac{\partial\tau}{\partial z_1} &= t\frac{d\tau}{dt} = (\xi_2 - \xi_1)\tau + \psi_2(\rho, \tau, z_1, t) \end{aligned}\right\}.$$

The functions ψ_1, ψ_2 are regular in their arguments: both of them vanish when $\rho = 0$, $\tau = 0$: in each of them, every term, which is of dimensions λ in ρ and τ combined, possesses a factor $z_1^{\lambda-1}$: and no term is of dimensions less than 2 in ρ, τ, t combined. Because ρ and τ are to be regular functions of t and z_1, they will be expressible in the forms

$$\rho = \Sigma\Sigma k_{mn} z_1^m t^n, \quad \tau = \Sigma\Sigma l_{mn} z_1^m t^n;$$

substituting these values and equating coefficients on the two sides of both equations, we find

$$\left.\begin{aligned} (n + m\xi_1)\, k_{mn} &= k'_{mn} \\ \{n + (m+1)\,\xi_1 - \xi_2\}\, l_{mn} &= l'_{mn} \end{aligned}\right\},$$

where k'_{mn} and l'_{mn} are linear in the coefficients of ψ_1 and ψ_2 respectively, and are rational integral functions of the coefficients $k_{m'n'}$, $l_{m'n'}$ in ρ and τ such that $m' \leqslant m$, $n' \leqslant n$, $m' + n' < m + n$.

From the forms of the functions ψ_1 and ψ_2, we have $k'_{00} = 0$, $l'_{00} = 0$. Hence when $m = 0$, $n = 0$, the first of the coefficient-equations leaves k_{00} undetermined: we therefore make it an arbitrary (finite) quantity A: the second of the coefficient-equations gives $l_{00} = 0$, for ξ_1 and ξ_2 are unequal.

Since no one of the quantities

$$(m-1)\xi_1+n\xi_2+p, \quad m\xi_1+(n-1)\xi_2+p$$

vanishes for integer values of m, n, p such that $m+n+p \geqslant 2$, it follows that no one of the quantities

$$n+m\xi_1, \quad n+(m+1)\xi_1-\xi_2$$

vanishes for integer values of m and n such that $m+n \geqslant 1$. Hence when the coefficient-equations for k and l are solved in groups for the same value of $m+n$, and in successive groups for increasing values of $m+n$ beginning with 1, they lead to results of the form

$$k_{mn}=\gamma_{mn}, \quad l_{mn}=\lambda_{mn},$$

where γ and λ are integral functions of the coefficients that occur in ψ_1 and ψ_2, each divided by a product of factors of the forms

$$n+m\xi_1, \quad n+(m+1)\xi_1-\xi_2.$$

Moreover each of the coefficients k and l, thus determined, contains A as a factor.

It now is necessary to prove that the series for ρ and τ, the formal expressions of which have been deduced, are converging series. For this purpose, we construct dominant equations as follows.

Let a region of common existence of the functions ψ_1 and ψ_2 be defined by the ranges $|t| \leqslant r$, $|z_1| \leqslant r_1$, $|\rho| \leqslant \alpha$, $|\tau| \leqslant \beta$: so that ψ_1 and ψ_2 are regular functions of their arguments within these ranges. In this region, let M_1 be the greatest value of $|\psi_1|$ and M_2 the greatest value of $|\psi_2|$: let M denote the greater of the two quantities M_1 and M_2. Further, since the quantities $n+m\xi_1$, $n+(m+1)\xi_1-\xi_2$ do not vanish for integer values of m and n such that $m+n \geqslant 1$, there must be a least value for the moduli of the quantities for the various combinations of m and n; let this value be η, so that

$$|n+m\xi_1| \leqslant \eta, \quad |n+(m+1)\xi_1-\xi_2| \leqslant \eta,$$

in all instances. Also let $|A|=A'$. Then the dominant equations are chosen to be

$$\eta(P-A')=\eta T$$

$$=\frac{1}{z_1}\left\{\frac{M}{\left(1-\frac{t}{r}\right)\left(1-\frac{z_1 P}{r_1\alpha}\right)\left(1-\frac{z_1 T}{r_1\beta}\right)}-\frac{M}{1-\frac{t}{r}}-M\frac{z_1 P}{r_1\alpha}-M\frac{z_1 T}{r_1\beta}\right\}.$$

Clearly $P-A'=T$: their common values are given as the roots of the cubic equation

$$\left\{\left(\eta+\frac{M}{r_1\beta}+\frac{M}{r_1\alpha}\right)T+\frac{MA'}{r_1\alpha}\right\}\left(1-\frac{z_1 T}{r_1\beta}\right)\left(1-\frac{z_1 A'}{r_1\alpha}-\frac{z_1 T}{r_1\alpha}\right)$$

$$=\frac{M}{1-\frac{t}{r}}\left\{\frac{A'}{r_1\alpha}+T\left(\frac{1}{r_1\alpha}+\frac{1}{r_1\beta}-\frac{A'z_1}{r_1^2\alpha\beta}\right)-T^2\frac{z_1}{r_1^2\alpha\beta}\right\}.$$

When $t=0$ and $z_1=0$, the term in this equation independent of T vanishes: but the term in the first power of T does not vanish because η is not zero. Hence there is one root, and only one root, of the cubic equation which vanishes when $t=0$ and $z_1=0$; it is a regular function of t and z_1 in the immediate vicinity of $t=0$ over a region which is not infinitesimal. Actually solving the equation for this root, we find

$$T=\frac{MA'}{\eta r_1\alpha}\left(\frac{t}{r}+\frac{A'}{r_1\alpha}z_1\right)+\text{higher powers of } t \text{ and } z_1;$$

and then

$$P=A'+\frac{MA'}{\eta r_1\alpha}\left(\frac{t}{r}+\frac{A'}{r_1\alpha}z_1\right)+\text{higher powers of } t \text{ and } z_1.$$

Now knowing that such a solution of the dominant equation exists, we can obtain its formal expression otherwise. Let

$$\left.\begin{aligned} P &= A'+\Sigma\Sigma\, z_1{}^m t^n \Gamma_{mn} \\ T &= \quad\;\; \Sigma\Sigma\, z_1{}^m t^n \Gamma_{mn} \end{aligned}\right\};$$

substitute these values in the dominant equations, expand their right-hand sides in the form of regular series, and equate coefficients of $z_1{}^m t^n$ on the two sides. We find

$$\Gamma_{mn}=K'_{mn}.$$

Instead of actually evaluating K'_{mn}, the analysis used to determine γ_{mn} can be adopted. To this end, construct the value of $|\gamma_{mn}|$ and, in its expression, effect the following changes in succession:—

i. Replace every modulus of a sum by the sum of the moduli of its terms:

ii. Replace each denominator-factor $|n+m\xi_1|$ and $|n+(m+1)\xi_1-\xi_2|$ by η:

iii. Replace the coefficients of $\rho^{m_1}\tau^{n_1}z_1{}^{p_1}t^{q_1}$ in ϕ_1 and ϕ_2 by $M\div\alpha^{m_1}\beta^{n_1}r_1{}^{p_1}r^{q_1}$, for all values of m_1, n_1, p_1, q_1:

iv. Replace $|A|$ by A'.

The final expression, so modified, is K'_{mn}. But the effect, upon the initial expression for $|\gamma_{mn}|$, of each of these changes is to appreciate the value: hence, taking the cumulative result, we have

$$|\gamma_{mn}|<\Gamma_{mn}.$$

Similarly

$$|\lambda_{mn}|<\Gamma_{mn}.$$

But the series

$$A'+\Sigma\Sigma\, z_1{}^m t^n \Gamma_{mn}$$

converges for a finite region round the origin $t=0$; hence the series

$$\left.\begin{aligned} \rho &= A+\Sigma\Sigma\,\gamma_{mn} z_1{}^m t^n \\ \tau &= \quad\;\; \Sigma\Sigma\,\lambda_{mn} z_1{}^m t^n \end{aligned}\right\}$$

converge absolutely: that is to say, the formal expressions ρ and τ have significance, being regular functions of z_1 and t. The equations accordingly have integrals

$$t_1 = \rho z_1, \quad t_2 = \tau z_1,$$

of the characteristics indicated.

This completes the first stage of the proof.

11. For the second stage, let

$$t_1 = \rho z_1 + T_1, \quad t_2 = \tau z_1 + T_2;$$

the equations for T_1 and T_2 are

$$t\frac{dT_1}{dt} = \xi_1 T_1 + \phi_1(\rho z_1 + T_1, \tau z_1 + T_2, t) - \phi_1(\rho z_1, \tau z_1, t)$$

$$\left.\begin{aligned} &= \xi_1 T_1 + \psi_1(T_1, T_2, z_1, t) \\ t\frac{dT_2}{dt} &= \xi_2 T_2 + \psi_2(T_1, T_2, z_1, t) \end{aligned}\right\},$$

after substitution for ρ and τ. Here ψ_1 and ψ_2 are regular functions of their arguments vanishing when $T_1 = 0$, $T_2 = 0$; they contain no terms of aggregate dimensions lower than 2 in T_1, T_2, z_1, t. In accordance with the statement in § 9, it has to be proved that these equations possess solutions of the form

$$T_1 = z_2\Theta_1, \quad T_2 = z_2\Theta_2,$$

where Θ_1 and Θ_2 are regular functions of t, z_1, z_2: it will appear that $\Theta_2 = B$ (an arbitrary constant) and $\Theta_1 = 0$, when $t = 0$. Substituting these values for T_1 and T_2, we find

$$\left.\begin{aligned} t\frac{\partial\Theta_1}{\partial t} + \xi_1 z_1\frac{\partial\Theta_1}{\partial z_1} + \xi_2 z_2\frac{\partial\Theta_1}{\partial z_2} + (\xi_2 - \xi_1)\Theta_1 &= f_1(\Theta_1, \Theta_2, z_1, z_2, t) \\ t\frac{\partial\Theta_2}{\partial t} + \xi_1 z_1\frac{\partial\Theta_2}{\partial z_1} + \xi_2 z_2\frac{\partial\Theta_2}{\partial z_2} \qquad\qquad &= f_2(\Theta_1, \Theta_2, z_1, z_2, t) \end{aligned}\right\};$$

the functions f_1 and f_2 are regular in their arguments, every term involves Θ_1 or Θ_2 or both, and a term involving Θ_1 and Θ_2 in the form $\Theta_1^{\lambda}\Theta_2^{\mu}$ has also a factor $z_2^{\lambda+\mu-1}$.

If quantities Θ_1, Θ_2 exist, being regular functions of t, z_1, z_2 and satisfying these equations, the substitution of expressions of the form

$$\Theta_1 = \Sigma\Sigma\Sigma p_{lmn} z_1^l z_2^m t^n, \qquad \Theta_2 = \Sigma\Sigma\Sigma q_{lmn} z_1^l z_2^m t^n,$$

in these equations must lead to identities. Accordingly, equating coefficients of $z_1^l z_2^m t^n$ on the two sides of both equations, we have

$$\{n + (l-1)\xi_1 + (m+1)\xi_2\} p_{lmn} = \pi'_{lmn},$$

$$(n + l\xi_1 + m\xi_2) q_{lmn} = \kappa'_{lmn},$$

where π'_{lmn}, κ'_{lmn} are linear functions of the coefficients in f_1 and f_2, and are integral functions of the coefficients $p_{l'm'n'}$ and $q_{l'm'n'}$, such that

$$l' \leqslant l, \quad m' \leqslant m, \quad n' \leqslant n, \quad l' + m' + n' < l + m + n.$$

Owing to the forms of f_1 and f_2, we have

$$\pi'_{000} = 0, \quad \kappa'_{000} = 0.$$

Hence $p_{000} = 0$, and q_{000} is left undetermined; we take

$$q_{000} = B,$$

where B is an arbitrary constant. Moreover, no one of the quantities

$$n + (l-1)\xi_1 + m\xi_2, \quad n + l\xi_1 + (m-1)\xi_2,$$

vanishes for values of l, m, n such that $n + l + m \geqslant 2$; hence in the equations for p_{lmn}, q_{lmn}, no one of the coefficients of p_{lmn}, q_{lmn} vanishes when $n + l + m \geqslant 1$. Hence these equations can be solved for all the coefficients p and q after p_{000}, q_{000}. They are most conveniently solved in groups for the same value of $n + l + m$, and in succeeding groups for increasing values of $n + l + m$, beginning with 1; the results are

$$p_{lmn} = \pi_{lmn}, \quad q_{lmn} = \kappa_{lmn},$$

where π_{lmn}, κ_{lmn} are sums of integral functions of the coefficients in f_1 and f_2, each divided by products of factors of the types

$$n + (l-1)\xi_1 + (m+1)\xi_2, \quad n + l\xi_1 + m\xi_2.$$

Expressions thus are obtained as formal solutions of the equations: it is necessary to establish the convergence of the infinite series. As before, we construct dominant equations for this purpose, as follows.

Let a common region of existence of the functions f_1 and f_2, which are regular in their arguments, be defined by the ranges

$$|t| \leqslant r, \quad |z_1| \leqslant \rho_1, \quad |z_2| \leqslant \rho_2, \quad |\Theta_1| \leqslant \sigma_1, \quad |\Theta_2| \leqslant \sigma_2:$$

and within this region, let N denote the maximum value of $|f_1|$ and $|f_2|$, so that N is a finite quantity. Also let η denote the least among the values of

$$|n + (l-1)\xi_1 + (m+1)\xi_2|, \qquad |n + l\xi_1 + m\xi_2|,$$

for the various combinations of the integers l, m, n such that $l + m + n \geqslant 1$; and let $|B| = B'$. Then the dominant equations to be considered are

$$\begin{aligned} \eta\Phi_1 = \eta(\Phi_2 - B') \\ = \frac{1}{z_2}\left\{\frac{N}{\left(1-\frac{t}{r}\right)\left(1-\frac{z_1}{\rho_1}\right)\left(1-\frac{z_2\Phi_1}{\rho_2\sigma_1}\right)\left(1-\frac{z_2\Phi_2}{\rho_2\sigma_2}\right)}\right. \\ \left. - \frac{N}{\left(1-\frac{t}{r}\right)\left(1-\frac{z_1}{\rho_1}\right)} - \frac{Nz_2\Phi_1}{\rho_2\sigma_1} - \frac{Nz_2\Phi_2}{\rho_2\sigma_2}\right\}. \end{aligned}$$

The common value of Φ_1 and $\Phi_2 - B'$ is determined as a root of the cubic equation

$$\left\{\Phi_1\left(\eta + \frac{N}{\rho_2\sigma_1} + \frac{N}{\rho_2\sigma_2}\right) + \frac{NB'}{\rho_2\sigma_2}\right\}\left(1 - \frac{z_2\Phi_1}{\rho_2\sigma_1}\right)\left(1 - \frac{z_2 B'}{\rho_2\sigma_2} - \frac{z_2\Phi_1}{\rho_2\sigma_2}\right)$$

$$= \frac{N}{\left(1-\frac{t}{r}\right)\left(1-\frac{z_1}{\rho_1}\right)}\left\{\frac{B'}{\rho_2\sigma_2} + \Phi_1\left(\frac{1}{\rho_2\sigma_1} + \frac{1}{\rho_2\sigma_2} - \frac{B'z_2}{\rho_2^{\,2}\sigma_1\sigma_2}\right) - \Phi_1^{\,2}\frac{z_2}{\rho_2^{\,2}\sigma_1\sigma_2}\right\}.$$

When $t = 0$, $z_1 = 0$, $z_2 = 0$, the term in this equation independent of Φ_1 vanishes: but the term in the first power of Φ_1 does not then vanish, because η is different from zero. Hence there is one root, and only one root, of the cubic which vanishes when $t = 0$, $z_1 = 0$, $z_2 = 0$: and it is a regular function of t, z_1, z_2 in the immediate vicinity* of $t = 0$. Actually solving the equation for this root, we find

$$\Phi_1 = \frac{NB'}{\eta\rho_2\sigma_2}\left(\frac{t}{r} + \frac{z_1}{\rho_1} + \frac{z_2 B'}{\rho_2\sigma_2}\right) + \text{terms of higher orders};$$

and then we have

$$\Phi_2 = B' + \frac{NB'}{\eta\rho_2\sigma_2}\left(\frac{t}{r} + \frac{z_1}{\rho_1} + \frac{z_2 B'}{\rho_2\sigma_2}\right) + \text{terms of higher orders.}$$

As in the preceding stage of proof of the main theorem, we can obtain the expression of these particular quantities Φ_1 and Φ_2 otherwise. Knowing that Φ_1 and $\Phi_2 - B'$, equal to one another, are regular functions of t, z_1, z_2, let

$$\Phi_1 = \Phi_2 - B' = \Sigma\Sigma\Sigma P_{lmn} z_1^{\,l} z_2^{\,m} t^n;$$

substitute in the dominant equations, expand the right-hand side in the form of regular series, and equate the coefficients of $z_1^{\,l} z_2^{\,m} t^n$ on the two sides. We find

$$P_{lmn} = \Pi_{lmn}.$$

But instead of actually deriving Π_{lmn} from the equations so obtained, we can utilise the analysis that leads to the quantities π_{lmn}, κ_{lmn}, as follows. Construct $|\pi_{lmn}|$ and, in its analytical expression, effect the following changes in succession:—

i. Replace every modulus of a sum by the sum of the moduli of the terms:

ii. Replace each denominator-factor $|n + (l-1)\xi_1 + (m+1)\xi_2|$ and $|n + l\xi_1 + m\xi_2|$ by η:

iii. Replace the coefficient of $\Theta_1^{\,m_1}\Theta_2^{\,m_2} z_1^{\,n_1} z_2^{\,n_2} t^p$ in f_1 and f_2 by $N \div \sigma_1^{\,m_1}\sigma_2^{\,m_2}\rho_1^{\,n_1}\rho_2^{\,n_2} r^p$, for all values of m_1, m_2, n_1, n_2, p:

iv. Replace $|B|$ by B'.

The final expression, after all these modifications have been made, is Π_{lmn}. But the

* It remains a regular function so long as $|t|$ is less than the least of the moduli of the roots of the discriminant of the cubic.

effect, upon the initial expression for $|\pi_{lmn}|$, of each of the modifications is to appreciate the value; hence taking the cumulative effect, we have

$$|\pi_{lmn}| < \Pi_{lmn}.$$

Similarly

$$|\kappa_{lmn}| < \Pi_{lmn}.$$

Now the series for Φ_2, when P_{lmn} is replaced by Π_{lmn}, converges for a finite region round the origin; hence the series

$$\left.\begin{aligned}\Theta_1 &= \quad \Sigma\Sigma\Sigma\pi_{lmn} z_1^{\,l} z_2^{\,m} t^n \\ \Theta_2 &= B + \Sigma\Sigma\Sigma\kappa_{lmn} z_1^{\,l} z_2^{\,m} t^n\end{aligned}\right\}$$

also converge for that region. Consequently the modified equations have integrals of the character

$$T_1 = z_2\Theta_1, \quad T_2 = z_2\Theta_2:$$

and therefore the original equations have integrals

$$t_1 = \rho z_1 + z_2\Theta_1, \quad t_2 = \tau z_1 + z_2\Theta_2,$$

where ρ and τ are regular functions of t and z_1: and Θ_1, Θ_2 are regular functions of

$$t, \ z_1, \ z_2.$$

This completes the proof of the main theorem with the specified conditions.

Case I (b): *one root of the critical quadratic is a positive integer, the other is not a positive integer.*

12. Let the integer root be denoted by m, the non-integer root by ξ; the equations can be taken in the form

$$\left.\begin{aligned}t\frac{du}{dt} &= mu + \alpha t + \theta(u, v, t) \\ t\frac{dv}{dt} &= \xi v + \beta t + \phi(u, v, t)\end{aligned}\right\},$$

where θ and ϕ are regular functions of their arguments, vanish with u, v, t and contain no terms of dimensions lower than 2. The same transformations as were used in § 2, viz.

$$u = t\left(-\frac{\alpha}{m-1} + u_1\right), \quad v = t\left(-\frac{\beta}{\xi-1} + v_1\right),$$

can be applied $m-1$ times in succession: and ultimately we have equations

$$\left.\begin{aligned}t\frac{dt_1}{dt} &= t_1 + at + f_1(t_1, t_2, t) \\ t\frac{dt_2}{dt} &= \kappa t_2 + bt + f_2(t_1, t_2, t)\end{aligned}\right\},$$

where κ, $=\xi - m + 1$, is not a positive integer, the functions f_1 and f_2 are regular functions of their arguments of the same type as θ and ϕ above, and the integrals t_1 and t_2 are to vanish with t.

It has been proved that there are no regular integrals of the equation vanishing with t unless a is zero: and that, if $a = 0$, there exists a simple infinitude of regular integrals satisfying the equations. We proceed, not in the first place to the complete theorem but only to a partial theorem, by shewing that *when a is not zero, there exists a simple infinitude of non-regular integrals vanishing with t, these integrals being regular functions of t and $t \log t$: and when a is zero, these non-regular integrals do not exist.*

To establish this result, we proceed from equations

$$\left.\begin{aligned} t\frac{dx}{dt} &= \sigma x + at + \theta_1(x, y, t) \\ t\frac{dy}{dt} &= \kappa y + bt + \theta_2(x, y, t) \end{aligned}\right\},$$

where σ is taken to be a real positive quantity, a little less than 1 initially and equal to 1 ultimately: and, as the explicit forms of θ_1 and θ_2 are required, we suppose

$$\left.\begin{aligned} \theta_1(x, y, t) &= \Sigma\Sigma\Sigma a_{ijp} x^i y^j t^p, \\ \theta_2(x, y, t) &= \Sigma\Sigma\Sigma b_{ijp} x^i y^j t^p, \end{aligned}\right. \qquad (i + j + p \geqslant 2).$$

With these equations, we associate a set of dominant equations. Let

$$|a_{ijp}| = A_{ijp}, \quad |b_{ijp}| = B_{ijp}, \quad |a| = A;$$

then the dominant equations are

$$\left.\begin{aligned} t\frac{dX}{dt} - \sigma X + At &= \Theta_1(X, Y, t) \\ t\frac{dY}{dt} - \kappa Y \pm Bt &= \Theta_2(X, Y, t) \end{aligned}\right\},$$

where

$$\left.\begin{aligned} \Theta_1(X, Y, t) &= \Sigma\Sigma\Sigma A_{ijp} X^i Y^j t^p \\ \Theta_2(X, Y, t) &= \Sigma\Sigma\Sigma B_{ijp} X^i Y^j t^p \end{aligned}\right\}.$$

If κ be real, not being a positive integer, we choose that sign for the term $\pm Bt$, which makes

$$\frac{B}{\kappa - 1}$$

a positive quantity; if κ be complex, we choose a term $+Bt$, such that

$$\frac{B}{\kappa - 1}$$

is a real positive quantity and $|B| \geqslant |b|$.

By the theorem of § 10, we know that solutions exist, which vanish with t and are expressible as regular functions of t and t^σ. Let a new variable θ be introduced, defined by the equation

$$t^\sigma - t = (1-\sigma)\,\theta\,;$$

and, in the solutions indicated, replace t^σ by $t + (1-\sigma)\,\theta$; they then become regular functions of t and θ, expressed as converging power-series. To obtain their coefficients in this form directly, let

$$X = \Sigma\Sigma\, a_{mn}\, \theta^m t^n,$$

$$Y = \Sigma\Sigma\, b_{mn}\, \theta^m t^n,$$

where $a_{00} = 0$, $b_{00} = 0$; then since

$$t\frac{d\theta}{dt} = \sigma\theta - t,$$

we have

$$t\frac{dX}{dt} = \Sigma\Sigma\, a_{mn}\left\{n\theta^m t^n + m\theta^{m-1} t^n (\sigma\theta - t)\right\}$$

$$= \Sigma\Sigma\left\{(n+\sigma m)\,\theta^m t^n - m\theta^{m-1} t^{n+1}\right\} a_{mn},$$

and

$$t\frac{dY}{dt} = \Sigma\Sigma\left\{(n+\sigma m)\,\theta^m t^n - m\theta^{m-1} t^{n+1}\right\} b_{mn}.$$

Substituting in the differential equations and comparing coefficients, we have

$$\left.\begin{aligned}(n+\sigma m-\sigma)\,a_{mn} - (m+1)\,a_{m+1,\,n-1} &= H_{m,\,n}\\ (n+\sigma m-\kappa)\,b_{mn} - (m+1)\,b_{m+1,\,n-1} &= K_{m,\,n}\end{aligned}\right\},$$

where $H_{m,n}$ and $K_{m,\,n}$ are sums of terms of the form

$$H_{mn} = \Sigma N A_{ijp}\, a_{m_1 n_1} \dots a_{m_i n_i}\, b_{m_1' n_1'} \dots b_{m_j' n_j'},$$

and similarly for $K_{m,\,n}$, such that

$$\left.\begin{aligned} i+j+p &\geqslant 2\\ m_1 + \dots + m_i + m_1' + \dots + m_j' &= m\\ p + n_1 + \dots + n_i + n_1' + \dots + n_j' &= n\end{aligned}\right\},$$

N being a numerical quantity, representing the number of integer solutions of the last two equations.

As regards the initial coefficients, we have the following expressions.

For $m + n = 0$, so that $m = 0$, $n = 0$; then

$$a_{00} = 0, \quad b_{00} = 0.$$

For $m + n = 1$, so that $m = 1$, $n = 0$: and $m = 0$, $n = 1$; then

$$0\,.\,a_{10} = 0, \quad (\sigma - \kappa)\,b_{10} = 0\,;$$

$$(1-\sigma)\,a_{01} - a_{10} = -A, \quad (1-\kappa)\,b_{01} - b_{10} = \mp B\,;$$

so that

$$a_{10} = (1 - \sigma) a_{01} + A, \quad (1 - \kappa) b_{01} = \mp B, \quad b_{10} = 0;$$

thus a_{01} is undetermined and therefore can be taken arbitrarily, say $= C$, where C is positive. Thus a_{01}, a_{10}, b_{01} are positive.

For $m + n = 2$, so that $m = 2$, $n = 0$: $m = 1$, $n = 1$: and $m = 0$, $n = 2$; then

$$\left.\begin{aligned} \sigma a_{20} &= A_{200} a^2_{10} \\ (2\sigma - \kappa) b_{20} &= B_{200} a^2_{10} \end{aligned}\right\},$$

$$\left.\begin{aligned} a_{11} - 2a_{20} &= 2A_{200} a_{10} a_{01} + A_{110} a_{10} b_{01} + A_{101} a_{10} \\ (1 + \sigma - \kappa) b_{11} - 2b_{20} &= 2B_{200} a_{10} a_{01} + B_{110} a_{10} b_{01} + B_{101} a_{10} \end{aligned}\right\},$$

$$\left.\begin{aligned} (2 - \sigma) a_{02} - a_{11} &= A_{200} a^2_{01} + A_{110} a_{01} b_{01} + A_{020} b^2_{01} + A_{101} a_{01} + A_{011} b_{01} + A_{002} \\ (2 - \kappa) b_{02} - b_{11} &= B_{200} a^2_{01} + B_{110} a_{01} b_{01} + B_{020} b^2_{01} + B_{101} a_{01} + B_{011} b_{01} + B_{002} \end{aligned}\right\}.$$

And so on, taking in succession the groups of terms for increasing values of $m + n$, and taking, in each group, the equations for increasing values of n beginning with zero. The result is to give

$$a_{mn} = \theta_{mn}, \quad b_{mn} = \phi_{mn},$$

where θ_{mn} and ϕ_{mn} are sums of a number of terms; each term is a quotient, the numerator being a positive integral function of the coefficients of θ_1 and θ_2 and containing $a_{10}{}^m$ as a factor, and the denominator being a product of quantities of the form

$$n + \sigma m - \sigma, \quad n + \sigma m - \kappa.$$

It can be proved, by an argument precisely similar to that in Jordan's *Cours d'Analyse*, t. iii, § 97, that the number of quantities entering into the denominator product for each of the terms in θ_{mn} and ϕ_{mn} is

$$\leqslant m + 2n - 1.$$

On account of the theorem of § 10, establishing the existence of the integrals as regular functions of t and t^σ, it follows that the series

$$\Sigma\Sigma a_{mn} \theta^m t^n, \quad \Sigma\Sigma b_{mn} \theta^m t^n$$

converge absolutely.

Now proceed to the limit in which σ increases to, and ultimately acquires, the value unity; then θ becomes $-t \log t$, the differential equations become

$$\left.\begin{aligned} t\frac{dX}{dt} - X + At &= \Theta_1 (X, Y, t) \\ t\frac{dY}{dt} - \kappa Y \pm Bt &= \Theta_2 (X, Y, t) \end{aligned}\right\},$$

and the integrals change to

$$\Sigma\Sigma a'_{mn} \theta^m t^n, \quad \Sigma\Sigma b'_{mn} \theta^m t^n,$$

where a'_{mn} and b'_{mn} are the values of a_{mn} and b_{mn} when σ is replaced by 1.

In θ_{mn}, let T be any one of the terms, and let T' be the value of T when σ is replaced by 1. As regards the numerator in T, it is the sum of a series of positive quantities: and it is unaffected by the change of σ, except that a_{10} is replaced by A, that is, by a diminished quantity; hence the numerator of T' is less than that of T. As regards the numerical denominator, each factor $n + \sigma m - \sigma$ is replaced by $n + m - 1$, which is a greater quantity than the factor it replaces, unless m vanishes; but when $m = 0$, then

$$\frac{n - \sigma}{n - 1} \leqslant 2 - \sigma,$$

because then $n \geqslant 2$. Also every factor $n + \sigma m - \kappa$ is replaced by $n + m - \kappa$; the imaginary portions (if any) of these two are the same, but the real part of the new factor is greater than that of the old except when $m = 0$, and then they are the same. The number of factors in the denominator is not greater than $m + 2n - 1$: hence

$$\Pi \left| \frac{n + \sigma m - \sigma}{n + m - 1} \cdot \frac{n + \sigma m - \kappa}{n + m - \kappa} \right| \leqslant (2 - \sigma)^{m+2n-1}$$

$$\leqslant (2 - \sigma)^{2m+2n}.$$

The changes made have diminished the numerator of T; thus

$$\left| \frac{T'}{T} \right| < \Pi \left| \frac{n + \sigma m - \sigma}{n + m - 1} \cdot \frac{n + \sigma m - \kappa}{n + m - \kappa} \right|$$

$$< (2 - \sigma)^{2m+2n}.$$

Remembering that θ_{mn} is a sum of terms T and bearing in mind the character of T, we have

$$\left| \frac{a'_{mn}}{a_{mn}} \right| < (2 - \sigma)^{2m+2n}.$$

Similarly

$$\left| \frac{b'_{mn}}{b_{mn}} \right| < (2 - \sigma)^{2m+2n}.$$

Now the series

$$\Sigma\Sigma a_{mn} \theta^m t^n, \quad \Sigma\Sigma b_{mn} \theta^m t^n$$

converge absolutely for a finite region round the origin. Let this be defined by $|t| \leqslant r$, $|\theta| \leqslant s$; and let M_1, M_2 be the respective maximum values of the moduli of the series within that region. Then

$$a_{mn} < \frac{M_1}{s^m r^n}, \qquad b_{mn} < \frac{M_2}{s^m r^n};$$

and therefore

$$|a'_{mn}| < \frac{M_1}{\left\{\frac{s}{(2 - a)^2}\right\}^m \left\{\frac{r}{(2 - a)^2}\right\}^n},$$

$$|b'_{mn}| < \frac{M_2}{\left\{\frac{s}{(2 - u)^2}\right\}^m \left\{\frac{r}{(2 - u)^2}\right\}^n}.$$

Consequently the series

$$\Sigma\Sigma a'_{mn}\theta^m t^n, \quad \Sigma\Sigma b'_{mn}\theta^m t^n$$

converge absolutely for a finite region round $t=0$.

If the original equations

$$\left.\begin{aligned} t\frac{dx}{dt} &= x + at + \theta_1(x, y, t) \\ t\frac{dy}{dt} &= \kappa y + bt + \theta_2(x, y, t) \end{aligned}\right\}$$

possess integrals vanishing with t in the form of regular functions of t and $t\log t$, these integrals may be assumed to be

$$\left.\begin{aligned} x &= \Sigma\Sigma f_{mn}\theta^m t^n \\ y &= \Sigma\Sigma g_{mn}\theta^m t^n \end{aligned}\right\}:$$

when substituted, they must satisfy the equations identically. Choose f_{01} so that

$$|f_{01}| = C,$$

where C is the arbitrary constant in the integrals of the preceding equations.

When the relations that arise from the comparison of the coefficients are solved so as to give f_{mn}, g_{mn}, it is easy to see that the same results are obtained as would be given by changing, in a'_{mn} and b'_{mn}, A into $-a$, B into $\mp b$, A_{ijp} into a_{ijp}, and B_{ijp} into b_{ijp}, for all values of i, j, p. Bearing in mind that

$$|a| = A, \quad |b| \leqslant |B|, \quad |a_{ijp}| = A_{ijp}, \quad |b_{ijp}| = B_{ijp},$$

it is manifest that the real positive quantities $|a'_{mn}|$ and $|b'_{mn}|$ are superior limits for $|f_{mn}|$ and $|g_{mn}|$, that is,

$$|f_{mn}| < |a'_{mn}|, \quad |g_{mn}| < |b'_{mn}|.$$

But the series

$$\Sigma\Sigma a'_{mn}\theta^m t^n, \quad \Sigma\Sigma b'_{mn}\theta^m t^n$$

converge absolutely: hence also the series

$$\Sigma\Sigma f_{mn}\theta^m t^n, \quad \Sigma\Sigma g_{mn}\theta^m t^n$$

also converge absolutely, and the equations accordingly possess integrals as stated in the theorem.

Note. If a is zero, then $a'_{10}=0$; $a'_{20}=0$, $a'_{11}=0$; and it is immediately obvious that

$$a'_{mn} = 0,$$

for all values of $m>0$ and all values of n. Similarly

$$b'_{mn} = 0,$$

for the same combinations of m and n. In this case, θ disappears entirely from the expressions

$$\Sigma\Sigma f_{mn}\theta^m t^n, \quad \Sigma\Sigma g_{mn}\theta^m t^n;$$

so that the integrals become regular functions of t, which are known to be solutions of the equations when $a=0$.

13. The main theorems as to the equations

$$\left.\begin{aligned} t\frac{dt_1}{dt} &= t_1 + at + f_1(t_1, t_2, t) \\ t\frac{dt_2}{dt} &= \kappa t_2 + bt + f_2(t_1, t_2, t) \end{aligned}\right\},$$

so far as concerns the non-regular solutions, are :—

When a is not zero, so that the equations do not possess any regular solutions that vanish with t, they possess non-regular solutions that vanish with t. If κ have its real part positive, not itself being a positive integer, there is a double infinitude of such solutions; they are regular functions of t, t^κ and $t \log t$. If κ have its real part negative, there is only a single infinitude of such solutions; they are regular functions of t and $t \log t$.

When a is zero, so that the equations possess a single infinitude of regular solutions vanishing with t, then if κ have its real part positive, not itself being a positive integer, there is a single infinitude of non-regular solutions vanishing with t which are regular functions of t and t^κ; but if κ have its real part negative, the equations possess no non-regular solutions vanishing with t.

These theorems can be established by analysis and a course of argument similar to those which have been adopted, wholly or partially, in preceding cases. The actual expressions for the integrals, when a is not zero, are

$$\left.\begin{aligned} t_1 &= a\theta + At + \Sigma\Sigma\Sigma g_{lmn}\, \zeta^l \theta^m t^n \\ t_2 &= \frac{b}{1-\kappa} t + B\zeta + \Sigma\Sigma\Sigma h_{lmn}\, \zeta^l \theta^m t^n \end{aligned}\right\},$$

where the summation is for values of l, m, n such that $l+m+n \geqslant 2$, the coefficients A and B are arbitrary, ζ denotes t^κ and θ denotes $t \log t$.

When a is zero, all the coefficients g_{lmn}, h_{lmn} for values of $m > 0$ vanish; so that θ disappears from the expressions for t_1 and t_2. The resulting expressions then can be resolved each into the sum of two functions: one a regular function of t which involves A, the other a regular function of t and ζ which involves B, and vanishes when $B = 0$.

It may be noted that a slight degeneration occurs in the solutions when κ is the reciprocal of a positive integer; a regular function of t and t^κ is then merely a regular function of t^κ.

When the equations in their first transformed expression are

$$\left.\begin{aligned} t\frac{du}{dt} &= mu + \alpha t + \theta(u, v, t) \\ t\frac{dv}{dt} &= \xi v + \beta t + \phi(u, v, t) \end{aligned}\right\},$$

the general results are the same as above; the value of κ is $\xi - m + 1$, and the critical condition, which is represented by $\alpha = 0$, is stated at the end of § 2.

CASE I (c): *the roots of the critical quadratic are unequal, and both are positive integers.*

14. Denoting the roots by m and n, of which m may be taken as the smaller integer, the equations can be transformed so as to become

$$\left.\begin{aligned} t\frac{du}{dt} &= mu + \alpha t + \theta(u, v, t) \\ t\frac{dv}{dt} &= nv + \beta t + \phi(u, v, t) \end{aligned}\right\}.$$

They can be modified by substitutions similar to those adopted in the preceding case; such substitutions can be applied $m-1$ times in succession, leading to the forms

$$\left.\begin{aligned} t\frac{dt_1}{dt} &= t_1 + at + f_1(t_1, t_2, t) \\ t\frac{dt_2}{dt} &= \kappa t_2 + bt + f_2(t_1, t_2, t) \end{aligned}\right\},$$

where κ, $= n - m + 1$, is a positive integer greater than 1, the integrals t_1 and t_2 are to vanish with t, and the functions f_1, f_2 are regular functions which vanish with their arguments and contain no terms of dimensions lower than 2 in t_1, t_2, t combined.

It has already been proved (§ 3) that the equations possess no regular integrals vanishing with t, unless two relations among the constants be satisfied; one of them is represented by $a = 0$, the other by (say) $C = 0$, where C is a definite combination of a, b, and the constant coefficients in f_1 and f_2. The theorem as regards the non-regular integrals is:

The equations in general possess a double infinitude of non-regular integrals which vanish with t; they are regular functions of t, and $t \log t$. If both of the conditions represented by $a = 0$, $C = 0$ are satisfied, the equations possess no non-regular solutions vanishing with t: they are known to possess a double infinitude of regular integrals which vanish with t.

The method of establishing this theorem is similar to that for the case when κ is unity so that the critical quadratic has a repeated root. As that case will be discussed later in full detail, we shall not here reproduce the analysis and the argument, which follow closely the corresponding analysis and argument in that later discussion.

It may be added that the conditions for the equations

$$\left.\begin{aligned} t\frac{du}{dt} &= mu + \alpha t + \theta(u, v, t) \\ t\frac{dv}{dt} &= nv + \beta t + \phi(u, v, t) \end{aligned}\right\},$$

represented for the modified forms by $a = 0$, $C = 0$, have already (§ 3) been given.

CASE II (a): *the critical quadratic has equal roots, not a positive integer.*

15. It has been proved that, in this case, the original equations possess regular integrals vanishing with t: and therefore, in order to consider the non-regular integrals (if any) that vanish with t, we transform the equations as in § 6, and we study the derived system

$$\left.\begin{aligned} t\frac{dt_1}{dt} &= \xi t_1 + \phi_1(t_1, t_2, t) \\ t\frac{dt_2}{dt} &= \kappa t_1 + \xi t_2 + \phi_2(t_1, t_2, t) \end{aligned}\right\},$$

where ϕ_1 and ϕ_2 are regular functions of their arguments, vanish when $t_1 = 0$, $t_2 = 0$, and contain no terms of dimensions less than 2 in t_1, t_2, t combined. The integrals t_1 and t_2 are to be non-regular functions of t, required to vanish with t.

The non-regular integrals are given by the theorem:

When the repeated root ξ of the critical quadratic has its real part positive, not itself being a positive integer, there is a double infinitude of non-regular integrals vanishing with t, these integrals being regular functions of t, t^ξ, $t^\xi \log t$.

When the theorem is established, there is an immediate corollary:

If the real part of the repeated root ξ of the critical quadratic be negative, then the equations do not possess non-regular integrals vanishing with t; the regular integrals possessed by the original system of equations are the only integrals that vanish with t.

The forms of the theorem and the corollary are indicated by proceeding nearly to the limit of the theorems for the case of I (a) when the roots of the critical quadratic are equal to one another. If $\xi_2 = \xi_1 + \delta$, where δ is infinitesimal, then

$$t^{\xi_2} = t^{\xi_1}(1 + \delta \log t + \ldots),$$

so that a function of t, t^{ξ_1}, t^{ξ_2} becomes a function of t, t^{ξ_1}, $t^{\xi_1}\log t$; but further investigation is needed in order to shew that, in passing to the limit, the functions under consideration continue to exist. Instead of adopting this method of proof, we proceed independently.

It is convenient to take

$$\zeta = t^\xi, \qquad -\eta = t^\xi \log t.$$

If therefore integrals of the character indicated in the theorem exist, they can be expressed in the forms

$$\left.\begin{aligned} t_1 &= \Sigma\Sigma\Sigma\, a_{lmn} \zeta^l \eta^m t^n \\ t_2 &= \Sigma\Sigma\Sigma\, b_{lmn} \zeta^l \eta^m t^n \end{aligned}\right\};$$

and these values must, when substituted, satisfy the differential equations identically. Now

$$t\frac{d\zeta}{dt} = \xi\zeta, \qquad t\frac{d\eta}{dt} = \xi\eta - \zeta,$$

so that

$$t\frac{d}{dt}(\zeta^l\eta^m t^n) = (n + l\xi + m\xi)\,\zeta^l\eta^m t^n - m\zeta^{l+1}\eta^{m-1}t^n.$$

Hence equating coefficients of $\zeta^l\eta^m t^n$ on the two sides of both equations after substitution of the assumed values of t_1 and t_2, we have

$$\left.\begin{array}{l}\{n + (l + m - 1)\,\xi\}\,a_{lmn} - ma_{l-1,\,m+1,\,n} = \alpha'_{lmn} \\ \{n + (l + m - 1)\,\xi\}\,b_{lmn} - mb_{l-1,\,m+1,\,n} = \theta a_{lmn} + \beta'_{lmn}\end{array}\right\},$$

where α'_{lmn}, β'_{lmn}, being the coefficients of $\zeta^l\eta^m t^n$ in ϕ_1 and ϕ_2 respectively, are linear functions of the constants in ϕ_1 and ϕ_2, and are integral functions of the coefficients $a_{l'm'n'}$, $b_{l'm'n'}$, such that $l' \leqslant l$, $m' \leqslant m$, $n' \leqslant n$, $l' + m' + n' < l + m + n$.

Assuming that the real part of ξ is positive but that ξ is not a positive integer, we see that no one of the quantities $n + (l + m - 1)\,\xi$ can vanish if $l + m + n \geqslant 2$.

If $l = m = n = 0$, then $\alpha'_{lmn} = 0$, $\beta'_{lmn} = 0$; hence

$$a_{000} = 0,$$
$$b_{000} = \theta a_{000} = 0.$$

For values such that $l + m + n = 1$, we have

$$0 \,.\, a_{010} = 0, \text{ that is, } a_{010} = K,$$
$$a_{001} = 0,$$
$$0 \,.\, a_{100} = 0, \text{ that is, } a_{100} = L;$$
$$0 \,.\, b_{010} = \theta \,.\, a_{010} = \theta K,$$
$$b_{001} = \theta \,.\, a_{001} = 0,$$
$$0 \,.\, b_{100} = \theta \,.\, a_{100} = \theta L.$$

In order therefore to obtain finite values for the coefficients a and b, we must have

$$K = 0, \quad L = 0,$$

and then b_{010}, b_{100} are arbitrary; that is, we have

$$a_{010} = 0, \quad a_{001} = 0, \quad a_{100} = 0;$$
$$b_{010} = B, \quad b_{001} = 0, \quad b_{100} = C.$$

To obtain the terms of dimension two in ζ, η, t in t_1 and t_2, we require the explicit expressions of ϕ_1 and ϕ_2: let them be

$$\phi_1 = att_1 + btt_2 + ct_1^2 + et_1t_2 + kt_2^2 + \ldots,$$
$$\phi_2 = \alpha tt_1 + \beta tt_2 + \gamma t_1^2 + \epsilon t_1t_2 + \kappa t_2^2 + \ldots.$$

The terms in t_1 and t_2 of dimension one, obtained as above, are

$$t_1 = 0, \quad t_2 = C\zeta + B\eta,$$

so that, as far as terms of dimension two in ϕ_1 and ϕ_2 after substitution, we have

$$\phi_1 = bt(B\eta + C\zeta) + k(B\eta + C\zeta)^2,$$

$$\phi_2 = \beta t(B\eta + C\zeta) + \kappa(B\eta + C\zeta)^2.$$

Accordingly, for $l + m + n = 2$, we have

$$\xi a_{020} = kB^2, \quad a_{011} = bB, \quad (2 - \xi)\, a_{002} = 0,$$

$$a_{101} = bC, \quad (1 + \xi)\, a_{110} - a_{020} = 2kBC,$$

$$\xi a_{200} = kC^2;$$

$$\xi b_{020} = \kappa B^2 + \theta a_{020}, \quad b_{011} = \beta B + \theta a_{011}, \quad (2 - \xi)\, b_{002} = \theta a_{002},$$

$$b_{101} = \beta C + \theta a_{101}, \quad (1 + \xi)\, b_{110} - b_{020} = \theta a_{110} + 2\kappa BC,$$

$$\xi b_{200} = \kappa C^2 + \theta a_{200};$$

and therefore the terms in t_1 and t_2, of dimensions two in the arguments ζ, η, t, are

$$\frac{k}{\xi} C^2\zeta^2 + \frac{2kBC + \frac{k}{\xi} B^2}{1 + \xi}\, \zeta\eta + \frac{k}{\xi} B^2\eta^2 + bC\zeta t + bB\eta t,$$

in t_1: and

$$\left(\kappa + \frac{\theta k}{\xi}\right) \frac{C^2}{\xi} \zeta^2 + \left(\kappa + \frac{\theta k}{\xi}\right) \frac{B^2}{\xi} \eta^2 + (\beta + \theta b)\, C\zeta t + (\beta + \theta b)\, B\eta t$$

$$+ \left\{ \frac{\left(\kappa + \frac{\theta k}{\xi}\right) \frac{B^2}{\xi} + 2\kappa BC}{1 + \xi} + \frac{\theta\left(2kBC + \frac{k}{\xi} B^2\right)}{(1 + \xi)^2} \right\} \zeta\eta,$$

in t_2. And so on.

The equations, when solved in groups for the same value of $l + m + n$ beginning with a zero value of l, and solved in successive groups for increasing values of $l + m + n$, give values of a_{lmn}, b_{lmn} which are sums of integral functions of the literal coefficients of ϕ_1 and ϕ_2, and of the arbitrary coefficients B and C, each such integral function being divided by a product of factors of the form $n + (l + m - 1)\,\xi$. Let the values thus obtained be

$$a_{lmn} = \alpha_{lmn}, \quad b_{lmn} = \beta_{lmn}.$$

As in § 9 for the former case, it can be proved that

$$a_{00p} = 0, \quad b_{00p} = 0,$$

for all positive integer values of p, so that there are no terms in t_1 or in t_2 involving t alone; every term involves either ζ or η or both ζ and η.

To establish the convergence of the series thus obtained, we proceed in two stages as in the corresponding question (§§ 10, 11) when the roots of the critical quadratic are unequal.

Extract from t_1 and t_2 all the terms which are free from η; as each of them involves ζ, their aggregate can be taken in the respective forms $\zeta\rho$, $\zeta\tau$; and the remaining terms then have η for a factor, so that we may write

$$t_1 = \zeta\rho + \eta\Theta_1,$$

$$t_2 = \zeta\tau + \eta\Theta_2.$$

It will be proved, first, that solutions of the form

$$t_1 = \zeta\rho, \quad t_2 = \zeta\tau$$

exist, where ρ and τ are regular functions of t and ζ, ρ vanishing at $t = 0$ and τ having an arbitrary value there: so that the functions involve one arbitrary constant, and there consequently is a simple infinitude of such solutions.

Then substituting

$$t_1 = \zeta\rho + \eta\Theta_1, \quad t_2 = \zeta\tau + \eta\Theta_2,$$

it will be proved that functions Θ_1 and Θ_2 exist, so that they are regular in their arguments ζ, η, t, they involve an arbitrary constant C, Θ_1 vanishes at $t = 0$ and Θ_2 acquires the value C there. Thus for an assigned value of B, these will represent another (and an independent) simple infinitude of integrals.

In each stage, the details of the analysis follow the detailed analysis of the former case somewhat closely: it therefore will be abbreviated for the present purpose.

16. Substituting $t_1 = \zeta\rho$, $t_2 = \zeta\tau$ in the equations for t_1 and t_2, we find ρ and τ determined by

$$\left.\begin{aligned} t\frac{d\rho}{dt} &= \psi_1(\rho, \tau, \zeta, t) \\ t\frac{d\tau}{dt} &= \theta\rho + \psi_2(\rho, \tau, \zeta, t) \end{aligned}\right\},$$

where the general character of ψ_1 and ψ_2 is as before. If these are satisfied by regular functions of t and ζ, their expressions

$$\rho = \Sigma\Sigma k_{mn}\zeta^m t^n,$$

$$\tau = \Sigma\Sigma j_{mn}\zeta^m t^n,$$

must, when substituted in the above equations, satisfy them identically. Accordingly, comparing coefficients of $\zeta^m t^n$ on the two sides of both equations, we have

$$(n + m\xi)\,k_{mn} = K'_{mn},$$

$$(n + m\xi)\,j_{mn} = J'_{mn} + \theta k_{mn},$$

where K'_{mn}, J'_{mn} are linear in the literal coefficients of ρ and τ, and are integral functions of $k_{m'n'}$, $j_{m'n'}$, such that $m' \leqslant m$, $n' \leqslant n$, $m'+n' < m+n$. Also, from the form of ψ_1 and ψ_2, $K'_{00}=0$, $J'_{00}=0$; hence we have

$$k_{00}=0.$$

But j_{00} is undetermined, and it can therefore be taken arbitrarily: let its value be B, where B is any arbitrary constant.

When the equations for k_{mn} and j_{mn} are solved, in groups for the same value of $m+n$ and in succeeding groups for increasing values of $m+n$, they lead to results of the form

$$k_{mn}=\kappa_{mn}, \quad j_{mn}=\iota_{mn},$$

where κ_{mn}, ι_{mn} are sums of integral functions of the coefficients in ψ_1 and ψ_2, divided by products of factors of the form $n+m\xi$.

The dominant functions are constructed as before. Let ϵ denote the least value of $|n+m\xi|$ for integer values of m and n, so that ϵ is a finite (non-vanishing) quantity; and let $|\theta|=\Theta$, $|C|=C'$. Also, let a common region of existence for the functions ψ_1 and ψ_2 be given by the ranges $|t|\leqslant r$, $|\zeta|\leqslant r_1$, $|\rho|\leqslant h$, $|\tau|\leqslant k$; and within this region let M be the greatest value of $|\psi_1|$ and $|\psi_2|$. Then consider functions P and T, defined by the equations

$$\epsilon P=\frac{1}{\zeta}\left\{\frac{M}{\left(1-\frac{t}{r}\right)\left(1-\frac{P\zeta}{hr_1}\right)\left(1-\frac{T\zeta}{kr_1}\right)}-\frac{M}{1-\frac{t}{r}}-M\frac{P\zeta}{hr_1}-M\frac{T\zeta}{kr_1}\right\},$$

$$\epsilon T=\epsilon C'+\Theta P+\frac{1}{\zeta}\left\{\frac{M}{\left(1-\frac{t}{r}\right)\left(1-\frac{P\zeta}{hr_1}\right)\left(1-\frac{T\zeta}{kr_1}\right)}-\frac{M}{1-\frac{t}{r}}-M\frac{P\zeta}{hr_1}-M\frac{T\zeta}{kr_1}\right\}.$$

Clearly

$$(\epsilon+\Theta)P=\epsilon(T-C'),$$

that is,

$$P=\frac{\epsilon}{\epsilon+\Theta}(T-C').$$

The value of P is a root of a cubic equation which, when $t=0$ and $\zeta=0$, has no term independent of P and has a non-vanishing term involving the first power of P: so that it has one and only one root vanishing with t and ζ, and this root is a regular function. To obtain its expression without actually solving the cubic, we take

$$P=\Sigma\Sigma K_{mn}\zeta^m t^n,$$

where $K_{00}=0$: we expand the right-hand side of the dominant equations as a regular function of t, ζ, P, T, and compare coefficients. The analysis that leads to the values of κ_{mn}, ι_{mn} can be used to obtain the value of K_{mn}, by making appropriate changes similar to those in the earlier corresponding case. These changes are now, as was the case before, such as to make

$$|\kappa_{mn}|<K_{mn}, \quad |\iota_{mn}|<K_{mn};$$

and therefore as the series

$$\Sigma\Sigma K_{mn}\zeta^m t^n$$

converges, the series

$$\Sigma\Sigma k_{mn}\zeta^m t^n, \quad C + \Sigma\Sigma j_{mn}\zeta^m t^n,$$

also converge. The existence of the integrals, connected with the first stage, is therefore established.

17. Now writing

$$t_1 = \zeta\rho + \eta\Theta_1, \quad t_2 = \zeta\tau + \eta\Theta_2,$$

where ρ and τ are the regular functions of t and ζ as just determined, the equations for Θ_1 and Θ_2 are

$$\left.\begin{aligned} t\frac{d\Theta_1}{dt} &= f_1(\Theta_1, \Theta_2, \zeta, \eta, t) \\ t\frac{d\Theta_2}{dt} &= \theta\Theta_1 + f_2(\Theta_1, \Theta_2, \zeta, \eta, t) \end{aligned}\right\},$$

where f_1 and f_2 are regular functions of their arguments, vanishing when $\Theta_1 = 0$ and $\Theta_2 = 0$; the coefficients of the first powers of Θ_1 and Θ_2 vanish when $t = 0$; and any term, involving Θ_1 and Θ_2 in the form $\Theta_1{}^\lambda\Theta_2{}^\mu$, contains $\eta^{\lambda+\mu-1}$ as a factor.

The method of proof and the general course of it are the same as before (§ **11**). The regular functions of ζ, η, t, which are the formal solution of the equations, are proved to converge, by being compared with the functions which satisfy the dominant equations

$$\epsilon\Phi_1 = \frac{1}{\eta}\left[\frac{M}{\left(1-\frac{t}{r}\right)\left(1-\frac{\zeta}{\rho}\right)\left(1-\frac{\eta\Phi_1}{\sigma\alpha_1}\right)\left(1-\frac{\eta\Phi_2}{\sigma\alpha_2}\right)} - \frac{M}{\left(1-\frac{t}{r}\right)\left(1-\frac{\zeta}{\rho}\right)} - M\frac{\eta\Phi_1}{\sigma\alpha_1} - M\frac{\eta\Phi_2}{\sigma\alpha_2}\right],$$

$$\epsilon\Phi_2 = \epsilon\,|\,C\,| + |\,\theta\,|\,\Phi_1 + \frac{1}{\eta}\left[\frac{M}{\left(1-\frac{t}{r}\right)\left(1-\frac{\zeta}{\rho}\right)\left(1-\frac{\eta\Phi_1}{\sigma\alpha_1}\right)\left(1-\frac{\eta\Phi_2}{\sigma\alpha_2}\right)} - \frac{M}{\left(1-\frac{t}{r}\right)\left(1-\frac{\zeta}{\rho}\right)} - M\frac{\eta\Phi_1}{\sigma\alpha_1} - M\frac{\eta\Phi_2}{\sigma\alpha_2}\right],$$

and are such that, when $t = 0$, $\zeta = 0$, $\eta = 0$, then Φ_1 is zero and $\Phi_2 = |\,C\,|$. There exists a single quantity Φ_1, satisfying these equations and vanishing with t, which is expansible as a regular function of t, ζ, η in a non-infinitesimal region round t, the power-series which is its expression being consequently a converging series within that region. And therefore Φ_2, being given by

$$\Phi_2 = |\,C\,| + \left(1 + \frac{|\,\theta\,|}{\epsilon}\right)\Phi_1,$$

is also expressible as a regular function of t, ζ, η which, when $t = 0$, acquires the value $|\,C\,|$.

A comparison of the coefficients of $\zeta^l \eta^m t^n$ in Θ_1 and Θ_2 with those of the same combination of the variables in Φ_1 and Φ_2 is easily seen to lead to the inference that the moduli of the former are less than the modulus of the latter; consequently the former series converge and therefore integrals of the equations, defined by the specified conditions, are proved to exist. Their explicit expressions, as power-series, are obtained as in § 11.

CASE II (*b*): *the critical quadratic has a repeated root which is a positive integer.*

18. Denoting the repeated root by m, the equations are

$$\left.\begin{aligned} t\frac{du}{dt} &= mu + \alpha t + \theta(u, v, t) \\ t\frac{dv}{dt} &= \kappa u + mv + \beta t + \phi(u, v, t) \end{aligned}\right\},$$

where the functions θ, ϕ are regular, vanish with u, v, t, and contain no terms of dimensions lower than 2 in their arguments.

The equations can be transformed as before (§ 5) by the appropriate substitutions; and this transformation can be effected $m-1$ times, leading to new equations of the form

$$\left.\begin{aligned} t\frac{dt_1}{dt} &= t_1 + at + \theta_1(t_1, t_2, t) \\ t\frac{dt_2}{dt} &= \kappa t_1 + t_2 + bt + \theta_2(t_1, t_2, t) \end{aligned}\right\},$$

where t_1 and t_2 are to vanish with t; and θ_1, θ_2 are of the same type and properties as θ, ϕ in the first form.

There are two sub-cases according as κ is zero, or κ is not zero.

19. *First sub-case*: $\kappa = 0$. The equations can be taken in the form

$$\left.\begin{aligned} t\frac{dx}{dt} &= x + at + \theta_1(x, y, t) \\ t\frac{dy}{dt} &= y + bt + \theta_2(x, y, t) \end{aligned}\right\};$$

the integrals are to vanish with t; and the functions θ_1, θ_2 are regular functions of their arguments, which vanish when $x=0$, $y=0$, $t=0$ and contain no terms of order lower than 2 in x, y, t combined.

The integrals vanishing with t are defined by the theorem:

The equations possess, in general, a double infinitude of non-regular integrals vanishing with t, which are regular functions of t and t log *t; and it is known that there are no regular integrals vanishing with t. If, however, both* $a=0$ *and* $b=0$, *the equations do not possess non-regular integrals vanishing with* t; *the only integrals vanishing with* t *are the double infinitude of regular integrals which the equations are known to possess.*

This theorem can be established, as in other cases, by the construction of dominant equations and comparison with their integrals which actually are obtained in explicit expression.

For this purpose, consider the equations

$$\left.\begin{aligned} t\frac{dX}{dt} - \sigma X + At &= \Sigma\Sigma\Sigma\, A_{ijp} X^i Y^j t^p \\ t\frac{dY}{dt} - \rho Y + Bt &= \Sigma\Sigma\Sigma\, B_{ijp} X^i Y^j t^p \end{aligned}\right\},$$

where $i+j+p \geqslant 2$ in the two triple summations. The quantities σ and ρ are real, positive, and less than unity: ultimately they will be made equal to unity. It follows, from the theorem of § 8, that there is a double infinitude of integrals vanishing with t, these integrals being regular functions of t, t^σ, t^ρ.

Let two new variables θ and ϕ be introduced such that

$$t^\sigma = t - (\sigma - 1)\,\theta + (\sigma - 1)^2\,\phi,$$

$$t^\rho = t - (\rho - 1)\,\theta + (\rho - 1)^2\,\phi;$$

we easily find

$$\left.\begin{aligned} t\frac{d\theta}{dt} + t - \theta &= (1-\rho)(1-\sigma)\,\phi = \beta\phi \\ t\frac{d\phi}{dt} + \theta &= (\sigma + \rho - 1)\,\phi = \alpha\phi \end{aligned}\right\},$$

where α and β are constants which, when $\rho = 1$, $\sigma = 1$, are equal to 1 and 0 respectively.

The regular functions of t, t^σ, t^ρ are expressible in the form of absolutely converging power-series; when t^σ and t^ρ are replaced by their values in terms of θ and ϕ, the new functions are regular functions of t, θ, ϕ. To obtain their expressions in this last form directly from the differential equations, we substitute

$$\left.\begin{aligned} X &= \Sigma\Sigma\Sigma\, h_{lmn}\, t^l\,\theta^m\,\phi^n \\ Y &= \Sigma\Sigma\Sigma\, k_{lmn}\, t^l\,\theta^m\,\phi^n \end{aligned}\right\}$$

in the equations which are to be satisfied identically. Now

$$t\frac{dX}{dt} = \left(t\frac{\partial}{\partial t} + t\frac{d\theta}{dt}\frac{\partial}{\partial\theta} + t\frac{d\phi}{dt}\frac{\partial}{\partial\phi}\right)X$$

$$= \Sigma\Sigma\Sigma\,\{(l + m + \alpha n)\,h_{lmn}\,t^l\,\theta^m\,\phi^n$$

$$- m h_{lmn}\,t^{l+1}\,\theta^{m-1}\,\phi^n - n h_{lmn}\,t^l\,\theta^{m+1}\,\phi^{n-1} + \beta m h_{lmn}\,t^l\,\theta^{m-1}\,\phi^{n+1}\};$$

hence, comparing coefficients of $t^l \theta^m \phi^n$ on the two sides, we have

$$(l + m + \alpha n - \sigma) h_{lmn} - (m+1) h_{l-1, m+1, n} - (n+1) h_{l, m-1, n+1} + (m+1) \beta h_{l, m+1, n-1} = \alpha'_{lmn}.$$

Similarly

$$(l + m + \alpha n - \rho) k_{lmn} - (m+1) k_{l-1, m+1, n} - (n+1) k_{l, m-1, n+1} + (m+1) \beta k_{l, m+1, n-1} = \beta'_{lmn}.$$

Here α'_{lmn}, β'_{lmn} are expressions which are linear in the coefficients A_{ijp}, B_{ijp} respectively, being an aggregate of terms of the form

$$N_1 A_{ijp} h_{l_1 m_1 n_1} \dots h_{l_i m_i n_i} k_{l_1' m_1' n_1'} \dots k_{l_j' m_j' n_j'},$$

$$N_1 B_{ijp} h_{l_1 m_1 n_1} \dots h_{l_i m_i n_i} k_{l_1' m_1' n_1'} \dots k_{l_j' m_j' n_j'},$$

respectively; the subscripts are subject to the relations

$$\left.\begin{aligned} m_1 + \dots + m_i + m_1' + \dots + m_j' &= m \\ n_1 + \dots + n_i + n_1' + \dots + n_j' &= n \\ p + l_1 + \dots + l_i + l_1' + \dots + l_j' &= l \end{aligned}\right\},$$

and the numerical factor N_1 is the number of integer-solutions of these equations.

In particular, we have

$$h_{000} = 0, \quad k_{000} = 0.$$

When $l + m + n = 1$, the equations for the coefficients in X are

$$\begin{aligned} (1-\sigma) h_{100} - \quad h_{010} &= -A, \\ (1-\sigma) h_{010} - \quad h_{001} &= 0, \\ (\alpha - \sigma) h_{001} + \beta h_{010} &= 0, \end{aligned}$$

which are satisfied by

$$\left.\begin{aligned} h_{010} &= (1-\sigma) h_{100} + A \\ h_{001} &= (1-\sigma) h_{010} \end{aligned}\right\},$$

and h_{100} is arbitrary. Similarly,

$$\left.\begin{aligned} k_{010} &= (1-\rho) k_{100} + B \\ k_{001} &= (1-\rho) k_{010} \end{aligned}\right\},$$

and k_{100} is arbitrary.

When $l + m + n = 2$, the equations for the coefficients in X are

$$\left.\begin{aligned} (2-\sigma) h_{020} - h_{011} &= \alpha'_{020} \\ (1 + \alpha - \sigma) h_{011} + 2\beta h_{020} - h_{002} &= \alpha'_{011} \\ (2\alpha - \sigma) h_{002} + \beta h_{011} &= \alpha'_{002} \end{aligned}\right\},$$

$$\left.\begin{aligned} (2-\sigma) h_{110} - 2h_{020} - h_{101} &= \alpha'_{110} \\ (1 + \alpha - \sigma) h_{101} - h_{011} + \beta h_{110} &= \alpha'_{101} \\ (2-\sigma) h_{200} - h_{110} &= \alpha'_{200} \end{aligned}\right\}.$$

The first three equations, when solved, determine h_{020}, h_{011}, h_{002}; when the values of h_{020} and h_{011} are substituted in the next two equations, they determine h_{110}, h_{101}; the last equation then determines the form of h_{200}.

Similarly for the coefficients in Y.

For values of $l+m+n \geqslant 2$, the equations can be solved in a similar way. They are solved in groups for the successively increasing values of $l+m+n$. In each group, say that for which $l+m+n=N$ (so that the coefficients $h_{l'm'n'}$, $k_{l'm'n'}$, such that

$$l'+m'+n' \leqslant N-1,$$

are supposed known), the convenient method is to arrange the equations in sets, determined by the values of l and in sequence according to increasing values of l beginning with 0: in each set, the equations are arranged in sequence according to increasing values of n beginning with 0. In each set, we use the equations in succession to express h_{lmn} in terms of $h_{l,N-l,0}$ and previously known coefficients and constants; when the first $N-l$ equations in the set have thus been used, the remaining equation, on substitution of the values of $h_{l,0,N-l}$, $h_{l,1,N-l-1}$, then determines $h_{l,N-l,0}$ and so also the values of all the coefficients $h_{l,m,n}$, such that $m+n=N-l$. Likewise for the coefficients k_{lmn}.

And then, as the solutions are known to be regular functions of t, θ, ϕ, the series

$$\Sigma\Sigma\Sigma\, h_{lmn} t^l \theta^m \phi^n, \quad \Sigma\Sigma\Sigma\, k_{lmn} t^l \theta^m \phi^n,$$

with the values of h_{lmn}, k_{lmn} which have been obtained, converge absolutely.

As regards the forms of the coefficients h_{lmn}, k_{lmn}, they are the aggregates of positive terms T. The numerator of each term T is the sum of a number of positive quantities: it is an integral algebraical function of the coefficients A_{ijp}, B_{ijp}: it is also an integral algebraical function of h_{l+m+n}, k_{l+m+n} such that $l+m+n=1$. The denominator of the term T is of the form

$$P+Q\beta,$$

where P is the product of factors of the types

$$l+m+\alpha n-\sigma, \quad l+m+\alpha n-\rho,$$

and where Q is an aggregate of quantities, each positive and similar to P but containing two factors fewer than P.

As regards the number of factors in P, being a part of a denominator in a term T in h_{lmn} or k_{lmn}, it can be proved, by an amplification of Jordan's argument quoted in § 11, that this number

$$\leqslant 3l+2m+n.$$

It is known that, so long as σ and ρ are different from unity, the convergence of the power-series is absolute: hence this will be the case when

$$\sigma=1-\epsilon, \quad \rho=1-\epsilon,$$

where ϵ is a real positive quantity that can be taken as small as we please. Proceed therefore to the limit in which σ and ρ acquire the value unity, so that ϵ passes from small values to zero. The effect is to give to θ and ϕ the values

$$\theta = -t \log t, \quad \phi = \tfrac{1}{2} t (\log t)^2;$$

to change the differential equations to the forms

$$\left.\begin{aligned} t\frac{dX}{dt} - X + At &= \Sigma\Sigma\Sigma A_{ijp} X^i Y^j t^p \\ t\frac{dY}{dt} - Y + Bt &= \Sigma\Sigma\Sigma B_{ijp} X^i Y^j t^p \end{aligned}\right\};$$

and to change the integrals to the forms

$$\left.\begin{aligned} X &= \Sigma\Sigma\Sigma h'_{lmn} t^l (-t \log t)^m \{\tfrac{1}{2} t (\log t)^2\}^n \\ Y &= \Sigma\Sigma\Sigma k'_{lmn} t^l (-t \log t)^m \{\tfrac{1}{2} t (\log t)^2\}^n \end{aligned}\right\},$$

where h'_{lmn} and k'_{lmn} are the respective values of h_{lmn} and k_{lmn} when $\sigma = 1$, $\rho = 1$.

It is necessary to compare the coefficients h'_{lmn} and h_{lmn}: and likewise the coefficients k'_{lmn} and k_{lmn}. Let T be one of the terms in h_{lmn}, as explained above: and let T' be its value when $\sigma = 1$, $\rho = 1$. The effect of the change on the numerator is to replace $(1-\sigma) h_{100} + A$ by A, h_{001} by 0, $(1-\rho) k_{100} + B$ by B, k_{001} by 0, in every case a decrease: and therefore, as the numerator is a sum of positive terms, the whole effect on the numerator is to decrease it, that is,

$$\text{numerator of } T' < \text{numerator of } T.$$

As regards the denominator of T, in the form

$$P + Q\beta,$$

the quantity β is of the second order of small quantities; Q is an aggregate of a limited number of products, each containing a limited number of factors; hence $Q\beta$ is of the second order of small quantities. Let P' be the changed form of P, obtained from P by changing

$$l + m + \alpha n - \sigma \text{ into } l + m + n - 1,$$

and

$$l + m + \alpha n - \rho \text{ into } l + m + n - 1.$$

Now

$$l + m + \alpha n - \sigma - (l + m + n - 1) = -(2n - 1)\epsilon,$$

a small quantity of the first order unless $n = 0$; so that, unless $n = 0$,

$$\frac{l + m + \alpha n - \sigma}{l + m + n - 1} = 1 - \gamma,$$

where γ is a positive small quantity of the first order. When $n=0$,

$$l+m-\sigma-(l+m-1)(2-\sigma)=\epsilon(2-l-m),$$

so that as $l+m \geqslant 2$, we have

$$\frac{l+m-\sigma}{l+m-1}=2-\sigma-\gamma',$$

where γ' is a positive small quantity of the first order, unless $l+m=2$, and then $\gamma'=0$. Hence

$$\begin{aligned}\frac{P'}{P}&=\Pi\frac{1}{1-\gamma}\Pi\frac{1}{2-\sigma-\gamma'}\\ &>\Pi\frac{1}{2-\sigma}\\ &>\frac{1}{(2-\sigma)^{3l+2m+n}},\end{aligned}$$

the difference between the two sides being a small quantity of the first order. Also

$$\frac{Q\beta}{P'}$$

is a small quantity of the second order, that is, a quantity of an order less than the foregoing difference; consequently

$$\frac{P'}{P+Q\beta}>\frac{1}{(2-\sigma)^{3l+2m+n}}.$$

The changes depreciated the numerator of T into that of T': hence

$$\begin{aligned}\frac{T'}{T}&<\frac{P+Q\beta}{P'}\\ &<(2-\sigma)^{3l+2m+n}\\ &<(2-\sigma)^{3l+3m+3n}.\end{aligned}$$

This result holds for every term in h_{lmn}; hence

$$\left|\frac{h'_{lmn}}{h_{lmn}}\right|<(2-\sigma)^{3l+3m+3n}.$$

Similarly,

$$\left|\frac{k'_{lmn}}{k_{lmn}}\right|<(2-\sigma)^{3l+3m+3n}.$$

Let the region of convergence of the power-series

$$\Sigma\Sigma\Sigma h_{lmn}t^l\theta^m\phi^n,\quad \Sigma\Sigma\Sigma k_{lmn}t^l\theta^m\phi^n$$

be defined by the ranges

$$t\leqslant r,\quad |\theta|\leqslant r_1,\quad |\phi|\leqslant r_2;$$

and let M_1, M_2 be the maximum values of the moduli of the series respectively within this region; then

$$h_{lmn} < \frac{M_1}{r^l r_1^m r_2^n},$$

$$k_{lmn} < \frac{M_2}{r^l r_1^m r_2^n};$$

consequently

$$h'_{lmn} < \frac{M_1}{\left\{\frac{r}{(2-\sigma)^3}\right\}^l \left\{\frac{r_1}{(2-\sigma)^3}\right\}^m \left\{\frac{r_2}{(2-\sigma)^3}\right\}^n},$$

$$k'_{lmn} < \frac{M_2}{\left\{\frac{r}{(2-\sigma)^3}\right\}^l \left\{\frac{r_1}{(2-\sigma)^3}\right\}^m \left\{\frac{r_2}{(2-\sigma)^3}\right\}^n}.$$

Hence the series

$$\Sigma\Sigma\Sigma h'_{lmn} t^l \theta^m \phi^n, \quad \Sigma\Sigma\Sigma k'_{lmn} t^l \theta^m \phi^n,$$

converge absolutely for values of t such that $|t| < r$.

The existence of integrals of

$$\left.\begin{aligned} t\frac{dx}{dt} &= x + at + \Sigma\Sigma\Sigma a_{ijp} x^i y^j t^p \\ t\frac{dy}{dt} &= y + bt + \Sigma\Sigma\Sigma b_{ijp} x^i y^j t^p \end{aligned}\right\}$$

can be deduced from the preceding result, by choosing

$$|a| = A, \quad |b| = B, \quad |a_{ijp}| = A_{ijp}, \quad |b_{ijp}| = B_{ijp},$$

as the quantities A, B, A_{ijp}, B_{ijp} for those dominant equations. The expression for the integrals is

$$\left.\begin{aligned} x &= \Sigma\Sigma\Sigma H_{lmn} t^l \theta^m \phi^n \\ y &= \Sigma\Sigma\Sigma K_{lmn} t^l \theta^m \phi^n \end{aligned}\right\},$$

where H_{lmn} is derived from h'_{lmn}, and K_{lmn} from k'_{lmn}, by changing A into $-a$, B into $-b$, A_{ijp} into a_{ijp}, and B_{ijp} into b_{ijp}. The effect of these changes is to give

$$|H_{lmn}| < h'_{lmn},$$

$$|K_{lmn}| < k'_{lmn};$$

and therefore the series for x and y converge absolutely.

The actual values are

$$\left.\begin{aligned} x &= at\log t + C_1 t + \Sigma\Sigma\Sigma\, H_{lmn} t^l \theta^m \phi^n \\ y &= bt\log t + C_2 t + \Sigma\Sigma\Sigma\, K_{lmn} t^l \theta^m \phi^n \end{aligned}\right\},$$

where $\theta = -t\log t$, $\phi = \frac{1}{2}t(\log t)^2$, the summation is for values of l, m, n such that $l+m+n \geqslant 2$, and the coefficients C_1, C_2 are arbitrary constants.

But the formal expression is more general than the actual value. The equations determining the coefficients are

$$\left.\begin{aligned}(l+m+n-1)H_{lmn}-(m+1)H_{l-1,m+1,n}-(n+1)H_{l,m-1,n+1}=E_{lmn}\\(l+m+n-1)K_{lmn}-(m+1)K_{l-1,m+1,n}-(n+1)K_{l,m-1,n+1}=F_{lmn}\end{aligned}\right\},$$

with

$$H_{100}=C_1,\quad H_{010}=-a,\quad H_{001}=0,$$

$$K_{100}=C_2,\quad K_{010}=-b,\quad K_{001}=0.$$

It is clear that, when $l+m+n=2$,

$$E_{lmn}=0,\quad F_{lmn}=0,\quad \text{if } n=1,\ 2;$$

hence H_{lmn}, K_{lmn} both vanish for $l+m+n=2$ if $n=1,\ 2$.

Thus for $l+m+n=3$,

$$E_{lmn}=0,\quad F_{lmn}=0,\quad \text{if } n=1,\ 2,\ 3;$$

hence also H_{lmn}, K_{lmn} both vanish for $l+m+n=3$ if $n=1,\ 2,\ 3$. And so on: all the coefficients H_{lmn}, K_{lmn} vanish if

$$n>0;$$

that is, the quantity ϕ does not actually occur in the expressions for x and y which accordingly are regular functions of t and $t\log t$.

The theorem is therefore established.

Note 1. Any term in x and y is of the form

$$Kt^m(t\log t)^n,$$

that is, $Kt^{m+n}(\log t)^n$; and therefore the index of $\log t$ is never greater than the index of t.

If, however, the equations were

$$\left.\begin{aligned}t\frac{dx}{dt}&=x+at+ct\log t+\Sigma\Sigma\Sigma\Sigma a_{ijpq}x^iy^jt^p(t\log t)^q\\t\frac{dy}{dt}&=y+bt+c't\log t+\Sigma\Sigma\Sigma\Sigma b_{ijpq}x^iy^jt^p(t\log t)^q\end{aligned}\right\},$$

where $i+j+p+q\geqslant 2$ for the summations, then the values of x and y satisfying the equations are

$$\left.\begin{aligned}x&=-\tfrac{1}{2}ct(\log t)^2+at\log t+C_1t+\Sigma\Sigma\Sigma H_{lmn}t^l\theta^m\phi^n\\y&=-\tfrac{1}{2}c't(\log t)^2+bt\log t+C_2t+\Sigma\Sigma\Sigma K_{lmn}t^l\theta^m\phi^n\end{aligned}\right\},$$

where t, θ, ϕ have the same values as above, and the summations are for values of

l, m, n such that $l+m+n \geqslant 2$: and the coefficients H_{lmn}, K_{lmn} are determinable as before. Any term in x is

$$Ht^{l+m+n}(\log t)^{m+2n},$$

that is, the index of $\log t$ is not greater than twice the index of t.

Note 2. If a vanishes but not b, the solutions are still non-regular functions of t; likewise if b vanishes but not a. In these cases, it is known that no regular integrals vanishing with t are possessed by the equation.

If $a=0$, $b=0$, then $H_{lm}=0$, $K_{lm}=0$, if $m \geqslant 1$: that is, $t \log t$ disappears from the expressions for x and y, which then become regular functions and are the double infinitude of regular integrals that vanish with t. In this case, the regular integrals are the only integrals vanishing with t that are possessed by the equation.

20. *Second sub-case: κ not zero.*

The theorem is:

The equations possess in general a double infinitude of non-regular integrals vanishing with t which are regular functions of t, $t\log t$, $\frac{1}{2}t(\log t)^2$; and it is known that there are no regular integrals which vanish with t. If however $a=0$, then the integrals can be arranged in two sets; one is a simple infinitude of non-regular integrals vanishing with t which are regular functions of t and $t\log t$; the other is the simple infinitude of regular integrals vanishing with t which the equation is known to possess. (It is necessary that the constant κ be different from zero: otherwise some of the coefficients in the second set are infinite unless b also is zero, in which form we revert to the first sub-case already considered.)

The method of establishment is similar to those which precede: it need therefore not be repeated after the many instances of it which already have been given.

The initial terms in the integrals of the equations as taken in § 15 are

$$t_1 = a\theta + At + \dots,$$

$$t_2 = \kappa a\phi + (\kappa A + b)\theta + Bt + \dots,$$

the unexpressed terms being of higher order in t, θ, ϕ: here A and B are arbitrary, $\theta = t\log t$, and $\phi = \frac{1}{2}t(\log t)^2$. Any term in the expansion of t_1 or t_2 which involves ϕ contains κ in its coefficient; the disappearance of the terms in ϕ from the integrals in the first sub-case is thus explained, for κ then is zero.

Concluding Note.

21. Some sub-cases still remain over from Case I (a), when the roots ξ_1 and ξ_2 of the critical quadratic do not satisfy the conditions that (§ 8) prevent some one (or more) of the quantities

$$(\lambda-1)\xi_1 + \mu\xi_2 + \nu, \quad \lambda\xi_1 + (\mu-1)\xi_2 + \nu,$$

from vanishing for integer values of λ, μ, ν such that $\lambda + \mu + \nu \geqslant 2$. The real parts of ξ_1, ξ_2 are supposed to be positive.

The instances that can occur are obviously for $\lambda = 0$ in the first set and $\mu = 0$ in the second set; both are included in the form

$$\xi = \mu\eta + \nu,$$

where ξ and η are the roots of the quadratic, and $\mu + \nu \geqslant 2$. The cases $\mu = 0$, $\mu = 1$, have already been discussed. For the remaining cases, we have the theorem: *The double infinitude of non-regular integrals vanishing with t are then regular functions of* t, t^{η}, $t^{\mu\eta+\nu}\log t$, *where* μ *and* ν *are integers.* It can be established in the same manner as the similar theorems in the preceding sections.

IV. *Ueber die Bedeutung der Constante b des van der Waals'schen Gesetzes.*

Von PROF. BOLTZMANN und DR MACHE, in Wien.

[Received 1899 August 14.]

IN dem Buche von Professor Boltzmann "Vorlesungen über Gastheorie, II. Theil" wurde die *van der Waals'sche* Formel aus der Vorstellung abgeleitet, dass die Gasmoleküle Anziehungskräfte auf einander ausüben, deren Wirkungssphäre gross ist gegen den Abstand zweier Nachbarmoleküle. Der Fall, wo diese Annahme nicht mehr zutrifft, wurde in demselben Buche auf Seite 213 kurz behandelt. Es zeigt sich, dass dann Erscheinungen, wie sie bei der *Dissociation* zweiatomiger Gase vorkommen, nicht eintreten können, falls die Anziehungskraft gleichmässig nach allen vom *Atomcentrum* ausgehenden Richtungen wirkt. Die an jener Stelle abgeleiteten Formeln können aber benützt werden, um die Zustandsgleichung zu entwickeln. Es wurde dort die Annahme gemacht, dass die daselbst mit χ bezeichnete Grösse *constant* ist. Lassen wir diese Annahme fallen, so tritt an Stelle der Formel 233 allgemein der Ausdruck

$$\frac{n_2}{n_1} = \frac{2\pi n_1}{V} \int_\sigma^{\sigma+\delta} r^2 dr\, e^{2hf(r)}.$$

Es wird also jetzt angenommen, dass die Trennungsarbeit von der Tiefe abhängig ist, bis zu welcher das *Centrum* eines zweiten Moleküls in den kritischen Raum des ersten eingedrungen ist. Dagegen soll zunächst der Fall dahin vereinfacht werden, dass die Anziehungskraft innerhalb dieses kritischen Raumes *constant* bleibt. Dann wird

$$f(r) = C(\sigma + \delta - r).$$

Schreibt man zur Abkürzung $2hC = c$ und führt die *Integration* durch, so hat man

$$n_2 = \frac{2\pi n_1^2}{Vc^3} \{e^{c\delta}[(c\sigma+1)^2+1] - [(\overline{c\sigma+\delta}+1)^2+1]\} = \frac{\kappa}{2} n_1^2.$$

Es gilt aber allgemein für ein Gasgemisch aus n_1 und n_2 Molekülen verschiedener Art die Beziehung

$$pV = \frac{m\overline{c^2}}{3}(n_1+n_2) = MRT(n_1+n_2).$$

Nennen wir a die Zahl der Moleküle bei vollkommener *Dissociation*, so ist

$$a = n_1 + 2n_2 = n_1 + \kappa n_1^2.$$

Hingegen ist die Zahl der freien Moleküle im betrachteten Zustand

$$n = n_1 + n_2 = \frac{a + n_1}{2}.$$

Durch Elimination von n_1 und Entwickeln der Wurzel findet man hieraus den Näherungswert $n = a - \frac{a^2\kappa}{2}$ und folglich auch weiters

$$pV = aMRT - \frac{a^2MRT}{2}\kappa.$$

Ist aber m die Masse eines Moleküls, μ das Atomgewicht, v das *specifische* Volumen, endlich r die Gas*constante* des betrachteten Gases, so ist $M = \frac{m}{\mu}$, $\frac{am}{V} = \frac{1}{v}$, endlich $\frac{R}{\mu} = r$ und es wird auch

$$p = \frac{rT}{v} - \frac{arT}{2v}\kappa,$$

oder wenn man auf den Ausdruck für κ zurückgeht

$$p = \frac{rT}{v} - \frac{1}{v^2} \cdot \frac{2\pi rT}{c^3m}\{e^{c\delta}[(c\sigma + 1)^2 + 1] - [(\overline{c\sigma + \delta} + 1)^2 + 1]\} = \frac{rT}{v} - \frac{A}{v^2}.$$

Hiebei ist aber in v noch der von den Deckungsphären der Moleküle ausgefüllte Raum $\rho = \frac{1}{m} \cdot \frac{4}{3}\pi\sigma^3$ abzuziehen. Wir erhalten also als Zustandsgleichung

$$p = \frac{rT}{v - \rho} - \frac{A}{(v - \rho)^2}.$$

Zur Discussion dieser Formel finde noch folgende Betrachtung Raum. Es ist, wie man sich leicht durch Rechnung überzeugt,

$$e^{c\delta}[(c\sigma + 1)^2 + 1] - [(\overline{c\sigma + \delta} + 1)^2 + 1] = c^3\sigma^2\delta \sum_{n=1}^{n=\infty} (c\delta)^{n-1}\left\{\frac{1}{n!} + \frac{2\frac{\delta}{\sigma}}{n+1!} + \frac{2\left(\frac{\delta}{\sigma}\right)^2}{n+2!}\right\}.$$

Ferner ist $$A = \frac{1}{m} \cdot 2\pi\sigma^2\delta rT \sum_{n=1}^{n=\infty} (c\delta)^{n-1}\left\{\frac{1}{n!} + \frac{2\frac{\delta}{\sigma}}{n+1!} + \frac{2\left(\frac{\delta}{\sigma}\right)^2}{n+2!}\right\}.$$

Es gilt weiters die Beziehung ~~c~~ $= 2hC = \frac{C}{mr} \cdot \frac{1}{T}$.

Setzt man endlich $$\frac{1}{m} \cdot 2\pi\sigma^2\delta = \alpha, \quad \frac{C\delta}{mr} = \beta, \quad \frac{\sigma}{\delta} = \epsilon,$$

so ist auch $$\rho = \frac{1}{m} \cdot \frac{4}{3}\pi\sigma^3 = \frac{2}{3}\alpha\epsilon$$

und es lässt sich die obige Zustandsgleichung in der Form schreiben:

$$p = \frac{rT}{v - \frac{2}{3}\alpha\epsilon} - \frac{\alpha rT}{(v - \frac{2}{3}\alpha\epsilon)^2} \sum_{n=1}^{n=\infty} \left(\frac{\beta}{T}\right)^{n-1} \left\{\frac{1}{n!} + \frac{2}{n+1!\,\epsilon} + \frac{2}{n+2!\,\epsilon^2}\right\}.$$

Die *Constanten* dieser Gleichung haben folgende Bedeutung:

Es ist α gleich dem halben im Volumen der Masseneinheit vorhandenen kritischen Raume,

$\beta r = \frac{C\delta}{m}$ gleich dem Potential der Anziehungskraft auf der Oberfläche der Deckungssphäre,

endlich $\epsilon = \frac{\sigma}{\delta}$ gleich dem Verhältnis aus dem Durchmesser des Moleküls und der Distanz, auf welche die Anziehungskraft wirkt.

Da die Gleichung 233, von welcher wir ausgegangen sind, voraussetzt, dass die Anzahl der Tripelmoleküle gegen die Anzahl der Doppelmoleküle verschwindet, so ist auch die obige Gleichung an die Voraussetzung gebunden, dass die Abweichungen des Gases vom *Boyle-Charles'schen* Gesetze noch klein sind. Es darf also auch das letzte Glied unserer Gleichung, welches ja den Innendruck darstellt, nicht über einen gewissen Wert hinaus wachsen. Dies wird um so weniger der Fall sein, je grösser ϵ ist. Aus den Versuchen von *Amagat* und *Andrews* über die Compressibilität des Kohlendioxyds berechnet sich ϵ für dieses Gas zu ungefähr 100. Nach dieser Vorstellung scheint also der Anziehungsbereich sogar noch *relativ* klein zu sein gegen den Durchmesser des Moleküls.

Wir haben bisher unsere Zustandsgleichung abgeleitet, indem wir für $f(r)$ ein bestimmtes einfaches Abhängigkeitsverhältnis einführten. Lässt man $f(r)$ ganz willkürlich, so ergibt sich leicht, dass dies den Typus der Zustandsgleichung, auf welche man kommt, in keiner Weise verändert.

Es wird stets $p = \frac{rT}{v - \rho} - \frac{A}{(v - \rho)^2}$ und es ist nur noch A von $f(r)$ abhängig.

Dies gilt freilich nur solange man die Anzahl der Tripelmoleküle und der noch höheren *Congregationen* vernachlässigen darf. Ist dies nicht mehr der Fall, so werden noch weitere Glieder hinzutreten, welche in ihren Nennern das $v - \rho$ in der dritten, vierten und höheren Potenzen enthalten. Es ergibt sich dann für p eine Potenzreihe, wie sie ähnlich auch schon Herr Professor Jäger von anderen Betrachtungen ausgehend aufgestellt hat. Leider begegnet die Auswertung ihrer weiteren *Coëfficienten* kaum zu überwindenden Schwierigkeiten.

V. *On the Solution of a Pair of Simultaneous Linear Differential Equations, which occur in the Lunar Theory.* By ERNEST W. BROWN, Sc.D., F.R.S.

[Received 1899 July 14.]

IN the calculation of the inequalities in the Moon's motion by means of rectangular coordinates a certain pair of differential equations is continually requiring solution. The left-hand members are linear and always the same; the right-hand members are known functions of the independent variable—the time—and vary with each class of inequalities considered. It has been the practice to obtain the required particular integral by assuming the solution (the form of which is known) and then to determine the coefficients by continued approximation. This method is troublesome to put into a form which a computer can use easily and is besides peculiarly liable to chance errors; a large number of processes would have to be learnt before the computer could proceed quickly and securely. The main object of this paper is to put the solution into a form which will avoid these difficulties, but I believe that some of the results may be found to be of a more general interest. Further, the question of the convergence of the series used to represent the coordinates in the Lunar Theory may be somewhat narrowed. In fact it being granted that the series forming the 'Variation' inequalities and the elliptic inequalities depending on the first power of the Moon's eccentricity are convergent, it is not difficult to demonstrate, by means of equation (14) below, that all the terms multiplied by a given combination of powers of the eccentricities, inclination and ratio of the parallaxes, that is, all the terms with a given characteristic, form a convergent series.

The equations to be considered are

$$\frac{d^2x}{dt^2} - 2n'\frac{dy}{dt} + Lx + L'y = R,$$

$$\frac{d^2y}{dt^2} + 2n'\frac{dx}{dt} + L'x + L''y = R',$$

where

$$\begin{matrix} L, L'' \\ L' \end{matrix} \text{ are of the forms } \Sigma_i q_i \begin{matrix}\cos\\ \sin\end{matrix} (2i+1)(n-n')(t-t_0),$$

$$\begin{matrix} R, \\ R', \end{matrix} \text{ of the forms } \Sigma_i q_i \begin{matrix}\cos\\ \sin\end{matrix} \{i(t-t_0)+\tau(t-t_1)\}(n-n'),$$

t_0, t_1, τ, n, n', q_i being known constants, and i taking all positive and negative integral values; τ is either an integer, in which case $t_1 = t_0$, or is incommensurable with an integer.

The corresponding particular integral required is, in general,

$$\begin{matrix} x \\ y \end{matrix} = \Sigma_i \begin{matrix} p_i \cos \\ p'_i \sin \end{matrix} \{i(t-t_0)+\tau(t-t_1)\}(n-n').$$

If we substitute this solution in the differential equations and equate to zero the coefficients of like periodic terms, we obtain an infinite series of linear equations with an infinite number of unknowns. The series are assumed to be convergent and in most cases the coefficients diminish rapidly as i increases. Nevertheless, it is frequently found necessary to proceed as far as $i = \pm 5$, demanding the determination of about 20 unknowns from the same number of equations.

In the determination of the latitude the equation

$$\frac{d^2z}{dt^2} + L_1 z = R'',$$

occurs; L_1, R'' are of similar forms to L, R', respectively. If z_1, z_2 be two particular integrals of

$$\frac{d^2z}{dt^2} + L_1 z = 0,$$

it is known that the particular integral required is

$$z \,.\, C = z_2 \int z_1 R''\, dt - z_1 \int z_2 R''\, dt,$$

where C is a constant given by

$$C = z_1 \frac{dz_2}{dt} - z_2 \frac{dz_1}{dt}.$$

I shall show in what follows how we may obtain a similar expression for the solution of the simultaneous equations above, having a sufficiently simple form to be of use in computations. Later the significance of the solutions is explained and certain exceptional cases occurring in the Lunar Theory are treated. The results obtained have in fact been used in the calculation of the terms of the third* and fourth orders in relation to the eccentricities, the inclination and the ratio of the parallaxes.

* *Mem. R. A. S.*, Vol. LIII. pp. 163—202.

I.

In order that the series which occur may be all algebraical instead of trigonometrical, we use the conjugate complexes u, s, where

$$u = x + y\iota, \qquad s = x - y\iota.$$

We also put

$$\zeta = \exp.\, \iota\, (n - n')\, (t - t_0),$$

$$D = \zeta \frac{d}{d\zeta} = \frac{1}{\iota\,(n - n')} \frac{d}{dt},$$

$$\mathrm{m} = \frac{n'}{n - n'}, \quad t_0 = 0 = t_1.$$

The generality of the results is not affected by the last supposition.

The simultaneous equations then take the form

$$\left.\begin{aligned} (D + \mathrm{m})^2 + Mu + Ns = A \\ (D - \mathrm{m})^2 + Ms + \bar{N}u = \bar{A} \end{aligned}\right\} \quad \text{.......................................(1)},$$

where

$$\left.\begin{aligned} &M,\ N \text{ are of the form } \Sigma p_i \zeta^{2i}, \\ &A \text{ is of the form } \Sigma p_i \zeta^{2i+1+\tau} + \Sigma p'_i \zeta^{2i+1-\tau}, \end{aligned}\right\} i = 0,\ \pm 1, \ldots$$

$$\bar{M} = M.$$

The bar placed over a letter or expression denotes here and elsewhere that ι has been changed to $-\iota$, that is, ζ^{-1} put for ζ.

To obtain the particular integrals of equations (1), it will first be necessary to obtain four independent particular integrals of

$$\left.\begin{aligned} (D + \mathrm{m})^2 u + Mu + Ns = 0 \\ (D - \mathrm{m})^2 s + Ms + \bar{N}u = 0 \end{aligned}\right\} \quad \text{.......................................(2)}.$$

Denote these integrals by

$$u = u_j, \quad s = s_j, \quad j = 1,\ 2,\ 3,\ 4,$$

so that if Q_j denote an arbitrary constant, the general solution of (2) is

$$u = \Sigma_j Q_j u_j, \quad s = \Sigma_j Q_j s_j, \quad j = 1,\ 2,\ 3,\ 4.$$

By supposing the Q_j to have variable instead of constant values we can then proceed to find a particular integral of (1) and thence their general solution.

In order to make certain of the later arguments clear it is necessary to indicate the manner in which the equations (1) arise.

The equations

$$D^2 u + 2\mathrm{m}\, Du + \frac{3}{2} \mathrm{m}^2 (u + s) - \frac{\kappa u}{(us)^{\frac{3}{2}}} = 0,$$

$$D^2 s - 2\mathrm{m}\, Ds + \frac{3}{2} \mathrm{m}^2 (u + s) - \frac{\kappa s}{(us)^{\frac{3}{2}}} = 0,$$

with their first integral,

$$F \equiv Du \,.\, Ds + \frac{3}{4}\mathrm{m}^2 (u+s)^2 + \frac{2\kappa}{(us)^{\frac{1}{2}}} = C,$$

admit a particular solution,

$$u = u_0 = \Sigma a_i \zeta^{2i+1}, \quad s = s_0 = \Sigma a_{-i} \zeta^{2i-1},$$

containing two arbitrary constants; these constants are the quantities denoted by n, t_0 above. The coefficients a_i are functions of n and the known constants present in the differential equations.

Put $$u = u_0 + u_1, \quad s = s_0 + s_1,$$

and, after expansion in powers of u_1, s_1, neglect squares and products of these quantities. Omitting the suffix, and giving proper meanings to M, N, the resulting equations become those denoted by (2) above.

The first integral $F = C$ becomes

$$\phi \equiv \frac{\partial F}{\partial u_0} u + \frac{\partial F}{\partial s_0} s = 0.$$

If, however, we had deduced this first integral directly from (2), it would have been $\phi = C'$, where C' is an arbitrary constant. When the equations (2) are considered independently the constant C' must be retained.

Three independent solutions of (2) are known. In finding the principal part of the motion of the lunar perigee Dr Hill* gave one of them, namely, $u = Du_0$, $s = Ds_0$, and obtained the forms of the other two; the coefficients of the latter have been obtained by myself†. It is therefore only necessary to find a fourth solution, linearly independent of the other three, in order to obtain the general solution.

II.

The Fourth Integral of the Equations.

$$(D + \mathrm{m})^2 u + Mu + Ns = 0 \quad \text{.......................(3)},$$

$$(D - \mathrm{m})^2 s + Ms + \overline{N}u = 0 \quad \text{.......................(3')}.$$

The known integrals may be denoted by

$$\left.\begin{aligned} u_1 &= \Sigma_i \epsilon_i \zeta^{2i+1+c}, & s_1 &= \Sigma_i \epsilon'_{-i} \zeta^{2i-1+c} \\ u_2 &= \Sigma_i \epsilon'_i \zeta^{2i+1-c}, & s_2 &= \Sigma_i \epsilon_{-i} \zeta^{2i-1-c} \\ u_3 &= \Sigma_i (2i+1)\, a_i \zeta^{2i+1}, & s_3 &= \Sigma_i (2i-1)\, a_{-i} \zeta^{2i-1} \end{aligned}\right\} \quad \text{..........(4)}.$$

* *Acta Math.* Vol. VIII. pp. 1—36.

† *Mem. R. A. S.* Vol. LIII. p. 94.

If Q_1, Q_2, Q_3 be three arbitrary constants, then

$$u = \Sigma_j Q_j u_j, \quad s = \Sigma_j Q_j s_j, \quad j = 1, 2, 3 \qquad (5)$$

is a solution of the equations. Owing to the introduction of Q_1, Q_2, Q_3, we can consider $u_1, \dots s_3$ completely known; c is a constant which is supposed incommensurable with unity.

To discover the fourth integral, the method of the Variation of Arbitrary Constants is used in the usual way, by assuming that

$$u_1 DQ_1 + u_2 DQ_2 + u_3 DQ_3 = 0.$$

By substituting (4) in the differential equations we find

$$Du_1 \,.\, DQ_1 + Du_2 \,.\, DQ_2 + Du_3 \,.\, DQ_3 = 0,$$

$$\Sigma_j \left(s_j D^2 Q_j + 2 Ds_j \,.\, DQ_j - 2\mathrm{m} s_j DQ_j\right) = 0 \qquad (6).$$

Put $\qquad u_2 Du_3 - u_3 Du_2 = \alpha_1,$ etc.

Then $\qquad \dfrac{DQ_1}{\alpha_1} = \dfrac{DQ_2}{\alpha_2} = \dfrac{DQ_3}{\alpha_3} = L,$ suppose.

Substituting in (6), the equation for L may be written,

$$(\Sigma \alpha s)\, DL + 2LD\, (\Sigma \alpha s) - L\, (\Sigma s D\alpha + 2\mathrm{m} \Sigma \alpha s) = 0 \qquad (6'),$$

where $\qquad \Sigma \alpha s = \alpha_1 s_1 + \alpha_2 s_2 + \alpha_3 s_3,$ etc.

The last term of this equation can be shown to be zero. Substitute u_1, s_1 and u_2, s_2 successively in (3): multiply the resulting equations by s_2, s_1 respectively and subtract. We thus obtain

$$(D + 2\mathrm{m})\,(s_2 Du_1 - s_1 Du_2) + (\mathrm{m}^2 + M)\,(s_2 u_1 - u_2 s_1) = 0.$$

Also, treating (3′) in a similar manner,

$$(D - 2\mathrm{m})\,(u_2 Ds_1 - u_1 Ds_2) + (\mathrm{m}^2 + M)\,(u_2 s_1 - s_2 u_1) = 0.$$

The sum of these two equations is integrable and gives

$$s_2 Du_1 - u_1 Ds_2 + u_2 Ds_1 - s_1 Du_2 + 2\mathrm{m}\,(s_2 u_1 - u_2 s_1) = C_{12},$$

where C_{12} is a constant. It should be noticed that this constant is not arbitrary since the values of u_1, s_1, u_2, s_2 were definitely fixed, so that C_{12} may be treated as a known constant.

Denote the last equation by

$$f_{12} = C_{12} \qquad (7).$$

We find in an exactly similar manner

$$f_{23} = C_{23}, \quad f_{31} = C_{31} \qquad (7').$$

Multiply these three equations by u_1, u_2, u_3 and add. Noticing the meanings attached to α_1, α_2, α_3, we obtain

$$u_1 C_{23} + u_2 C_{31} + u_3 C_{12} = \Sigma \alpha s.$$

Similarly $\qquad 0 = u_1 Df_{23} + u_2 Df_{31} + u_3 Df_{12}$

$$= \Sigma s D\alpha + 2\mathrm{m} \Sigma \alpha s.$$

Substituting the last result in (6′), we find

$$\frac{DL}{L}+2\frac{D(\Sigma\alpha s)}{\Sigma\alpha s}=0,$$

which, on integrating, gives

$$L=\frac{L_0}{(\Sigma\alpha s)^2}=\frac{L_0}{(u_1C_{23}+u_2C_{31}+u_3C_{12})^2},$$

where L_0 is a new arbitrary constant.

Thence $$Q_1=(Q_1)+L_0D^{-1}\frac{\alpha_1}{(u_1C_{23}+u_2C_{31}+u_3C_{12})^2}, \text{ etc.,}$$

in which (Q_1) is a new arbitrary constant and D^{-1} denotes an integration, i.e. the operation inverse to D.

If, finally, we now let Q_1, Q_2, Q_3, Q_4 represent four arbitrary constants, the general solution of (2) is

$$u=Q_1u_1+Q_2u_2+Q_3u_3+Q_4u_4,$$
$$s=Q_1s_1+Q_2s_2+Q_3s_3+Q_4s_4,$$

where $$u_4=\Sigma_ju_jD^{-1}\frac{\alpha_j}{(u_1C_{23}+u_2C_{31}+u_3C_{12})^2},\quad j=1,\ 2,\ 3.$$

This result is true whatever particular solutions are represented by

$$u_1,\ s_1\ :\ u_2,\ s_2\ :\ u_3,\ s_3$$

as long as they are linearly independent. As, however, the expression for u_4 can be very much simplified by using the values given earlier, I shall immediately proceed to the special case under consideration.

It is easy to show that $C_{31}=0=C_{23}$. For, looking at the forms assumed, we see that u_1, s_1 contain the factor ζ^c, u_2, s_2 the factor ζ^{-c} and u_3, s_3 have no such factor. Hence f_{23} has the factor ζ^c, f_{31} the factor ζ^{-c}. As c is supposed incommensurable with unity, the equations (7′) are only possible if $C_{31}=0$ and $C_{23}=0$.

Hence we have

$$u_4C_{12}^2=u_1D^{-1}\frac{u_2Du_3-u_3Du_2}{u_3^2}+u_2D^{-1}\frac{u_3Du_1-u_1Du_3}{u_3^2}+u_3D^{-1}\frac{u_1Du_2-u_2Du_1}{u_3^2}.$$

The first two terms of the right-hand side are integrable and become

$$u_1\frac{u_2}{u_3}-u_2\frac{u_1}{u_3},$$

that is, zero. Whence considering C_{12}^2 as absorbed in the arbitrary Q_4, we have

$$u_4=u_3D^{-1}\left(\frac{u_1Du_2-u_2Du_1}{u_3^2}\right)\quad\text{.....................................(8).}$$

We may similarly show that

$$s_4=s_3D^{-1}\left(\frac{s_1Ds_2-s_2Ds_1}{s_3^2}\right).$$

III.

Although this is probably the simplest form obtainable for u_4, it is unsuitable for calculation. The values of u_1, ... are all of the form

sum of cosines + ι (sum of sines).

To adapt u_4 to calculation it is best to express it in the form

$$u_3(P + Q\iota)$$

where P, Q are real. I shall show that

$$\frac{u_4}{u_3} = D^{-1}\left(\frac{u_1 Du_2 - u_2 Du_1}{u_3^2}\right)$$

$$= \tfrac{1}{2}\frac{s_1u_2 - u_1s_2}{u_3s_3} + \tfrac{1}{2}D^{-1}\left\{\frac{C_{12}}{u_3s_3} - \frac{s_1u_2 - u_1s_2}{u_3s_3}\left(2\text{m} + \frac{Du_3}{u_3} - \frac{Ds_3}{s_3}\right)\right\} \quad \text{...............(9).}$$

Since $f_{23} = 0 = f_{31}$ and $f_{12} = C_{12}$, we have

$$-\tfrac{1}{2}\frac{C_{12}}{u_3s_3} = \frac{u_2f_{13} - u_1f_{23}}{u_3^2s_3} - \tfrac{1}{2}\frac{f_{12}}{u_3s_3} = -\frac{u_1Du_2 - u_2Du_1}{u_3^2} + \frac{u_2Ds_1 - u_1Ds_2 + s_1Du_2 - s_2Du_1}{2u_3s_3}$$

$$-\frac{s_1u_2 - u_1s_2}{u_3s_3}\frac{Du_3}{u_3} - \text{m}\frac{s_1u_2 - u_1s_2}{u_3s_3} = -\frac{u_1Du_2 - u_2Du_1}{u_3^2} + \tfrac{1}{2}D\left(\frac{s_1u_2 - u_1s_2}{u_3s_3}\right)$$

$$-\frac{s_1u_2 - u_1s_2}{u_3s_3}\left(\frac{Du_3}{u_3} - \frac{Ds_3}{s_3}\right) - \text{m}\frac{s_1u_2 - u_1s_2}{u_3s_3}.$$

Submitting this to the operation D^{-1} and transposing we obtain the required expression.

It is easy to see that (9) is of the required form. For when we put $-\iota$ for ι, that is, ζ^{-1} for ζ, the expressions

$$u_1,\ u_2,\ s_1,\ s_2,\ u_3,\ s_3,\ D^{-1},\ D \text{ respectively}$$

become $$s_2,\ s_1,\ u_2,\ u_1,\ -s_3,\ -u_3,\ -D^{-1},\ -D;$$

the first term of (9) is therefore unchanged, while the second term simply changes sign. Hence the first term is real and the second a pure imaginary.

IV.

It is necessary to examine the four solutions and especially the one last found a little more closely. Write

$$u_4 = u_3(P + D^{-1}P_1).$$

The expressions (4) show that P and P_1, being both real, will be expressible as sums of cosines of multiples of the angle $2(n - n')t$. As P_1 contains a constant term B, $D^{-1}P_1$ contains a term of the form $\iota Bt(n - n')$, and therefore u_4 is of the form

$$u_3\{\iota Bt(n - n') + \text{a power series in } \zeta^2\}.$$

It is therefore of the same form as u_3, except for the part

$$\iota Btu_3(n - n').$$

We saw earlier that the equations (2) admit of a first integral

$$\phi = C',$$

and that this should be derivable from the integral

$$F = C,$$

of the non-linear equations when the former are considered as derived from the latter. The constant C' should therefore in this case be zero. It is easy to see that the constant is zero when we substitute in ϕ the solutions u_1, s_1 or u_2, s_2 or u_3, s_3. For the solution u_4, s_4, the constant takes the value C_{12} which is not zero. Hence though (u_4, s_4) belongs to the linear equations (2) it plays no part in the non-linear equations from which these were derived.

The solutions u_1, s_1 and u_2, s_2 are those used in developing the Lunar Theory; they contain the terms dependent on the first power of the lunar eccentricity. It is necessary to see why the solutions u_3, s_3 and u_4, s_4 are not used in the development.

The particular solution of the original equations of which use was made was

$$u = u_0, \quad s = s_0,$$

where
$$u_0 = \Sigma_i a_i \zeta^{2i+1} = \Sigma_i a_i \text{ exp. } (2i+1)(n-n')(t-t_0).$$

If we add a small quantity δt_0 to t_0 (which is an arbitrary constant of this solution) the resulting expression will still be a solution. Expand in powers of δt_0 neglecting squares and higher powers. The additions to u_0, s_0 will be

$$\delta u = \frac{\partial u_0}{\partial t_0}\delta t_0 = -Du_0 . \delta t_0, \quad \delta s = \frac{\partial s_0}{\partial t_0}\delta t_0 = -Ds_0 . \delta t_0.$$

These values when substituted for u, s in (2) must satisfy them independently of the value of δt_0. Hence $u = kDu$, $s = kDs$ is a solution obtained merely by altering the arbitrary t_0 and is therefore unnecessary for the development of the Lunar Theory.

The other arbitrary constant in u_0 is n, and the coefficients a_i are functions of n. If we make a small addition δn to n and proceed as before we see that

$$u = k\frac{\partial u_0}{\partial n}, \quad s = k\frac{\partial s_0}{\partial n}$$

is a solution of the linear equations (2). It is only necessary to identify this with u_4, s_4.

The forms for both are evidently the same. For we have

$$\frac{\partial u_0}{\partial n} = \Sigma_i \left\{\frac{\partial a_i}{\partial n} + (2i+1)(t-t_0) a_i\right\} \text{ exp. } (2i+1)(n-n')(t-t_0)$$

$$= \Sigma_i \frac{\partial a_i}{\partial n} \text{ exp. } (2i+1)(n-n')(t-t_0) + (t-t_0) Du_0.$$

The terms with t as factor agree (t_0 was put zero in the expression for u_4) when the proper constant factor is introduced, and the remaining parts are of the same form. As no linear relation can exist between the first three solutions and either of the forms for the fourth solution, these two forms must be the same except as to a constant factor. Hence

$$k\frac{\partial u_0}{\partial n} = u_3 D^{-1}\left(\frac{u_1 Du_2 - u_2 Du_1}{u_3^2}\right).$$

This relation is a somewhat remarkable one. In investigations where the arbitrary constants are varied—and there are many such—we have a means of obtaining $\frac{\partial x}{\partial n}$, $\frac{\partial y}{\partial n}$ (which are the most troublesome to find) when the numerical value of the ratio n'/n has been used in finding x, y. A direct proof of this relation is desirable. This and the theorems which I have given elsewhere* are probably particular cases of some much more general theorem. Thus, of the four integrals of the linear equations two only are required for the development of the lunar theory, the other two arising from additions to the arbitrary constants in the particular solution of the original equations.

V.

Having obtained the solution of

$$(D + \mathrm{m})^2 u + Mu + Ns = 0,$$

$$(D - \mathrm{m})^2 s + Ms + \overline{N}u = 0,$$

in the form $\quad u = \Sigma Q_j u_j, \quad s = \Sigma Q_j s_j, \quad j = 1, 2, 3, 4,$

the next problem is to find the solution of

$$(D + \mathrm{m})^2 u + Mu + Ns = A,$$

$$(D - \mathrm{m})^2 s + Ms + \overline{N}u = \overline{A},$$

where A, $\overline{A}$ are functions of the time.

Following the usual method of varying the arbitraries we have

$$\left.\begin{array}{ll}\Sigma Du_j . DQ_j = A, & \Sigma Ds_j . DQ_j = \overline{A} \\ \Sigma u_j DQ_j = 0, & \Sigma s_j DQ_j = 0\end{array}\right\} \quad\text{.............................(10).}$$

These must be solved in order to find the variable values of the arbitraries. The only difficulty is to find these values in forms sufficiently simple to be of use.

The expressions at the end of II. show that we can derive s_4/s_3 from u_4/u_3 by putting ζ^{-1} for ζ and changing the sign. For u_1, s_2 interchange as do u_2, s_1, while D changes sign: u_3 becomes $-s_3$. Since

$$u_4 = u_3 (P + Q\iota),$$

we have $\quad s_4 = s_3 (-P + Q\iota).$

Hence $\quad u_4 s_3 - s_4 u_3 = 2u_3 s_3 P$

$$= u_2 s_1 - u_1 s_2 \quad\text{..................................(11)}$$

by the result obtained in III.

* *Proc. London Math. Soc.* Vol. XXVIII. pp. 143—155.

Again, as the first integral obtained in II. is equally applicable to u_4, s_4, we have

$$C_{34} = f_{34} = s_4 Du_3 + u_4 Ds_3 - u_3 Ds_4 - s_3 Du_4 + 2\text{m}\,(s_4 u_3 - u_4 s_3),$$

which, by inserting the expressions for u_4, s_4 just given, becomes

$$C_{34} = -2\,(s_3 Du_3 - u_3 Ds_3)\,P - 2\iota u_3 s_3 DQ + 2\text{m}\,(s_2 u_1 - u_2 s_1),$$

or, using the values of P, Q obtained in III.,

$$C_{34} = -(s_3 Du_3 - u_3 Ds_3)\frac{s_1 u_2 - u_1 s_2}{u_3 s_3} - C_{12}$$

$$+ (s_1 u_2 - u_1 s_2)\left(2\text{m} + \frac{Du_3}{u_3} - \frac{Ds_3}{s_3}\right) + 2\text{m}\,(s_2 u_1 - s_1 u_2),$$

whence $$C_{34} = -C_{12} \qquad\qquad (12).$$

We can show as in II. that $C_{14} = 0 = C_{24}$.

Solving equations (10) we obtain

$$DQ_j = \frac{\Delta_j}{\Delta},$$

where

$$\Delta = \begin{vmatrix} Du_1, & Du_2, & Du_3, & Du_4 \\ Ds_1, & Ds_2, & Ds_3, & Ds_4 \\ u_1, & u_2, & u_3, & u_4 \\ s_1, & s_2, & s_3, & s_4 \end{vmatrix},$$

$$\Delta_1 = \begin{vmatrix} A, & Du_2, & Du_3, & Du_4 \\ \bar{A}, & Ds_2, & Ds_3, & Ds_4 \\ 0, & u_2, & u_3, & u_4 \\ 0, & s_2, & s_3, & s_4 \end{vmatrix}, \text{ etc.}$$

In the determinant Δ the first minor of Du_1 is

$$Ds_2\,(u_3 s_4 - s_3 u_4) + Ds_3\,(u_4 s_2 - s_4 u_2) + Ds_4\,(u_2 s_3 - s_2 u_3),$$
$$= s_2 f_{34} + s_3 f_{42} + s_4 f_{23},$$
$$= s_2 C_{34} + s_3 C_{42} + s_4 C_{23}.$$

Also, the first minor of Ds_1 is similarly

$$-(u_2 C_{34} + u_3 C_{42} + u_4 C_{23}).$$

The other minors of the elements in the first two rows of Δ are similar, the suffixes following a cyclical order. We have thus all the minors of the elements A, $\bar{A}$ in the determinants Δ_j.

Remembering that $C_{34} = -C_{12}$ and that all the other constants C_{ij} are zero, we obtain

$$\Delta_1 = -(s_2 A + u_2 \bar{A})\,C_{12},$$
$$\Delta_2 = \quad (s_1 A + u_1 \bar{A})\,C_{12},$$
$$\Delta_3 = \quad (s_4 A + u_4 \bar{A})\,C_{12},$$
$$\Delta_4 = -(s_3 A + u_3 \bar{A})\,C_{12},$$

and $$\Delta = -(s_2 Du_1 - s_1 Du_2 - s_4 Du_3 + s_3 Du_4)\,C_{12}.$$

But the effect of putting ζ^{-1} for ζ in Δ is only to interchange an even number of rows and columns and therefore to leave Δ unaltered. Making this change in the last equation we find

$$\Delta = -(-u_1 Ds_2 + u_2 Ds_1 - u_4 Ds_3 + s_4 Du_3)\, C_{12}.$$

Whence, by addition,

$$\begin{aligned} 2\Delta &= -\{f_{12} - 2\text{m}(s_2 u_1 - u_2 s_1) - f_{34} + 2\text{m}(s_4 u_3 - u_4 s_3)\}\, C_{12} \\ &= -(C_{12} - C_{34})\, C_{12} = -2C_{12}^2, \end{aligned}$$

in virtue of (7) and (12). Hence $\Delta = -C_{12}^2$.

Finally, $$\Delta Q_1 = \frac{\Delta_1}{\Delta} = \frac{s_2 A + u_2 \bar{A}}{C_{12}}, \text{ etc.}$$

and $$Q_1 = \frac{1}{C_{12}} D^{-1}(s_2 A + u_2 \bar{A}), \text{ etc.}$$

And the particular integral corresponding to the right-hand members, A, $\bar{A}$, is

$$\begin{aligned} u = \frac{1}{C_{12}} \{&u_1 D^{-1}(s_2 A + u_2 \bar{A}) - u_2 D^{-1}(s_1 A + u_1 \bar{A}) \\ &- u_3 D^{-1}(s_4 A + u_4 \bar{A}) + u_4 D^{-1}(s_3 A + u_3 \bar{A})\} \ldots\ldots (13), \\ s = \frac{1}{C_{12}} \{&s_1 D^{-1}(s_2 A + u_2 \bar{A}) - s_2 D^{-1}(s_1 A + u_1 \bar{A}) \\ &- s_3 D^{-1}(s_4 A + u_4 \bar{A}) + s_4 D^{-1}(s_3 A + u_3 \bar{A})\}. \end{aligned}$$

It is easy to see that s is derivable from u (as it should be) by putting ζ^{-1} for ζ. In fact, the coefficient of u_1 in the first term is conjugate to that of u_2 in the second term, that of u_3 in the third term is a pure imaginary and that of u_4 in the last term is real.

VI.

In the applications of this result to the Lunar Theory A is always an expression of the form

$$\Sigma_i q_i \zeta^{i+\tau} + \Sigma_i q_i' \zeta^{i-\tau}, \quad i = 0, \pm 1, \pm 2, \ldots,$$

where τ, q_i, q_i' are known constants; $\bar{A}$ is derived from A by putting ζ^{-1} for ζ. Thus A, $\bar{A}$ are conjugate complexes whose real and imaginary parts are respectively sums of cosines and sines. The corresponding particular integral should in general be of the same form. Hence a difficulty arises owing to the fact that u_4, s_4 contain t in a non-periodic form. I shall now show that in general all the non-periodic parts disappear from the particular integral.

Put

$$\begin{aligned} u_4 &= u_4' + \iota B u_3 t (n - n'), \\ s_4 &= s_4' + \iota B s_3 t (n - n'). \end{aligned}$$

Then u_4', s_4' are periodic. The sum of the third and fourth terms of (13) becomes

$$-u_3 D^{-1}(s_4' A + u_4' \bar{A}) + u_4' D^{-1}(s_3 A + u_3 \bar{A})$$
$$- [u_3 D^{-1}\{(s_3 A + u_3 \bar{A}) t\} + u_3 t D^{-1}(s_3 A + u_3 \bar{A})] \iota B (n - n').$$

The first line of this expression is in general periodic. The second line becomes, on integrating its first term by parts,

$$u_3 B D^{-2}(s_3 A + u_3 \bar{A}).$$

The non-periodic part thus disappears.

When we perform the double integration involved in this last expression, we obtain

$$u_3\{C_0 + C_1 \iota (n - n') t + \text{periodic part}\}$$

where C_0, C_1 are arbitraries. The terms containing C_0, C_1 are simply parts of the complementary function and may be considered as contained in $Q_3 u_3 + Q_4 u_4$. The particular integral may therefore be written

$$u = \frac{1}{C_{12}}[u_1 D^{-1}(s_2 A + u_2 \bar{A}) - u_2 D^{-1}(s_1 A + u_1 \bar{A}) + u_4' D^{-1}(s_3 A + u_3 \bar{A})$$
$$- u_3 D^{-1}\{s_4' A + u_4' \bar{A} - B D^{-1}(s_3 A + u_3 \bar{A})\}] \text{......(14)},$$

which is its final form.

VII.

In general this particular integral consists only of periodic terms. There are, however, two cases in which non-periodic terms may arise. If $\tau =$ an odd integer, that is, if A is of the form $\Sigma q_i \zeta^{2i+1}$, the integrals multiplied by u_4' and u_4 might give rise to terms of the form αt where α is a constant.

In this case, $s_3 A + u_3 \bar{A}$ is of the form $\Sigma \beta_i (\zeta^{2i} - \zeta^{-2i})$ and therefore its integral will be periodic. The last term of (14) is of the form

$$- u_2 D^{-1}(\text{const.} + \text{power series in } \zeta^2),$$
$$= - u_3 (tk + k' + \text{power series in } \zeta^2),$$

k, k' being constants, the former definite and the latter arbitrary. The terms $-u_3(tk + k')$ may be written

$$- k' u_3 - \{u_3 t B \iota (n - n') + u_4'\} \frac{k}{B\iota (n - n')} + \frac{k u_4'}{B \iota (n - n')}.$$

The first two terms of this may be considered as included in the part $Q_3 u_3 + Q_4 u_4$ of the complementary function; the last part is definite and periodic. Hence no non-periodic part remains.

The second case of non-periodicity occurs when

$$A = \Sigma_i q_i \zeta^{2i+1+c} + \Sigma_i q_i' \zeta^{2i+1-c}.$$

Here the first two terms of (14) may give rise to the non-periodic part

$$\{u_1 t\iota (n - n')[s_2 A + u_2 \bar{A}]_0 - u_2 t \iota (n - n')[s_1 A + u_1 \bar{A}]_0\} \div C_{12},$$

where $[\psi]_0$ denotes the constant term in the expansion of ψ as a sum of cosines. Now $s_2 A + u_2 \bar{A}$ and $s_1 A + u_1 \bar{A}$ are conjugate. Hence

$$[s_2 A + u_2 \bar{A}]_0 = [s_1 A + u_1 \bar{A}]_0 = [(s_1 + s_2) A]_0.$$

Thus the non-periodic part is

$$(u_1 - u_2) [(s_1 + s_2) A]_0 \iota (n - n') t \div C_{12} \qquad \text{.............................(15).}$$

In the applications to the Lunar Theory, the part of the complementary function used is obtained by putting $Q_3 = 0 = Q_4$, and the constants in u_1, u_2 are so adjusted that we can put $Q_1 = 1 = Q_2$. I shall show that (15) is equivalent to a small addition δc to c in the index of ζ in

$$u_1 + u_2 = \Sigma_i \epsilon_i \zeta^{2i+1+c} + \Sigma_i \epsilon_i'^{2i+1-c},$$

squares and higher powers of δc being neglected.

Put $c + \delta c$ for c in the last expression. It becomes

$$u_1 \zeta^{\delta c} + u_2 \zeta^{-\delta c}.$$

Remembering that $\zeta = \exp. \iota (n - n') t$ and expanding in powers of δc we obtain

$$u_1 + u_2 + (u_1 - u_2) \delta c \iota (n - n') t.$$

Comparing with (15) it is evident that we can put

$$\delta c = [(s_1 + s_2) A]_0 \div C_{12}.$$

This is nothing else than the general form of the expression which I obtained in a paper, "Investigations in the Lunar Theory *." For

$$C_{12} = f_{12} = [f_{12}]_0 = \Sigma_j (2j + 1 + m + c) \epsilon_j^2 + \Sigma_j (2j - 1 - m + c) \epsilon_{-j}'^2,$$

on substitution of the values (4) in f_{12}. Also $s_1 + s_2$ is the same as the expression there denoted by s_e. The comparison of A with the remainder of the equation of the paper just referred to will follow from what precedes that equation. The general case is given in my memoir on "The Theory of the Motion of the Moon, etc.†." No useful purpose will be served by giving further details of the comparison of the two forms for δc.

The final conclusion is that the non-periodic terms either disappear of their own accord or belong to a part of the complementary function which is not to be included in the general development. The last part of this investigation—concerning δc—is of course only applicable to cases similar to those which occur in the Lunar Theory where we proceed by continued approximation and where we require to have only periodic terms. In the general problem the non-periodic terms will remain.

* *American Jour. Math.* Vol. XVII. p. 336, equation (16).

† *Mem. R. A. S.* Vol. LIII. p. 75.

VI. *The Periodogram of Magnetic Declination as obtained from the records of the Greenwich Observatory during the years* 1871—1895. By ARTHUR SCHUSTER, F.R.S., Professor of Physics at the Owens College, Manchester.

[Received 1899, Aug. 1.]

I. INTRODUCTION.

THE science of Meteorology deals with variable quantities which are subject to continuous and apparently irregular changes. Irregularities in the strict sense of the word do not however exist in nature; there is never absence of law, though often an appearance of lawlessness caused by the effects of several interacting causes. Our efforts must be directed to disentangle these causes, and to discover for that purpose the hidden regularities of the phenomena.

If we look for instance at the curve which represents the barometric changes, we see at once that though irregular, there is a tendency towards an average position, large deviations from that position being less frequent than small ones. Prof. Karl Pearson has investigated statistically the laws of deviation from the mean, and obtained valuable and interesting results. But enquiries of this kind necessarily leave out of account one of the most essential points in the phenomena they deal with, which is the regularity which may exist in the succession of events. In taking the average daily values of barometric pressure and studying their deviations from the mean, the same importance is attached to an exceptionally high barometer when it follows another day of high barometer, as when it follows one of low pressure. But a high pressure is more likely to be followed by a high pressure than by a low one, and the regularity which this succession implies seems to me to be of greater importance than the laws of distribution based on the assumption that successive days are quite independent of each other.

I intend in this paper to describe a method, applying it to a particular case, which seems to me to yield some valuable information concerning the hidden regularities of fluctuating changes, though it does not pretend to give a complete representation of all that it is important to know.

The method has been suggested by the analogy between the variable quantities we are here concerned with, and the disturbance in the luminous vibrations. If we could follow the displacements in a ray of light, we should find them to present characteristic properties not unlike those of meteorological variables. There is the same irregular fluctuation combined with a certain regularity of succession, which becomes revealed to us by prismatic analysis, and shews itself in the distribution of energy in the spectrum. Absolute irregularity would shew itself by an energy-curve which is independent of the wave-length, *i.e.* a straight line when the energy and wave-length or period are taken as rectangular coordinates, while the perfect regularity of homogeneous vibrations would shew itself as a discontinuity in the energy-curve.

Fourier's analysis gives us a means of doing by calculation for any variation what the spectroscope does experimentally for the luminous vibrations, and if we construct a curve which represents the relation between the coefficient of Fourier's series for a given period and that period, we have a simple way of representing the regularities of the quantities to be investigated. We shall also incidentally gain the great advantage of separating in a clear and definite way the fluctuations which take place in definite periods, such as the lunar and solar variations, from the more complex changes on which they are superposed.

II. THE PERIODOGRAM.

Let $f(t)$ be any function of t, and consider the quantity R determined by the equations

$$\tfrac{1}{2}nTA = \int_{\tau}^{\tau+nT} f(t)\cos\kappa t\,dt, \qquad \tfrac{1}{2}nTB = \int_{\tau}^{\tau+nT} f(t)\sin\kappa t\,dt \quad\text{.................(1)},$$

$$R^2 = A^2 + B^2 \quad\text{..(2)},$$

where $\kappa = 2\pi/T$ and n is an integer. In these equations T represents a certain interval, and τ a time which can be varied. In the class of functions $f(t)$ to which this paper refers, a change in τ with a constant value of n and T will cause R to fluctuate round some mean value. Let S^2 be the mean value of R^2 which, still keeping n constant, will in general depend on T. With T as abscissa and S^2 as ordinate, draw a curve, which may be called the "Periodograph." I define the "Periodogram" as the surface included between this curve and the axis of T. It will be seen that the "Periodograph" corresponds exactly to the curve which represents the distribution of energy in the spectrum. The treatment of a few special cases will render this clear, and lead gradually up to the complex phenomena which form the chief subject of this investigation.

CASE 1. Let $f(t)$ be a simply-periodic function, so that we may put

$$f(t) = \cos(gt + \delta).$$

The integrals A and B are easily calculated and expressed in the form

$$nTA = 2\left[\frac{\cos(a+b)}{g+\kappa} + \frac{\cos(a-b)}{g-\kappa}\right]\sin\tfrac{1}{2}gnT,$$

$$nTB = 2\left[\frac{\sin(a+b)}{g+\kappa} + \frac{\sin(a-b)}{g-\kappa}\right]\sin\tfrac{1}{2}gnT,$$

where $$2a = \alpha_1 + \alpha_2, \qquad 2b = \beta_1 + \beta_2,$$

and $$\alpha_1 = \kappa\tau, \qquad \beta_1 = g\tau + \delta,$$

$$\alpha_2 = \kappa(\tau + nT), \qquad \beta_2 = g(\tau + nT) + \delta.$$

Hence $$nTR = \frac{2}{g^2 - \kappa^2}\sin\tfrac{1}{2}gnT\left[2(g^2+\kappa^2) + 2(g^2-\kappa^2)\cos 2b\right]^{\frac{1}{2}}.$$

If the average of R^2 is formed for different values of τ, the term containing $\cos 2b$ will disappear, and therefore writing

$$\gamma = \tfrac{1}{2}(g-\kappa)\,nT = \pi n\frac{g-\kappa}{\kappa},$$

it follows that

$$S = \frac{\sqrt{2(g^2+\kappa^2)}}{g+\kappa}\,\frac{\sin\gamma}{\gamma}.$$

If n is large, S will only have appreciable values when g and κ are very nearly equal, and in that case we may put with sufficient accuracy

$$S = \frac{\sin\gamma}{\gamma}.$$

This is the well-known expression, giving the distribution of amplitude in the focal plane of the telescope, when a homogeneous vibration is examined by means of a prism or grating. If we wish to plot down the curve of intensities of vibrations as analysed by a grating-spectroscope, we may define any direction by the period $2\pi/\kappa$ which has its principal maximum in that direction. If the incident light has a period $2\pi/g$ the expression for the distribution of amplitude is

$$\frac{\sin[\pi N(g-\kappa)/\kappa]}{\pi N(g-\kappa)/\kappa}\ {}^{*},$$

which is identical with S if N, the number of lines on the grating, is equal to n, the number of periods included in the integration. In obtaining the "Periodogram," we have done by calculation precisely what the spectroscope does mechanically. The analogy is complete, and just as a ray of homogeneous light does not appear homogeneous in a spectroscope, there being secondary maxima owing to the finite resolving power, so does a purely periodic function when analysed by Fourier's series shew *apparent* periodicities

* This expression may be obtained either from the original papers by Lord Rayleigh on the resolving powers of spectroscopes, or more directly from an expression given in my paper "On Interference Phenomena," *Phil. Mag.* Vol. XXXVII. p. 509 (1894).

having secondary maxima near the principal one. These secondary maxima I have termed "spurious" periods.

Their intensity remains the same when the "resolving power" n is increased, but they approach nearer and nearer to the principal maximum. They are therefore distinguished from the true periodicity by the fact that their position changes with n.

CASE 2. The function to be analysed consists of two overlapping simple periodicities.

The integrals A and B will split up into two parts which we may call A_1, A_2, B_1, B_2 respectively. Hence

$$R^2 = (A_1 + A_2)^2 + (B_1 + B_2)^2.$$

The products A_1A_2 and B_1B_2 will vanish in the expression for S^2 when the average is formed for varying values of τ. Hence

$$S^2 = A_1^2 + B_1^2 + A_2^2 + B_2^2 = R_1^2 + R_2^2,$$

or the Periodogram of two simple periodicities may be formed by the superposition of the separate periodograms *.

CASE 3. The function varies uniformly with the time. Putting $f(t) = ct$, and performing the integrations, it is found that

$$A = \frac{2c}{\kappa} \sin \kappa\tau; \quad B = -\frac{2c}{\kappa} \cos \kappa\tau,$$

$$R^2 = S^2 = 4c^2/\kappa^2 = c^2T^2/\pi^2.$$

Hence the Periodograph is a Parabola.

The consideration of this case, which has no analogy in the analysis of luminous disturbances, is of importance in the treatment of secular variations, such as that of the magnetic elements.

CASE 4. So far the function $f(t)$ has been taken to be continuous; but cases arise, where $f(t)$ is given numerically for a number of values of t, which we may for the sake of simplicity assume to be equidistant. As Fourier's analysis applies also to discontinuous functions, we may include cases of this kind. Let the different detached values of $f(t)$ follow the law of errors so that, N being the total number of ordinates, the number having a value intermediate between β and $\beta + d\beta$ is $\frac{2hN}{\sqrt{\pi}} e^{-h^2\beta^2} d\beta$. I have shewn † that in this case

$$S^2 = \frac{2}{Nh^2},$$

* In my paper "On hidden periodicities" (*Terrestrial Magnetism*, Vol. III. p. 13) I defined the ordinate of the Periodogram to be S instead of S^2. The advantage of the change to the latter form is apparent from the above.

† On the investigation of hidden periodicities, *loc. cit.*

so that the periodograph is a straight line, parallel to the axis of T, the distance between the two lines being inversely proportional to the number of ordinates.

CASE 5. The function is given in the form of an irregular curve which satisfies the condition that there is a definite law of probability that the quantity R should lie within assigned limits; this probability being independent of the initial time τ. If we consider for instance the curve representing the height of the barometer, excluding lunar and solar periodicities, the changes in the curve will apparently be quite irregular but will satisfy the above conditions. Let A_1 and B_1 be taken to be components of a vector defined by the equations

$$\tfrac{1}{2}nTA_1 = \int_{\tau}^{\tau+mT} f(t)\cos\kappa t\,dt, \qquad \tfrac{1}{2}nTB_1 = \int_{\tau}^{\tau+mT} f(t)\sin\kappa t\,dt.$$

Similarly $$\tfrac{1}{2}nTA_2 = \int_{\tau+mT}^{\tau+2mT} f(t)\cos\kappa t\,dt, \qquad \tfrac{1}{2}nTB_2 = \int_{\tau+mT}^{\tau+2mT} f(t)\sin\kappa t\,dt,$$

and so on until $$\tfrac{1}{2}nTA_s = \int_{\tau+(s-1)mT}^{\tau+smT} f(t)\cos\kappa t\,dt, \qquad \tfrac{1}{2}nTB_s = \int_{\tau+(s-1)mT}^{\tau+smT} f(t)\sin\kappa t\,dt,$$

with the condition that $sm = n$, m not being necessarily an integer number.

We may choose mT sufficiently large to secure complete independence of successive vectors, all directions of the vectors being equally probable. In that case the vector R which is the resultant of the separate vectors A, B, etc., will, as shewn by Lord Rayleigh*, have a value such that the expectancy of R^2 is proportional to the number S of vectors; hence keeping m constant and increasing S, the ordinates of the periodograph will vary inversely with nT. This is the only general conclusion we can draw in this case.

CASE 6. The function $f(t)$ is formed by the superposition of one or more simple periodicities superposed on the irregular curve of case (5). This includes the important cases of barometric, thermometric or magnetic changes. The Periodogram may in all these instances be used to separate the real from the accidental periodicities. For the value of the ordinates of the Periodogram has been shewn to be independent of the range of time over which the integration is performed when the periodicities are real (Case 1), but to vary inversely with the time when they are accidental (Case 5). Hence we may obtain a conclusive criterion to distinguish between the two cases. The fundamental proposition on which the separation depends may be stated thus:

The value of $\int_0^T f(t)\cos\kappa t\,dt$ fluctuates for the functions under consideration about some value which is proportional to T when $f(t) = \cos\kappa t$ and proportional to $\sqrt{T}$ when $f(t)$ contains no real periodicity of periodic time $2\pi/\kappa$.

* *Phil. Mag.*, Vol. x. p. 73 (1880).

The separation of regular and irregular oscillations, by an increase of the time interval, is identical with the spectroscopic separation of bright lines and continuous spectra (*e.g.* in observing the solar chromosphere) by an increase of resolving power.

III. CALCULATION OF THE PERIODOGRAM OF MAGNETIC DECLINATION.

I chose as an example of the treatment indicated in the previous pages the record of magnetic declination at Greenwich. The subject interested me chiefly on account of an alleged magnetic effect connected with solar rotation, and special attention was therefore paid to the periods in the neighbourhood of 26 and 27 days. It will appear that the magnetic declination is not at all a favourable quantity to fix upon for the discovery of possible outside magnetic effects; but as the only real pieces of evidence, so far produced, in favour of a period approximately coincident with that of solar rotation, were derived from magnetic declination and the occurrence of thunderstorms, and as the latter does not lend itself easily to accurate treatment, I had no choice but to attack in the first instance the records of declination. The publication of the Greenwich Observatory contains the average daily values of declination to 0·1 minutes of arc. There are occasional gaps of a few days duration. The way of dealing with these gaps was quite immaterial on account of the large quantity of material used, and a rough process of interpolation was adopted. Thus if there were no records during three days, and if the values given for the days preceding and following the gap were 17′·1 and 15′·8, the intermediate values were put down as 16·8, 16·4, 16·1. In the few instances in which the records extending over a considerable portion of an adopted period were missing, the whole period was excluded.

The first object of the calculation was to find the Fourier coefficients corresponding to a sufficiently large number of periods, so that the curve representing the periodograph might be drawn continuously through the points obtained. The original series of figures were for this purpose arranged according to the usual procedure, in rows corresponding to the selected period. In order to obtain, for instance, the Fourier coefficient for the 24 day period, the first row would begin with the magnetic declination of Jan. 1, 1869, and end with that of Jan. 24, the second row including the values from Jan. 25 to Feb. 17 being written underneath the first. Subsequent rows were added until a date was reached as near as possible to Jan. 1, 1870. This meant 15 rows, the last number being that corresponding to Dec. 26, 1869. The arithmetical sum of the 15 rows was taken as basis for the treatment of the 24 day period during 1869. A similar group of rows was written down for 1870, beginning, in order to secure continuity, with Dec. 27, 1869; but the third group, beginning with Dec. 22, 1869, and ending with Jan. 9, 1872, included 16 rows. I thus obtained a new set of 25 rows (there being 25 years), each of which consisted of a sum of 15 or 16 of the original rows. The subdivision into years was chosen so as to divide the whole material into convenient portions. It will be understood from what has been said that a row corresponding to a particular year has been obtained by making use of observations, the great bulk of which fell within that year, but some of which may have belonged to December of the preceding or January of the following year.

Table I. gives the figures for the 24 day period, the last three columns indicating the date of the first and the last observation made use of in the corresponding row and the number of rows included in the year, 356′ 70 meaning the 356th day of 1870. The unit in the first three Tables is 0·1 of a minute of arc; in the remaining Tables, unless otherwise stated, it is the minute of arc.

The columns of Table I. and of the corresponding ones for other periods were added up, and the results, after subtracting a constant for each row, are given in Table II.

Table II. clearly shews the effects of secular variation, and we must consider in how far it is necessary to take any notice of this variation. If our observations extended over an indefinite time, Fourier's analysis would itself perform all that is required, and each period would be totally independent of all others. But our investigations have been limited to a range of time of 25 years, and the secular variation involves a period much longer than this. The progressive change of declination will add terms to the periodic series which it is easy to evaluate with sufficient accuracy. If we take the change to be uniform and equal to $-ct$, Fourier's theorem applied to the interval 0 to T gives us

$$-ct = -\frac{cT}{2} + \frac{cT}{\pi}\left\{\sin\frac{2\pi t}{T} + \frac{1}{2}\sin\frac{4\pi t}{T} + \frac{1}{3}\sin\frac{6\pi t}{T} + \ldots\ldots\right\} \quad \ldots\ldots\ldots\ldots\ldots(3).$$

The effect of such a uniform progressive change would be to leave the cosine terms unaffected, and to add $\frac{cT}{\pi}$ to all sine terms of period T.

As it is our object to separate all real from accidental periodicities, we are justified in eliminating all known effects either totally or partially according to convenience.

The average magnetic declination at Greenwich during the year 1893 was 2°52′·7 less than during 1869, giving during 25 years a change of almost exactly 3°. Throughout this investigation the magnetic declination has therefore been assumed to be made up of a uniform progressive diminution of 7′·2 per year added on to more or less irregular changes, the latter only being subjected to Fourier's analysis. No assumption is made as to the secular variation being either uniform in character or having exactly the above magnitude. We have eliminated from our results a large portion of the secular variation, but it is immaterial whether it is entirely eliminated or not. Should it be found desirable to return to the uncorrected figures and to calculate the Fourier coefficients, including the effects of secular variation, it will be easy to do so with the help of equation (3). As the unit in Table II. is 0·1 of a minute, the correction is made by adding to successive columns, successive multiples of $1800/n$, where n is the number of days in the period. For example, in the 24 day period, 75 is added to the second number, 150 to the third, and so on.

Table I. 24 Day Period.

Year	1	2	3	4	5	6	7	8	9	10	11	12	13	14	15	16	17	18	19	20	21	22	23	24	Begins	Ends	Rows
1869	9668	9673	9649	9640	9646	9664	9591	9679	9653	9601	9636	9616	9617	9603	9595	9601	9579	9622	9609	9605	9595	9600	9599	9565	1′ 69		15
1870	8007	8046	7999	8016	7987	7983	8023	8009	7990	7986	7965	7971	8009	8020	7989	7978	7922	7867	7957	8004	7994	7954	7899	8004	361′ 69	355′ 70	15
1871	6781	6753	6748	6811	6826	6754	6754	6781	6688	6696	6757	6752	6693	6686	6738	6711	6644	6708	6708	6709	6710	6723	6732	6709	356′ 70	9′ 72	16
1872	5539	5598	5568	5513	5525	5530	5498	5434	5492	5476	5388	5431	5451	5529	5512	5536	5507	5491	5576	5498	5461	5494	5535	5481	10′ 72	3′ 73	15
1873	5033	5049	5054	5021	5010	4959	4982	4979	4913	4912	4909	4930	4923	4960	4974	4958	4985	4921	4980	4965	4946	4944	4953	5035	4′ 73	363′ 73	15
1874	4405	4371	4367	4346	4371	4394	4347	4357	4375	4431	4366	4328	4303	4314	4315	4329	4288	4328	4359	4351	4395	4400	4311	4300	364′ 73	358′ 74	15
1875	3241	3195	3238	3178	3238	3246	3237	3220	3194	3232	3244	3255	3235	3202	3228	3170	3192	3174	3169	3188	3204	3203	3172	3132	359′ 74	353′ 75	15
1876	2638	2590	2609	2577	2582	2612	2627	2600	2579	2605	2548	2544	2580	2519	2537	2503	2523	2485	2471	2478	2471	2481	2496	2479	354′ 75	6′ 77	16
1877	8601	8592	8593	8619	8602	8587	8574	8539	8531	8516	8561	8539	8545	8587	8562	8590	8571	8581	8572	8530	8531	8585	8551	8545	7′ 77	1′ 78	15
1878	7547	7536	7541	7531	7487	7499	7493	7501	7488	7476	7452	7467	7431	7426	7460	7441	7419	7444	7498	7475	7497	7457	7454	7460	2′ 78	361′ 78	15
1879	6107	6115	6129	6122	6137	6116	6155	6181	6178	6147	6149	6123	6122	6124	6111	6197	6039	6072	6050	6032	6070	6034	6040	6031	362′ 78	356′ 79	15
1880	4987	4942	4925	4952	4941	4925	4924	4949	4952	4916	4891	4899	4914	4893	4919	4905	4981	4874	4921	4888	4887	4886	4886	4892	357′ 79	351′ 80	15
1881	4379	4398	4423	4405	4363	4379	4381	4372	4362	4373	4363	4393	4366	4333	4327	4299	4306	4328	4343	4290	4318	4318	4317	4344	352′ 79	4′ 82	16
1882	3362	3390	3373	3410	3414	3404	3378	3389	3328	3307	3358	3325	3314	3321	3326	3330	3333	3309	3300	3295	3282	3325	3320	3324	5′ 82	364′ 82	15
1883	2311	2274	2294	2287	2269	2267	2307	2304	2238	2278	2241	2278	2259	2250	2155	2227	2263	2233	2152	2289	2278	2291	2248	2213	365′ 82	359′ 83	15
1884	1193	1230	1232	1175	1198	1204	1186	1155	1189	1168	1171	1178	1152	1144	1141	1166	1137	1141	1116	1143	1148	1103	1138	1130	360′ 83	354′ 84	15
1885	3325	3341	3347	3315	3347	3321	3317	3344	3348	3304	3321	3350	3353	3342	3321	3313	3278	3239	3257	3212	3225	3293	3270	3244	355′ 84	348′ 85	15
1886	8763	8764	8803	8770	8768	8720	8756	8767	8759	8815	8740	8785	8745	8743	8720	8757	8683	8724	8734	8733	8707	8730	8670	8704	349′ 85	2′ 87	16
1887	7337	7413	7373	7349	7387	7369	7411	7401	7412	7421	7408	7395	7390	7355	7352	7331	7352	7292	7342	7275	7318	7290	7338	7300	3′ 87	362′ 87	15
1888	6100	6072	6090	6060	6067	6038	6065	6071	6104	6108	6075	6067	6085	6062	6088	6079	6056	6053	6036	6039	6040	6052	6065	6049	363′ 87	357′ 88	15
1889	5272	5264	5280	5239	5251	5337	5273	5258	5254	5241	5260	5263	5246	5239	5265	5238	5280	5216	5242	5233	5239	5233	5185	5209	358′ 88	351′ 89	15
1890	4614	4647	4616	4651	4602	4594	4595	4613	4510	4598	4579	4631	4604	4595	4583	4565	4584	4576	4553	4565	4550	4550	4579	4536	352′ 89	5′ 91	16
1891	3537	3536	3611	3523	3516	3460	3479	3466	3489	3503	3518	3501	3519	3533	3522	3531	3500	3494	3464	3478	3485	3441	3456	3455	6′ 91	365′ 91	15
1892	2696	2637	2649	2647	2674	2612	2627	2607	2688	2624	2613	2594	2549	2595	2599	2624	2593	2582	2559	2567	2556	2580	2619	2616	1′ 92	360′ 92	15
1893	1771	1759	1731	1759	1753	1783	1759	1753	1783	1723	1741	1755	1748	1751	1745	1719	1689	1684	1684	1701	1744	1715	1673	1698	361′ 92	354′ 93	15
Sums	7214	7185	7238	6916	6961	6757	6739	6729	6497	6457	6254	6370	6153	6126	6084	6098	5704	5438	5652	5543	5651	5682	5506	5455			

Table II.

No. of days in Period	1	2	3	4	5	6	7	8	9	10	11	12	13	14	15	16	17	18	19	20	21	22	23	24	25	26	27	28	29	30
24	2214	2185	2238	1916	1961	1757	1739	1729	1497	1457	1254	1370	1153	1126	1084	1098	704	438	652	543	651	682	506	455						
25	2387	2103	2100	1890	1731	1849	1809	1788	1598	1431	1531	1492	1258	1396	1433	1245	887	851	873	601	986	795	582	601	388					
26	1736	1748	1948	1533	1572	1437	1393	1600	1348	1214	1288	1276	1040	881	883	946	1026	898	969	903	735	605	543	503	488	252				
27	1962	1747	1672	1655	1366	1297	1078	1086	990	1208	1098	1161	1154	1005	936	604	771	798	718	583	610	372	351	339	381	129	229			
28	1776	1699	1771	1933	1732	1645	1717	1474	1495	1457	1315	1086	1285	1015	902	820	688	648	840	802	527	608	329	362	175	180	232	185		
29	2121	2121	2145	1859	1980	1899	1941	1716	1587	1549	1522	1436	1379	1032	1222	1227	1176	1014	1143	1063	850	817	772	857	763	671	539	394	513	
30	2302	2297	2247	2119	2090	2071	2014	1976	2149	1901	1904	1774	1683	1613	1915	1685	1557	1522	1886	1563	1499	1347	1136	1229	1010	1008	748	878	709	585

Table III.

No. of days in Period	1	2	3	4	5	6	7	8	9	10	11	12	13	14	15	16	17	18	19	20	21	22	23	24	25	26	27	28	29	30
24	2214	2260	2388	2141	2261	2132	2189	2254	2097	2132	2004	2195	2053	2101	2134	2223	1904	1713	2002	1968	2151	2257	2156	2175						
25	2387	2175	2244	2106	2019	2209	2241	2292	2174	2079	2251	2284	2122	2332	2441	2325	2039	2075	2169	1969	2426	2307	2166	2257	2116					
26	736	817	1086	741	849	783	808	1084	902	837	980	1037	870	781	852	984	1133	1074	1215	1218	1119	1058	1065	1095	1149	982				
27	962	814	805	855	633	630	478	553	523	808	765	894	954	872	869	604	838	931	918	850	943	772	818	872	981	796	962			
28	776	763	900	1126	989	967	1103	924	1009	1036	958	793	1057	851	802	878	717	741	997	1024	813	958	744	841	718	788	904	921		
29	1183	1245	1331	1107	1291	1272	1376	1413	1146	1170	1205	1181	1186	901	1154	1221	1232	1132	1323	1305	1154	1183	1200	1347	1316	1286	1216	1133	1314	
30	302	357	367	299	330	371	374	396	629	441	504	434	403	393	755	585	517	542	966	703	699	607	456	609	450	508	308	498	389	325

Table III. gives the figures so corrected, and these were plotted down on a suitable scale, and curves drawn, joining the ordinates by straight lines. The Fourier coefficients were obtained by means of Coradi's Harmonic Analyser, belonging to the City Guilds of London Institute, which Prof. O. Henrici kindly placed at the disposal of his assistant Mr H. Klugh for the purpose.

Table IV. gives the values of the coefficients of the series

$$a_1 \cos \kappa t + a_2 \cos 2\kappa t + \dots\dots$$
$$+ b_1 \sin \kappa t + b_2 \sin 2\kappa t + \dots\dots$$

TABLE IV.

Days in Period	a_1	b_1	a_2	b_2	a_3	b_3	a_4	b_4	a_5	b_5	No. of Periods
24	+ 7·52	+ 8·92	+ 6·48	+ 0·08	− 2·32	− 4·48	− 3·32	+ 5·44	+ 1·24	+ 3·08	380
25	− 0·80	− 0·96	+ 4·44	− 2·76	− 3·04	− 4·00	+ 3·68	+ 6·48	+ 4·04	+ 1·76	365
26	− 0·68	− 13·08	− 6·60	− 3·16	+ 3·92	+ 0·24	− 3·44	− 2·16	− 3·36	+ 1·92	351
27	+ 0·44	− 11·20	+ 8·76	− 2·88	+ 3·44	+ 6·28	− 3·08	− 3·72	− 1·16	+ 1·16	338
28	+ 0·04	+ 8·36	− 5·96	+ 2·56	+ 2·16	+ 1·96	− 1·52	− 5·28	− 3·08	− 0·20	326
29	+ 4·68	− 0·52	− 4·56	+ 2·96	− 1·28	− 3·40	− 0·56	+ 1·88	+ 3·96	+ 1·08	314
30	− 13·64	− 8·00	− 2·36	+ 4·64	+ 2·16	− 4·12	− 0·20	+ 0·80	− 0·96	+ 3·52	304

To obtain comparable figures a further reduction is necessary. The number of rows included in Table III. and indicated in the last column of Table IV. differs according to the period, being larger for the shorter periods. If Fourier's analysis had been applied to the original series of numbers made up of the actual observed values of declination, the factors obtained would have been smaller than those given in Table III. in proportion of the number of periods included. It is not necessary to perform the division for each coefficient separately, as the ordinates of the Periodograph depend only on the square of the amplitude, viz. $r_1^2 = a_1^2 + b_1^2$; $r_2^2 = a_2^2 + b_2^2$; etc. Table V. gives the reduced squares R_1^2, R_2^2, which correspond to R^2 in (2), τ being the 1st of January, 1869, T the number given in the first column of Table V., and n the number given in the last column of Table III.

It is seen that the values of R^2 are subject to considerable variations, R_1^2 being for instance more than 100 times larger for the 26 day period than for the 25 day period. According to the reasoning uniformly employed by previous investigators, this would prove a real existence of the 26 day period, but the theory of probability shews that such variations are not more than we should expect. Assuming the ordinates of the Periodograph to vary uniformly between the periods of 24 and 30 days, we obtain, by taking the mean of the columns of Table V., the ordinate S^2 of the Periodograph corresponding to a period of 27 days. The value of S, or the amplitude of mean square, *i.e.* the square root of the expectancy of R_1^2, is thus found to be 0′·0317 (see Table V.). This therefore is the order of magnitude we should expect for the amplitude,

TABLE V.

Days in Period	R_1^2	R_2^2	R_3^2	R_4^2	R_5^2
24	946·9 × 10⁻⁶	290·7 × 10⁻⁶	176·5 × 10⁻⁶	281·9 × 10⁻⁶	76·5 × 10⁻⁶
25	11·7	205·1	189·6	416·4	146·0
26	1392·4	434·5	125·3	134·2	121·7
27	1099·7	744·3	448·7	204·2	23·5
28	657·6	396·2	80·2	284·4	89·8
29	225·0	299·9	133·8	39·0	171·1
30	2705·8	293·3	234·0	7·4	143·9
Mean (S^2) =	1005·6 × 10⁻⁶	380·6 × 10⁻⁶	198·3 × 10⁻⁶	195·4 × 10⁻⁶	110·4 × 10⁻⁶
S =	0′·0317	0′·0195	0′·0141	0′·0140	0′·0105

if Fourier's analysis is applied to a record of 25 years of Greenwich declination, the period being in the neighbourhood of 27 days. As the expectancy of amplitude varies inversely with the square root of the time-interval, the expectancy of amplitude is as great as 0′·1585 for a single year's record.

The ordinates of the Periodograph may be obtained in another way, agreeing more closely with the theoretical definition given on page 108. If each of the rows of Table I. is separately treated by Fourier's analysis, and the coefficients afterwards are divided by the number of periods included in each row, we obtain the amplitude of the 24 day period for each year; the mean square of this amplitude is the ordinate of the periodograph for the interval of one year. It was considered sufficient to confine this method of treatment to the 26 and 27 day periods. If Fourier's series is put into the form

$$r_1 \cos(\kappa t - \phi_1) + r_2 \cos(2\kappa t - \phi_2) + \ldots\ldots,$$

Table VI. gives the values of r_1^2, r_2^2 ...... r_5^2 for the 26 day period, Table VII. the same values for the 27 day period, and Table VIII. the angles ϕ_1 and ϕ_2 for the same periods.

TABLE VI. 26 DAY PERIOD.

Year	r_1^2	r_2^2	r_3^2	r_4^2	r_5^2	No. of Periods
1869	10·574	3·480	1·116	0·122	0·930	14
1870	1·082	1·478	1·150	0·824	0·580	14
1871	1·992	4·526	1·682	2·497	0·284	14
1872	13·744	4·802	0·268	0·128	2·401	14
1873	12·109	0·603	0·404	3·803	0·716	14
1874	8·488	0·601	1·892	0·504	0·213	14
1875	3·624	0·284	1·016	0·678	0·692	14
1876	4·004	2·511	2·949	0·771	1·604	14
1877	1·297	2·339	2·180	0·569	0·008	14
1878	1·758	0·328	0·811	0·216	0·179	14
1879	5·673	0·578	0·433	0·876	0·194	14
1880	1·403	0·305	1·151	0·265	1·300	15
1881	2·448	1·504	0·392	0·216	0·149	14
1882	7·092	2·932	0·014	0·532	0·005	14
1883	2·500	2·938	0·758	1·341	0·190	14
1884	3·379	0·437	0·464	1·386	0·052	14
1885	0·315	2·512	0·041	0·592	1·632	14
1886	3·118	1·850	0·503	0·116	1·182	14
1887	4·180	4·640	1·638	0·763	0·058	14
1888	1·946	2·269	1·550	0·847	1·847	14
1889	2·064	2·694	0·354	0·184	0·029	14
1890	1·790	0·240	0·573	0·531	0·834	14
1891	0·715	0·090	0·303	0·132	0·382	14
1892	0·784	1·271	0·784	2·726	0·754	14
1893	9·143	9·541	0·362	0·583	0·471	14

TABLE VII. 27 DAY PERIOD.

Year	r_1^2	r_2^2	r_3^2	r_4^2	r_5^2	No. of Periods
1869	3·667	0·923	1·205	0·457	0 339	13
1870	13·875	4·326	3·968	1·375	1·800	14
1871	18·320	1·181	1·978	1·071	0·301	13
1872	22·859	1·256	0·447	0·113	0·088	14
1873	3·963	6·470	0·708	2·609	1·871	13
1874	5·044	1·073	1·260	1·330	2·624	14
1875	0·440	0·743	0·008	0·951	1·404	13
1876	5·297	0·473	3·910	2·403	0·092	14
1877	0·673	0·548	0·105	0·509	0·148	14
1878	5·264	0·192	0·142	1·823	0·709	13
1879	2·078	0·016	0·227	0·036	0·142	14
1880	5·722	0·794	1·456	0·269	0·331	13
1881	2·258	3·589	2·960	2·662	0·305	14
1882	12·857	1·561	0·693	0·163	0·146	13
1883	2·198	2·844	0·155	1·992	0·680	14
1884	4·348	1·619	0·098	0·875	1·060	13
1885	1·190	0·519	0·816	0·009	1·657	14
1886	8·555	1·403	0·094	1·567	0·062	13
1887	4·692	0·167	0·560	0·685	0·033	14
1888	1·742	0·004	0·268	1·079	0·427	14
1889	1·270	2·347	0·804	0·270	1·116	13
1890	1·396	1·074	0·373	1·038	0·211	14
1891	6·548	0·710	0·536	0·715	0·591	13
1892	5·177	1·177	3·533	0·307	0·035	14
1893	14·654	3·059	0·908	0·252	1·190	13

TABLE VIII.

Year	Period of 26 Days		Period of 27 Days		Period of 26 Days		Period of 27 Days	
	ϕ_1	ϕ_2	ϕ_1	ϕ_2	r_1	r_2	r_1	r_2
1869	73°	155°	354°	318°	3·25	1·87	1·92	·96
1870	271	354	56	280	1·04	1·21	3·72	2·08
1871	293	275	141	51	1·41	2·13	4·28	1·09
1872	257	201	297	303	3·71	2·19	4·78	1·12
1873	253	263	289	268	3·48	0·75	1·99	2·54
1874	250	349	280	143	2·91	0·75	2·25	1·03
1875	261	193	135	70	1·90	0·53	·66	0·86
1876	135	43	84	338	2·00	1·58	2·30	0·69
1877	253	158	226	271	1·14	1·53	·82	0·74
1878	30	133	78	115	1·33	0·57	2·29	0·14
1879	51	89	151	251	2·38	0·76	1·44	0·13
1880	7	344	317	298	1·18	0·55	2·39	0·89
1881	238	55	110	346	1·57	1·23	1·50	1·90
1882	283	294	261	133	2·66	1·71	3·59	1·25
1883	67	356	267	34	1·58	1·71	1·48	1·69
1884	163	177	221	267	1·84	0·66	2·09	1·27
1885	87	110	238	245	0·56	1·58	1·09	0·72
1886	185	290	198	297	1·79	1·36	2·93	1·18
1887	31	233	126	54	2·04	2·15	2·17	0·41
1888	290	134	258	45	1·40	1·51	1·32	0·06
1889	51	288	161	342	1·44	1·64	1·13	1·53
1890	287	359	272	49	1·34	0·49	1·18	1·03
1891	208	206	266	153	0·85	0·30	2·56	0·84
1892	64	249	350	350	0·89	1·13	2·28	1·09
1893	233	211	310	65	3·02	3·09	3·83	1·75

The number n of periods included in each row of figures is given in these Tables, and if S^2 in accordance with the previous notation represents the expectancy of the square of amplitude:

$$S^2 = \frac{1}{25} \Sigma \frac{r^3}{n^2}.$$

The values of S^2 found in this way are entered in Table IX., the last column giving the average of the two values found for the 26 and 27 day periods respectively.

TABLE IX.

Amplitude of Periodogram for interval of one year.

(The unit is the square of one minute of arc.)

Period in Days	S^2	Period in Days	S^2	Average of two Periods
26 ÷ 1	·02147	27 ÷ 1	·03145	·026460
26 ÷ 2	·01117	27 ÷ 2	·00777	·009471
26 ÷ 3	·00462	27 ÷ 3	·00583	·005225
26 ÷ 4	·00432	27 ÷ 4	·00537	·004846
26 ÷ 5	·00337	27 ÷ 5	·00384	·003606

According to the theory founded on the laws of probability the values of S^2 for the one year interval should be 25 times greater than for the 25 years interval, and we may obtain an important confirmation of the theory by the comparison given in Table X.

TABLE X.

Period in Days	Ordinate of P. G. for one year	Ordinate of P. G. for 25 years	Ratio	Final Mean	Secular Variation
27	26460×10^{-6}	1006×10^{-6}	26·3	1052×10^{-6}	28704×10^{-6}
13·5	9471	381	24·9	379	7176
9	5225	198	26·4	208	3189
6·75	4846	195	24·8	192	1794
5·4	3606	110	32·7	139	1148

between the values of S^2 which have been found from the 25 years curves (Table V.)

and those just deduced for the shorter interval. The latter being the mean of values obtained for the 26 and 27 day periods should, strictly speaking, be put down as belonging to a period of 26·5 days, but for our purpose it is sufficient to neglect the difference of half-a-day. Considering that the value of S^2 for the 25 years interval represents the mean of only seven values, the approximation of the ratio of the numbers given for the intervals of 25 years and one year respectively to the theoretical number 25 is very remarkable.

Incidentally this agreement shews that the secular variation has been eliminated sufficiently to leave no appreciable effect on the Periodogram. The last column of Table X. gives the ordinates of the P. G. for a uniform progressive change of 7′·2 per minute. The original uncorrected figures would have given, according to our previous deductions (Cases 2 and 3), values for the P. G. made up of the sums of Columns VI. and II. or III. respectively, and the ratios of these sums would have been widely different from 25. Further consideration of the figures shews that, while possibly a small change in the assumed value of the secular variation would have brought the numbers of Column IV. into still nearer agreement with the theoretical number, such a change would amount to less than a percent., and would be quite uncertain.

The surface of the Periodogram having been determined with sufficient accuracy for periods varying between 5 and 27 days, it seemed desirable to extend the investigation

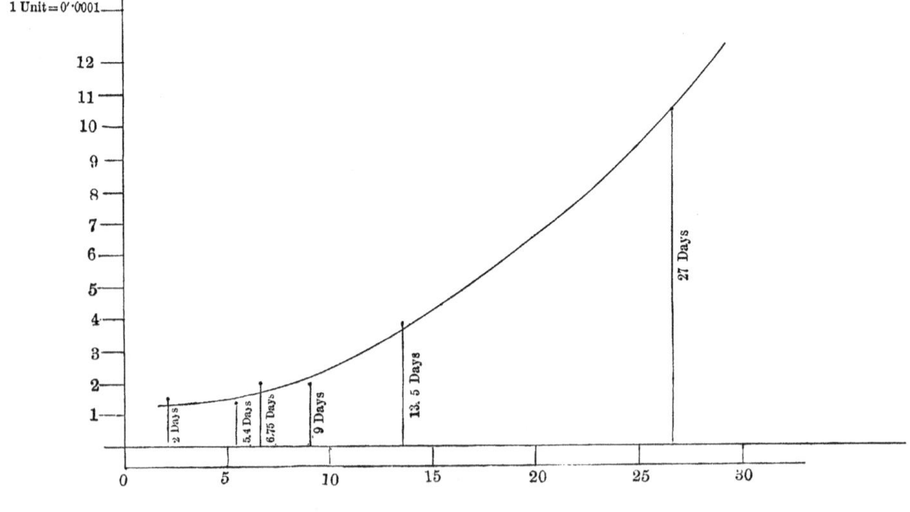

Fig. 1.

to shorter and longer periods. The calculation for a period of 2 days gave very little trouble. If the alternate numbers in each of the rows of Table I. are added together, and the differences of these sums are taken, we obtain numbers which, after division by the proper factor, give the Fourier coefficients. The average square of amplitude for the year was found to be ·003460 and this has to be divided by 25 to get the ordinate of the periodograph for the 25 years interval. The number $138{\cdot}4 \times 10^{-6}$ so obtained is almost identical with that previously found for the 5·4 day period, which tends to shew that for short periods the expectancy of a Fourier coefficient is independent of the period. Fig. 1 gives the shape of the Periodogram for periods up to 30 days. The vertical ordinates give the heights actually determined, while the curve is drawn continuously so as to pass nearly through these points.

For longer periods the monthly averages, as published in the Greenwich records, served as basis of calculation. To obtain the coefficient of the annual period, the interval of 25 years was divided into 5 groups of 5 years, and the harmonic analysis was applied to each of these 5 groups. The average square of amplitude then gave the ordinate of the Periodograph for a range of 5 years, which has to be divided by 5 in order to reduce it to our normal interval of 25 years.

Periods of 11 and 13 months were treated similarly and the coefficients obtained for 5 groups of 55 months and 4 groups of 65 months. The average squares of amplitude have in these cases to be divided by 60/11 and 60/13 to reduce to the normal interval. The results are given in Table XI., and it will be noticed that the Periodogram continues to increase rapidly with increasing lengths of period. The conclusion we must draw from the curve in Fig. 1 and the figures of Table XI. is, that the causes which produce the variations of declination are on the whole persistent in character, so that the variations of short periods have on the average a much smaller amplitude than those of longer periods.

TABLE XI.

Period in Months	S_1^2	S_2^2	S_3^2	S_4^2	S_5^2
11	·04591	·00475	·00158	·00079	·00054
12	·08828	·01610	·00842	·00287	·00218
13	·09344	·01082	·00891	·00237	00196
Average	·07588	·01055	·00630	·00201	·00156
Period in Months	12	6	4	3	$2\frac{1}{4}$

IV. APPLICATION OF THE THEORY OF PROBABILITY.

In a previous paper* I have applied the theory of probability to the solution of the question whether the value of any particular coefficient of Fourier's series indicates

* *Terrestrial Magnetism*, Vol. III. p. 13.

a true periodicity or may be accounted for by purely accidental causes. The principal results arrived at may be shortly stated here, as far as they concern the present discussion.

The average daily value of magnetic declination, leaving the secular variation out of account, oscillates round some average value. If β is the difference between any observed value and its average, there will be some function $f(\beta)$ such that $f(\beta)\,d\beta$ will represent the number of cases in which the value lies between β and $\beta + d\beta$; for instance, if the ordinary law of errors holds, the number of cases in which the deviation from the average lies between β and $\beta + d\beta$ will be $\frac{2hN}{\sqrt{\pi}} e^{-h^2\beta^2}\,d\beta$, where h is a constant and N the total number of days considered. In this case it is found that the probability that the Fourier coefficient of any particular period lies between ρ and $\rho + d\rho$ is

$$Nh^2 e^{-\frac{1}{2}Nh^2\rho^2}\,\rho\,d\rho.$$

This expression holds on the assumption that the values on successive days are entirely independent of each other.

The expectancy (E) of the square of Fourier's coefficient is in that case

$$\int_0^\infty \rho^2 \,.\, Nh^2 e^{-\frac{1}{2}Nh^2\rho^2}\,\rho\,d\rho = \frac{2}{Nh^2},$$

and the probability that ρ^2 should exceed a value κE is simply $e^{-\kappa}$. This latter expression still holds when the law of distribution is not that of errors, and even if the successive daily values are not independent of each other, as is *e.g.* the case when the causes which produce the deviations from the average persist for several days. In the last case the expectancy must be obtained by trial, the mean square of the Fourier coefficients being taken. This expectancy, which according to our definition is the ordinate of the periodograph, should serve as the basis of any attempt to discover real periodicities, and Table XII. will give at once the probability that a coefficient of the Fourier series is due to a periodic cause and not to accident. If for instance the square of a coefficient has been found to be equal to about twice the expectancy, we obtain by the Table the value of $e^{-\kappa}$ for $\kappa = 2$ as ·135, which means that in one case out of about seven, accidental circumstances will cause the coefficient to be even greater than this, and therefore no conclusion can be drawn as to a real periodicity.

When the square of amplitude which for shortness we may call the "intensity" amounts to about 12 times the expectancy, the probability of mere chance is only one in 200,000 and we may then begin to be fairly certain of a real effect, or if we are satisfied with a probability of one in 1000, we may begin to count effects as probably real when the intensity becomes equal to about 7 times the expectancy.

We may follow the theory of probability a little further in another direction; the expectancy has in most cases to be determined by trial, and for this purpose the mean of a certain number of calculated intensities is taken. The question arises how many such numbers must be combined in order to obtain a sufficiently approximate value for the expectancy.

TABLE XII.

κ	$e^{-\kappa}$	κ	$e^{-\kappa}$
·05	·9512	6	$2{\cdot}48 \times 10^{-3}$
·10	·9048	8	$3{\cdot}35 \times 10^{-4}$
·20	·8187	10	$4{\cdot}54 \times 10^{-5}$
·40	·6703	12	$6{\cdot}14 \times 10^{-6}$
·60	·5488	14	$8{\cdot}32 \times 10^{-7}$
·80	·4493	16	$1{\cdot}13 \times 10^{-7}$
1·00	·3679	18	$1{\cdot}52 \times 10^{-8}$
1·50	·2231	20	$2{\cdot}06 \times 10^{-9}$
2·00	·1353	25	$1{\cdot}39 \times 10^{-11}$
3·00	·0498	30	$9{\cdot}36 \times 10^{-14}$
4·00	·0183	40	$4{\cdot}25 \times 10^{-18}$
5·00	·00674	50	$\cdot 2 \times 10^{-22}$

To calculate the probability with which an average of a finite number of cases approaches the expectancy, we take two quantities such that the probability of either exceeding a certain value κE is given by $e^{-\kappa}$ and find the probability that their sum exceeds $2pE$. If the first lies between κE and $(\kappa + d\kappa) E$ the second must be greater than $(2p - \kappa) E$ as long as κ is smaller than $2p$, if greater the second may have any value. Hence the required probability becomes

$$e^{-2p} + \int_0^{2p} e^{-\kappa} e^{-(2p-\kappa)} d\kappa = e^{-2p} (1 + 2p).$$

By a repeated application of the same process it is found that if there are n quantities, the probability that their average exceeds κE is

$$e^{-n\kappa} \left[1 + n\kappa + \tfrac{1}{2} n^2 \kappa^2 + \frac{1}{2 \, . \, 3} n^3 \kappa^3 + \ldots + \frac{1}{(n-1)!} n^{n-1} \kappa^{n-1} \right],$$

which is equal to

$$\frac{n^n}{(n-1)!} \int_\kappa^\infty \kappa^{n-1} e^{-n\kappa} d\kappa,$$

so that the probability that the average of n values should lie between κE and $(\kappa + d\kappa) E$ is

$$\frac{n^n}{(n-1)!} \kappa^{n-1} e^{-n\kappa} \, d\kappa.$$

If n is large, we may simplify the numerical calculation by putting approximately according to Stirling's theorem

$$\log (n-1)! = (n - \tfrac{1}{2}) \log n - n + \tfrac{1}{2} \log 2\pi,$$

from which it follows that

$$\frac{n^n}{(n-1)!} = e^n \sqrt{\frac{n}{2\pi}}.$$

In order to illustrate the law according to which a gradually increasing number of intensities tends to approach the value of the expectancy, I have plotted in Fig. 2 the curve

$$y = \frac{n^n}{(n-1)!} x^{n-1} e^{-nx},$$

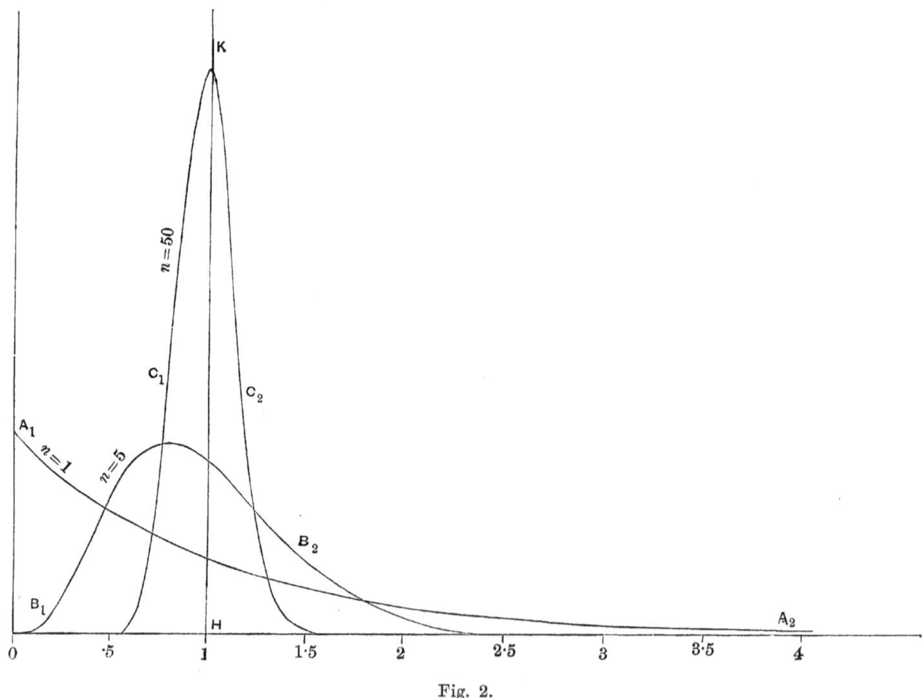

Fig. 2.

for the three cases that n equals one, five, or fifty; fifty being the number on which our Periodograph in the neighbourhood of the 26 day period rests.

The line HK gives the position of the expectancy, and the curve A_1A_2, which represents the case $n = 1$, shews how a single value of a Fourier coefficient generally does not give us even approximately the value of the expectancy. For $n = 5$, and still more for $n = 50$, the probability-curve approaches the line HK.

In the conclusions which we shall have to draw on the reality of periodicities much depends on the law of distribution of accidental Fourier coefficients. According to the theory the probability that the square of any coefficient exceeds κ times the expectancy is $e^{-\kappa}$; and although the theory rests on a sound basis, it is interesting to obtain an experimental verification.

The material collected for this investigation includes the Fourier coefficients of five terms for each of 25 years, for the 26 day and the 27 day period. Hence 250 separate values of amplitude have been obtained. For each of the five terms the average value of intensity gives the expectancy, and calculating the ratio of the intensity to the expectancy we find 250 values of κ. Table XIII. shews the comparison between the

TABLE XIII.

Range of κ	Calculated number of cases	Observed number of cases
Above 3	12·5	14
Between 2 and 3	21·4	25
,, 1·5 ,, 2	22·0	19
,, 1·0 ,, 1·5	36·2	32·5
,, ·8 ,, 1·0	20·4	20·5
,, ·6 ,, ·8	24·8	23
,, ·4 ,, ·6	30·4	27·5
,, ·2 ,, ·4	37·1	48·5
Under ·2	45·3	40
Altogether over 1	92·0	90·5
,, under 1	158·0	159·5

calculated distribution of these values of κ and that actually found, the agreement being very satisfactory. The fraction one-half appears in the column of observed values, because if the value of κ agreed to 2 decimal places with a limiting value, it was considered as being half-above and half-below that value. Thus $\kappa = ·60$ was entered as one-half into the compartment including the values of κ between ·6 and ·8, and as one-half into the compartment including the values of κ lying between ·4 and ·6.

V. CALCULATION OF AMPLITUDES IN SPECIAL CASES.

The Fourier coefficients having been calculated for the 26 and 27 day periods in each year, we are able to obtain the amplitudes for periods not differing too much from these values. To shew the process of calculation to be adopted for this purpose, let A_1, A_2, etc.; B_1, B_2, etc. be defined by the equations

$$A_1 = \int_0^{nT} f(t) \cos gt\,dt, \qquad A_2 = \int_{nT}^{2nT} f(t) \cos gt\,dt, \qquad A_m = \int_{(s-1)nT}^{snT} f(t) \cos gt\,dt,$$

$$B_1 = \int_0^{nT} f(t) \sin gt\,dt, \qquad B_2 = \int_{nT}^{2nT} f(t) \sin gt\,dt, \qquad B_m = \int_{(s-1)nT}^{snT} f(t) \sin gt\,dt,$$

where $g = 2\pi/T$.

It is required to find

$$a' = \frac{2}{pT'} \int_0^{pT'} f(t) \cos \kappa t\,dt, \qquad b' = \frac{2}{pT'} \int_0^{pT'} f(t) \sin \kappa t\,dt,$$

where $\kappa = 2\pi/T'$.

If κ and g do not differ much from each other we may put approximately

$$\int_{(m-1)nT}^{mnT} f(t) \cos \kappa t = \int_{(m-1)nT}^{mnT} f(t) \cos (gt + \alpha_m) = A_m \cos \alpha_m - B_m \sin \alpha_m \quad \text{..............(4).}$$

The greatest approach to equality is assured when the curves $\cos \kappa t$ and $\cos (gt + \alpha_m)$ are made to coincide as nearly as possible throughout the interval, and hence the phases should agree in the middle of the interval, so that for $t = (m - \tfrac{1}{2}) nT$, $\kappa t = gt + \alpha_m$.

This gives

$$\alpha_m = 2\pi \left(\frac{1}{T'} - \frac{1}{T}\right) (m - \tfrac{1}{2}) nT.$$

We may now put

$$\int_0^{snT} f(t) \cos \kappa t\,dt = \sum_{m=1}^{m=s} A_m \cos \alpha_m - \sum_{m=1}^{m=s} B_m \sin \alpha_m,$$

$$\int_0^{snT} f(t) \sin \kappa t\,dt = \sum_{m=1}^{m=s} A_m \sin \alpha_m + \sum_{m=1}^{m=s} B_m \cos \alpha_m.$$

The coefficients which we suppose to have been calculated are

$$a_1 = \frac{2}{nT} A_1, \qquad b_1 = \frac{2}{nT} B_1, \quad \text{etc.,}$$

so that

$$\frac{2}{snT} \int_0^{snT} f(t) \cos \kappa t\,dt = \frac{1}{s} \Sigma (a_m \cos \alpha_m - b_m \sin \alpha_m).$$

If $snT=pT'$ and p is an integer, the left-hand side would represent the coefficient of period T' obtained by analysing the record of p successive periods. If p is not an integer we may still take this to be approximately the case if sn is large, for we may always put

$$\int_0^{snT} f(t)\cos\kappa t\,dt=\int_0^{pT'} f(t)\cos\kappa t\,dt+\int_{pT'}^{(p+\epsilon)T'} f(t)\cos\kappa t\,dt\quad\text{.....................(5)},$$

p being the nearest integral to sn, and ϵ a fraction. The second integral will be small compared to the first, if the first includes a large number of periods.

We have therefore finally for the required coefficients a' and b'

$$\left.\begin{aligned}a'&=\frac{nT}{pT'}\sum_{m=1}^{m=s}(a_m\cos\alpha_m-b_m\sin\alpha_m)=\frac{nT}{pT'}\Sigma r_m\cos(\alpha_m+\phi_m),\\ b'&=\frac{nT}{pT'}\sum_{m=1}^{m=s}(a_m\sin\alpha_m+b_m\cos\alpha_m)=\frac{nT}{pT'}\Sigma r_m\sin(\alpha_m+\phi_m),\end{aligned}\right\}\quad\text{...........(6)},$$

where $a_m=r_m\cos\phi_m$, $b_m=r_m\sin\phi_m$.

The fraction nT/pT' may generally be taken to be equal to $1/s$.

The values of α are those given above, so that

$$\alpha_1=\pi n\frac{T-T'}{T'},\qquad \alpha_2=3\pi n\frac{T-T'}{T'},\qquad \alpha_m=(2m-1)\,\pi n\,\frac{T-T'}{T'}\quad\text{..............(7)}.$$

It remains to be shewn what error has been introduced by the assumed equality (4) and the neglect of the second integral of (5). For this purpose we imagine the function $f(t)$ to be accurately represented by $\cos\kappa t$, so that

$$A_m=\int_{(m-1)nT}^{mnT}\cos\kappa t\cos gt\,dt=\frac{2\kappa}{\kappa^2-g^2}\sin\frac{\kappa nT}{2}\cos\kappa\,(m-\tfrac{1}{2})\,nT,$$

and as

$$\alpha_m=(\kappa-g)\,(m-\tfrac{1}{2})\,nT,$$

$$A_m=\pm\frac{2\kappa}{\kappa^2-g^2}\sin\tfrac{1}{2}\kappa nT\cos\alpha_m,$$

where the lower sign is taken when n is odd.

Similarly

$$B_m=\mp\frac{2g}{\kappa^2-g^2}\sin\tfrac{1}{2}\kappa nT\sin\alpha_m.$$

By substitution it follows that, using equations (6),

$$\begin{aligned}a'&=\frac{2}{pT'}\,\frac{2}{\kappa^2-g^2}\sin\tfrac{1}{2}\kappa nT\,\Sigma\,(\kappa\cos^2\alpha_m+g\sin^2\alpha_m)\\ &=\frac{2}{pT'}\,\frac{1}{\kappa^2-g^2}\sin\tfrac{1}{2}\kappa nT\,\Sigma\,\{(\kappa+g)+(\kappa-g)\cos 2\alpha_m\},\end{aligned}$$

or writing
$$\gamma = \frac{\kappa - g}{2} nT,$$

$$a' = \frac{nT}{pT'} \frac{\sin \gamma}{\gamma} \left\{ s + \Sigma \frac{\kappa - g}{\kappa + g} \cos 2\alpha_m \right\}.$$

Similarly
$$b' = \frac{nT}{pT'} \frac{\sin \gamma}{\gamma} \Sigma \frac{\kappa - g}{\kappa + g} \sin 2\alpha_m.$$

The factor $\sin \gamma/\gamma$ only having appreciable values when γ is small, the value of $\frac{\kappa - g}{\kappa + g}$ will be small compared to unity, hence the sum of s terms containing that factor will be small compared to s. This reduces the coefficients to

$$a' = \frac{nsT}{pT'} \frac{\sin \gamma}{\gamma}.$$

p is defined as the nearest integer to nsT/T', and as ns, the total number of periods included, was about 350 in the cases to which the above investigation will be applied, we may with sufficient accuracy write

$$a' = \frac{\sin \gamma}{\gamma}.$$

The original function investigated $\cos \kappa t$, having unit amplitude, it is seen that the approximate method of calculation gives an amplitude which is reduced in the ratio $\sin \gamma/\gamma$ or an intensity reduced in the ratio $\sin^2 \gamma/\gamma^2$.

A Table of $\sin^2 \gamma/\gamma^2$ is given in Mascart's *Optique*, Vol. I., p. 324, from which it appears that as γ takes the values 15°, 30°, 45°, 60°, the function becomes ·977; ·912; ·811; ·684. If it is simply desired to decide whether a period is real or accidental, the intensity need not be accurately known, and we may allow ourselves considerable latitude therefore in the value of γ. If we fix the extreme value of that angle as 45° which means a reduction of intensity of about 20 °/₀, we obtain a relation between T and T', for in that case

$$\gamma = \pi n \frac{T - T'}{T'} < \pm \frac{\pi}{4},$$

or
$$\frac{T - T'}{T'} < \pm \frac{1}{4n}.$$

If T is 26 days, and $n = 14$, there being 14 periods of 26 days in the year, we find that by the method indicated all amplitudes may be calculated which lie between 25·54 and 26·47 days. If the coefficients of the 26 day and 27 day periods are known for each year we shall be able to calculate those of all intermediate periods with sufficient accuracy, for the extreme reduction in amplitude when $T - T' = \frac{1}{2}$ day will be ·789, and it is only when the intensity comes very near the point at which it is difficult to distinguish between real and accidental periods that this reduction will make a material difference.

VI. Numerical Applications.

Some investigators have come to the conclusion that several meteorological and magnetic phenomena shew a periodicity having a time not far different from 26 days and, not uncommonly, this period is supposed to be connected with solar rotation. I proceed to apply the methods of this paper to test the reality of this period. Hornstein*, on the strength of the declination records for Prague, assigns to it an amplitude of ·7 minute of arc or an intensity of ·5. Such an intensity would be equal to 500 times the expectancy, if an interval of 25 years is submitted to examination; and if real and approaching Hornstein's value in magnitude, it should stand out above the accidental periods to such a degree that every doubt would be removed. Adolph Schmidt† was led by a discussion of Hornstein's results to a duration of 25·87 days as being the most probable periodic time, while von Bezold finds a slightly shorter period for the frequency of thunder-storms.

More recently Professors Eckholm and Arrhenius‡ have published a paper in which a periodicity of 25·929 is put forward as probable or even proved. As opposed to these investigators Professor Frank H. Bigelow gave a considerably longer time (26·68 days) to the periodicity and has endeavoured to shew that it exists in many meteorological phenomena.

To shew whether the Greenwich records confirm or disprove these results, it is necessary to calculate the intensities for each periodic time, and its corresponding half period. This I have done, the results being collected in the first section of Table XIV.

Table XIV.

Period	Square of Amplitude	κ	Semi-period	Square of Amplitude	κ
25·87	·001001	·95	12·935	·000316	·83
25·929	·001027	·93	12·965	·000200	·55
26·68	·000242	·23	13·340	·000132	·35
25·809	·006168	5·86	12·905	·001060	2·80
25·825	·004182	4·07	12·913	·001286	3·39
26·181	·001144	1·09			
26·255	·001081	1·04			
26·814	·005936	5·64			
27·061	·002943	2·80			

* *Wiener Ber.* LXIV. p. 62 (1871).

† *Ibid.* XCVI. p. 989 (1887).

‡ *Kongl. Svenska. Akad.* Vol. XXXI. No. 3 (1898).

The column headed κ gives the ratio of the intensity (square of amplitude) to the expectancy; and there is a remarkable unanimity in the smallness of this factor, shewing that the amplitudes are even less than the average amplitudes calculated on the theory of chance. This result must definitely disprove Prof. Eckholm and Arrhenius' period of 25·929, as well as that of Bigelow, as far as the Greenwich records of declination are concerned.

The interval of 25 years which forms the basis of this investigation is, however, so long that unless the periodic time is very accurately known beforehand, the existence of the periodicity may escape attention. Hornstein's investigations, as treated by Schmidt, do not claim any great accuracy, and a period of say 25·84 days might give a large amplitude. In other words, we can only say that there is no periodicity having a length between about 25·86 and 25·88 days, but a further investigation is necessary if the possibility of an error of more than ·01 day in Schmidt's value is admitted. Both Bigelow and Eckholm and Arrhenius claim to have fixed their period to three places of decimals and our result must be considered as conclusive against them.

In order to be certain that no periodicity of sufficient magnitude has remained unnoticed the investigation was extended in the following way.

A diagram was prepared (Plate I.) in which the phases of the 26 day period, as they are given in Table VIII. for each year, are measured off as ordinates in equidistant vertical lines which represent successive years. If there is a period in the neighbourhood of 26 days which has a large amplitude, the points representing the phases should group themselves more or less round a straight line and from the inclination of the straight lines we may calculate the length of the period giving the increased amplitude. In order to include possible periods which may differ as much as ·5 from 26 days, the diagram must be repeated three or four times so as to admit a phase variation of several revolutions of a circle. Thus for the first year the phase was 73° and a point is marked on the diagram, not only on the horizontal line corresponding to 73° but also on that of 433°, 793° and 1153°, all differing by 360°. In order to be able to give more weight to those years in which the amplitude is great, the points are marked differently according as the amplitude is great, intermediate or small. The manner of marking is best seen on the Plate. If the eye is suddenly moved towards the Plate so as to obtain a general view of the grouping of points, I think there will be no doubt that these shew a decided tendency to group round a straight line marked A_1A_2. To bring the phases of the points which lie along this line into agreement the phase of the 25th year which is 593° must become equal to that of the 5th year which is 1333°. This gives a shift of phase of 37° per year. To obtain the period corrected so as to bring the phases into agreement we may use equation (7), putting

$$\alpha_m - \alpha_{m-1} = 2\pi n \frac{T - T'}{T'} = 37.$$

If $T = 26$ and $n = 14$ the corrected time T' is found to be 25·809.

The amplitude was next calculated for this corrected period and its square entered into the second section of Table XIV. The intensity now exceeds the expectancy, being 5·86 as great. There appeared also to be a minor tendency of groupings about the lines B_1B_2 and C_1C_2, and to bring the phases along these lines into agreement the corrected periods were calculated to be 26·255 and 26·181. Table XIV. however shews that the intensities corresponding to these times barely exceed the expectancy.

Plate II. gives similarly the distribution of phases for the 27 day period, the straight lines along which there seems a possibility of clustering are marked on the Plate, the corresponding periodic times being 27·061, 26·814, 27·327 days. The intensities of the two first of these periods are entered into Table XIV. It will be noticed that the two periods which shew the greatest amplitudes are those of 26·814 and 25·809 days. As regards the latter, reference to Table XII. or independent calculation shews that it will happen about once in every 350 trials that, owing to accidental circumstances, the square of a Fourier coefficient exceeds 5·86 times the expectancy. It will of course be noticed that the period which gives the high value for the amplitude has been selected with that special object in view, and regard must be had to the fact that it represents the greatest intensity that can be obtained within the range of periods extending from 25·5 to 27·5 days. The question how many independent trial periods that range may be considered to contain may be answered by our previous investigation (p. 130) from which it appears that two periods T and T' may be considered as independent when

$$\frac{T - T'}{T'} > \frac{1}{4n},$$

n being the total number of periods included in T. For $T = 27$, n was 338, and hence $T - T'$ is almost exactly ·02 day. As our range covered all periods between 25·5 and 27·5 days, we must consider that we have dealt with 100 independent periods and found the two greatest intensities to be respectively 5·64 and 5·86 times the expectancy. What it comes to therefore is this, that 100 trials have given us one intensity 5·86 times the expectancy, while on the average this should only happen once in 350 trials. Or taking the two greatest amplitudes into consideration, it ought according to chance to happen once in every 150 trials that an intensity of 5 times the expectancy is found, while in the actual case this happened twice in 100 trials. It is obvious that no conclusions as to the reality of the periodicity can be drawn from this argument. There are however two considerations which lead me to pause before finally rejecting the 25·809 period; the high amplitude is accompanied also by a considerable amplitude of the half period, and if these half periods are plotted in a manner illustrated in Plates III. and IV., it is found that a somewhat greater value is obtained if the time were altered to 25·825 days. This however gives a decidedly smaller value for the main period (see Table XIV.). The coincidence of two high intensities for a period and its semi-period much increases of course the probability of its reality, but even if this is taken into account, the excess of intensity over the expectancy is insufficient to establish the period. The second consideration lies in the fact that the most definite result so far in the search of periodicities has been that of Prof. v. Bezold whose work had reference to the frequency of thunder-storms. He gives 25·84 days as the length of his period, but it was really only the semi-period which shewed a large amplitude. The numbers 25·84 and 25·825 lie so near together that it will be wise to keep an open mind as to the possibility of some real periodic time of that length. But it must be understood that the record of Greenwich declination extending over 25 years shews nothing beyond a slight indication of such a period. An intensity of ·006 corresponds to an amplitude of ·077 minute of arc, and it can be definitely asserted as the result of this enquiry that there is no period between 25·5 and 27·5 days which had a larger amplitude at Greenwich during the years 1871—1895.

VII. Lunar Periodicities.

One of the principal objects of this investigation was to prove or disprove the suspected lunar period in the daily average of magnetic declination. The clustering of phases round the line *BB′*, Plate IV., shews that observation gives a somewhat larger amplitude than the average for a period of 27·327 days which lies very near the length of the tropical month. The two periods, that of tropic revolution and that of synodic revolution, were therefore specially treated, the result being exhibited in Table XV. It

Table XV.

Period	Square of Amplitude	κ	Semi-period	Square of Amplitude	κ
27·32	·002352	2·24	13·66	·000819	2·16
29·53	·000026	·25	14·77	·002876	7·56

is seen at once that there is a strong indication of a period having as its time half the period of the synodic month. The value of κ which is 7·56 is considerably higher than any other given within the whole range of investigated periods. An accidental coincidence is not excluded, for as calculation shews it may happen once in every 2000 trials that such a large value should be found for κ. We can only assert therefore that there is a probability of 2000 to 1 that the moon has a true effect on magnetic declination. The amplitude is only ·054 minute of arc and the strong evidence afforded of the real existence of a periodicity having such a small amplitude shews, I think, the value of the method which has been adopted in this investigation. As regards the phase of action no certain conclusions can at present be drawn; the maximum westerly declination occurred on the average during the years under examination between 2 and 3 days *after* new and full moon. Nothing is of course asserted as to the reason why the moon should affect the declination needle, but the action is probably a very indirect one. It would be important to extend the investigation to the other components of magnetic force and to other localities. It is highly improbable that a westerly force should act simultaneously all over a circle of latitude, for that would imply considerable currents across the earth's surface. It is more likely that the principal action takes place along a geographical meridian; and if that is the case, the horizontal force should shew stronger evidence of these lunar periodicities than the declination. There is also the possibility that what is observed in the daily average of declination is only a remnant of a variation having the lunar day for its period. In that case the periodicity should disappear when the average position of the needle in a lunar day is subjected to calculation. If this is the correct explanation it should not be difficult to prove it, for it would require a much greater amplitude within the lunar day to account for the 0′·06 amplitude found in the daily averages. How much greater may be seen from the following consideration. If from a periodic function $\cos \kappa t$ another is formed by taking averages over a period 2τ we obtain

$$\frac{1}{2\tau}\int_{t-\tau}^{t+\tau} \cos \kappa t\, dt = \frac{1}{\kappa\tau} \sin \kappa\tau \cos \kappa t,$$

that is a reduction in amplitude of $\frac{1}{\kappa\tau}\sin \kappa\tau$. If 2τ is one solar day, $2\pi/\kappa$ one lunar day, $\frac{\kappa\tau}{\pi} = \frac{28\cdot53}{29\cdot53}$; hence $\kappa\tau$ equals 174° and the amplitude of the curve obtained by taking averages is only about the 29th part of that of the original curve. The comparison of averages of successive days will therefore produce an apparent period having the lunar month as periodic time and, if the period found above is due to this cause, the amplitude of the original lunar variation should be 1′·74. Such an amplitude ought to be traceable without much difficulty.

A thorough enquiry into the nature of lunar periodicities of magnetic records seems to me to be of special importance, but requires considerable arithmetical labour; for, to be conclusive it must be complete. I have been assisted in the numerical calculations which were necessary in the present investigation by Mr J. R. Ashworth, to whom I desire to tender my thanks. The expense connected with the numerical work was partially covered by a small contribution from the Government Grant Fund of the Royal Society.

VII. *Experiments on the Oscillatory Discharge of an Air Condenser, with a Determination of "v."* By OLIVER J. LODGE, D.SC., F.R.S., and R. T. GLAZEBROOK, M.A., F.R.S.

[*Received* 9 August, 1899.]

PART I.

GENERAL DESCRIPTION OF THE METHOD.

AFTER a considerable number of experiments on the discharge of Leyden jars, and a qualitative study of the electric oscillations accompanying such discharge, it seemed desirable to make an exact determination of the frequency of alternation given by a standard condenser through a circuit of known self-induction, in order to ascertain whether the well-known theory of the case was accurate or only an approximation.

The absolute determinations necessary were three, viz.:—

(1) The capacity of a condenser, which is K times a length;

(2) The self-induction of a coil, which is μ times a length; though it would be natural to measure it indirectly by comparison with the already carefully determined standard of electrical resistance;

(3) The period of one oscillation of the discharge, under circumstances when the damping influences are not appreciably disturbing.

The resistance of the circuit might possibly enter as a correction into the result, and many other minor determinations might have to be made, but these three are the main quantities involved, and the relation between them is

$$T = 2\pi \sqrt{(\mu l_1 . K l_2)},$$

and the formula would be verified if the resulting value for the product of the as yet entirely unknown constants, μ the permeability and K the inductive capacity of the medium, agreed at all closely with the already otherwise determined value, viz. the square of the reciprocal of the velocity of light.

It was hoped indeed that the method might turn out sufficiently accurate to give a useful re-determination of this important quantity. It was with this idea in mind that the following research was undertaken, and much care was accordingly bestowed upon it.

It may be here noted that Lord Kelvin himself, in one of his popular lectures*, suggests this method of electric oscillation as just conceivably one of the methods by which v could be practically determined; and he puts the matter in a geometrical way, which it may be interesting freely to paraphrase thus:

Take a wheel of radius equal to the geometric mean of the following two lengths, the electrostatic measure of the capacity of a condenser, and the electromagnetic measure of the self-induction of its discharge circuit; make this wheel rotate in the time of one complete electric oscillation of the said condenser (as if it were being driven by an electrically oscillating piston and crank), then it will roll itself along a railway with the velocity v.

And indeed (as Maxwell discovered) ethereal waves excited by the discharge are actually transmitted through space at this very speed.

General Requirements of the Method.

The first essential is a condenser of capacity directly measurable from its dimensions. Its dielectric must accordingly be air, its plates must be a reasonable distance apart, and they should be either spherical or have a guard-ring. The necessary smallness of capacity of a condenser satisfying these requirements is a difficulty, especially when a quantity so large as the velocity of light is the subject of measurement. A difficulty of the same sort is, however, common to all methods, and is what makes "v" a quantity so much more difficult to determine than for instance "the ohm."

To compensate for the smallness of practicable electrostatic capacity a discharge circuit of very great inductance must be employed, or else the time-determination will be difficult from its excessive minuteness.

The inductance must be secured in combination with as much conductance as possible, or the discharge will fail in being oscillatory. To this end Messrs W. T. Glover and Co. were requested to supply a regularly wound hank or coil of No. 22 (S. W. G.) high conductivity copper, very thinly india-rubber covered, of shape such as to give maximum self-induction, and of size estimated to give between 5 and 6 secohms, *i.e.*, in magnetic measure, a length of 5 or 6 earth quadrants.

This would be afforded by a coil of 4 inches cross-sectional area and mean diameter 15 inches, with three or four thousand turns of wire. But to guard against the danger of sparking or leaking between layers it was decided to reduce the dangerous tension to one-quarter by having the coil in two halves. Accordingly it was made as follows (to quote Messrs Glover's statement):

* Sir W. Thomson's *Lectures and Addresses*, Vol. I. p. 119. Lecture on Electrical Units to the Inst. C. E.

"4,330 yards of No. 22 tinned copper wire covered with 2 coats of pure india-rubber to the diameter of ·035 inch. This was the only covering. In two parallel coils, internal diameter $10\frac{3}{4}$ inches, 4 inches deep, and 2 inches wide." See Figure 1.

This pair of coils were then packed carefully and permanently in a round walnut box or drum, with a thin sheet of glass between them, and the terminals of each coil were led to the outside and finished off on four ebonite pillars.

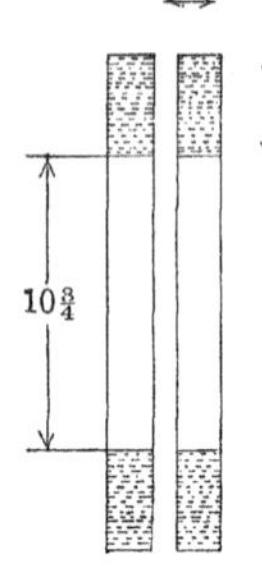

FIG. 1.

They could, therefore, be connected up in series, or parallel, or used separately; but in practice they were usually joined in simple series. With this coil many preliminary experiments were made at Liverpool.

The self-induction of the double coil was estimated as about 5 secohms or "quadrants," but no attempt was made to measure it with any care at this time, because it was better to do it when all the apparatus was in position in the basement room set aside for the experiments described in Part II.

The chief part of the whole business consisted in taking clear images of a spark on a moving sensitive plate, getting every detail of the oscillation clearly recorded on the negatives, so that they could be subsequently analysed under a microscope and the time of an oscillation accordingly determined.

The sparks used were extremely feeble, and each was drawn out by motion into a band, so that in order to get every detail clear the plates had to be super-sensitive. For such plates we were indebted to the kindness of Mr J. W. Swan, who sent on several occasions a special packet of Messrs Mawson and Swan's most highly sensitized plates, which answered admirably.

The next principal part consisted in the micrometric reading of the records on the photographic plates. The reading is rather a tedious process as a great many numbers have to be recorded for each plate, and care is necessary to disentangle the several sparks, which to economise time and labour at the experimental end were usually taken during a single spin.

The details of the method of obtaining the record will now be described.

TIME OF ONE OSCILLATION.

The long-established method of observing spark oscillation by means of a revolving mirror was at first used; but this plan, though easy for observation, does not readily lend itself to precise measurement. It is desirable to obtain a photographic record which can be studied at leisure, and it seemed therefore best to form an image of the spark on a plate moving so rapidly that its constituent oscillations were clearly visible.

For metrical purposes there are many advantages in thus moving only the sensitive plate, though for mere display Mr Boys's more recent plan of spinning a succession of lenses is able to give more striking results.

Accordingly an old packing case was made light-tight, and used as the camera. In it were contained: first the spark-gap, a pair of adjustable brass knobs about half-an-inch in diameter, clamped to a glass pillar, one vertically over the other and with a clear space, on the average about 2 millimetres, between them; next the lens, an ordinary camera lens on a special stand; and lastly the sensitive plate in its conjugate focus, arranged so that the image was not very much smaller than the object. The photographic plate is supported firmly in a revolving wooden carrier or frame fixed to the horizontal axle of a whirling machine (one of Weinhold's) which was firmly clamped to a stone pillar outside the camera and was driven by a long carefully spliced whip-cord belt by means of one of Bailey's "Thirlmere" turbines standing on a distant sink, and having a large grooved pulley to give the necessary "gearing up." One end of the whirling machine axle passed through into the box in a light-tight manner, and it was supplied with a self-oiling syphon wick. The ordinary speed at which it was driven was 64 revolutions per second; occasionally it rose as high as 85, but the water pressure was not often enough for this.

The turbine could have been fed from a cistern in the roof, but greater pressure was attainable in the mains, and though liable to fluctuation this was found at certain times in the day or evening regular enough for good observation.

Mode of Controlling and Determining the Speed.

Uniformity of rotation was essential, and to secure it the method employed by Lord Rayleigh in his determination of the ohm was imitated. A small cardboard stroboscopic disk was painted with several circles of radial markings, or "teeth," the ones chiefly used being 3, 4, 5, 6, 8 teeth respectively in a circumference, especially the pattern 4.

This disk was watched through a pair of slits carried by the prongs of a large electromagnetically maintained Koenig fork, whose loads were adjusted to give 128 vibrations per second precisely. The slits permitted vision at the middle of each swing, consequently 256 glimpses a second. Hence whenever the 4 pattern on the stroboscopic disk was distinct and stationary as seen through the slits, it meant that the sensitive plate on the same axle was spinning 64 times in a second.

Photographs of sparks were taken only when the pattern was stationary and the speed thus known to be regular.

To determine the speed absolutely it was necessary to calibrate or specially observe the period of the fork. To this end two methods were employed: one the ordinary method devised by Lord Rayleigh, for comparing an electromagnetically maintained fork with a large free standard fork *; the other by means of a simple four-figure mechanical counter attached to the axle of the stroboscopic disk. This counter recorded mechanically the actual number of revolutions made by the disk, during say five or ten minutes, and all this time the disk could be watched through the jaws of the electro-magnetic fork and some definite pattern kept, on the average, absolutely steady.

The control over the speed was obtained, as in Lord Rayleigh's case, by passing the driving cord through the fingers of the observer as he watched the disk through the jaws of the fork, thus keeping on the cord a slight frictional pressure, which, whenever necessary, was increased or relaxed, and thereby regulated the speed. With practice this method of personal government is susceptible of surprising accuracy. It is always however much easier to keep a pattern still *on the average*, that is, to bring a tooth back if it has slipped forward a little, so as not to allow any unknown escape of the steady pattern from control, than it is to keep the pattern constantly steady, as it ought to be when a photograph is being taken. At the same time it may be noticed that at the customary working speed a retardation or acceleration at the rate of one tooth interchange every second (which is conspicuously bad) makes an error of only 1 in 256, or less than one-half per cent.; and as it is not a systematic error it is likely to disappear from an average, even if so great as this. When the water pressure is regular, and the oiling also regular (a superabundance of paraffin is the easiest way of securing this latter condition) the regulation of the cord is easy. But if the water pressure varies much a duster or pad is necessary between the cord and the fingers, to save them getting burnt, and then some of the delicacy of manipulation has departed.

It will be observed that in the experiments for determining the rate of the fork there is no need to run the stroboscopic disk very fast. The 8 or the 12 pattern may be the one kept still; corresponding to 32 or $21\frac{1}{3}$ revolutions per second, a moderate speed which is not liable to heat or otherwise overstrain the counter.

The multiplication necessary to get the speed for any other steady pattern is of course precise.

The fork was not found to vary on different days; it was set very accurately to 128 vibrations per second (viz. close to the *mark* 256), and this part of the determination, viz. the absolute speed of the revolving plate, was entirely easy and satisfactory.

EXAMPLE OF A RATING OF THE FORK.

The following may serve as an example of one of the observations for calculating the speed of the fork. There were three observers: one to watch the disk and control the driving string, so as to keep any selected pattern steady; another to watch the counter and make a tap whenever a figure changed on the 100 dial (the units flew past invisibly, and the tens were inconveniently quick); and the third to read a chronometer and record the time of occurrence of every other tap to the nearest half second.

* See *Phil. Trans.*, 1883, Part 1, p. 316.

The correctness of absolute time was secured by comparing the chronometer every day with a standard clock which was rated from the Observatory. The error in the rate of the chronometer was thus found negligible, being certainly not more than one or two seconds a day.

Although it was possible to keep the speed constant for ten minutes or so, it was rather wearying and was really unnecessary, two or three minutes being quite sufficient, on this method of observing. Table I. gives a set of readings taken on the 23rd July, 1889, the "eight" pattern being kept steady and every other tap, or every 200th revolution, being timed:

TABLE I.

h.	m.	s.	h.	m.	s.
xi	32	3·5	xi	33	43·0
"	"	9·5	"	"	49·5
"	"	15·5	"	"	56·0
"	"	22·0	"	34	2·0
"	"	28·5	"	"	8·5
"	"	34·5	"	"	14·5
"	"	41·0	"	"	20·5
"	"	47·0	"	"	27·0
"	"	53·5	"	"	33·5
"	"	59·5	"	"	39·5
"	33	5·5	"	"	45·5
"	"	12·0	"	"	52·0

Analysing these figures it will be found that the average time for 16 "taps" of 200 revolutions each is 100 seconds; as it happens exactly. And this corresponds to 32 revolutions per second; appropriate to the steadiness of the "eight" pattern.

After this the speed could be increased till the "four" pattern was steady, with the certainty that the plate was then revolving 64 times a second with extreme accuracy. Thus the fork was used merely as an intermediary time-keeper to the chronometer, the media of comparison being the counter and the stroboscopic disk.

PROCESS OF TAKING A SERIES OF SPARK PHOTOGRAPHS.

The room being thoroughly darkened one of the sensitive plates was extracted from its case, and by the light of an exceedingly dim red glimmer fixed into the rotating frame holder. The spark knobs had previously been focussed on a dummy plate so that the spark length would be exactly radial, and near its outer margin. The packing-case cover being well covered, light was admitted to the room so as to make visible the stroboscopic disk which was watched between the jaws of the vibrating fork, and the turbine was turned on. The patterns were seen steadying themselves one after the other until the 4 pattern was reached and just passed; the water was regulated close to the point by past experience; the cord was then gripped by the observer and the escaping pattern brought back steady.

Meanwhile a small Voss machine, attached to the spark knobs, which formed the terminal of a circuit containing the condenser and the coil, had been excited with its knobs in contact. At a signal from the observer watching the disk they were drawn apart, and one, two, three, or four sparks listened for inside the case. The machine was then short-circuited again, and the lens slightly shifted a felt amount (which could be done without opening the "camera") so as to bring the spark image a trifle nearer the centre, and another ring of sparks was then taken; sometimes with the conditions varied, sometimes with them just the same. Then a third, a fourth, and sometimes a fifth circle of sparks were also taken. The number of sparks which without too much fear of unintelligible superposition could be taken in a single circle depended partly on their strength. With a large condenser a single spark might overlap its own record; with a very small condenser 6 or 8 sparks could be safely taken.

In practice either 4 or 5 was the commonest number, and though chance frequently caused some overlap it was not usually difficult to disentangle the records when reading the plate.

It was customary to get about 2 dozen sparks on a single plate, though sometimes it would have been wiser to try for fewer. But a bad overlap after all is no worse than if neither record had been attempted.

Lastly, a needle point was held on the still spinning plate near its middle so as to centre it by a small circular scratch, and then the turbine was stopped, the room darkened, and the plate removed.

An assistant, Mr Robinson, to whose careful manipulation we are much indebted, then proceeded to develop the plate, sometimes using an intensifier when the markings were too faint.

Meanwhile whatever conditions had to be varied were attended to, other measurements, such as that of the self-induction of the coil, or the timing of fork, were made, and things were got ready for another spin.

This process went on without interruption for some weeks, and a large number of negatives were obtained. The plate at first used was the ordinary half-plate size, but in order to permit larger circles, Mr Swan subsequently sent us square plates, 4 inches square, and on these the final records were taken.

The spark-trace exhibited the alternate oscillations very distinctly: one end (probably the cathode) being always brighter than the other, and this brighter end alternated from side to side with every half-period. The beginning and end of each oscillation though clear enough to ordinary vision became furry under magnification, and by far the most definite things to set the crosswire on was a narrow bright radial line or sharp spit, due evidently to the sparking of the knobs into one another: a phenomenon which accompanied the main oscillations of the condenser and marked the beginning of each electrical surge. These spits were so instantaneous that the rotation of the plate had absolutely no effect on their sharpness. They were narrow lines no wider than the crosswires.

Reading of the Record.

The negative when thoroughly finished was subjected to careful micrometric examination.

To this end the plate was fixed on a horizontal circular graduated plate, part of a spectrometer, reading with verniers at opposite ends of a diameter, and capable of rotation with a slow motion tangent screw. Above the plate was clamped a microscope of moderate power, with crosswires in its eye-piece; and below the plate a scrap of mirror was arranged inclined at 45° to throw the light up.

The centre of the plate was made to coincide with the centre of rotation, and the microscope was placed over one of the spark rings. The plate was turned until the beginning of a spark-trace appeared. Some definite feature of it was then brought under the crosswire, and the verniers were read. Then another feature was sighted, and the verniers read again, and so on, all along the trace of that spark; and similarly with every spark round that circle. Then the microscope was shifted till over another circle, and the process repeated.

By far the most distinct features, and the most useful for precise setting, were the sharp spits or radial lines already referred to and visible in the positives or rough copies of some of the preliminary plates.

All the readings were done on the negatives, and the best or final series of plates have had no positive copies taken from them as yet.

PART II.

The Measurement of the Self-Induction of the Coil.

Theory of the Method.

The method adopted for the measurement of the self-induction is that devised by Maxwell, in his papers on "A Dynamical Theory of the Electromagnetic Field," *Collected Papers*, Vol. I. p. 549.

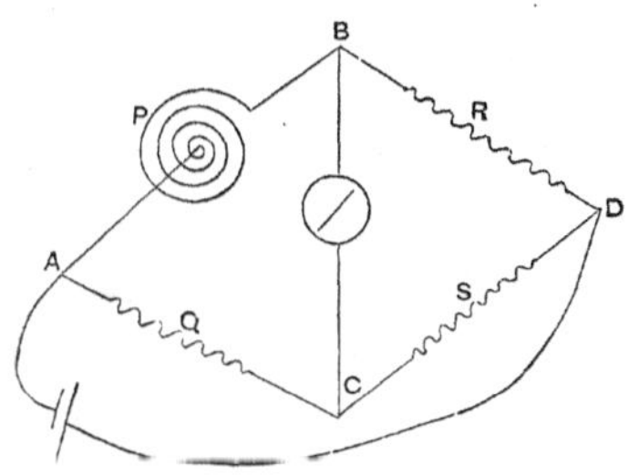

Fig. 2.

The coil whose coefficient of self-induction L is required forms one of the arms of a Wheatstone bridge, Fig. 2. Let P be the resistance of the arm. Two of the other arms R and S are two resistances whose ratio—preferably one of equality—is known, and a balance is obtained by adjusting the fourth arm Q. When this balance is found we have the relation $P/Q=R/S$.

If the connections in the battery circuit be now reversed, a current due to self-induction in the arm P passes through the galvanometer. Let α the first throw of the galvanometer be observed.

Now alter the resistance Q by an amount δQ. In consequence there will be a deflection of the galvanometer needle; let θ be this deflection; let x, x' be the currents in the arm P before and after the alteration of Q, λ the logarithmic decrement, and let T be the time of a complete oscillation. Then, remembering that P and Q are equal, we have (Rayleigh, "On the Value of the British Association Unit in Absolute Measure," *Phil. Trans.* Part II., 1882)

$$L=\delta Q\frac{x'}{x}\frac{T}{4\pi}(1+\lambda)\frac{2\sin\frac{1}{2}\alpha}{\tan\theta}.$$

THE RESISTANCE BOXES.

In our experiments the coil P, already partly described, was wound in two sections each with a resistance of about 100 ohms, so that when both sections were in use P was approximately 200 ohms. The other resistances were taken from two boxes of coils of platinum silver wire by Messrs Elliott Bros., correct in "Legal Ohms" at 17° C. The boxes had been calibrated in previous experiments, and the coils agreed closely with each other. R and S were two coils of 100 ohms from one of these boxes; for the arm Q an arrangement of two resistances in multiple arc was used. One of these was 205 ohms, the other was a large resistance of about 8000 ohms, and by varying this a fine adjustment could be easily obtained.

DESCRIPTION OF THE GALVANOMETER USED.

The galvanometer employed was a ballistic instrument of about 64 ohms resistance.

It has two channels of rectangular section. Each channel contains 20 layers of thin copper wire and 16 layers of thick, making about 465 and 202 double turns respectively, so that there are 667 double turns in each channel, and about 2668 single turns on the galvanometer.

The two thicknesses of wire were employed in order to fill the channels, and at the same time permit the resistance of the galvanometer to be varied as required. The ends of the wires are connected to binding screws on the bobbin marked A, B, &c., a, b, &c.

A to a is one wire, B to b another. In our experiments the coils were connected up in series, the total resistance being about 64 ohms at a temperature of 13°·2 C.

The needle of the galvanometer was suspended from the Weber suspension by three single cocoon fibres of 60 centims. in length.

The magnet was a small bar of hardened steel 1·5 centim. long, ·6 centim. broad, and ·12 centim. thick; its weight was ·708 grm. The magnet was attached by two small screws to a brass stirrup to which the mirror was fixed. A piece of brass wire 6·6 centims. long, with a screw thread cut on it, was fixed to this stirrup at right angles to the plane of the mirror, projecting equally on either side of the mirror. Two small brass cylinders could be screwed along this brass wire, and by means of them the moment of inertia and time of swing of the needle could be adjusted as required. The stirrup and mirror weighed 6·6 grms.

The galvanometer has a solid wooden base of about 18 centims. diameter, and this base was supported on three levelling screws. A graduated circle is fixed to the base, and the coils can be turned about a vertical axis, and their position read by means of a vernier. This was found useful in adjusting the coils parallel to the magnetic meridian.

The galvanometer rested on a stone bracket built up from the ground. A scale placed approximately north and south at a distance of about 347 centims. from the magnet was reflected in the mirror and viewed through a telescope.

The scale rested on a solid stone support on the floor of the room. The mirror, about 1·5 centim. square, was a specially good one, selected by a fortunate chance from among a number in the laboratory. The divisions of the scale were in millimetres, and after practice these could be subdivided by the eye with great accuracy to tenths. The scale itself was of paper; though this material is unsuitable for many purposes because of the changes produced in it by the weather, in our experiments these changes are of small consequence, for we require only the ratio of the throw produced by the induction current to the steady deflection produced by the permanent current; and the time which elapsed between the measurements was only a few minutes. Any shrinking or alteration of the scale will go on very approximately uniformly throughout its length and not alter the ratio of two lengths, which were never very unequal, as measured by the scale. The scale had been carefully compared with the standard metre and the necessary correction applied to the readings.

The distance between the mirror and the scale only enters our result in the small correction necessary to reduce the scale readings so as to give the ratio of the sine of half the throw to the tangent of the deflection. It was unnecessary, therefore, to measure it with any great accuracy or to take steps to ensure its remaining the same from day to day; so long as it did not change during the half-hour occupied by each experiment, all the conditions required by us were satisfied.

The scale was carefully set so that the line joining its middle point to the centre of the mirror was east and west, while the scale itself ran north and south. By taking, however, throws and deflections on both sides of the zero which was at the centre of the scale, the effect of any small error in setting was eliminated from the result.

GENERAL THEORY OF THE METHOD.

In making the observations the double amplitude, *i.e.*, the distance between an extreme elongation to the right and a corresponding one to the left, was noted. Let a be this double amplitude in scale divisions for the induction throws, c for the deflection due to the alteration δQ, and let d be the distance between mirror and the scale. Then $\tan 2\alpha = \frac{1}{2}\frac{a}{d}$, $\tan 2\theta = \frac{1}{2}\frac{c}{d}$, and from this we find

$$\frac{2\sin\frac{1}{2}\alpha}{\tan\theta} = \frac{a}{c}\left\{1 - \frac{11a^2 - 8c^2}{128d^2}\right\},$$

neglecting higher powers of a/d and c/d. The values of $(11a^2 - 8c^2)/128d^2$ varied for the different arrangements from ·00173 to ·00023.

The value of the ratio x'/x was obtained as follows:

Let E and E' be the values of the potential difference between the points where the current enters and leaves the bridge, in the two cases when the values of Q are Q and $Q + \delta Q$ respectively.

e the E.M.F. of the battery, which we suppose does not alter*.

Let X and X' be the resistances between the points A and D where the current enters and leaves the bridge in the two cases, and Y the battery resistance.

Then putting $P = Q = 200$ in the small terms, and $R = S = 100$, we find

$$E' = x'\,(Q + \delta Q + 100 + \tfrac{10}{64}\delta Q),$$

$$E\ = x\ (Q + 100),$$

also

$$\frac{E}{E'} = \frac{1 + \dfrac{Y}{X}}{1 + \dfrac{Y'}{X'}} = 1$$

if a term of the order $Y\delta Q/90{,}000$ be neglected. Y is of the order 1 ohm, and δQ of 4 or 5 ohms.

Hence

$$\frac{x'}{x} = \frac{Q + 100}{Q + 100 + \frac{37}{32}\delta Q}.$$

* A combination of large Daniell's cells was used. Except for the correction now discussed, the results are independent of changes in the battery E.M.F., provided such (if they occur) go on uniformly, and the experiments themselves will afford a test of this. A small change in the E.M.F. would only produce a first order change in the value of the correction, and therefore a second order change in the whole result; it may therefore be omitted.

In a second series of observations the approximate value of Q was 100, and in this case the formula becomes $\frac{x'}{x} = \frac{Q+100}{Q+100+\frac{23}{18}\delta Q}$.

The actual value of the ratio will vary with the value of δQ in the various experiments; in most cases it is from one to two per cent. greater than unity: δQ being negative.

Introducing these the formula for L expressed in terms of quantities which can be directly observed is

$$L = \delta Q \frac{T}{4\pi}(1+\lambda)\frac{Q+100}{Q+100+\frac{37}{32}\delta Q}\frac{a}{c}\left\{1-\frac{11a^2-8c^2}{128d^2}\right\}.$$

[The coefficient of δQ in the denominator is in some of the experiments $\frac{23}{18}$.]

Theory of the Actual Observations.

The above simple theory of the experiment assumes (A) that a perfect resistance balance can be (1) obtained and (2) maintained during the experiment, and (B) that in measuring a throw the galvanometer needle can be brought to absolute rest before a reversal of the current. The coil is made of copper wire; slight changes of temperature therefore affect its resistance, the current itself produces a small heating effect in the wire, and it is practically impossible to maintain an accurate balance. Again to bring the needle accurately to rest before each throw involves time, while to avoid undue heating it is necessary to be rapid in observations; it is better therefore to make a correction for any small swing which may exist at the time of making a reversal. Lord Rayleigh has shewn how actually to make the observations, provided the reversal takes place as the needle passes its equilibrium position (*Phil. Trans.*, 1882, Pt. II., p. 680). The following quotation gives his theory and practice of the method of observation.

"In the simple theory of the method the induction throw is supposed to be taken when the needle is at rest, and when the resistance balance is perfect. Instead of waiting to reduce the free swing to insignificance, it was much better to observe its actual amount and to allow for it. The first step is, therefore, to read two successive elongations, and this should be taken as soon as the needle is fairly quiet. The battery current is then reversed, to a signal, as the needle passes the position of equilibrium, and a note made whether the free swing is in the same or in the opposite direction to the induction throw. We have also to bear in mind that the zero about which the vibrations take place is different after reversal from what it was before reversal, in consequence of imperfection in the resistance balance. At the moment after reversal we are therefore to regard the needle as displaced from its position of equilibrium, and as affected with a velocity due jointly to the induction impulse and to the free swing previously existing. If the arc of vibration (*i.e.* the difference of successive elongations) be a_0 before reversal, the arc due to induction be a, and if b be the difference of zeros, the subsequent vibration is expressed by

$$\tfrac{1}{2}(a+a_0)\sin nt + b\cos nt,$$

in which t is measured from the moment of reversal, and the damping is for the present neglected. The actually observed arc of vibration is therefore

$$2\sqrt{\{\tfrac{1}{4}(a \pm a_0)^2 + b^2\}},$$

or with sufficient approximation

$$a \pm a_0 + \frac{2b^2}{a},$$

so that

$$a = \text{observed arc} \mp a_0 - \frac{2b^2}{a}.$$

"In most cases the correction depending upon b was very small, if not insensible. The 'observed arc' was the difference of the readings at the two elongations immediately following reversal. As a check against mistakes the two next elongations also were observed, but were not used further in the reduction. The needle was then brought nearly to rest, and two elongations observed in the now reversed position of the key, giving with the former ones the data for determining the imperfection of the resistance balance. As the needle next passed the position of equilibrium, it was acted upon by the induction impulse (in the opposite direction to that observed before) and the four following elongations were read."

To find then the correct double throw a, if a_1 be the observed throw, a_0 the throw at the time of reversal, and b the difference between the equilibrium positions before and after reversal, we have

$$a = a_1 \mp a_0 - \frac{2b^2}{a_1}.$$

The sign to be attached to a_0 depends on the directions of a_1 and a_0.

After two throws right and left respectively have been observed, and the equilibrium position is taken with the battery key in one position—denoted by R, say, in the table—then Q is altered by δQ and the new equilibrium position is found. This was done by bringing the needle approximately to rest near the new position, by the proper use of the battery key (Maxwell II.) and an auxiliary damping circuit, and reading three elongations in the usual way. From these the position of rest was found. The difference between the two equilibrium positions gives c_1 the deflexion to the right; the battery key is then reversed and a deflexion to the left found; the resistance δQ is then removed and a second zero reading taken; from these two, we find the deflexion c_2 to the left.

The sum of c_1 and c_2 gives c the double deflexion required.

The values of Q and $Q + \delta Q$ are calculated from the resistances on the multiple arc in the arms of the bridge.

Thus, on July 18th, for the balance the resistances were 205 and 7750 ohms, for a deflexion 205 and 3950 ohms. Hence

$$\frac{1}{Q} = \frac{1}{205} + \frac{1}{7750},$$

$$\frac{1}{Q + \delta Q} = \frac{1}{205} + \frac{1}{3950}.$$

Whence

$$Q = 199{\cdot}713,$$

$$Q + \delta Q = 194{\cdot}884,$$

$$\delta Q = -4{\cdot}829 \text{ "legal ohms."}$$

The temperature of the box was 18°·5.

Having obtained a value for c as described, a second series of throws were taken, then another series of deflexions, and so on successively.

Table II. gives as a specimen the observations for July 20th.

Temperature 17°·5 C.	
Battery	1 Daniell cell
Resistances for Balance	205 and 6760
" for Deflexion	205 and 3460.

Whence

$$Q = 198{\cdot}9662 \text{ legal ohms}$$

$$\delta Q = -5{\cdot}4329 \quad \text{"}$$

$$\frac{11a^2 - 8c^2}{128d^2} = {\cdot}00107,$$

$$\frac{x'}{x} = 1{\cdot}0211.$$

TABLE II.

	Time	Zero	a_0	a_1	b	a	Mean throw a	Mean deflexion c
Throw	II. 10	L. 75·65 R. 75·6	·1 ·2	80·3 80	·05	80·2 80·2	80·2	
Deflexion	II. 12	L. 75·65 R. 75·6	Deflexion 117 34·45	c_1 41·35	c_2 41·15	c 82·5		82·5
Throw	II. 14	R. 75·6 L. 75·65	a_0 0 1	a_1 80 79·9	b ·05	a 80 80	80	
Deflexion	II. 17	R. 75·55 L. 75·7	Deflexion 34·5 116·95	c_1 41·25	c_2 41·05	c 82·3		82·3
Throw	II. 18	L. 75·7 R. 75·55	a_0 ·2 ·1	a_1 79·9 80·1	b ·15	a 80·1 80	80·05	
Deflexion	II. 22	L. 75·7 R. 75·65	Deflexion 117 34·55	c_1 41·3	c_2 41·1	c 82·4		82·4
Throw	II. 24	R. 75·65 L. 75·7	a_0 ·1 ·2	a_1 79·7 79·7	b ·05	a 79·8 79·9	79·85	
	II. 26				Final	Means...	80·025	82·40

Thus the complete set of 4 throws and 3 deflexions took sixteen minutes.

We see from the last two columns that there has been a slight change in the value both of the throw and of the permanent deflexion: the current has decreased slightly, but very slightly, during the observations.

We can get a series of values of the ratio of a/c by combining an observation of deflexion with the throws on either side, or an observation of throw with the deflexions.

The mean value of a/c for this series is ·97118.

TIME OF SWING OF NEEDLE.

The time of swing was found in the usual way by observing the transits of the zero reading over the cross-wire of the telescope.

In this case 12 transits were observed and then after waiting for an interval of 16 transits 12 more were taken.

We thus found the mean of sets taken on several occasions, always both before and after the series of throws and deflexions; $T = 10{\cdot}713$ mean solar seconds. The time was taken on the chronometer already mentioned in Part I. of the paper.

The greatest error from the mean in any one of the 12 observations was less than 2 parts in 1000. Thus the time of swing is very accurately known.

The value of λ was found by reading a series of 42 deflexions. The average value of a large number of observations (which lay between ·0134 and ·0131) was ·01324.

From these observations we obtain for the value of L

$$L = 4{\cdot}6488 \text{ Legal Quadrants.}$$

The result requires a small correction because δQ was at 17°·5 instead of at 17° at which the box is right.

Introducing this we find as the value

4·6494 Legal Quadrants.

Four sets of observations were taken on the two coils arranged in series.

Table III. gives the details, from which the results have been calculated. The mean value of ·01324 has been employed throughout for the logarithmic decrement λ.

TABLE III.

Date	Temperature	a	c	T	δQ	P	L	L at 17° C.
July 18th	18·5*	80·71	73·87	10·742	− 4·829	199·684	4·6480	4·6499
July 20th	18·9	77·01	71·46	10·716	− 4·903	199·909	4·6460	4·6485
July 29th	17·5	80·025	82·40	10·713	− 5·4329	198·966	4·6488	4·6494
July 30th	18·9	80·725	77·25	10·723	− 5·0553	199·640	4·6471	4·6496

Mean 4·6493 legal quadrants.

* There was a slight uncertainty about this temperature.

It appears that the greatest difference between two results is ·0014 in a total of 4·6500, or less than 1 part in 3000.

It will be noticed also that the agreement is very decidedly improved by the temperature corrections of the last column. Thus the value of the coefficient of self-induction has been determined to an accuracy which requires that the temperature of the various coils used should be known to a fraction of a degree.

The value given, 4·6493, is in legal quadrants; *i.e.*, the resistance of a column of mercury 106 cm. long has been taken as 10^9 C.G.S. units. To reduce it to "Henry's" or "International Quadrants" it must be multiplied by the ratio 106/106·3. We then find as the value of the coefficient of self-induction of the coil

$$4{\cdot}6362 \text{ Quadrants,}$$

or

$$4{\cdot}6362 \times 10^9\mu_0 \text{ centimetres.}$$

SELF-INDUCTION OF EACH HALF OF THE COIL.

Since the coil was wound in two parts and one of the parts occasionally used alone, it was thought well to find the coefficients for the two parts separately, and to check the result by observing also the value when they were arranged so that the mutual induction of the two opposed the self-induction. Let L_1, L_2 be the two coefficients of self-induction of the two parts, M the coefficient of mutual induction between the parts, L' the coefficient of self-induction of the whole with the two parts opposed.

Then

$$L = L_1 + L_2 + 2M,$$

$$L' = L_1 + L_2 - 2M$$

$$= 2(L_1 + L_2) - L.$$

Thus

$$L = 2(L_1 + L_2) - L'.$$

The coefficients are all small and the probable errors of the measures are greater than those in the direct measurement.

The following values, however, were obtained:

$L_1 = 1{\cdot}405$ Quadrants for semi-coil marked A.

$L_2 = 1{\cdot}393$ „ „ „ „ B.

$L' = 0{\cdot}963$ „

Whence $L = 4{\cdot}633$ legal quadrants; agreeing fairly well with the true result.

PART III.

Corrections to the Simple Theory of the Experiment.

(i) The Electrostatic Capacity of the Coil.

The chief cause of difficulty in comparing the experimental results with theory arises from the fact that the coil has considerable capacity, and further that this is not distributed uniformly along the length of the wire.

The coil consists of two similar portions almost identical.

Each half is wound with about 60 layers of gutta percha covered wire containing about 30 turns to a layer. The interior diameter is 27·5 cm. and the exterior is 48·7 cm., while the axial depth of the coil is about 5·2 cm. The number of turns of the coil were not counted exactly when it was wound.

After the experiments the case was opened and the coil measured as far as practicable. It was found that the number of layers in a radial direction as estimated from those which could be seen and counted was 64, and they occupied 10·35 cm. Thus the average distance between the centres of consecutive layers is 10·35/64 or ·164 cm. The inner layer contained 28 turns, and of these 25 lie in a space of 3·9 cm.; thus the distance between consecutive turns is ·156 cm. The thickness of the uncovered wire was found to be ·049 cm.; thus the thickness of two coverings is ·107 cm.

The two halves are separated by a sheet of glass with a circular hole in its centre; the sheet is about ·27 cm. in thickness.

The whole coil is enclosed in a wooden box, the ends of the wires being brought to terminals which are well insulated from the wood.

Now if we consider any turn of the one coil lying near the glass, it is faced on the opposite side of the glass by a similar turn, which during the experiments will be at a very different potential. Charges will thus accumulate on these turns and their capacity must be considered in the theory. If we consider a turn in the centre of either coil it is surrounded by other turns at nearly the same potential as itself, and does not therefore become much charged.

The outer layers of the coil will have some capacity, but if the wood case be treated as an insulator this will be small, and thus we may consider that the chief capacity of the coil lies in the faces in contact with the glass.

We may thus represent the two coils in the following diagrammatic manner:

Consider a number $(n-1)$ of equal condensers, each of capacity S'; each plate of a condenser represents two adjacent turns of the wire, which lie on the same side of the glass, and face two corresponding turns, representing the second plate of the condenser, on the opposite side of the glass.

In strictness, since the diameters of the turns increase from 27 to 48 cm., the capacities of the condensers ought not to be taken as equal; but unless this is done the solution is very complex, and when the correction is small the error introduced cannot be great.

Let the positive plate of each condenser be connected to the positive plate of the two adjacent condensers by wires of self-induction $\overline{L}$, and likewise for the negative plates.

Each loop of wire represents two adjacent layers in the coil itself.

The one set of condensers and loops represents one coil, the other set the second coil. Connect the two plates of the condensers at one end of the series by a loop of wire of inductance $2\overline{L}$, and connect the plates of the condenser at the other end of the series by wires of inductance $\overline{L}$ to the two plates respectively of a condenser of capacity S.

We have thus a representation of the condenser and coil in which the oscillations occur. This is shewn diagrammatically in Fig. 3.

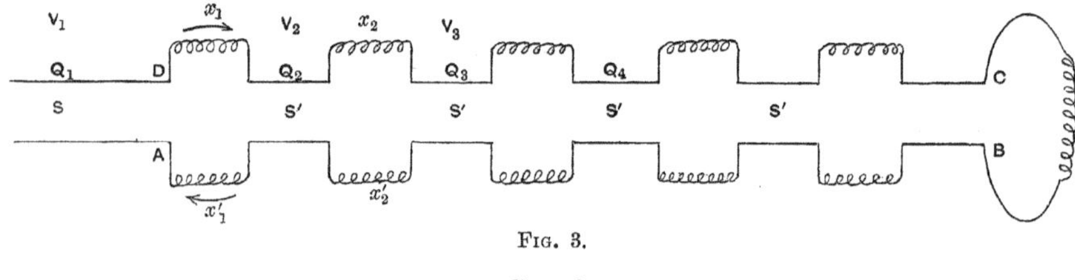

FIG. 3.

Case i.

Let x_1, x_1' be the currents in the wires connecting the positive and negative plates of the first and second condensers, x_2, x_2' those in the wires connecting the corresponding plates of the second and third condensers, and so on. Let Q_1, Q_2, ... be the charges on the positive plates.

Then since the rates of increase of the charges on the opposite plates of any one condenser are equal and opposite,

$$x_1 = -\frac{dQ_1}{dt} = x_1',$$

$$x_2 - x_1 = -\frac{dQ_2}{dt} = x_2' - x_1',$$

$$\therefore\ x_2 = x_2',$$

$$x_3 = x_3',\ \text{etc.}$$

Now let V_1, V_2, V_3 be the potentials of the positive plates, V_1', V_2', etc. those of the negative plates, $\overline{R}$, $\overline{L}$ the resistance and inductance of the wires joining consecutive plates,

$$\overline{L}\dot{x}_1 + \overline{R}x_1 = V_1 - V_2,$$

$$\overline{L}\dot{x}_1' + \overline{R}x_1' = V_2' - V_1'.$$

But
$$\dot{x}_1 = \dot{x}_1',\quad x_1 = x_1',$$

$$V_1 - V_1' = \frac{Q_1}{S}, \qquad V_2 - V_2' = \frac{Q_2}{S'},$$

$$\therefore\ 2\bar{L}\dot{x}_1 + 2\bar{R}x_1 = V_1 - V_1' - (V_2 - V_2') = \frac{Q_1}{S} - \frac{Q_2}{S'}.$$

Now if L', R' denote the inductance and resistance of the two wires joining the plates of any two consecutive condensers, then

$$L' = 2\bar{L}, \qquad R' = 2\bar{R}.$$

Then if R is the whole resistance, L the whole inductance,

$$R = nR', \qquad L = nL'.$$

And the equations to find the period are

$$L'\dot{x}_1 + R'x_1 = \frac{Q_1}{S} - \frac{Q_2}{S'},$$

$$L'\dot{x}_2 + R'x_2 = \frac{Q_2}{S'} - \frac{Q_3}{S'},$$

$$L'\dot{x}_n + R'x_n = \frac{Q_n}{S'},$$

$$-x_1 = \frac{dQ_1}{dt},$$

$$x_1 - x_2 = \frac{dQ_2}{dt},$$

$$x_{n-1} - x_n = \frac{dQ_n}{dt}.$$

Hence we have

$$L'\ddot{x}_1 + R'\dot{x}_1 + \left(\frac{1}{S} + \frac{1}{S'}\right)x_1 - \frac{1}{S'}x_2 = 0,$$

$$-\frac{1}{S'}x_1 + L'\ddot{x}_2 + R'\dot{x}_2 + \frac{2}{S'}x_2 - \frac{1}{S'}x_3 = 0$$

....

$$-\frac{1}{S'}x_{n-1} + L'\ddot{x}_n + R'\dot{x}_n + \frac{1}{S'}x_n = 0.$$

Put

$$x_1 = X_1 e^{i\lambda t},$$

and let

$$S'\left\{\lambda^2 L' - R'\iota\lambda - \frac{1}{S}\right\} - 1 = P,$$

$$S'\{\lambda^2 L' - R'\iota\lambda\} - 2 = Q,$$

$$S'\{\lambda^2 L' - R'\iota\lambda\} - 1 = R.$$

Then the equations become

$$PX_1 + X_2 = 0,$$

$$X_1 + QX_2 + X_3 = 0,$$

$$X_2 + QX_3 + X_4 = 0,$$

$$X_{n-1} + RX_n = 0.$$

Whence to find the periods we have the determinant

$$\begin{vmatrix} P & 1 & 0 & 0 \ldots & & \\ 1 & Q & 1 & 0 \ldots & & \\ 0 & 1 & Q & 1 \ldots & & \\ & & & & Q & 1 \\ & & & & 1 & R \end{vmatrix} = 0 \quad \text{(to } n \text{ columns).}$$

Now the determinant

$$= P \begin{vmatrix} Q & 1 \ldots & & \\ 1 & Q \ldots & & \\ & & Q & 1 \\ & & 1 & R \end{vmatrix} (n-1) \text{ columns} \quad + (-1)^{n-1} \begin{vmatrix} 1 & \ldots & 0 & 1 \\ Q & 1 & & 0 \\ & Q & 1 & 0 \\ & 1 & R & 0 \end{vmatrix} (n-1) \text{ columns}$$

$$= P \begin{vmatrix} R & 1 \ldots & & \\ 1 & Q \ldots & & \\ & \ldots & Q & 1 \\ & \ldots & 1 & Q \end{vmatrix} (n-1) \text{ columns} \quad + (-1)^{2n-3} \begin{vmatrix} R & 1 & & \\ 1 & Q & & \\ & & Q & 1 \\ & & 1 & Q \end{vmatrix} (n-2) \text{ columns.}$$

Now

$$\begin{vmatrix} R & 1 & & \\ 1 & Q & & \\ & & Q & 1 \\ & & 1 & Q \end{vmatrix} (m) \text{ columns} = R \begin{vmatrix} Q & 1 & 0 \\ 1 & Q & 1 \\ 0 & 1 & Q \\ \ldots & \ldots & \ldots \end{vmatrix} (m-1) \text{ columns} \quad + (-1)^{m-1} \begin{vmatrix} 1 & 0 & 0 \ldots & 1 \\ Q & 1 & 0 & \\ 1 & Q & 1 & \end{vmatrix}$$

$$= R \begin{vmatrix} Q & 1 & 0 \ldots \\ 1 & Q & 1 \ldots \\ & & Q \end{vmatrix} (m-1) \text{ columns} \quad + (-1)^{2m-3} \begin{vmatrix} Q & 1 & 0 \\ 1 & Q & 1 \\ \ldots & \ldots & \ldots \end{vmatrix} (m-2) \text{ columns}$$

$$= R\Delta_{m-1} - \Delta_{m-2},$$

if Δ_m stands for

$$\begin{vmatrix} Q & 1 & 0 & 0 \ldots & \\ 1 & Q & 1 & 0 \ldots & \\ 0 & 1 & Q & 1 \ldots & \\ & & & & Q \end{vmatrix} \text{ to } m \text{ columns.}$$

Thus the given determinant

$$= P\{R\Delta_{n-2} - \Delta_{n-3}\} - \{R\Delta_{n-3} - \Delta_{n-4}\} = 0.$$

Now if $Q = 2\cos\theta$, then we know that

$$\Delta_m = \frac{\sin(m+1)\theta}{\sin\theta}. \quad \text{(Rayleigh, } \textit{Sound.}\text{)}$$

Hence we have as the equation for the periods

$$P\{R\sin(n-1)\theta - \sin(n-2)\theta\} - \{R\sin(n-2)\theta - \sin(n-3)\theta\} = 0.$$

In the first instance neglect the terms depending on the resistances, then

$$S'\lambda^2L' - 2 = Q = 2\cos\theta,$$

$$S'\lambda^2L' = 2(1+\cos\theta) = 4\cos^2\frac{\theta}{2}.$$

Now if the whole of the capacity S_1 were concentrated at one part of the circuit connected by a wire of inductance L we should have

$$\lambda^2 = \frac{1}{S_1L} = \frac{1}{n(n-1)S'L'}.$$

In the most important of the cases with which we have to deal a large part of the inductance is so concentrated in the capacity S. We shall suppose therefore in solving the equation that $\lambda^2S'L'$ is a small quantity of the order $1/n^2$. So that $2\cos\frac{\theta}{2}$ is of the order $1/n$, and θ is not much different from π. Put $\theta = \pi - \phi$: ultimately ϕ will be treated as small, though for the present the solution is general: then

$$S'\lambda^2L' = 2(1+\cos\theta) = 2(1-\cos\phi).$$

Whence substituting

$$\{S'\lambda^2L' - 1\}\{(S'\lambda^2L'-1)\sin(n-1)\phi + \sin(n-2)\phi\}$$
$$+ (S'\lambda^2L'-1)\sin(n-2)\phi + \sin(n-3)\phi$$
$$-\frac{S'}{S}\{(S'\lambda^2L'-1)\sin(n-1)\phi + \sin(n-2)\phi\} = 0.$$

Thus

$$2S'\lambda^2L'\{\sin(n-2)\phi - \sin(n-1)\phi\}$$
$$+\sin(n-1)\phi + \sin(n-3)\phi - 2\sin(n-2)\phi$$
$$-\frac{S'}{S}\{\sin(n-2)\phi - \sin(n-1)\phi + S'\lambda^2L'\sin(n-1)\phi\}$$
$$+ S'^2\lambda^4L'^4\sin(n-1)\phi = 0,$$

$$\therefore\ 2S'\lambda^2L'\{\sin(n-2)\phi - \sin(n-1)\phi\}$$
$$+2\sin(n-2)\phi(\cos\phi - 1)$$
$$-\frac{S'}{S}\{\sin(n-2)\phi - \sin(n-1)\phi + S'\lambda^2L'\sin(n-1)\phi\}$$
$$+S'^2\lambda^4L'^2\sin(n-1)\phi = 0.$$

But

$$2(\cos\phi - 1) = -S'\lambda^2L' \quad\ldots\ldots\ldots\ldots\ldots\ldots(A)$$

$$\therefore\ \lambda^2L'\{\sin(n-2)\phi - 2\sin(n-1)\phi\}$$
$$-\frac{1}{S}\{\sin(n-2)\phi - \sin(n-1)\phi + S'\lambda^2L'\sin(n-1)\phi\}$$
$$+S'\lambda^4L'^2\sin(n-1)\phi = 0 \quad\ldots\ldots\ldots\ldots\ldots\ldots(B).$$

On eliminating ϕ from (A) and (B) we obtain an equation for λ^2.

Now we have seen that $4 \sin^2 \phi/2$ is of the order $S'L'/\Sigma L$, where Σ stands for the whole capacity. In the most important cases S, the external capacity, is large compared with S_1, the capacity of the coil; and in this case the whole capacity is large compared with S_1. In the general case on substituting in (B) from (A) we find

$$\lambda^2 L' \{\sin(n-2)\phi - 2\sin(n-1)\phi + 2\sin(n-1)\phi(1-\cos\phi)\}$$
$$= \frac{1}{S}\{\sin(n-2)\phi - \sin(n-1)\phi + 2(1-\cos\phi)\sin(n-1)\phi\}.$$

Whence
$$\lambda^2 L'S = 1 + \frac{\sin(n-1)\phi}{\sin(n-2)\phi - 2\cos\phi\sin(n-1)\phi}$$
$$= 1 - \frac{\sin(n-1)\phi}{\sin n\phi}$$
$$= 1 - \cos\phi + \sin\phi\cot n\phi,$$
$$\therefore \lambda^2 L'(S - \tfrac{1}{2}S') = \sin\phi \cot n\phi \quad \text{.....(C)},$$

or substituting for $\lambda^2 L'$ from (A)
$$2\tan\frac{\phi}{2}(S - \tfrac{1}{2}S') = S'\cot n\phi \quad \text{.....(C')},$$

the fundamental equation for the periods.

Up to the present no assumption has been made as to the relative values of S and S'. In our case S' is small compared with S_1, and then ϕ is small; S may have any value.

In the more important cases S is large compared with S_1. In this case $n\phi$ is of the order $(S_1/S)^{\frac{1}{2}}$. We may expand $\cot n\phi$ and $\cot \phi/2$ and use $1/SL$ as an approximate value for λ^2 in the small terms.

Now we have
$$2(1-\cos\phi) = \lambda^2 L'S'.$$

Thus
$$\phi^2 = \lambda^2 L'S'(1 + \tfrac{1}{12}\lambda^2 L'S' + \ldots).$$

Hence
$$\phi^2 = \lambda^2 L'S'\left\{1 + \frac{a}{n^2} + \frac{b}{n^4} + \ldots\right\},$$

where a, b, etc. can be found approximately. Hence expanding in Bernouilli's numbers,

$$nL'\lambda^2 S\left(1 - \frac{1}{2}\frac{S'}{S}\right)\left(1 + \frac{a}{n^2} + \frac{b}{n^4}\ldots\right)$$
$$= \left\{1 - \frac{2^2 B_1 n^2\phi^2}{L^2} - \frac{2^4 B_2 n^4 \phi^4}{L^4}\ldots\right\}$$
$$\left\{1 - \frac{B_1\phi^2}{L^2} - \frac{B_2\phi^4}{L^4}\ldots\right\}.$$

Now, as a first approximation,
$$n^2\phi^2 = \frac{n^2 L'S'}{LS} = \frac{n}{n-1}\frac{S_1}{S} = \frac{S_1}{S}\left(1 + \frac{1}{n}\right).$$

Hence $n^2\phi^2$ is of the order S_1/S,

$$n^2\phi^4 \text{ is of order } \frac{1}{n^2}\left(\frac{S_1}{S}\right)^2 \text{ or } \frac{1}{1000}\left(\frac{S_1}{S}\right)^2,$$

since $n = 30$ approximately in the experiments.

Again, the value of S is in the final experiments 5853 cm. while S_1, when the two coils (A) and (B) are used, is about 1600 cm. (See Part IV.)

Thus the important terms are those in $n^2\phi^2$, $n^4\phi^4 \ldots$, while a term such as one in $n^2\phi^4$ is, when S_1 has its largest value, of the order $(S_1/S)^3$; and when S_1 is only 100 cm. it is of order $(S_1/S)^4$.

Hence retaining the most important terms,

$$\lambda^2 LS\left\{1 - \frac{1}{2}\frac{S_1}{(n-1)S}\right\} = 1 - \frac{2^2 B_1 n^2\phi^2}{L^2} - \frac{2^4 B_2 n^4\phi^4}{L^4}$$

and

$$B_1 = \frac{2}{3 \times 2^2}, \quad n^2\phi^2 = \frac{S_1}{S}\left(1 + \frac{1}{n}\right).$$

Thus

$$\lambda^2 LS\left\{1 - \frac{1}{2}\frac{S_1}{(n-1)S}\right\} = 1 - \frac{1}{3}\frac{S_1}{S}\left\{1 + \frac{1}{n}\right\}.$$

Hence

$$\lambda^2 LS = 1 - \frac{1}{3}\frac{S_1}{S}\left\{1 - \frac{n-2}{2n(n-1)}\right\}$$

$$= 1 - \frac{1}{3}\frac{S_1}{S}\left\{1 - \frac{1}{2(n-1)}\right\},$$

omitting terms of the order $1/n^2$ in the coefficient of S_1/S.

Substituting in the terms in $n^4\phi^4$ and introducing the value of n in the last term, we have approximately

$$\lambda^2 LS = 1 - \frac{1}{3}\frac{S_1}{S}\left(1 - \frac{1}{2(n-1)}\right) + \frac{4}{45}\left(\frac{S_1}{S}\right)^2 \quad \ldots\ldots\ldots\ldots\ldots\ldots\ldots\ldots \text{(D)}.$$

In obtaining the coefficients of (S_1/S) the terms in $n\phi$ have been retained when compared with terms in ϕ.

Hence for $S_1/S = \cdot 2733$,

$$\lambda^2 LS = 1 - \cdot 0896 + \cdot 0066 = \cdot 9169.$$

In some of the preliminary experiments however the value of S_1/S was greater than unity and the series method of solution will not apply.

The following graphical method however will apply to all the cases.

The equations to be solved are

$$\lambda^2 = \frac{2(1-\cos\phi)}{L'S'},$$

$$\tan\frac{\phi}{2}\left(\frac{2S}{S'}-1\right) = \cot n\phi;$$

$$S' = \frac{S_1}{n-1}, \quad n-1=30, \quad \frac{S_1}{S} = \cdot 2733,$$

for $S = 58\cdot 53$ metres, $S_1 = 16$ metres.

Hence
$$\left(\frac{2S}{S'}-1\right) = 218.$$

Hence
$$218 \times \tan\frac{\phi}{2} = \cot 31\phi.$$

An inspection of the Tables and a trial shews that ϕ is nearly $56'$.

By plotting on a large scale the values of $\cot 31\phi$ and $218 \tan \phi/2$ at about $56'$, we find the curves intersect at $56'\ 30''$.

Hence
$$\phi = 56'\ 30''.$$

Hence
$$\lambda^2 LS = 2(1-\cos\phi)\frac{LS}{L'S'}$$

$$= 2(1-\cos\phi)\,n(n-1)\frac{S}{S_1}$$

$$= \cdot 919,$$

substituting for ϕ, n and S/S_1.

Thus practically the same value is found as by the series. If we take $S_1 = 1$ metre, as in the experiments with coil (A) or (B) singly, then

$$S/S_1 = 58, \quad 2(n-1) = 60,$$

and
$$\tan\phi/2\ \{58 \times 60 - 1\} = \cot 31\phi.$$

Thus
$$3479 \times \tan\frac{\phi}{2} = \cot 31\phi.$$

A similar procedure gives for ϕ the value $14'\ 45''$, and substituting in the equation for $\lambda^2 LS$ we obtain

$$\lambda^2 LS = \cdot 9924.$$

The solution by series already obtained was ·9943.

The case in which there is no outside condenser is given by putting $S = S'$ in the original equation; thus, supposing the coil to consist of n parts, so that $nS' = S_1 = 16$ metres, we have

$$\tan\frac{\phi}{2} = \cot n\phi, \quad \phi = \frac{\pi}{2n+1},$$

$$\lambda^2 LS_1 = 2n^2(1-\cos\phi) = \frac{n^2}{(2n+1)^2}\pi^2$$

$$= \frac{\pi^2}{4}\left\{1-\frac{1}{n}\right\} \text{ neglecting } 1/n^2$$

$$= 2{\cdot}38 \text{ if } n = 31.$$

The case of a continuous coil of uniform capacity s and inductance l per unit of length may be treated as follows.

We assume the frequency to be such that the current across each section of the wire is the same at any given moment.

Let V be the potential at one end, that at the other being zero, a the length of the wire, v the potential at a distance x from the end at which the potential is zero.

Then $$v = \frac{Vx}{a}.$$

The charge on an element dx at x is

$$q = svdx = \frac{sVxdx}{a}.$$

Energy $$= \tfrac{1}{2}qv = \tfrac{1}{2}s\frac{V^2x^2}{a^2}dx.$$

The total electrostatic energy of the coil is thus

$$\frac{1}{2}\frac{sV^2}{a^2}\int_0^a x^2dx,$$

and thus $$= \tfrac{1}{2}\times\tfrac{1}{3}V^2sa = \tfrac{1}{6}V^2S_1,$$

if S_1 is the capacity of the whole coil.

Hence the total electrostatic energy of the coil and condenser is

$$\tfrac{1}{2}V^2(S+\tfrac{1}{3}S_1).$$

The electrokinetic energy is $\tfrac{1}{2}Lu^2$ if u is the current.

Hence $$\lambda^2 = \frac{1}{L(S+\tfrac{1}{3}S_1)}.$$

This agrees with the result already found for a large number n of condensers connected by wires. (See equation (D), p. 159.)

In some of the earlier experiments described in Part IV. in which the whole coil was used and the value of S_1 therefore was 16 metres, the values of S were approximately 2, 5, 5·5 and 10·5 metres. The values of ϕ and $\lambda^2 LS$ can be found for these cases in the same manner and we thus get the following Table.

TABLE IV.

S	S_1	S/S_1	ϕ	$\lambda^2 LS$
2	16	·125	2° 37′ 48″	·2449
5	16	·312	2 16 40	·4582
5·5	16	·344	2 12 20	·4741
10·5	16	·656	1 52 12	·6498
58·53	16	3·659	56 30	·9169
0	16			2·38*

The experiments in which the external capacity is small are of no value as a means of finding "v." They serve however to test the truth of the formula and of the corrections which we have applied.

We may put the correction another way, and say that instead of employing the whole capacity S to calculate the frequency from the formula $\lambda^2 LS = 1$ we have to use a capacity S/k, where k has the values given in the last column of Table IV.

Throughout the above we have taken L', the effective coefficient of self-induction of $1/n$ of the number of turns, as $1/n$ of the whole coefficient, and neglected the mutual induction between the turns; we proceed to justify this.

Now the effect of inductance in any wire is made up of the self-induction of that wire, and the mutual induction of the other wires; moreover the currents in the various turns are, owing to the capacity, not the same.

Let l_1 be the coefficient of induction of a wire in which the current is $\dot{x}_1$ due to itself, m_{12}, m_{13}, etc. the mutual coefficients.

Then the strict equations for any wire joining two of the condensers each of capacity S' will be

$$l_1\ddot{x}_1 + m_{12}\ddot{x}_2 + \ldots + \frac{1}{S'}(x_1 - x_2) = 0;$$

put
$$L'\ddot{x}_1 = l_1\ddot{x}_1 + m_{12}\ddot{x}_2 + \ldots,$$

and let
$$\ddot{x}_2 = \ddot{x}_1 + \ddot{y}_2,$$

$$\ddot{x}_3 = \ddot{x}_1 + \ddot{y}_3, \text{ etc.},$$

$$L'\ddot{x}_1 = (l_1 + m_{12} + \ldots)\,\ddot{x}_1 + m_{12}\ddot{y}_2 + m_{13}\ddot{y}_3 + \ldots.$$

* For this case S_1 takes the place of S.

Now $\ddot{y}/\ddot{x}$ depends on S'/S, and m_{12}, etc. are all finite and less than l_1;

$$L' = (l_1 + m_{12} + \dots) + \frac{(n-1)S'}{S}\overline{m},$$

where $\overline{m}$ is of the order of the arithmetical mean of m_{12}, m_{13}, etc.,

$$\therefore\ L' = l_1 + m_{12} + \dots + \frac{S_1}{S}\overline{m}.$$

Thus in the case of a large number of turns, if S_1/S is small the equations already used are correct if L' be $1/n$th of the whole self-induction, for we may neglect the term $S_1\overline{m}/S$ compared with the sum $l_1 + m_{12} +$ etc.

There is now the correction for resistance to be considered. In the case of a simple circuit

$$\lambda^2 = \frac{1}{SL}\left\{1 - \frac{1}{4}\left(\frac{R}{\lambda_0 L}\right)^2\right\},$$

λ_0 being the uncorrected value; thus we may put

$$\lambda^2 = \frac{1}{SL}(1 - k').$$

Now so far as the inductance of the circuit is concerned,

$$\lambda^2 = \frac{1}{SL}(1 - k'').$$

And in the more important cases both k'' and k' are small.

Therefore
$$\lambda^2 = \frac{1}{SL}(1 - k'' - k'),$$

where k'' has the value already found from Table IV.,

$$k' = \frac{1}{4}\left(\frac{R}{\lambda_0 L}\right)^2.$$

In some of the experiments λ_0 is about $2\pi \times 10^3$,

$$R = 200 \times 10^9,\quad L = 5 \times 10^9,$$

$$\frac{R}{\lambda_0 L} = \frac{1}{150} \text{ approximately},$$

and the correction is negligible.

If the period be 1/120 second as in other experiments,

$$\lambda_0 = 2\pi \times 1{\cdot}2 \times 10^2 = 7{\cdot}2 \times 10^2 \text{ approximately},$$

$$\frac{R}{\lambda_0 L} = \frac{1}{20} \text{ approximately},$$

and $k' = \frac{1}{4} \cdot \frac{1}{400} = \frac{1}{1600}$, which is also negligible.

In some of the experiments only half the coil was used.

We may represent this case diagrammatically thus (Fig. 4).

The upper set of plates and loops represents the coil connected to the main condenser, the lower set represents the insulated coil, the ends of which are insulated.

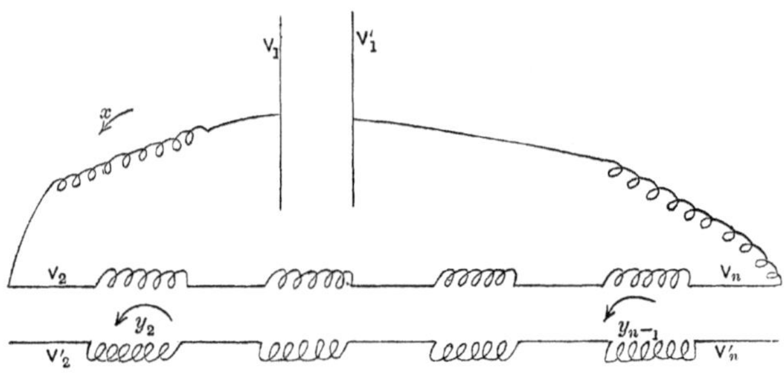

FIG. 4.

Case ii.

As the main condenser is discharged the electrostatic action of the upper plates causes the charges on the lower plates to vary and oscillating currents are produced in the lower coil.

Let x be the current leaving the main condenser, y_2, y_3, y_4 the currents between the lower plates of the coil condensers, then the currents between the upper plates of the same are $x - y_2$, $x - y_3$, etc., and the equations are

$$\left.\begin{aligned} L'(\dot{x}) &= V_1 - V_2 \\ L'(\dot{x} - \dot{y}_2) &= V_2 - V_3 \\ &\cdots\cdots\cdots\cdots \\ L'(\dot{x} - \dot{y}_{n-1}) &= V_{n-1} - V_n \\ L'\dot{x} &= V_n - V_1' \\ L'\dot{y}_2 &= V_2' - V_3' \\ L'\dot{y}_{n-1} &= V'_{n-1} - V_n' \end{aligned}\right\} .$$

Hence

$$nL'x = V_1 - V_1' + V_2' - V_n'$$

$$= V_1 - V_1' + V_2 - \frac{Q_2}{S'} - V_n + \frac{Q_n}{S'}$$

$$= 2(V_1 - V_1') - 2L'x' - \frac{Q_2}{S'} + \frac{Q_n}{S'}$$

$$(n+2)\,L'x' = \frac{2Q}{S} - \frac{Q_2}{S'} + \frac{Q_n}{S'}$$

$$(n+2)\,L'\ddot{x} = -\frac{2}{S}Q - \frac{y_2 + y_{n-1}}{S'}.$$

Also $$L'(\dot{x} - 2\dot{y}_2) = V_2 - V_2' - (V_3 - V_3')$$

$$= \frac{Q_2}{S'} - \frac{Q_3}{S'},$$

$$L(\dot{x} - 2\dot{y}_{n-1}) = \frac{Q_{n-1}}{S'} - \frac{Q_n}{S}.$$

Hence $$\left\{\begin{aligned} L'(\ddot{x} - 2\ddot{y}_2) &= \frac{2y_2 - y_3}{S'}, \\ L'(\ddot{x} - 2\ddot{y}_3) &= \frac{-y_2 + 2y_3 - y_4}{S'}, \\ &\cdots\cdots\cdots\cdots \\ L'(\ddot{x} - 2\ddot{y}_{n-1}) &= \frac{-y_{n-2} + 2y_{n-1}}{S'}. \end{aligned}\right.$$

Now we may shew that $y_2 = y_{n-1}$. For superpose everywhere on the system a potential v; this will not affect the currents. And now choose v so that the potentials of the plates of the main condenser are equal and opposite, *i.e.* so that

$$V_1 + v = -(V_1' + v),$$

$$v = \tfrac{1}{2}(V_1 + V_1');$$

the distribution is a symmetrical one and obviously in this case

$$y_2 = y_{n-1},$$

$$y_3 = y_{n-2}, \text{ etc.}$$

Hence if $n = 2m$

$$y_m = y_{m-1}, \qquad \frac{dQ_{m+1}}{dt} = 0,$$

and we have $m-1$ equations

$$\left\{\begin{aligned} L'(\ddot{x} - 2\ddot{y}_2) &= \frac{2y_2 - y_3}{S'}, \\ L'(\ddot{x} - 2\ddot{y}_3) &= \frac{-y_2 + 2y_3 - y_4}{S'}, \\ L'(\ddot{x} - 2\ddot{y}_m) &= \frac{-y_{m-1} + y_m}{S'}; \end{aligned}\right.$$

put

$$x_1 = x, \quad x_2 = x_1 - 2y_2, \quad x_3 = x_1 - 2y_3,$$

$$y_2 = \tfrac{1}{2}(x_1 - x_2), \quad y_3 = \tfrac{1}{2}(x_1 - x_3), \text{ etc.,}$$

$$y_3 - y_2 = \tfrac{1}{2}(x_2 - x_3), \text{ etc.}$$

Hence

$$\begin{cases} (m+1)\,L'\ddot{x}_1 = -\dfrac{1}{S}x_1 - \dfrac{1}{2}\dfrac{(x_1 - x_2)}{S'}, \\ L'\ddot{x}_2 = \dfrac{x_1 - x_2}{2S'} - \dfrac{x_2 - x_3}{2S}, \\ L'\ddot{x}_m = \tfrac{1}{2}S'(x_{m-1} - x_m); \end{cases}$$

$\therefore$ putting $x = Xe^{-\iota\lambda t}$,

$$\begin{cases} \left[2S'\left\{(m+1)\lambda^2 L' - \dfrac{1}{S}\right\} - 1\right] X_1 + X_2 = 0, \\ X_1 + \{2S'\lambda^2 L' - 2\}\, X_2 + X_3 = 0, \\ X_{m-1} + \{2S'\lambda^2 L' - 1\}\, X_m = 0. \end{cases}$$

Solving these equations as previously, putting $S'L'\lambda^2 = 1 - \cos\phi$, we find as the equation for the periods

$$S\lambda^2 L'\left\{m + \frac{1}{1 - \cos\phi + \sin\phi\cot m\phi}\right\} = 1 \text{ ....(E).}$$

Expanding as far as ϕ^2 and assuming that ϕ^2 may be neglected, compared with $m^2\phi^2$, we have

$$S\lambda^2 L'\left\{m + \frac{m}{1 - \dfrac{m^2\phi^2}{3}}\right\} = 1,$$

$$2S\lambda^2 mL'\left\{1 + \frac{m^2\phi^2}{6}\right\} = 1.$$

Now

$$2mL' = L, \quad \phi^2 = 2S'\lambda^2 L', \quad S_1 = (2m-1)\,S'.$$

Hence

$$L\lambda^2 S\left\{1 + \frac{1}{6}\frac{m}{(2m-1)}\frac{S_1}{S}\right\} = 1,$$

or neglecting the terms in $(S_1/S)^2$,

$$\lambda^2 LS = 1 - \frac{1}{6}\left(\frac{m}{2m-1}\right)\frac{S_1}{S}$$

$$= 1 - \frac{1}{12}\left(1 + \frac{1}{n}\right)\frac{S_1}{S} \text{ ....(F).}$$

Thus so far as the term in S_1/S is concerned the correction is one-fourth of that to be applied in the first case, and this, when the values of S_1 and S are 16 and 58·53 respectively, comes to $-·022$.

If we assume the coefficient of the term in $(S_1/S)^2$ to be also divided by 4 we have to add to this $+·001$. Thus to about one part in 1000 we have

$$\lambda^2 LS = 1 - ·021 = ·978.$$

If however in the case represented in Fig. 4, we suppose that the lower coil is uninsulated, the equations can readily be shewn to be those of the first section of this Part, and the formula for the frequency will be

$$\lambda^2 SL = ·9169 \quad \text{.......................................(G).}$$

There is however another possible arrangement to notice.

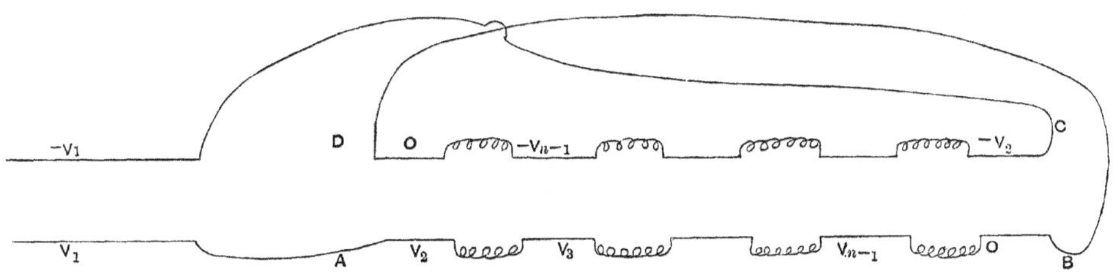

Fig. 5.

Case iii.

If in Fig. 5, AB, CD represent the two coils, we have supposed above in Fig. 3 that B was connected to C, while A and D are connected to the main condenser. In some of the experiments however it appears possible that B was connected to D, and A and C to the external condenser. The distribution of potential would then be as shewn in the figure, and the solution differs from that of the first case. We can write down the equations and solve this case, but it can be shewn thus that it reduces to the second case.

For compare Fig. 5 with Fig. 6, which is obtained by putting the coil DC alongside AB, and placing above the two a second similar double coil $A'B'D'C'$ with its ends insulated; the distance between this and the first coil being the same as for the two coils in Fig. 5. The distribution of currents is clearly the same. Now if $\bar{S}_1$ be the capacity of the two coils AB, DC, or $A'B'$, $D'C'$ in Fig. 6, the correcting term is $-\bar{S}_1/12S$.

But $\bar{S}_1 = 2S_1$. Thus the correcting term in this case is $-\frac{1}{6}\frac{S_1}{S}$ or one half of its value in the first case.

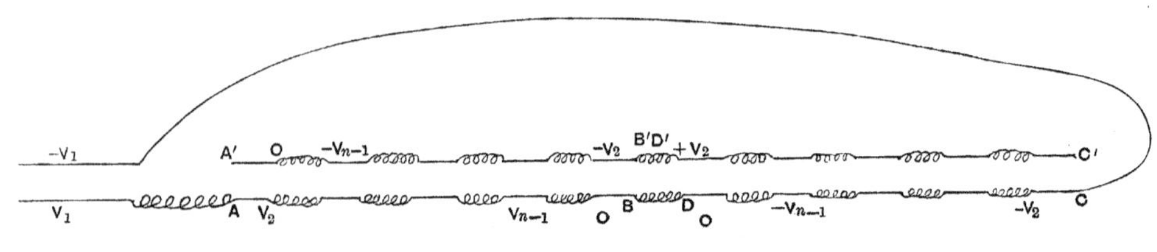

FIG. 6.

We shall assume that if the higher powers of S_1/S are included the correction is still one half of its value in the first case.

The solution for the case in which there is no condenser attached is best obtained from the original equation (E), p. 166, by putting $S = S'$, *i.e.* assuming the last section of the coil to be the external condenser.

Thus we have

$$\lambda^2 S'L' \left\{ n + \frac{1}{1 - \cos\phi + \sin\phi \cot n\phi} \right\} = 1,$$

$$\lambda^2 S'L' = 1 - \cos\phi.$$

Also $$nS' = S_1, \quad 2nL' = L.$$

Whence $$n(1 - \cos\phi)\cos\left(n\phi - \frac{\phi}{2}\right) = \cos\frac{\phi}{2}\cos n\phi.$$

Now assume, guided by the solution on p. 161, that $n\phi = \frac{\pi}{2} - \frac{\psi}{2}$ where ψ is small.

Then $n(1 - \cos\phi)\sin\frac{1}{2}(\phi + \psi) = \cos\frac{\phi}{2}\sin\frac{\psi}{2}$ and $\phi = \frac{\pi}{2n}$ approximately; neglecting $\frac{\psi}{2n}$.

Thus $$\frac{n\phi^2}{2}\frac{\phi + \psi}{2} = \left(1 - \frac{\phi^2}{2}\right)\frac{\psi}{2},$$

$$\frac{\psi}{2}\left\{1 - \frac{n+1}{2}\phi^2\right\} = \frac{n\phi^3}{4}.$$

Thus approximately $$\psi = \frac{\pi}{16}\frac{\pi^2}{n^2},$$

$$n\phi = \frac{\pi}{2}\left\{1 - \frac{\pi^2}{16n^2}\right\}.$$

Now $$\lambda^2 S_1 L = 2n^2 S'L'\lambda^2 = 2n^2(1 - \cos\phi) = n^2\phi^2 = \frac{\pi^2}{4}.$$

Thus comparing this with the result on p. 161 we see that the frequency is the same whether the connexions be as in Fig. 3 or in Fig. 5.

In order to solve when S_1 is not small compared with S we have with the same notation from the above equations

$$\sin \tfrac{1}{2}(\phi + \psi) \left\{ \frac{S'}{S} - n(1 - \cos \phi) \right\} = \sin \frac{\phi}{2} \cos \frac{\psi}{2}.$$

Now we may suppose ϕ is small.

Hence
$$\cot n\phi = \tan \frac{\psi}{2} = \frac{\frac{\phi}{2}\left(1 + \frac{n\phi^2}{2} - \frac{S'}{S}\right)}{\frac{S'}{S} - \frac{n\phi^2}{2}}.$$

Now if
$$\lambda^2 SL = k = 2n\lambda^2 SL',$$

since
$$2\lambda^2 S'L' = \phi^2,$$

we have
$$k = n\phi^2 \frac{S}{S'}.$$

$$\therefore \cot n\phi = \tfrac{1}{2}\phi \frac{S}{S'} \frac{\left\{1 - \frac{S'}{S}\left(1 - \frac{k}{2}\right)\right\}}{\left(1 - \frac{k}{2}\right)}.$$

Now $S' = \frac{16}{30} = \frac{1}{2}$ approximately, and when the connexions are as in Fig. 4, $k = {\cdot}25$ for $S = 2$. Hence assuming k is not very different in the present arrangement

$$\cot 30\phi = \tfrac{8}{2}\phi(1 + {\cdot}12),$$

$$\cot 30\,\phi = \frac{3.36}{2}\,\phi = 1{\cdot}68\phi.$$

The solution of this gives $\phi = 2^\circ\, 50'\, 30''$ and $k = {\cdot}2873$.

If $S = 5$, k is ·45 in the first arrangement. Thus

$$\cot 30\,\phi = 6\phi \text{ approximately},$$

whence
$$\phi = 2^\circ\, 30'\, 30'',$$

and
$$k = {\cdot}558.$$

For
$$S = 5{\cdot}5, \quad k = {\cdot}574,$$

while if
$$S = 10{\cdot}5, \quad k = {\cdot}784.$$

If then we write $\lambda^2 LS = k$ we have the following values for k according as the connexions are made.

TABLE V.

S	k		
	Case i. Coil as in Fig. 3	Case ii. Half-coil used as in Fig. 4	Case iii. Coil as in Fig. 5
2	·245		·287
5	·458		·558
5·5	·474		·574
10·5	·659		·784
30·5	1 – ·152		1 – ·076
190	1 – ·028	1 – ·007	1 – ·014
3000	1 – ·002	1 – ·0005	1 – ·001
58·5	1 – ·081	1 – ·021	1 – ·040

Again it appears from an approximate calculation founded on the measurements of the coil that the capacity of any one layer on those adjoining it is large, it may even be as great as 600 cm. It is therefore desirable to investigate if possible what effect this has on the formula for the frequency.

We may perhaps represent this by supposing the coil to consist of a series of

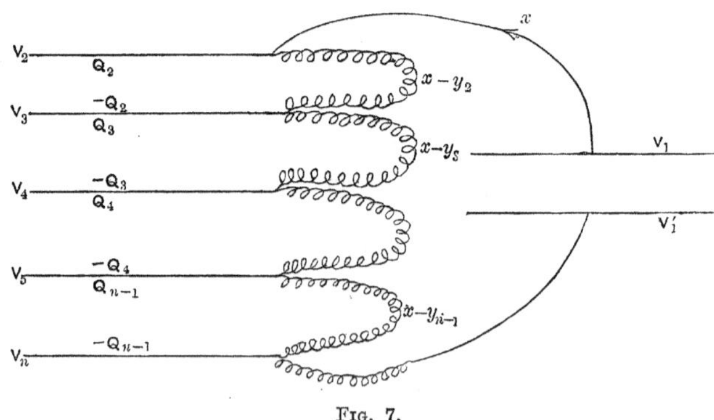

FIG. 7.

loops without capacity with a series of parallel plates attached at the centre of each loop.

$$L'\dot{x} = V_1 - V_2,$$

$$L'(\dot{x} - \dot{y}_2) = V_2 - V_3,$$

$$L'(\dot{x} - \dot{y}_{n-1}) = V_{n-1} - V_n,$$

$$L'\dot{x} = V_n - V_1',$$

$$V_2 - V_3 = \frac{Q_2}{S_1'}, \quad \frac{dQ_2}{dt} = y_2, \text{ etc.},$$

$$nL'\ddot{x} - L'(y_1 + y_2 + y_{n-1}) = V_1 - V_1' = \frac{Q_1}{S}.$$

$$L'(\ddot{x} - \ddot{y}_2) = \frac{1}{S_1'} y_2,$$

$$L'(\ddot{x} - \ddot{y}_{n-1}) = \frac{1}{S_1'} y_{n-1},$$

$$(S_1'L'\lambda^2 - 1) Y_2 = (S_1'L'\lambda^2 - 1) Y_3 = S_1'L'\lambda^2 X_1,$$

$$\therefore \lambda^2 \left\{nL' + \frac{(n-2) S_1'L'^2\lambda^2}{1 - S_1'L'\lambda^2}\right\} = \frac{1}{S},$$

$$SL\lambda^2 = 1 - \frac{n-2}{n} S_1'\lambda^2 L',$$

$$\lambda^2 SL = 1 - \frac{n-2}{n^2} \frac{S_1'}{S}.$$

Now it appears possible from the investigation in Part IV. p. 174, that S_1' may be as great as 600 cm. so that $S'/S = \frac{1}{10}$.

Also, taking the two coils, $n = 60$ and $1 - \frac{n-2}{n^2} \frac{S_1'}{S} = 1 - \frac{1}{600}$ approximately, thus the correction is negligible, and we might give S' a much larger value without modifying our final result.

If we have no external condenser then $S = S_1'$ and we have $\lambda^2 S_1' L = 1 - \frac{1}{n}$ approximately. So that in this case the capacity of each layer of the coil on the next may be the effective factor in determining the period.

(ii) Effect of Resistance and Throttling on the Period.

The critical resistance at which the discharge ceases to be oscillatory is

$$\sqrt{\frac{4L}{S}},$$

and in our case this is enormous, because of the small capacities. In the principal case, of the large air condenser, it is

$$\sqrt{\frac{4{\cdot}6 \times 10^9}{6000} \cdot \frac{3 \times 10^{10}}{10^9}} = 53000 \text{ ohms}.$$

When only one half coil is used the critical resistance is less, being about 30,000 ohms.

Now the resistance of our wire circuit is only 200 ohms as ordinarily measured, but it is well known that under rapid oscillations the resistance of a conductor is increased by reason of the extra peripheral distribution of the current. The spark gap has also a certain resistance which it is not easy exactly to estimate.

Some observations were made with a condenser discharging through several known circuits and the same air gap, in order to study the damping and make an estimate of what the resistance of the spark was. These indicate that for feeble discharge a spark resistance is high, while for powerful discharge it may be quite low. With our feeble spark it is undoubtedly large, and quite eclipses the resistance of the wire part of the circuit, though it does not amount to anything like the critical resistance at which the discharge ceases to be oscillatory; but it cannot be considered as constant, and its complete specification will be difficult.

With regard to the throttling by reason of rapid alternation, it must be observed, 1st, that the alternations were not excessively rapid, always comparable to 1000 per second; and 2nd, that the wire on the coil was copper and very thin.

The coil had a mean diameter of 38 centims. and consisted of 3493 turns of copper wire, half a millimetre in diameter. At 1000 alternations per second uniform distribution of current through such a wire would hardly be departed from, and neither the resistance or the self-induction would be greatly different from their ordinary values.

It is important to note that no correction to self-induction is necessary, for even with infinite rapidity of oscillation, when all the current flows by the periphery, the value of the self-induction would not be greatly disturbed; though the throttling resistance would then be enormous. The reason why the self-induction is not very dependent on distribution in a thin wire is that it is only the space inside the wire which ceases to be magnetised by a peripheral distribution, and this is small in comparison with all the space outside.

(iii) SELF-INDUCTION OF LEADING WIRES.

The self-induction of the leading wires between condenser, coil and spark-gap, was about 100 metres; but as the self-induction of the whole circuit was considerably more than an earth quadrant this is entirely insignificant.

(iv) EFFECT OF LEAKAGE.

The insulation resistance between the two halves of the coil was measured and found to be 20 megohms; hence leakage during a discharge was practically non-existent.

(v) EFFECT OF WAVE LENGTH.

The electric oscillations have not been assumed quick enough to give waves comparable in length with the circuit, else different parts of the circuit would be in different phases, and some complications would result.

The length of the circuit is 4 kilometres.

The wave length in the chief cases is either

$$\frac{3 \times 10^{10}}{880} \text{ or } \frac{3 \times 10^{10}}{1600} \text{ centims.}$$

and is always bigger than 100 kilometres, so no complication from different phases will arise.

PART IV.

Preliminary Experiments.

In the earlier stages of the work a large number of experiments were made with various condensers; some of these had a small capacity. It was thought at the time that it might be possible to use a guard-ring condenser of which the capacity could be accurately determined and that thus a good value for "v" might have been obtained; at this stage the importance of the correction for the capacity of the coil was not fully realized and it was the discrepancy which was observed when the results of these experiments were compared with a simple theory which led to the fuller consideration of this correction which has been given in Part III.

The experiments therefore are chiefly of interest as a test of the theory and as enabling us to see the consequences of the correction.

Several measurements were made with a small air condenser consisting of 7 concentric brass cylinders each 45·4 cm. high and ·75 mm. thick and of internal diameters 13·25, 9·90, 8·26, 6·92, 5·00, 3·40, and 1·60 cms. respectively. The capacity of this condenser making some allowance for the edges and for connecting wires was calculated at 5·5 metres.

Another condenser consisted of eleven circular discs of brass of total capacity, as calculated from the dimensions, of 5 metres. A list of these various condensers is given below. (See p. 175.)

Two other condensers were used, one consisting of tinfoil plates on glass, the other a paraffin paper condenser. The capacity of the former calculated from its dimensions is 47·5 K metres, K being the specific inductive capacity of glass. Taking K as 5 this comes to 237 metres. An attempt made however to determine by observation the capacity of this condenser gave as the value 190 metres, corresponding to the value 4 for K which is very low.

The capacity of the paraffin paper condenser was $\frac{1}{3}$ microfarad or 3000 metres.

The capacities of these condensers were also determined by the ballistic method, but it must be remembered that with such small capacities accuracy cannot be expected and the values found are therefore only approximate.

The correction to be made to the simple theory involves as we have seen in Part III. the capacity of the two halves of the coil treated as two plates of a condenser.

We may obtain a very rough estimate of this by treating the two sets of opposed turns as two discs separated by the glass plate and insulated covering of the wire.

Now we have from the dimensions given in Part III. p. 153 the following data: the thickness of the glass is ·27 cm. and of the gutta percha ·1 cm.: taking the inductive capacity of glass as 7 and of gutta percha as 3, we have for the equivalent air thickness

$$\frac{\cdot 27}{7} + \frac{\cdot 1}{3} \text{ or } \cdot 072 \text{ cm.}$$

Hence since the interior diameter is 27·5 cm. and the exterior 48·7 cm.

$$S_1 = \frac{\pi \times 76 \cdot 2 \times 21 \cdot 2}{4\pi \times 4 \times \cdot 072} = 1400 \text{ cm. approximately.}$$

But the value of S_1 can best be found by the ballistic method. The two halves of the coil were charged like the two coats of a condenser to a potential difference of 60 volts and discharged through a ballistic galvanometer. A standard condenser of ·01 microfarad was similarly charged, and the kicks compared. As a second experiment the galvanometer was shunted with the 1/9th shunt and a condenser of capacity ·02 microfarad discharged.

A number of concordant readings were obtained with the result that the capacity came out as ·0018 microfarad or 16·2 metres for rapid charging.

If the time of charging is prolonged the capacity rises apparently and could be got as high as 22 metres; this was due in part to the action of the containing box which behaves as a conductor for slow charging. We have taken then the value 16 metres as that to be applied in the corrections in the final experiment.

We have seen that we may also require to know the capacity of one layer of the coil on the next. This it is difficult to determine with any approach to accuracy.

In each layer there are about 30 turns of wire, its thickness being about ·05 cm. The least distance apart of the surfaces of these wires is about ·1 cm. while the distance between their centres is about ·15.

We may as a very rough approximation treat the two layers as two concentric cylinders 1·5 cm. (30 × ·05) in height and ·12 cm. apart.

The mean diameter of these cylinders is 38 cm. Hence if K be the inductive capacity of the dielectric the capacity required is

$$\frac{\pi \times 38 \times 1 \cdot 5K}{4\pi \times \cdot 12} \text{ cm.,}$$

or about $120K$ cm. Assuming $K = 3$ for india rubber we get for the capacity of one layer on the next the value 3·6 metres.

List of condensers used in the preliminary experiments with their capacities as directly measured ballistically or estimated from their dimensions.

		Capacity.	
Cylinder condenser, already described,		5·5	K_0 metres.
11 plate disc condenser, ,,		5·0	,,
5 plate disc condenser, part of the above		2·0	,,
A Leyden jar	about	20·5	,,
A flat sheet glass and tinfoil condenser	about	190·0	,,
or as found by calculation		237	,,
A large paraffin paper condenser by Muirhead, consisting of six 2 microfarad condensers arranged in series	about	3000	,,

After several preliminary photographs at various speeds and modes of connexion we took on 22nd July a careful series of spins with the fork adjusted exactly at 128 and with the 4 pattern of the disc extremely steady.

The connections were made as in Figure 8.

L being the self induction coil.

C and C' the condensers arranged close together.

S the spark gap in the dark box, and M the electrical machine.

The point E was sometimes earthed.

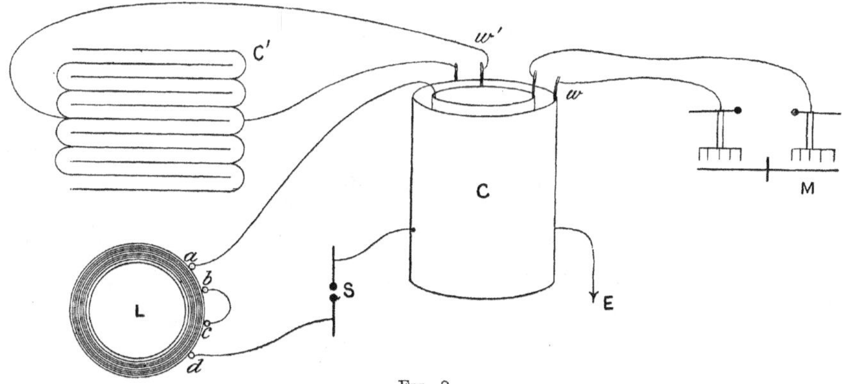

FIG. 8.

Connexion with the machine was made through wooden penholders w, in order to avoid the capacity of the machine wires and terminals coming in as a disturbance, and the two condensers are shewn connected to each other also by penholders. This was not always done, and it is this circumstance which was specially varied; the object being to test the influence of wooden connexions, for subsequent use; e.g. with a guard-ring condenser; where wooden connexion might preserve the potential uniform during slow charge but isolate the guard-ring during sudden discharge.

The following are the circumstances of the chief plates taken this day.

Plate No. I.

On its first or outer circle several sparks were taken, with cylinder and disc condenser joined by wood *w′*.

Second circle, several more with the same.

Third circle, with the cylinder condenser alone, the disc condenser being disconnected.

Fourth circle, both condensers in parallel, joined as in Figure 8, but by wire, not wood.

The following is the micrometric analysis of this plate, the numbers being given rather fully as a specimen. It was the first plate carefully read. We do not quote the actual circle readings but the successive differences or lengths of the constituent half-oscillations; the last one was usually faint, and some were better marked than others. It will be seen that there were very few oscillations in each spark, because of the smallness of the condenser and the resistance of the circuit. It would not indeed have been surprising if the damping had affected the period perceptibly; but the only obvious effect is the lengthening out of the last swing by the high resistance of the decaying spark.

Successive alternation intervals on fourth or inner circle of Plate No. 1 for different sparks :—

6° 48′, 6° 18′, 6° 55′, 7° 6′
6° 36′, 6° 15′, 6° 40′, 6° 54′
6° 29′, 6° 41′, 6° 32′, 7° 6′ (lower power object glass),
6° 32′, 6° 35′, 6° 25′, 7° 11′ (plate recentred),
6° 32′, 6° 35′, 6° 26′, 7° 7′ (repetition),
6° 23′, 6° 33′, 6° 16′, 7° 2′ (plate recentred),
6° 32′, 6° 38′, 6° 34′, 7° 28′ (apparatus reset).

It is clear that the last or decaying half oscillation is unduly lengthened by reason of the high resistance of the dying spark, so, omitting it, we have as the average of a half oscillation for this circle 6° 31′.

Similarly omitting the last reading, which in nearly all cases is longer than the others, the average length of a half oscillation on the third circle is 5° 19′; on the second circle 5° 18′; and on the first or outer circle 5° 19′.

Since the plate was making 64 revolutions per second, this gives as the observed frequency :

For the cylinder condenser connected by wood to the disc condenser 2170 per second.

For the cylinder condenser alone . . . . 2170 „

For the cylinder and disc condenser properly connected . . . 1770 „

These numbers shew that the wooden connectors separating the condensers act as expected, at least in preventing combined discharges, and thus act effectively in isolating the machine terminals from the capacity discharged.

It would be tedious to quote at full length the details of all the preliminary spins, and indeed all of the records have not yet been read. But such as seemed likely to be instructive were carefully examined, and a summary of them is given below.

July 25. The 11-plate disc condenser arranged so that the machine charges it through a needle point, an inch or two distant, without direct contact. The needle point replaces the wooden connexion previously used. The following are the lengths of various half oscillations as recorded on a plate spinning 64 turns a second: 4° 42′, 4° 42′, 4° 47′, 4° 41′, 4° 49′, 4° 41′, 4° 44′, 4° 38′, 4° 38′, 4° 41′, 4° 50′, 4° 48′, 4° 37′, 4° 43′, 4° 38′, 4° 29′, 4° 19′. Average of these numbers 4° 40′.

Frequency deduced from the observation, 2470 per second.

Same date. Cylinder condenser, similarly arranged. Frequency 2370.

Same date. 5-plate disc condenser, similarly arranged, average 4° 30′. Frequency 2580.

July 30. Cylinder condenser arranged in a different part of the circuit, viz. each set of plates connected to one of the terminals of the two halves of the coil as in Figure 11, p. 181.

Average reading 4° 34′. Frequency 2560.

On other circles of the same plate, condenser detached and middle terminals of coil left insulated, so that the *only* capacity was that of the two halves of the coil:

Readings 2° 45′, 2° 54′, 2° 31′, 2° 4′, 2° 4′, 2° 2′.

Average 2° 30′. Frequency 4630.

July 31. Spins taken at the 12-pattern speed (i.e. $21\frac{1}{3}$ revs. per sec.) with the large Muirhead condenser in simple circuit with the whole coil. The outer circle was taken with the condenser attached to middle screws, as on July 30; for the others it was connected in the ordinary way. But no correction for coil or other capacity should be needed with this great condenser.

Average reading 30° 30′, the speed not perfectly steady.

Frequency deduced 126 per second.

August 1. Cylinder and disc condenser in parallel.

Average of readings for spark alternations on outer circle	6° 32′
" " for another set ditto	6° 38′
" " for spark on second circle . . .	6° 30′
" " for another set ditto	6° 29′ 5″
" " for spark on third circle . . .	6° 32′
" " for another set third circle . .	6° 29′
" " for spark on fourth circle . . .	6° 30′
General average for this plate	6° 31′ 5″

Frequency deduced, 1766.

The speed for the outer circle was steadiest.

Same date. Cylinder and disc again, with coil connexions reversed, otherwise everything the same.

Average of readings off all alternations on				outer circle	6° 13′ 5″
"	"	"	"	second circle	6° 15′ 5″
"	"	"	"	third circle	6° 11′
"	"	"	"	fourth circle	6° 17′

Speed for fourth circle was steadiest; weighted average 6° 15′.

Frequency deduced 1830.

Same date. Leyden jar added to cylinder and disc condensers.

General average of readings 9° 48′.

Frequency deduced 1180.

August 2. Took a spin with the large Muirhead condenser connected not to the entire coil, but only one portion of it, the portion called *B*.

Average of readings (one spark on each circle) at 4-pattern speed was 49° 40′, but the speed was not over steady, and with these heavy sparks the setting of the microscope on a leading feature of each alternation is less definite.

Frequency deduced 232 or 233.

Same date. Same condenser joined to coil *A*.

Average of readings 50° 10′.

Or omitting the last or drawn-out alternation, and taking the most probable average from the steadiest circle:

Estimated reading 49° 42′.

Hence frequency deduced, average 230;
most probable 232.

Same date. Muirhead condenser joined to complete coil, one spark attempted on each circle, but one apparently missed fire.

Average of whole set (with 8-pattern speed) 45° 15′;
or frequency 128.

Same date. Muirhead with disc and cylinder condenser added.

Speed deduced 127 and 124.

August 3. Sheet glass condenser (glass as dielectric).

Composed of 8 sheets of glass and 9 of tinfoil.

Each tinfoil 38·1 × 54·2 centim.

Combined thickness of the 8 plates 2·2 centim.

Plate running at 6-pattern speed.

Average of readings 17° 8′.

Frequency deduced 450.

Same date. Same condenser through B coil only; frequency 820.

This is a sufficient account of the preliminary experiments, whose object was partly to gain experience and partly to find out what sort of condenser was best to use. Decided that a large simple air condenser was advisable, without complication of guard-ring or anything, but with edges that could be allowed for by calculation and with plates large enough to make the correction of relatively small amount.

In order to compare these preliminary results with theory it seemed best to calculate the theoretical frequencies, using the formula $\lambda^2 LS = k$ where k has the proper value for each combination as given in Table V. in Part III.

We thus obtain the following results:

TABLE VI. Both coils A and B being used.

Date	Condenser	Capacity in centimetres	Frequency calculated	Frequency observed
July 25	Five-plate disc	2	2590*	2580
July 24 July 25	Eleven-plate disc	5	2400*	2403 2470
July 22 July 25	Cylinder	5·5	2060 2270*	2160 2370
July 22 Aug. 1	Cylinder and disc in parallel	10·5	1745	1770 1766
Aug. 1	Cylinder, disc and Leyden Jar	30·5	1170	1180
Aug. 3	Sheet Glass	190 237	501 447	450
July 31 Aug. 2 " "	Paraffin condenser	3000	128	126 127 128

In the observations marked thus * the calculations have been made on the assumption that the connexions were as in Fig. 5.

TABLE VII. using only one coil.

Date	Condenser	Capacity	Frequency calculated	Frequency observed
Aug. 3	Paraffin condenser	3000	233	232 230
	Glass condenser	190 237	926 827	820

Considering the nature of the experiments the agreement may be considered satisfactory. The capacity taken for the cylinder condenser is probably too high; if it were assumed as 5·1 instead of 5·5 the agreement in all the experiments in which it was used would be improved. It is also clear that the value 190 taken for the capacity of the glass condenser is too small; only one determination of this was made, and there may have been some leak which reduced the capacity as measured; an earlier attempt at measuring the capacity was a failure from this cause.

It will be noticed that the corrections have been applied as though on July 24 and 25 the coil connexions were those shewn in Figure 5, while on the other days they were those of Figure 3. There is no evidence in the note-book that this was the case; at the time these experiments were made the importance of the direction in which the current traversed the coils was not realized.

The results of three of the preliminary experiments are not recorded in the table.

On August 1, with the cylinder and disc condensers in use, the connexions were as shewn in Figure 9, and the frequency was 1766; this result is given.

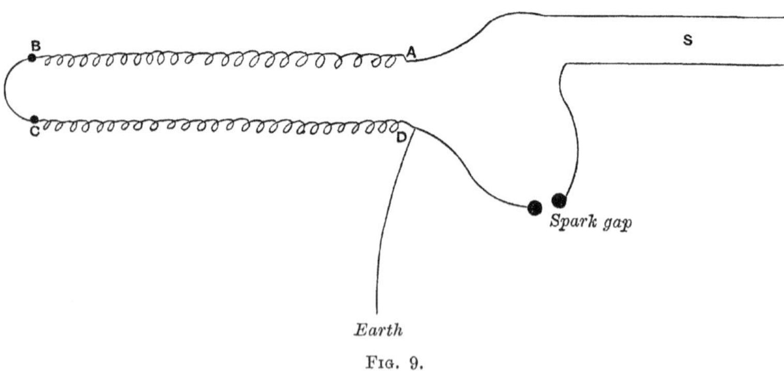

FIG. 9.

The connexions were then altered so that the condenser was to the terminals *B* and C as in Fig. 10. A and D being connected together, the frequency rose to 1830; this result we have not been able to explain as satisfactorily as we could have wished.

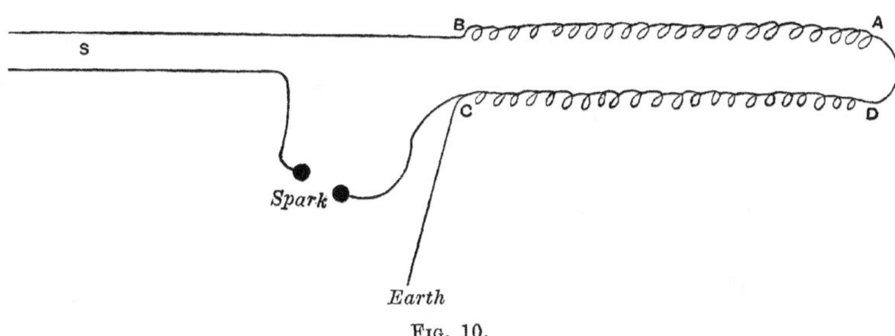

FIG. 10.

The following may however have been the cause. In the figure A and D are terminals connected with the outer turns of the coils, B and C those connected with the inner. Now the capacity of the outer turns is greater than that of the inner, while at the same time the portions of the coils which are nearest to the condenser, and in which therefore the potential difference is the greater, will have most effect on the result. We have however taken an average value of S', 16/30, in calculating the correction. It may be that this average is right for Fig. 9, but that for Fig. 10 it ought to be reduced, for the actual value of S' near C is only 3/5 of that near A. If we assumed $S_1 = 3 \times 16/5 = 10$ say, or $S' = 10/30$, we should obtain as the frequency the value 1860 which agrees closely with that given by experiment.

Again on July 30 the cylinder condenser was connected to the coil as in Fig. 11. The observed frequency was 2560.

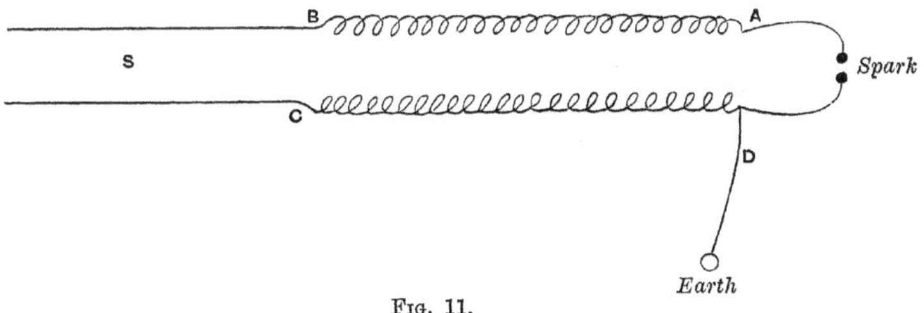

FIG. 11.

The calculated frequency for this case, assuming the corrections already given, is 2060, or if we assume the connexions to have been as in Case ii., 2270; in either case the result is much too low.

It will be noticed however that in Fig. 11 the condenser is connected to the terminals B and C, i.e. to the inner terminals of the coil as in Fig. 10, and we have just seen that the assumption that the effective capacity of the coil is 10 metres when this is the case serves to reconcile theory and experiment. It becomes of interest then to evaluate the frequency, assuming S_1 equal to 10 and S' to 10/30.

The resulting value for the frequency is 2470 which is still below that found by experiment, viz. 2560, but it has already appeared that the capacity assumed for the cylinder condenser, viz. 5·5 metres, is too high. The assumption that the value was 5·1 which (p. 180) is required to reconcile with theory the experiments recorded in Table VI. would also bring the results of this case into greater harmony.

On the same date (July 30) and immediately after the above experiment, the condenser was removed and oscillations taken with the coil alone. In this case, assuming the theory developed in Part III., we have

$$S_1 L\lambda^2 = \frac{\pi^2}{4}\left(1 - \frac{1}{n}\right) = 2{\cdot}38,$$

or if we suppose the capacity uniformly distributed along the coil,

$$S_1 L\lambda^2 = 3.$$

On substituting for S_1 the value 16 metres, and for L 4·63 secohms, we find for the frequency the values 3830 and 4300 respectively; the experimental result is 4630. In this case theory and experiment would be reconciled by the assumption that the capacity of the coil was 10 metres instead of 16, and this value fits, as we have seen, the experiments just discussed in which the condenser was used.

If we adopt the first of the two formulæ and take $S_1 = 10$ we find the theoretical frequency is 4820, while the second formula based on the assumption of a uniform distribution of capacity leads to the value 5360. The observed value was 4630 which agrees best with the first of these two theoretical values, being rather below it. It will be observed however from the record on p. 177 that the experimental results are very variable.

Thus these three sets of experiments in which the condenser was connected to the terminals B, C of the coil will be reconciled with theory by the assumption that when the experiment is so conducted that there is a large potential difference between the inner windings of the coil for each of which the electrostatic capacity is smaller than for windings near the outer edge, the effective capacity of the coil S_1 of the formula is about 10 metres, possibly rather over 10 metres.

These results are given in Table VII. (α).

TABLE VII. (α).

Both coils A and B being used, but the coil capacity taken as 10 metres instead of 16.

Date	Condenser	Capacity	Frequency calculated	Frequency observed
Aug. 1	Cylinder and disc	10·5	1860	1830
July 30	Cylinder	5·5	2470	2560
,,	Coil only		4820	4630

The general concordance of the experimental results with theory appears to shew that the capacity of the coil, layer upon layer, has no marked effect; if it be taken into account a correcting factor of the form $1 - \frac{1}{60}\frac{S_1'}{S}$ must be introduced, where S_1' may possibly be 3 or 4 metres. This would reduce the frequency in the case of the 2-metre condenser by about 1/30th, bringing it to 2510.

For $S = 5$ the correction would be 1/75.

A sufficient account has now been given of these preliminary experiments; as a result we were led to construct an air condenser of considerable capacity which we could calculate with some degree of accuracy.

PART V.

THE AIR CONDENSER.

We proceeded to make an air condenser of eleven flat plate glass slabs very carefully covered with tinfoil so as to offer a perfectly smooth metallic plane on both sides; folding the tinfoil round the edges so that they were practically slabs of metal.

The plates were nearly square, and their size was measured individually, giving as the average result 59·716 cm. long by 59·614 cm. broad.

The boxwood scale which had been used was then compared with a brass standard metre, which we know to be accurate at 0°; and 60 centims. on it was found to be $\frac{1}{20}$ millimetre longer than 60 centims. of the standard at 18°. The expansion of the brass would make the length of the standard too long by ·2 millim., so the total correction is ·025 centim. Hence the corrected size of the condenser plates is

$$59{\cdot}74 \times 59{\cdot}64 \text{ square centim.}$$

The thickness of the eleven plates clean and finished and lying close together was measured in eight different places and found to average 3·157 inches, or when clamped together tightly 3·116 inches, so the thickness of each plate was ·284 inch or ·721 centim.

We then cut a number of plate glass distance pieces, measured them carefully, and arranged them in the 10 spaces between the plates, 5 in each space, like the pips on a card. Set the plates on end on a pair of ebonite wedges and clamped them in special wooden frames, making careful contact with each plate by a thin wire lying along the middle of an edge. Connected alternate plates together and proceeded to charge. But found that the glass distance pieces leaked in the most surprising manner. Four of them were sufficient to prevent the machine from charging anything. Tested them separately and found they leaked like wood, giving a distinct brush discharge from their corners.

Hence replaced them by pieces of ebonite all cut out of the same sheet; each piece 7 millimetres square; 52 pieces end to end, measured in vernier callipers, occupied 10·24 inches.

So the thickness of each distance piece was

$$\cdot 1989 \text{ inch or } \cdot 5001 \text{ centim.}$$

With 5 of these between each plate, one at each corner and one in the middle, the plates were once more clamped up, connexions carefully made, and an experiment begun.

The plates stood vertically on a pair of sharp-edged ebonite wedges, at a height of 1 inch above the floor of the frame, which was tinfoiled to make it definite. The sides and top were at first open, so that the edges of the plates were then free; but afterwards in order to keep the inside air dry for all the best experiments, the box was panelled in. The distances of the wood panelling from the plates were as follows:

From edge of plates to wall of case .... 5·15 centim.
" " " " roof " .... 8·8 "
" " " " floor " .... 2·5 "

A simple wooden X formed the front and back at a distance from the outer flat of the plates, 4·0 on one face and 3·2 on the other.

ESTIMATE OF CAPACITY OF CONDENSER.

The method of correcting for the edges of a thin plate is given in Maxwell, vol. I. § 293. A term has to be added to the linear dimensions as if an extra strip of a certain breadth were put on all round a uniformly charged plate.

This extra breadth, on account of the extra density at terminations of thin parallel planes, is

$$\frac{b}{\pi} \log_e 2,$$

where "b" is the distance between the plates. But the plates are thick and square edged, and a further correction has to be made for their thickness; Maxwell's further correction for thickness β, $\cos \frac{\pi\beta}{2b}$, assumes the edges to be rounded and is therefore inapplicable, but acoustic analogies suggest the addition to the dimensions of each plate of a quarter of its thickness, to represent the effect of the edges themselves. (Cf. Rayleigh, *Sound*, vol. II. §§ 307 and 314.)

The total correction is thus

$$22b + \cdot 25\beta = \cdot 11 + \cdot 18 = \cdot 29 \text{ centim.}$$

to be added all round.

Thus the capacity of the condenser proper is

$$\frac{10\,(59{\cdot}74 + {\cdot}58) \times (59{\cdot}64 + {\cdot}58)}{4\pi \times {\cdot}5001},$$

and this reduces to 5779 centimetres.

To this has to be added a term for the proximity of the case to the edges, especially for the proximity of the floor; the floor correction is

$$\frac{5 \times 60 \times {\cdot}72}{4 \times 2{\cdot}5} = 6{\cdot}9 \text{ centims.}$$

The walls and roof together amount to 8·7, or altogether 15·6 centims.

Next, the ebonite distance pieces must be allowed for. They are each $\frac{1}{2}$ square centim. in area, and there are 50 of them; their specific inductive capacity may be taken as 3, so the extra capacity due to them is 8 centims.

Adding all these we get for the condenser capacity, 5803 centims.

Then there is a correction for the charged portion of the wires leading from the condenser and coil to the spark knobs. This was approximately 7·3 metres long and one millimetre thick, with a span of $1\frac{1}{2}$ metres between it and the walls. Its capacity was therefore $\dfrac{730}{2 \log_e 150} = 50$ centims.

Thus the whole electrostatic capacity under charge was

5853 centimetres.

Connexions were as in Figure 12. The machine was usually connected only across an air space by needle points so as to take no part in the discharge.

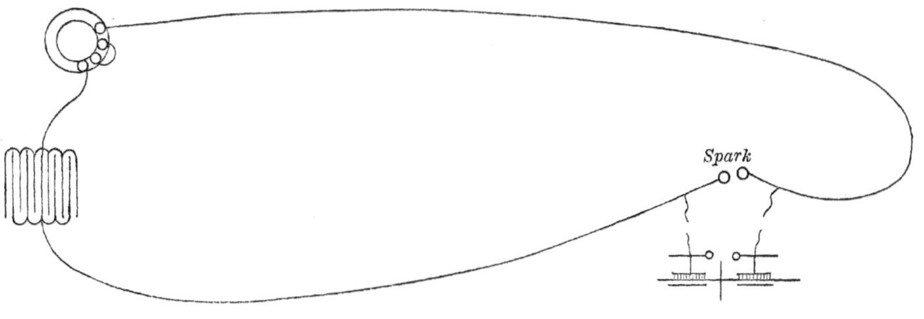

FIG. 12.

PART VI.

Final Experiments.

With the air condenser described in Part V., a number of spark photographs on Mr Swan's 4-inch square plates were taken with the plate revolving 64 times a second. From seven to nine circles were attempted on these plates with three or four sparks on each circle.

Tin plates which are lettered from *A* to *Z* were afterwards read with great care by Mr J. W. Capstick who writes: "The measurements will be found to be within a very few minutes of the correct reading. In one case I accidentally went over a spark twice, and though I was then at the end of six hours' almost continuous work at them, and the spark was an exceptionally indefinite one, the greatest divergence in the readings was only 3 or 4 minutes.

"The plates are very much better than any I had done previously, and the setting of the microscope was generally a simple matter. The sparks were in general so definite and regular that I did not think it necessary to make drawings of them."

[This had been done with some of the earlier plates.]

Mr Capstick remarks—as will be seen from the Tables—that there is some irregularity in the sparks, and that, unless it is desired to study this, greater accuracy of reading is hardly necessary.

The analysis of this long series of plates has been a work of time; we give below the results of a study of all the plates from *G* to *U*. In the earlier plates, marked *A* to *F*, the work was in some respects of a preliminary character; there was no plate marked *Q*. In the spin for plate *P* the coils were in multiple arc, and the coefficient of self-induction for this arrangement was not determined.

We give as an example the actual record for two of the circles on plate *U**.

This illustrates the method of dealing with the results.

Spark Record on Plate *U*.

Coil *B* only used.

Outer circle.

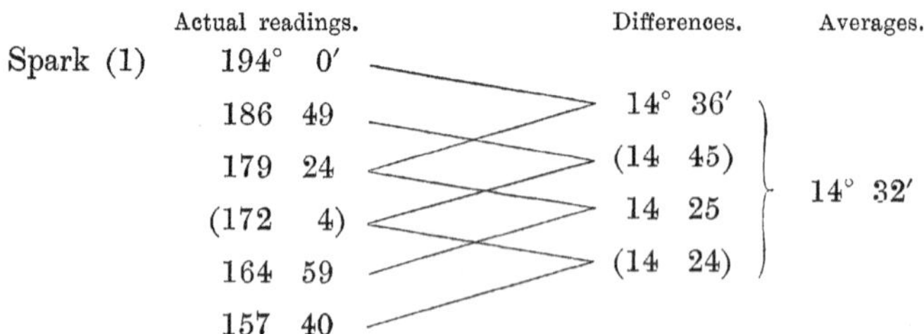

* The record for this plate happened to come first in one of the note-books in which results were recorded.

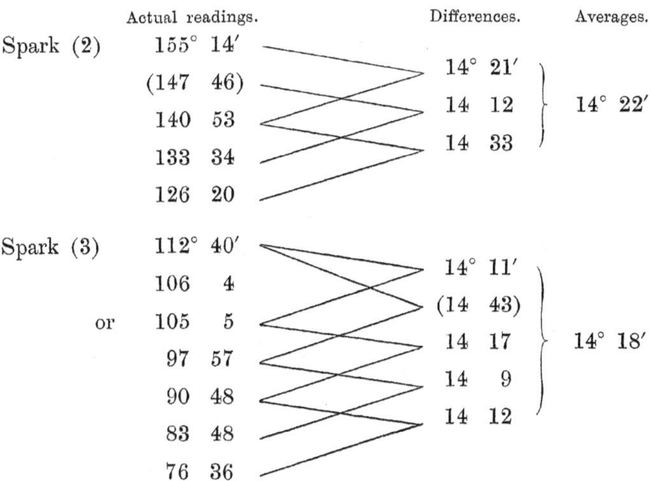

	Actual readings.	Differences.	Averages.
Spark (2)	155° 14′		
	(147 46)	14° 21′	
	140 53	14 12	14° 22′
	133 34	14 33	
	126 20		
Spark (3)	112° 40′	14° 11′	
	106 4	(14 43)	
or	105 5	14 17	14° 18′
	97 57	14 9	
	90 48	14 12	
	83 48		
	76 36		

General mean for this outer circle 14° 24′.

Second circle.

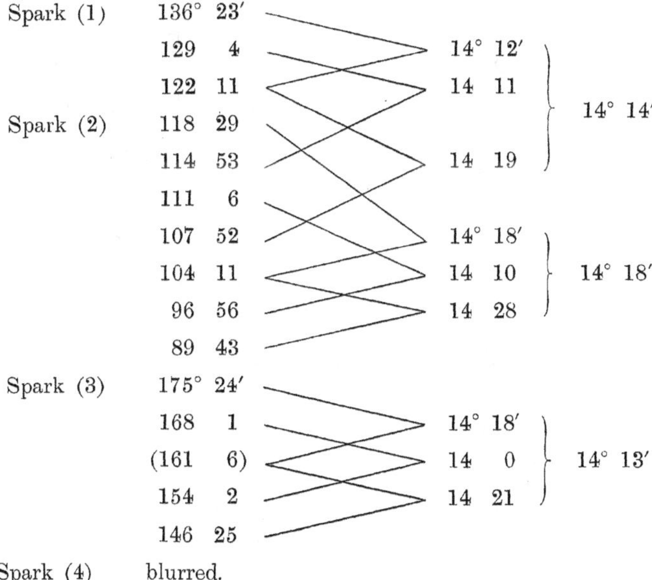

	Actual readings.	Differences.	Averages.
Spark (1)	136° 23′		
	129 4	14° 12′	
	122 11	14 11	
Spark (2)	118 29		14° 14′
	114 53	14 19	
	111 6		
	107 52	14° 18′	
	104 11	14 10	14° 18′
	96 56	14 28	
	89 43		
Spark (3)	175° 24′		
	168 1	14° 18′	
	(161 6)	14 0	14° 13′
	154 2	14 21	
	146 25		
Spark (4)	blurred.		

Here there was some simple overlapping, giving no difficulty in sorting out. The general average for this circle is 14° 14′.

TABLE VIII.

PLATE *U*. *Coil B*.

Circle...	I.	II.	III.	IV.	V.	VI.	VII.	VIII.	IX.
Spark 1	14° 36′	14° 12′	14° 33′	14° 17′	14° 21′	14° 34′	14° 39′	14° 46′	14° 56′
	14 45	14 11	14 25	14 6	14 12	14 26	14 40	14 18	14 41
	14 25	14 19		14 19	14 25	14 24	14 43	14 24	14 37
	14 24							14 56	
2	14 21	14 18	14 31	14 9	14 12	14 26	14 45	14 11	14 16
	14 12	14 10	14 18	14 5	14 10	14 14	14 23	14 14	14 12
	14 33	14 28	14 22	14 15	14 11	14 24	14 36	14 11	14 9
			14 49				15 5		
3	14 11	14 18	14 29	14 21	14 14	14 14	15 3	14 17	14 39
	14 43	14 0	14 19	14 20	14 20	14 5	14 29	14 20	14 10
	14 17	14 21			14 16	14 24	14 16	14 23	14 16
	14 9						14 14		14 21
	14 12						14 7		
4				14 33	14 19	14 43		14 23	
				14 26	14 9	14 38		14 20	
				14 36	14 25	14 39		14 34	
Mean for circle	14° 24′	14° 14′	14° 27′	14° 19′	14° 18′	14° 26′	14° 31′	14° 22′	14° 29′
Mean of central swings for each circle	14° 16′	14° 8′	14° 21′	14° 14′	14° 12′	14° 18′	14° 28′	14° 19′	14° 17′

General mean from plate 14° 23′.

Mean from central swings 14° 17′.

Thus in Table VIII. will be found the actual length in degrees and minutes of all the oscillations on the plate. The Roman numerals at the head of the columns indicate the circles on which the sparks are to be found; the record for each spark is shewn separately.

The mean length of oscillation from the 99 sparks here recorded is 14° 23′; the range of the readings is rather over 1°; the means for the various circles are given in the Table; they range over 17′. It is clear however that the oscillations in any one spark are not of equal length. As a rule the first oscillation is a long one. This is followed by one or more of shorter period while, as the spark dies away, the oscillations again lengthen; the cause of this has been discussed in Part IV.

The lengthening of the latter oscillations is more plainly shewn on some of the other plates. If we omit the longer oscillations, and take only the more regular central swings on plate *U*, we get the following series of numbers, in which the 14° is omitted for brevity.

TABLE IX.

Circle...	I.	II.	III.	IV.	V.	VI.	VII.	VIII.	IX.
	25	11	25	6	12	26	40	18	41
	12	10	18		10	14	23	24	12
	17	0	19	5	11	5	36	14	9
	9			20	16	38	29	11	10
				26	9		14	20	16
								23	
								20	
Averages	16′	8′	21′	14′	12′	18′	28′	19′	17′

These lead to an average length of oscillation of 14° 17′.

In taking the average in this manner we have given equal weight to each observation.

Now the record of this plate taken at the time of the observation is

PLATE *U*.

Air condenser in circuit with *B* coil.

Machine not in circuit but arranged to charge it through a pair of needle points from a distance so that its capacity should not interfere.

On the outer	circle	were	taken	4	sparks,	speed	steady.
,,	second	,,	,,	,,	4	,,	,, fair.
,,	third	,,	,,	,,	3	,,	,, steady.
,,	fourth	,,	,,	,,	4	,,	,, fair.
,,	fifth	,,	,,	,,	4	,,	,, fair.
,,	sixth	,,	,,	,,	4	,,	,, quite steady.
,,	seventh	,,	,,	,,	4	,,	,, steady.
,,	eighth	,,	,,	,,	4	,,	,, steady on average.
,,	ninth	,,	,,	,,	—	,,	,, — — —

(The number of sparks taken is not with perfect certainty correct, because there was sometimes a difficulty in hearing them.)

The remarks as to the speed were noted at the time according as the stroboscopic pattern had successfully been held still or not while the circle was being taken.

If attention is paid to these speed remarks it would seem that circles I., III., VI., VII. and VIII. should have most weight attached to them.

The averages for these circles are 16′, 21′, 18′, 28′, 19′, for the middle swings, and their mean is 14° 20′.

The complete averages for these steadiest circles are 24′, 27′, 26′, 31′, 22′, and the mean of these is 14° 26′.

It would thus appear that the best value for the wave length for this plate is **14° 20′**; while if all the sparks be included which lie on the circles retained, the number is increased by 6′; if all the circles are included, each of these numbers is reduced by 3′.

We may claim then to know the length of the oscillation on this plate to about 5′, i.e. to about ·6 %.

The frequency corresponding to 14° 20′ is $64 \times 360/14{\cdot}33$ or

1608.

PLATE *S*.

Another series of wave lengths as recorded on plate *S*, in which coil *A* only was used, is given in Table X.

The notes relating to this plate are as follows.

On this plate the sparks photographed were taken from the air condenser through the *A* coil only. Machine charging via needle points.

TABLE X.

PLATE S. SUMMARY OF READINGS.

Coil A.

Circle...	I.	II.	III.	IV.	V.	VI.	VII.	VIII.
	14° 31′	14° 36′	14° 37′	14° 28′	14° 31′	14° 53′	(blurred)	(all overlap)
	14 11	14 20	14 29	14 3	14 2		15° 6′	
	14 24	14 28	14 28	14 16	14 43	14 33	14 26	
	14 49	14 39	14 11			14 52	14 32	
				14 15				
	14 19	14 41	14 45	14 35	14 39		14 56	
	13 57	14 21	14 43	13 58	14 4	14 19	14 22	
	14 11	14 22	14 17	14 9	14 11	14 22	14 14	
		14 25		14 28	14 51	14 48	14 2	
		14 32	( )	14 35			14 40	
		14 13		14 15			14 33	
		14 18	14 19	14 34			14 44	
		14 26	14 47	14 47				
		14 38		14 45				
		14 30		14 19				
		14 26		14 25				
		14 17		14 50				
		14 42						
General Mean	14° 22′	14° 28′	14° 28′	14° 26′	14° 26′	14° 38′	14° 27′	
Mean of central waves	14° 11′	14° 22′	14° 23′	14° 15′	14° 6′	14° 26′	14° 24′	

General mean 14° 28′.

Mean for centre swings 14° 19′.

Four sparks were taken on each circle.

Circle I.	speed	moderately steady.	Circle V.	speed	fair.
II.	„	fair.	VI.	„	steady on average.
III.	„	quite steady for 3 sparks.	VII.	„	slightly backing.
IV.	„	steady.	VIII.	„	fair.

To save space only the differences are quoted. All the differences read are included. Sometimes overlapping prevented any reading being attempted.

The general mean from Table X. is 14° 28′, while the central swings give 14° 19′. These means include all the circles. The range of the mean readings is about the same as for plate *U*, and the frequency calculated for the central swings works out to **1610** oscillations per second.

TABLE XI.

PLATE *R*. *Complete Coil A + B.*

Circle...	I.	II.	III.	IV.	V.	VI., VII.
Spark 1	26° 52′ 26 16 26 18 26 46	26° 53′ 26 22	26° 34′ 26 11	26° 43′ 26 19	26° 47′ 26 23	
2	26 44 26 4 26 51	26 55 26 18	26 51 26 15	26 52 26 20 27 7	27 1 26 23	Overlapping one spark only
3		26 59 26 4	26 51 26 12 26 50	26 55	26 46 26 19 26 37	
4				26 38 26 4		
General Mean	26° 33′	26° 30′	26° 32′	26° 37′	26° 37′	
Central Mean	26° 12′	26° 15′	26° 13′	26° 14′	26° 21′	

General mean of plate 26° 34′.

Mean from central series 26° 15′.

As an example of a plate in which the whole coil was used the record for plate *R* is given in Table XI. It will be seen that the means for the separate circles differ by 7′ in the case in which all the sparks are considered, and by 9′ when only the central swings are dealt with; the difference between the two means is 19′.

If we take as the length of wave 26° 15′, the frequency is $64 \times 360/26{\cdot}25$ or **878** oscillations per second.

It is not necessary to give the results of the other plates in such full detail.

The following Table summarizes them sufficiently. In each case the central sparks only are included.

TABLE XII.

Complete Coil A + B.

Plate	*K*	*L*	*O*	*R*	*T*
Number of sparks	11	13	9	15	22
Length of wave	26° 14′	26° 9′	26° 16′	26° 15′	26° 5′

Mean length of wave 26° 11′.

Coil A.

Plate	*G*	*H*	*M*	*N*	*S*
Number of sparks	20	28	7	27	33
Length of wave	14° 14′	14° 32′	14° 25′	14° 18′	14° 19′

Mean length of wave 14° 20′.

Coil B.

Plate	J	U
Number of sparks	28	37
Length of wave	14° 26′	14° 20′

Mean length of wave 14° 22′.

From these we find as the mean length of the wave when the complete coil $A+B$ is used **26° 11′**.

With regard to the observations made with the coils A and B in circuit separately, it will be observed that plates H and J give higher results than the others. Now there is a note in the book that for these two series the outer plates of the condenser were earthed; they were taken therefore under different conditions to the others; if they be omitted we have as the mean wave length for plate A **14° 18′**, and for B **14° 20′**; if we include plates H and J, the mean for A is **14° 20′** and for B **14° 22′**.

The corresponding frequencies are, excluding plates H and J,

for coil $(A+B)$ **880** per second,

for coil A **1611** per second,

for coil B **1607** per second.

If we take the whole series of sparks for A and B we get respectively for A 1607, and for B 1603.

While the frequencies given by plates H and J are

for A **1583**,

and for B **1595**.

It is hardly necessary to work out the frequencies for each plate. For the complete coil $A+B$ the greatest variation from the mean is four parts in one thousand.

We may now determine from these spark records the value for "v."

We have the formula

$$v = 2\pi \,.\, \text{frequency} \times \sqrt{\frac{LS}{k}},$$

where k is the constant, the values of which are given in Table V., occurring in the formula $LS\lambda^2 = k$. In the case in which the two coils were used there is no difficulty in deciding on the value of k. The formula for λ is that given on p. 159 (D),

$$LS\lambda^2 = 1 - \frac{1}{3}\frac{S_1}{S}\left\{1 - \frac{1}{2(n-1)}\right\} + \frac{4}{45}\left(\frac{S_1}{S}\right)^2 + \dots,$$

and hence $k = \cdot 916$.

If only one coil is used two cases may arise; if the lower coil is completely insulated we have the case dealt with in Figure 4; the corresponding formula as far as terms in S_1/S are concerned is (F) on p. 166, viz.:

$$LS\lambda^2 = 1 - \frac{1}{12}\left(1 + \frac{1}{n}\right)\frac{S_1}{S},$$

and the value of k resulting from this is ·978. If on the other hand the lower coil is not insulated the correction necessary will be that indicated in (G), p. 167, and the resulting value of k will be the same as that for the two coils, viz. ·916.

As far as we know the coil was usually insulated; at any rate it was not intentionally connected to earth except for the two plates H and J.

But there is another complication in this case. We assume in this case that the value of L is that for either half the coil; now this assumes that there is no current in the unused coil; but in consequence of the electrostatic induction there is a current in the unused coil. This current will be of the order xS'/S if x is the current from the main condenser, and its effect will therefore alter the coefficient of self-induction L of the upper coil by an amount proportional to MS'/S or about $M/120$. Now the value of L_1 is about 1·4, and of M about ·91. Hence the value of L_1 in the experiments with the single coil is uncertain to one part in one hundred and seventy.

Omitting however this correction we get the following Table of values.

TABLE XIII.

Coil used	k	Frequency	L	S	v	Observations
$A+B$	·916	880	4·636	58·53	$3{\cdot}009 \times 10^{10}$	Mean from seventy sparks
A	{ ·978	1611	1·409	58·53	$2{\cdot}939 \times 10^{10}$	Unused coil assumed insulated
	{ ·916	1611	1·409	58·53	$3{\cdot}037 \times 10^{10}$	" " " uninsulated
	·916	1583	1·409	58·53	$2{\cdot}984 \times 10^{10}$	Plate H, coil uninsulated
B	{ ·978	1607	1·393	58·53	$2{\cdot}922 \times 10^{10}$	Unused coil assumed insulated
	{ ·916	1607	1·393	58·53	$3{\cdot}020 \times 10^{10}$	" " " uninsulated
	·916	1595	1·393	58·53	$2{\cdot}990 \times 10^{10}$	Plate J, coil uninsulated

In the fourth and seventh lines of this Table we give the velocity as obtained from plates H and J. We know that in this case the effective coil and one plate of the condenser was earthed originally, and we have therefore used the value of k calculated on the assumption that the free coil was earthed throughout. It will be seen that the resulting values of "v" and that obtained from the experiments with the full coil are in close agreement, being respectively $2{\cdot}98 \times 10^{10}$, $2{\cdot}99 \times 10^{10}$ and $3{\cdot}01 \times 10^{10}$.

If we take the other observations for coils A and B, excluding plates H and J, the results are not quite so satisfactory. The assumption that the free coil was insulated leads to the values $2{\cdot}94 \times 10^{10}$ and $2{\cdot}92 \times 10^{10}$, given in lines 2 and 5 of the Table; on the assumption that it was earthed we find from the same series of experiments the values $3{\cdot}04 \times 10^{10}$ and $3{\cdot}02 \times 10^{10}$ respectively, given in lines 3 and 6. The truth would appear to lie between the two.

If we take the experiments with the complete coil $A + B$ in series, we can determine the corrections with greater accuracy, and we find as the result

$$\mathbf{v} = 3{\cdot}009 \times 10^{10} \text{ centimetres per second,}$$

while since the corrections can be calculated with more exactness in this case, we attach far greater importance to the result.

We do not however look upon the paper as one describing a very exact method of determining "v," but rather as a study in the oscillatory discharge of a condenser which incidentally leads to a determination of "v" by a novel method.

VIII. *The Geometry of Kepler and Newton.* By Dr C. Taylor, Master of St John's College.

[*Received* 25 August, 1899.]

This paper consists of two parts (A) and (B), treating respectively of some things in the geometry of Kepler and some in the geometry of Newton, the finisher, in pure mathematics as in physics, of so much of his brilliant predecessor's work.

In Fontenelle's *Panegyrick* of Newton, published in French and English under the title, *The Life of Sir Isaac Newton with an Account of his Writings* (London, 1728), the third paragraph begins thus, "In studying Mathematicks, he employ'd his Thoughts very little upon *Euclid*, as judging him too plain and easy to take up any part of his time; he understood him almost before he had read him, and by only casting his eye upon the Subject of a Proposition, was able to give the Demonstration. He launch'd at once into such books as the Geometry of *Des Cartes* and the Opticks of *Kepler*. So that we may justly apply to him what Lucan has said of the Nile, whose Springs were unknown to the Antients, *That it was not granted to Mankind to see the* Nile *in a small Stream.*"

(A)

KEPLER.

Kepler's new and modern doctrine of the Cone and its sections, which historians of mathematics have ascribed to a later generation, was propounded in cap. IV. 4 of his *Ad Vitellionem Paralipomena, quibus Astronomiæ Pars Optica traditur,* a work published originally in 1604, a century before Newton's *Opticks* (1704), and edited with notes forty years ago by Dr Ch. Frisch in vol. II. of his *Joannis Kepleri Astronomi Opera Omnia* in eight volumes. The passage containing the new doctrine is given below line for line, with the addition of numbers for reference, from the edition of 1604 :

PAGE 92.

4. *De Coni ſectionibus.*

Coni varii ſunt, rectanguli, acutanguli, obtuſanguli: item Coni recti ſeu regulares, & Scaleni ſeu irregulares aut compreſſi: de quibus vide Apollonium & Eutocium in commentariis. Omnium promiſcuè ſectiones in quinq; cadunt ſpecies. Etenim linea in ſuperficie coni per ſectionẽ conſtituta aut eſt recta, aut circulus, aut Parabole aut Hyperbole aut Ellipſis. Inter has lineas hic eſt ordo cauſa proprietatis ſuæ: & analogicè magis quàm Geometricè loquendo: quod à linea recta per hyperbolas infinitas in Parabolen, inde per Ellipſes infinitas in circulum eſt tranſitus. Etenim omnium Hyperbolarum obtuſiſſima eſt linea recta, acutiſſima Parabole: ſic omnium Ellipſium acutiſſima eſt parabole, obtuſiſſima Circulus. Parabole igitur habet ex altera parte duas naturâ infinitas, Hyperbolen & Rectam, ex altera duas finitas, & in ſe redeuntes, Ellipſin & circulum. Ipſa

PAGE 93. loco medio media natura ſe habet. Infinita enim & ipſa eſt, ſed finitionem ex altera parte affectat, quo magis enim producitur, hoc magis fit ſibiipſi parallelos, & brachia, vt ita dicam, non vt Hyperbole, expandit, ſed contrahit ab infiniti complexu, ſemper plus quidem complectens, at ſemper minus appetens: cum Hyperbole, quò plus actu inter brachia complectitur, hoc plus etiam appetat. Sunt igitur oppoſiti termini, circulus & recta, illic pura eſt curuitas, hic pura rectitudo. Hyperbole, Parabole, Ellipſis, interiectæ, & recto & curuo participant; parabole ex æquo, Hyperbole plus de rectitudine, Ellipſis plus de curuitate. Propterea Hyperbole quo longiùs producitur, hoc magis rectæ ſeu Aſymptoto ſuæ fit ſimilis. Ellipſis quò longiùs vltra medium continuatur, hoc magis circularitatem affectat, tandemq́ue coit iterum ſecum ipſa: Parabole loco medio, ſemper curuior eſt Hyperbola, ſi æqualibus interſtitiis producantur, ſemperq́ue rectior Ellipſi. Cumq́ue vt circulus & recta extrema claudunt, ſic Parabole teneat medium: ita etiam vt rectæ omnes ſimiles, itemq́ue & circuli omnes, ſic ſunt & parabolæ omnes ſimiles; ſolaq́ue quantitate differunt.

Sunt autem apud has lineas aliqua puncta præcipuæ conſiderationis, quæ definitionem certam habent, nomen nullum, niſi pro nomine definitionem aut proprietatem aliquam vſurpes. Ab iis enim punctis rectæ eductæ ad contingentes ſectionem, punctaq́; contactuum, conſtituunt æquales angulos iis, qui fiunt; ſi puncta oppoſita cum iisdem punctis contactuum connectantur. Nos lucis causâ, & oculis in Mechanicam intentis ea puncta Focos appellabimus. Centra dixiſſemus, quia ſunt in axibus ſectionum, niſi in Hyperbola & Ellipſi conici authores aliud punctum centri nomine appellarent. Focus igitur in circulo vnus eſt A. isq́ue idem qui & centrum: in Ellipſi foci duo ſunt BC. æqualiter à centro figuræ remoti & plus in acutiore. In Parabole vnus D eſt intra ſectionem, alter vel extra vel intra ſectionem in axe fingendus eſt infinito interuallo à priore remotus, adeò vt educta HG vel IG ex illo cæco foco in quodcunque punctum ſectionis G. ſit axi DK parallelos. In Hyperbola focus externus

PAGE 94.

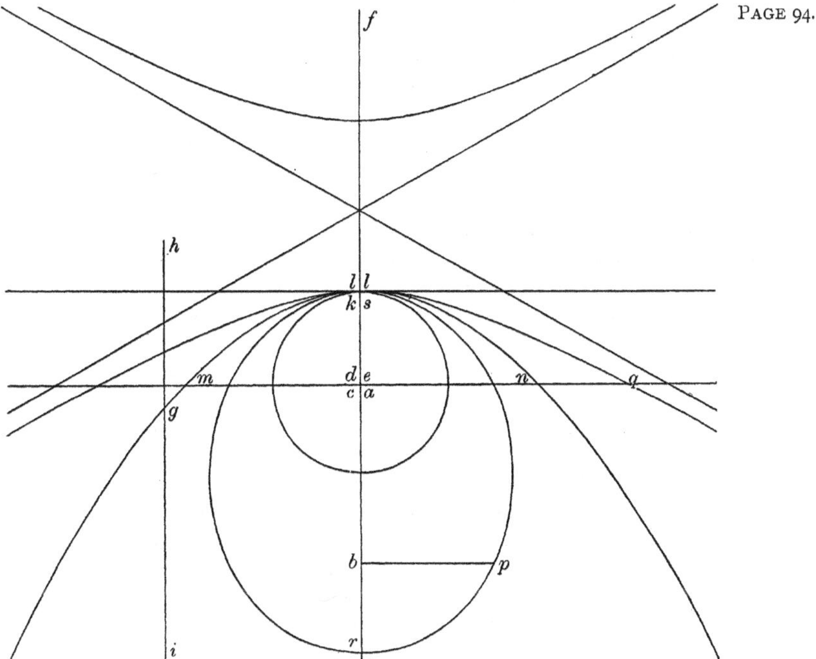

F interno E tantò eſt propior, quantò eſt Hyperbole obtuſior. Et qui externus eſt alteri ſectionum oppoſitarum, is alteri eſt internus & contra.

Sequitur ergò per analogiam, vt in recta linea vterque focus (ita loquimur de recta, ſine vſu, tantum ad analogiam complendam) coincidat in ipſam rectam: ſitque vnus vt in circulo. In circulo igitur focus in ipſo centro eſt, longiſſimè recedens à circumferentia proxima, in Ellipſi iam minus recedit, & in parabole multò minus, tandem in recta focus minimum ab ipſa recedit, hoc eſt, in ipſam incidit. Sic itaque in terminis, Circulo & recta, coëunt foci, illic longiſſimè diſtat, hic planè incidit focus in lineam. In media Parabole infinito interuallo diſtant, in Ellipſi & Hyperbole lateralib. bini actu foci, ſpatio dimenſo diſtant; in Ellipſi alter etiam intra eſt, in Hyperbole alter extra. Vndique ſunt rationes oppoſitæ. PAGE 95.

Linea MN quæ focum in axe metatur, perpendiculariter in axem inſiſtens, dicatur nobis chorda, & quæ altitudinem oſtendit foci à proxima parte ſectionis à vertice, pars nempe axis BR.

vel DK. vel E. S. dicatur Sagitta vel axis. Igitur in circulo ſagitta æquat ſemichordã, in Ellipſi maior eſt ſemichorda BF. q̃ ſagitta BR. maior etiam ſagitta BR. quàm dimidium BP ſemichordæ ſeu chordæ quarta pars. In Parabole, quod Vitellio demonſtrauit, ſagitta DK præcisè æquat quartam chordæ MN. hoc eſt D N eſt dupla ad DK. In Hyperbole EQ plus eſt, quàm dupla ipſius ES. ſc. minor eſt ſagitta ES. q̃ quarta chordæ EQ. & ſemper minor, atque minor per omnes proportiones, donec euaneſcat in recta, vbi foco in lineam ipſam incumbente, altitudo foci ſeu ſagitta euaneſcit, & ſimul chorda infinita efficit, coincidens ſc. cum arcu ſuo, abuſiuè ſic dicto, cùm recta linea ſit. Oportet enim nobis ſeruire voces Geometricas analogiæ: plurimùm namq́ue amo analogias, fideliſſimos meos magiſtros, omnium naturæ arcanorum conſcios: in Geometria præcipuè ſuſpiciendos, dum infinitos caſus interiectos intra ſua extrema, mediumq́ue, quantumuis abſurdis locutionibus concludunt, totamq́ue rei alicuius eſſentiam luculenter ponunt ob oculos.

Quin etiam in deſcriptione ſectionum analogia plurimùm me iuuit. Etenim ex 51. & 52. tertii Apollonii deſcriptio Hyperboles & Ellipſeos efficitur facilima; poteſtq́ue vel filo perfici. Poſitis enim focis, & inter eos vertice C. figantur acus in focis A. B. annectatur ad acum A filum longitudine AC. ad B. filum longitudine BC. Prolongetur vtrumque filum æqualibus additionibus, vt ſi duplex filum digitis comprehendas, iisq́ue à C diſcedentibus, bina fila paulatim dimittas, alteraq́ue manu ſignes iter anguli, quem vtrumque filum facit apud digitos, ea deſignatio erit hyperbole. Facilius Ellipſis deſcribitur. Foci ſint AB. vertex C. Fige acus firmas in A.B. vtramque filo amplectere, ſimplici amplexu, vt inter AB filum non interſit. Fili longitudo ſit AC duplicata, & capita fili nodo ſint connexa. Infere iam Graphium D in eundem fili complexum cum AB. & tenſo filo, quantum id patitur, circa AB circumduc lineam, hæc Ellipſis erit. Cùm hæc tam facilis eſſet deſcriptio, non indigens operoſis illis circinis, quibus aliqui cudendis admirationem hominum venantur; diu dolui, non poſſe ſic etiam Parabolen deſcribi. Tandem analogia mõſtrauit, (& Geometrica comprobat) non multò operoſiùs & hanc deſignare. Proponatur A focus, C vertex, vt AC ſit axis; is continuetur in partes A. in infinitum vſq;, aut quousq; Parabolen placuerit deſcribere. Placeat vſq; in E. Acus ergò in A figatur, ab ea ſit nexum filũ longitudine AC. CE. Teneas manu altera caput alterũ fili E. altera graphium, cũ filo extende vſq; in C. Sit etiam ad CE. erecta perpendiculariter EF.

PAGE 96.

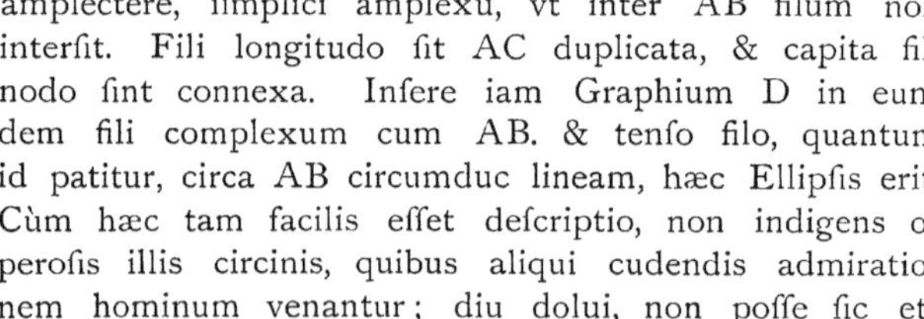

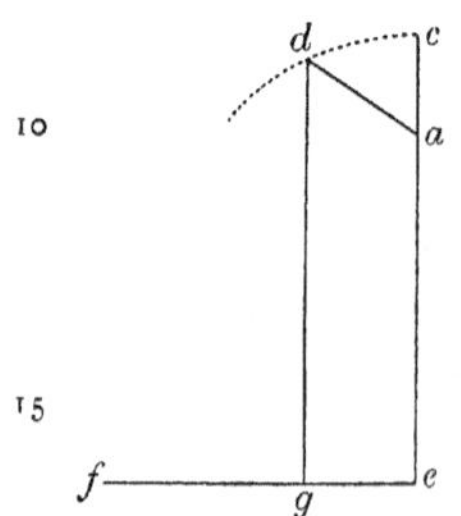

igitur graphio C & manu altera E diſcede æqualibus interuallis à linea AE. ſic vt manus altera & fili caput ſemper in EF maneat, filumq́ue DG ſemper ipſi AE parallelon; via CD. quam Graphio ſignaueris, erit Parabole.

Dixi hæc de ſectionibus conicis tanto libentiùs, quòd non tantùm hic dimenſio refractionum id requirebat, ſed etiam infra in Anatome oculi vſus earum apparebit. Tum etiam inter problemata obſeruatoria mentio earum erit facienda duobus locis. Denique ad præſtantiſſima optica machinamenta, ad penſilem in aëre ſtatuendam imaginem, ad imagines proportionaliter augendas, ad ignes incendendos, ad infinitè comburendum, conſideratio earum planè eſt neceſſaria.

Machinamẽta Optica Portæ.

The headlines of the edition quoted are *Ioannis Kepleri* and *Paralipom. in Vitellionem* up to page 221, and afterwards *Ioannis Kepleri* and *Astronomiæ Pars Optica.*

Page 92.

Kepler begins by saying that rays from the centre of a sphere do not become parallel after reflexion from its inner surface, but converge to the centre. Some other surface then had to be sought which would reflect all rays from some point into parallels. Vitellio in lib. IX. 39—44, in part supplying what was lacking in Apollonius, had shewn that the paraboloid of revolution was of the required form. But the subject of the Conic Sections presented difficulties because it had not been much studied. Kepler therefore—pardon a geometer—proposed to discourse somewhat "mechanically, analogically and popularly" about them.

Vitellio or Vitello (Witelo) had proved that at any point of a parabola the tangent makes equal angles with a parallel to the axis and the line from the point to a certain fixed point on the axis. Rays of the sun impinging equidistantly from the axis upon the concavity of a reflecting paraboloid of revolution would therefore all be reflected through a fixed point on the axis, and fire might so be kindled thereat.

Of cones right or scalene there are five species of sections (line 24), the right line or *line-pair,* the circle, parabola, hyperbola and ellipse. From the line-pair we pass through an infinity of hyperbolas to the parabola, and thence through an infinity of ellipses to the circle. Of all hyperbolas the most obtuse is the line-pair, the most acute the parabola. Of all ellipses the most acute is the parabola, the most obtuse the circle.

Page 93.

The parabola is of the nature partly of the infinite sections and partly of the finite, to which it is intermediate. As it is produced it does not spread out its arms in direction like the hyperbola, but contracts them and brings them nearer to parallelism, "semper plus quidem complectens at semper minus appetens" (line 5). The hyperbola being produced tends more and more to the form of its "Asymptote" (line 12). Parabolas are all similar and differ only in "quantity" (line 19).

He then goes on to speak of certain remarkable points related to the sections which had NO NAME (line 21). The lines from them to any point of the section make equal angles with the tangent. He will call them FOCI (line 27). He would have called them centres if that term had not been already appropriated. The circle has one focus, at the centre: the ellipse has two, equidistant from the centre, and more remote as the curve is more acute. In the parabola one is within the curve, while the other may be regarded as either without or within it, so that a line *hg* or *ig* drawn from that "cæcus focus" to any point of the curve is parallel to the axis (line 35).

PAGE 94.

In the hyperbola the focus external to either branch is the nearer to its internal focus as the hyperbola is more obtuse. In the straight line (or line-pair), to speak in an unusual way merely to complete the analogy, the foci fall upon the line itself. Thus in the extreme limiting cases of the circle and the line-pair, the foci come together at a point, which in the one is as far as possible from the nearest point of the circumference and in the other is on the line itself. In the intermediate case of the parabola the foci are infinitely distant from one another (line 12): in the ellipse and the hyperbola on either side of it they are a finite distance apart.

PAGE 95.

The line *mn* through the focus, i.e. the latus rectum, is called the *chord*, and *br* or *dk* or *es* the *sagitta* (line 6). In the next line *BF* is a misprint for *BP*. The lengths of the sagitta and the chord are compared in the five sections, and it is said that in the line-pair the one vanishes and the other becomes infinite (line 15), whereas, if e be the eccentricity, they are in the finite ratio $1/2\,(1+e)$, and vanish together. Kepler commends the principle of analogy in glowing terms, saying that he dearly loves analogies, his most trusty teachers and conversant with all the secrets of nature (line 19). Analogy leads us to comprise in one definition extreme limiting forms, from the one of which we pass to the other by continuous variation through an infinity of intermediate cases.

In the next paragraph Kepler shews how to describe an arc of a hyperbola by means of threads fixed at the foci, the difference of the focal distances of a point on the curve being constant. An ellipse is described more easily (line 33), with one thread.

PAGE 96.

In line 1 "AC duplicata" is inaccurate, the length of the thread being $ac+cb$. He is shewing how to describe an ellipse by means of a thread fixed at the foci a and b, the point c being a vertex. Having given his construction for this curve without the troublesome compasses (line 6), he goes on to the parabola. To his grief he was long unable to describe this analogously. At length he thought of the construction in the text, in which *adg* represents a string of constant length $ec+ca$ fixed at the focus a.

The horizontal line is a fixed ordinate, *c* is the vertex and *d* any point of the locus. His construction assumes a case of the theorem that the sum or difference of the distances of a point on the parabola from the focus and a fixed perpendicular to the axis is constant.

In conclusion he refers to later passages for applications of his theory of the conic sections. See cap. v. *De modo visionis,* and cap. xi. prob. 22—23 (p. 375 sq.).

The Convergence of Parallels.

Vitellio, as we have seen, had proved that rays of the sun impinging equidistantly from (i.e. parallel to) the axis upon a concave reflector of the form of a paraboloid of revolution would all be reflected to a certain point on the axis, whereat consequently "ignem est possibile accendi." Hence in different languages the name "burning point" for what Kepler called *Focus,* in a parabola or other conic.

It would appear that the idea of the meeting of parallels at infinity came from the observed fact that solar rays received upon a reflector may practically be regarded as parallel. Moreover it was obvious that the distance, estimated on an infinitely remote transversal, between "equidistant" lines would subtend a vanishing angle at an assumed point of observation. Kepler does not say that his doctrine of parallels is altogether new and strange, when he writes at the end of page 93, "adeo ut...", *so that* lines from the point *h* (or *i*) are parallel,—as if that would be allowed to follow from its being infinitely distant. But it was perhaps a new and original suggestion that *h* and *i* at infinity were the same point.

Kepler states expressly that he gave the name Foci to certain points related to the conic sections which had previously "no name." With their new name he associated his new views about the points themselves, and his doctrines of Continuity (under the name Analogy) and Parallelism, which would soon have become known, and would after a time have been taken up by competent mathematicians.

An abstract of the passage now quoted at length from Kepler's *Paralipomena ad Vitellionem* was given by the writer in *The Ancient and Modern Geometry of Conics**, published early in 1881, and previously in a note read in 1880 to the Cambridge Philosophical Society (*Proceedings,* vol. iv. 14—17, 1883), both of which have been referred to by Professor Gino Loria in his writings on the history of geometry.

Henry Briggs.

Frisch (ii. 405 sq.) quotes a letter of Henry Briggs to Kepler dated, Merton College, Oxford, "10 Cal. Martiis 1625," which suggests improvements in the *Paralipomena ad Vitellionem.* In this letter Briggs gives the following construction. Draw a line *CBADC,* and suppose an ellipse, a parabola and a hyperbola to have *B* for focus and *A* for their nearer vertex. Let *CC* be the other foci of the ellipse and the hyperbola. Make *AD* equal to *AB,* and with centres *CC* and radius in each case equal to *CD* describe circles. Then any point of the ellipse is equidistant from *B* and one

* *The Ancient and Modern Geometry of Conics* is hereinafter referred to as *AMGC.*

circle, and any point of the hyperbola from B and the other circle. When C is at infinity on either side of D the circle about it becomes rectilinear. Hence any point P of the parabola is equidistant from B and the perpendicular DF to DA. This is expressed by Briggs as follows:

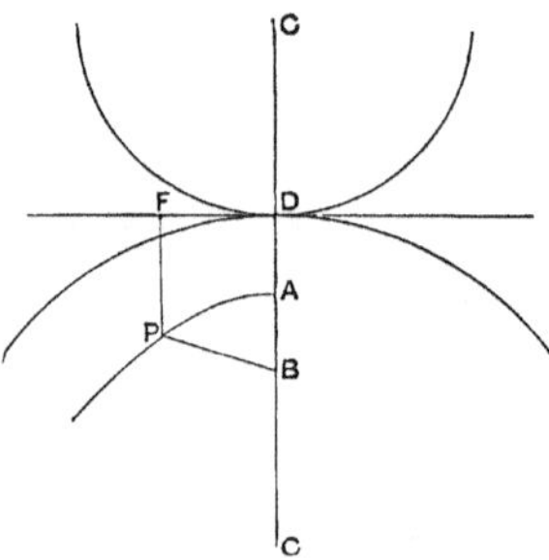

"Si A sit vertex sectionis, et B, C foci, et AB, AD aequales, et centro C, radio CD describatur peripheria: quodlibet punctum sectionis eandem servabit distantiam a foco B et dicta peripheria. Eruntque...in Parabola *(cui focus alter deest, vel distat infinite, et idcirco recta DF vicem obtinet peripheriae)* PB, FP aequales."

The writer comprehended and accepted Kepler's way of looking at parallels as lines to or from a point at infinity in one direction or its opposite.

DESARGUES.

The famous geometer Desargues worked on the lines of Kepler, and is now commonly credited with the authorship of some of the ideas of his predecessor.

Poncelet in the first edition of his *Traité des Propriétés Projectives des Figures* (1822) writes with reference to a letter of Descartes, "On voit aussi, dans cette lettre, que Desargues avait coutume de considérer les systèmes de droites parallèles comme concourant à l'infini, et qu'il leur appliquait le même raisonnement" (p. xxxix.). Chasles on the Porisms of Euclid refers to this remark of Poncelet. In his *Aperçu Historique* (p. 56, 1875) he writes that Kepler "introduisit, le premier, l'usage de l'*infini* dans la Géométrie," but really with reference only "aux méthodes infinitésimales." The saying that Kepler introduced the use of the infinite into geometry has been repeated by other writers unacquainted with his doctrine of the infinitely great.

Dr Moritz Cantor in his *Vorlesungen über Geschichte der Mathematik* writes under the head of Girard Desargues (1593—1662), "Wir müssen einige wesentliche Dinge hervorheben und darunter zunächst die Anwendung des Unendlichen in der Geometrie...Auch Kepler hat 1615, Cavalieri 1635 in Druckwerken, deren Besprechung uns obliegen wird, wenn wir von den Anfängen der Infinitesimalrechnung reden, den gleichen Gedanken zu nie geahnten Folgerungen ausgebeutet, aber bei Desargues waren es *ganz andere Unendlichkeitsbetrachtungen* als bei diesen Vorgängern" (II. 619, 1892). He goes on to say that Desargues regarded parallels as meeting at infinity, and thus in effect that Kepler did not so regard them. Cantor (p. 620 n.), referring to Poudra's

Œuvres de Desargues I. 103, states confidently that Desargues could not have held that "es gebe nur einen Unendlichkeitspunkt einer Gerade." "Auch in I. 105...darf man *jenen modernen Sinn* nicht hineinlesen." But the oneness of opposite infinities followed simply and logically from a first principle of Desargues, that every two straight lines, including parallels, have or are to be regarded as having one common point and one only. A writer of his insight must have come to this conclusion, even if the paradox had not been held by Kepler, Briggs, and we know not how many others, before Desargues wrote.

In Poudra's *Œuvres de Desargues,* I. 210, under the head *Traité des Coniques,* we read, "*Nombrils, point brulans, foyers.*—C'est à dire que les deux points comme Q et P sont les points nommés nombrils, brulans, ou foyers de la figure, au suiet desquel il y a beaucoup à dire." Desargues must have learned directly or indirectly from the work in which Kepler propounded his new theory of these points, first called by him the Foci (*foyers*), including the modern doctrine of real points at infinity.

(B)

NEWTON.

In the fifth section of the first book of the *Principia,* entitled *Inventio orbium ubi umbilicus neuter datur,* the determination of conic orbits from data not including a focus, Newton proves the property of the *Locus ad quatuor lineas* of which no geometrical demonstration was extant, shews how to describe conics by rotating angles and otherwise, and solves the six cases of the problem to determine a conic of which n points and $5-n$ tangents are given. Two more problems, each with its Lemma prefixed, complete the section, which ends with the words, "Hactenus de orbibus inveniendis. Superest ut motus corporum in orbibus inventis determinemus."

The following pages contain a summary of the greater part of the section, with suggestions for the simplification of some of its contents and a few additional constructions and propositions. The Lemmas and Propositions of the *Principia* are quoted by their Roman numerals.

1.

The Conic through Five Points.

Prop. A. *Given five points of a conic to find a sixth.*

Let A, B, C, D, P be given points of a conic. Through P draw $PTSO$ parallel to BA across BD, AC, CD. It is required to find the point K in which it meets the conic again.

By a property of conics and by similar triangles, if AB, CD meet in I,

$$OK.OP/OC.OD = IA.IB/IC.ID = OS.OT/OC.OD.$$

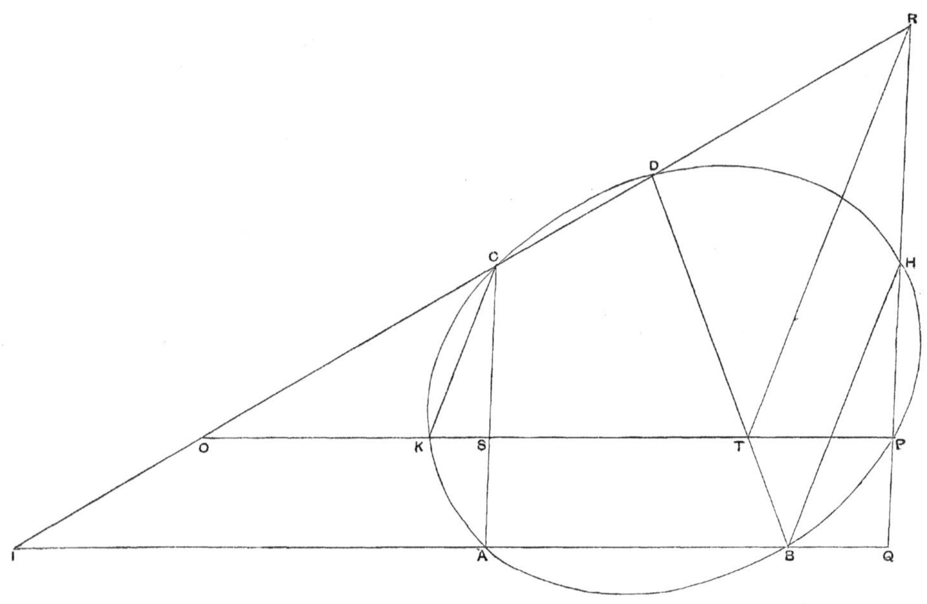

Therefore $$OK.OP = OS.OT,$$

which determines K when the other points are given.

Inflect PR to CD parallel to AC. Then *the point K is found by drawing CK parallel to RT*, and PRT, SCK are similar triangles.

Cor. 1. *To determine the conic through five given points A, B, C, D, P.* Having found K, we find H where PR meets the conic again in like manner, namely by drawing BH *parallel to TR*. Having two pairs of parallel chords, we can draw their diameters and find the centre. This with either pair of the parallel chords determines the conic, if the pair be unequal. If they be equal, we can use the parallel chord through D in lieu of one of them. Given five points A, B, C, D, E, two pairs of parallel chords can also be determined as in Prob. LV. of the *Arithmetica Universalis.* Let AC, BE cross in H. Inflect DI to AC parallel to BE, and EK to DI parallel to AC. Then, in order that ID, EK may meet the conic again in F, G, we must have with Newton's notation for rectangles and proportions,

$$AHC.BHE :: AIC.FID :: EKG.FKD.$$

Cor. 2. To determine the conic touching lines IB, ID at B, D and passing through P. Supposing AC, BD in the figure to coalesce, find K as in the general case, and draw the diameter of PK. Then draw the diameter through I, and find its vertices, and those of the conjugate diameter.

Cor. 3. *Hexagrammum Mysticum.* The construction in Cor. 1 for two pairs of parallel chords gives three pairs, AB and KP, AC and PH, BH and KC. Hence Pascal's theorem for the case of parallels.

Cor. 4. Given parallel chords AB, KP and a fifth point C of a conic, a sixth point D on the curve can be found as follows. Draw any parallel to CK meeting PK in T and meeting the parallel through P to AC in R. Then BT, CR meet at D on the conic.

Cor. 5. In this construction we may say that PR, PT are to be taken *in a given ratio* equal to SC/SK. See below on Newton's Lemma XX.

Cor. 6. The locus of the point (BT, CR) in Cor. 4 is a conic through A, K, C, P, B. Hence the following construction. Take fixed lines PR, PT; fixed points B, C; and a fixed point Z at infinity. Then as the line ZRT turns about Z the point (BT, CR) traces a conic through B and C. Obviously it will likewise trace a conic in the general case *when Z is not at infinity.*

Cor. 7. In other words, the locus of the vertex D of a varying triangle RDT whose base slides between fixed lines PR, PT, while its three sides pass through fixed points B, C, Z respectively, is a conic. This may be shewn independently as follows. Draw CD in any assumed direction, and find R, and then T, and then D. Thus one point D is found on the line through C, and it is a single point of the locus. By drawing the line BC we find that each of the points B, C is a single point of the locus. Thus CD cuts it in two such points, and the locus is therefore of the second degree.

Cor. 8. *The anharmonic point-property of conics.* In Cor. 4, as D varies, the parallel RT to CK divides PR, PT proportionally, so that the cross ratios of R and T in any four positions are equal to one another. Hence

$$B\{D\} = \{T\} = \{R\} = C\{D\},$$

or any four points D of the conic are equi-cross with respect to B and C, which may be any assumed fifth and sixth.

Cor. 9. Hence we can deduce the general case of Cor. 6.

Cor. 10. *Locus ad quatuor lineas.* By similar triangles, PR/PT and SC/SK are equal ratios. Compounding with them other equal ratios we get

$$PR.PQ/PS.PT = SC.SA/SK.SP = f/g,$$

if f, g be the focal chords parallel to AC, AB. See also below on Newton's Lemma XVII.

Cor. 11. The extension at the end of Cor. 6 follows from a simple transformation of the figure by which the parallels RT are turned into convergents. In the figure as it stands suppose $DB\omega$ drawn to PQ. Then, the points A, B, C, P being fixed and D variable,

$$\{O\} = \{R\} = \{T\} = \{\omega\}.$$

But P is the position of O, and likewise of ω, when RT vanishes. Therefore $O\omega$ passes through some fixed point F. When D is at A the line $O\omega$ becomes QS, and when RT passes through B it becomes CH. Thus F is the point (CH, QS), and as $O\omega$ turns about F the point D is found by drawing CO, $B\omega$.

Cor. 12. By the construction of Cor. 7, as is well known, we can describe the conic through five given points. For example, in the limiting case in which three points A, B, C and the tangents at B, C are given, we can take AB, AC for the fixed lines, and for the fixed points B, C and the intersection Z of the two tangents.

LEMMA A. *To find the centre of an involution of four points.*

To find the centre of the involution in which P, K and S, T are conjugate points, through P and S (or T) draw parallels, and through T (or S) and K draw parallels meeting them in R and C respectively. Then RC passes through the centre of the involution (*AMGC*, p. 258). The converse has in effect been used in Prop. A, where the conic and AC, BD cut a parallel to AB in points of an involution having O for centre.

The six joins of any four points cross any transversal in three pairs of points in involution. In the above construction two of the four points are at infinity.

2.

LOCUS AD TRES ET QUATUOR LINEAS.

APOLLONIUS OF PERGA. We shall see that Newton mentions Apollonius of Perga in connexion with the problem of the quadrilinear locus. What Apollonius says of the τόπος ἐπὶ τρεῖς καὶ τέσσαρας γραμμάς is translated as follows by Dr T. L. Heath in his edition of the Conics of Apollonius in modern notation (p. lxx. sq., 1896), "Now of the eight books the first four form an elementary introduction;...The third book contains many remarkable theorems useful for the synthesis of solid loci and determinations of limits; the most and prettiest of these theorems are new, and, when I had discovered them, I observed that Euclid had not worked out the synthesis of *the locus with respect to three and four lines*, but only a chance portion of it and that not successfully; for it was not possible that the synthesis could have been completed without my additional discoveries." This prepares us to find in the third book of the Conics of Apollonius, if not the synthesis of the locus, the elementary theorems on which it depends.

Turning to lib. III. 54, 56 we see the property of the locus proved incidentally for the case of three lines in the proposition thus enunciated by Dr Heath (Prop. 75, p. 120),

TQ, TQ′ being two tangents to a conic, and R any other point on it, if Qr, Q′r′ be drawn parallel respectively to TQ′, TQ, and if Qr, Q′R meet in r and Q′r′, QR in r′, then

$$Qr \,.\, Q'r' : QQ'^2 = (PV^2 : PT^2) \times (TQ \,.\, TQ' : QV^2),$$

where P is the point of contact of a tangent parallel to QQ′.

Dr Heath shews (p. 122 sq.) that this proposition and his next (lib. III. 55), for tangents to one branch and two branches of a conic respectively, "give the property of the *three-line locus*." The constancy of $Qr \,.\, Q'r'$ being a corollary from the property of the trilinear locus, we can of course work back from the latter to the former.

But more briefly, leaving out r, r', draw the tangents TQ, TQ' crossing any chord RR' parallel to QQ' in K, K'.

Then, because the diameter through T bisects both KK' and RR', the intercepts KR, $K'R'$ are equal, and likewise KR', $K'R$.

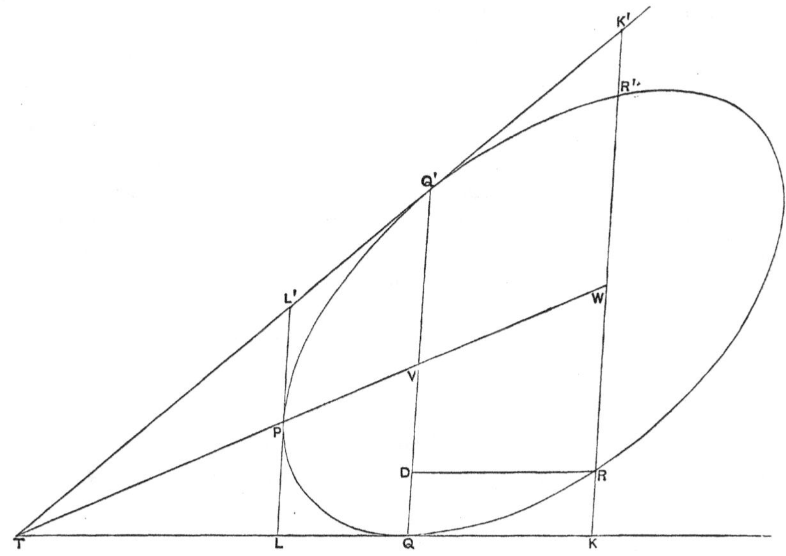

Therefore $RK \,.\, RK'$ (or $KR \,.\, KR'$) *varies as* KQ^2.

This is the trilinear theorem as proved by Apollonius.

Inflect RD to QQ' parallel to QT.

Then $RK \,.\, RK'$ varies as RD^2, and the theorem may be stated thus,

The distance of any point on a conic from a given chord varies as a mean proportional to its distances from the tangents at the ends of the chord, each distance being parallel to any given line.

Apollonius does not enunciate the theorem, but he proves and uses it in the course of his propositions mentioned above.

The distances of any point on a conic from the tangents at fixed points A, B, C, D being denoted by a, b, c, d respectively, its distances from AB, BC, CD, DA vary as mean proportionals to ab, bc, cd, da.

Hence obviously the four-line theorem, $AB \cdot CD = k \cdot BC \cdot DA$. Apollonius, who claims to have solved the *Locus ad tres et quatuor lineas* completely, may very well have deduced the four-line theorem from the three-line theorem in this way.

The Lemmas and Propositions quoted below by number are Newton's, whose proofs and diagrams in lib. I. sect. V. of the *Principia* should be referred to.

LEMMA XVII. *Case* 1. AC, BD being given parallel chords of a conic, through any point P of the curve draw the chord PK parallel to AC and crossing AB, CD in Q, R; and a parallel to AB meeting AC, BD in S, T. Then $PQ \cdot QK/AQ \cdot QB$ is a constant ratio.

But, the intercepts PR, QK being equal, the rectangle $PQ \cdot PR$ is equal to $PQ \cdot QK$, and therefore varies as $AQ \cdot QB$ or $PS \cdot PT$.

Thus Newton's proof for this case is the same as that of Apollonius for the three-line theorem, which it includes, since the parallels AC, BD may be supposed to coalesce.

In *Case* 2, with the help of *Case* 1, the theorem is shewn to hold when AC, BD are not parallel. In this general case Newton does not use the point K, which might have been found *by drawing the parallel to RT through B.* This construction leads to the proof of his Lemma XVII. in Prop. A, Cor. 10. The proof in question is given by Messrs J. J. Milne and R. F. Davis in their *Geometrical Conics*, followed by a corollary in which Lemma XX. is deduced from Lemma XVII., as by Newton.

LEMMA XVIII. Conversely, the locus of a point P such that $PQ \cdot PR/PS \cdot PT$ is constant is a conic section.

Corol. The trilinear theorem is deduced as a limiting case.

Scholium. The term conic section includes the line-pair and the circle. For a trapezium may be substituted a re-entrant quadrilateral; and one or two of the points A, B, C, D may be at infinity.

LEMMA XIX. Any line being drawn through A, the point P in which it meets the locus again is determined.

Corol. 1. The tangent at a given point is drawn.

Corol. 2. It is then shewn how to find a pair of conjugate diameters, and the different species of conics belonging to the locus are discriminated.

At the end it is said, with tacit allusion to the algebraic proof of the quadrilinear theorem by Descartes, "Atque ita problematis veterum de quatuor lineis ab *Euclide* incœpti & ab *Appollonio* continuati non calculus, sed compositio geometrica, qualem veteres quærebant, in hoc corollario exhibetur."

3.

CURVARUM DESCRIPTIO ORGANICA.

LEMMA XX. AB, AC are given chords and P a given point of a conic. Through P draw parallels to AC, AB forming with them a parallelogram $PQAS$; and across PQ, PS draw CRD, BDT to any sixth point D of the conic. *Then will PR/PT be a constant ratio*, and conversely.

Case 1. The constancy of PR/PT is deduced from the four-line theorem proved in Lemma XVII. Interchanging P, D in this paragraph only, let A, B, C, D in the figure of Prop. A be fixed and P variable. Through D draw a parallel to AC meeting CP in r, and a parallel to AB meeting BP in t. Then, CD being given, Dr varies as PR/RC, and therefore as PR/PS; and, BD being given, Dt varies as PT/TB, and therefore as PT/PQ. Therefore Dr/Dt is a constant ratio.

In like manner, with P fixed and D variable as in Lemma XX., PR/PT (p. 206) *is a constant ratio.*

Hence *the line RT is given in direction.* See Prop. XXII. and Prop. XXIII., where Pt/Pr is made equal to PT/PR by drawing *tr parallel to TR*, "actâ rectâ *tr* ipsi *TR* parallelâ." Hence, K being the position of D found by drawing RT through C (p. 206), it follows that RT is parallel to CK. Thus Prop. A is in fact Lemma XX.

LEMMA XXI. Take a triangle BPC, and let angles equal to its angles at B and C turn about those points as poles, one pair of the lines or bars containing the angles

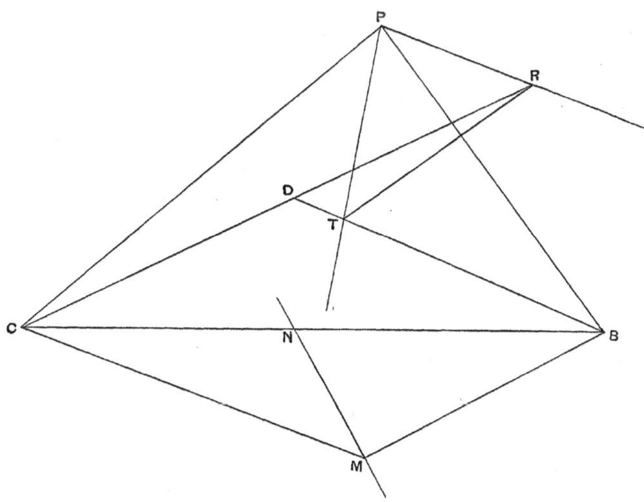

intersecting at M on a fixed line or *director* which cuts BC in N. Then the other pair will cross at a point D lying on a conic through B and C.

For inflect PR to CD, making the angle CPR equal to the constant angle CNM. Then PCR, NCM are similar triangles, and

$$PR/NM = PC/NC.$$

Inflect PT to BD, making the angle BPT equal to the constant angle BNM. Then PBT, NBM are similar triangles, and

$$PT/NM = PB/NB.$$

Therefore PR *varies as* PT, and by Lemma XX., PR and PT being on fixed lines, the locus of (CR, BT) is a conic through B and C, and conversely.

The lengths PR, PT in the figure, which differs somewhat from Newton's, are as the perpendiculars from N to PB, PC.

Given four points B, C, D, P, an infinity of conics can thus be drawn through them, for the given point D determines only one point M of the director. Given a fifth point of the conic, the director is determined, and one conic only can be described.

To draw the tangent BT at B, make D coincide with B. See Prop. XXII., *Corol.* 1. In other words, make the angle NCM equal to the angle PCB, and then the angle MBT equal to the angle PBC.

To find the directions of the axes. If the arms BM, CM be made constantly parallel, the intersection D of the others will trace a circle through B and C. This will cut the conic again at the two points found by making the parallel arms successively coincident with BC and parallel to the director. Four points common to the circle and the conic having been found, the axes must be parallel to the bisectors of the angles between a pair of chords joining them. For Newton's construction see Prop. XXVII. *Scholium* (p. 216).

PROP. B. *If two angles AOB, $A\omega B$ of given magnitudes turn about poles O, ω, and if the intersection A traces a curve of the nth order, the intersection B will in general trace a curve of the* 2*nth order.*

For a given position of the arm OB there are n positions of A and therefore n of B. When OB is in the position $O\omega$ all the B's coincide with ω, which is therefore an n-fold point on the locus of B, as is also the point O; and since any line through O (or ω) meets the locus of B in n other points, the locus is of the order $2n$.

4.

INVENTIO ORBIUM.

PROP. XXII. PROB. XIV. *To describe the conic through five points.* This is done by Lemma XX., and again by Lemma XXI.

PROP. XXIII. PROB. XV. *To describe a conic through four points and touching a given line.*

Case 1. When one of the points is the point of contact the construction is effected as in Prop. XXII.

Case 2. In the general case, HI being the given tangent and $BCDP$ the given points, draw HAI, $ICPG$, $GBDH$, and make the ratio compounded of

$$HA^2/HD.HB; \quad GB.GD/GP.GC; \quad IC.IP/IA^2;$$

a ratio of equality. Thus HA/IA is determined and the point of contact A is found *within or without* HI.

This is Newton's solution briefly stated, and it is identical with the modern solution by what is called Carnot's theorem. When A is found the two conics can be described by the methods used in *Case* 1.

PROP. XXIV. PROB. XVI. *To describe a conic through three given points and touching two given lines.*

Given two points and two tangents, Newton proves that the chord of contact must pass through one of two fixed points. This may be shewn as follows.

Let B, D be the given points and GH, GK the given tangents.

Take H and K in line with BD, and suppose BD and the chord of contact to cross at R.

Then by the trilinear theorem, all the distances being measured along BD, we have

$$BR^2/DR^2 = BH.BK/DH.DK.$$

Divide BD within and without at R in the ratio thus determined, and we have two points through one of which the chord of contact must pass.

A third given point C taken with B or D determines two points S through one of which the chord of contact must pass. Thus there are four possible positions of RS, giving four solutions.

When RS is found the conic can be described as in the first case of Prop. XXIII.

Imaginary Points. In the second case of Prop. XXIII. and in Prop. XXIV. Newton uses an auxiliary line which is supposed to cut the conic in points X and Y.

At the end of Prop. XXIV. he remarks that the constructions given will be the same whether the line XY cuts the trajectory or not. For the sake of brevity he gives no special proofs for the case in which, as we should say, the points X and Y are imaginary.

LEMMA XXII. *Figuras in alias ejusdem generis figuras mutare.*

Here Newton gives a method of homographic transformation, in which the loci of points G, g correspond so that the coordinates X, Y of G and x, y of g are connected by relations of the form,

$$X = \frac{OA.AB}{x}; \qquad Y = \frac{OA.y}{x}.$$

By this method, it is remarked, convergent lines can be transformed into parallels; and when a problem has been solved in the simplified figure, this can be retransformed into the original figure. In the solution of "solid problems" one of two conics can be changed into a circle. In the solution of "plane problems" a line and a conic can be made a line and a circle.

PROP. XXV. PROB. XVII. *To describe a conic through two given points and touching three given lines.*

Transform the given tangents and the line through the given points into the sides of a parallelogram.

Let these sides be *hci, idk, kcl, lbah,* where *a, b* correspond to the given points and *c, d, e* are the points of contact.

Take *m, n* mean proportionals to *ha, hb* and *la, lb.*

Then $$hc/m = ic/id = ke/kd = le/n,$$

and each of these ratios is equal to the given ratio of $hi + kl$, the sum of the antecedents, to $m + n + ki$, the sum of the consequents. Thus the points of contact are determined.

It may be remarked that this case is the reciprocal of Prob. XVI. Given two points *B, D* and two tangents *GH, GK,* the pole of *BD* must lie on one of two fixed lines. A third tangent being given, we can thus find four positions of the pole of *BD.* Having then five tangents and the points of contact of two of them, we can trace the four conics in various ways.

PROP. XXVI. PROB. XVIII. *To describe a conic through a given point and touching four given lines.*

Newton's solution is in effect as follows. Let *P* be the given point, and let two diagonals of the quadrilateral formed by the four tangents meet in *O.* Draw $OP\omega$ to the third diagonal, and take *Q* a harmonic conjugate to *P* with respect to O, ω. Then *Q* is on the conic, and the case is reduced to that of Prop. XXV.

He transforms the given tangents into the sides of a tangent parallelogram; finds the centre *O*; and finds *Q* the other end of the diameter *PO.* In the retransformed figure *Q* would therefore be found by the previous construction.

PROP. XXVII. PROB. XIX. *To describe the conic touching five given lines.*

This is led up to by three Lemmas, one of which, with a transformation as in Prop. XXV. or Prop. XXVI., would have sufficed for the solution of the problem.

LEMMA XXIV. *Corol.* 2. Using the figure of Lemma XXV., let *AMF, BQI* be parallel tangents to a conic; *A, B* their points of contact; *FQ, IM* any third and fourth tangents.

Then $AM : AF = BQ : BI$, and FI, MQ *meet on the diameter* AB.

We can now solve the problem as follows.

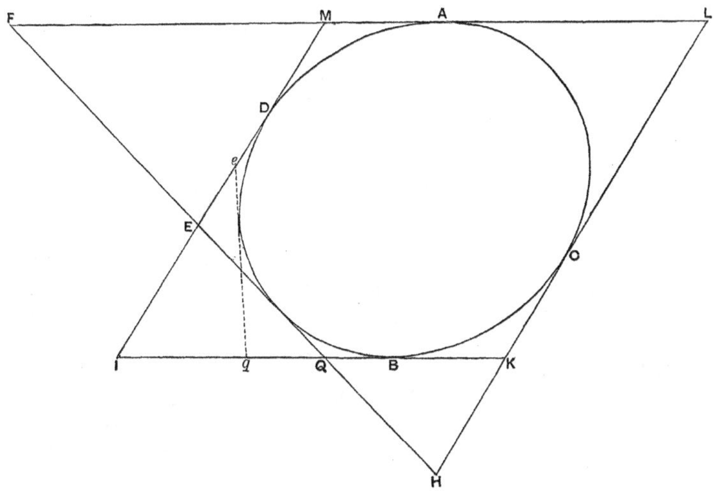

Complete the parallelogram $IKLM$ by drawing the tangent KL parallel to IM. Then IL, KM cross at the centre of the conic. Conversely, from five given tangents we can determine the conic.

Case 1. Let four of the tangents be the sides of a parallelogram, as in the figure. Its diagonals by their intersection give the centre, and FI, MQ also intersect on the chord of contact AB. The diameter AB being known, the conjugate radius is a mean proportional to AM, BI.

Case 2. Let the tangents at A, B only be parallel. These with FQ, MI determine a point (FI, MQ) on the chord of contact AB; and with IM, KL they determine a point (IL, KM) on AB.

Case 3. When none of the tangents are parallel, the same construction determines AB; for one pair of them, or two pairs, can be transformed into parallels by Lemma XXII. All the points of contact can be found in this way, and the conic can then be traced by various methods.

LEMMA XXV. *Corol.* 1. If IEM, IQK be fixed tangents to a conic and MK the diameter parallel to their chord of contact, then, EQ being any third tangent, the rectangle $KQ.ME$, or $(IK - IQ)(IM - IE)$ is constant. This leads to a tangential equation of the form,

$$a.IE.IQ + b.IE + c.IQ + d = 0.$$

Corol. 2. *The anharmonic tangent-property of conics.*

A sixth tangent eq is drawn, and it is shewn that

$$KQ : Qq = Me : Ee.$$

Thus the four tangents LK, EQ, eq, LM determine equal cross ratios on the tangents IK and IM.

Corol. 3. A tangent quadrilateral being given, the locus of the centre of the conic is the straight line which bisects its diagonals.

PROP. XXVII. Hence, five tangents being given, two tetrads of them give two lines through the centre. The parallel tangents can then be drawn, their points of contact found by Lemma XXIV., and the conic described by Prop. XXII.

Scholium. The preceding problems include cases in which the centre or an asymptote is given. For an asymptote is a tangent at infinity, and the centre with one point or tangent determines another point or tangent.

To find the axes and foci of a conic described by Lemma XXI. Set the arms BP, CP (which by their intersection described the conic) parallel and let them so rotate. The intersection X of the other arms of the two angles will then describe a circle through B, C. Draw its diameter KL crossing the director at right angles in H. When X is at K, then CP is parallel to the major or minor axis according as KH is less or greater than LH; and when X is at L, then CP is parallel to the other axis. Hence when the centre is given the axes are given, and the foci can be found.

Newton does not explain his construction for the directions of the axes, which has the appearance of having been first made for the hyperbola, and then stated for the ellipse also as having *imaginary points at infinity.* Le Seur and Jacquier, in their annotated edition of the *Principia*, having explained the construction for the case of the hyperbola by means of its asymptotes, or tangents "ad distantiam infinitam," merely remark in conclusion that it applies also to the parabola into which the hyperbola is changed when the intersections of the director with the circle coalesce, and to the ellipse into which the parabola is turned when the director passes outside the circle*.

The squares of the axes are as KH to LH. Hence a trajectory of given species or eccentricity can easily be described through four given points. Conversely a trapezium of given species, "si casus quidam impossibiles excipiantur," can be inscribed in a given conic.

There are also other lemmas by the help of which trajectories of given species can be described when points and tangents are given. For example, the middle point of a chord drawn through a fixed point to a conic traces a similar and similarly situated conic. "Sed propero ad magis utilia."

* Their words are, "Superior autem constructio non solum hyperbolæ convenit, sed & parabolæ in quam hyperbola mutatur, dum puncta m, M coeunt; atque etiam Ellipsi in quam vertitur parabola, dum recta MN extra circulum transit," the points M and m being the intersections of the director MN and the circle.

5.

Perspective and Continuity.

In Lemma xxii. (p. 213) Newton gives a construction made to illustrate his algebraical transformation of an equation of any degree into another of the same degree. After the proof that tangents remain tangents, he remarks that his demonstrations might have been put together "more magis geometrico," but he aims at brevity. With this Lemma should be read his *Enumeratio Linearum Tertii Ordinis*, where again he has something to say about curves in general.

At the end of the preface to his *Opticks* Newton writes, *And I have joined with it another small Tract concerning the Curvilinear Figures of the Second Kind, which was also written many Years ago, and made known to some Friends, who have solicited the making it publick.* He is referring to the *Enumeratio* above mentioned, in which curves of the nth order are called curves of the $(n-1)$th genus or kind, the straight line in this way of speaking not being counted among curves. In this tract he gives the theory of Perspective in space under the name *Genesis Curvarum per Umbras*, rays from a luminous point being supposed to cast shadows of geometrical figures on to an infinite plane. Thus, he says, the "Parabolæ quinq; divergentes" generate by their shadows all other cubic curves, and so from "Curvæ quædam simpliciores" of any genus can be produced all the other curves of that genus.

Such genesis of curves by shadows may have been suggested to Newton by some of Kepler's *problemata obseruatoria* (pp. 201, 203), in which he lets the sun shine through a small aperture into a darkened room, and observes the diurnal course of its projection on the floor. This varies with the latitude of the place, according to which the apparent path of the sun itself in any day cuts or touches or does not meet the plane of the horizon.

Thus Perspective as a modern method may be said to have originated with Kepler. The idea of it was not altogether unknown to the ancients, but they were scarcely in a position to put it to effective use, for this could not be done without a more or less complete doctrine of Continuity, including especially the quasi-concurrence of parallels at infinity. See *AMGC*, p. lv., and the writer's note on Perspective in vol. x. of the *Messenger of Mathematics* (1881).

Newton's Lemma xxii. may have arisen from his genesis of curves by shadows. Having seen how to connect varieties of the same order of curve graphically, he would naturally seek to connect such curves algebraically; and this could obviously be done by his transformation of coordinates from X, Y to x, y, with Xx and Yx/y constant.

Page 200. 21 quantumuis absurdis locutionibus] Poncelet used "ce qu'il appelle le *principe de continuité*," which is Kepler's principle of Analogy under a new name. This principle Kepler formulated in terms suitable to its later applications. Including normal and limiting forms of a figure under one definition, we are led to paradoxical ways of speaking, "sine vsu, tantum ad analogiam complendam" (p. 199. 5—6); as when we think of a hyperbola as a sort of ellipse, and postulate imaginary elements in the one analogous to what we see in the other.

Newton in some of his constructions virtually uses imaginary points (pp. 213, 216), whether or not, like Boscovich, he thought definitely of geometrical figures as having imaginary elements. To say that equations in x and y, which represent coordinates, may have *imaginary* roots (*Opticks*, p. 151) is to say in effect that there are what may be called imaginary points. Newton doubtless used equations for his own satisfaction in some places where he does not fully explain his geometry. An equation representing the locus described in Lemma XXI. (p. 211), is given in Prob. LIII. of the *Arithmetica Universalis* (1707). By the method of Fluxions he discovered things which he gave to the world proved "more magis geometrico." Thus he writes:

"At length in the winter between the years 1676 and 1677 I found the Proposition that by a centrifugal force reciprocally as the square of the distance a Planet must revolve in an Ellipsis about the center of the force placed in the lower umbilicus of the Ellipsis and with a radius drawn to that center describe areas proportional to the times...... And this is the first instance upon record of any Proposition in the higher Geometry found out by the method in dispute."

Two imaginary points the FOCOIDS (*AMGC*, p. 281), or "Circular Points at Infinity," play a great part in modern geometry. Their existence may be proved in geometrical form as follows.

Draw any circle in a given plane, and let ϕ and ϕ' be the two points in which it cuts the line Infinity. These will be the same for all circles in the plane.

For take points A, B on the circle subtending any angle α at the circumference; and take any other two points a, b in the plane.

Then the angle $A\phi B$ is equal to α, because ϕ is on the circle; and the lines ϕA, ϕa are parallel, and likewise ϕB, ϕb, because ϕ is at infinity.

Therefore

$$\angle\, a\phi b = \angle\, A\phi B = \alpha,$$

or any two lines through ϕ may be regarded as intersecting at any angle.

Hence every circle in the plane passes through ϕ, and similarly through ϕ'.

Conversely, a conic through ϕ and ϕ' is a circle.

The orthoptic locus of a curve of the nth class is of the degree $n(n-1)$, since its intersection with the line Infinity consists of ϕ and ϕ' taken $\frac{1}{2}n(n-1)$ times.

From the equation

$$x^2 + y^2 \equiv (x + iy)(x - iy) = 0$$

in rectangular coordinates it seems at first that ϕ and ϕ' are indeterminate, because x (or y) may have any direction. But the angles $\tan^{-1} \pm i$ are indeterminate.

The equation $$\tan(\theta + \alpha) = \tan\theta$$
reduces to $$\tan\alpha(1 + \tan^2\theta) = 0,$$
and when $\tan^2\theta = -1$, then θ is of the form $a \pm i\beta$ with β infinite.

Page 210 ab *Euclide* incœpti, etc.] Newton has in mind the words of Descartes in *La Géométrie*, "commencée à resoudre par Euclide et poursuivie par Apollonius, sans avoir été achevée par personne." Apollonius has indeed nothing to say about a locus related to more than four lines, but there is no reason to question his statement that he had solved the problem of the four-line locus. Its complete working out would have supplied ample materials for a book on the scale of his lib. v. on Normals*.

Newton assumes Lemma XVII. in Lemma XX., on which his Lemma XXI. depends, thus making the "Organic Description" of conics seem less simple than it is. Having proved Prop. A, make A, B, K, P, C fixed points and D variable, and we have at once RT parallel to the fixed line CK (p. 206) as in Lemma XXI.

Page 216 Sed propero ad magis utilia] The *Principia*, all but some ten or twelve propositions composed previously, having been written in less than a year and a half (Dec. 1684—May 1686), Newton could not have had much time to spare for the two sections (lib. I. 4—5) on *Inventio Orbium*. Maclaurin's constructions of a conic by means of three (p. 207, Cor. 6—7) or more lines through fixed points grew out of a *lemma Neutonianum*, as we learn from the preface to Simson's *Sectiones Conicæ*. Newton himself, with leisure, could have developed the said two sections into a comprehensive and essentially modern treatise.

* Of this lib. v. Chasles tells us that it treats of "les questions de *maxima* et de *minima*," and that, "On y retrouve tout ce que les méthodes analytiques d'aujourd'hui nous apprennent sur ce sujet." This astonishing statement is a too brief summary of the words of Montucla on lib. v. and lib. VI., "Ils traitent l'un et l'autre un des sujets les plus difficiles de la géométrie, savoir les questions *de maximis et minimis*, sur les sections coniques. Dans le cinquième *Apollonius* examine particulièrement quelles sont les plus grandes et les moindres lignes qu'on puisse tirer de chaque point donné à leur circonférence. On y retrouve tout ce que nos méthodes analytiques d'aujourd'hui nous apprennent sur ce sujet." Chasles goes on to speak of normals as the subject of lib. v.

IX. *Sur les Groupes Continus.* Par H. Poincaré.

[*Received* 25 September, 1899.]

I. Introduction.

La théorie des groupes continus, ce titre immortel de gloire du regretté Sophus Lie, repose sur trois théorèmes fondamentaux.

Le premier théorème de Lie nous apprend comment dans tout groupe continu il y a des substitutions infinitésimales et comment ce groupe peut être formé à l'aide des opérateurs

$$X(f) = \Sigma (X_i) \frac{df}{dx_i}.$$

Considérons r opérateurs de cette forme

$$(1) \qquad X_1(f),\ X_2(f),\ \ldots\ldots,\ X_r(f);$$

et convenons de poser :

$$X_iX_k - X_kX_i = (X_iX_k).$$

D'après le second théorème de Lie si les symboles (X_iX_k) sont liés aux opérateurs X_i par des relations linéaires de la forme:

$$(2) \qquad (X_iX_k) = \Sigma c_{iks} X_s,$$

où les c sont des constantes, les r opérateurs (1) donneront naissance à un groupe.

Les relations linéaires (2) pourront s'appeler *relations de structure* puisqu'elles définissent la "structure" du groupe qui dépend uniquement des constantes c.

C'est le troisième théorème de Lie qui attirera surtout notre attention. Quelles sont les conditions pour qu'on puisse former un groupe de structure donnée, c'est-à-dire pour trouver r opérateurs X_1, X_2, ……, X_r satisfaisant à des relations de la forme (2) dont les coëfficients c sont donnés?

On voit tout de suite que les coëfficients c ne peuvent être choisis arbitrairement. On doit d'abord avoir

$$(3) \qquad c_{kis} = -c_{iks}.$$

Ensuite d'après la définition même du symbole $(X_i X_k)$ on a identiquement

$$(4) \qquad ((X_a X_b) X_c) + ((X_b X_c) X_a) + ((X_c X_a) X_b) = 0,$$

d'où résultent entre les c certaines relations connues sous le nom d'*identités de Jacobi.*

Une condition nécessaire pour que l'on puisse former un groupe de structure donnée, c'est donc que les coëfficients c satisfassent à ces identités de Jacobi auxquelles il convient d'adjoindre les relations (3).

Le troisième théorème de Lie nous enseigne que cette condition est suffisante.

Pour la démonstration de ce théorème, nous devons distinguer deux familles de groupes.

Les *groupes de la* 1ère *famille* sont ceux qui ne contiennent aucune substitution permutable à toutes les substitutions du groupe.

Les *groupes de la* 2e *famille* sont ceux qui contiennent des substitutions permutables à toutes les substitutions du groupe.

En ce qui concerne les groupes de la 1ère famille, la démonstration de Lie, fondée sur la considération du groupe adjoint, ne laisse rien à désirer par sa simplicité.

En ce qui concerne les groupes de la 2e famille, Lie a donné une démonstration entièrement différente, beaucoup moins simple, mais qui permet cependant de former les opérateurs $X_i(b)$ par l'intégration d'équations différentielles ordinaires.

Dans une note récemment insérée dans les *Comptes-Rendus de l'Académie des Sciences de Paris*, j'ai donné une démonstration nouvelle du 3e théorème de Lie.

Les résultats contenus dans cette note étaient moins nouveaux que je ne le croyais quand je l'ai publiée.

D'une part en effet, Schur avait dans les *Berichte der k. sächsischen Gesellschaft der Wissenschaften* 1891 et dans le tome 41 des *Mathematische Annalen* donné du théorème en question une démonstration entièrement différente de celle de Lie.

Cette démonstration présente la plus grande analogie avec celle que je propose; mais elle n'a pour ainsi dire pas été poussée jusqu'au bout. Comme le fait remarquer Engel, le résultat dépend de séries que Schur forme et dont il démontre la convergence; au contraire Lie ramène le problème à l'intégration d'équations différentielles ordinaires.

Je suis arrivé comme Lie lui-même à des équations différentielles ordinaires qui même sont susceptibles d'être complètement intégrées.

D'autre part Campbell a donné sous une autre forme quelques-unes des formules auxiliaires qui m'ont servi de point de départ (*Proceedings of the London Mathematical Society*, tome 28 page 381 et tome 29 page 612).

Il m'a semblé néanmoins que cette note contenait encore assez de résultats nouveaux pour qu'il y eût quelque intérêt à la développer.

Je ramène en effet la formation d'un groupe de structure donnée, à l'intégration d'équations différentielles simples, intégration qui peut se faire en termes finis.

Ces équations sont moins simples que celles que Lie a formées pour les groupes de la 1ère famille; mais même dans ce cas, il peut y avoir intérêt à les connaître, car elles sont d'une forme différente et me s'en déduisent pas immédiatement.

De plus elles sont applicables aux groupes de la 2e famille et dans ce cas elles nous fournissent une solution du problème plus simple que celle de Lie.

II. Définition des Opérateurs.

Soit f une fonction quelconque de n variables $x_1, x_2, \dots, x_n$.

Soit X un opérateur qui change f en

$$(X_1)\frac{df}{dx_1}+(X_2)\frac{df}{dx_2}+\dots+(X_n)\frac{df}{dx_n},$$

où les (X_i) sont n fonctions données des n variables $x_1, x_2, \dots, x_n$, de sorte que:

$$X(f)=\Sigma(X_i)\frac{df}{dx_i}.$$

Soient Y, Z, etc. d'autres opérateurs analogues de telle façon que:

$$Y(f)=\Sigma(Y_i)\frac{df}{dx_i};\quad Z(f)=\Sigma(Z_i)\frac{df}{dx_i},\ \dots\dots$$

les (Y_i), les (Z_i), ... étant d'autres fonctions de $x_1, x_2, \dots, x_n$.

Dans ces conditions:

$X^2(f)=X[X(f)]$, $XY(f)=X[Y(f)]$, $X^2Y(f)=X[XY(f)]$, $XYZ(f)=X[YZ(f)], \dots,$ seront des combinaisons linéaires des dérivées partielles des divers ordres de la fonction f, multipliées par des fonctions données des x_i.

Ainsi se trouveront définis de nouveaux opérateurs X^2, XY, X^2Y, $XYZ, \dots,$ qui sont des combinaisons des opérateurs simples $X, Y, Z, \dots$. On voit que ces produits symboliques obéissent à la loi associative mais n'obéissent pas en général à la loi commutative de sorte que XY ne doit pas être confondu avec YX.

Ces opérateurs sont ainsi symboliquement représentés par des monômes; mais on peut définir des opérateurs qui seront symboliquement représentés par des polynômes tels que:

$$1+aX,\quad aX+bY,\quad aX^2+2bXY+cY^2,\ \dots\dots,$$

en convenant d'écrire par exemple:

$$(1+aX)(f)=f+aX(f);\quad (aX+bY)(f)=aX(f)+bY(f)\ \dots\dots\dots\dots$$

On voit que les polynômes opérateurs ainsi définis obéissent à la fois à la loi associative et à la loi distributive; de sorte qu'on aura:

$$(aX+bY)(cX+dY)=acX^2+adXY+bcYX+bdY^2,$$

et en particulier:

$$(X+Y)^2=X^2+XY+YX+Y^2,$$

expression qu'il ne faut pas confondre avec $X^2+2XY+Y^2$.

On peut aussi introduire des opérateurs qui seront représentés symboliquement par des séries infinies. Je citerai par exemple l'opérateur:

$$f+\alpha(X+Y)(f)+\alpha^2(X+Y)^2(f)+\alpha^3(X+Y)^3(f)+\ldots\ldots,$$

que je représenterai symboliquement par:

$$\left[\frac{1}{1-\alpha(X+Y)}\right](f),$$

ou plus simplement par

$$\frac{1}{1-\alpha(X+Y)},$$

et l'opérateur:

$$f+\frac{\alpha}{1!}X(f)+\frac{\alpha^2}{2!}X^2(f)+\frac{\alpha^3}{3!}X^3(f)+\ldots\ldots,$$

que je représenterai par $e^{\alpha X}(f)$ ou simplement par $e^{\alpha X}$.

On peut se demander si l'emploi de ces opérateurs représentés par des séries est légitime et si la convergence des opérations est assurée.

Il y a des cas où cette convergence est certaine. C'est ainsi que Lie a démontré que

$$e^{tX}(f)=f(x'_1, x'_2, \ldots, x'_n)$$

où les x'_i sont définis par les équations différentielles:

$$\frac{dx_i}{dt}=(X_i)(x'_1, x'_2, \ldots, x'_n),$$

et par les conditions initiales:

$$x'_i=x_i \qquad \text{pour } t=0.$$

Les opérateurs définis par des séries symboliques obéissent évidemment aux lois distributive et associative, ce qui permet par exemple d'écrire des égalités telles que celle-ci:

$$(e^Ye^{aX}e^Z)(e^{-Z}e^{bX}e^T)=e^Ye^{(a+b)X}e^T.$$

Il y a aussi un cas où ils obéissent à la loi commutative. Soient

$$\phi(X)=\Sigma a_nX^n, \quad \psi(X)=\Sigma b_nX^n,$$

deux séries symboliques dépendant d'un seul opérateur élémentaire X.

On a alors

$$\phi(X)[\psi(X)(f)]=\psi(X)[\phi(X)(f)].$$

Les deux produits symboliques $\phi(X)\psi(X)$ et $\psi(X)\phi(X)$ sont en effet des sommes de monômes dont tous les facteurs sont égaux à X. Si tous les facteurs sont identiques, il est clair que l'ordre de ces facteurs est indifférent et que les opérations sont commutatives.

Mais cela ne sera plus vrai si les séries symboliques dépendent de plusieurs opérateurs élémentaires différents; il ne faudrait pas par exemple confondre

$$e^X e^Y = \Sigma \frac{X^m Y^n}{m!\, n!}$$

avec

$$e^Y e^X = \Sigma \frac{Y^n X^m}{m!\, n!},$$

ni avec

$$e^{X+Y} = \Sigma \frac{(X+Y)^p}{p!}.$$

III. Calcul des Polynômes Symboliques.

Soient $X, Y, Z, T, U, \ldots\ldots, n$ opérateurs élémentaires. Par leurs combinaisons on pourra former d'autres opérateurs représentés symboliquement par des monômes ou des polynômes.

Deux monômes seront dits *équipollents* lors qu'ils ne diffèreront que par l'ordre de leurs facteurs; il en sera de même de deux polynômes qui seront des sommes de monômes équipollents chacun à chacun.

Nous appellerons *polynôme régulier* tout polynôme qui peut être regardé comme une somme de puissances de la forme:

$$(\alpha X + \beta Y + \gamma Z + \ldots)^p.$$

Il résulte de cette définition:

1°. Que si un polynôme régulier contient parmi ses termes un certain monôme, tous les monômes équipollents figureront dans ce polynôme avec le même coëfficient. Cette condition est d'ailleurs suffisante pour que le polynôme soit régulier.

2°. Que parmi les polynômes équipollents à un polynôme donné il y a un polynôme régulier et un seul.

Le polynôme

$$XY - YX$$

jouit de la même propriété que les opérateurs élémentaires, c'est-à-dire que

$$(XY - YX)(f)$$

est comme $X(f)$, $Y(f)$ etc. une combinaison linéaire des dérivées *du premier ordre seulement* de la fonction f multipliées par des fonctions données des x_i.

Nous supposerons que les opérateurs élémentaires et leurs combinaisons linéaires sont seuls à jouir de cette propriété. (Si cela n'avait pas lieu, nous introduirions parmi les opérateurs élémentaires tous ceux qui en jouiraient.) Nous devrons donc avoir des relations de la forme:

$$(1) \qquad XY - YX = (XY),$$

où (XY) est une combinaison linéaire des opérateurs élémentaires; nous reconnaissons là la relation de Lie dite relation de structure:

$$X_iX_k - X_kX_i = \Sigma c_{iks}X_s.$$

Cela posé, deux polynômes seront *équivalents* lorsqu'on pourra les réduire l'un à l'autre en tenant compte des relations (1).

Par exemple le produit

$$(2) \qquad P[XY - YX - (XY)]Q$$

(où le premier et le dernier facteurs P et Q sont deux monômes quelconques) est équivalent à zero; et il en est de même des produits analogues et de leurs combinaisons linéaires. Les produits de la forme (2) sont ce que j'appellerai des *produits trinômes.*

La différence de deux monômes qui ne diffèrent que par l'ordre de deux facteurs consécutifs est équivalente à un polynôme de degré moindre.

Soient en effet X et Y ces deux facteurs consécutifs. Nos deux monômes s'écriront

$$PXYQ, \qquad PYXQ,$$

P et Q étant deux monômes quelconques, et leur différence

$$P[XY - YX]Q$$

sera équivalente à

$$P(XY)Q,$$

dont le degré est d'une unité plus petit, puisque (XY) est du 1er degré, $XY - YX$ du 2[d] degré.

Soient maintenant M et M' deux monômes équipollents quelconques, c'est-à-dire ne différant que par l'ordre des termes. On pourra trouver une suite de monômes

$$M, M_1, M_2, \ldots, M_p, M',$$

dont le premier et le dernier sont les deux monômes donnés et qui seront tels que chacun d'eux ne diffère du précédent que par l'ordre de deux facteurs consécutifs. La différence $M - M'$ qui est la somme des différences $M - M_1$, $M_1 - M_2$, ..., $M_p - M'$ sera donc encore équivalente à un polynôme de degré moindre.

Plus généralement, la différence de deux polynômes équipollents est équivalente à un polynôme de degré moindre.

Je dis maintenant qu'*un polynôme quelconque est toujours équivalent à un polynôme régulier.*

Soit en effet P_n un polynôme quelconque de degré n; il sera équipollent à un polynôme régulier P'_n; on aura alors l'équivalence:

$$P_n = P'_n + P_{n-1},$$

où P_{n-1} est un polynôme de degré $n-1$ qui sera à son tour équipollent à un polynôme régulier P'_{n-1}, d'où l'équivalence:

$$P_{n-1} = P'_{n-1} + P_{n-2},$$

et ainsi de suite ; on finira par arriver à un polynôme de degré zéro, de sorte que nous pouvons écrire l'équivalence :

$$P_n = P'_n + P'_{n-1} + P'_{n-2} + \ldots\ldots,$$

dont le second membre est un polynôme régulier.

On a donc un moyen de réduire un polynôme quelconque à un polynôme régulier en se servant des relations (1). Il reste à rechercher si cette réduction ne peut se faire que d'une seule manière.

Le problème peut encore se présenter sous la forme suivante ; un polynôme régulier peut-il être équivalent à zéro ? Ou bien encore peut-on trouver une somme de *produits trinômes* de la forme

$$(2) \qquad P[XY - YX - (XY)]Q,$$

qui soit un polynôme régulier non identiquement nul ? Toutes les sommes de pareils produits sont en effet équivalentes à zéro.

Le degré d'un produit trinôme sera égal à 2 plus la somme des degrés des polynômes P et Q. Si je considère ensuite une somme S de produits (2), ce que j'appellerai le degré de cette somme S, ce sera le plus élevé des degrés des produits qui y figurent, quand même les termes du degré le plus élevé de ces différents produits se détruiraient mutuellement.

Le produit trinôme (2) peut être considéré comme la somme de deux produits, le *produit binôme*

$$(2 \text{ bis}) \qquad P[XY - YX]Q,$$

où je distinguerai le *monôme positif* $PXYQ$ et le *monôme négatif* $-PYXQ$; et le produit

$$-P(XY)Q,$$

que j'appellerai *le produit complémentaire.*

Soit donc S une somme quelconque de produits trinômes de degré p ou de degré inférieur ; je pourrai écrire :

$$S = S_p - T_p + S_{p-1} - T_{p-1} + \ldots\ldots + S_2 - T_2,$$

où S_k est une somme de produits binômes de degré k.

$$(2 \text{ ter}) \qquad P[XY - YX]Q,$$

tandis que $-T_k$ est la somme des produits complémentaires correspondants :

$$-P(XY)Q.$$

Il s'agit de savoir si la somme S peut être un polynôme régulier sans être identiquement nulle. J'observe d'abord que si S est un polynôme régulier, il doit en être de même de S_p; car S_p représente l'ensemble des termes de degré p dans S ; tandis que $(S_{p-1} - T_p)$, $(S_{p-2} - T_{p-1})$, ..., $(S_2 - T_3)$, $-T_2$ représentent respectivement l'ensemble des termes de degré $p-1$, $p-2$, ..., 2, 1.

On voit immédiatement que S_p est équipollent à zéro; comme zéro est un polynôme régulier, et que deux polynômes réguliers ne peuvent être équipollents sans être identiques, il faut que S_p soit identiquement nul.

Soit en particulier $p = 3$,

$$S_3 = \Sigma\,[XY - YX]\,Z - \Sigma Z\,[XY - YX],$$

le signe Σ signifie que l'on fait la somme du terme qui est explicitement exprimé sous ce signe et des deux termes qu'on en peut déduire en permutant circulairement les trois lettres X, Y, Z.

On aura:

$$T_3 = \Sigma\,(XY)\,Z - \Sigma Z\,(XY),$$

puis

$$S_2 = \Sigma\,[(XY)\,Z - Z\,(XY)],$$

$$T_2 = \Sigma\,[(XY)\,Z],$$

$$S = S_3 - T_3 + S_2 - T_2 = \Sigma\,[XY - YX - (XY)]\,Z - \Sigma Z\,[XY - YX - (XY)] + \Sigma\,[(XY)\,Z - Z(XY) - ((XY)\,Z)].$$

Il est aisé de vérifier que S_3 et $S_2 - T_3$ sont identiquement nuls, de sorte que S se réduit à $-T_2$.

Or

$$T_2 = [(XY)\,Z] + [(YZ)\,X] + [(ZX)\,Y]$$

est un polynôme du 1er degré, car $[(XY)\,Z]$ comme (XY) lui-même est un polynôme du 1er degré.

Or dans un polynôme du 1er degré, chaque terme ne contenant qu'un seul facteur, on n'a pas à se préoccuper de l'ordre des facteurs. Tout polynôme du 1er degré est donc un polynôme régulier. Si donc le polynôme T_2 n'est pas identiquement nul, la somme S sera égale à un polynôme régulier qui ne sera pas identiquement nul.

Donc pour qu'un polynôme puisse être réduit d'une seule manière à un polynôme régulier il faut qu'on ait les identités suivantes:

$$(3) \qquad [(XY)\,Z] + [(YZ)\,X] + [(ZX)\,Y] = 0.$$

On reconnaît là les *identités de Jacobi* qui jouent un si grand rôle dans la théorie de Lie.

(Si d'ailleurs ces identités n'avaient pas lieu, les opérateurs élémentaires seraient liés par les équations (3) qui ne seraient plus des identités; ils ne seraient plus linéairement indépendants; on pourrait donc en réduire le nombre.)

Les identités (3) sont donc la condition nécessaire pour que la réduction d'un polynôme à un polynôme régulier ne puisse se faire que d'une seule manière.

Il me reste à montrer que cette condition est suffisante.

Je dirai pour abréger une *somme régulière* pour désigner une somme de produits trinômes qui est un polynôme régulier.

Soit alors

$$S = S_p - T_p + S_{p-1} - T_{p-1} + \dots$$

une somme de produits trinômes; les deux premiers termes $S_p - T_p$ représentent la somme des produits trinômes du degré le plus élevé, c'est ce que j'appellerai la *tête* de la somme S.

J'ai distingué plus haut dans un produit trinôme trois parties que j'ai appelées le monôme positif, le monôme négatif et le produit complémentaire. Je dirai qu'une somme de produits trinômes forme une *chaîne* si le monôme négatif de chaque produit est égal et de signe contraire au monôme positif du produit suivant. Le monôme positif du premier produit et le monôme négatif du dernier seront alors les *monômes extrêmes* de la chaîne.

Il résulte de cette définition que tous les monômes positifs d'une même chaîne ne diffèrent que par l'ordre de leurs facteurs.

Une chaîne sera *fermée* si les deux monômes extrêmes sont égaux et de signe contraire. Si $S_p - T_p$ est une chaîne fermée de produits trinômes (S_p représentant la somme des produits binômes et $-T_p$ celle des produits complémentaires), il est clair que S_p est identiquement nul puisque les monômes positifs et négatifs se détruisent deux à deux.

Nous avons vu que si S est une somme régulière, S_p est identiquement nul, d'où il résulte que la tête d'une somme régulière S se compose toujours d'une ou plusieurs chaînes fermées.

Si deux chaînes ont mêmes monômes extrêmes, leur différence est une chaîne fermée.

Nous nous servirons de cette remarque pour montrer qu'une chaîne fermée peut toujours de plusieurs manières *se décomposer* en deux ou plusieurs chaînes fermées. Une chaîne fermée quelconque peut de plusieurs manières être regardée comme la différence de deux chaînes C et C' ayant mêmes monômes extrêmes; soit alors C'' une troisième chaîne ayant mêmes monômes extrêmes. La chaîne fermée $C - C'$ se trouve ainsi *décomposée* en deux autres chaînes fermées $C - C''$ et $C'' - C'$.

Il s'agit de montrer que *toute somme régulière est identiquement nulle* et en effet quand cela aura été démontré, il sera évident qu'un polynôme régulier dont tous les coëfficients ne seront pas nuls ne pourra être équivalente à zéro, puisque tout polynôme régulier équivalent à zéro est par définition une somme régulière.

Supposons que le théorème ait été établi pour les sommes de degré $1, 2, \dots, p-1$; je me propose de l'étendre aux sommes de degré p.

Je remarque d'abord que si une somme régulière de degré p est identiquement nulle, il en sera de même de toutes les sommes régulières de degré p *qui ont même tête.* La différence de ces deux sommes serait en effet une somme régulière de degré $p-1$ qui serait identiquement nulle d'après notre hypothèse.

Il me suffira donc de former toutes les chaînes fermées de degré p et de montrer que chacune d'elles peut être regardée comme la tête d'une somme régulière identiquement nulle.

Toute somme régulière S d'ordre p a en effet pour tête une de ces chaînes fermées, par exemple S'; si donc je montre que l'une des sommes régulières dont la tête est S' est identiquement nulle, il en sera de même de toutes les autres et en particulier de S.

Pour établir ce point, je vais *décomposer* la chaîne fermée envisagée en plusieurs chaînes fermées composantes.

Il me suffira de démontrer la proposition pour chacune des composantes.

J'appellerai *chaîne simple de la 1ère sorte* toute chaîne où le premier facteur de tous les monômes soit positifs soit négatifs sera partout le même.

J'appellerai *chaîne simple de la 2e sorte* toute chaîne où le dernier facteur de tous les monômes sera partout le même.

Une chaîne simple peut d'ailleurs être ouverte ou fermée.

Il est évident que toute chaîne fermée peut être regardée comme la somme d'un certain nombre de chaînes simples, alternativement de la 1ère et de la 2e sorte.

Soit donc S une chaîne fermée, $C_1, C_2, \dots, C_n$ des chaînes simples de la 1ère sorte, $C'_1, C'_2, \dots, C'_n$ des chaînes simples de la 2e sorte, on aura:

$$S = C_1 + C'_1 + C_2 + C'_2 + \dots + C_n + C'_n,$$

le monôme négatif extrême de chaque chaîne étant bien entendu égal et de signe contraire au monôme positif extrême de la chaîne suivante, et le monôme négatif extrême de C'_n égal et de signe contraire au monôme positif extrême de C_1.

Soit X le premier facteur de tous les monômes de C_1, Z le dernier facteur de tous les monômes de C'_1, Y le premier facteur de tous les monômes de C_2, T le dernier facteur de tous les monômes de C'_2 (je n'exclus pas le cas où deux des opérateurs X, Y, Z, T seraient identiques).

Soit alors C'' une chaîne simple de la 2e sorte ayant son monôme positif extrême égal et de signe contraire au monôme négatif extrême de C'_2; dont tous les monômes ont pour dernier facteur T; et dont le monôme négatif extrême a pour premier facteur X.

Soit C''' une chaîne simple de la 1ère sorte dont tous les monômes ont pour premier facteur X et dont les monômes extrêmes sont respectivement égaux et de signe contraire au monôme négatif extrême de C'' et au monôme positif extrême de C_1.

La chaîne fermée S se trouvera décomposée en deux chaînes fermées composantes, à savoir:

$$S' = (C''' + C_1) + C'_1 + C_2 + (C'_2 + C''),$$

$$S'' = - C'' + C_3 + C'_3 + \dots + C_n + C'_n - C'''.$$

S' ne contient que quatre chaînes simples; car $(C''' + C_1)$ et $(C'_2 + C'')$ sont des chaînes simples; S'' contient deux chaînes simples de moins que S.

En poursuivant on finira par décomposer S en chaînes fermées composantes, formées seulement de quatre chaînes simples. Il nous suffit donc d'envisager les chaînes fermées formées de quatre chaînes simples comme par exemple S'.

Les monômes positifs extrêmes des quatre chaînes simples qui forment S' ont respectivement pour premier et dernier facteurs:

pour $C''' + C_1$, X et T,
„ C'_1 , X et Z,
„ C_2 , Y et Z,
„ $C'_2 + C''$, Y et T.

Soient M_1, M'_1, M_2, M'_2 ces quatre monômes.

Tous ces monômes sont équipollents entre eux et équipollents à un certain monôme que j'appellerai $XYPZT$.

Nous allons alors construire une série de chaînes simples, comprises dans le tableau suivant, où dans la première colonne se trouve la lettre qui désigne la chaîne, dans le seconde le monôme extrême positif, dans la troisième le monôme extrême négatif; je fais figurer dans le même tableau les quatre chaînes simples qui forment S' et je pose pour abréger:

$$Q_1 = XYPZT; \quad Q'_1 = XYPTZ; \quad Q_2 = YXPTZ; \quad Q'_2 = YXPZT:$$

Nom de la chaîne	Monôme positif	Monôme négatif	Nom de la chaîne	Monôme positif	Monôme négatif
$C''' + C_1$	M_1	$-M'_1$	D_2	M_2	$-Q_2$
C'_1	M'_1	$-M_2$	D'_2	M'_2	$-Q'_2$
C_2	M_2	$-M'_2$	E_1	Q_1	$-Q'_1$
C'_2	M'_2	$-M_1$	E'_1	Q'_1	$-Q_2$
D_1	M_1	$-Q_1$	E_2	Q_2	$-Q'_2$
D'_1	M'_1	$-Q'_1$	E'_2	Q'_2	$-Q_1$

On peut supposer que tous les monômes de la chaîne D_1 ont pour premier et dernier facteurs X et T; de sorte que D_1 est à la fois une chaîne simple de 1ère sorte et une chaîne simple de 2e sorte. Il en est de même des autres chaînes D. On peut supposer de plus que les chaînes E se réduisent à un seul produit trinôme de manière que par exemple:

$$E_1 = XYP\,[ZT - TZ - (ZT)].$$

La chaîne fermée:

$$S' = (C''' + C_1) + C'_1 + C_2 + C'_2$$

peut être décomposée en cinq chaînes fermées composantes, à savoir :

$$U_1 = C''' + C_1 + D'_1 - E_1 - D_1,$$
$$U'_1 = C'_1 + D_2 - E'_1 - D'_1,$$
$$U_2 = C_2 + D'_2 - E_2 - D_2,$$
$$U'_2 = C'_2 + C'' + D_1 - E'_2 - D'_2,$$
$$V = E_1 + E'_1 + E_2 + E'_2.$$

Il s'agit donc de montrer que chacune de ces cinq chaînes fermées est la tête d'une somme régulière identiquement nulle.

Pour les quatre premières, qui sont des chaînes *simples* fermées, le théorème est évident. On l'a supposé démontré, en effet, pour les chaînes fermées d'ordre inférieur à p. Or il est clair que l'on a par exemple :

$$U_1 = XH,$$

H étant une chaîne fermée d'ordre $p-1$.

Quant à V, ce sera la tête de la somme régulière

$$[XY - YX - (XY)]\,PZT + YXP\,[ZT - TZ - (ZT)] - [XY - YX - (XY)]\,PTZ$$
$$- XYP\,[ZT - TZ - (ZT)] + (XY)\,P\,[ZT - TZ - (ZT)] - [XY - YX - (XY)]\,P\,(ZT),$$

qui est identiquement nulle.

Il reste à envisager ce qui se passe quand deux des opérateurs X, Y, Z, T sont identiques, par exemple $X = Y$, ou $X = Z$.

Nous devons alors distinguer le cas où les divers monômes positifs ou négatifs de notre chaîne contiennent deux facteurs identiques, l'un jouant le rôle de X et l'autre le rôle de Y (ou l'un le rôle de X et l'autre celui de Z) ; il n'y a alors rien à changer à l'analyse qui précède.

Et d'autre part le cas où ces monômes ne contiennent qu'un seul facteur X.

Le premier cas pourra seul se présenter si l'on suppose $X = Z$, ou $X = T$, et s'il y a plus de trois facteurs en tout.

Le second cas pourra au contraire se présenter si l'on suppose par exemple $X = Y$; mais on posera alors :

$$Q_1 = Q'_2 = XPZT\,; \quad Q'_1 = Q_2 = XPTZ.$$

La définition des diverses chaînes demeurera d'ailleurs la même et on constatera immédiatement que la chaîne V est identiquement nulle.

Le théorème est donc démontré pour les sommes d'ordre p, s'il l'est pour les sommes d'ordre moindre.

La démonstration précédente n'est toutefois pas applicable au cas de $p = 3$; car la chaîne V n'existe que s'il y a au moins quatre facteurs. Mais la seule chaîne fermée du 3e ordre est la chaîne $S_3 - T_3$ envisagée plus haut et nous avons vu qu'elle est la tête d'une somme régulière qui est identiquement nulle si les identités (3) ont lieu.

Le théorème est donc établi dans toute sa généralité.

Toute somme régulière est identiquement nulle.

Donc un polynôme régulier qui n'est pas identiquement nul ne peut pas s'annuler en vertu des relations (1).

Donc en résumé,

Si les identités (3) *ont lieu, les relations* (1) *permettent d'une manière, et d'une seule, de réduire un polynôme quelconque à un polynôme régulier.*

IV. Problème de Campbell.

Soient

$$X_1,\ X_2,\ \ldots,\ X_r$$

r opérateurs élémentaires; supposons qu'ils soient liés par les relations

$$(1) \qquad X_a X_b - X_b X_a = (X_a X_b),$$

$(X_a X_b)$ étant une combinaison linéaire des X_k; supposons de plus qu'on ait les identités

$$(3) \qquad ((X_a X_b) X_c) + ((X_b X_c) X_a) + ((X_c X_a) X_b) = 0.$$

D'après le deuxième théorème de Lie, ces opérateurs donnent naissance à un "groupe continu," qui admet r transformations infinitésimales indépendantes. Ces transformations infinitésimales changent f en

$$f + \epsilon X_k(f),$$

ϵ étant une constante infiniment petite.

Soit

$$T = t_1 X_1 + t_2 X_2 + \ldots + t_r X_r,$$

une combinaison linéaire de ces opérateurs. Les t_k sont des coëfficients constants quelconques. La transformation finie la plus générale du groupe s'exprimera par le symbole:

$$e^T(f).$$

Soient maintenant

$$T = t_1 X_1 + t_2 X_2 + \ldots + t_r X_r,$$
$$V = v_1 X_1 + v_2 X_2 + \ldots + v_r X_r,$$

deux combinaisons linéaires des X. Comme les transformations e^T forment un groupe, le produit

$$e^V e^T$$

devra également faire partie du groupe, de sorte que nous devrons avoir:

$$(4) \qquad e^V e^T = e^W,$$

où

$$W = w_1X_1 + w_2X_2 + \ldots + w_rX_r$$

est une autre combinaison linéaire des X.

Les coëfficients w sont évidemment des fonctions des v et des t.

Développons le produit:

$$e^V e^T = \Sigma \frac{V^m T^n}{m!\, n!}.$$

Le terme général $\frac{V^m T^n}{m!\, n!}$ est un polynôme d'ordre $m+n$. Par les relations (1) on peut le réduire à un polynôme régulier, et cette réduction ne peut se faire que d'une seule manière.

Nous pouvons donc écrire:

$$\frac{V^m T^n}{m!\, n!} = \Sigma_p W(p, m, n),$$

où $W(p, m, n)$ est un polynôme régulier et homogène d'ordre $p\,(p \leqq m+n)$; on a donc:

$$e^V e^T = \Sigma_{p.m.n} W(p, m, n).$$

Si nous réunissons les termes de même degré et que nous posions

$$W_p = \Sigma_{m.n} W(p, m, n),$$

il viendra:

$$e^V e^T = \Sigma_p W_p.$$

Le second théorème de Lie, que je viens de rappeler, nous apprend que le second membre doit être de la forme e^W, et par conséquent que:

$$(5) \qquad W_p = \frac{W_1^p}{p!}.$$

C'est là une proposition dont la simplicité serait inattendue, si l'on ne connaissait pas la théorie des groupes.

Si on pouvait la démontrer directement on aurait, comme l'a remarqué Campbell, une nouvelle démonstration du second théorème de Lie.

Mais il y a plus; on aurait aussi une nouvelle démonstration du *troisième théorème de Lie*.

Les égalités (1) nous font connaître des relations entre les opérateurs élémentaires et les combinaisons $XY - YX$; ce sont ces relations qui constituent la *structure* du groupe. Cette structure est donc entièrement définie quand on connaît les r^3 coëfficients c des r^2 fonctions linéaires (XY).

Mais ces r^3 constantes c ne sont pas toutes indépendantes; tous les coëfficients de (XX) doivent être nuls; les coëfficients de (YX) sont égaux et de signe contraire à ceux de (XY). Enfin les constantes c doivent être choisies de telle façon que les identités (3) soient satisfaites. J'adjoins donc aux identités (3) les identités suivantes qui sont evidentes:

$$\text{(3 bis)} \qquad (XX) = 0, \qquad (XY) = -(YX).$$

Le 3e théorème de Lie nous apprend qu'on peut toujours trouver un groupe de structure donnée; pourvu que les coëfficients c qui définissent cette structure satisfassent aux identités (3) et (3 bis), c'est-à-dire aux identités de Jacobi.

Mais supposons inversement qu'on ait démontré directement l'identité (5) et par conséquent la formule (4). Les coëfficients w seront donnés en fonctions de v et de t; et je puis écrire:

$$\text{(6)} \qquad w_k = \phi_k(v_i, t_i).$$

Pour former les fonctions ϕ_k, il suffit de savoir former le polynôme W_1, par conséquent de savoir former les polynômes $W(p, m, n)$; c'est-à-dire de savoir réduire un polynôme quelconque en polynôme régulier; pour cela il suffit de connaître les coëfficients c.

Soit

$$e^V e^T = e^W; \quad e^W e^U = e^Z; \quad e^T e^U = e^Y;$$

où

$$U = \Sigma u_k X_k, \quad Z = \Sigma z_k X_k, \quad Y = \Sigma y_k X_k.$$

Le caractère associatif de nos opérateurs nous montre que l'on a:

$$e^V e^Y = e^Z,$$

d'où les relations suivantes:

$$w_k = \phi_k(v_i, t_i); \quad y_k = \phi_k(t_i, u_i).$$

$$\text{(7)} \qquad z_k = \phi_k(w_i, u_i) = \phi_k(v_i, y_i).$$

Regardons dans les équations (6) les t comme des constantes; ces équations (6) définiront une transformation qui transforme $v_1, v_2, \ldots, v_r$ en $w_1, w_2, \ldots, w_r$. Les relations (7) nous enseignent que l'ensemble de ces transformations constitue un groupe.

(C'est ce que Lie appelle la Parametergruppe.)

Les substitutions infinitésimales de ce groupe sont:

$$X_i(f) = \Sigma \frac{df}{dv_k} \frac{d\phi_k}{dt_i},$$

où dans $\phi_k(v_i, t_i)$ on annule les t après la différentiation.

Les r substitutions infinitésimales $X_i(f)$ sont linéairement indépendantes. Et en effet, pour qu'elles ne le fussent pas, il faudrait que le déterminant fonctionnel des ϕ_k par rapport aux t fût nul, quels que soient les v quand les t s'annulent. Or cela n'a pas lieu car ce déterminant devient égal à 1 quand les v s'annulent.

Ayant ainsi défini les opérateurs élémentaires $X_i(f)$, leurs combinaisons $T = \Sigma t_i X_i(f)$, e^T, etc. se trouvent définis eux-mêmes.

Ces opérateurs étant associatifs, on aura

$$e^{Y}(f)=e^{T}e^{U}(f),$$

c'est-à-dire, en négligeant les quantités du 3e ordre par rapport aux t et aux u:

$$Y=T+U+\frac{TU-UT}{2}.$$

D'autre part, d'après la manière dont ont été formées les fonctions ϕ_k, on vérifie que

$$Y=T+U+\tfrac{1}{2}(TU)=\Sigma t_i X_i+\Sigma u_k X_k+\tfrac{1}{2}\Sigma(t_i u_k-t_k u_i)(X_i X_k),$$

et la comparaison de ces deux identités donne:

$$X_i X_k-X_k X_i=(X_i X_k),$$

où les coëfficients des fonctions linéaires $(X_i X_k)$ sont bien les r^3 coëfficients c donnés.

Le groupe ainsi formé a donc bien la structure donnée et le troisième théorème de Lie est démontré.

C'est au fond la démonstration de Schur.

Ce que j'appellerai le problème de Campbell consiste donc à démontrer directement la formule (5), ce qui démontre à la fois le second et le troisième théorème de Lie.

V. Le Symbole $\phi(\theta)$.

Considérons r opérateurs élémentaires

$$X_1,\ X_2,\ \ldots,\ X_r,$$

et une de leurs combinaisons linéaires:

$$T=t_1X_1+t_2X_2+\ldots+t_rX_r.$$

Soit ensuite V un autre opérateur élémentaire qui pourra être ou ne pas être une combinaison linéaire des opérateurs X.

Supposons que les opérateurs V et X soient liés par des relations de la forme:

$$VX_i-X_iV=b_{i\cdot 1}X_1+b_{i\cdot 2}X_2+\ldots+b_{i\cdot r}X_r$$

$$(i=1,\ 2,\ \ldots,\ r),$$

on aura alors:

$$VT-TV=\Sigma u_k X_k,$$

où

$$u_k=\Sigma b_{i\cdot k}t_i.$$

Je poserai

$$VT-TV=\theta(T).$$

Donc $\theta(T)$ est comme T une combinaison linéaire des X; et les coëfficients de $\theta(T)$ se déduisent de ceux de T par une substitution linéaire.

Je poserai

$$\theta\,[\theta\,(T)] = \theta^2\,(T), \quad \theta\,[\theta^m\,(T)] = \theta^{m+1}\,(T),$$

de sorte que $\theta^m(T)$ sera comme T une combinaison linéaire des X, les coëfficients de $\theta^m(T)$ se déduisant de ceux de T en répétant m fois cette même substitution linéaire.

Si maintenant

$$\phi\,(\theta) = \Sigma g_k \theta^k$$

est un polynôme ou une série ordonnée suivant les puissances croissantes de θ, j'écrirai:

$$\phi\,(\theta)\,(T)$$

au lieu de

$$\Sigma g_k \theta^k\,(T).$$

Considérons l'équation, dite caractéristique:

$$(1) \quad \begin{vmatrix} b_{11}-\theta, & b_{12}, & \ldots, & b_{1r} \\ b_{21}, & b_{22}-\theta, & \ldots, & \ldots \\ \cdots & \cdots & \cdots & \cdots \\ b_{r1}, & \ldots, & \ldots, & b_{rr}-\theta \end{vmatrix} = 0.$$

Si cette équation a toutes ses racines distinctes et si ces racines sont $\theta_1, \theta_2, \ldots, \theta_r$, il existe r combinaisons linéaires des X_i, à savoir:

$$(2) \quad Y_k = \Sigma \alpha_{ik}\, X_i,$$

telles que:

$$VY_k - Y_k V = \theta_k Y_k.$$

Si alors on a:

$$T = \Sigma t_i X_i = \Sigma t'_k Y_k,$$

on aura:

$$\phi\,(\theta)\,(T) = \Sigma \phi\,(\theta_k)\, t'_k Y_k.$$

Si nous posons:

$$\phi\,(\theta)\,(T) = \Sigma h_i X_i,$$

nous voyons d'abord que les coëfficients h_i sont des fonctions linéaires des t; ce sont d'autre part des fonctions des b; étudions ces fonctions.

Si $\phi\,(\theta)$ est un polynôme entier d'ordre p en θ, les h_i seront des polynômes entiers d'ordre p par rapport aux b. Si donc $\phi\,(\theta)$ est une série ordonnée suivant les puissances de θ, les h_i se présenteront sous la forme de séries ordonnées suivant les puissances des b. Nous allons voir bientôt quelles sont les conditions de convergence de ces séries.

Des équations (2) on tire en effet:

$$X_i = \Sigma \beta_{ik}\, Y_k,$$

d'où:

$$t'_k = \Sigma \beta_{ik} t_i,$$

$$\phi\,(\theta)\,(T) = \Sigma \phi\,(\theta_k)\, t'_k \alpha_{ik} X_i,$$

d'où enfin :

$$h_i = \Sigma t_j \phi(\theta_k) \,.\, \alpha_{ik} \,.\, \beta_{jk}.$$

Pour déterminer les produits $\alpha_{ik}\beta_{jk}$ faisons

$$\phi(\theta) = \frac{1}{\xi - \theta},$$

ξ étant une constante quelconque.

On a alors :

$$\frac{1}{\xi - \theta}(T) = \Sigma h_i X_i = H,$$

où

$$h_i = \Sigma \frac{t_j \alpha_{ik} \beta_{jk}}{\xi - \theta_k}.$$

On tire de là

$$(\xi - \theta)(H) = T,$$

ce qui peut s'écrire :

$$\xi h_i - \Sigma b_{ki} h_k = t_i.$$

De ces équations on peut tirer les h en fonctions des t ; on trouve :

$$(3) \qquad h_i = \Sigma \frac{t_j P_{ij}}{F(\xi)},$$

où P_{ij} est un polynôme entier par rapport aux b et à ξ ; quant à $F(\xi)$ c'est le premier membre de l'équation (1) où θ a été remplacé par ξ.

Le second membre de l'équation (3) est une fraction rationnelle en ξ ; décomposons la en éléments simples ; il viendra :

$$h_i = \Sigma \frac{t_j P_{ik}{}^k}{F'(\theta_k)(\xi - \theta_k)},$$

où $P_{ij}{}^k$ est ce que devient P_{ij} quand on y remplace ξ par θ_k.

On a donc :

$$\alpha_{ik}\beta_{jk} = \frac{P_{ij}{}^k}{F'(\theta_k)},$$

d'où enfin pour une fonction $\phi(\theta)$ quelconque :

$$(4) \qquad \phi(\theta)(T) = \Sigma \frac{t_j P_{ij}{}^k \phi(\theta_k) X_i}{F'(\theta_k)}.$$

On voit que les h_i s'expriment rationnellement en fonctions des b, des θ_k et des $\phi(\theta_k)$.

La formule (4) peut se mettre sous une autre forme ; nous pouvons écrire :

$$(4 \text{ bis}) \qquad \phi(\theta)(T) = \frac{1}{2i\pi\sqrt{-1}} \int \frac{d\xi \phi(\xi) \Sigma t_j P_{ij} X_i}{F(\xi)},$$

l'intégrale étant prise dans le plan des ξ le long d'un cercle de rayon assez petit pour que la fonction $\phi(\xi)$ soit holomorphe à l'intérieur ; nous le supposerons de plus assez grand pour que les points $\theta_1, \theta_2, \ldots, \theta_r$ soient à l'intérieur du cercle. Cela nous amène à supposer en même temps que le rayon de convergence de la série $\phi(\xi)$ est plus grand que le plus grand module des quantités $\theta_1, \theta_2, \ldots, \theta_r$.

On a alors pour tous les points du contour d'intégration:

$$|\xi| > |\theta_1|, \quad |\xi| > |\theta_2|, \quad \ldots\ldots, \quad |\xi| > |\theta_r|,$$

d'où il résulte que la fonction rationnelle

$$\frac{P_{ij}}{F(\xi)}$$

est développable suivant les puissances croissantes des b. Il en est donc de même des h_1.

Nous avons dit plus haut que les h_i sont développables en séries procédant suivant les puissances des b; et d'après ce qui précède, il suffit, pour que ces séries convergent, que le rayon de convergence de la série $\phi(\xi)$ soit plus grand que la plus grande des quantités

$$|\theta_1|, \quad |\theta_2|, \quad \ldots\ldots, \quad |\theta_r|.$$

Si donc $\phi(\xi)$ est une fonction entière, les h_i seront des fonctions entières des b.

Qu'arrive-t-il maintenant si l'équation caractéristique

$$F(\theta) = 0$$

a des racines multiples? Il est aisé de s'en rendre compte en partant du cas général et en passant à la limite.

Je suppose par exemple que θ_1 soit une racine triple. Alors $F(\xi)$ contient le facteur $(\xi - \theta_1)^3$. Si je décompose le second membre de (3) en éléments simples, trois de ces éléments deviendront infinis pour $\xi = \theta_1$.

Soient

$$\frac{A_1^{(i)}}{\xi - \theta_1} + \frac{A_2^{(i)}}{(\xi - \theta_1)^2} + \frac{A_3^{(i)}}{(\xi - \theta_1)^3}$$

ces trois éléments simples. Alors il faudra dans la formule (4) remplacer le terme:

$$\Sigma \frac{t_j P'_{ij} \phi(\theta_1) X_i}{F'(\theta_1)}$$

(qui n'aurait plus de sens dans le cas d'une racine multiple) par les trois termes suivants:

$$\Sigma A_1^{(i)} X_i \phi(\theta_1) - (1\,!)\, \Sigma A_2^{(i)} X_i \phi'(\theta_1) + (2\,!)\, \Sigma A_3^{(i)} X_i \phi''(\theta_1).$$

On opérerait de même pour les autres racines multiples.

Donc les h_i, dans le cas des racines multiples, sont des fonctions rationnelles des b, des θ_k, des $\phi(\theta_k)$ et de leurs dérivés $\phi'(\theta_k)$, $\phi''(\theta_k)$, ...; on pousse jusqu'à $\phi^{(p)}(\theta_k)$ si θ_k est une racine multiple d'ordre $p+1$.

Remarquons que je n'aurais pu faire ce raisonnement par passage à la limite, si je m'étais restreint dès le début en supposant que V est une combinaison linéaire des

X, et que les X sont liés par les relations (1) et (3) du N° IV. (relations de structure et identités de Jacobi).

Alors en effet les cas où l'équation caractéristique a des racines multiples ne pourraient plus être regardés comme des cas particuliers de ceux où toutes les racines sont distinctes. On aurait pu, il est vrai, démontrer directement la formule (4 bis) et se servir de cette formule; mais j'ai préféré ne pas m'imposer au début cette hypothèse restrictive, quitte à l'introduire dans la suite du calcul, de façon à avoir le droit de raisonner par passage à la limite.

Quoi qu'il en soit, le cas le plus intéressant au point de vue des applications à la théorie des groupes, c'est celui où cette hypothèse restrictive est satisfaite. Supposons donc que V soit une combinaison linéaire des X:

$$V = v_1 X_1 + v_2 X_2 + \dots + v_r X_r.$$

Supposons de plus que les X soient liées par les relations (1) du N° précédent

$$X_i X_j - X_j X_i = \Sigma c_{ijs} X_s,$$

et que les constantes c satisfont à des relations telles que les identités (3) du N° précédent aient lieu.

On aura alors:

$$\theta(T) = \Sigma c_{ijs} v_i t_j X_s,$$

d'où:

$$b_{i \cdot k} = c_{1 \cdot i \cdot k} v_1 + c_{2 \cdot i \cdot k} v_2 + \dots + c_{r \cdot i \cdot k} v_r.$$

Les résultats, démontrés dans le cas général, seront évidemment encore vrais dans ce cas particulier; si donc on pose:

$$\phi(\theta)(T) = \Sigma\, h_i X_i,$$

les h_i seront des fonctions linéaires des t, et des fonctions rationnelles des v, des θ_k, des $\phi(\theta_k)$ et de quelques unes de leurs dérivées. Les θ_k sont les racines d'une équation algébrique dont le premier membre est un polynôme entier homogène de degré r par rapport aux v et à l'inconnue θ.

De plus les h_i ne dépendent que linéairement des $\phi(\theta_k)$ et de leurs dérivées.

Si $\phi(\xi)$ est une fonction entière de ξ, les h_i sont des fonctions entières des v.

Dans tous les cas, le symbole $\phi(\theta)(T)$ se trouve entièrement défini.

Je terminerai par deux remarques:

1°. Si $\chi(\xi)$ est le produit des deux fonctions $\phi(\xi)$ et $\psi(\xi)$, on aura:

$$\phi(\theta)[\psi(\theta)(T)] = \psi(\theta)[\phi(\theta)(T)] = \chi(\theta)(T).$$

2°. Si on a:

$$\phi(\theta)(T) = U,$$

on aura:

$$\frac{1}{\phi(\theta)}(U) = T.$$

Cette dernière égalité n'a de sens que si $\phi(\xi)$ ne s'annule pas pour $\xi = 0$, de telle façon que $\frac{1}{\phi(\theta)}$ soit développable suivant les puissances de θ.

VI. Formules fondamentales.

Considérons l'expression

$$(1) \qquad e^{-\alpha V} e^{\beta T} e^{\alpha V},$$

V et T ayant même signification que dans le § précédent, tandis que α et β sont des constantes très petites. Développons cette expression en négligeant les termes du 3e ordre par rapport à α et à β; il viendra:

$$\left(1 - \alpha V + \frac{\alpha^2 V^2}{2}\right)\left(1 + \beta T + \frac{\beta^2 T^2}{2}\right)\left(1 + \alpha V + \frac{\alpha^2 V^2}{2}\right),$$

ou

$$1 + \beta T + \frac{\beta^2 T^2}{2} - \alpha\beta\,(VT - TV),$$

ou avec la même approximation :

$$e^{\beta T - \alpha\beta\,(VT - TV)}.$$

On aura donc, toujours avec cette approximation :

$$(2) \qquad e^{-\alpha V} e^{\beta T} e^{\alpha V} = e^{\beta U}, \text{ où } U = T - \alpha\theta\,(T),$$

ou encore avec la même approximation :

$$(2 \text{ bis}) \qquad e^{-\alpha V} e^{\beta T} e^{\alpha V} = e^{\beta U}, \text{ où } U = e^{-\alpha\theta}\,(T).$$

Je me propose maintenant de démontrer que la formule (2 bis) est vraie quelque loin que l'on pousse l'approximation ; et d'abord qu'elle est vraie quand on néglige le carré de β et qu'on pousse l'approximation par rapport à α aussi loin que l'on veut.

Supposons donc qu'on pousse l'approximation jusqu'aux termes en β et jusqu'aux termes en α^m inclusivement. Dans l'expression (1) nous remplacerons $e^{\beta T}$ par $1 + \beta T$, $e^{\alpha V}$ et $e^{-\alpha V}$ par les $m+1$ premiers termes de leurs développements ; en effectuant le produit (et négligeant dans ce produit α^{m+1}) nous obtiendrons un polynôme symbolique que nous pourrons rendre régulier par les procédés du N° III. Soit

$$\phi\,(\alpha, \beta) = \Sigma A \Pi,$$

le polynôme régulier ainsi obtenu ; Π est un monôme symbolique, et A son coëfficient qui est un polynôme entier en α et β.

Nous avons alors :

$$(3) \qquad \phi\,(\alpha + d\alpha, \beta) = e^{-(\alpha+d\alpha)V} e^{\beta T} e^{(\alpha+d\alpha)V} = e^{-d\alpha \cdot V} \phi\,(\alpha, \beta)\, e^{d\alpha \cdot V}.$$

En effectuant le produit du 3e membre de cette double égalité, et négligeant le carré de la différentielle $d\alpha$, on obtiendra un polynôme régulier de même forme dont les coëfficients sont eux-mêmes des polynômes du 1er degré par rapport à $d\alpha$ d'une part, par rapport aux coëfficients A d'autre part. Telle est la forme du polynôme $\phi\,(\alpha + d\alpha, \beta)$.

D'autre part on a :

$$(3 \text{ bis}) \qquad \phi(\alpha+d\alpha, \beta) - \phi(\alpha, \beta) = d\alpha \, \Sigma \frac{dA}{d\alpha} \Pi.$$

Cette égalité, rapprochée de la remarque que nous venons de faire, montre que $\frac{dA}{d\alpha}$ est une combinaison linéaire des coëfficients A.

Donc ces coëfficients A, considérés comme fonctions de α, satisfont à des équations linéaires à coëfficients constants.

De plus pour $\alpha=0$ ils doivent se réduire aux coëfficients de $e^{\beta T}$. Ces conditions suffisent pour les déterminer.

Or je dis que l'on peut y satisfaire en faisant (conformément à la formule 2 bis):

$$\phi(\alpha, \beta) = e^{\beta U}; \qquad U = e^{-\alpha\theta}(T).$$

En effet cette formule nous donne :

$$\phi(\alpha+d\alpha, \beta) = e^{\beta U'}, \qquad U' = e^{-(\alpha+d\alpha)\theta}(T),$$

et il s'agit de vérifier que :

$$e^{-d\alpha . V} e^{\beta U} e^{d\alpha . V} = e^{\beta U'}.$$

Or la formule (2 bis) démontrée quand on néglige d'une part le carré de β, d'autre part le carré de α, peut s'appliquer ici puisque nous négligeons le carré de β et celui de $d\alpha$. Nous avons donc

$$e^{-d\alpha . V} e^{\beta U} e^{d\alpha . V} = e^{\beta U''}, \quad U'' = e^{-d\alpha . \theta}(U),$$

d'où :

$$U'' = e^{-d\alpha . \theta}[e^{-\alpha\theta}(T)] = e^{-(\alpha+d\alpha)\theta}(T) = U'.$$

On a donc bien :

$$\phi(\alpha+d\alpha, \beta) = e^{-d\alpha . V} e^{\beta U} e^{d\alpha . V} = e^{\beta U''}.$$

C. Q. F. D.

La formule (2 bis) satisfait donc à nos équations différentielles et comme ces équations ne comportent qu'une solution, cette formule se trouve vérifiée.

Poussons maintenant l'approximation aussi loin que nous voulons tant par rapport à β que par rapport à α.

Nous avons :

$$\phi(\alpha, \beta) = e^{-\alpha V} e^{\beta T} e^{\alpha V};$$

d'où :

$$\phi(\alpha, \beta+d\beta) = e^{-\alpha V} e^{(\beta+d\beta)T} e^{\alpha V} = (e^{-\alpha V} e^{\beta T} e^{\alpha V})(e^{-\alpha V} e^{d\beta . T} e^{\alpha V}),$$

ou

$$\phi(\alpha, \beta+d\beta) = \phi(\alpha, \beta)\,\phi(\alpha, d\beta).$$

Comme nous négligeons le carré de $d\beta$, je puis écrire :

$$\phi(\alpha, d\beta) = e^{d\beta . U}; \quad U = e^{-\alpha\theta}(T);$$

d'où:

$$(4) \qquad \phi(\alpha, \beta + d\beta) = \phi(\alpha, \beta)\, e^{d\beta . U}.$$

Cette formule (4) représente sous forme condensée des équations différentielles de même forme que les équations (3 bis), auxquelles doivent satisfaire les coëfficients A de

$$\phi(\alpha, \beta) = \Sigma A \,.\, \Pi.$$

C'est ainsi que la formule (4) représentait sous forme condensée les équations (3 bis).

On peut satisfaire à ces équations par la formule (2 bis); cette formule donne en effet:

$$\phi(\alpha, \beta + d\beta) = e^{(\beta + d\beta) U} = e^{\beta U} e^{d\beta . U} = \phi(\alpha, \beta)\, e^{d\beta . U}.$$

Les équations différentielles ne comportant comme les équations (3 bis) qu'une seule solution, la formule (2 bis) se trouve vérifiée dans tous les cas.

Cette formule (2 bis) n'est d'ailleurs que la traduction symbolique d'une formule bien connue et, si j'ai développé la démonstration, c'est uniquement pour mieux faire comprendre les symboles employés et pour faire connaître un mode de raisonnement applicable à des questions analogues; je veux parler de celui où s'introduisent les équations différentielles (3 bis) ou les équations analogues.

Il importe avant d'aller plus loin de préciser la portée de la démonstration que nous venons de donner. Pour qu'elle soit valable, il faut que tout polynôme puisse être réduit d'une manière et d'une seule à être régulier. Or, d'après le N° III., cela a lieu dans deux cas.

1°. Si V et T sont des combinaisons linéaires des opérateurs X,

$$V = \Sigma v_i X_i, \qquad T = \Sigma t_i X_i,$$

et si ces opérateurs sont liés par des relations

$$X_i X_k - X_k X_i = \Sigma c_{iks} X_s,$$

les constantes c satisfaisant aux identités

$$(X_a (X_b X_c)) + (X_b (X_c X_a)) + (X_c (X_a X_b)) = 0;$$

si en d'autres termes les opérateurs X définissent un groupe de Lie et si $e^{\alpha V}$, $e^{\beta T}$ sont deux transformations quelconques de ce groupe:

Dans ce premier cas la formule (2 bis) *est toujours vraie.*

2°. Elle sera donc vraie en particulier si on suppose que

$$V;\ X_1, X_2, \ldots, X_r$$

sont $r+1$ opérateurs liés par les relations

$$(5) \qquad V X_i - X_i V = \Sigma b_{ik} X_k$$

et

$$(6) \qquad X_i X_k - X_k X_i = 0.$$

Ces relations entraînent en effet l'identité

$$(V(X_i X_k)) + (X_i(X_k V)) + (X_k(V X_i)) = 0,$$

en désignant suivant la coutume par (VX_i) et $(X_i X_k)$ les seconds membres des relations (5) et (6). On aura donc dans cette hypothèse :

$$(2 \text{ bis}) \qquad e^{-\alpha V} e^{\beta T} e^{\alpha V} = e^{\beta U}; \quad U = e^{-\alpha\theta}(T).$$

On aura de même en permutant V et T:

$$(2 \text{ ter}) \qquad e^{-\beta T} e^{\alpha V} e^{\beta T} = e^{\alpha W}; \quad W = e^{-\beta\eta}(V),$$

$e^{-\beta\eta}$ étant un symbole analogue à $e^{-\alpha\theta}$ et défini de la manière suivante: le symbole η est formé avec T comme le symbole θ avec V; on a donc, si Y est un opérateur quelconque :

$$\eta(Y) = TY - YT.$$

On aura donc:

$$\eta(V) = TV - VT = -\theta(T),$$

et en vertu des relations (6)

$$\eta(X) = 0; \quad \eta^2(V) = 0; \quad \eta^m(V) = 0,$$

$$e^{-\beta\eta}(V) = V - \beta\eta(V) = V + \beta\theta(T).$$

La formule (2 ter) devient ainsi :

$$(2 \text{ quater}) \qquad e^{-\beta T} e^{\alpha V} e^{\beta T} = e^{\alpha V + \alpha\beta\theta(T)}.$$

Si l'on suppose maintenant que les relations (5) subsistent, mais que les relations (6) n'aient plus lieu, les formules (2 bis) et (2 quater) cesseront d'être vraies quels que soient α et β.

Cependant supposons que l'on regarde les opérateurs X comme très petits et qu'on en néglige les carrés; à ce degré d'approximation, les relations (6) dont les premiers membres sont du 2[d] ordre par rapport aux X se trouvent satisfaites d'elles-mêmes.

Les relations (2 bis) et (2 quater) sont donc vraies, si l'on néglige les carrés des X, ou, ce qui revient au même, si l'on néglige le carré de T, ou encore si on néglige le carré de β (puisque T ne figure qu'affecté du facteur β).

Si donc V et les X sont $r+1$ opérateurs liés par les relations (5), *les relations* (2 bis) *et* (2 quater) *ont lieu aux quantités près de l'ordre de β^2.*

Au même degré d'approximation la formule (2 quater) peut s'écrire :

$$e^{\alpha V + \alpha\beta\theta(T)} = e^{\alpha V} - \beta T e^{\alpha V} + e^{\alpha V}\beta T,$$

ou encore :

$$e^{\alpha V + \alpha\beta\theta(T)} = e^{\alpha V} - e^{\beta T} e^{\alpha V} + e^{\alpha V} e^{\beta T},$$

ou en vertu de la relation (2 bis):

$$e^{\alpha V+\alpha\beta\theta(T)} = e^{\alpha V} - e^{\alpha V}e^{\beta U} + e^{\alpha V}e^{\beta T}; \quad U = e^{-\alpha\theta}(T);$$

ou, toujours en négligeant le carré de β:

$$e^{\alpha V+\alpha\beta\theta(T)} = e^{\alpha V}(1-\beta U+\beta T) = e^{\alpha V}e^{\beta(T-U)}.$$

Si nous posons:

$$+\alpha\theta(T) = W; \quad T-U = Y;$$

il vient:

$$(7) \qquad e^{\alpha V+\beta W} = e^{\alpha V}e^{\beta Y}; \quad Y = \frac{1-e^{-\alpha\theta}}{\alpha\theta}(W).$$

Soit

$$W = \Sigma w_i X_i$$

une combinaison linéaire quelconque des X_i; peut-on déterminer les coëfficients t de la combinaison $T=\Sigma t_i X_i$ de telle façon que l'on ait

$$+\alpha\theta(T) = W?$$

Cela est évidemment toujours possible si le déterminant des coëfficients b_{ik} n'est pas nul. Dans ce cas la formule (7) est vraie quel que soit W.

Si maintenant ce déterminant est nul, il suffit de partir du cas où ce déterminant n'est pas nul, de faire varier les coëfficients b d'une manière continue de façon que ce déterminant devienne de plus en plus petit et de passer à la limite, pour démontrer que la formule (7) est encore vraie quel que soit W.

Si enfin V, au lieu d'être un opérateur indépendant des X, n'est qu'une combinaison linéaire des X, la formule (7) est évidemment encore vraie, puisqu'elle ne peut cesser de l'être par suite de l'introduction de nouvelles relations entre nos opérateurs.

Remarquons que ce raisonnement par passage à la limite n'aurait pas été possible, si nous nous étions restreints dès le début en supposant que V et T sont des combinaisons des opérateurs X, que les X définissent un groupe de Lie, que $e^{\alpha V}$ et $e^{\beta T}$ sont deux substitutions finies de ce groupe de Lie. Dans ce cas en effet le déterminant des b_{ik} aurait été constamment nul.

La formule (7) peut s'établir directement:

En effet en négligeant le carré de β on a:

$$e^{\alpha V+\beta W} = \Sigma\frac{(\alpha V+\beta W)^n}{n!} = e^{\alpha V} + \beta\,\Sigma\frac{\alpha^{n-1}}{n!}(V^{n-1}W + V^{n-2}WV + V^{n-3}WV^2 + \dots + VWV^{n-2} + WV^{n-1}).$$

Or on trouve aisément

$$V^{n-1}W + V^{n-2}WV + \dots + WV^{n-1} = \frac{n!}{1!\,(n-1)!}V^{n-1}W - \frac{n!}{2!\,(n-2)!}V^{n-2}\theta(W)$$

$$+\frac{n!}{3!\,(n-3)!}V^{n-3}\theta^2(W) - \dots \pm \frac{n!}{(n-1)!\,1!}V\theta^{n-2}(W) \mp \frac{n!}{n!\,0!}\theta^{n-1}(W),$$

d'où:

$$e^{\alpha V+\beta W}=e^{\alpha V}+\beta\Sigma\frac{\alpha^{n-1}}{n!}\left[\Sigma\frac{n!}{(n-p)!\,p!}V^{n-p}(-\theta)^{p-1}(W)\right],$$

ou

$$e^{\alpha V+\beta W}=e^{\alpha V}+\beta\Sigma\left[\frac{(\alpha V)^{n-p}}{(n-p)!}\frac{(-\alpha\theta)^{p-1}}{p!}(W)\right]=e^{\alpha V}\left[1+\beta\Sigma\frac{(-\alpha\theta)^{p-1}}{p!}(W)\right],$$

ou

$$e^{\alpha V+\beta W}=e^{\alpha V}(1+\beta Y)=e^{\alpha V}e^{\beta Y};\qquad Y=\frac{1-e^{-\alpha\theta}}{\alpha\theta}(W).$$

C. Q. F. D.

VII. Formation des Substitutions Infinitésimales d'un Groupe de Structure donnée.

Soient donc $X_1, X_2, \ldots, X_r$ r opérateurs élémentaires liés par les relations

$$(1)\qquad X_iX_k-X_kX_i=(X_iX_k)=\Sigma c_{iks}X_s,$$

les c étant des constantes telles que les identités de Jacobi du N° III. aient lieu.

Soient

$$T=\Sigma t_iX_i,\quad U=\Sigma u_iX_i,\quad V=\Sigma v_iX_i,\quad W=\Sigma w_iX_i$$

diverses combinaisons linéaires de ces opérateurs.

Considérons le produit

$$e^{\alpha V}e^{\beta T};$$

effectuons le produit qui sera une série de polynômes symboliques; réduisons chacun de ces polynômes à des polynômes réguliers en nous servant des relations (1); je me propose d'étudier la nouvelle série ainsi obtenue que j'appelle $\phi(\alpha, \beta)$; le raisonnement sera le même que dans le N° précédent, mais je le développerai un peu plus.

Tous les termes de cette série $\phi(\alpha, \beta)$ sont des polynômes réguliers; et les coëfficients de ces polynômes se présentent eux-mêmes sous la forme de séries développées suivant les puissances de α et de β. Je puis ordonner $\phi(\alpha, \beta)$ suivant les puissances croissantes de β, en groupant tous les termes qui contiennent en facteur une même puissance de β. J'obtiens ainsi:

$$\phi(\alpha, \beta)=\phi_0+\beta\phi_1+\beta^2\phi_2+\ldots$$

D'autre part j'ai:

$$\phi(\alpha, \beta+d\beta)=e^{\alpha V}e^{\beta T}e^{d\beta\,.\,T}=\phi(\alpha, \beta)\,e^{d\beta\,.\,T}=\phi(\alpha, \beta)(1+d\beta\,.\,T),$$

ou:

$$(2)\qquad \frac{d\phi}{d\beta}=\phi\,.\,T,$$

ou:

$$(3)\qquad m\phi_m=\phi_{m-1}\,.\,T;$$

ces conditions jointes à

$$(4)\qquad \phi_0=e^{\alpha V}$$

suffisent pour déterminer ϕ.

Or on y satisfait de la manière suivante. Faisons:

$$\phi(\alpha, \beta) = e^W, \quad \phi(\alpha, \beta + d\beta) = e^{W+dW};$$

soit η un symbole qui soit à W ce que θ est à V.

Il s'agit de satisfaire à l'équation (2) ou ce qui revient au même à

$$\phi(\alpha, \beta + d\beta) = \phi(\alpha, \beta)\, e^{d\beta . T},$$

on doit donc avoir:

$$e^{W+dW} = e^W e^{d\beta . T}.$$

Or en vertu de la formule (7) du N° précédent, on satisfera à cette condition si l'on a:

$$(5) \qquad d\beta . T = \frac{1 - e^{-\eta}}{\eta}(dW).$$

Cette formule (5) représente symboliquement un système d'équations différentielles auxquelles doivent satisfaire les coëfficients w_i.

En vertu de la formule (4 bis) du N° V., ces équations peuvent s'écrire:

$$(5 \text{ bis}) \qquad t_i d\beta = \frac{1}{2\pi\sqrt{-1}} \int \frac{d\xi}{\xi} \frac{1 - e^{-\xi}}{F(\xi)} \sum_{j=1}^{j=r} dw_j P_{ij}$$

$$(i = 1, 2, \ldots, r).$$

Si l'on a:

$$WX_i - X_i W = \Sigma c_{k.i.s} w_k X_s,$$

$F(\xi)$ est le déterminant dont l'élément est (pour la i^e ligne et la s^e colonne)

$$-(c_{1.i.s} w_1 + c_{2.i.s} w_2 + \ldots + c_{r.i.s} w_r),$$

sauf les éléments de la diagonale principale ($i = s$) qui sont égaux à

$$-(c_{1.i.i} w_1 + c_{2.i.i} w_2 + \ldots + c_{r.i.i} w_r) + \xi;$$

les P_{ij} sont les mineurs de ce déterminant. L'intégrale du second membre de (5 bis) est prise dans le plan des ξ, le long d'un contour fermé enveloppant toutes les racines de l'équation $F(\xi) = 0$.

La condition (2) sera donc satisfaite, si les w satisfont aux équations (5 bis); la condition (4) le sera également si les valeurs initiales des w pour $\beta = 0$ sont

$$w_i = v_i.$$

Les équations (5 bis) admettant toujours une solution telle que pour $\beta = 0$ on ait $w_i = v_i$, et d'autre part les conditions (2) et (4) suffisant pour déterminer ϕ, on aura:

$$\phi(\alpha, \beta) = e^w, \qquad w = \Sigma w_i X_i,$$

les w étant des fonctions de β définies par les équations (5 bis) et les conditions initiales $w_i = v_i$.

La série $\phi(\alpha, \beta)$ n'est donc autre chose qu'une exponentielle dont l'exposant est une combinaison linéaire des X_i; c'est le théorème que j'ai annoncé au N° IV.; et comme d'autre part ce théorème a été établi en s'appuyant simplement sur les relations (1) et en en faisant des combinaisons purement formelles, le problème de Campbell est résolu et le troisième théorème de Lie, en vertu de la remarque faite dans ce N° IV., se trouve démontré.

Il est aisé de se rendre compte de la forme relativement simple de ces équations (5 bis). Soient $\xi_1, \xi_2, \ldots\ldots, \xi_p$ les p racines distinctes de l'équation $F(\xi)=0$; ce sont des fonctions algébriques des w, puisque $F(\xi)$ est un polynôme entier par rapport à ξ et aux w. Les $\frac{dw_j}{d\beta}$ seront donnés par des équations linéaires dont les seconds membres seront des constantes; tandis que les coëfficients des premiers membres seront des fonctions rationnelles des w, des ξ_k et des $e^{-\xi_k}$; ces coëfficients ne dépendront d'ailleurs que linéairement des exponentielles $e^{-\xi_k}$; ce seront des fonctions symétriques des racines.

Résolvons ces équations par rapport aux $\frac{dw_j}{d\beta}$, nous trouverons:

$$\frac{dw_j}{d\beta} = A_{1.j}t_1 + A_{2.j}t_2 + \ldots\ldots + A_{r.j}t_r, \tag{6}$$

les coëfficients A étant rationnels par rapport aux w, aux ξ_k et aux $e^{-\xi_k}$.

Le problème qui se pose à propos du troisième théorème de Lie est ainsi complètement résolu.

Il s'agit de trouver r opérateurs

$$X_1(f),\quad X_2(f),\quad \ldots\ldots,\quad X_r(f),$$

satisfaisant aux relations (1); on y satisfait en faisant

$$X_i(f) = A_{i.1}\frac{df}{dw_1} + A_{i.2}\frac{df}{dw_2} + \ldots\ldots + A_{i.r}\frac{df}{dw_r}.$$

Les équations (5 bis) peuvent se mettre sous plusieurs autres formes.

Soit

$$\Sigma c_{k.i.s} w_k = b_{i.s}.$$

On aura (puisque les P_{ij} sont les mineurs du déterminant F):

$$\xi P_{ij} - \Sigma b_{ki} P_{kj} = 0$$

pour $i \gtrless j$ et

$$\xi P_{ii} - \Sigma b_{ki} P_{ki} = F$$

pour $i=j$.

Nos équations

$$t_i d\beta = \frac{1}{2\pi\sqrt{-1}} \int d\xi \frac{1-e^{-\xi}}{\xi} \Sigma_j \frac{dw_j P_{ij}}{F} \tag{5 bis}$$

donnent:

$$d\beta \Sigma_i t_i b_{ik} = \frac{1}{2\pi\sqrt{-1}} \int d\xi \frac{1-e^{-\xi}}{\xi \,.\, F} \Sigma_j dw_j \Sigma_i b_{ik} P_{ij},$$

d'où

$$d\beta \Sigma_i t_i b_{ik} = \frac{1}{2\pi\sqrt{-1}} \int d\xi (1-e^{-\xi}) \frac{\Sigma_j dw_j P_{kj}}{F} - \frac{dw_k}{2\pi\sqrt{-1}} \int d\xi \frac{1-e^{-\xi}}{\xi}.$$

La deuxième intégrale étant nulle, nous pouvons écrire tout simplement:

$$(5 \text{ ter}) \qquad \Sigma_i t_i b_{ik} = \frac{1}{2\pi\sqrt{-1}} \int d\xi (1-e^{-\xi}) \frac{\Sigma_j dw_j P_{kj}}{F}$$

$$(k = 1, \ 2, \ \ldots, \ r).$$

D'autre part l'équation (5) peut s'écrire:

$$(7) \qquad \frac{dW}{d\beta} = \frac{\eta}{1-e^{-\eta}} (T),$$

d'où

$$\frac{dw_i}{d\beta} = \frac{1}{2\pi\sqrt{-1}} \int \frac{\xi d\xi}{1-e^{-\xi}} \frac{\Sigma t_j P_{ij}}{F(\xi)},$$

ce qui donne:

$$X_i(f) = \frac{1}{2\pi\sqrt{-1}} \int \frac{\xi \, d\xi}{(1-e^{-\xi}) F(\xi)} \Sigma_j P_{ji} \frac{df}{dw_j}.$$

Cette dernière intégrale doit être prise le long d'un contour enveloppant toutes les racines de $F(\xi) = 0$, mais n'enveloppant pas les points

$$\xi = 2k\pi\sqrt{-1} \quad (k = \pm 1, \ \pm 2, \ \ldots \text{ ad inf.}).$$

VIII. Formules de Vérification.

Soit

$$e^{V+\delta V} = e^V e^Y,$$

$$V = \Sigma v_i X_i, \quad \delta V = \Sigma \delta v_i X_i, \quad Y = \Sigma y_i X_i;$$

on aura en vertu de la formule (7) du N° VI.

$$Y = \frac{1-e^{-\theta}}{\theta} (\delta V)$$

(posant:

$$\theta(T) = VT - TV$$

comme dans le N° V.).

Soit maintenant

$$e^{-V} e^{T} e^{V} = e^{U},$$

on aura par la formule (2 bis) du N° VI.

$$U = e^{-\theta}(T).$$

Soit

$$e^{-(V+\delta V)}e^{T}e^{V+\delta V}=e^{U'},$$

on aura:

$$U'=e^{-(\theta+\delta\theta)}(T),$$

où $\theta+\delta\theta$ est un symbole qui est à $V+\delta V$ ce que θ est à V. On aura d'autre part:

$$e^{U'}=e^{-Y}e^{-V}e^{T}e^{V}e^{Y}=e^{-Y}e^{U}e^{Y}.$$

d'où en négligeant le carré de Y qui est infiniment petit:

$$e^{U'}=e^{U}-Ye^{U}+e^{U}Y=e^{U+UY-YU}.$$

D'où

$$U'-U=UY-YU.$$

Si je conviens de poser:

$$e^{-(\theta+\delta\theta)}-e^{-\theta}=\delta(e^{-\theta}),$$

il viendra:

$$U'-U=\delta(e^{-\theta})(T).$$

Nous arrivons ainsi à la formule symbolique suivante:

$$(1)\qquad \delta(e^{-\theta})T=[e^{-\theta}(T)]\left[\frac{1-e^{-\theta}}{\theta}(\delta V)\right]-\left[\frac{1-e^{-\theta}}{\theta}(\delta V)\right][e^{-\theta}(T)].$$

Pour mieux expliquer le sens de cette formule rappelons que nous avons trouvé plus haut:

$$(2)\qquad \phi(\theta)(T)=\frac{1}{2\pi\sqrt{-1}}\int d\xi\,\phi(\xi)\,\Sigma h_iX_i,$$

où les h_i sont des fonctions rationnelles des t, des v et des ξ données par les équations:

$$(3)\qquad \xi h_i-\Sigma b_{ki}h_k=t_i;\qquad b_{ki}=c_{1.k.i}v_1+c_{2.k.i}v_2+\ldots+c_{r.k.i}v_r.$$

Alors on aura:

$$\delta e^{-\theta}(T)=\frac{1}{2\pi\sqrt{-1}}\int d\xi\,e^{-\xi}\Sigma\delta h_iX_i,$$

où les δh_i sont les accroissements que subissent les fonctions h_i quand les variables v_k subissent les accroissements δv_k.

Si alors les h'_i sont ce que deviennent les h_i quand on y remplace les t_k par les δv_k, la formule (1) pourra prendre la forme

$$(1\text{ bis})\qquad 2\pi\sqrt{-1}\,\Sigma X_i\int d\xi\,e^{-\xi}\delta h_i=\Sigma(X_iX_k-X_kX_i)\int d\xi\frac{1-e^{-\xi}}{\xi}\,h'_k\int d\xi\,e^{-\xi}h_i.$$

Dans le 1er membre le signe Σ se rapporte aux r valeurs de l'indice i; dans le 2[d] membre aux $r(r-1)$ *arrangements* des deux indices i et k (l'arrangement i, k étant regardé comme différent de l'arrangement k, i).

Cette formule nous fait connaître un certain nombre de relations auxquelles doivent satisfaire les expressions $X_iX_k-X_kX_i$ ou (X_iX_k). Ces relations sont curieuses; mais la plupart ont déjà été démontrées par Killing et il semble que les autres pourraient se démontrer facilement par les procédés de Killing. Je n'y insiste donc que comme sur un procédé de vérification.

Les deux membres de cette équation sont d'une forme particulière.

Le premier membre est linéaire à la fois par rapport aux symboles X_i, par rapport aux t_i, aux δv_k, aux exponentielles $e^{-\theta_i}$ (les θ_i étant les racines de l'équation $F=0$). Les coëfficients de cette fonction linéaire sont eux-mêmes des fonctions rationnelles des v et des θ_i.

Le second membre est linéaire à la fois par rapport aux symboles $(X_i X_k)$, par rapport aux t_i, aux δv_k, aux exponentielles $e^{-\theta}$ et $e^{-\theta_i-\theta_k}$ (θ_i et θ_k étant deux racines de $F=0$). Les coëfficients de cette fonction linéaire sont encore rationnels par rapport aux v et aux θ_i.

Les θ_i étant les racines de l'équation $F=0$ sont des fonctions algébriques des v. Dans les deux membres de l'équation (1 bis) entrent en outre linéairement un certain nombre de fonctions transcendantes; il y a d'abord les exponentielles $e^{-\theta_i}$ et il y en a autant que l'équation $F=0$ a de racines distinctes. Il y a ensuite les exponentielles $e^{-(\theta_i+\theta_k)}$ qui peuvent être distinctes des précédentes, mais qui peuvent également ne pas en être toutes distinctes si l'une des racines de l'équation $F=0$ est constamment égale à la somme de deux autres racines.

Supposons qu'il y ait q exponentielles et soient

$$e^{\eta_1},\ e^{\eta_2},\ \ldots,\ e^{\eta_q}$$

ces exponentielles.

Les deux membres de l'équation (1 bis) seront alors des fonctions linéaires des produits de la forme

$$(4) \qquad t_m \delta v_h e^{\eta_\mu},$$

où m et h peuvent prendre les valeurs $1, 2, \ldots, r$, et où μ peut prendre les valeurs $1, 2, \ldots, q$.

Les coëfficients de ces produits sont des fonctions algébriques des v, ne dépendant ni des t, ni des δv. Pour que l'identité puisse avoir lieu, il faut que l'on puisse égaler dans les deux membres de (1 bis) les coëfficients d'un même produit (4).

Nous aurons ainsi un certain nombre de relations linéaires entre les symboles X_i d'une part, les symboles $(X_i X_k)$ d'autre part; les coëfficients de ces relations linéaires sont des fonctions algébriques des v. Ces relations linéaires doivent être identiques aux relations de structure ou en être des conséquences.

J'examinerai seulement le cas particulier où $F(\xi)=0$ a toutes ses racines distinctes. Je puis alors supposer que les opérateurs élémentaires X_i ont été choisis de telle sorte que:

$$VX_i - X_i V = \theta_i X_i,$$

θ_i étant l'une de ces racines.

Egalons alors dans l'équation (1 bis) les coëfficients de $t_m \delta v_h$; il vient:

$$\frac{1}{2\pi\sqrt{-1}} \Sigma X_i \int d\xi e^{-\xi} \frac{d^2 h_i}{dv_h dt_m} = (X_m X_h) \frac{1-e^{-\theta_h}}{\theta_h} e^{-\theta_m}.$$

Le premier membre ne dépend que des exponentielles $e^{-\theta_i}$, mais le second membre outre l'exponentielle $e^{-\theta_m}$ contient encore $e^{-\theta_h-\theta_m}$.

Égalons les coëfficients de $e^{-\theta_h-\theta_m}$. Si $\theta_h+\theta_m$ n'est pas égal à une racine de $F=0$, cette exponentielle ne figurera pas dans le 1er membre; nous aurons donc

$$(X_m X_h) = 0.$$

On reconnaît là l'un des théorèmes de Killing.

Si au contraire $\theta_h+\theta_m$ est racine de $F=0$, l'exponentielle pourra figurer dans le 1er membre et $(X_m X_h)$ pourra ne pas être nul.

Je n'insisterai pas sur les autres vérifications, ni sur le cas où les racines ne sont pas distinctes et où on retrouverait les autres théorèmes de Killing.

Je me bornerai à faire remarquer que la vérification de la formule (1 bis) n'est pas immédiate, et qu'il faut pour la faire avoir recours aux identités de Jacobi et aux théorèmes que Killing en a déduits.

IX. Intégration des Équations Différentielles et Formation des Substitutions finies des Groupes.

Soit

$$(1) \qquad e^{V+dV} = e^V e^{dA},$$

où:

$$V = \Sigma v_i X_i; \quad dV = \Sigma dv_i \,.\, X_i; \quad dA = \Sigma d\alpha_i \,.\, X_i.$$

On aura en vertu de la formule (7) du N° VI.:

$$(2) \qquad dA = \frac{1-e^{-\theta}}{\theta}(dV).$$

Cette formule, identique sauf les notations à la formule (5) du N° VII., comprend, sous la forme symbolique, r systèmes d'équations différentielles; ainsi que je l'ai déjà fait remarquer au N° VII.

Annulons tous les $d\alpha$, sauf $d\alpha_k$; égalons ensuite les coëfficients de $X_1, X_2, \ldots, X_r$ dans la formule (2). Nous aurons r équations différentielles qui définiront

$$\frac{dv_1}{d\alpha_k}, \frac{dv_2}{d\alpha_k}, \ldots, \frac{dv_r}{d\alpha_k}$$

en fonctions des v. Ce sont là comme nous l'avons vu au N° VII., les équations différentielles qui définissent une des substitutions infinitésimales du groupe, si l'on prend les v commo variables indépendantes.

En donnant à l'indice k les valeurs 1, 2, ..., r, on obtiendra r systèmes d'équations différentielles correspondant aux r substitutions infinitésimales du groupe.

Nous devons prévoir que ces équations peuvent se ramener, au moins dans le cas des groupes de la 1ère famille (vide supra N° I.), à des équations linéaires, puisque c'est là un résultat bien connu obtenu par Lie.

Voici le changement de variables qu'il faudrait faire pour retrouver ces équations; soit:

$$U = \Sigma u_i X_i; \quad e^{-V} e^U e^V = e^L; \quad L = \Sigma l_i X_i;$$

on aura:

$$(3) \qquad L = e^{-\theta}(U).$$

Cette équation symbolique (3) nous apprend que les l_i sont des fonctions des v et des u, linéaires par rapport aux u, et nous permet de former ces fonctions. Si alors on pose:

$$e^{-V-dV} e^U e^{V+dV} = e^{L+dL},$$

on aura:

$$e^{L+dL} = e^{-dA} e^L e^{dA},$$

ou, puisque A est infiniment petit:

$$(4) \qquad dL = L dA - dA \, . \, L.$$

Cette formule (4) représente symboliquement r systèmes d'équations différentielles qui ne sont autre chose que ce que deviennent les r systèmes d'équations différentielles représentées symboliquement par la formule (2) quand on prend les l_i pour variables nouvelles.

Celui de ces systèmes que l'on obtient en annulant tous les $d\alpha$ sauf $d\alpha_k$ s'écrit:

$$(4 \text{ bis}) \qquad \frac{dL}{d\alpha_k} = L X_k - X_k L.$$

Ces équations sont linéaires et à coëfficients constants et s'intégrent immédiatement; ce sont celles auxquelles Lie arrive par la considération du groupe adjoint. Il importe de remarquer que la réduction des équations différentielles (2) aux équations (4) par le changement de variables (3) n'est pas immédiate et qu'on ne peut la faire qu'en tenant compte des identités de Jacobi.

Considérons de plus près le cas des groupes de la 2e famille. Nous pourrons alors choisir les opérateurs élémentaires X_i de telle manière qu'on en puisse distinguer de deux classes. Ceux de la 2de classe seront permutables à tous les opérateurs, ce seront les X''_i; quant à ceux de la 1ère classe que j'appellerai les X'_i, ils seront caracterisés par la propriété suivante: aucune combinaison linéaire des X'_i ne sera permutable à tous les opérateurs.

Pour mettre en évidence cette distinction, j'écrirai quand il y aura lieu:

$$\Sigma v_i X_i = \Sigma v'_i X'_i + \Sigma v''_i X''_i; \quad V' = \Sigma v'_i X'_i; \quad V'' = \Sigma v''_i X''_i; \quad V = V' + V''.$$

Les v'_i seront ainsi les coëfficients des X'_i et les v''_i ceux des X''_i. Les lettres u'_i, u''_i; l'_i, l''_i; U', U''; L', L''; etc. auront une signification analogue.

Il est clair qu'on aura:

$$V''T - TV'' = V'T'' - T''V' = 0,$$

d'où

$$\theta(T) = VT - TV = V'T' - T'V'.$$

J'introduis alors un symbole nouveau; soit:

$$V'T' - T'V' = \Sigma\lambda'_i X'_i + \Sigma\lambda''_i X''_i;$$

je poserai:

$$\theta'(T) = \Sigma\lambda'_i X'_i; \quad \theta''(T) = \Sigma\lambda''_i X''_i,$$

et je définis $\phi(\theta')$ à l'aide de θ' comme j'ai défini $\phi(\theta)$ à l'aide de θ. On a alors:

$$\theta(X''_i) = 0; \quad \theta[\theta''(T)] = 0; \quad \phi(\theta)(T'') = 0;$$

et on trouve aisément:

$$\phi(\theta)(T) = \phi(\theta)(T') = \phi(\theta')(T') + \theta''\left[\frac{\phi(\theta') - \phi(0)}{\theta'}(T')\right] + \phi(0)T''.$$

Remarquons que les expressions:

$$\theta(T), \quad \theta'(T), \quad \theta''(T),$$

dépendent des v' et des t' mais sont indépendantes des v'' et des t''; et il en est de même de $\phi(\theta).(T)$ si $\phi(0)$ est nul.

Les l_i étant linéaires par rapport aux u, je puis écrire:

$$l_i = \Sigma \frac{dl_i}{du_k} u_k.$$

Les $\frac{dl_i}{du_k}$ sont des fonctions des v. Voyons combien de ces fonctions sont indépendantes les unes des autres. Je dis d'abord que ces fonctions ne dépendent que des v'. Nous avons en effet (e^Z étant une substitution quelconque du groupe):

$$e^{V'+V''} = e^{V'}e^{V''}, \quad e^{-V''}e^Z e^{V''} = e^Z,$$

d'où

$$e^L = e^{-V'-V''}e^U e^{V'+V''} = e^{-V''}e^{-V'}e^U e^{V'}e^{V''} = e^{-V'}e^U e^{V'},$$

ce qui montre que L ne dépend que de V', mais pas de V''.

Je dis maintenant que le nombre des fonctions $\frac{dl}{du}$ indépendantes les unes des autres est précisément celui des variables v'. En d'autres termes, si l'on pose:

$$e^L = e^{-V}e^U e^V, \quad e^{L_1} = e^{-V_1}e^U e^{V_1},$$

l'identité $L = L_1$ si elle a lieu quel que soit U entraîne l'identité $V' = V'_1$. Si en effet $L = L_1$, on aura quel que soit U:

$$e^{V_1} e^{-V} e^{U} e^{V} e^{-V_1} = e^{U},$$

ce qui montre que $e^{V} e^{-V_1}$ est permutable à toutes les substitutions du groupe. C'est donc une substitution qui ne dépend que des X''_i de sorte que je puis écrire:

$$e^{V} e^{-V_1} = e^{W''},$$

W'' étant une combinaison linéaire des X''_i; on en tire:

$$e^{V} = e^{W''} e^{V_1} = e^{V_1 + W''},$$

d'où

$$V = V_1 + W'',$$

$$V' = V'_1; \quad V'' = V''_1 + W''.$$

Donc $V' = V'_1$.

C. Q. F. D.

Nous pourrons prendre comme variables les $\frac{dl}{du}$ et les v'', au lieu des v' et des v''.

Les $\frac{dl}{du}$ sont définis par les équations (4 bis), qui étant par rapport à ces variables des équations linéaires à coëfficients constants s'intégrent immédiatement.

Les équations (4 bis) nous font donc connaître les $\frac{dl}{du}$ et par conséquent les v' en fonctions de la variable α_k.

Pour obtenir les v'', revenons aux équations (2); si nous posons:

$$1 - e^{-\theta} = \theta + \theta^2 \psi(\theta),$$

elles peuvent s'écrire:

$$dA' = dV' + \theta' \psi(\theta'')(dV'),$$

$$dA'' = dV'' + \theta'' \psi(\theta')(dV').$$

On a

$$dA' = \Sigma d\alpha'_k . X'_k; \quad dA'' = \Sigma d\alpha''_k X''_k.$$

Si on annule tous les $d\alpha'$ et tous les $d\alpha''$ sauf $d\alpha''_k$, nos équations donnent simplement:

$$v'_i = \text{const.}; \quad v''_i = \text{const.}\ (i \gtrless k); \quad v''_k = \alpha''_k + \text{const.}$$

Si on annule tous les $d\alpha'$ et tous les $d\alpha''$ sauf $d\alpha'_k$ les équations deviennent

$$X'_k d\alpha'_k = dV' + \theta' \psi(\theta')(dV'),$$

$$0 = dV'' + \theta'' \psi(\theta')(dV').$$

La première de ces équations, équivalente aux équations 4 bis, est susceptible comme nous l'avons vu d'être ramenée à la forme d'un système d'équations linéaires à coëfficients constants. L'intégration est immédiate et nous donne les v' en fonctions de la variable α'_k.

La seconde équation est équivalente à un système d'équations de la forme :

$$dv''_i + dv'_1 F^i_1 + dv'_2 F^i_2 + \ldots + dv'_9 F'_9 = 0,$$

les F étant des fonctions données des v'. En remplaçant les v' par leurs valeurs en fonctions de α'_k, elle prend la forme :

$$dv''_i + \phi(\alpha'_k)\, d\alpha'_k = 0$$

et s'intègre immédiatement par quadrature.

X. *Contact Transformations and Optics.* By Professor E. O. Lovett.

[*Received* 15 September 1899.]

"Ayant vu combien les idées de Galois se sont peu à peu montrées fécondes dans tant de branches de l'analyse, de la géométrie et même de la mécanique, il est bien permis d'espérer que leur puissance se manifestera également en physique mathématique. Que nous représentent en effet les phénomènes naturels, si ce n'est une succession de transformations infinitésimales, dont les lois de l'univers sont les invariants?"—Sophus Lie*.

It is the object of this note to elaborate, and in fact in n dimensions, certain ideas which the lamented Sophus Lie sketched for ordinary space in a short paper† presented to the Leipzig Scientific Society in 1896 and which were more or less developed for the plane in the first volume of the geometry of contact transformations‡ which appeared with the cooperation of Scheffers in the same year.

1. Attending to a few preliminary details, consider a family of ∞^1 transformations in n variables $x_1, x_2, \ldots, x_n$:

$$x_1' = X_1(x_1, \ldots, x_n, a), \quad x_2' = X_2(x_1, \ldots, x_n, a), \quad \ldots, \quad x_n' = X_n(x_1, \ldots, x_n, a) \quad \ldots\ldots(1)$$

where the functions $X_1, \ldots, X_n$ are regular analytic functions of $x_1, \ldots, x_n$ and an arbitrary constant a; suppose in particular that the family contains the identical transformation, that is, that for some value of a, say $a = 0$, the equations (1) reduce to the form

$$x_1' = x_1, \quad x_2' = x_2, \quad \ldots, \quad x_n' = x_n.$$

Then for a value of a, say δt, infinitesimally different from zero, the equations (1) will yield an infinitely small transformation. With the assumptions made relative to the functions $X_1, \ldots, X_n$ the transformation (1) for $a = \delta t$ has the form

$$\left.\begin{aligned} x_1' &= x_1 + \xi_1(x_1, \ldots, x_n)\,\delta t + \ldots, \\ x_2' &= x_2 + \xi_2(x_1, \ldots, x_n)\,\delta t + \ldots, \\ &\cdots\cdots\cdots\cdots\cdots\cdots \\ x_n' &= x_n + \xi_n(x_1, \ldots, x_n)\,\delta t + \ldots \end{aligned}\right\} \quad \ldots\ldots(2).$$

Under this infinitely small transformation (2) $x_1, \ldots, x_n$ receive the infinitesimal increments

$$\delta x_1 = \xi_1 \delta t + \ldots, \quad \delta x_2 = \xi_2 \delta t + \ldots, \quad \ldots, \quad \delta x_n = \xi_n \delta t + \ldots \quad \ldots\ldots(3).$$

* *Le Centenaire de l'École Normale*, p. 489.—Paris, Hachette et Cie, 1895.

† "Infinitesimale Berührungstransformationen der Optik," *Ber. ü. d. Verh. d. k. sächs. Ges. d. Wiss. zu Leipzig*, Math.-Phys. Classe, Bd. 48, 1896, pp. 131—133.

‡ *Geometrie der Berührungstransformationen*, dargestellt von Sophus Lie und Georg Scheffers, Bd. I, Leipzig, Teubner, 1896. See in particular, pp. 97, 100—103.

Such a transformation is called an infinitesimal transformation. The expression

$$Uf \equiv \xi_1 \frac{\partial f}{\partial x_1} + \xi_2 \frac{\partial f}{\partial x_2} + \dots + \xi_n \frac{\partial f}{\partial x_n} \quad\dots\dots(4)$$

is adopted as its symbol, since $Uf . \delta t$ is the increment assigned to any function $f(x_1, \dots, x_n)$ by the infinitesimal transformation.

2. If the transformations of the continuous ensemble (1) are so related that the successive application of any two of them is equivalent to a transformation belonging to the same family, (1) is called a continuous group of ∞^1 transformations.

Let the family (1) be a continuous group; suppose further that the group contains the inverse transformation of every transformation in it: that is, that the resolution of the equations (1) with regard to $x_1, \dots, x_n$ gives a system of the form

$$x_1 = X_1(x_1', \dots, x_n', b), \quad x_2 = X_2(x_1', \dots, x_n', b), \quad \dots, \quad x_n = X_n(x_1', \dots, x_n', b) \dots(5),$$

where b is a constant depending only on a.

Under these conditions it is easy to see that the group contains an infinitesimal transformation; for, if T_a is the transformation of the group corresponding to the parameter value a, the inverse T_a^{-1} of T_a is also found in the group. Further the transformation $T_{a+\delta a}$ corresponding to the parameter value $a + \delta a$, is the transformation of the group differing infinitesimally from T_a. The product $T_{a+\delta a} T_a^{-1}$ which, by the assumed group property, belongs to the group, differs then infinitesimally from the transformation $T_a T_a^{-1}$; but the latter is the identical transformation; thus the group contains a transformation possessed of the properties attributed to an infinitesimal transformation in the preceding paragraph.

3. Conversely, every infinitesimal transformation is contained in a determinate continuous group. This may be made clear in the following manner. The given infinitesimal transformation assigns the infinitesimal increments

$$\delta x_1 = \xi_1(x_1, \dots, x_n)\, \delta t, \quad \dots, \quad \delta x_n = \xi_n(x_1, \dots, x_n)\, \delta t \quad\dots\dots(6)$$

to the variables $x_1, \dots, x_n$, on neglecting infinitely small quantities of a higher order; if t be interpreted as the time, $x_1, \dots, x_n$ as point-coordinates in a space of n dimensions, δt as a time increment, and $\delta x_1, \dots, \delta x_n$ as the corresponding increments of $x_1, \dots, x_n$, then the equations (6) determine a stationary flow in space of n dimensions. After an interval of time t the point $(x_1, \dots, x_n)$ will have assumed the new position $(x_1', \dots, x_n')$; the latter position will be obtained by integrating the simultaneous system

$$\frac{dx_1'}{\xi_1(x_1', \dots, x_n')} = \frac{dx_2'}{\xi_2(x_1', \dots, x_n')} = \dots = \frac{dx_n'}{\xi_n(x_1', \dots, x_n')} = dt \quad\dots\dots(7),$$

with the initial conditions that $x_1', \ldots, x_n'$ shall reduce respectively to $x_1, \ldots, x_n$ for $t=0$. The n integral equations may be taken in the form

$$\left.\begin{aligned} U_1(x_1', \ldots, x_n') &= U_1(x_1, \ldots, x_n), \\ U_2(x_1', \ldots, x_n') &= U_2(x_1, \ldots, x_n), \\ &\ldots\ldots\ldots\ldots \\ U_{n-1}(x_1', \ldots, x_n') &= U_{n-1}(x_1, \ldots, x_n), \\ U_n(x_1', \ldots, x_n') &= U_n(x_1, \ldots, x_n) + t; \end{aligned}\right\} \qquad (8);$$

the form of these equations shows that when resolved with respect to $x_1', \ldots, x_n'$ they represent a group with the parameter t; accordingly the given infinitesimal transformation is said to generate a one-parameter continuous group.

4. Consider in particular the case where the preceding transformations are contact transformations. The equations

$$\left.\begin{aligned} &x_1'=X_1(x_1, \ldots, x_n, z, p_1, \ldots, p_n), \ldots, x_n'=X_n(x_1, \ldots, x_n, z, p_1, \ldots, p_n), z'=Z(x_1, \ldots, x_n, z, p_1, \ldots, p_n) \\ &p_i'=P_i(x_1, \ldots, x_n, z, p_1, \ldots, p_n), \end{aligned}\right\}$$
$$(i=1, 2, \ldots, n) \qquad (9)$$

are said to define a contact transformation when they give rise to a differential relation of the form

$$dz' - \sum_{i=1}^{i=n} p_i' dx_i' = \rho(x_1, \ldots, x_n, z, p_1, \ldots, p_n)(dz - \sum_{i=1}^{i=n} p_i dx_i) \qquad (10);$$

the corresponding geometric characterization is that the property of tangency is an invariant property under contact transformations. Point transformations are then a particular category of contact transformations.

The explicit formulation of this notion, contact transformation, is due to Lie; implicitly it is to be found in particular form in many directions and may be traced to Apollonius.

Lie has determined all infinitesimal contact transformations in a space of $n+1$ dimensions, in the following manner.

By definition the equations

$$z' = z + \zeta(x_1, \ldots, x_n, z, p_1, \ldots, p_n)\delta t + \ldots, \quad x_i' = x_i + \xi_i(x_1, \ldots, x_n, z, p_1, \ldots, p_n)\delta t + \ldots,$$
$$p_i' = p_i + \pi_i(x_1, \ldots, x_n, z, p_1, \ldots, p_n)\delta t + \ldots, \quad (i=1, 2, \ldots, n) \qquad (11)$$

can represent an infinitesimal contact transformation only in the case where the relation (10) is a consequence of these defining equations (11).

On substituting (11) in (10) we have

$$dz + d\zeta\delta t + \ldots - \sum_{i=1}^{i=n}(p_i + \pi_i\delta t + \ldots)(dx_i + d\xi_i\delta t + \ldots) = \rho(dz - \sum_{i=1}^{i=n} p_i dx_i) \qquad (12).$$

The left-hand member of this equation is a series of ascending integral positive powers of δt; thus the function ρ must be an ascending series in integral positive powers of δt; as the term of zero degree in the left-hand series is $dz - \Sigma p_i dx_i$, ρ must therefore have the form

$$\rho = 1 + \sigma \delta t + \ldots \qquad \text{(13)}.$$

Inserting this value of ρ and equating the coefficients of corresponding powers of δt we have

$$d\zeta - \Sigma p_i d\xi_i - \Sigma \pi_i dx_i = \sigma (dz - \Sigma p_i dx_i) \qquad \text{(14)},$$

or

$$d(\zeta - \Sigma p_i \xi_i) + \Sigma \xi_i dp_i - \Sigma \pi_i dx_i = \sigma (dz - \Sigma p_i dx_i) \qquad \text{(15)}.$$

This linear and homogeneous condition in dz, dx_i, dp_i must be true for all values of these differentials; hence, writing

$$\zeta - \Sigma p_i \xi_i = -\Omega (z, x_1, \ldots, x_n, p_1, \ldots, p_n) \qquad \text{(16)}$$

for convenience, we have

$$\Omega_{x_i} + \pi_i = \sigma p_i, \quad \Omega_z = -\sigma, \quad \Omega_{p_i} - \xi_i = 0 \qquad \text{(17)}.$$

Eliminating σ and solving (16) for ζ we find

$$\xi_i = \Omega_{p_i}, \quad \zeta = \Sigma p_i \Omega_{p_i} - \Omega, \quad \pi_i = -\Omega_{x_i} - p_i \Omega_z \qquad \text{(18)}.$$

The infinitesimal transformation is therefore completely determined, ζ, ξ_i, π_i being given by an arbitrary function Ω.

5. Let the preceding results be now applied to the infinitesimal contact transformation defined by the characteristic function

$$\Omega = \sqrt{1 + p_1^2 + p_2^2 + \ldots + p_n^2}.$$

The formulae (18) show that the coordinates of a surface element, by which we mean the ensemble of a point and a plane through it, receive the infinitesimal increments

$$\delta x_i = \frac{p_i}{\sqrt{1 + \Sigma p_i^2}} \delta t, \quad \delta z = \frac{-1}{\sqrt{1 + \Sigma p_i^2}} \delta t, \quad \delta p_i = 0 \qquad \text{(19)}.$$

This infinitesimal transformation generates a one-parameter group of contact transformations, namely the group of dilatations, whose finite equations are found by integrating the simultaneous system

$$\frac{\sqrt{1 + \Sigma p_i'^2}}{p_1'} dx_1' = \ldots = \frac{\sqrt{1 + \Sigma p_i'^2}}{p_n'} dx_n' = \frac{\sqrt{1 + \Sigma p_i'^2}}{-1} dz = \frac{dp_1}{0} = \ldots = \frac{dp_n}{0} \qquad \text{(20)};$$

the integration effects itself, without any difficulty, and yields the integral equations

$$x_i' = x_i + \frac{p_i t}{\sqrt{1 + \Sigma p_i^2}}, \quad z' = z - \frac{t}{\sqrt{1 + \Sigma p_i^2}}, \quad p_i' = p_i, \quad \ldots\ldots \ (i = 1, \ldots, n) \qquad \text{(21)}$$

where t is an arbitrary constant.

These transformations are obviously characterized geometrically by the property of changing the surface-element $(x_1, \ldots, x_n, z, p_1, \ldots, p_n)$ into the surface-element $(x_1', \ldots, x_n', z', p_1', \ldots, p_n')$ in such a manner that the point of the second lies on the normal to the first and at a constant distance t from its surface. They transform the surface-elements of a point into those of a sphere, and change parallel surfaces into such.

6. As Lie has pointed out for ordinary space the theory of wave-motion in an isotropic elastic medium is intimately related to the one-parameter group of dilatations of the space filled by the medium.

Consider a wave-motion originating at a center of disturbance P_0 of an isotropic $n+1$-dimensional elastic medium; in an interval of time the motion will have advanced to all points P of a sphere whose center is at P_0 and whose radius is t, say, in precisely the same manner as the dilatation (21) would change the surface-elements of the point P_0 into those of the last-named sphere. Every point P of this sphere can now be regarded as the center of new elementary waves which in a second interval of time, say t_1, will have advanced to spheres of equal radii t_1 about the points P as centers. These elementary waves have an outer envelope, which by Huygens' principle is the identical wave that would have been developed from the original center P_0 in the total time elapsed. But in exactly the same manner the dilatation

$$x_i' = x_i + \frac{p_i t_1}{\sqrt{1 + \Sigma p_i^2}}, \quad z' = z - \frac{t_1}{\sqrt{1 + \Sigma p_i^2}}, \quad p_i' = p_i, \quad \ldots\ldots \quad (i = 1, \ldots, n) \ldots\ldots(22)$$

carries every point P of the sphere about P_0 into a sphere of radius t_1 about P as center, so that the sphere of center P_0 will be changed by the dilatation (22) into the sphere of center P_0 and radius $t_1 + t_0$, that is into the sphere into which the point P_0 is changed by the successive application of the dilatations (21) and (22).

Thus the principle of Huygens finds its mathematical expression in the fact that all dilatations form a one-parameter continuous group.

The importance of this particular group of contact transformations is further exhibited by observing that reflections and refractions from one isotropic medium to another are contact transformations which leave the infinitesimal dilatation invariant; the reflections have the additional property of being commutative with the latter. To establish these facts it is only necessary to make the ordinary illustrative constructions in a space of $n+1$ dimensions and apply the principle that all the surfaces of a complex f that touch a surface ϕ have in general an envelope Φ, and hence the passage from ϕ to Φ is a contact transformation.

7. Let the characteristic function be an arbitrary function of $p_1, \ldots, p_n$, say

$$\Omega = \Pi(p_1, \ldots, p_n) \ldots\ldots\ldots\ldots\ldots\ldots\ldots\ldots(23);$$

the infinitesimal transformation defined by Π is represented by the equations

$$\delta x_i = \Pi_{p_i} \delta t, \quad \delta z = \Sigma p_i \Pi_{p_i} - \Pi, \quad \delta p_i = 0, \quad \ldots\ldots \quad (i = 1, \ldots, n) \ldots\ldots\ldots\ldots(24).$$

By integrating the simultaneous system

$$\frac{dx_1'}{\Pi_{p_1'}} = \ldots = \frac{dx_n'}{\Pi_{p_n'}} = \frac{dz'}{\Sigma p_i'\Pi_{p_i'} - \Pi} = \frac{dp_1'}{0} = \ldots = \frac{dp_n'}{0} = dt \quad \ldots\ldots(25),$$

we have the corresponding one-parameter group of contact transformations

$$x_i' = x_i + \Pi_{p_i} t,\ z' = z + (\Sigma p_i \Pi_{p_i} - \Pi)\, t,\ p_i' = p_i, \ \ldots\ldots \ (i = 1, \ldots, n) \quad \ldots\ldots(26).$$

Let t have for the moment a fixed value; the corresponding contact transformation of the group changes the point $(x_1, \ldots, x_n, z)$ into a surface whose equation in current coordinates $(x_1', \ldots, x_n', z')$ is obtained by eliminating the p_i from the first $n+1$ equations; this elimination yields the equation

$$\Phi\left(\frac{x_1' - x_1}{t}, \frac{x_2' - x_2}{t}, \frac{x_3' - x_3}{t}, \ldots, \frac{x_n' - x_n}{t}, \frac{z' - z}{t}\right) = 0 \quad \ldots\ldots(27).$$

The form of this equation enables us to find the characteristic property of these transformations as the following considerations will make evident.

1°. In the first place it is clear that contact transformations in $n+1$-dimensional space may be determined by a system of r equations

$$\omega_1(x_1', \ldots, x_n', z', x_1, \ldots, x_n) = 0,\ \omega_2 = 0,\ \ldots,\ \omega_r = 0 \quad \ldots\ldots(28),$$

where r may have all values from 1 to $n+1$; in the last case the transformations if existent will be point transformations, since the $n+1$ relations will give the $n+1$ quantities x_i', z', as functions of the $n+1$ quantities x_i, z alone.

In fact the problem of determining all finite contact transformations of a space of $n+1$ dimensions is that of resolving the total differential equation

$$dz' - \sum_1^n p_i' dx_i' - \rho\,(dz - \sum_1^n p_i dx_i) = 0, \ \ldots\ldots \ (i = 1, \ldots, n) \quad \ldots\ldots(29)$$

where the z', x_i', p_i' are functions of the $2n+1$ variables z, x_i, p_i to be determined. This equation shows that there ought to exist at least one relation between the variables z', x_i', z, x_i containing z' and z*. Taking the general case of r different relations expressed by (28), the equation (29) ought to be a consequence of

$$d\omega_1 = 0,\ d\omega_2 = 0,\ \ldots,\ d\omega_r = 0 \quad \ldots\ldots(30);$$

that is, it ought to be possible to find r coefficients $\lambda_1, \ldots, \lambda_r$ such that the identity

$$dz' - \sum_1^n p_i' dx_i' - \rho\,(dz - \sum_1^n p_i dx_i) = \sum_1^r \lambda_i d\omega_i$$

exists. This demands the following equations:

$$1 = \sum_1^r \lambda_i \frac{\partial \omega_i}{\partial z'},\ p_j' = -\sum_1^r i\lambda_i \frac{\partial \omega_i}{\partial x_j'},$$

$$j = 1, \ldots, n \quad \ldots\ldots(31);$$

$$\rho = -\sum_1^r \lambda_i \frac{\partial \omega_i}{\partial z},\ \rho p_j = \sum_1^r i\lambda_i \frac{\partial \omega_i}{\partial x_j};$$

* See Goursat, *Leçons sur les équations aux dérivées partielles du premier ordre*, Paris, Hermann, 1891, p. 258.

the $2n+2+r$ equations (30) and (31) in general determine the $2n+2+r$ functions z', x_i', p_i', λ_j, ρ as functions of z, x_i, p_i.

Eliminating ρ we can write the following $n+r+1$ equations for z', x_i', λ_j,

$$\left.\begin{array}{l}\sum_{i=1}^{i=r}\lambda_i\frac{\partial\omega_i}{\partial x_j}+p_j\sum_{i=1}^{i=r}\lambda_i\frac{\partial\omega_i}{\partial z}=0,\ j=1,\ \dots,\ n,\\ \sum_{i=1}^{i=r}\lambda_i\frac{\partial\omega_i}{\partial z'}=1,\ \omega_1=0,\ \dots,\ \omega_r=0\end{array}\right\}\dots\dots\dots(32);$$

resolving these for z', x_i', λ_j, the remaining functions p_i', ρ are found by substituting the values of the former in the remaining equations of the system (30) and (31).

2°. In the second place two transformations S and T are commutative when the symbolic equation

$$ST=TS$$

obtains. Consider the contact transformation S and the point transformation T. That the point P is changed into the point P_1 by the transformation T is expressed by the symbolic equation

$$(P)\,T=(P_1).$$

In the same manner, that S transforms P into the surface Σ is expressed by the equation

$$(P)\,S=(\Sigma).$$

Then if $$(P)\,ST=(P)\,TS,$$

we have also $$(P_1)\,S=(\Sigma)\,T.$$

That is, if S transforms the point P into the surface Σ, and T changes the point P into the point P_1, the latter is changed by S into the surface into which the surface Σ is changed by T.

3°. In the third place let S be a contact transformation of an $n+1$-dimensional space commutative with all translations T of that space. If S changes a definite point P into the surface Σ, the surfaces into which all other points are changed by S may be determined, for there always exists a translation which carries the point P to any other arbitrary position P_1; then by the second paragraph above, the point P_1 is changed by S into the surface Σ_1 into which Σ is changed by the last-named translation; hence all points are changed by S into congruent surfaces similarly situated. Accordingly the contact transformations that are commutative with all translations of a space of any number of dimensions are determined by a single function of the form

$$\Psi(x_1-x_1',\ x_2-x_2',\ \dots,\ x_n-x_n',\ z-z')=0\ \dots\dots\dots(33);$$

it is not to our purpose to construct the explicit forms of these transformations here; the most general one in the plane has been given by Lie in his geometry of contact transformations to which reference has been made.

Thus the equations (27) and (33) show that all the transformations of the one-parameter group (26) are commutative with all translations.

8. It is evident either from the last-named property or directly from the form of equations (27), that by varying t and thus operating on a point $(x_1, \dots, x_n, z)$ with all the transformations of the group (26), the point is changed successively into similar surfaces and similarly placed. The point P_0 is changed by the transformation whose parameter is t_1 into the surface Σ. Operating on all the points P of Σ with the transformation whose parameter is t_2, these points P will be changed into congruent surfaces that are similar and similarly placed to Σ. These latter surfaces have an outer envelope, a surface Σ_1 into which the surface Σ is changed by the second transformation. The successive application or product of the two transformations is equivalent to the transformation whose parameter is $t_1 + t_2$; the latter transformation carries the point P_0 directly into the new surface Σ_1, and this surface must then be a similar and similarly placed surface to Σ.

The preceding geometrical operations and their results suggest the phenomena of wave-motion in an elastic $n+1$-dimensional medium. If such a space is filled with such a medium in which motions originating at a point advance in different directions with velocities depending only on the direction, then a center of disturbance P_0 gives rise to a series of waves similar and similarly placed with the common center of similarity P_0; accordingly the above geometric operations present a pure mathematical interpretation of Huygens' principle for a non-isotropic elastic medium, and this principle finds its equivalent in the fact that the ∞^1 contact transformations (26) form a group.

9. The group (26) may be generalized and specialized.

1°. Much more general wave-motions may be designed by using in a similar manner the most general infinitesimal contact transformation defined by the characteristic function

$$\Omega(x_1, \dots, x_n, z, p_1, \dots, p_n);$$

a simple geometric construction shows that the normal velocity of the wave is given by the expression

$$\Omega/\sqrt{1+\Sigma p_i^2}.$$

2°. The case applying to the optics of a double refracting crystal is given by the particular form

$$\Omega = \sqrt{a_0^2 + \sum_1^n a_i^2 p_i^2}, \qquad (i = 1, \dots, n) \quad \dots\dots(34).$$

Observing that

$$\Omega_{p_i} = a_i^2 p_i \Omega^{-1} \quad \dots\dots(35),$$

we have

$$\Sigma p_i \Omega_{p_i} - \Omega = -a_0^2 \Omega^{-1} \quad \dots\dots(36);$$

hence the finite equations of the group of contact transformations generated by the infinitesimal transformation (34) are

$$x_i' = x_i + a_i^2 p_i \Omega^{-1} t, \quad z_1' = z - a_0^2 \Omega^{-1} t, \quad p_i' = p_i \quad \text{......................(37)};$$

eliminating t by means of the first $n+1$ equations, we have the ellipsoid

$$\frac{(x_1' - x_1)^2}{(a_1 t)^2} + \frac{(x_2' - x_2)^2}{(a_2 t)^2} + \dots + \frac{(x_n' - x_n)^2}{(a_n t)^2} + \frac{(z' - z)^2}{(a_0 t)^2} = 1 \quad \text{..............(38)};$$

thus the transformations of the one-parameter group (37) change the points of space of any dimensions into ellipsoids of that space; any particular point is changed by all the transformations of the group into similar ellipsoids similarly placed and concentric with the point as common center.

10. Lie might have included in this order of ideas certain other contact transformations *.

Thus far the finite contact transformations studied in detail have been defined by a single equation connecting the coordinates of the points of the two spaces. The following however is an interesting example giving a category of such transformations which are determined by two equations in the point variables.

Consider the two equations

$$\left.\begin{aligned} &z'^2 - z^2 + \sum_1^n (x_i'^2 - x_i^2) = 0, \\ &(zz' + \sum_1^n x_i' x_i)^2 - k^2 (z'^2 + \sum_1^n x_i'^2)(z^2 + \sum_1^n x_i^2) = 0 \end{aligned}\right\} \quad \text{......................(39)},$$

where k is a constant.

By means of the formulae developed in § 7, 2°, the finite equations of the transformations can be determined, and the fact that they form a one-parameter group established.

If

$$X_1 f, \ X_2 f, \ \dots, \ X_{n+1} f \quad \text{..(40)}$$

are the infinitesimal rotations of $n+1$-dimensional space written in the symbolic form (4), the expression

$$\Phi \equiv \sqrt{\sum_1^{n+1} (X_i f)^2} \quad \text{..(41)}$$

may be taken as the characteristic function of the infinitesimal contact transformation which generates the one-parameter group of contact transformations determined by the equations (39).

Observing that two infinitesimal contact transformations are commutative only in the case when the relation

$$U(Vf) - V(Uf) \equiv 0 \quad \text{..(42)}$$

* "Beiträge zur allgemeinen Transformationstheorie," *Leipziger Berichte*, pp. 495—498.

exists between their symbols, we can verify by this principle that the transformations of the above group are commutative* 1° with all dilatations, 2° with rotations about the origin, 3° with all spiral transformations starting from the origin, 4° with all pedal transformations, 5° with all point and contact transformations commutative with all rotations about the origin, 6° with all transformations of the infinite group whose characteristic function is

$$\Phi\Psi\left(\frac{X_1}{\Phi}, \frac{X_2}{\Phi}, \ldots, \frac{X_{n+1}}{\Phi}, \frac{\Phi_1}{\Phi}, \frac{\Phi_2}{\Phi}\right) \quad\quad (44),$$

where

$$\Phi_1 = \sum_1^n x_i \frac{\partial f}{\partial x_i} + z\frac{\partial f}{\partial z}, \qquad \Phi_2 = \sqrt{\left(\frac{\partial f}{\partial z}\right)^2 + \sum_1^n \left(\frac{\partial f}{\partial x_i}\right)^2} \quad\quad (45).$$

The first case of commutation is especially interesting because of reasons given in § 6. The second may be shown even more simply by introducing polar coordinates.

The aequationes directrices (39) themselves exhibit certain geometrical properties of the transformations. For example they show that every point $(z, x_1, \ldots, x_n)$ is changed into a circle whose points are at the same distance from the origin as the point $(z, x_1, \ldots, x_n)$ itself. Further the radii vectores of $(z, x_1, \ldots, x_n)$ and $(z', x_1', \ldots, x_n')$ make an angle with each other whose cosine is k.

11. The particular transformation of the above group, namely that corresponding to $k = 0$ and accordingly defined by the two equations

$$z'^2 - z^2 + \sum_1^n (x_i'^2 - x_i^2) = 0, \qquad zz' + \sum_1^n x_i x_i' = 0 \quad\quad (46),$$

was first studied as a contact transformation by Goursat, in three dimensions†.

If in equations (46) $z', x_1', \ldots, x_n'$ be regarded as constants and $z, x_1, \ldots, x_n$ as current coordinates, these equations define a certain circle C in $n+1$-dimensional space, the locus of $(z, x_1, \ldots, x_n)$. That is the equations make a circle C correspond to every point $(z', x_1', \ldots, x_n')$, and similarly, since the equations are symmetrical in both sets of variables, to every point $(z, x_1, \ldots, x_n)$ there corresponds a circle C' in the current coordinates $(z', x_1', \ldots, x_n')$. When the point $(z, x_1, \ldots, x_n)$ describes a surface Σ, the circles C' relative to the several points of Σ form a congruence. The focal surface of this congruence is the surface Σ' into which Σ is transformed. Σ' is also the locus of the points $(z', x_1', \ldots, x_n')$ such that the corresponding circles C' are tangent to S.

The focal surface of the congruence of circles C' is a plane passing through the radius vector OP and the normal PN to the surface at P. Thus to construct the point P' corresponding to P it is only necessary to draw, in the plane passing through OP and the normal PN, the perpendicular OP' to OP, cutting off a distance OP' equal to OP.

* In the last *loc. cit.* Lie shows indirectly that the enumerated commutative properties appertain to these transformations in three dimensions.

† See *loc. cit.* p. 267.

The geometric construction shows that we have here the long known construction by which the apsidal surface of a given surface is derived. Accordingly the above contact transformation is possessed of the very important property of changing ellipsoids into Fresnel wave surfaces.

The finite equations of the transformation (46) expressing z', x_i', p_i' as functions of z, x_i, p_i may be obtained without difficulty by the method of § 7. If this transformation be combined with those of the one-parameter group (37) we shall have ∞^2 contact transformations which change the points of space of any dimensions into the wave surfaces of that space.

12. This suggests the interesting problem of finding all those contact transformations which change every wave surface into a wave surface, that is, those contact transformations which leave the family of all wave surfaces invariant.

Analytically the problem may be approached either by determining the finite transformations or the infinitesimal transformations which leave the partial differential equation of the wave surface invariant. From either starting point the difficulties in the way of integrations to be effected are well-nigh insurmountable. This ought not to be surprising since all contact transformations of ordinary space changing plane into plane have not been determined (though Lie has found all those that change surfaces of constant curvature into surfaces of constant curvature in ordinary space, and lately the most general contact transformation leaving unaltered the family of developable surfaces of $n+1$-dimensional space has been found).

An indirect method for finding contact transformations transforming wave surfaces into such may be employed by using the results of a beautiful memoir of M. Maurice Lévy, "Sur les équations les plus générales de la double refraction compatibles avec la surface de l'onde de Fresnel," *Comptes Rendus*, t. 105, pp. 1044—1050.

Without making any assumption whatever relative to the nature of a luminous vector Lévy proposes to find its most general form compatible with the Fresnel wave surface. His problem narrows itself to determining the most general expressions of the second derivatives, with regard to the time, of the three components of the luminous vector as functions of the various second derivatives of these components with regard to the coordinates of the point of the medium which produces the light, by means of the condition of reproducing the equation of velocities and hence the wave surface.

The equations to be invariant in this method are more numerous, but simpler in form than the partial differential equation of the surface of waves.

For reference Lévy's system of equations is appended here. Letting u, v, w be the components of the luminous vector, t the time, x, y, z the coordinates of the point of the medium which produces the light, a, b, c the reciprocals of the principal indices of refraction, α, β, γ three arbitrary constants, and λ, μ, ν three other arbitrary constants entering only by their mutual ratios, Lévy finds the following $4 . \infty^5$ solutions of the proposed problem:

$$\text{(A)}\quad\left\{\begin{aligned}
\frac{\partial^2 u}{\partial t^2} &= \alpha\frac{\partial^2 u}{\partial x^2} + c^2\frac{\partial^2 u}{\partial y^2} + b^2\frac{\partial^2 u}{\partial z^2} + \frac{\mu}{\lambda}(\beta - c^2)\frac{\partial^2 v}{\partial x\partial y} + \frac{\nu}{\lambda}(\gamma - b^2)\frac{\partial^2 w}{\partial x\partial z},\\
\frac{\partial^2 v}{\partial t^2} &= c^2\frac{\partial^2 v}{\partial x^2} + \beta\frac{\partial^2 v}{\partial y^2} + a^2\frac{\partial^2 v}{\partial z^2} + \frac{\nu}{\mu}(\gamma - a^2)\frac{\partial^2 w}{\partial y\partial z} + \frac{\lambda}{\mu}(\alpha - c^2)\frac{\partial^2 u}{\partial y\partial x},\\
\frac{\partial^2 w}{\partial t^2} &= b^2\frac{\partial^2 w}{\partial x^2} + a^2\frac{\partial^2 w}{\partial y^2} + \gamma\frac{\partial^2 w}{\partial z^2} + \frac{\lambda}{\nu}(\alpha - b^2)\frac{\partial^2 u}{\partial z\partial x} + \frac{\mu}{\nu}(\beta - a^2)\frac{\partial^2 v}{\partial z\partial y};
\end{aligned}\right.$$

$$\text{(B)}\quad\left\{\begin{aligned}
\frac{\partial^2 u}{\partial t^2} &= \alpha\frac{\partial^2 u}{\partial x^2} + c^2\frac{\partial^2 u}{\partial y^2} + b^2\frac{\partial^2 u}{\partial z^2} + \frac{\mu}{\lambda}(\alpha - c^2)\frac{\partial^2 v}{\partial x\partial y} + \frac{\nu}{\lambda}(\alpha - b^2)\frac{\partial^2 w}{\partial x\partial z},\\
\frac{\partial^2 v}{\partial t^2} &= c^2\frac{\partial^2 v}{\partial x^2} + \beta\frac{\partial^2 v}{\partial y^2} + a^2\frac{\partial^2 v}{\partial z^2} + \frac{\nu}{\mu}(\beta - a^2)\frac{\partial^2 w}{\partial y\partial z} + \frac{\lambda}{\mu}(\beta - c^2)\frac{\partial^2 u}{\partial y\partial x},\\
\frac{\partial^2 w}{\partial t^2} &= b^2\frac{\partial^2 w}{\partial x^2} + a^2\frac{\partial^2 w}{\partial y^2} + \gamma\frac{\partial^2 w}{\partial z^2} + \frac{\lambda}{\nu}(\gamma - b^2)\frac{\partial^2 u}{\partial z\partial x} + \frac{\mu}{\nu}(\gamma - a^2)\frac{\partial^2 v}{\partial z\partial y};
\end{aligned}\right.$$

$$\text{(C)}\quad\left\{\begin{aligned}
\frac{\partial^2 u}{\partial t^2} &= \alpha\frac{\partial^2 u}{\partial x^2} + a^2\left(\frac{\partial^2 u}{\partial y^2} + \frac{\partial^2 u}{\partial z^2}\right) + \frac{\mu}{\lambda}(\beta - a^2)\frac{\partial^2 v}{\partial x\partial y} + \frac{\nu}{\lambda}(\gamma - a^2)\frac{\partial^2 w}{\partial x\partial z},\\
\frac{\partial^2 v}{\partial t^2} &= \beta\frac{\partial^2 v}{\partial y^2} + b^2\left(\frac{\partial^2 v}{\partial z^2} + \frac{\partial^2 v}{\partial x^2}\right) + \frac{\nu}{\mu}(\gamma - b^2)\frac{\partial^2 w}{\partial y\partial z} + \frac{\lambda}{\mu}(\alpha - b^2)\frac{\partial^2 u}{\partial y\partial x},\\
\frac{\partial^2 w}{\partial t^2} &= \gamma\frac{\partial^2 w}{\partial z^2} + c^2\left(\frac{\partial^2 w}{\partial x^2} + \frac{\partial^2 w}{\partial y^2}\right) + \frac{\lambda}{\nu}(\alpha - c^2)\frac{\partial^2 u}{\partial z\partial x} + \frac{\mu}{\nu}(\beta - c^2)\frac{\partial^2 v}{\partial z\partial y};
\end{aligned}\right.$$

$$\text{(D)}\quad\left\{\begin{aligned}
\frac{\partial^2 u}{\partial t^2} &= \alpha\frac{\partial^2 u}{\partial x^2} + a^2\left(\frac{\partial^2 u}{\partial y^2} + \frac{\partial^2 u}{\partial z^2}\right) + \frac{\mu}{\lambda}(\alpha - b^2)\frac{\partial^2 v}{\partial x\partial y} + \frac{\nu}{\lambda}(\alpha - c^2)\frac{\partial^2 w}{\partial x\partial z},\\
\frac{\partial^2 v}{\partial t^2} &= \beta\frac{\partial^2 v}{\partial y^2} + b^2\left(\frac{\partial^2 v}{\partial z^2} + \frac{\partial^2 v}{\partial x^2}\right) + \frac{\nu}{\mu}(\beta - c^2)\frac{\partial^2 w}{\partial y\partial z} + \frac{\lambda}{\mu}(\beta - a^2)\frac{\partial^2 u}{\partial y\partial x},\\
\frac{\partial^2 w}{\partial t^2} &= \gamma\frac{\partial^2 w}{\partial z^2} + c^2\left(\frac{\partial^2 w}{\partial x^2} + \frac{\partial^2 w}{\partial y^2}\right) + \frac{\lambda}{\nu}(\gamma - a^2)\frac{\partial^2 u}{\partial z\partial x} + \frac{\mu}{\nu}(\gamma - b^2)\frac{\partial^2 v}{\partial z\partial y}.
\end{aligned}\right.$$

However, these half-dozen possibilities or tentatives towards the solution of the problem of finding contact transformations which leave the family of wave surfaces invariant have so far yielded no further result than the trivial one formed by the repetitions of the reciprocal apsidal transformation.

13. Assuming the rectilineal propagation of light the theory of optics becomes a branch of line-geometry. This familiar view opens up other possibilities in the applications of contact transformations to optics.

Confining ourselves to ordinary space for convenience of expression these applications may be made either by means of the contact transformations which change straight lines into such, or by means of other correspondences set up by contact transformations between two spaces such that straight lines are changed into the elements of some other four-dimensional manifoldness.

The simplest four-dimensional manifoldnesses in three-dimensional space are that of all straight lines and that of all spheres. For this reason those contact transformations between two three-dimensional spaces or which change a three-dimensional space into itself in such a manner that straight lines are changed into spheres, are the first to attract attention and have so far been the most fruitful. Lie constructed such a transformation in his memoir on complexes in the fifth volume of the *Mathematische Annalen* which has led him to a generalized form* of the theorem of Malus.

Lately this manner of changing straight lines into spheres by contact transformations has been found not to be unique; in fact infinite groups of infinite numbers of such line-sphere contact transformations have been constructed.

The above observations increase the demand for the resolution of the problem of determining all continuous groups in four variables. But such contact transformations need not necessarily be contact transformations of a three-dimensional point space into itself; for example, if the four variables be interpreted as line-coordinates or sphere-coordinates, the corresponding invariant Pfaffians by no means provide that the conditions for contact transformations of the three-dimensional space into itself be satisfied. It is precisely because of such a confusion that we find these notions used loosely in a recent memoir† on the employment of infinitesimal transformations in optics.

* "Lichtstrahlen, die in Pseudonormalensystem bilden, gehen bei jeder Reflexion und Refraction in ein Pseudonormalensystem über. Sind bei einer solchen Refraction die beiden in Betracht kommenden Pseudokugeln (d. h. Wellenflächen) wesentlich verschieden, so bezieht sich jedes Pseudonormalensystem auf die Pseudokugel des betreffenden Raumes," *Leipziger Berichte*, 1896, *loc. cit.*, p. 133.

† Hausdorff, "Infinitesimale Abbildungen der Optik," *Leipziger Berichte*, 1896, pp. 79—130.

XI. *On a Class of Groups of Finite Order.* By Professor W. Burnside.

[*Received* 30 September 1899.]

Among the groups of finite order that earliest present themselves, from some points of view, to the student are the groups of rotations of the regular solids. An admirable account of these from the purely geometrical stand-point is given in the first chapter of Klein's *Vorlesungen über das Icosaëder*. Of the six types included in this set of groups there are three which, though quite unlike in other respects, have a distinctive property in common. These are (i) the dihedral group of order $2n$ (n odd), (ii) the tetrahedral group of order 12, and (iii) the icosahedral group of order 60. They are defined abstractly by the relations:—

$$\text{(i)}\quad A^2 = 1,\quad B^n = 1,\quad (AB)^2 = 1,\quad n \text{ odd};$$

$$\text{(ii)}\quad A^2 = 1,\quad B^3 = 1,\quad (AB)^3 = 1;$$

$$\text{(iii)}\quad A^2 = 1,\quad B^3 = 1,\quad (AB)^5 = 1.$$

The order of each of these groups is even, while the only operations of even order which they contain are operations of order two. While they have this property in common they are otherwise of very distinct types.

The first has an Abelian (cyclical) self-conjugate subgroup, order n, which consists of the totality of its operations of odd order. The second contains a self-conjugate subgroup of order four, this being the highest power of two which is a factor of the order of the group. The third is a simple group containing five subgroups of order twelve, each of which has a self-conjugate subgroup of order four. It can be represented as a triply-transitive substitution group of degree five.

I propose here to determine the groups of even order, which contain no operations of even order other than operations of order two. The determination is exhaustive; and it will be seen that the groups in question arrange themselves in three quite different sets of types of which the groups (i), (ii) and (iii), defined above, are representative.

1. Let G be a group of even order N, which contains no operations of even order

other than those of order two. To deal first with the simplest case that presents itself*, let

$$N = 2m,$$

where m is odd. Since no operation of order two is permutable with any operation of odd order, G must contain m operations of order two which form a single conjugate set. Let these be

$$A_1, A_2, \ldots\ldots, A_m.$$

If A_rA_s were an operation of order two, 1, A_r, A_s, and A_rA_s, would constitute a subgroup of G of order four. No such subgroup can exist, and therefore A_rA_s is an operation of odd order. The m operations

$$A_rA_1, A_rA_2, \ldots\ldots, A_rA_m,$$

which are necessarily distinct, are therefore the m operations of odd order contained in G. These m operations may similarly be expressed in the form

$$A_1A_r, A_2A_r, \ldots\ldots, A_mA_r;$$

and since

$$A_r . A_rA_s . A_r = A_sA_r,$$

A_r transforms every operation of G, of odd order, into its inverse. Hence

$$A_rA_p . A_qA_r = A_qA_p = A_qA_r . A_rA_p;$$

and this shews that every pair of operations of G, of odd order, are permutable. Hence the m operations of G of odd order, including identity, constitute an Abelian group, and this is a self-conjugate subgroup of G. Conversely, if H is any Abelian group of odd order m, generated by the independent operations S, T, ..., and if A is an operation of order two such that

$$ASA = S^{-1}, \quad ATA = T^{-1}, \ldots,$$

then A and H generate a group G of order $2m$, whose only operations of even order are those of order two.

When r is given, s can always be taken in just one way so that A_rA_s is any given operation of G of odd order. Hence every operation of G of odd order can be represented in the form A_rA_s in just m distinct ways. This property will be useful in the sequel.

The groups thus arrived at are obviously analogous to the group (i) above.

2. Next let $$N = 2^n m,$$

where m is odd and n is greater than one. The operations of order two contained in G form one or more conjugate sets. Suppose first that they form more than one such set; and let

$$A, A', \ldots,$$

and

$$B, B', \ldots,$$

* This first case is considered in my *Theory of Groups of Finite Order*, pp. 143 and 230.

be two distinct conjugate sets of operations of order two. The operation AB must either be of order two or of odd order. If it were of odd order, μ, the subgroup generated by A and B would be a dihedral subgroup of order 2μ; and in this subgroup A and B would be conjugate operations. Since A and B belong to distinct conjugate sets in G, this is impossible. Hence AB is of order two, or in other words A and B are permutable. Every operation of one of the two conjugate sets is therefore permutable with every operation of the other. The two conjugate sets therefore generate two self-conjugate subgroups (not necessarily distinct) such that every operation of the one is permutable with every operation of the other. The order of each of these is divisible by two, and therefore the order of each must be a power of two; as otherwise G would contain operations of order $2r$ (r odd). The two together will generate a self-conjugate subgroup H' of order $2^{n'}$. If n' is less than n, there must be one or more conjugate sets of operations of order two not contained in H'. Let

$$C, C', \ldots,$$

be such a set. As before every operation of this set must be permutable with every operation of H'. Hence finally G must contain a self-conjugate subgroup H of order 2^n. No operation of G is permutable with any operation of H except the operations of H itself; and G is therefore a subgroup of the holomorph* of H. It follows that G can be represented as a transitive group of degree 2^n. Moreover, since G contains no operations of even order except those of order two, the substitutions of this transitive group must displace either all the symbols or all the symbols except one. Hence m must be a factor of 2^n-1; and G contains 2^n subgroups of order m which have no common operations except identity. With the case at present under consideration may be combined that in which G has a self-conjugate subgroup of order 2^n, the 2^n-1 operations of order two belonging to which form a single conjugate set. In this case m must be equal to 2^n-1.

We thus arrive at a second set of groups with the required property of order $2^n m$, where m is equal to or is a factor of 2^n-1. They have a self-conjugate subgroup of order 2^n, and 2^n conjugate subgroups of order m; the latter having no common operations except identity. These are clearly analogous to group (ii) above.

3. Lastly there remains to be considered the case in which the operations of G of order two form a single conjugate set, while G contains more than one subgroup of order 2^n.

If H and H' are two subgroups of G of order 2^n, and if I is the subgroup common to H and H', then since H and H' are Abelian (their operations being all of order two) every operation of I is permutable with every operation of the group generated by H and H'. This group must have operations of odd order, since it contains more than one subgroup of order 2^n. Hence I must consist of the identical operation only; or in other words, no two subgroups of order 2^n have common operations other

* *Theory of Groups*, p. 228.

than identity. It follows from an extension of Sylow's theorem that the number of subgroups of order 2^n contained in G must be of the form $2^n k + 1$.

If K is the greatest subgroup of G which contains a subgroup H, of order 2^n, self-conjugately; then K must be a subgroup of the nature of those considered in the preceding section, and its order must be $2^n \mu$, where μ is equal to or is a factor of $2^n - 1$. Also no two operations of H can be conjugate in G unless they are conjugate in K*. The $2^n - 1$ operations of order two in K therefore form a single conjugate set; and hence μ must be equal to $2^n - 1$. The order of G is therefore given by

$$N = (2^n k + 1)\, 2^n (2^n - 1).$$

That G must be a simple group is almost obvious. A self-conjugate subgroup of even order must contain all the $2^n k + 1$ subgroups of order 2^n, since the operations of order two form a single set. In such a subgroup the operations of order two must form a single set, and therefore a subgroup of order 2^n must be contained self-conjugately in one of order $2^n (2^n - 1)$. Hence a self-conjugate subgroup of even order necessarily coincides with G. If on the other hand G had a self-conjugate subgroup I of odd order r, I would by the first section be Abelian and every operation of G of order two would transform every operation of I into its inverse. This is impossible; for if A and B were two permutable operations of order two in G which satisfy the condition, then AB is an operation of order two which is permutable with every operation of I, contrary to supposition. Hence G must be simple.

If A and B are any two non-permutable operations of order two in G, AB must be an operation of odd order μ, and A and B generate a dihedral group of order 2μ. Hence G contains subgroups of the type considered in the first section. Let $2m_1$ be the greatest possible order of a subgroup of this type contained in G; and let I_1 be a subgroup of G of order $2m_1$, and J_1 the Abelian subgroup of order m_1 contained in I_1. Every subgroup K of J_1 is contained self-conjugately in I_1; and, for the reason just given in proving that G is simple, no two permutable operations of order two can transform K into itself. Hence I_1 must be the greatest subgroup that contains K self-conjugately; as otherwise $2m_1$ would not be the greatest possible order for the subgroups of this type contained in G.

Let p^α be the highest power of a prime p which divides m_1; and let K be a subgroup of J_1 of order p^α. If p^α is not the highest power of p which divides N, then K would be contained self-conjugately† in some subgroup of G of order $p^{\alpha+1}$. This has been proved impossible. Hence m_1 and N/m_1 are relatively prime.

Again no two subgroups conjugate to J_1 can contain a common operation other than identity; for if they did I_1 would not be the greatest subgroup of its type contained in G.

If I_1 and the subgroups conjugate to it do not exhaust all subgroups of G of order 2μ (μ odd), let I_2 of order $2m_2$ (m_2 odd) be chosen among the remaining subgroups of G of

* *Theory of Groups*, p. 98. † *Ibid.* p. 65.

this type so that m_2 is as great as possible; and let J_2 be the Abelian subgroup of I_2 of order m_2. Then J_2 has no operation other than identity in common with J_1 or with any subgroup conjugate to J_1; also no two subgroups conjugate to J_2 have a common operation other than identity, and m_2 and N/m_2 are relatively prime. All these statements may be proved exactly as in the former case.

If the subgroups of G of order 2μ (μ odd) are still not exhausted, a subgroup I_3 of order $2m_3$ containing an Abelian subgroup J_3 of order m_3 may be chosen in the same way as before; and the process may be continued till all subgroups of G of the type in question are exhausted. Now J_1 is one of $N/2m_1$ conjugate subgroups and each contains m_1-1 operations which enter into no other subgroup conjugate to J_1 or to J_2 or $J_3 \dots$. Hence the subgroups conjugate to J_1, J_2, J_3, ... contain

$$\frac{N}{2m_1}(m_1-1)+\frac{N}{2m_2}(m_2-1)+\frac{N}{2m_3}(m_3-1)+\dots$$

distinct operations other than identity. If I_3 actually existed, this number would be equal to or greater than N, which is impossible. Hence there can at most be only two sets of conjugate subgroups such as I_1 and I_2.

It was shewn in section 1 that each of the m_1-1 operations of J_1 other than identity can be represented in m_1 distinct ways as the product of two operations of order two. Similarly each of the m_2-1 operations other than identity of J_2, if it exists, can be represented as the product of two operations of order two in m_2 distinct ways. Moreover these and the operations conjugate to them are the only ones which can be represented as the product of two non-permutable operations of order two. Now G contains

$$(2^n k+1)(2^n-1)$$

operations of order two, and any one of these is permutable with exactly 2^n-1. Hence the number of products of the form AB, where A and B are non-permutable operations of order two and the sequence is essential, is

$$(2^n k+1)(2^n-1)\,2^n k\,(2^n-1)=Nk\,(2^n-1).$$

On the other hand as shewn above this number is

$$\frac{N}{2}(m_1-1)+\frac{N}{2}(m_2-1)$$

or

$$\frac{N}{2}(m_1-1)$$

according as I_2 actually exists or does not.

Hence if I_2 does not exist

$$m_1=2k\,(2^n-1)+1\,;$$

and at the same time m_1 is a factor of

$$(2^n k+1)(2^n-1).$$

These conditions are obviously inconsistent. Hence I_2 does exist, and

$$m_1 + m_2 = 2\{k(2^n - 1) + 1\}.$$

It follows that, m_1 and m_2 being positive numbers of which m_1 is the greater,

$$m_1 > 2^n k + 1 - k.$$

On the other hand, since no two operations of order two contained in I_1 are permutable, while G contains only $2^n k + 1$ subgroups of order 2^n,

$$m_1 \leqslant 2^n k + 1.$$

Hence there must be an integer l, less than k, such that

$$m_1 = 2^n k + 1 - l,$$

and

$$m_2 = 2^n k + 1 + l - 2k.$$

Now m_1 and m_2 are relatively prime factors of

$$(2^n k + 1)(2^n - 1).$$

Hence

$$(2^n k + 1)^2 - 2k(2^n k + 1) + 2kl - l^2 \leqslant (2^n k + 1)(2^n - 1),$$

and *à fortiori* since l is less than k, and $2^n k + 1$ is positive,

$$2^n k + 1 - 2k \leqslant 2^n - 1,$$

i.e.

$$k \leqslant 1.$$

The group G can therefore only exist if k is unity, and this necessarily involves that l is zero. Hence

$$N = (2^n + 1)\, 2^n (2^n - 1), \quad m_1 = 2^n + 1, \quad m_2 = 2^n - 1,$$

and these are the only values of N, m_1, and m_2 consistent with the existence of a group G having the required property.

Since G is simple, it can be represented as a substitution group of degree $2^n + 1$. The subgroup of degree 2^n, which leaves one symbol unchanged, has a self-conjugate Abelian subgroup of order 2^n, and 2^n conjugate Abelian subgroups of order $2^n - 1$; the latter having no common substitutions except identity.

Hence the subgroup of G which leaves one symbol unchanged is doubly-transitive in the remaining 2^n symbols; and therefore G can be represented as a triply-transitive group of degree $2^n + 1$.

The Abelian subgroup of order $2^n - 1$ which transforms a subgroup of degree 2^n is shewn in an appended note to be cyclical. Assuming for the present this result, the subgroups of G of order $2^n(2^n - 1)$ are doubly-transitive groups of known type.

Now G contains just $2^n - 1$ operations of order two which transform each operation of a cyclical subgroup of degree $2^n - 1$ into its inverse. Since each of these leaves only one symbol unchanged, each must interchange the two symbols left unaltered by the cyclical subgroup of order $2^n - 1$. But there are only just exactly $2^n - 1$ substitutions of order two in the $2^n + 1$ symbols which satisfy these conditions. Hence for a given value of n the group, if it exists, is unique.

That such groups exist for all values of n is known*. In fact the system of congruences

$$z' \equiv \frac{\alpha z + \beta}{\gamma z + \delta}, \quad (\text{mod. } 2),$$

where α, β, γ, δ are roots of the congruence

$$\lambda^{2^n - 1} \equiv 1, \quad (\text{mod. } 2),$$

such that

$$\alpha\delta - \beta\gamma \not\equiv 0, \quad (\text{mod. } 2),$$

actually define such a group; and the permutations of the $2^n + 1$ symbols

$$\infty, \quad 0, \quad \lambda, \quad \lambda^2, \ldots, \lambda^{2^n - 1},$$

where λ is a primitive root of

$$\lambda^{2^n - 1} \equiv 1, \quad (\text{mod. } 2),$$

which are effected by the above system of congruences, actually represent it as a triply-transitive group of degree $2^n + 1$.

The set of groups thus arrived at are the analogues of group (iii) above.

Finally, every group of even order, which does not belong to one of the three sets thus determined, must contain operations of even order other than operations of order two.

NOTE.

Let H be an Abelian group of order 2^n whose operations, except identity, are all of order two; and suppose if possible that H admits two permutable isomorphisms of prime order p one of which is not a power of the other, such that no operation of order two is left unchanged by any isomorphism generated by the two. So far as a set of p^2 operations of H are concerned the two isomorphisms, being permutable, must have the form

$$(A_{11} A_{12} \ldots A_{1p})(A_{21} A_{22} \ldots A_{2p}) \ldots\ldots (A_{p1} A_{p2} \ldots A_{pp}),$$

and

$$(A_{11} A_{21} \ldots A_{p1})(A_{12} A_{22} \ldots A_{p2}) \ldots\ldots (A_{1p} A_{2p} \ldots A_{pp});$$

$$A_{11}, \quad A_{12}, \ \ldots\ldots\ldots\ldots\ldots\ldots\ldots\ldots \ A_{pp},$$

* Moore: "On a doubly-infinite series of simple groups," *Chicago Congress Papers* (1893); Burnside: "On a class of groups defined by congruences," *Proc. L. M. S.* Vol. xxv. (1894).

being the p^2 operations. Moreover any cycle of an isomorphism generated by these two has the form

$$(A_{r,s}\,A_{r+x,\,s+y},\;\ldots\ldots\;A_{r+(p-1)x,\,s+(p-1)y}),$$

the suffixes being reduced mod. p.

Since no operation of H except identity is left unchanged by any one of these isomorphisms, the product of the p operations in any one of the cycles must give the identical operation.

Hence
$$\begin{aligned} A_{11}A_{21}\ \ldots\ldots\ A_{p,1} &= 1,\\ A_{11}A_{22}\ \ldots\ldots\ A_{p,p} &= 1,\\ A_{11}A_{23}\ \ldots\ldots\ A_{p,p-1} &= 1,\\ \ldots\ldots\ldots\ldots\ldots\ldots&\ldots\ldots\\ A_{11}A_{2p}\ \ldots\ldots\ A_{p,2} &= 1; \end{aligned}$$

and therefore on multiplication

$$A_{11}{}^p = 1,$$

or

$$A_{11} = 1.$$

The supposition made therefore leads to a contradiction. Hence if H admits a group of isomorphisms of order p^m, no one of which leaves any operations of H except identity unchanged, this group has only a single subgroup of order p. It is therefore cyclical*. If then p^m is the highest power of p which divides 2^n-1, the subgroup of order p^m in the Abelian group of order 2^n-1, considered above, is cyclical. Hence the Abelian group is itself cyclical.

* *Theory of Groups*, p. 73.

XII. *On Green's Function for a Circular Disc, with applications to Electrostatic Problems.* By E. W. Hobson, Sc.D., F.R.S.

[*Received* 7 October 1899.]

The main object of the present communication is to obtain the Green's function for the circular disc, and for the spherical bowl. The function for these cases does not appear to have been given before in an explicit form, although expressions for the electric density on a conducting disc or bowl under the action of an influencing point have been obtained by Lord Kelvin by means of a series of inversions. The method employed is the powerful one devised by Sommerfeld and explained fully by him in the paper referred to below. The application of this method given in the present paper may serve as an example of the simplicity which the consideration of multiple spaces introduces into the treatment of some potential problems which have hitherto only been attacked by indirect and more ponderous methods.

The System of Peri-Polar Coordinates.

1. The system of coordinates which we shall use is that known as peri-polar coordinates, and was introduced by C. Neumann* for the problem of electric distribution in an anchor-ring. A fixed circle of radius a being taken as basis of the coordinate system; in order to measure the position of any point P, let a plane PAB be drawn through P containing the axis of the circle and intersecting the circumference of the circle in A and B; the coordinates of P are then taken to be $\rho = \log \frac{PA}{PB}$, θ which is the angle APB, and ϕ the angle made by the plane APB with a fixed plane through the axis of the circle. In order that all points in space may be represented uniquely by this system, we agree that θ shall be restricted to have values between $-\pi$ and π, a discontinuity in the value of θ arising as we pass through the circle, so that at points within the circumference of the circle, θ is equal to π, on the upper side of the circle, and to $-\pi$ on the lower side of the circle, the value of θ being zero at all points in the plane of the circle which are outside its circumference. As

* *Theorie der Elektricitäts- und Wärme-Vertheilung in einem Ringe.* Halle, 1864.

P moves from an infinite distance along a line above the plane of the circle up to any point inside the circle, and in its plane, θ is positive and increases from 0 to π, whereas as P moves from an infinite distance along a line below the plane of the

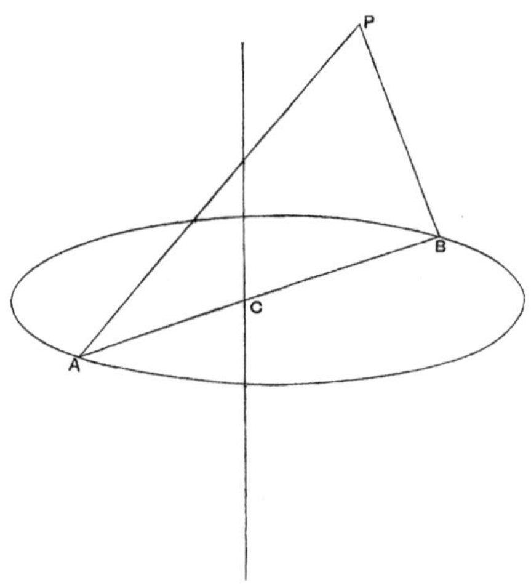

FIG. 1.

circle up to a point within the circumference, θ is negative, and changes from 0 to $-\pi$. The coordinate ϕ is restricted to have values between 0 and 2π, and the co-ordinate ρ may have any value from $-\infty$ to $+\infty$, which correspond to the points A, B respectively. The system of orthogonal surfaces which correspond to these coordinates consists of a system of spherical bowls with the fundamental circle as common rim, a system of anchor-rings with the circle as limiting circle, and a system of planes through the axis of the circle. If we denote by ξ the distance CN of P from the axis of the circle, and by z the distance PN of P from the plane of the circle, the system $\xi \cos \phi$, $\xi \sin \phi$, z will be a system of rectangular coordinates, which can of course be expressed in terms of ρ, θ, ϕ. Let the lengths PA, PB be denoted by r, r' respectively, then $r/r' = \log \rho$; we have

$$2rr' \cos \theta = r^2 + r'^2 - 4a^2 = 2rr' \cosh \rho - 4a^2,$$

hence
$$rr' = \frac{2a^2}{\cosh \rho - \cos \theta}.$$

Again,
$$z \, . \, 2a = rr' \sin \theta,$$

hence
$$z = \frac{a \sin \theta}{\cosh \rho - \cos \theta};$$

also since
$$r^2 + r'^2 = 2a^2 + 2CP^2,$$

we have
$$CP^2 = rr' \cos \theta + a^2,$$

whence we find
$$CP^2 = a^2 \frac{\cosh\rho + \cos\theta}{\cosh\rho - \cos\theta},$$

hence
$$\xi^2 = \frac{a^2 \sinh^2\rho}{(\cosh\rho - \cos\theta)^2};$$

thus ξ, z are expressed in terms of ρ, θ by means of the formulae

$$\xi = \frac{a\sinh\rho}{\cosh\rho - \cos\theta}, \quad z = \frac{a\sin\theta}{\cosh\rho - \cos\theta}.$$

2. To express the reciprocal of the distance D between two points (ρ, θ, ϕ) and $(\rho_0, \theta_0, \phi_0)$, we substitute for ξ, z and ξ_0, z_0 in the expression

$$\frac{1}{D} = \{(z - z_0)^2 + \xi^2 + \xi_0^2 - 2\xi\xi_0\cos(\phi - \phi_0)\}^{-\frac{1}{2}},$$

their values in terms of ρ, θ and ρ_0, θ_0; we then find

$$\frac{1}{D} = \frac{1}{a\sqrt{2}} \frac{(\cosh\rho - \cos\theta)^{\frac{1}{2}}(\cosh\rho_0 - \cos\theta_0)^{\frac{1}{2}}}{\{\cosh\alpha - \cos(\theta - \theta_0)\}^{\frac{1}{2}}},$$

where $\cosh\alpha$ denotes the expression $\cosh\rho\cosh\rho_0 - \sinh\rho\sinh\rho_0\cos(\phi - \phi_0)$. If we suppose the expression $\{\cosh\alpha - \cos(\theta - \theta_0)\}^{-\frac{1}{2}}$ is expanded in cosines of multiples of $\theta - \theta_0$, the coefficient of $\cos m(\theta - \theta_0)$ is $\frac{2}{\pi}\int_0^\pi \frac{\cos m\psi}{(\cosh\alpha - \cos\psi)^{\frac{1}{2}}} d\psi$ which is equal* to $\frac{2\sqrt{2}}{\pi} Q_{m-\frac{1}{2}}(\cosh\alpha)$ when $Q_{m-\frac{1}{2}}$ denotes the zonal harmonic of the second kind, of degree $m - \frac{1}{2}$; thus $\frac{1}{D} = \frac{1}{\pi a}(\cosh\rho - \cos\theta)^{\frac{1}{2}}(\cosh\rho_0 - \cos\theta_0)^{\frac{1}{2}}\,\Sigma\, 2Q_{m-\frac{1}{2}}(\cosh\alpha)\cos m(\theta - \theta_0)$, where the factor 2 is omitted in the first term, for which $m = 0$. The series in this expression for $1/D$ may be summed, by substituting for $Q_{m-\frac{1}{2}}(\cosh\alpha)$ the expression

$$\frac{1}{\sqrt{2}}\int_\alpha^\infty \frac{e^{-mu}}{(\cosh u - \cosh\alpha)^{\frac{1}{2}}} du, \qquad (\textit{loc. cit.}\ \text{p. } 519);$$

we find

$$\frac{1}{D} = \frac{1}{\pi a\sqrt{2}}(\cosh\rho - \cos\theta)^{\frac{1}{2}}(\cosh\rho_0 - \cos\theta_0)^{\frac{1}{2}}\int_\alpha^\infty \frac{1}{(\cosh u - \cosh\alpha)^{\frac{1}{2}}}\{1 + 2\Sigma e^{-mu}\cos m(\theta - \theta_0)\}\,du,$$

and thus we have the formula

$$\frac{1}{D} = \frac{1}{\pi a\sqrt{2}}(\cosh\rho - \cos\theta)^{\frac{1}{2}}(\cosh\rho_0 - \cos\theta_0)^{\frac{1}{2}}\int_\alpha^\infty \frac{1}{\sqrt{\cosh u - \cosh\alpha}}\,\frac{\sinh u}{\cosh u - \cos(\theta - \theta_0)}\,du,$$

where α is given by

$$\cosh\alpha = \cosh\rho\cosh\rho_0 - \sinh\rho\sinh\rho_0\cos(\phi - \phi_0).$$

* See page 521 of my memoir "On a type of spherical harmonics of unrestricted degree, order, and argument," *Phil. Trans.* Vol. CLXXXVII. (1896) A.

GREEN'S FUNCTION FOR THE CIRCULAR DISC.

3. In order to obtain Green's function for an indefinitely thin circular disc, which we take to coincide with the fundamental circle of our system of coordinates, we shall apply the idea originated and developed by Sommerfeld*, of extending the method of images by considering two copies of three-dimensional space to be superimposed and to be related to one another in a manner analogous to the relation between the sheets of a Riemann's surface. In our case we must suppose the passage from one space to the other to be made by a point which passes through the disc; the first space is that already considered, in which θ lies between $-\pi$ and π; for the second space we shall suppose that θ lies between π and 3π, thus as a point P starting from a point in the first space passes from the positive side through the disc, it passes from the first space into the second space, the value of θ increasing continuously through the value π, and becoming greater than π in the second space. In order that a point P starting from a position $P_0(\rho_0, \theta_0, \phi_0)$, say on the positive side of the disc, may after passing through the disc get back to the original position P_0, it will be necessary for it to pass twice through the disc; the first time of passage the point passes from the first space into the second space, and at the second passage it comes back into the first space. Corresponding to the point ρ_0, θ_0, ϕ_0 where θ_0 is between $-\pi$ and π, is the point $(\rho_0, \theta_0+2\pi, \phi_0)$ in the second space, whereas the point $(\rho_0, \theta_0+4\pi, \phi_0)$ is regarded as identical with the point $(\rho_0, \theta_0, \phi_0)$. The section of our double space by a plane which cuts the rim of the disc is a double-sheeted Riemann's surface, with the line of section as the line of passage from one sheet into the other. Let ρ_0, θ_0, ϕ_0, be the coordinates of a point P in the first space, on the positive side of the disc, thus $0<\theta_0<\pi$; taking the expression for the reciprocal of the distance of a point Q (ρ, θ, ϕ) from P, given in the last article, we have, since

$$\frac{\sinh u}{\cosh u-\cos(\theta-\theta_0)}=\frac{1}{2}\frac{\sinh\frac{1}{2}u}{\cosh\frac{1}{2}u-\cos\frac{1}{2}(\theta-\theta_0)}+\frac{1}{2}\frac{\sinh\frac{1}{2}u}{\cosh\frac{1}{2}u+\cos\frac{1}{2}(\theta-\theta_0)},$$

$$\frac{1}{PQ}=\frac{1}{2\sqrt{2\pi a}}(\cosh\rho-\cos\theta)^{\frac{1}{2}}(\cosh\rho_0-\cos\theta_0)^{\frac{1}{2}}\int_\alpha^\infty\frac{1}{\sqrt{\cosh u-\cosh\alpha}}\frac{\sinh\frac{1}{2}u}{\cosh\frac{1}{2}u-\cos\frac{1}{2}(\theta-\theta_0)}du$$

$$+\frac{1}{2\sqrt{2\pi a}}(\cosh\rho-\cos\theta)^{\frac{1}{2}}(\cosh\rho_0-\cos\theta_0)^{\frac{1}{2}}\int_\alpha^\infty\frac{1}{\sqrt{\cosh u-\cosh\alpha}}\frac{\sinh\frac{1}{2}u}{\cosh\frac{1}{2}u-\cos\frac{1}{2}(\theta-\theta_0-2\pi)}du;$$

we thus see that $1/PQ$ is expressed as the sum of two functions, the first of which involves the coordinates ρ_0, θ_0, ϕ_0 of P, and the second is the same function of the

* See his paper "Ueber verzweigte Potentiale im Raume," *Proc. Lond. Math. Soc.* Vol. XXVIII.

coordinates ρ_0, $\theta_0+2\pi$, ϕ_0 of the point P' in the second space, which corresponds to P. If Q moves up to and ultimately coincides with P, we have $\cosh\alpha=1$; it will then be seen that the first function becomes infinite at the lower limit, but that the second one remains finite at that limit.

Consider then the function $W(\rho_0, \theta_0, \phi_0)$ given by

$$W(\rho_0, \theta_0, \phi_0)=\frac{1}{2\sqrt{2}\pi a}(\cosh\rho-\cos\theta)^{\frac{1}{2}}(\cosh\rho_0-\cos\theta_0)^{\frac{1}{2}}$$
$$\int_\alpha^\infty\frac{1}{\sqrt{\cosh u-\cosh\alpha}}\frac{\sinh\frac{1}{2}u}{\cosh\frac{1}{2}u-\cos\frac{1}{2}(\theta-\theta_0)}du;$$

the above equation may be written

$$\frac{1}{PQ}=W(\rho_0, \theta_0, \phi_0)+W(\rho_0, \theta_0+2\pi, \phi_0).$$

It is clear that the function W is uniform in our double space as it is unaltered by increasing θ by 4π; it will now be shewn that it is a potential function. We may express W in the form

$$W=\frac{1}{2\sqrt{2}\pi a}(\cosh\rho-\cos\theta)^{\frac{1}{2}}(\cosh\rho_0-\cos\theta_0)^{\frac{1}{2}}\int_\alpha^\infty\frac{1}{\sqrt{\cosh u-\cosh\alpha}}\left\{1+2\Sigma e^{-\frac{1}{2}mu}\cos\frac{m}{2}(\theta-\theta_0)\right\}du,$$

which may be written in the form

$$W=\frac{1}{2\pi a}(\cosh\rho-\cos\theta)^{\frac{1}{2}}(\cosh\rho_0-\cos\theta_0)^{\frac{1}{2}}\left\{Q_{-\frac{1}{2}}(\cosh\alpha)+2\sum_1^\infty Q_{\frac{m}{2}-\frac{1}{2}}(\cosh\alpha)\cos\frac{m}{2}(\theta-\theta_0)\right\},$$

since the formula

$$\sqrt{2}\,Q_n(\cosh\alpha)=\int_\alpha^\infty\frac{e^{-(n+\frac{1}{2})u}}{(\cosh u-\cosh\alpha)^{\frac{1}{2}}}du,$$

holds for all values of n such that the real part of $n+\frac{1}{2}$ is positive (*loc. cit.* p. 519). Now $(\cosh\rho-\cos\theta)^{\frac{1}{2}}(\cosh\rho_0-\cos\theta_0)^{\frac{1}{2}}\cos s(\theta-\theta_0)\,Q_{s-\frac{1}{2}}(\cosh\alpha)$ is a potential form whatever s may be, and thus W is a potential function, and is expressible in the form

$$W=\frac{1}{2\pi a}(\cosh\rho-\cos\theta)^{\frac{1}{2}}(\cosh\rho_0-\cos\theta_0)^{\frac{1}{2}}\left\{Q_{-\frac{1}{2}}(\cosh\alpha)+2Q_0(\cosh\alpha)\cos\frac{1}{2}(\theta-\theta_0)\right.$$
$$\left.+2Q_{\frac{1}{2}}(\cosh\alpha)\cos(\theta-\theta_0)+\dots\right\},$$

the value of $W(\rho_0, \theta_0+2\pi, \phi_0)$ being

$$\frac{1}{2\pi a}(\cosh\rho-\cos\theta)^{\frac{1}{2}}(\cosh\rho_0-\cos\theta_0)^{\frac{1}{2}}\left\{Q_{-\frac{1}{2}}(\cosh\alpha)-2Q_0(\cosh\alpha)\cos\frac{1}{2}(\theta-\theta_0)\right.$$
$$\left.+2Q_{-\frac{1}{2}}(\cosh\alpha)\cos(\theta-\theta_0)-\dots\right\};$$

the two expressions added together give the expansion of $1/D$ obtained in Art. 2.

4. To evaluate the definite integral in the expression for W, write $\cosh\frac{1}{2}u=x$, $\cosh\frac{1}{2}\alpha=\sigma$, $\cos\frac{1}{2}(\theta-\theta_0)=\tau$, then

$$\int_\alpha^\infty \frac{1}{\sqrt{\cosh u-\cosh\alpha}}\frac{\sinh\frac{1}{2}u}{\cosh\frac{1}{2}u-\cos\frac{1}{2}(\theta-\theta_0)}du=\sqrt{2}\int_\sigma^\infty\frac{dx}{\sqrt{x^2-\sigma^2}\,(x-\tau)}$$

$$=\frac{\sqrt{2}}{\sqrt{\sigma^2-\tau^2}}\left(\frac{\pi}{2}+\sin^{-1}\frac{\tau}{\sigma}\right),$$

where the inverse circular function has its numerically least value; we thus obtain the expression

$$W=\frac{1}{\pi a\sqrt{2}}\frac{(\cosh\rho-\cos\theta)^{\frac{1}{2}}(\cosh\rho_0-\cos\theta_0)^{\frac{1}{2}}}{\{\cosh\alpha-\cos(\theta-\theta_0)\}^{\frac{1}{2}}}\left[\frac{\pi}{2}+\sin^{-1}\left\{\cos\frac{1}{2}(\theta-\theta_0)\operatorname{sech}\frac{1}{2}\alpha\right\}\right],$$

which may also be written in the form

$$W=\frac{1}{PQ}\left[\frac{1}{2}+\frac{1}{\pi}\sin^{-1}\left\{\cos\frac{1}{2}(\theta-\theta_0)\operatorname{sech}\frac{1}{2}\alpha\right\}\right]\ \ldots\ldots\ldots\ldots\ldots\ldots\ (1).$$

This expression W has the following properties:—it is, together with its differential coefficients, finite and continuous for all values of ρ, θ, ϕ in the double space, except at the point P in the first space, and it satisfies Laplace's equation; when Q coincides with P, the inverse circular function approaches $\frac{\pi}{2}$, and the function becomes infinite as $1/PQ$; when however Q approaches the point in the second space which corresponds to P, the inverse circular function approaches $-\frac{\pi}{2}$, and the function does not become infinite. The expression (1) is then the elementary potential function which plays the same part in our double space as the ordinary elementary potential function $1/PQ$ does in ordinary space.

5. In order to find a potential function which shall vanish over the surface of the disc, and shall throughout the first space be everywhere finite and continuous except at a point $P(\rho_0,\ \theta_0,\ \phi_0)$ in the first space on the positive side of the disc $(0<\theta_0<\pi)$, we take the function $W(\rho_0,\ \theta_0,\ \phi_0)-W(\rho_0,\ 2\pi-\theta_0,\ \phi_0)$ which is the potential for the double space due to the point P and its image $P'(\rho_0,\ 2\pi-\theta_0,\ \phi_0)$, which is situated in the second space at the optical image of P in the disc. This function is equal to

$$\frac{1}{\pi a\sqrt{2}}\frac{(\cosh\rho-\cos\theta)^{\frac{1}{2}}(\cosh\rho_0-\cos\theta_0)^{\frac{1}{2}}}{\{\cosh\alpha-\cos(\theta-\theta_0)\}^{\frac{1}{2}}}\left[\frac{\pi}{2}+\sin^{-1}\left\{\cos\frac{1}{2}(\theta-\theta_0)\operatorname{sech}\frac{1}{2}\alpha\right\}\right]$$

$$-\frac{1}{\pi a\sqrt{2}}\frac{(\cosh\rho-\cos\theta)^{\frac{1}{2}}(\cosh\rho_0+\cos\theta_0)^{\frac{1}{2}}}{\{\cosh\alpha+\cos(\theta+\theta_0)\}^{\frac{1}{2}}}\left[\frac{\pi}{2}+\sin^{-1}\left\{-\cos\frac{1}{2}(\theta+\theta_0)\operatorname{sech}\frac{1}{2}\alpha\right\}\right],$$

which is the same thing as

$$U=\frac{1}{PQ}\left[\frac{1}{2}+\frac{1}{\pi}\sin^{-1}\left\{\cos\frac{1}{2}(\theta-\theta_0)\operatorname{sech}\frac{1}{2}\alpha\right\}\right]-\frac{1}{P'Q}\left[\frac{1}{2}+\frac{1}{\pi}\sin^{-1}\left\{-\cos\frac{1}{2}(\theta+\theta_0)\operatorname{sech}\frac{1}{2}\alpha\right\}\right] \quad \text{..............} (2),$$

where P' is the optical image of P in the disc. On putting in this expression (2), for U, the values $\theta=\pi$, $\theta=-\pi$, and remembering that over the disc $PQ=P'Q$, we verify at once that U vanishes on both surfaces of the disc. If Q coincides with the point $(\rho_0, -\theta_0, \phi_0)$ the function U remains finite.

The Green's function G_{PQ} which is a function that is finite and continuous throughout the whole of ordinary (the first) space, everywhere satisfies Laplace's equation, and is equal to $1/PQ$ over both surfaces of the disc, is given by $G_{PQ}=\frac{1}{PQ}-U$, hence the required value of G_{PQ} is

$$G_{PQ}=\frac{1}{PQ}\left[\frac{1}{2}-\frac{1}{\pi}\sin^{-1}\left\{\cos\frac{1}{2}(\theta-\theta_0)\operatorname{sech}\frac{1}{2}\alpha\right\}\right]+\frac{1}{P'Q}\left[\frac{1}{2}+\frac{1}{\pi}\sin^{-1}\left\{-\cos\frac{1}{2}(\theta+\theta_0)\operatorname{sech}\frac{1}{2}\alpha\right\}\right]$$

$$=\frac{1}{PQ}\cdot\frac{1}{\pi}\cos^{-1}\left\{\cos\frac{1}{2}(\theta-\theta_0)\operatorname{sech}\frac{1}{2}\alpha\right\}+\frac{1}{P'Q}\cdot\frac{1}{\pi}\cos^{-1}\left\{\cos\frac{1}{2}(\theta+\theta_0)\operatorname{sech}\frac{1}{2}\alpha\right\} \quad \text{........ ...}(3),$$

the numerically smallest values, as before, of the inverse circular functions being taken. It will be observed that in interpreting these formulae (2) and (3), the second copy of space, having served its purpose, may be supposed to be removed.

The Distribution of Electricity on a Conducting Disc under the influence of a Charged Point.

6. If we suppose a thin conducting disc to be placed in the position of the fundamental circle of the coordinate system, to be connected to earth, and influenced by a charge q at the point $P(\rho_0, \theta_0, \phi_0)$ on the positive side, the potential of the system at any point Q is qU where U is given by (2), and the potential of the charge on the disc is $-q\,.\,G_{PQ}$. We shall now throw these potentials into a more geometrical form.

We have

$$\sin^{-1}\left\{\cos\frac{1}{2}(\theta-\theta_0)\operatorname{sech}\frac{1}{2}\alpha\right\}=\tan^{-1}\left\{\frac{\cos\frac{1}{2}(\theta-\theta_0)}{\sqrt{\cosh^2\frac{1}{2}\alpha-\cos^2\frac{1}{2}(\theta-\theta_0)}}\right\}$$

$$=\tan^{-1}\left\{\frac{\sqrt{2}\cos\frac{1}{2}(\theta-\theta_0)}{\sqrt{\cosh\alpha-\cos(\theta-\theta_0)}}\right\};$$

now take an auxiliary point L, of which the coordinates are ρ_0, $\theta\mp\pi$, ϕ_0, the upper or lower sign being taken according as θ is positive or negative $(-\pi<\theta<\pi)$. Thus L and Q are always on opposite sides of the disc; using the formulae of Art. 1, we find

$$CL^2-a^2=\frac{-2a^2\cos\theta}{\cosh\rho_0+\cos\theta},\quad a^2-CQ^2=\frac{-2a^2\cos\theta}{\cosh\rho-\cos\theta},$$

$$\frac{PL}{PQ}=\left\{\frac{1+\cos(\theta-\theta_0)}{\cosh\alpha-\cos(\theta-\theta_0)}\right\}^{\frac{1}{2}}\left\{\frac{\cosh\rho-\cos\theta}{\cosh\rho_0+\cos\theta}\right\}^{\frac{1}{2}},$$

hence

$$\sin^{-1}\left\{\cos\frac{1}{2}(\theta-\theta_0)\operatorname{sech}\frac{1}{2}\alpha\right\} = \pm\tan^{-1}\left(\frac{PL}{PQ}\sqrt{\frac{a^2-CQ^2}{CL^2-a^2}}\right);$$

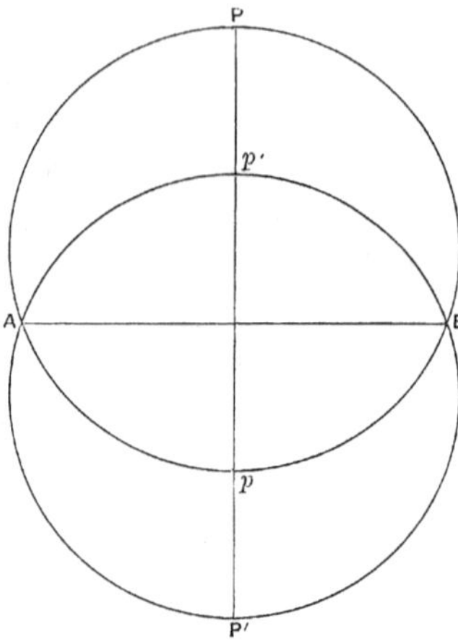

FIG. 2.

in order to determine the sign on the right-hand side, we observe that the inverse sine is positive unless θ lies between $-(\pi-\theta_0)$ and $-\pi$, that is unless Q lies within the sphere passing through P and the rim of the disc, and is on the negative side of the disc; thus the sign on the right-hand side is to be taken positive unless Q lies within this spherical segment.

Similarly we find

$$\sin^{-1}\left\{-\cos\frac{1}{2}(\theta+\theta_0)\operatorname{sech}\frac{1}{2}\alpha\right\} = \mp\tan^{-1}\left(\frac{P'L}{P'Q}\sqrt{\frac{a^2-CQ^2}{CL^2-a^2}}\right)$$

where the negative sign is to be taken unless Q is on the positive side of the disc and within the sphere which contains the rim and the point P'. We have thus as the expression for the potential of the system at any point Q (ρ, θ, ϕ)

$$V = \frac{q}{2PQ}\left[1\pm\frac{2}{\pi}\tan^{-1}\left(\frac{PL}{PQ}\sqrt{\frac{a^2-CQ^2}{CL^2-a^2}}\right)\right] - \frac{q}{2P'Q}\left[1\mp\frac{2}{\pi}\tan^{-1}\left(\frac{P'L}{P'Q}\sqrt{\frac{a^2-CQ^2}{CL^2-a^2}}\right)\right] \dots (4)$$

when the ambiguous signs are assigned in accordance with the above rules.

The auxiliary point L may be found from the following construction:

Draw a spherical bowl through the rim of the disc on the opposite side to that on which Q lies, and equal to a similar bowl which passes through Q; draw a plane $PA'B'$ through P and the axis, cutting the rim in A', B'; this plane intersects the bowl in a circle; on this circle L lies, and is found by taking it so as to satisfy the relation

$$LA' : LB' = PA' : PB'.$$

In the case in which the influencing point is on the axis of the disc, we have $\rho_0 = 0$, hence $\alpha = \rho$, and the auxiliary point L is on the axis of the disc at the point where this axis is cut by the sphere through the rim and the point Q, on the opposite side of the disc to Q; the formulae for the potential then become

$$V = \frac{q}{PQ}\left[\frac{1}{2} + \frac{1}{\pi}\sin^{-1}\left\{\cos\frac{1}{2}(\theta - \theta_0)\operatorname{sech}\frac{1}{2}\rho\right\}\right] - \frac{q}{P'Q}\left[\frac{1}{2} + \frac{1}{\pi}\sin^{-1}\left\{-\cos\frac{1}{2}(\theta + \theta_0)\operatorname{sech}\frac{1}{2}\rho\right\}\right]$$

$$= \frac{q}{2PQ}\left[1 \pm \frac{2}{\pi}\tan^{-1}\left(\frac{PL}{PQ}\sqrt{\frac{a^2 - CQ^2}{CL^2 - a^2}}\right)\right] - \frac{q}{2P'Q}\left[1 \mp \frac{2}{\pi}\tan^{-1}\left(\frac{P'L}{P'Q}\sqrt{\frac{a^2 - CQ^2}{CL^2 - a^2}}\right)\right] \quad\text{.....(5)};$$

the sign in the first bracket is positive unless Q lies in the segment ApB, and the sign in the second bracket is negative unless Q lies in the segment $Ap'B$.

7. To find, in the general case, the induced charge on the disc, it is sufficient to examine the limiting value of the potential at a point Q, as Q moves off to an infinite distance from the disc in the direction of the axis. In the expression for $-q \cdot G_{PQ}$ given by (3), let $\theta = 0$, $\rho = 0$, then $\alpha = \rho_0$, and PQ, $P'Q$ become infinite in a ratio of equality; the expression for the potential of the induced electrification on the disc has therefore the limiting value

$$-\frac{2q}{\pi \cdot PQ}\cos^{-1}\left(\cos\frac{1}{2}\theta_0 \operatorname{sech}\frac{1}{2}\rho_0\right),$$

therefore the whole charge on the disc is

$$-q \cdot \frac{2}{\pi}\cos^{-1}\left(\cos\frac{1}{2}\theta_0 \operatorname{sech}\frac{1}{2}\rho_0\right),$$

which is equivalent to

$$-q \cdot \frac{2}{\pi}\tan^{-1}\left(\frac{\sqrt{a^2 - CL^2}}{PL}\right),$$

when L is a point in the plane of the disc which lies on the bisector of the angle APB. This expression may be interpreted thus:—

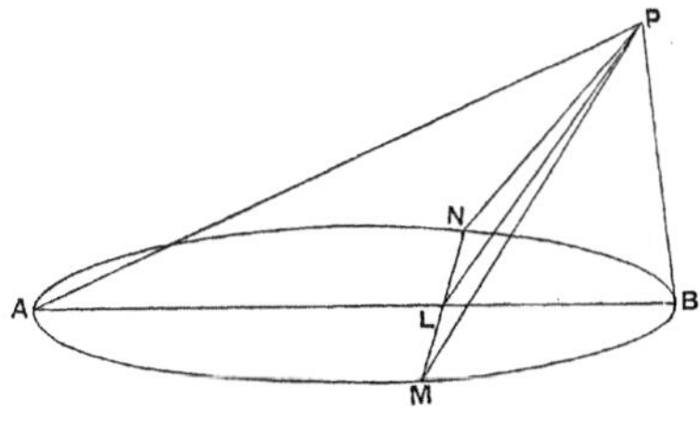

FIG. 3.

Let PL be the bisector of the angle APB, draw the chord NLM perpendicular to AB; the total induced charge is

$$-q \cdot \frac{\angle NPM}{\pi} \quad\text{...(6).}$$

When the point P is on the axis of the disc, the induced charge is $-q\cdot\frac{\theta_0}{\pi}$, where θ_0 is the angle subtended at P by a diameter of the disc.

When P is in the plane of the disc, the angle NPM becomes the angle between the tangents from P to the circular boundary of the disc.

8. The surface density at any point of the disc is given by the formula

$$\rho = -\frac{1}{4\pi}\frac{\partial V}{\partial \nu},$$

when $d\nu$ is an element of normal and is given by

$$d\nu = \frac{\pm\, a d\theta}{\cosh\rho - \cos\theta}.$$

We thus find for the density ρ_0 at the point (ρ, π, ϕ) on the positive side of the disc,

$$\rho_0 = -\frac{q}{4\pi}\cdot\frac{z}{PQ^3}\left\{1 + \frac{2}{\pi}\sin^{-1}\left(\sin\frac{1}{2}\theta_0 \operatorname{sech}\frac{1}{2}\alpha\right)\right\}$$

$$-\frac{q}{4\pi^2}\frac{1}{PQ}\frac{\cosh\rho+1}{a}\frac{\cos\frac{1}{2}\theta_0}{\sqrt{\cosh^2\frac{1}{2}\alpha - \sin^2\frac{1}{2}\theta_0}};$$

this expression can be put into a more geometrical form by introducing the auxiliary point L $(\rho_0, \theta-\pi, \phi_0)$ of Art. 6. The point L is now in the plane of the disc, and external to the disc; denoting this position of L by L_0, its coordinates are ρ_0, 0, ϕ_0. We have

$$\sin^{-1}\left(\sin\frac{1}{2}\theta_0 \operatorname{sech}\frac{1}{2}\alpha\right) = \tan^{-1}\left(\frac{PL_0}{PQ}\sqrt{\frac{a^2-CQ^2}{CL_0^2-a^2}}\right),$$

which is equal to
$$\frac{\pi}{2} - \tan^{-1}\left(\frac{PQ}{PL_0}\sqrt{\frac{CL_0^2-a^2}{a^2-CQ^2}}\right);$$

on reducing the second term in the expression for ρ, remembering that

$$z = \frac{a\sin\theta_0}{\cosh\rho_0 - \cos\theta_0},$$

we find that it becomes

$$-\frac{qz}{2\pi^2}\frac{1}{PQ^2\,.\,PL_0}\sqrt{\frac{CL_0^2-a^2}{a^2-CQ^2}},$$

and thus the expression for the density at any point Q on the positive side of the disc is given by

$$\rho_0 = -\frac{q}{2\pi}\cdot\frac{PN}{PQ^3} - \frac{q}{2\pi^2}\cdot\frac{PN}{PQ^3}\left\{\frac{PQ}{PL_0}\sqrt{\frac{CL_0^2-a^2}{a^2-CQ^2}} - \tan^{-1}\left(\frac{PQ}{PL_0}\sqrt{\frac{CL_0^2-a^2}{a^2-CQ^2}}\right)\right\} \quad\text{........(7)},$$

where PN is the perpendicular from P to the plane of the disc, and L_0 is a point on AB produced, such that $AL_0 : BL_0 = AP : BP$.

The value ρ_1 of the density at the point $(\rho, -\pi, \phi)$ on the negative side of the disc is found in a similar manner to be

$$\rho_1 = -\frac{q}{2\pi^2}\frac{PN}{PQ^3}\left\{\frac{PQ}{PL_0}\sqrt{\frac{CL_0^2-a^2}{a^2-CQ^2}} - \tan^{-1}\left(\frac{PQ}{PL_0}\sqrt{\frac{CL_0^2-a^2}{a^2-CQ^2}}\right)\right\} \quad\text{.........(8).}$$

Thus the densities at corresponding points on opposite faces of the disc satisfy the relation

$$\rho_0 - \rho_1 = -\frac{q}{2\pi}\cdot\frac{PN}{PQ^3}.$$

When P is on the axis of the disc, L_0 is at infinity, and the formulae (7), (8) become

$$\rho_0 = -\frac{q}{2\pi}\cdot\frac{PN}{PQ^3} - \frac{q}{2\pi^2}\cdot\frac{PN}{PQ^3}\left\{\frac{PQ}{\sqrt{AQ\,.\,BQ}} - \tan^{-1}\left(\frac{PQ}{\sqrt{AQ\,.\,BQ}}\right)\right\},$$

$$\rho_1 = -\frac{q}{2\pi^2}\cdot\frac{PN}{PQ^3}\left\{\frac{PQ}{\sqrt{AQ\,.\,BQ}} - \tan^{-1}\left(\frac{PQ}{\sqrt{AQ\,.\,BQ}}\right)\right\} \quad\text{...........(9).}$$

The expressions (7), (8), (9) agree with those obtained by another method by Lord Kelvin*.

When P is in the plane of the disc it coincides with L_0; in this case we find that the density on either side of the disc is given by

$$\rho = -\frac{q}{2\pi^2}\frac{1}{PQ^2}\sqrt{\frac{CP^2-a^2}{a^2-CQ^2}} \quad\text{....................................(10).}$$

9. If the influencing point P is on the axis at θ_0, we find from (5) the following expressions for the potential at points on the axis:—On the positive side of the disc

$$\frac{q}{PQ} - \frac{q}{2\pi\,.\,PQ}(\theta-\theta_0) - \frac{q}{2\pi\,.\,P'Q}(\theta+\theta_0), \text{ when } \theta > \theta_0,$$

$$\frac{q}{PQ} + \frac{q}{2\pi\,.\,PQ}(\theta-\theta_0) - \frac{q}{2\pi\,.\,P'Q}(\theta+\theta_0), \text{ when } \theta < \theta_0.$$

On the negative side of the axis

$$\frac{q}{PQ} + \frac{q}{2\pi\,.\,PQ}(\theta-\theta_0) + \frac{q}{2\pi\,.\,P'Q}(\theta+\theta_0), \text{ when } \theta+\theta_0 \text{ is positive,}$$

$$\frac{q}{PQ} + \frac{q}{2\pi\,.\,PQ}(\theta-\theta_0) - \frac{q}{2\pi\,.\,P'Q}(\theta+\theta_0), \text{ when } \theta+\theta_0 \text{ is negative.}$$

If we denote by z_0 the distance of P from the disc, and by z the absolute value of the distance from the disc of a point Q on the negative side of the disc, the potential at Q is given by the expression

$$\frac{q}{z+z_0} - \frac{q}{\pi(z+z_0)}\left(\cot^{-1}\frac{z}{a} + \cot^{-1}\frac{z_0}{a}\right) - \frac{q}{\pi(z_0-z)}\left(\cot^{-1}\frac{z}{a} - \cot^{-1}\frac{z_0}{a}\right);$$

* See his papers on "Electrostatics and Magnetism," p. 190.

if z_0 be given as a multiple of a, say $z_0 = na$, the expression

$$\frac{q}{z+na} - \frac{q}{\pi(z+na)}\left(\cot^{-1}\frac{z}{a} + \cot^{-1} n\right) - \frac{q}{\pi(na-z)}\left(\cot^{-1}\frac{z}{a} - \cot^{-1} n\right)$$

might be used to tabulate the values of the potential at points on the negative side of the axis. When $z=0$, $z=\infty$ this expression is zero, and it will have a stationary negative value z for some value of z which may be approximately determined by plotting out the value of the function. Corresponding to this value of z there is a point of equilibrium which is completely screened from the effect of the influencing point P by means of the disc; the lines of induction from P which pass through this point, separate those lines of induction which end on the disc, from those which go to infinity.

The Electrification induced on a Disc placed in any field of force.

10. The potential of the electricity induced on the disc, which is connected to earth and placed in a field of constant potential, may be deduced from the expression (5) by taking the point P on the axis, and letting it move off to an infinite distance, the strength q of the charge increasing so that the ratio $\frac{q}{PQ}$ remains finite, say equal to $-A$. We can easily shew that

$$\sin^{-1}\left(\cos\frac{1}{2}\theta \operatorname{sech}\frac{1}{2}\rho\right) = \frac{\pi}{2} - \sin^{-1}\left(\frac{2a}{r_1+r_2}\right),$$

where r_1, r_2 are the greatest and least distances of the point (θ, ϕ, ρ) from the circular rim of the disc. We thus find for the potential of the electricity on the disc, the well-known expression $\frac{2A}{\pi}\sin^{-1}\frac{2a}{r_1+r_2}$, which is the potential of an insulated disc electrified freely to potential A.

11. To find the potential due to the charge on the disc when placed in a field of force of potential μx, when x is a coordinate measured from the centre of the disc in a fixed direction in the plane of the disc, suppose charges of strengths q and $-q$ to be placed at the two points $P(\rho_0, 0, 0)$, $P'(-\rho_0, 0, 0)$ on the axis of x; the potential of the charge induced by these on the disc is at any point (ρ, θ, ϕ)

$$-\frac{2q}{\pi}\cdot\frac{1}{PQ}\cos^{-1}\left(\frac{\cos\frac{1}{2}\theta}{\cosh\frac{1}{2}\alpha}\right) + \frac{2q}{\pi}\frac{1}{P'Q}\cos^{-1}\left(\frac{\cos\frac{1}{2}\theta}{\cosh\frac{1}{2}\alpha'}\right),$$

where $$\cosh\alpha = \cosh\rho\cosh\rho_0 - \sinh\rho\sinh\rho_0\cos\phi,$$

$$\cosh\alpha' = \cosh\rho\cosh\rho_0 + \sinh\rho\sinh\rho_0\cos\phi;$$

now let ρ_0 become very small, as P, P' move away from the origin, the expression for the potential becomes, when higher powers of ρ_0 than the first are omitted,

$$-\frac{2q}{\pi}\left(\frac{1}{CP}+\frac{x}{CP^2}\right)\left\{\cos^{-1}\left(\frac{\cos\frac{1}{2}\theta}{\cosh\frac{1}{2}\rho}\right)-\rho_0\frac{\cosh\frac{1}{2}\rho}{\sqrt{\cosh^2\frac{1}{2}\rho-\cos^2\frac{1}{2}\theta}}\,\frac{\frac{1}{2}\cos\frac{1}{2}\theta\sinh\frac{1}{2}\rho\cos\phi}{\cosh^2\frac{1}{2}\rho}\right\}$$

$$+\frac{2q}{\pi}\left(\frac{1}{CP}-\frac{x}{CP^2}\right)\left\{\cos^{-1}\left(\frac{\cos\frac{1}{2}\theta}{\cosh\frac{1}{2}\rho}\right)+\rho_0\frac{\cosh\frac{1}{2}\rho}{\sqrt{\cosh^2\frac{1}{2}\rho-\cos^2\frac{1}{2}\theta}}\,\frac{\frac{1}{2}\cos\frac{1}{2}\theta\sinh\frac{1}{2}\rho\cos\phi}{\cosh^2\frac{1}{2}\rho}\right\};$$

now $CP=\dfrac{a\sinh\rho_0}{\cosh\rho_0-1}=\dfrac{2a}{\rho_0}$, hence if q be made indefinitely great so that $\dfrac{2q}{CP^2}=\mu$, we find for the required potential

$$-\frac{2}{\pi}\mu\left\{x\cos^{-1}\left(\cos\frac{1}{2}\theta\,\mathrm{sech}\,\frac{1}{2}\rho\right)-a\cos\phi\,.\,\frac{\cos\frac{1}{2}\theta\sinh\rho}{\sqrt{2}\cosh^2\frac{1}{2}\rho\,\sqrt{\cosh\rho-\cos\theta}}\right\};$$

now
$$\frac{2a}{r_1+r_2}=\frac{\sqrt{\cosh\rho-\cos\theta}}{\sqrt{2}\cosh\frac{1}{2}\rho},\quad x=\cos\phi\frac{a\sinh\rho}{\cosh\rho-\cos\theta},$$

hence we find that the potential due to the induced electricity, in a field of force of potential μx, is

$$-\frac{2}{\pi}\mu x\left\{\sin^{-1}\frac{2a}{r_1+r_2}-\frac{2a\sqrt{(r_1+r_2)^2-4a^2}}{(r_1+r_2)^2}\right\}\ \ldots\ldots\ldots\ldots\ (11).$$

12. In order to find an expression for the potential of the induced electricity on the disc, when it is placed in a given field of force, we apply the well-known theorem that if σ is the surface density at the element dS of the surface of a conductor when acted on by a unit charge placed at an external point Q, the potential function at Q which has values V given at every point of the conductor is $\int V\sigma dS$, the integration being taken over the whole surface of the conductor. Suppose $V(\rho,\phi)$ to be the given potential function at the element ρ, ϕ whose area we denote by dS, on either side of the disc; the potential function at the point $(\rho_0, \theta_0, \phi_0)$ external to the disc which on the disc takes the values $V(\rho,\phi)$ is then, using the expressions found in Art. 8,

$$\iint\left\{\frac{1}{2\pi^2Ra}\frac{(1+\cosh\rho)\cos\frac{1}{2}\theta_0}{\sqrt{\cosh^2\frac{1}{2}\alpha-\sin^2\frac{1}{2}\theta_0}}+\frac{z}{\pi^2R^3}\tan^{-1}\frac{\sqrt{1-\cos\theta_0}}{\sqrt{\cosh\alpha+\cos\theta_0}}\right\}V(\rho,\phi)\,dS,$$

the value of the required function, R denoting the distance PQ. We now introduce new coordinates r, η, ϕ instead of ρ, θ, ϕ, these being given by

$$x=\sqrt{r^2+a^2}\sin\eta\cos\phi,\quad y=\sqrt{r^2+a^2}\sin\eta\sin\phi,\quad z=r\cos\eta;$$

to express η in terms of ρ, θ, we have

$$x^2+y^2=(r^2+a^2)\sin^2\eta=\left(\frac{z^2}{\cos^2\eta}+a^2\right)\sin^2\eta,$$

hence $\cos^4\eta+\dfrac{CQ^2-a^2}{a^2}\cos^2\eta=\dfrac{z^2}{a^2}$, where $CQ^2=x^2+y^2+z^2$; hence we have

$$\cos^2\eta=-\frac{\sqrt{CQ^2-a^2}}{2a}+\frac{\sqrt{(CQ^2-a^2)^2+4a^2z^2}}{2a^2}.$$

Now $CQ^2-a^2=\dfrac{2a^2\cos\theta}{\cosh\rho-\cos\theta}$, and it is easily found that $\sqrt{(CQ^2-a^2)^2+4a^2z^2}=\dfrac{2a^2}{\cosh\rho-\cos\theta}$; hence we have

$$\cos\eta=\sqrt{\frac{1-\cos\theta}{\cosh\rho-\cos\theta}},$$

and therefore

$$\cos\eta_0=\sqrt{\frac{1-\cos\theta_0}{\cosh\rho_0-\cos\theta_0}}.$$

Also as P is on the plane of the disc ($r=0$), we have $CP=a\sin\eta$, hence $e^\rho=\dfrac{1+\sin\eta}{1-\sin\eta}$, from which we find $1+\cosh\rho=2\sec^2\eta$. Remembering that

$$\frac{1}{R}=\frac{1}{a\sqrt{2}}\frac{\sqrt{1+\cosh\rho}\sqrt{\cosh\rho_0-\cos\theta_0}}{\sqrt{\cosh\alpha+\cos\theta_0}},$$

we have

$$\sqrt{\frac{1-\cos\theta_0}{\cosh\alpha+\cos\theta_0}}=\frac{a\cos\eta\cos\eta_0}{R},$$

and also

$$\frac{(1+\cosh\rho)\cos\frac{1}{2}\theta_0}{\sqrt{\cosh^2\frac{1}{2}\alpha-\sin^2\frac{1}{2}\theta_0}}=\frac{2}{R}\cdot\frac{\sqrt{1+\cosh\rho}\cos\frac{1}{2}\theta_0}{\sqrt{\cosh\rho_0-\cos\theta_0}}=\frac{2}{R}\cdot\frac{\sqrt{2}}{\cos\eta}\cdot\frac{z}{a\sqrt{2}\cos\eta_0}=\frac{2z}{aR\cos\eta\cos\eta_0};$$

then since $dS=a^2\sin\eta\cos\eta\,d\eta\,d\phi$, we have for the potential function at an external point r_0, η_0, ϕ_0, which has the value $V(\eta, \phi)$ at the point η, ϕ of the disc, the expression

$$V=\frac{z}{\pi^2\cos\eta_0}\iint\frac{1}{R^2}\sin\eta\,.\,V(\eta,\phi)\left\{1+\frac{a\cos\eta\cos\eta_0}{R}\tan^{-1}\left(\frac{a\cos\eta\cos\eta_0}{R}\right)\right\}d\eta\,d\phi\ldots\ldots(12);$$

here the coordinates of the external point at which the potential is found are the elliptic coordinates given by

$$z=r_0\cos\eta_0,\quad x=\sqrt{r_0^2+a^2}\sin\eta_0\cos\phi_0,\quad y=\sqrt{r_0^2+a^2}\sin\eta_0\sin\phi_0,$$

the coordinate η_0 alone appearing explicitly in the expression. This formula agrees with one obtained by Heine by a different and somewhat complicated procedure*.

* See his *Kugelfunctionen*, Vol. II. p. 132.

The distribution of Electricity on a Conducting Bowl under the influence of an external electrified point.

13. In order to adapt the method of this paper to obtain corresponding results for the case of a spherical bowl, we must suppose the surface across which the passage from the first space to the second takes place, to be a spherical bowl with the fundamental circle for its rim. If the angle of the bowl is β, we must suppose that in the first space θ has values from $\beta - 2\pi$, on the negative side of the bowl, up to β on the positive side, and that as we then pass through the bowl into the second space, θ increases from β up to $\beta + 2\pi$, when the positive side of the bowl has again been reached. If the convexity of the bowl is upwards, β is less than π; if downwards, β is greater than π.

The image of a point $P(\rho_0, \theta_0, \phi_0)$ in the first space and above the bowl is the point $P'(\rho_0, 2\beta - \theta_0, \phi_0)$ in the second space, and below the bowl.

The expression

$$U = \frac{1}{PQ}\left[\frac{1}{2} + \frac{1}{\pi}\sin^{-1}\left\{\cos\frac{1}{2}(\theta - \theta_0)\operatorname{sech}\frac{1}{2}\alpha\right\}\right]$$

$$- \sqrt{\frac{\cosh\rho_0 - \cos\theta_0}{\cosh\rho_0 - \cos(2\beta - \theta_0)}}\frac{1}{P'Q}\left[\frac{1}{2} + \frac{1}{\pi}\sin^{-1}\left\{\cos\frac{1}{2}(\theta + \theta_0 - 2\beta)\operatorname{sech}\frac{1}{2}\alpha\right\}\right] \ldots\ldots(13)$$

corresponds to the expression in (2); it is a potential function which vanishes over the disc, and of which the only infinity in the first space is at P, where it becomes infinite as $1/PQ$.

The Green's function G_{PQ} is therefore given by the formula

$$G_{PQ} = \frac{1}{PQ}\frac{1}{\pi}\cos^{-1}\left\{\cos\frac{1}{2}(\theta - \theta_0)\operatorname{sech}\frac{1}{2}\alpha\right\}$$

$$+ \sqrt{\frac{\cosh\rho_0 - \cos\theta_0}{\cosh\rho_0 - \cos(2\beta - \theta_0)}}\frac{1}{P'Q}\left[\frac{1}{2} + \frac{1}{\pi}\sin^{-1}\left\{\cos\frac{1}{2}(\theta + \theta_0 - 2\beta)\operatorname{sech}\frac{1}{2}\alpha\right\}\right] \ldots\ldots(14).$$

By introducing an auxiliary point L whose coordinates are ρ_0, $\theta \mp \beta$, ϕ_0, this expression may be thrown into a geometrical form corresponding to (4), and the expressions obtained by Lord Kelvin for the density on either side of the disc may be deduced; it is however hardly worth while to give the details of the process, as it is precisely similar to that which has been carried out in the case of the circular disc.

XIII. *Demonstration of Green's Formula for Electric Density near the Vertex of a Right Cone.* By H. M. Macdonald, M.A., Fellow of Clare College.

[*Received* 13 October 1899.]

In a footnote in his *Essay on Electricity* Green makes the following statement*: "Since this was written, I have obtained formulæ serving to express, generally, the law of the distribution of the electric fluid near the apex O of a cone, which forms part of a conducting surface of revolution having the same axis. From these formulæ it results that, when the apex of the cone is directed inwards, the density of the electric fluid at any point p, near to it, is proportional to r^{n-1}; r being the distance Op, and the exponent n very nearly such as would satisfy the simple equation $(4n+2)\beta = 3\pi$; where 2β is the angle at the summit of the cone. If 2β exceeds π, this summit is directed outwards, and when the excess is not very considerable, n will be given as above: but 2β still increasing, until it becomes $2\pi - 2\gamma$, the angle 2γ at the summit of the cone which is now directed outwards, being very small, n will be given by $2n \log \frac{2}{\gamma} = 1$." The method by which he obtained these results was never published and the problem was not again attempted† till 1870 when Mehler‡ gave a solution for the electrical distribution on a right cone under the influence of a point charge; but the expression given by him for Green's function is so complicated as to make it difficult to obtain results from it, and the form of the expression does not exhibit the fact that it is discontinuous. In the following analysis a solution for the distribution near the vertex of a right cone forming part of a surface of revolution freely charged (Green's case) is obtained; also solutions for the distributions on a right cone, and on a surface whose form is the spindle formed by the revolution of a segment of a circle about its chord, under the influence of point charges on the axis. Solutions for both these latter problems have also been given by Mehler§. The cases when the point charge is not on the axis can easily be deduced, but present no special interest.

The solutions here given are examples of a general method, which depends for its application on the fact that the writer has recently been able to determine the values of n in terms of μ for which the harmonic $P_n^m(\mu)$ vanishes.

* Green, *Essay on Electricity and Magnetism*, 1828; *Mathematical Papers*, p. 67.

† Green's statement is quoted and applied by Maxwell, *Cavendish Papers*, 1879, p. 385, with the remark that no proof had ever been given.

‡ I have been unable to obtain Mehler's paper containing the results for the cone and have had to rely on Heine's account of it, *Theorie der Kugelfunctionen*, Vol. II. pp. 217—250.

§ *Cavendish Papers, loc. cit.*

§ 1. *Green's case.*

With the usual notation, the expression $V_0 - Ar^n P_n(\mu)$ is a solution of Laplace's equation in the neighbourhood of the vertex of the cone which is equal to V_0 on the surface of the cone for which $P_n(\cos\alpha)$ vanishes, where α is the semivertical angle of the cone. That it may be the required solution $P_n(\mu)$ must not vanish for any value of θ between α and π; for if it vanished for a value α', where $\alpha' > \alpha$, the expression would then be the solution for the space between the two coaxal conducting cones whose semivertical angles are α and α', or for some other space not entirely bounded by the cone whose semivertical angle is α. Hence n must be such that $P_n(\mu)$ does not vanish for a value of θ which is greater than α; now the kth zero of $P_n(\mu)$ considered as a function of n diminishes as θ increases*, therefore n must be the least zero of $P_n(\cos\alpha)$. Therefore the potential in the neighbourhood of the vertex of a right cone of semivertical angle α, forming part of a conducting surface which is charged to potential V_0, is $V_0 - Ar^n P_n(\mu)$, where n is the least zero of $P_n(\cos\alpha)$ and A is a constant depending on the form and size of the surface. Hence† the density of the distribution in the neighbourhood of the vertex of the cone varies as r^{n-1}, where r is the distance from the vertex and n is given by $n = x_0/\alpha$ where x_0 is the least zero of $J_0(x)$, when α is small, by $(4n+2)\alpha = 3\pi$, when α is nearly $\pi/2$, and by $2n\log\frac{2}{\gamma} = 1$, when α is nearly π and $\pi - \alpha = \gamma$. Thus Green's results are verified.

§ 2. *Mehler's cases.*

(1) *The distribution of electricity on a right cone under the influence of a charge on its axis.*

Let the space to be considered be the space bounded by the two concentric spheres $r = b$, $r = a$ and the cone $\theta = \alpha$, where r, θ, ϕ are polar coordinates, and let there be a charge q at the point $r = r'$, $\theta = 0$. The conditions to be satisfied by the potential are

$$V = 0, \text{ when } r = a \text{ and } \alpha > \theta > 0,$$

$$V = 0, \text{ when } r = b \text{ and } \alpha > \theta > 0,$$

$$V = 0, \text{ when } \theta = \alpha \text{ and } a > r > b,$$

and

$$\frac{\partial^2 V}{\partial r^2} + \frac{2}{r}\frac{\partial V}{\partial r} + \frac{1}{r^2}\frac{\partial}{\partial\mu}\left\{(1-\mu^2)\frac{\partial V}{\partial\mu}\right\} + 4\pi\rho = 0$$

throughout the space. Put $r = ae^{-\lambda}$, then the equation to be satisfied by V becomes

$$\frac{\partial^2 V}{\partial\lambda^2} - \frac{\partial V}{\partial\lambda} + \frac{\partial}{\partial\mu}\left\{(1-\mu^2)\frac{\partial V}{\partial\mu}\right\} + 4\pi a^2 e^{-2\lambda}\rho = 0;$$

* Macdonald, "On the zeros of the harmonic $P_n^m(\mu)$ considered as a function of μ," *Proc. Lond. Math. Soc.* 1899.

† *Loc. cit.*

and, writing $V = Ue^{\frac{\lambda}{2}}$, U has to satisfy the equation

$$\frac{\partial^2 U}{\partial\lambda^2} - \frac{U}{4} + \frac{\partial}{\partial\mu}\left\{(1-\mu^2)\frac{\partial U}{\partial\mu}\right\} + 4\pi a^2 e^{-\frac{5\lambda}{2}}\rho = 0,$$

with the same boundary conditions as V. Assume

$$U = \sum_1^\infty W_m \sin\frac{m\pi\lambda}{\lambda_0},$$

where $\lambda_0 = \log\frac{a}{b}$; this satisfies the first two boundary conditions and will be the solution required if W_m can be determined to satisfy the conditions

$$W_m = 0, \text{ when } \theta = \alpha \text{ and } a > r > b,$$

and also

$$\sum_1^\infty \left[\frac{\partial}{\partial\mu}\left\{(1-\mu^2)\frac{\partial W_m}{\partial\mu}\right\} - \left(\frac{m^2\pi^2}{\lambda_0^2} + \frac{1}{4}\right) W_m\right] \sin\frac{m\pi\lambda}{\lambda_0} + 4\pi a^2 e^{-\frac{5\lambda}{2}}\rho = 0,$$

that is

$$\frac{\partial}{\partial\mu}\left\{(1-\mu^2)\frac{\partial W_m}{\partial\mu}\right\} - \left(\frac{m^2\pi^2}{\lambda_0^2} + \frac{1}{4}\right) W_m + \frac{8\pi a^2}{\lambda_0}\int_0^{\lambda_0} \rho e^{-\frac{5\lambda}{2}} \sin\frac{m\pi\lambda}{\lambda_0}\, d\lambda = 0.$$

Assuming

$$W_m = \Sigma A_{nm} P_n(\mu),$$

all the conditions are satisfied if this summation extends to all the values of n which make $P_n(\cos\alpha)$ vanish and A_{nm} is determined so that

$$\Sigma A_{nm}\left\{\left(n+\frac{1}{2}\right)^2 + \frac{m^2\pi^2}{\lambda_0^2}\right\} P_n(\mu) = \frac{8\pi a^2}{\lambda_0}\int_0^{\lambda_0} \rho e^{-\frac{5\lambda}{2}} \sin\frac{m\pi\lambda}{\lambda_0}\, d\lambda,$$

that is, if

$$A_{nm}\left\{\left(n+\frac{1}{2}\right)^2 + \frac{m^2\pi^2}{\lambda_0^2}\right\}\int_{\mu_0}^1 \{P_n(\mu)\}^2 d\mu = \frac{8\pi a^2}{\lambda_0}\int_{\mu_0}^1\int_0^{\lambda_0} \rho e^{-\frac{5\lambda}{2}} P_n(\mu) \sin\frac{m\pi\lambda}{\lambda_0}\, d\lambda\, d\mu,$$

where $\mu_0 = \cos\alpha$. Now

$$\int_{\mu_0}^1 \{P_n(\mu)\}^2 d\mu = -\frac{1-\mu_0^2}{2n+1}\left\{\frac{\partial P_n(\mu)}{\partial n}\frac{\partial P_n}{\partial\mu}\right\}_{\mu=\mu_0},$$

therefore

$$A_{nm}\left\{\left(n+\frac{1}{2}\right)^2 + \frac{m^2\pi^2}{\lambda_0^2}\right\}\frac{1-\mu_0^2}{2n+1}\frac{\partial P_n}{\partial n}\frac{\partial P_n}{\partial\mu} = -\frac{8\pi a^2}{\lambda_0}\int_{\mu_0}^1\int_0^{\lambda_0} \rho e^{-\frac{5\lambda}{2}} P_n(\mu) \sin\frac{m\pi\lambda}{\lambda_0}\, d\lambda\, d\mu.$$

Making ρ vanish except at the point $r = r'$, $\theta = 0$, where

$$q = -2\pi\rho a^3 e^{-3\lambda'} d\lambda' d\mu',$$

the expression for V becomes

$$V=\frac{4qe^{\frac{\lambda+\lambda'}{2}}}{a\lambda_0}\sum\sum_1^\infty \frac{(2n+1)\sin\frac{m\pi\lambda'}{\lambda_0}\sin\frac{m\pi\lambda}{\lambda_0}P_n(\mu)}{(1-\mu_0^2)\frac{\partial P_n}{\partial n}\frac{\partial P_n}{\partial \mu}\left\{\left(n+\frac{1}{2}\right)^2+\frac{m^2\pi^2}{\lambda_0^2}\right\}};$$

effecting the summation with respect to m, this becomes

$$V=-\frac{2qe^{\frac{\lambda+\lambda'}{2}}}{a}\sum\frac{\cosh\left(n+\frac{1}{2}\right)(\lambda_0-\lambda+\lambda')-\cosh\left(n+\frac{1}{2}\right)(\lambda_0-\lambda-\lambda')}{\sinh\left(n+\frac{1}{2}\right)\lambda_0(1-\mu_0^2)\frac{\partial P_n}{\partial n}\frac{\partial P_n}{\partial \mu}}P_n(\mu),$$

when $\lambda>\lambda'$, and

$$V=-\frac{2qe^{\frac{\lambda+\lambda'}{2}}}{a}\sum\frac{\cosh\left(n+\frac{1}{2}\right)(\lambda_0-\lambda'+\lambda)-\cosh\left(n+\frac{1}{2}\right)(\lambda_0-\lambda-\lambda')}{\sinh\left(n+\frac{1}{2}\right)\lambda_0(1-\mu_0^2)\frac{\partial P_n}{\partial n}\frac{\partial P_n}{\partial \mu}}P_n(\mu)$$

when $\lambda<\lambda'$. Making $\lambda_0=\infty$ the space becomes that bounded by the cone $\theta=\alpha$ and the sphere $r=a$; and the potential inside an uninsulated hollow conductor of this form under the influence of a charge q at the point $r'=ae^{-\lambda'}$ on the axis is given by

$$V=-\frac{2qe^{\frac{\lambda+\lambda'}{2}}}{a}\sum\frac{e^{-(n+\frac{1}{2})(\lambda-\lambda')}-e^{-(n+\frac{1}{2})(\lambda+\lambda')}}{(1-\mu_0^2)\frac{\partial P_n}{\partial n}\frac{\partial P_n}{\partial \mu}}\,.\,P_n(\mu)$$

when $\lambda>\lambda'$, and by

$$V=-\frac{2qe^{\frac{\lambda+\lambda'}{2}}}{a}\sum\frac{e^{(n+\frac{1}{2})(\lambda-\lambda')}-e^{-(n+\frac{1}{2})(\lambda+\lambda')}}{(1-\mu_0^2)\frac{\partial P_n}{\partial n}\frac{\partial P_n}{\partial \mu}}\,.\,P_n(\mu)$$

when $\lambda<\lambda'$, that is by

$$V=-2q\sum\left(\frac{r^n}{r'^{\,n+1}}-\frac{r^n r'^{\,n}}{a^{2n+1}}\right)\cdot\frac{P_n(\mu)}{(1-\mu_0^2)\frac{\partial P_n}{\partial n}\frac{\partial P_n}{\partial \mu}}$$

when $r'>r$, and by

$$V=-2q\sum\left(\frac{r'^{\,n}}{r^{n+1}}-\frac{r^n r'^{\,n}}{a^{2n+1}}\right)\cdot\frac{P_n(\mu)}{(1-\mu_0^2)\frac{\partial P_n}{\partial n}\frac{\partial P_n}{\partial \mu}}$$

when $r>r'$. To obtain the potential in Mehler's case when the cone extends to infinity put $a=\infty$ and then

$$V=-2q\sum\frac{r^n}{r'^{\,n+1}}\cdot\frac{P_n(\mu)}{(1-\mu_0^2)\frac{\partial P_n}{\partial n}\frac{\partial P_n}{\partial \mu}},$$

when $r' > r$, and

$$V = -2q\,\Sigma\,\frac{r'^n}{r^{n+1}}\,\frac{P_n(\mu)}{(1-\mu_0^2)\,\dfrac{\partial P_n}{\partial n}\dfrac{\partial P_n}{\partial \mu}},$$

when $r > r'$, where the summations extend to all the positive values of n which make $P_n(\cos\alpha)$ vanish. When $\alpha = \pi/2$

$$\frac{\partial P_n}{\partial n}\,\frac{\partial P_n}{\partial \mu} = -1,$$

and

$$V = 2q\,\Sigma\,\frac{r^n}{r'^{n+1}}\,P_n(\mu),$$

when $r' > r$, where the summation extends to all the positive odd integers, that is

$$V = \frac{q}{\sqrt{r^2 + r'^2 - 2rr'\cos\theta}} - \frac{q}{\sqrt{r^2 + r'^2 + 2rr'\cos\theta}},$$

which agrees as it ought to with the expression for the potential due to a charge q at a point distant r' from an infinite conducting plane at potential zero.

(2) *To find the potential at any point due to the spindle formed by the revolution of a segment of a circle about its chord, when its surface is freely charged.*

This is immediately obtained by inversion from the above case. Let ξ_0 be the angle in the segment of the circle whose revolution describes the spindle, ξ the angle in any other segment of a circle on the same chord, $\eta = \log\frac{r_1}{r_2}$, where r_1, r_2 $(r_1 > r_2)$ are the distances of a point on a segment from the extremities of the chord; then putting $q = -V_0 r'$ and observing that the cone of angle ξ_0 in the dielectric inverts into the spindle the generating segment of which contains an angle ξ_0, the potential at any point due to the spindle when charged to potential V_0 is given by

$$V = V_0 + 2V_0\sqrt{2(\cosh\eta - \cos\xi)}\,\Sigma\,\frac{e^{-(n+\frac{1}{2})\eta}\,P_n(\cos\xi)}{(1-\mu_0^2)\left[\dfrac{\partial P_n}{\partial n}\,\dfrac{\partial P_n}{\partial \mu}\right]_{\mu=\mu_0}},$$

where $\mu_0 = \cos\xi_0$ and the summation extends to all the positive values of n which make $P_n(\cos\xi_0)$ vanish. The case of the sphere is that when $\xi_0 = \pi/2$. It may be verified that the density of the distribution on the spindle near one of the conical points agrees with that found § 1. For the density at any point on it is given by

$$-\frac{V_0}{2\pi r'}\,\{2(\cosh\eta - \cos\xi_0)\}^{\frac{3}{2}}\,\Sigma\,\frac{e^{-(n+\frac{1}{2})\eta}}{\sin\xi_0\,\dfrac{\partial P_n}{\partial n}};$$

and near one of the conical points this becomes

$$-\frac{V_0}{2\pi}\cdot\frac{r^{n-1}}{r'^n}\cdot\frac{1}{\sin\xi_0\dfrac{\partial P_n}{\partial n}},$$

where r' is the length of the axis of the spindle, r the distance of the point on the surface from the conical point and n is the least zero of $P_n(\cos\xi)$. Now when ξ_0, equal to $\pi-\gamma$, is nearly π, $\frac{\partial P_n}{\partial n}$ is $-\frac{\pi}{\sin n\pi}$ and the values of n which occur are $k+n_0$, where k is any positive integer and $2n_0\log\frac{2}{\gamma}=1$*; on substitution and summation, the expression for the density at any point becomes $-\frac{V_0 n_0 r'}{2\pi\gamma r_1^{1-n_0} r_2^{1+n_0}}$, where $r_2>r_1$.

* *Loc. cit.*, *Proc. Lond. Math. Soc.* 1899.

XIV. *On the Effects of Dilution, Temperature, and other circumstances, on the Absorption Spectra of Solutions of Didymium and Erbium Salts.* By G. D. Liveing, M.A., Professor of Chemistry.

[*Received* 15 October 1899.]

In November 1898 I made a preliminary communication to the Society giving results of observations on the absorption spectra of aqueous solutions of salts of didymium and erbium in various degrees of dilution. Since then most of the observations have been repeated with improved apparatus, whereby several anomalies in the photographs have been removed, and a great many additional observations made, so that it will probably be best to make this communication quite independent of the preliminary one, and, at the risk of a little repetition, complete in itself so far as it goes.

Apparatus.

The observations were made in part directly by the eye with an ordinary spectroscope, and partly by photography. On the former I rely only for the part of the spectrum below the indigo, on the latter for the more refrangible part. The spectroscope chiefly used for the former had two whole prisms of 60° and two half-prisms, all of white flint glass, telescopes with achromatic object glasses of 12 inches focal length, and eye-piece of very low magnifying power. It was useless to employ higher dispersion or magnification, because the absorption bands, even the sharpest of them which is that of didymium at about λ 427, are all diffuse, and higher dispersion or magnification renders some details invisible. In comparing by eye the spectra produced by two solutions, one was thrown in by reflexion in the usual way, and, after making the comparison, the positions of the solutions were interchanged and the observation repeated, in order to correct any error arising from a difference of intensity between the light entering directly and that coming in by reflexion.

For photography the spectrum was formed by one prism of 60° and two half-prisms, all of calcite, the object glasses of the telescopes were quartz lenses of 18·5 inches focal length for the sodium yellow light. The photographic plate was of course inclined to the axis of the telescope so that, as far as the doubly refracting character of the calcite prisms allows, the image might be in tolerably good focus across the whole width of the plate, two and a half inches.

To concentrate the light, and make it, for the parts of the spectrum not subject to absorption, nearly uniform whatever the thickness of the absorbent stratum of liquid, a quartz lens of three inches focal length was fixed at that distance in front of the slit, and a similar lens fifteen inches further off, and three inches beyond the second lens was fixed a screen with a circular hole in it about one-eighth of an inch in diameter, and beyond that was of course the source of light. The centres of the hole in the screen and of the two lenses were aligned with the axis of the collimator. The distance between the lenses was fixed so as to allow of the interposition of the longest trough, used as a water bath for maintaining the temperature of the tubes containing the solutions. These troughs were of brass fitted with a plate of quartz at each end, and each had in it two V-shaped septa on which the tube with solution rested, and thereby took up at once its right position in the course of the pencil of light between the lenses. The tubes holding the solutions were of glass, fitted at the ends with quartz plates. These plates were held in position by outer brass plates with central circular perforations, connected by three wires passing along the outside of the tube and furnished with screw nuts by which the plates could be firmly pressed against the ends of the tube. The joint between the quartz plate and the end of the tube was made water-tight by a washer of thin rubber. The washers all had the same sized circular opening which determined the cross section of the pencil of rays falling on the slit. This seemingly complicated arrangement was adopted because it was necessary to have joints which would not be affected by a temperature of 100°, or by dilute acids, or by alcohol, and could be easily taken to pieces for cleaning the tube or plates.

Each tube had a branch on its upper side which was left open for the purpose of filling the tube, and to allow of expansion of the liquid when it was heated. Tubes of four lengths in geometrical progression, namely of 38 mm., 76 mm., 152·5 mm., and 305 mm., and a cell with quartz faces having an interval of 6·7 mm. between them, were used to hold the solutions; and for a few observations a cell of only 5 mm. thickness was used.

For observations on the effects of temperature, the trough containing the tube with solution was filled with water and a photograph of the spectrum taken at the temperature of the room; the trough was then heated by one or more gas lamps until the water boiled, the gas lamps were then lowered so as to maintain the bath 3 or 4 degrees below the boiling point, bubbles adhering to the quartz plates swept off with a feather, and when the whole appeared to be in a steady condition another photograph was taken. Unless the solution in the tube were a very dilute one there was not much trouble with bubbles in the solution, but bubbles in the bath were very troublesome, and had to be removed because they impeded the passage of the light, and thereby affected the photograph. A similar effect is produced by convection currents of unequal density. These were pretty well avoided within the absorbent liquid, but could not be completely avoided in the water of the bath. The difference of temperature, and consequent difference of density, of the currents in the water was, however, small, and the thickness of water between the end of the tube and the quartz window of the trough also small, so that the currents were not of much consequence. Attempts to use temperatures below that of the room were abandoned because of the dew which settled on the quartz windows. Wetting the quartz with glycerol was no remedy, because the glycerol gravitated, destroyed the plane figure of the window, and dispersed some of the light. Very fair observations by eye of the effect of heat on a solution, not too dilute, were made by fixing two similar test tubes containing the solution, one in front of the slit and the other in front of the reflecting prism, and after adjusting their positions until the two spectra, seen simultaneously, were identical, heating up one of the test tubes by placing a lamp under it. For dilute solutions, requiring a greater thickness to give absorption bands of sufficient intensity, two of the tubes used for the photographs were employed, one of them being heated up in its water bath.

As a source of light a Welsbach incandescent gas lamp without chimney was chiefly used. This was placed 5 or 6 inches from the screen so that the network of the mantle was quite out of focus at the slit. It gave a good light up to a wave-length of λ 370, but beyond this point it would not produce a good photograph without an exposure too prolonged for the less refrangible part of the spectrum. For the region above λ 360 a lime-light was used.

Inasmuch as the bands observed are all more or less diffuse, and fade away gradually on either hand, any variations of the intensity of the source of light, of the sensitiveness of the photographic plates, or of the development of the image, tend to mask the effects of varying the composition, or the temperature, of the solutions; so that two photographs can be fairly compared, for the sake of determining these effects, only when they have been taken with the same light, on the same plate, with equal times of exposure, and have been developed together. This has been attended to throughout. The photographs to be compared with each other have always been taken in succession on the same plate, with no other change than the necessary shift of the plate and the substitution of one tube of liquid and its bath for another. The photographs taken thus in succession do very well for comparison of the intensities and other characters of the absorption bands, but cannot be depended on for the detection of a very small shift in the position of a band. That could be done if the two spectra to be compared were in the field at the same time, one of them reflected in, but I have not attempted to photograph two spectra in this way, and have been content to detect alterations of wave-length, in the bands most easily visible, by the eye without photography.

The Solutions experimented on.

These have been chiefly those of salts of didymium and erbium. Most coloured salts have only very wide absorption bands which fade on either hand very gradually, so that it is extremely difficult, or even impossible, to recognise small changes in them. On the other hand, didymium and erbium salts have a great many absorption bands, of various degrees of sharpness and of intensity, and distributed through a wide range of the spectrum. No other salts seem so well adapted for my purpose. However, I made a number of observations on uranous chloride, but found it so prone to chemical change when in solution that I could not with certainty distinguish the effects of dilution, or of elevation of temperature, from those due to chemical change. The absorption spectra of salts of cobalt have already been investigated by Dr Russell, though not exactly from my present point of view, and they are not as good for my purpose as the salts of the two metals to which I now confine myself.

Both series of salts had been purified as far as possible, by my assistant Mr Purvis, by a long series of fractional precipitations. The didymium was spectroscopically free from lanthanum, but it had not been found possible to get it, or the erbium, so free from yttrium*. No attempt was made to separate the neodymium from the praseodymium, and there is no method at present known for separating the various metals of which ordinary erbium is supposed to be a mixture. Indeed for my purpose there would be no advantage in doing so; though for a quantitative estimation of the concentration of absorbent material in the solutions it was important to get rid of an admixture of unabsorbent salt. In order to obtain solutions of the salts of different acids in equivalent concentration the metal was precipitated as oxalate, washed, dried, and ignited in air until it was reduced to oxide. Weighed quantities of this oxide were dissolved in the several acids, and, in the case of nitric and hydrochloric acids, the solutions evaporated and excess of acid driven off. The residual salts were then dissolved in measured quantities of water. The most concentrated solutions of didymium employed contained, respectively, of the nitrate, 611·1 grams to the litre, and of the chloride the equivalent quantity, namely 462·9 grams of anhydrous chloride†. These each contain 1·862 gram-molecules of the salt

* Lanthanum and yttrium cannot be recognised by any absorption bands, but when induction sparks are taken from solutions of their salts, each gives a very characteristic channelled spectrum, by which it is easily recognised in a solution containing one per cent., or even less, of the salt. The yttrium channellings are in the orange, the brightest of those of lanthanum in the citron and green, and both fade towards the red. Thalén in his paper (1874) on the Spectra of Yttrium and Erbium, and of Didymium and Lanthanum, gives the wave-lengths of the sharp, more refrangible edges of the yttrium channellings, one set beginning at $\lambda 6131$ and the other at $\lambda 5970{\cdot}5$. He does not give those due to lanthanum. These I find to consist of three sets in the green and citron of which the brightest begin at $\lambda 5599$ and $\lambda 5380$ respectively, and the third at $\lambda 5173$. There is another weaker set in the orange beginning at $\lambda 5865$, and two sets in the indigo beginning at $\lambda 4419$ and $\lambda 4370$ respectively. My measures were not made with any large dispersion and the last figure of the measured wave-length may not be quite correct, but near enough for recognition of the channellings which are easily seen with a small spectroscope, especially the two first mentioned.

† The (crystalline) didymium chloride in this solution was dissolved in just about twice its weight of water; the equivalent solution of nitrate had still less water.

per litre, and as the specific gravity of the solution of chloride is 8·295, it appears to contain one molecule of the chloride to between 27 and 28 molecules of water.

Didymium sulphate is rather sparingly soluble in water, so that the most concentrated solution of it employed contained only 58·11 grams of it per litre. For comparison with it, the strongest nitrate, or chloride, had to be diluted to 9·16 times its bulk.

Of erbium the most concentrated solutions used contained, respectively, of the nitrate 935·2 grams to the litre, of the chloride 726·6 grams. These each contain 2·67 gram-molecules of the salt per litre. The solution of the nitrate was a saturated one at a temperature of about 15°.

Less concentrated solutions were also prepared and used, containing, respectively, 566 grams of nitrate of erbium, and 440 grams of the chloride to the litre, or about 1·61 molecules in grams to the litre.

The more dilute solutions were obtained from these by taking measured quantities of them and diluting up to the required volume. In fact the most concentrated of these solutions were the stock solutions, and may conveniently be described as of strength No. 1. Half strength will mean such a solution diluted until the bulk was doubled, one-quarter strength will mean No. 1 diluted until its bulk was quadrupled, and so on.

Other salts and solvents were employed, and will be described when the experiments upon them are described. The solutions of nitrate and chloride above mentioned were, as a rule, the standards of concentration.

THE ABSORPTION BANDS OBSERVED.

The didymium absorption bands of which I have taken notice in this investigation, are as follows:

A band in the red at about λ 679.

A weak band at about λ 623.

A rather weak band at about λ 596.

The strong group extending from about λ 590 to λ 570, consisting of a number of bands overlapping one another.

A rather weak band at about λ 531.

A strong group of about four, more or less overlapping, bands, extending from about λ 528 to λ 520.

A less strong group of two diffuse bands with the centre about λ 510.

A well marked triplet at about λ 483, 476 and 469, of which that in the middle is decidedly weaker than the other two.

A broad weak band, with its centre at about λ 462, and extending nearly down to the most refrangible band of the triplet above mentioned.

A very broad band with its centre about λ 444.

A very weak band „ „ „ λ 433.

A strong, narrow, sharply-defined band at about λ 427.

A very weak diffuse band with its centre about λ 418.

A still weaker one with its centre about λ 415.

Another weak diffuse band at about λ 406.

A very broad strong band with its centre about λ 403.

A very weak diffuse band at about λ 391.

A diffuse band at about λ 380.

Another, wider, at about λ 375.

A weaker band at about λ 364.

Four, nearly equally distributed between λ 358 and λ 350, which in all but the weakest solutions run into one broad band extending beyond the above-mentioned limits.

A weak diffuse band at about λ 338.

And a broad diffuse band with its centre about λ 329.

These bands appear all to belong to didymium, or to the metals associated under that name, for though they may be modified in character, and even in position, by the solvent and other circumstances, they all disappear in the absence of didymium, and they retain so much the same general character under all circumstances, that it is reasonable to infer that they have the same primary cause. A reference to plate No. 19 (at the end of the volume) on which are reproduced photographs of the spectra of didymium chloride in solution in water, in alcohol, and in alcohol charged with hydrochloric acid, will make my meaning evident.

The erbium absorption bands of which I have taken notice in this investigation are as follows:

A group of four bands in the red, of which the most refrangible but one is much the strongest and has a wave-length about λ 653.

A group of four, of which the more refrangible two are much stronger than the others, lying between λ 536 and λ 549.

A weak band at about λ 527.

A very strong one at about λ 523.

A weaker one at about λ 520.

A rather broad band, strongest on its more refrangible side and fading towards the less refrangible, with its strongest part at about λ 491.

A strong band at about λ 488.

A weaker one at about λ 486.

A broad but weak band with its centre about λ 472.

A sharp but weak band at about λ 467.

A broad, diffuse band with centre about λ 454, reaching almost up to a stronger, and narrower, band at about λ 449. These two are merged into one with concentrated solutions.

A weak band at about λ 441.

A narrow one at about λ 422.

A weak one at about λ 418.

A broad band, fading on its less refrangible side, and extending from about λ 415 nearly down to the band at λ 418.

A pair of nearly equal bands, rather strong, at about λ 404 and λ 407.

A very faint but broad band extending from about λ 396 to λ 402.

A well-marked, rather narrow band at about λ 379,

And a weaker one almost touching it on the more refrangible side, which becomes merged with it, and with a still weaker diffuse band at about λ 377, in solutions a little stronger.

A weak diffuse band with centre about λ 367.

A strong band at about λ 365, accompanied by

One rather less strong at about λ 363, which become merged together when the solution is rather stronger.

A band rather weaker than the last at about λ 357, and

A broad weaker band with centre at about λ 353, which soon merges in the former when the solution is a little increased in strength.

All these bands more refrangible than λ 404, expand rapidly and become very diffuse at the edges as the solution is more concentrated, so that they may easily be confounded with a diffuse continuous absorption which extends from the ultra-violet down the spectrum as the solution becomes more concentrated; but they are common to the nitrate and chloride, and may be seen with a solution of the former when with an equivalent solution of chloride the advancing continuous absorption has obliterated them. The superposition of this continuous absorption, even when it is very weak and scarcely otherwise perceptible, strengthens and widens the bands.

Effects of Dilution.

For observing the effects of dilution equal volumes of the stock solutions were diluted to 2, 4, 8, 45·5, 61 or 91 times their original volumes, and the absorptions produced by thicknesses of these solutions proportional to their dilutions observed and photographed.

In the spectra of either didymium or erbium chloride, starting with solutions half the strongest, or less strong, in thickness of 38 mm., I can find no change with dilution, when accompanied by proportional increase of thickness, below λ 390: see plate 3, at the end of the volume. With the strongest solution in a thickness of 38 mm. a diffuse absorption creeps down from the most refrangible end of the spectrum, as may be seen in the uppermost spectrum in each of the plates 10 and 11. Above λ 375, or thereabouts, it seems to cut off all the light, but the diffuse edge extends with the strongest didymium chloride as low as λ 415, making the absorption bands look wider and stronger by its superposition. On comparing with the eye the spectrum of a thickness of 5 mm. of the strongest solution of didymium chloride, with that of 305 mm. of the same solution diluted to 61 times its volume, both spectra being in the field of view at the same time, I could detect no difference between them.

Again, photographing the spectrum of a thickness of 6·7 mm. of the strongest didymium chloride, and that of 305 mm. of the same solution diluted to 45·5 times its original bulk, I can find no difference between the photographs, which take in a range from about λ 350 to λ 600. Plate 7 is a reproduction of these photographs. This identity of the spectra extends to the intensities, even of the weakest bands that I can see, as well as to the positions of the bands, and even to the apparent extinction of the diffuse absorption which is produced by a greater thickness of the strongest solution at the ultra-violet end.

Also erbium chloride of half the strongest concentration, in a thickness of 5 mm., gives a spectrum which cannot be distinguished by my eye from that given by 305 mm. of a solution 61 times as dilute. And photographs of the spectrum of the same solution, half the strongest, in a thickness of 6·7 mm., are identical with those of 305 mm. of the same solution diluted to 45·5 times its bulk, below a wave-length of about λ 380. Plate 9 is a reproduction of these photographs. The triple band at about λ 378 comes out more strongly with the stronger solution, but I am not sure whether this is not an effect due to the superposition of the diffuse absorption creeping down from the more refrangible end. In the region above λ 355, a thickness of 152 mm. of a very dilute solution of didymium chloride transmits a sensible amount of light as high as λ 315 (the highest part of the spectrum included in my photographs) but with a gradually fading intensity from about λ 348 upwards. And this diffuse absorption creeps further down as the solution is stronger until with a solution half the strongest, in the same thickness, it reaches λ 360. Didymium bromide produces a similar diffuse absorption which extends lower than in the case of the chloride; and didymium sulphate shews something of the same kind.

This diffuse absorption, which creeps far down the spectrum of the most concentrated solutions of the chlorides of both didymium and erbium, seems to belong to a different category from that to which the other bands belong. For not only is it diminished by dilution when the thickness of the stratum is proportioned to the dilution, but it is diminished by diminishing the thickness of the strong solution, without diluting it, at a greater rate than the other bands are diminished, for some of the ultra-violet bands which are quite obscured by it when the liquid is 38 mm. thick are visible in the photographs when the same liquid is only 6·7 mm. thick. The obvious suggestion is that it is due in some way to the common element, the chlorine. Most chlorides, however, produce no such absorption. I have tried solutions of calcium, zinc, and aluminium chloride, respectively, and found them, in a thickness of 305 mm., very nearly as transparent as water for the range of the spectrum included in my photographs, namely below λ 355. One chloride I have found, when in a concentrated solution, to behave like the didymium and erbium chlorides, and that is hydrochloric acid, whether it be dissolved in water or in alcohol. Plate 12 is a reproduction of a photograph of the spectra of solutions in alcohol, and in water, of hydrochloric acid, in several thicknesses, and in proportional degrees of dilution, along with one of distilled water for comparison.

The increasing extent of the absorption with increasing concentration of the solution is manifest; and the most probable cause is some action between the molecules of acid during their encounters, for it seems to depend on the number of molecules of acid (or salt) and on their concentration, jointly. We cannot ascribe the absorption to the chlorine ion, because the number of chlorine ions increases with dilution; but the close correspondence of the effects strongly suggests a common cause in all the solutions which give those effects. It should be observed that the percentage of chlorine in the concentrated solution of the acid used in these experiments bore to that in the most concentrated solution of didymium chloride the ratio of about 39 to 14·5. The extent, down the spectrum, of the absorption now in question, is increased, as might be expected, by adding hydrochloric acid to the didymium solution, and also by raising the temperature as described below. In connexion with this it may be remarked that concentrated neutral solutions of didymium, and erbium, chloride lose the clean pink tint, by transmitted light, of their dilute solutions, and take up more of an orange hue, due of course to the diminution of the rays at the blue end of the spectrum.

As above stated I have been unable to obtain a solution of didymium sulphate so concentrated as my strongest solution of chloride; but using the solution containing

58·11 grams to the litre, and diluting it to twice, four times, and eight times its bulk, I could find no change in the absorption spectrum produced by it when the thickness of the absorbent liquid was proportioned to the dilution, either when directly viewed or when photographed. See plate 4, which however does not include any part of the spectrum below the green. Nor could I detect any difference between the spectrum of the sulphate and that of an equivalent solution of the chloride.

Didymium nitrate in four dilutions, beginning with the strongest in thickness of 38 mm., and ending with one-eighth strength in thickness of 305 mm., gave spectra which could not be distinguished from each other, in the range photographed. See plate 11, where the spectra are those of equivalent solutions of the chloride and nitrate alternately, beginning with 38 mm. of the strongest solution of chloride, next the equivalent nitrate, then 76 mm. of the solutions of half strength, 152 mm. of one-quarter strength, and ending with 305 mm. of the two solutions of one-eighth strength. This appearance of identity is brought about, however, by the diffuseness and strength of the absorptions by which the details of the groups of bands are obliterated. When the spectra of the same solutions in much less thickness are examined, it is seen that the bands of the stronger solutions of nitrate are more diffuse, or wider, than the bands produced by equivalent solutions of the chloride. The weak bands look washed out, the strong are wider than the corresponding bands of the chloride, and in the strong groups the component bands are merged together. By increasing dilution the several bands contract themselves and become better defined, until, with solutions of $\frac{1}{32}$ strength, I am unable to see any difference between the bands of the nitrate, chloride, and sulphate in equivalent solutions. In the stronger solutions the weak bands look weaker as well as broader with nitrate than with chloride, the strong bands are broader but look no weaker; but I think that when an absorption is very strong the eye does not perceive, nor a photographic plate always record, a small difference of intensity. There is no indication of an increase of intensity of the bands of the nitrate by dilution with corresponding increase of thickness. There are, on the other hand, indications of a shift of the positions of greatest absorption in the bands in the yellow and green, which remind me of the much greater shift of these bands by the use of alcohol and other solvents instead of water.

Comparing small thicknesses (5 mm.) of solutions, the big band in the yellow expands with the nitrate beyond that produced by the equivalent solution of chloride, especially on the less refrangible side. Of the four strong components of this band the least refrangible seems, with the nitrate, to be displaced a little towards the red, and a less strong diffuse band extends still further beyond the corresponding band of the chloride on the red side. The less refrangible of the two strong groups in the green, which for the chloride consists of two nearly equal strong bands separated by a narrow chink of light, and of a fainter very diffuse absorption extending some way down towards the red, has for the nitrate the less refrangible strong band widened out by diffusion, some way beyond its limit for the chloride on the red side, and the more refrangible is weaker with the nitrate. The more refrangible group in the green appears with the nitrate as a single band narrower than the two given by the chloride, and the middle band of the triplet in the blue is more diffuse with the nitrate.

The apparent shift above mentioned may be an effect of the overlapping of the diffuse bands, and though a real shift does not seem to me improbable, it is not in this case sufficiently decided to found an argument upon.

Plate 6 reproduces the spectra of 6·7 mm. of the strongest solution of didymium nitrate and of 305 mm. of the same solution diluted to 45·5 times its bulk. The bands of the strong solution are more diffuse and look somewhat washed out, notably the narrow band about λ 427, and the middle band of the triplet in the blue; and the strong group in the yellow extends further towards the red and has the appearance of being stronger with the strong solution than with the dilute.

Erbium nitrate behaves quite in the same way as didymium nitrate in regard to the greater diffuseness of its bands with strong solutions, and their gradual contraction and growing sharpness as the solution is diluted, until they come to be identical with those of the chloride. This is better seen in the photographs of the erbium spectra than in those of the didymium: see plate No. 5.

In plate 8 the spectrum of 6·7 mm. of solution containing 467 grams of erbium nitrate to the litre is contrasted with that of 305 mm. of the same solution diluted to 45·5 times its bulk. The greater diffuseness of the bands of the upper spectrum, which is that of the strong solution, and apparently greater intensity of the ultra-violet band on the left will be noticed. It may be compared with the corresponding plate No. 9 for the chloride, in which however the lower spectrum is that of the stronger solution. Plate 10 contrasts the spectra of equivalent solutions of erbium chloride and nitrate, in four degrees of dilution, the uppermost spectrum being that of the strongest chloride. The greater diffuseness of the bands of the nitrate can be seen, and the gradual approximation to identity in the spectra of the two solutions as they become more dilute. It is the counterpart for erbium of plate 11.

The nitrates, as well as the chlorides of both metals, shew a general absorption creeping down from the most refrangible end of the spectrum with increased concentration of the solutions; but though similar in the two salts, that given by the nitrates is not identical with that of the chlorides. Its edge is not so diffuse, but cuts off the spectrum more sharply than that of the chloride; and in the strongest solutions it does not extend so far down the spectrum as that of the chloride. On the other hand with the weak solutions of didymium it extends lower than that of the chloride. With a solution of didymium nitrate of $\frac{1}{64}$ strength in thickness of 152 mm. all light above λ 333 seems to be absorbed, while with the chloride light gets through beyond λ 315; and the strongest solution of the nitrate in a thickness of 38 mm. does not entirely cut off the light below λ 360, while the equivalent solution of chloride cuts it off much lower.

There are here four facts to deal with:

1. The identity of the spectra of the different salts of the same metal in the dilute condition.

2. The constancy of this spectrum in the case of chloride and sulphate in different dilutions so long as the thickness of absorbent is proportional to the dilution, a constancy holding good in the chlorides for a great range of concentration.

3. The modification, for I take it to be only a modification, of this spectrum in the case of the nitrate, by some cause which has increasing effect with increasing concentration.

4. The absorptions at the most refrangible end of the spectrum, which are somewhat different for different salts of the same metal, and diminish with increased dilution.

The first of these facts is certainly strongly suggestive of the interpretation put on it by Ostwald, that the spectrum common to all the salts of the same metal is due to the metallic ions. Against this the second fact militates, for the ionization is supposed to increase with dilution, and the absorptions by the ions should increase in intensity by dilution when the total quantity of salt, dissociated and undissociated, through which the light passes remains the same. The third fact points to some cause, affecting the diffuseness of the bands, which is more effective in concentrated solutions. This cause may be encounters between the molecules of the salt, or of its products in solution, which would be more frequent in more concentrated solutions.

Ionization should be increased by heating the solutions, and diminished by the addition of acid. I proceed to describe what I have observed of the effects of heating and of acidification on the absorption spectra.

Effects of Temperature on the Spectra.

The rise of temperature which could be employed was, as described above, only from the temperature of the room, about 20°, to a few degrees below the boiling-point of the water bath, or to about 97°. This rise of temperature produced the same kind of effect on all those absorption bands which are common to all the salts of the same metal, whether it be didymium or erbium, and that effect was to render them more diffuse, to spread them out, make their limits less definite, and in the case of weak bands make them appear weaker. The effect of heat was also the same in kind on dilute as on concentrated solutions. Heat also caused the broad diffuse absorption at the most refrangible end to extend itself downwards in a marked degree. Plates 13, 14 and 15 are reproductions of photographs of the spectra of three salts, in various degrees of dilution, cold and hot. It will be noticed that the absorption bands are not increased in intensity by heat, but from the greater diffusion they seem weaker, except the very strong bands which are so intense that they bear diffusion without letting enough light through to affect the plate. The creeping down with the higher temperature of a diffuse absorption from the most refrangible end is seen in all, and with the nitrate and sulphate seems to be independent of the concentration, while with the chloride it is barely noticeable with any but the most concentrated solution. In the last exposure with the sulphate the light is a little weaker throughout. The solution was the weakest and in the longest tube, and therefore most likely to be troubled with bubbles on the inner faces of the terminal quartz plates which could not be removed. I have no doubt this general weakening of the light was due to this cause. A general weakening of the light has the effect of making the absorption bands appear stronger. This appearance is deceptive; for the examination of a great many photographs, as well as direct observations of the spectra by eye, have led me to the conclusion that the effect of heat is to diffuse and not to strengthen the absorption bands which are ascribed to the metals. On the other hand it looks as if the diffuse absorption at the most refrangible end, which certainly creeps down lower with hot solutions, were strengthened as well as diffused, for in the region above that included in the plates, the limit of complete extinction of photographic effect is considerably lower with the hot than with the cold solutions.

On the whole the effects of heat on the spectrum afford no confirmation to the supposition that the absorptions are due to an increase of the number of ions; but rather suggest that they may be due to the increased energy of the motions of translation of the molecules, causing more frequent encounters.

EFFECTS OF ACIDIFYING THE SOLUTIONS.

The solutions compared with a view to ascertain these effects had in every case equal quantities of the metallic component per litre, but while one was neutral the other had twice as much of its acid component as the first; and they were usually compared in various degrees of dilution and in thicknesses proportional thereto. With didymium salts, chloride and nitrate, the acid made very little difference in the bands, as will be seen by examination of plate 18, which gives the spectra of four solutions of the chloride, two neutral and two acid. The creeping down of the absorption at the most refrangible end is, however, very evident in the most concentrated solution of acidified chloride; and some diffusion of some of the bands of the nitrate by the addition of the acid is just traceable in photographs of some of the weaker bands of the more concentrated solution. The increased diffusion of the bands of the nitrate by the addition of nitric acid can be easily seen directly by eye, using weak solutions in no great thickness. The addition of acid also produces a slight shift of the places of greatest absorption in the strong groups in the yellow and green. Whether this is due only to the expansion, and consequent overlapping, of the several bands in these groups, or whether there is a real shift, I have not been able to satisfy myself; but the general appearance resembles the changes produced in those bands by the use of different solvents which are described below, and it is very likely that similar causes are at work in the two cases. Nothing of this kind can be seen on the addition of hydrochloric acid to the chloride.

With erbium nitrate the addition of acid produces more marked effects: see plate 17. All the bands which are more diffuse with the neutral nitrate than with the equivalent chloride solution, are still more diffuse with the acid nitrate; and the effect regularly diminishes as the solution is made more dilute. There is however no indication that there is any weakening of the intensity of the bands by the presence of acid, but rather a strengthening of them.

With the chloride, on the other hand, there seems to be no more difference between the absorptions of the neutral and acid solutions than there is between the corresponding solutions of didymium chloride. Comparing the spectra by eye, I can see no appreciable difference between the acid and neutral solutions of equal thickness and equal erbium concentration. Plate 16 gives a reproduction of photographs of the absorptions of two pairs of equivalent neutral and acid solutions of erbium chloride, the upper pair being those of the strongest solution. The creeping down of the continuous absorption with the acid solution is visible in both pairs of spectra, but more evident with the stronger solution, where it sensibly affects the apparent intensity and breadth of the broad band at about λ 451. The second pair of spectra on this plate were taken with solutions made by diluting those used for the first pair of spectra until their volumes were three times as great as before, and they were put into tubes four times as long as those used for the first pair. There is no indication of any weakening of the absorptions by the addition of acid.

The absence of any diminution of intensity either of the didymium or erbium bands by the addition of acid, taken in conjunction with the fact that rise of temperature does not increase their intensity, go a long way to negative the supposition that these bands are produced by the metallic ions; and the facts recorded in the preceding pages rather suggest that the metallic bands are the outcome of chemical interactions between molecules of the salt with each other and with those of the solvent, while the general absorption at the most refrangible end, which is evidently of a different class and resembles the absorptions of glass and many other substances which absorb the more rapid vibrations but are transparent to waves of less oscillation-frequency, may perhaps be due to encounters of molecules without chemical change. The effects on the spectrum when different solvents are used may throw some light on this question. Accordingly I made some experiments with didymium salts in various solvents.

Effects of Different Solvents.

Didymium chloride solution evaporated at 100° retains some water, and seems to have the composition of the crystalline salt. Dried at a higher temperature it may be had anhydrous, but in that state appears to be quite insoluble in alcohol. Dried at 100° it dissolves with tolerable facility in absolute ethyl-alcohol, and in glycerol, but will not dissolve in benzene. The alcoholic solution deposits beautiful pink crystals on evaporation. The absorption spectrum of this solution shews the same bands as an aqueous solution, but they are somewhat modified. They are more diffuse so that the weaker bands look as if they were washed out, and the positions of maximum absorption are all moved towards the less refrangible side, and the diffuse absorption at the most refrangible end extends lower down the spectrum than with an aqueous solution of equal concentration. The general relation between the spectra of the two solutions will be seen on comparing photographs (1) and (2) of plate 19, of which the former is given by the aqueous, the latter by the alcoholic solution. The shift of the bands towards the red is visible in the photographs, but as the plate had to be shifted between the exposures, no reliance can be placed on the appearance of a shift in such photographs, when the amount of displacement of the bands is small. This defect is, however, met by direct eye-observations, with the two spectra in the field of view at the same time. In this way it is seen that all the bands that are visible are shifted towards the red, but are by no means all equally shifted. At the same time the strong groups of bands in the yellow and green have, by the action of the alcohol, undergone a modification of their general appearance which simulates the addition of some new bands; but by examining solutions of different concentrations I have satisfied myself that no new bands make their appearance, but the simulation of them is due to the widening and unequal shift of the bands, whereby their overlapping, and the consequent relative positions of the maxima of absorption, are modified. The modifications are such as we may reasonably ascribe to the influence of the bulky colloid molecules of the alcohol, amongst which the vibrating absorbent molecules move and from which they can hardly ever get free, loading them but loading them unequally, and on the whole degrading the rates of their vibratory motions.

A very remarkable, and by far the most excessive, modification of the bands that I have observed, is produced by passing dry hydrochloric acid into the alcoholic solution. The third photograph of plate 19 shews the effect. The colour of the solution is changed by the acid from pink to bluish green, and the reason of this is obvious from the photograph. The molecules seem so loaded as to be nearly incapable of taking up the more rapid vibrations corresponding to the bands in the indigo and blue, while they seem to absorb more strongly those of slower rate in the yellow and citron. At the same time these are more degraded than by alcohol alone, and the group in the yellow so spread out that some of the components are distinctly separated. Of course the acid makes the solvent a complicated mixture, including ethyl-chloride and water as well as the unaltered components.

The modifications of the spectrum by glycerol are of the same character as those produced by alcohol. The bands are generally shifted towards the red, and are more diffuse, but otherwise not much modified. Plate 20 shews the spectrum of the glycerol solution above and below that of an aqueous solution of didymium nitrate of nearly, but not exactly, equal concentration. Observed directly by eye it is seen that the band in the red at λ 679 is not sensibly affected, the group in the yellow and the less refrangible of the two groups in the green, are distinctly shifted towards the red, but otherwise not affected in character; while the more refrangible group in the green is not sensibly shifted, but appears weakened by diffusion. The still more refrangible bands are all rendered more diffuse by glycerol, and are also degraded with the exception of the middle band of the triplet in the blue, which does not appear shifted, but of this I am not sure for the photographs shew a trace of a washed-out band about mid-way between the two extreme bands of the triplet in addition to the stronger band which is more refrangible. With glycerol the continuous diffuse absorption also creeps down the spectrum as with alcohol.

In order to observe the effect of a crystallizable solvent other than water, some didymium acetate was prepared and dissolved in glacial acetic acid, and for comparison with it an aqueous solution of didymium nitrate was made of equal concentration. Plate 20 shews the photographs of their spectra. Comparing the absorptions directly by eye, the band in the red appeared stronger in the acetate and sensibly shifted to the less refrangible side, the feeble band in the orange also was shifted in the same direction, the strong group in the yellow considerably extended towards the red but its more refrangible edge not apparently shifted, doubtless because the widening of the bands compensated the shift which was visible in all the other bands of the acetate though they otherwise had the same general appearance as those of the nitrate. The shift and change of character produced by acetic acid was less than was produced by alcohol.

Didymium tartrate is very insoluble in water, but the compound produced by potassium hydrogen tartrate acting on didymium hydroxide dissolves in a solution of ammonia. The spectrum given by this solution is contrasted with that of an aqueous solution (not exactly of the same concentration), of didymium chloride in plate 23. With the exception of the group in the yellow, the less refrangible of the groups in the green, and the narrow band in the indigo, the bands seem all a good deal washed out. All the bands are shifted towards the red, and the *apparent* shift increases as the bands become more refrangible, but probably this appearance is the effect of the greater dispersion of the more refrangible rays.

I had no crystals of didymium salts sufficiently large to enable me to see how the diminished freedom of the molecules in the solid would modify the spectrum, but had a rod of fused borax coloured with didymium. This was made by mixing weighed quantities of didymium oxide and dried borax, fusing the mixture, and sucking the fused mass into a hot platinum tube. After cooling the rough ends were cut off and polished, and I was thus able to compare the spectrum given by a thickness of 25 mm. of this glass with that of an equivalent solution of didymium chloride. Photographs of these spectra are shewn in plate 21. They are somewhat marred by dust on the slit of the spectroscope, but this does not prevent a fair comparison. It will be seen that the modifications produced by the glass are on the whole similar in character to those produced by some of the liquid solvents. The strong group in the yellow is much expanded and the components of the group unequally shifted towards the red, the less refrangible of the groups in the green is shifted and its appearance modified for the same reason. The more refrangible bands are much washed out and their shifts appear very unequal. Nevertheless they appear to be still essentially the same bands modified as to their rates of vibration by the diminished freedom of the molecules producing them.

On a review of the whole series of observations I conclude that the characteristic absorptions of didymium compounds, namely those which are common to dilute aqueous solutions, and are only modified by concentration, by heat, and by variations of the solvent, are due to molecules which are identical in all cases, though their vibrations are modified by their relations to other molecules surrounding them. The like conclusion holds for erbium compounds. It appears to me quite incredible that the atoms of didymium should retain in chemical combination so much individuality and freedom as to take up their own peculiar vibrations unaffected by the rest of the matter combined with them, as must be the case if we supposed the combined didymium *in the molecules* to give the common spectrum of all the salts in dilute solution. When I speak of atoms of didymium in the salts, I mean of course masses equal to the atoms of didymium metal, but having different energy, which means different internal motions, probably different structure, and different capabilities of vibration. No chemical compounds shew the absorptions which their separate elements exhibit. Sodium vapour, though monatomic, has a very strong absorbent power which is quite lost when it has parted with energy in combining with chlorine. Nevertheless the molecule of a chloride breaks up, in general, into masses equal to those of the atoms of its elements more easily than in any other way, and there is pretty good evidence that in encountering a molecule of water this also is sometimes broken up, and ultimately, if not immediately, new molecules of hydroxide and acid are formed, as well as, by a similar process, new molecules of the salt. In the interval between the rupture of a molecule and the recombination of its parts with each other, or with parts of other molecules, the parts have a certain freedom, and capability of vibrating, which they do not possess in combination. Now if we suppose the number of such parts as have the capability of taking up vibrations of frequency corresponding to the characteristic absorptions of didymium to be directly proportional to the concentration of the didymium salt and to the time of their freedom, the observed facts will be all in agreement with the hypothesis. Increased concentration, and increased temperature, will mean more frequent encounters amongst the molecules, and more frequent ruptures, but at the same time more frequent encounters of the parts and consequent shortening of their times of freedom. These effects will exactly compensate each other and leave the average number of absorbent parts of molecules constant under changes either of concentration or of temperature. The continuous absorption of the more rapid vibrations increasing with concentration and rise of temperature points to an action depending only on the number of encounters of the molecules of the salt with one another. It is not every encounter which is attended with disruption, and the continuous absorption may be due to molecules in encounter without rupture, but at all events it seems due to the condition of the molecules during encounter, but not to occur at the encounters of a molecule of salt with the very much less massive molecules of water. Encounters of a molecule of salt with a molecule of acid will in all probability cause effects very similar to those of encounters between two molecules of salt, and this supposition is quite in agreement with the observed facts.

The time of complete freedom of a vibrating part of a molecule must be very short, but probably shorter when the complementary part is more massive, as in the case of a nitrate, than it is in the case of a chloride. But between complete freedom and complete incorporation in a chemical compound there is a considerable gradation, and the capacity of the part to vibrate at particular rates will have a corresponding gradation, and the part may moreover be frequently under the influence of molecules, or parts of molecules, with which it does not combine. This influence will probably be greater as the molecule exerting the influence is greater whether more massive, or, as in the case of such colloids as alcohol, more voluminous. These considerations reconcile all the facts as to the spectra I have observed with the hypothesis I have made.

There are, however, other facts to be reconciled with that hypothesis. I mean the facts of ionization, of osmotic pressure and the correlative facts of the rise of boiling point, and fall of crystallizing point, of solutions. In regard to all these effects the freedom of the parts is the primary postulate, far more definitely so than in the case of vibrations such as my observations relate to. The laws I have tried to investigate appear to hold good up to the point of saturation of the solutions, which is not the case with the laws of osmotic pressure and of change of boiling and freezing points, which have been established for dilute solutions. Further, ionization implies a certain distribution of energy in the field, the ions are charged with electricity. That is not necessary for the absorption of light, which will depend, primarily at least, on the form of the internal energy of the vibrating mass, that is on its structure. That a redistribution of energy occurs at every rupture of a molecule seems certain, solution is attended with thermal effects and so is dilution, and it is only when equilibrium is reached, and as much change takes place in one direction as in the opposite, that the manifestation of such redistribution ceases. How much of the intrinsic energy of the molecules takes the form of heat and how much is retained in the field at the rupture of the molecules we do not know. It is however quite conceivable that the circumstances under which the rupture takes place may determine whether any, or how much, energy is retained by the field, that is whether any, or how many, of the ruptured parts become ions.

The plates, which are all reproductions of photographs, will be found at the end of the volume.

XV. *The Echelon Spectroscope.* By Professor A. A. MICHELSON, Sc.D.

[*Received* 19 October 1899.]

THE important discovery of Zeeman of the influence of a magnetic field upon the radiations of an approximately homogeneous source shows more clearly than any other fact the great advantage of the highest attainable dispersion and resolving power in the spectroscopes employed in such observations.

If we consider that in the great majority of cases the separation of the component lines produced by the magnetic field is of the order of a twentieth to a fiftieth of the distance between the sodium lines, it will be readily admitted that if the structure of the components themselves is more or less complex, such structure would not be revealed by the most powerful spectroscopes of the ordinary type.

In the case of the grating spectroscope, besides the difficulty of obtaining sufficient resolving power, the intensity is so feeble that only the brighter spectral lines can be observed, and even these must be augmented by using powerful discharges—which usually have the effect of masking the structure to be investigated.

Some years ago I published a paper describing a method of analysis of approximately homogeneous radiations which depends upon the observation of the clearness of interference fringes produced by these radiations. A curve was drawn showing the change in clearness with increase in the difference of path of the two interfering pencils of light,—and it was shown that there is a fixed relation between such a "visibility curve" and the distribution of light in the corresponding spectrum—at least in the case of symmetrical lines*.

It is precisely in the examination of such minute variations as are observed in the Zeeman effect, that the advantages of this method appear,—for the observations are entirely free from instrumental errors; there is practically no limit to the resolving power; and there is plenty of light.

There is however the rather serious inconvenience that the examination of a single line requires a considerable time, often several minutes, and during this time the character of the radiations themselves may be changing.

Besides this, nothing can be determined regarding the nature of these radiations until

* In the case of asymmetrical lines another relation is necessary, and such is furnished by what may be called the "phase curve."

the "visibility curve" is complete, and analyzed either by calculation or by an equivalent mechanical operation.

Notwithstanding these difficulties, it was possible to obtain a number of rather interesting results, such as the doubling or the tripling of the central line of Zeeman's triplet, and the resolution of the lateral lines into multiple lines; also the resolution of the majority of the spectral lines examined, into more or less complex groups; the observation of the effects of temperature and pressure on the width of the lines, etc.

It is none the less evident that the inconveniences of this process are so serious that a return to the spectroscopic methods would be desirable if it were possible (1) to increase the resolving power of our gratings; (2) to concentrate all the light in one spectrum.

It is well known that the resolving power of a grating is measured by the product nm of the number of lines by the order of the spectrum. Attention has hitherto been confined almost exclusively to the first of these factors, and in the large six-inch grating of Prof. Rowland there are about one hundred thousand lines. It is possible that the limit in this direction has already been reached; for it appears that gratings ruled on the same engine, with but half as many lines, have almost the same resolving power as the larger ones. This must be due to the errors in spacing of the lines; and if this error could be overcome the resolving power could be augmented indefinitely.

In the hope of accomplishing something in this direction, together with Mr S. W. Stratton, I constructed a ruling engine in which I make use of the principle of the interferometer in order to correct the screw by means of light-waves from a homogeneous source. This instrument (only a small model of a larger one now under construction) has already furnished rather good gratings of two inches ruled surface, and it seems not unreasonable to hope for a twelve-inch grating with almost theoretically accurate rulings.

As regards the second factor—the order of the spectrum observed, but little use is made of orders higher than the fourth, chiefly on account of the faintness of the light. It is true that occasionally a grating is ruled which gives exceptionally bright spectra of the second or third order, and such gratings are as valuable as they are rare, for it appears that this quality of throwing an excess of light in a particular spectrum is due to the character of the ruling diamond which cannot be determined except by the unsatisfactory process of trial and error.

If it were desirable to proceed otherwise—to attempt to produce rulings which

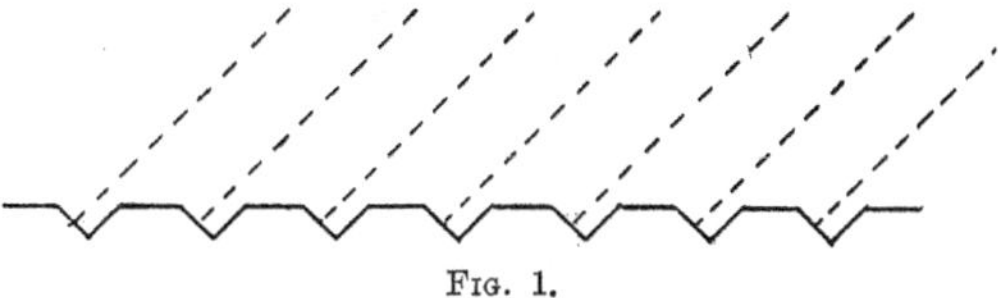

FIG. 1.

should throw the greater part of the incident light in a given spectrum, we should try to give the rulings the form shown in section in Fig. 1.

I am aware of the difficulties to be encountered in the attempt to put this idea into practical shape, and it may well be that they are in fact insurmountable—but in any case it seems to be well worth the attempt.

Meanwhile the idea suggested itself of avoiding the difficulty in the following way:

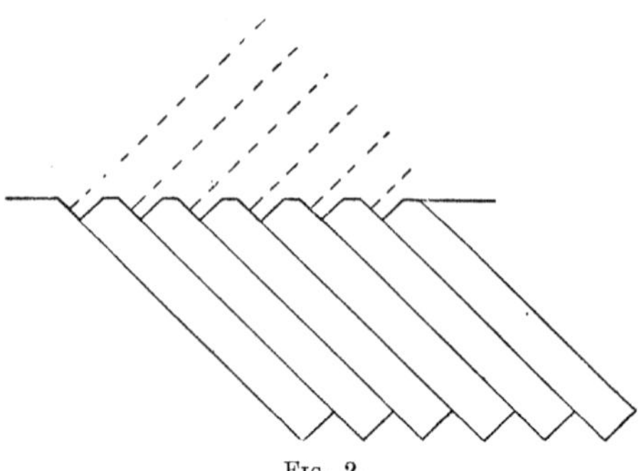

FIG. 2.

Plates of glass (Fig. 2), accurately plane-paralleled and of the same thickness, were placed in contact, as shown in Fig. 2. If the thicknesses were exactly the same, and were it not for variations in the thickness of the air-films between the plates, the retardations of the pencils reflected by the successive surfaces would be exactly the same, and the reflected waves would be in the same conditions as in the case of a reflecting grating—except that the retardation is enormously greater.

The first condition is not very difficult to fulfil; but in consequence of dust particles which invariably deposit on the glass surfaces, in spite of the greatest possible precautions, it is practically impossible to insure a perfect contact, or even constancy in the distances between surfaces*.

If now instead of the retardation by reflection we make use of the retardation by transmission through the glass, the difficulty disappears almost completely. In particular the air-films are compensated by equivalent thicknesses of air outside, so that it is no longer necessary that their thickness should be constant. Besides, the accuracy of parallelism and of thickness of the glass plates necessary to insure good results is now only one-fourth of that required in the reflection arrangement.

In Fig. 3 let $ab = s$, the breadth of each pencil of rays; $bd = t$, the thickness of each element of the echelon; θ, the angle of diffraction; α, the angle adb; m, the number of waves of length λ corresponding to the common difference of path of the successive elements. The difference of path is $m\lambda = \mu t - ac$.

Now $$ac = \frac{t}{\cos\alpha}\cos(\alpha + \theta),$$

* Nevertheless I have succeeded with ten such plates, silvered on their front surfaces, in obtaining spectra which, though somewhat confused, were still pure enough to show phenomena such as the Zeeman effect, the broadening of lines by pressure, etc.—but evidently the limit has been nearly reached.

or, since θ is always very small,

$$ac = \frac{t}{\cos\alpha}(\cos\alpha - \theta\sin\alpha) = t(1 - \theta\tan\alpha),$$

and hence

$$m\lambda = (\mu - 1)t + s\theta \quad \text{(I)}.$$

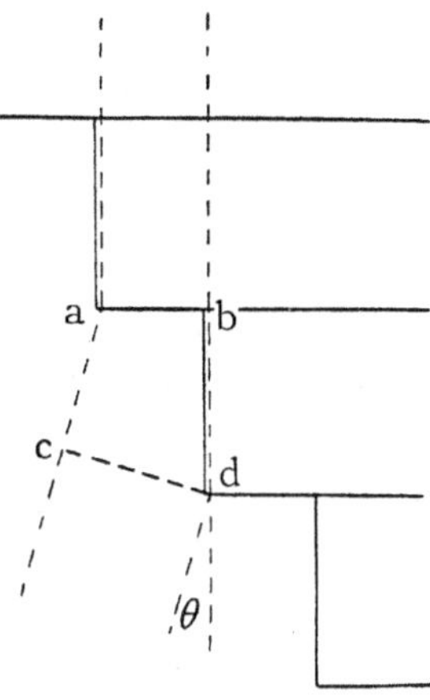

FIG. 3.

To find the angle corresponding to a given value $d\lambda$, differentiate for λ and we find

$$\frac{d\theta}{d\lambda} = \frac{1}{s}\left(m - t\frac{d\mu}{d\lambda}\right).$$

Putting in this expression the approximate value of

$$m = (\mu - 1)\frac{t}{\lambda},$$

we have

$$\frac{d\theta}{d\lambda/\lambda} = \left[(\mu - 1) - \lambda\frac{d\mu}{d\lambda}\right]\frac{t}{s} = b\frac{t}{s} \quad \text{(II)}.$$

For the majority of optical glasses b varies between 0·5 and 1·0.

The expression (II) measures the dispersion of the echelon. To obtain the resolving power, put $\epsilon = d\lambda/\lambda$ for the limit. For this limiting value the angle θ will be λ/ns, where n is the number of elements; whence ns = the effective diameter of the observing telescope. Substituting these values we find

$$\epsilon = \frac{\lambda}{bnt} \quad \text{(III)}.$$

To obtain the angular distance between the spectra, differentiate (I) for m; we find

$$\frac{d\theta}{dm} = \frac{\lambda}{s},$$

or putting $dm =$ unity,

$$d\theta = \frac{\lambda}{s} \quad \text{...(IV).}$$

The quantity $d\lambda/\lambda = E$ corresponding to this is found by substituting this value of $d\theta$ in (II), whence

$$E = \frac{\lambda}{bt} \quad \text{...(V).}$$

Hence the limit of resolution is the nth part of the distance between the spectra.

This fact is evidently a rather serious objection to this form of spectroscope. Thus in observing the effect of increasing density on the breadth of the sodium lines, if the broadening be of the order of λ/bt the two contiguous spectra (of the same line) will overlap. As a particular case, let us take $t = 7$ mm., $E = \frac{1}{17000}$. It will be impossible to examine lines whose breadth is greater than the fourteenth part of the distance between the D lines. It is evidently advantageous to make t as small as possible.

Now the resolving power, which may be defined by $\frac{1}{\epsilon}$, is proportional to the product nt. Consequently, in order to increase it as much as possible it is necessary to use thick plates, or to increase their number. But in consequence of the losses by the successive reflections, experience shows that this number is limited to from 20 to 35 plates, any excess not contributing in any important degree to the efficiency.

I have constructed three echelons, the thickness of the plates being 7 mm., 18 mm. and 30 mm. respectively, each containing the maximum number of elements—that is, 20 to 35, and whose theoretical resolving powers are therefore of the order of 210,000, 540,000 and 900,000 respectively. In other words, they can resolve lines whose distances apart are the two-hundredth, the five-hundredth and the nine-hundredth of the distance between the D lines.

Consequently the smallest of these echelons surpasses the resolving power of the best gratings, and what is even more important, it concentrates all the light in a single spectrum.

The law of the distribution of intensities in the successive spectra is readily deduced from the integral

$$A = \int_{-s/2}^{s/2} \cos px\,dx,$$

where

$$p = \frac{2\pi}{\lambda}\theta.$$

Hence

$$I = A^2 = \frac{\sin^2 \pi \frac{s}{\lambda}\theta}{\left(\pi \frac{s}{\lambda}\theta\right)^2}.$$

This expression vanishes for $\theta = \pm \lambda/s$ which is also the value of $d\theta_1$, the distance between the spectra.

Hence in general there are two spectra visible as indicated in Fig. 4.

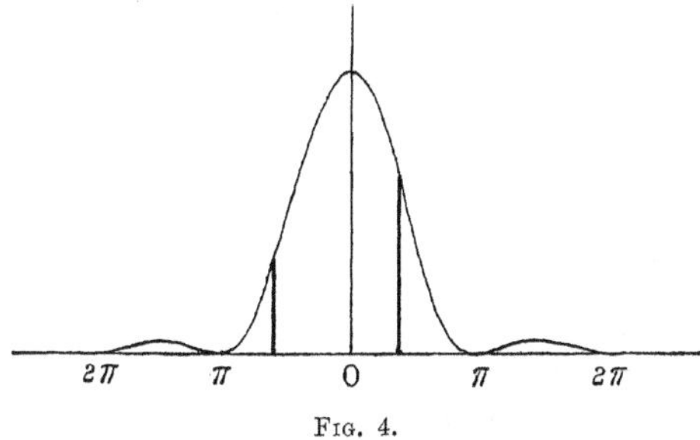

FIG. 4.

By slightly inclining the echelon one of the spectra is readily brought to the centre of the field, while the adjacent ones are at the minima, and disappear. The remaining spectra are practically invisible, except for very bright lines.

As has just been indicated, the proximity of the successive spectra of one and the same line is a serious objection, and as this proximity depends on the thickness of the plates —which for mechanical reasons cannot well be reduced below 5 or 6 mm.—it is desirable to look to other means for obviating the difficulty, among which may be mentioned the use of a liquid instead of air.

In this case formula (II) becomes

$$\frac{d\theta}{d\lambda/\lambda} = \frac{t}{s}\left[\frac{1}{\mu_1}(\mu - \mu_1 - \lambda)\frac{d(\mu - \mu_1)}{d\lambda}\right] = c\frac{t}{s},$$

and formula (IV) becomes

$$\frac{d\theta}{dm} = \frac{\lambda}{\mu_1 s}.$$

Repeating the same operations as in the former case, we find

$$\epsilon = \frac{\lambda}{nct},$$

and

$$E = \frac{\lambda}{ct}.$$

The limit of resolution is still the nth part of the distance between the spectra, but both are increased in the ratio b/c.

Suppose for instance the liquid is water. Neglecting dispersion the factor would be 3·55. Hence the distance between the spectra will be increased in this proportion, but the limit of resolution will also be multiplied by this factor. But as there is now a surface water-glass which reflects the light, the loss due to this reflection will be very much less, so that it will be possible to employ a greater number of elements, thus restoring the resolving power. At the same time the degree of accuracy necessary in working the plates is 3·55 times less than before.

For many radiations the absorption due to thicknesses of the order of 50 cm. of glass would be a very serious objection to the employment of the transmission echelon. I have attempted therefore to carry out the original idea of a reflecting echelon, and it may be of interest to indicate in a general way how it is hoped the problem may be solved.

Among the various processes which have suggested themselves for realising a reflecting echelon, the following appear the most promising:

In the first a number of plates, 20 to 30, of equal thickness, are fastened together as in Fig. 5, and the surfaces A and B are ground and polished plane and parallel. They are then separated and placed on an inclined plane surface, as indicated in Fig. 6.

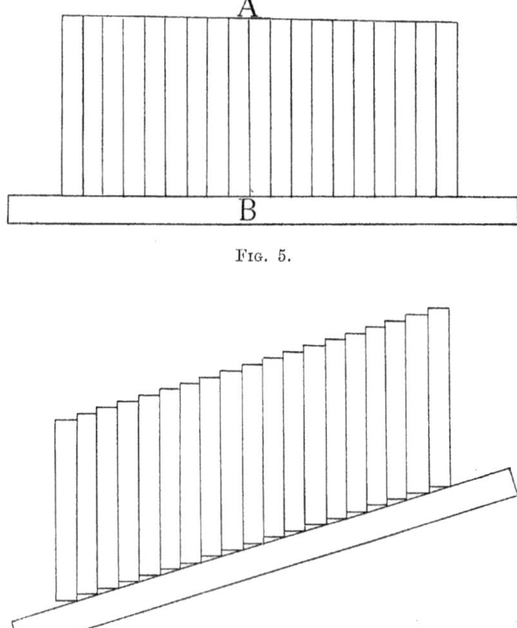

FIG. 5.

FIG. 6.

If there are differences in thickness of the air-films the resulting differences in the height of the plates will be less in the ratio $\tan\alpha$. An error of λ/n may be admitted for each plate—even in the most unfavorable case in which the errors all add; and consequently the admissible errors in the thickness of the air-films may be of the order

$\lambda/n\alpha$. For instance, for 20 plates the average error may be a whole wave-length if the inclination a is $\frac{1}{20}$. As there is always a more or less perfect compensation of the errors, the number of plates, or the inclination, may be correspondingly greater. Accordingly it may be possible to make use of 50 elements and the plane may be inclined at an angle of 20° to 30°. It would be necessary in this case however to use a rather large objective. Possibly this may be avoided by cutting the surface A to a spherical curvature, thus forming a sort of concave echelon.

The second process differs from the first only in that each plate is cut independently to the necessary height to give the required retardation. The first approximation being made, the plates are placed on a plane surface as in Fig. 7 (side view) and Fig. 8 (front view).

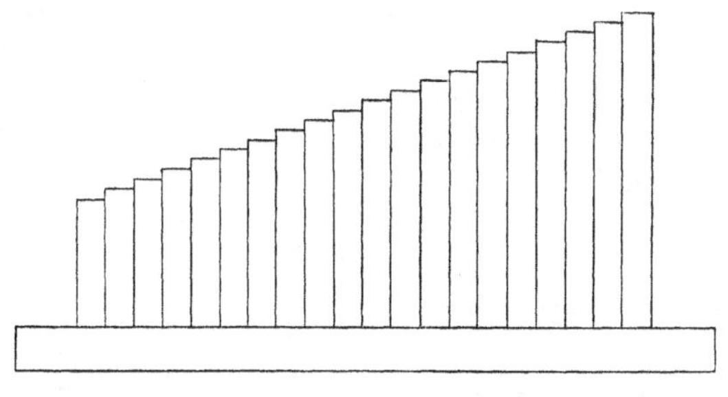

FIG. 7.

The projections a and b are then ground and polished until the upper surfaces are all parallel, and the successive retardations equal. The parallelism as well as the height is verified by means of the interferometer.

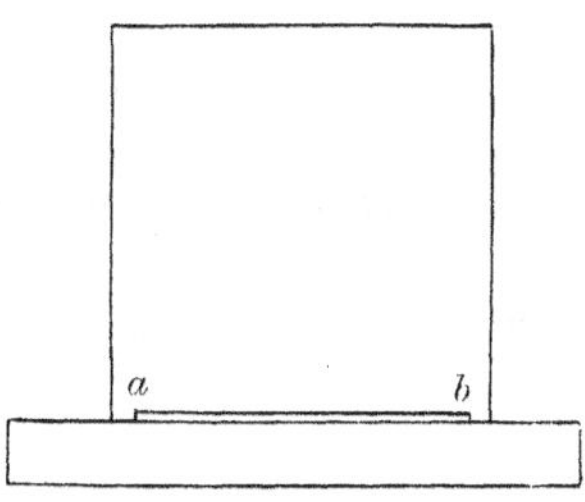

FIG. 8.

These processes are, it is freely conceded, rather delicate, but preliminary experiments have shown that with patience they may be successful.

XVI. *On Minimal Surfaces.* By H. W. RICHMOND, M.A., King's College, Cambridge.

[*Received* 10 November 1899.]

1. IN a short paper read before the London Mathematical Society on Feb. 9 last, and since printed in the *Proceedings* of the Society, Vol. XXX. p. 276, Mr T. J. I'A. Bromwich has noted an interesting form of the tangential equation of a minimal surface, by which the determination of such surfaces is made to depend upon a particular type of solution of Laplace's equation. The idea of thus establishing a connexion between certain of Laplace's functions and minimal surfaces is one that presented itself to me several years ago, and led me then (in 1891–92) to consider at some length to what extent the study of these surfaces given by Darboux in Part I, Book III, of his *Théorie générale des Surfaces* might be modified by this connexion. Although the familiar treatment of Laplace's equation led me, (in many instances by simpler paths than Darboux), to a number of the chief known theorems concerning minimal surfaces, yet I never succeeded in reaching untrodden ground, and for this reason laid aside my work; but the appearance of Mr Bromwich's paper has caused me to look through my notes, and to consider with some fulness a special family of algebraic minimal surfaces to which the method is peculiarly applicable.

So thorough a discussion of the history and properties of minimal surfaces is given by Darboux, in Book III. of his *Théorie générale des Surfaces,* that it will seldom be necessary to refer to other sources of information: references to Darboux will be made simply by the letter D. followed by the number of the paragraph in question;—thus (D. § 175). In all that follows it is supposed that a system of real rectangular Cartesian axes is employed.

2. The tangential equation of a surface,

$$\phi(p,\ l,\ m,\ n)=0,$$

(where ϕ is a *homogeneous* function of p, l, m, n, but not necessarily algebraic), expresses the condition that the plane

$$lx+my+nz=p \quad \text{...(1)},$$

should be tangent to the surface. Should ϕ be rational, integral and homogeneous of the kth degree, the surface is algebraic and of the kth class.

The equation $\phi(p, l, m, n) = 0$ will always be regarded as defining a dependent variable p as a function of three independent variables l, m, n;—

$$p = \psi(l, m, n) \qquad\qquad (2);$$

but the function ψ is of necessity homogeneous and of the first degree. The coordinates of the point of contact of the plane (1) with the surface enveloped by it are

$$x = \frac{\partial p}{\partial l}; \quad y = \frac{\partial p}{\partial m}; \quad z = \frac{\partial p}{\partial n} \qquad\qquad (3),$$

so that x, y, z are expressed as homogeneous functions of l, m, n, of degree zero, i.e. as functions of the ratios $l : m : n$. It is therefore possible to eliminate l, m, n from equations (3) and so to obtain a relation in x, y, z, alone, the equation of the surface in point coordinates. The condition that the surface should be minimal is established without difficulty, viz.

$$\frac{\partial^2 p}{\partial l^2} + \frac{\partial^2 p}{\partial m^2} + \frac{\partial^2 p}{\partial n^2} = 0 \qquad\qquad (4).$$

Hence:—*When p is a function of l, m, n, homogeneous and of the first degree, which satisfies Laplace's equation, the envelop of the planes* (1), *or the locus of the point* (3), *is a minimal surface.* When the condition (4) is satisfied, I shall say that p has a *minimal* value, or is a *minimal* function of l, m, n.

It is of importance to observe that, in what precedes, the condition

$$l^2 + m^2 + n^2 = 1,$$

is not imposed: provided only that p is of the first degree in l, m, n (which is always to be understood in future), it is absolutely immaterial whether the sum of the squares of these quantities be equal to unity or no. When (4) is satisfied it is easy to establish the theorem of M. Ossian Bonnet (D. §§ 202, 203), that the horograph of a minimal surface is a conformable map of the surface.

3. I now consider very briefly to what results the common manipulation of Laplace's equation leads. Since p satisfies the equation, so also do its three partial differential coefficients, which, as we have seen, are the coordinates of points of the surface, expressed in terms of the ratios $l : m : n$. Now the solutions of Laplace's equation which are of degree zero in the variables are of the form,

$$F(u) + F_1(u_1),$$

where

$$u = \frac{l + im}{r - n} = \frac{r + n}{l - im}; \quad u_1 = \frac{l - im}{r - n} = \frac{r + n}{l + im};$$

and

$$r = (l^2 + m^2 + n^2)^{\frac{1}{2}}.$$

These quantities u and u_1 are thus the same as those of Darboux (cf. D. §§ 193, 195). The formulae of Weierstrass (D. § 188, equation 17) are readily deduced; while if we take new variables v and v_1, the former a function of u and the latter of u_1, we reach the solution of Monge (D. §§ 179 and 218).

Although the integration of Laplace's equation presents no difficulty, it is not easy to say what is the best form of solution of the first degree in the variables which we should take as the value of p. The formulae due to Weierstrass (D. § 188, equations 18), may be obtained from the value

$$p = r\,[f'(u) + f_1'(u_1)] - (l - im)\,f(u) - (l + im)\,f_1(u_1):$$

but a value which is preferable for the present purpose, in that it is more naturally attained by integration and leads to simpler results, is

$$p = r\,[u\chi'(u) + u_1\chi_1'(u_1)] - n\,[\chi(u) + \chi_1(u_1)] \quad\ldots\ldots\ldots\ldots\ldots\ldots\ldots (5);$$

and this is the value which will be used in the following applications. From it I derive, by differentiation with respect to l, m, n, the expressions

$$x = \chi'(u) + \frac{1}{2}u(1 - u^2)\chi''(u) + \chi_1'(u_1) + \frac{1}{2}u_1(1 - u_1^2)\chi_1''(u_1);$$

$$y = i\chi'(u) + \frac{1}{2}iu(1 + u^2)\chi''(u) - i\chi_1'(u_1) - \frac{1}{2}iu_1(1 + u_1^2)\chi_1''(u_1);$$

$$z = -\chi(u) + u\chi'(u) + u^2\chi''(u) - \chi_1(u_1) + u_1\chi_1'(u_1) + u_1^2\chi_1''(u_1).$$

It will be seen that the two forms are in agreement if

$$f(u) = u\chi(u); \quad f_1(u_1) = u_1\chi_1(u_1).$$

4. As an illustration of the use of these results I consider two methods of solving the problem of determining a minimal surface which has a given plane as a plane of symmetry, and cuts that plane at right angles along a given curve; or, as Darboux (§ 251) expresses it, has a given plane curve as a geodesic. It is clear that if $\chi = \chi_1$, (which in the case of a real surface implies that χ is a real function), the surface has zOx as a plane of symmetry and cuts it orthogonally: moreover, if we fix directions by Euler's two angles, θ the colatitude and ϕ the longitude, (so that

$$l : m : n : r :: \sin\theta\cos\phi : \sin\theta\sin\phi : \cos\theta : 1,$$

and

$$u = e^{i\phi}\,.\cot\frac{1}{2}\theta, \quad u_1 = e^{-i\phi}\,.\cot\frac{1}{2}\theta),$$

the functions χ and χ_1 are determined by the equation

$$\chi\left(\cot\frac{1}{2}\theta\right) = \chi_1\left(\cot\frac{1}{2}\theta\right) = -\frac{1}{2}\operatorname{cosec}\theta\,.\int p\,d\theta,$$

the quantity p being the length of the perpendicular from the origin on any tangent of the given plane curve, laid in the plane zOx, and θ the inclination of that perpendicular to Oz.

5. But the following solution is of greater interest, in that it is adapted to cases when the given plane curve is *irregular*, being composed of portions of known curves

or straight lines, united so as to form a closed contour. Let this contour be enveloped by a straight line which moves round it, turning always in the same direction; let the plane of the contour be xOy; let p_0 denote the perpendicular from O on the enveloping line, and ϕ_0 the inclination of that perpendicular to Ox.

In a complete circuit of the contour, the enveloping line will turn through some multiple of two right angles, and return to its original position; p_0 is therefore a periodic function of ϕ_0,—the period being a multiple of π,—and may be expanded in a Fourier's series even when p_0 or its differential coefficients have discontinuities: thus

$$p_0 = \Sigma (a_k \sin k\phi_0 + b_k \cos k\phi_0).$$

In the case of an oval curve or a closed convex polygon the period of p_0 is 2π; k will then receive only integer values. In a cardioid the period is 3π, and $3k$ will always be an even integer, etc., etc.

The minimal surface sought will be represented by the tangential equation

$$p = \Sigma \left\{(k - \cos\theta)\cot^k \frac{1}{2}\theta + (k + \cos\theta)\tan^k \frac{1}{2}\theta\right\}(a_k \sin k\phi + b_k \cos k\phi) \div 2k.$$

For this typical term may be obtained from the general formulae (5) by making

$$\chi(u) = K(u^k - u^{-k}), \quad \chi_1(u_1) = K_1(u_1^k - u_1^{-k});$$

K and K_1 being constants suitably chosen; and we may deduce

$$z = \frac{1}{2}\Sigma(k - k^{-1})\left(\cot^k \frac{1}{2}\theta - \tan^k \frac{1}{2}\theta\right)(a_k \sin k\phi + b_k \cos k\phi);$$

so that, when $\theta = \frac{1}{2}\pi$, z vanishes and p has the correct value.

Interesting special cases arise when the given plane curve is an epicycloid or hypocycloid; for the series for p_0 then reduces to a single term

$$p_0 = A \cos k\phi,$$

and the required surface is obtained by making in (5)

$$\chi(u) = B(u^k - u^{-k}), \quad \chi_1(u_1) = B(u_1^k - u_1^{-k}).$$

It is clear however that special surfaces such as this fall under the cases to which the methods of Darboux are applicable; I therefore pass on to a result which I do not remember to have seen explicitly stated, (although it follows almost immediately from several theorems of Darboux), and to some considerations suggested by it. Enough has been said to shew that integration of Laplace's equation leads rapidly to many of the chief known results concerning minimal surfaces.

6. Since Laplace's differential equation is linear, the sum of any two of its solutions is itself a solution: if then p_1 and p_2 be two minimal functions of l, m, n, $p_1 + p_2$ is also a minimal function. Stating this theorem in geometrical language, we enunciate the noteworthy property:—

If any two minimal surfaces be taken, the locus of the middle points of lines which join the points of contact of parallel tangent planes is also a minimal surface.

But, conversely, the possibility that a given minimal value of p may be resolved into the sum of two or more simpler values is suggested by the theorem. I propose to carry through this idea in the case of rational algebraic minimal functions;—to prove that every rational algebraic minimal function may be expressed as the sum of a finite number of such functions each belonging to certain standard types, much in the way that every rational fraction may be broken into partial fractions. In other words, I hope to establish that by taking a finite number of minimal surfaces of certain normal types, disposed in space with various orientations, and constructing the locus of the centre of mean position of the points of contact of parallel tangent planes, we may arrive at any minimal surface whatever, for which p is a rational algebraic homogeneous function of l, m, n, of the first degree.

When p is such a function, the surface, whether minimal or not, will have one and only one tangent plane parallel to any given plane: if the surface be of class $k+1$ it will have the plane infinity as a k-fold tangent plane, and must therefore be reciprocal to what Cayley called a *Monoid* surface: (*Comptes Rendus*, t. 54, 1862, pp. 55, 396, 672). A paraboloid is the simplest instance of the surfaces we are considering. Now the analogous curves in plane geometry presented themselves to Clifford's notice in the course of that wonderful chain of reasoning, the *Synthetic Proof of Miquel's Theorem*, (*Collected Works*, p. 38), and were named by him *double, triple, ... k-fold, parabolas*. Following his example, I call a surface of class $k+1$, which has the plane infinity as a k-fold plane, a *k-fold paraboloid*; and the family of such surfaces, (the value of k not being specified), *Multiple Paraboloids.*

7. The tangential equation of a k-fold paraboloid will be written as

$$p = V \div U,$$

U and V being rational integral homogeneous functions of l, m, n, of degree k and $k+1$ respectively. If for the moment partial differentiations with regard to l, m, n, be indicated by suffixes 1, 2, 3, respectively, the condition (4) that the surface should be minimal gives us the identity

$$V(U_{11} + U_{22} + U_{33}) - U(V_{11} + V_{22} + V_{33}) + 2(U_1V_1 + U_2V_2 + U_3V_3) \equiv 2V(U_1^2 + U_2^2 + U_3^2) \div U;$$

and so proves that $(U_1^2 + U_2^2 + U_3^2) \div U$

is a rational integral function of l, m, n:—a result possible only if U be the product of factors which are powers either of

$$l^2 + m^2 + n^2,$$

or of linear functions such as $al + bm + cn,$

in which $a^2 + b^2 + c^2 = 0.$

But it will appear further that $l^2+m^2+n^2$ cannot be a factor of U; for if in the above identity we substitute

$$U=(l^2+m^2+n^2)^s T=r^{2s}T,$$

and take account of the fact that V and T are homogeneous functions of degree $k+1$ and $k-2s$ respectively, we find that

$$(2s^2+3s)\,VT^2\div r^2$$

is identically equal to an integral function of l, m, n: but this is an absurdity and we are compelled to infer that $s=0$.

8. The denominator U of a rational minimal value of p is thus wholly composed of factors, each an integral power of a linear function of l, m, n,

$$al+bm+cn,$$

whose coefficients a, b, c, are such that the sum of their squares vanishes. Any one such factor vanishes for one and only one real system of values of the ratios $l:m:n$; and, if the corresponding real direction be taken as the z-axis in a new coordinate-system, is reduced to the form

$$C(l\pm im),$$

the quantity C being a complex constant. Proceeding now to the consideration of minimal values of p in which the denominator U is a power of a single linear function of l, m, n, we may without loss of generality suppose the linear function thus reduced, and confine our attention to values of the form

$$p=V\div(l+im)^k.$$

That such values actually exist is shewn by the formulae (5), in which if we make

$$\chi(u)=A(-u)^{-k};\quad \chi_1(u_1)=A(u_1)^k;$$

we obtain a value of p of the kind sought, viz.

$$p=-A\{(n-kr)(n+r)^k+(n+kr)(n-r)^k\}\div(l+im)^k.$$

The numerator of this fraction, when the special value

$$1\div 2^k(k-1)$$

has been assigned to A, will be denoted by $\mu_k(n)$; thus

$$2^k(k-1)\mu_k(n)+(n-kr)(n+r)^k+(n+kr)(n-r)^k\equiv 0.$$

The function $\mu_k(n)$ is real and may be expanded in powers of n and r^2; or, by rearrangement of the terms, in powers of n and $(l^2+m)^2$: moreover on account of the value given to A the coefficient of the highest power of n in the latter form is unity: we might in fact write

$$\mu_k(n)-n^{k+1}+m_1n^{k-1}(l^2+m^2)+m_2n^{k-3}(l^2+m^2)^2+\dots,$$

$m_1, m_2, \ldots$ being real numerical constants. The corresponding minimal value of p is of the form

$$p = \mu_k(n) \div (l+im)^k = n^{k+1} \div (l+im)^k + W \div (l+im)^{k-1},$$

W denoting some rational integral homogeneous function of l, m, n (with complex numerical coefficients), of degree k.

It will be seen that of integer values of k the value $k=1$ alone fails to give a function $\mu_k(n)$. It may be easily proved, and will be assumed in what is to come, that no minimal value of p exists whose denominator is $l+im$ and whose numerator is a rational integral function of the second degree.

9. In order next to determine the most general rational integral function V of degree $k+1$ such that the surface

$$p = V \div (l+im)^k$$

is minimal, it will be convenient to write for a time

$$f \equiv l + im, \quad g \equiv l - im,$$

and to use f, g, n, as independent variables in place of l, m, n. The differential equation of a minimal surface is now

$$\frac{\partial^2 p}{\partial n^2} + 4\frac{\partial^2 p}{\partial f \partial g} = 0,$$

and is to be satisfied by

$$p = V \div f^k.$$

Substituting and multiplying by f^k, we find that

$$\frac{\partial V}{\partial g} \div f + \text{an integral function} \equiv 0,$$

and deduce that the part of V that does not contain f must consist of a single term,

$$C \,.\, n^{k+1},$$

C being a constant. It follows that by subtracting a numerical multiple of the foregoing particular solution we obtain a new minimal function p_1, viz.

$$p_1 = \{V - C\mu_k(n)\} \div f^k,$$

in which a factor f is common to numerator and denominator, and may be removed. By repetition of the argument and process we continually diminish the class of the surface, and finally establish the theorem:—

The most general rational minimal value of p which has $(l+im)^k$ for its denominator is

$$p = \alpha l + \beta m + \gamma n + \Sigma C_s \mu_s(n) \div (l+im)^s; \quad (s = 2, 3, 4, \ldots k);$$

the quantities $\alpha, \beta, \gamma, C_2, C_3, \ldots C_k$ being complex constants.

10. The same method is applicable to the case when the denominator U contains other factors besides f: for if we substitute

$$p = V \div (f^h . S)$$

in the differential equation we find on multiplying by f^h that, if S do not contain f as a factor,

$$S\frac{\partial V}{\partial g} - V\frac{\partial S}{\partial g}$$

must be divisible by f, and infer that the terms in V that are independent of f must be equal to those in S multiplied by n^{h+1} and a constant. If h be equal to unity we must therefore have

$$V = A . n^2 . S + \text{terms divisible by } f;$$

but substitution in the differential equation proves that A must vanish: if on the other hand h be greater than unity, we may, by subtracting a properly chosen multiple of

$$\mu_h(n) \div f^h,$$

obtain a new minimal function whose denominator does not contain so high a power of f as f^h. It follows that the most general rational minimal function with denominator

$$(l + im)^h . S$$

may be obtained by adding to a value with denominator S the terms

$$\Sigma C_s . \mu_s(n) \div (l + im)^s \; : \; (s = 2, 3, 4, \dots h):$$

C_2, C_3, ... C_h, being complex constants.

The factors of S may now be subjected to the same treatment; that is to say, first reduced to the form $l + im$ by a real transformation of axes, and then made to yield a series of fractions of the types already discovered. The most general minimal value of p which is a rational function of l, m, n, may therefore be resolved into the sum of a number of terms each separately capable of being reduced by a real transformation of axes to one of the types already quoted.

11. The simplest value of p of the kind we are considering is obtained when $k = 2$, viz.

$$2p(l + im)^2 = 2n^3 + 3n(l^2 + m^2),$$

and leads to a surface,

$$2(x + iy)^3 = 18(x + iy)z + 27(x - iy),$$

of class and order three: but, as imaginary surfaces such as this are of minor interest, we may pass on to the discussion of the case when the surface is real.

In order that the surface should be real, each of the typical complex terms into which p was broken up must be accompanied by the conjugate complex term, the numerical constants multiplying each also being conjugate imaginaries: a rotation of the coordinate planes about the z-axis will bring both these numerical coefficients to the same real value A. For real values of p the typical real component fractions are therefore

$$A \cdot \mu_k(n)\{(l+im)^k+(l-im)^k\} \div (l^2+m^2)^k; \qquad (k=2,\ 3,\ 4,\ \ldots).$$

Every real minimal value of p which is a rational function of l, m, n, may be expressed as the sum of a finite number of real fractions, each separately reducible by real transformation of axes to one of the forms just quoted. Terms such as

$$\alpha l+\beta m+\gamma n$$

may also be present, but are ignored since a change of origin will remove them.

If we again introduce Euler's angles θ and ϕ, as in § 4, the surface corresponding to the above value is

$$p = A \cdot \mu_k(n) \cdot \{(l+im)^k+(l-im)^k\} \div (l^2+m^2)^k; \qquad (k=2,\ 3,\ 4,\ \ldots)$$

$$= B \cdot \cos k\phi \cdot \left\{(k-\cos\theta)\left(\cot\frac{1}{2}\theta\right)^k-(k+\cos\theta)\left(-\tan\frac{1}{2}\theta\right)^k\right\}$$

and may be described as the *standard minimal multiple paraboloid of the kth type*: the origin of coordinates is called its centre and the z-axis its axis. The class of every real multiple paraboloid that is a minimal surface is necessarily odd; thus the above standard surface is a $2k$-fold paraboloid and is of class $2k+1$. The theorem established now admits of the following statement:—

By placing a finite number of standard surfaces (defined above) with their centres coinciding but with various orientations, and taking the locus of the centre of mean position of the points of contact of parallel tangent planes, we can obtain every minimal surface which is a multiple paraboloid.

Corresponding to any selected real direction, a multiple paraboloid has, as was pointed out, one and only one tangent plane; there is therefore no ambiguity in the foregoing construction: certain of the planes may however be at an infinite distance. If the surface be minimal, the number of infinitely distant tangent planes must be finite, their directions being normal to the axes of the standard surfaces from which the given surface may be derived. Given a minimal multiple paraboloid, the directions of the axes of the component surfaces are thus plain geometrically.

XVII. *On Quartic Surfaces which admit of Integrals of the first kind of Total Differentials.* By ARTHUR BERRY, M.A., Fellow of King's College, Cambridge.

[*Received* 15 November 1899.]

CONTENTS.

§ 1. INTRODUCTION.

THE theory of the Abelian integrals associated with an algebraic plane curve can be generalised in two distinct ways when we pass from a plane curve to a surface in three dimensions, that is when we are dealing with an algebraic function of two independent variables. Given an algebraic equation, $f(x, y, z) = 0$, between three non-homogeneous variables, we may study either double integrals of the type $\iint R(x, y, z)\, dxdy$, where R is rational, or single integrals of total differentials of the type $\int (Pdx + Qdy)$, where P, Q are rational functions of x, y, z, which satisfy in virtue of $f = 0$ the condition of integrability

$$\frac{\partial P}{\partial y} = \frac{\partial Q}{\partial x}.$$

Such integrals of total differentials were introduced into mathematical science by Picard about fifteen years ago*, and have been the subject of several memoirs by him†. They have also been studied to some extent by Poincaré‡, Noether§, Cayley|| and others. The most important results hitherto obtained are given in the "Théorie des

* *Comptes Rendus*, t. 99 (1 Dec. 1884).

† The most important appeared in *Liouville*, ser. IV. t. 1 (1885), and ser. IV. t. 5 (1889). There have also been a series of notes in the *Comptes Rendus*.

‡ *Comptes Rendus*, t. 99 (29 Dec. 1884).

§ "Ueber die totalen algebraischen Differentialausdrücke," *Math. Ann.* t. 29 (1887).

|| Note sur le mémoire de M. Picard "Sur les intégrales de différentielles totales algébriques de première espèce," *Bull. des Sciences Math.* ser. II. t. X. (1886): *Coll. Math. Papers*, t. XII. no. 852.

Fonctions Algébriques de deux variables indépendantes" recently (1897) published by Picard and Simart, a book to which it will in general be convenient to refer.

Integrals of total differentials, like ordinary Abelian integrals, fall into three classes, of which the first consists of integrals which are always finite. But whereas the number of linearly independent integrals of the first kind associated with a plane curve is at once expressible by a simple formula in terms of the singularities of the curve, and such integrals always exist if the curve has less than its maximum number of singularities, the corresponding problem for integrals of total differentials is far less simple and has only been solved for special classes of surfaces. On a cone, an integral of a total differential is equivalent to an Abelian integral on a plane section of the cone, so that no new problem arises. Moreover, according to Cayley*, any ruled surface may be birationally transformed into a cone, the genus (deficiency) of a section of which is equal to that of a general plane section of the original surface; hence the number of integrals of the first kind on a ruled surface can at once be determined, but I am not aware that there is any known process whereby the transformation can in general be effected or the integrals actually constructed. For other classes of surfaces the most important results so far obtained are negative in character; thus it is evident that no integrals of the first kind can exist on a rational (unicursal) surface, and the same proposition has been established† for surfaces without any singular points or singular lines.

The determination of surfaces or classes of surfaces which admit integrals of the first kind of total differentials appears therefore to be a problem of some interest.

Since quadrics and cubic surfaces (other than non-singular cones) are rational, they can possess no integrals of the first kind. Two non-conical quartics possessing such integrals were discovered by Poincaré‡, and stated to be the only possible ones. Poincaré's results have been adopted by Picard, who has given a proof in outline§.

The object of this paper is to establish the existence of certain other quartic surfaces which have the property in question, but have apparently been overlooked by the two eminent mathematicians just named. The method which I have adopted appears to shew also that the list given is complete.

§ 2. ANALYSIS OF THE FUNDAMENTAL DIFFERENTIAL EQUATION.

It has been shewn by Picard‖ that if a surface of order n, of which the equation in homogeneous point coordinates is $f(x, y, z, w)=0$, admits of an integral of the first kind, then f satisfies the partial differential equation

$$\theta_1 \frac{\partial f}{\partial x} + \theta_2 \frac{\partial f}{\partial y} + \theta_3 \frac{\partial f}{\partial z} + \theta_4 \frac{\partial f}{\partial w} = 0 \quad \text{.............................(1)},$$

* "On the deficiency of certain surfaces," *Math. Ann.* t. III. (1871): *Coll. Math. Papers*, t. VIII. no. 524.

† *Picard et Simart*, pp. 113, 119, 120.

‡ *Comptes Rendus*, t. 99 (29 Dec. 1884).

§ *Picard et Simart*, pp. 135, 136.

‖ *Ib.*, Chapter V.

where θ_1, θ_2, θ_3, θ_4 are quantics of order $n-3$, which satisfy the equation

$$\frac{\partial\theta_1}{\partial x}+\frac{\partial\theta_2}{\partial y}+\frac{\partial\theta_3}{\partial z}+\frac{\partial\theta_4}{\partial w}=0 \quad \text{..................................(2).}$$

These equations being satisfied, the differential

$$\begin{vmatrix} dx, & dy, & dz \\ x, & y, & z \\ \theta_1, & \theta_2, & \theta_3 \end{vmatrix} \div \frac{\partial f}{\partial w}$$

satisfies the condition of integrability, and its integral is finite everywhere with the possible exception of certain singular points and lines.

When $n=4$ the quantics θ are linear and the equation (1) becomes a familiar partial differential equation.

If we write

$$\theta_i \equiv a_i x + b_i y + c_i z + d_i w, \quad (i=1, 2, 3, 4),$$

then, in accordance with the usual elementary theory, the integration of the equation (1) depends upon the roots of the algebraic equation

$$\Delta \equiv \begin{vmatrix} a_1-s, & b_1, & c_1, & d_1 \\ a_2, & b_2-s, & c_2, & d_2 \\ a_3, & b_3, & c_3-s, & d_3 \\ a_4, & b_4, & c_4, & d_4-s \end{vmatrix} = 0 \quad \text{..........................(3).}$$

If the roots of this equation are all distinct we can at once obtain three independent integrals of the auxiliary system

$$\frac{dx}{\theta_1}=\frac{dy}{\theta_2}=\frac{dz}{\theta_3}=\frac{dw}{\theta_4} \quad \text{.......................................(4),}$$

and deduce the general integral of the partial differential equation. But if two or more roots of $\Delta=0$ are equal the integration of the system (4) is less simple, and one or more of the integrals is in general logarithmic, though these integrals may again become algebraic if the coefficients of the θ's satisfy certain further conditions. Although the complete discussion of these cases by quite elementary methods presents no serious difficulty it is rather long and tedious, and the work can be considerably abbreviated by reducing the equations (4) to a standard form by means of the method which was given by Weierstrass as an application of his theory of bilinear forms*. This method, stated in a form applicable to our particular problem, depends on the resolution of the determinant Δ into "elementary factors" (Elementartheiler). If $s-a$ occurs p-tuply as a factor of Δ, p_1-tuply as a factor of each first minor of Δ, p_2-tuply as a factor of each

* "Bemerkungen zur Integration eines Systems linearer Differentialgleichungen mit constanten Coefficienten," *Mathematische Werke*, II. pp. 75—6.

second minor, and so on, and if $p - p_1 = \alpha$, $p_1 - p_2 = \alpha'$, ..., and β, β' ..., γ, γ' ... are the numbers corresponding similarly to the other factors, $s - b$, $s - c$, ... of Δ, then

$$(s-a)^{\alpha},\ (s-a)^{\alpha'} \ldots,\ (s-b)^{\beta},\ (s-b)^{\beta'} \ldots,$$

are defined as the elementary factors of Δ.

These factors are shewn by Weierstrass to be invariant for linear transformation of the variables, and the system of differential equations

$$\frac{dx}{dt} = \theta_1,\ \frac{dy}{dt} = \theta_2,\ \frac{dz}{dt} = \theta_3,\ \frac{dw}{dt} = \theta_4,$$

is shewn to be reducible by linear transformation of the dependent variables to a standard form, in which there are as many distinct sets of equations as there are elementary divisors of Δ, the set corresponding to an elementary divisor $(x-a)^p$ being of the form

$$\frac{dx_1}{dt} = ax_1,\ \frac{dx_2}{dt} = ax_2 + x_1,\ \ldots,\ \frac{dx_p}{dt} = ax_p + x_{p-1} \qquad (5).$$

Applying this theory to our equation we see that the possible ways in which Δ can be resolved into elementary factors are as follows:

(I) All the roots of $\Delta = 0$ equal: (i) $(s-a)^4$,
(ii) $(s-a)^3$, $(s-a)$,
(iii) $(s-a)^2$, $(s-a)^2$,
(iv) $(s-a)^2$, $(s-a)$, $(s-a)$,
(v) $(s-a)$, $(s-a)$, $(s-a)$, $(s-a)$.

(II) Three roots of $\Delta = 0$ equal: (i) $(s-a)^3$, $(s-b)$,
(ii) $(s-a)^2$, $(s-a)$, $(s-b)$,
(iii) $(s-a)$, $(s-a)$, $(s-a)$, $(s-b)$.

(III) Two pairs of roots of $\Delta = 0$ equal: (i) $(s-a)^2$, $(s-b)^2$,
(ii) $(s-a)^2$, $(s-b)$, $(s-b)$,
(iii) $(s-a)$, $(s-a)$, $(s-b)$, $(s-b)$.

(IV) One pair of roots of $\Delta = 0$ equal: (i) $(s-a)^2$, $(s-b)$, $(s-c)$,
(ii) $(s-a)$, $(s-a)$, $(s-b)$, $(s-c)$.

(V) All the roots of $\Delta = 0$ distinct: $(s-a)$, $(s-b)$, $(s-c)$, $(s-d)$.

Also the equation (2) shews that the sum of the roots of $\Delta = 0$ vanishes, so that we must have in

CASE I. $a = 0$,

CASE II. $b = -3a \neq 0$, and we may evidently take $a = 1$, $b = -3$,

CASE III. $b = -a \neq 0$, and we may take $a = 1$, $b = -1$,

CASE IV. $b + c = -2a$,

CASE V. $a + b + c + d = 0$.

It follows at once that the Case I. (v) is impossible.

For the purposes of our problem we do not want the general integral of the equation (1), but only such integrals as are homogeneous quartics; we may also leave cones out of account, and we must reject solutions giving degenerate (reducible) quartic surfaces; we find also that in one or two other cases we arrive at surfaces which are obviously rational and must therefore be rejected.

§ 3. INTEGRATION OF THE DIFFERENTIAL EQUATION, LEADING TO FIVE POSSIBLE SURFACES.

We have in all (after rejecting I. (v)) thirteen cases to consider, which will now be dealt with seriatim. In each case the transformed variables will still be denoted by x, y, z, w, and the auxiliary equations will be expressed in the usual Lagrangean form, the variable t used by Weierstrass being omitted.

I. (i). The auxiliary equations are:

$$\frac{dx}{0} = \frac{dy}{x} = \frac{dz}{y} = \frac{dw}{z},$$

three integrals of which are:

$$x = \text{const.}, \quad y^2 - 2zx = \text{const.}, \quad y^3 + 3x^2w - 3xyz = \text{const.},$$

so that the general integral of the equation (1) is

$$f \equiv \phi(x, \quad y^2 - 2zx, \quad y^3 + 3x^2w - 3xyz),$$

where ϕ is an arbitrary function.

The only quartic of this form is a sum of terms

$$x^4, \quad x^2(y^2 - 2zx), \quad (y^2 - 2zx)^2, \quad x(y^3 + 3x^2w - 3xyz),$$

so that w occurs linearly or not at all, and the surface is therefore a cone or rational.

I. (ii). The auxiliary equations are:

$$\frac{dx}{0} = \frac{dy}{0} = \frac{dz}{y} = \frac{dw}{z},$$

three integrals of which are:

$$x = \text{const.}, \quad y = \text{const.}, \quad z^2 - 2yw = \text{const.},$$

so that

$$f \equiv \phi(x, \ y, \ z^2 - 2yw).$$

The general quartic of this type is

$$(z^2 - 2yw)^2 + 2(z^2 - 2yw)(x, y)^2 + (x, y)^4 = 0 \ldots\ldots\ldots\ldots\ldots\ldots\ldots\ldots (6),$$

where $(x, y)^n$ denotes an arbitrary quantic of order n.

I. (iii). The auxiliary equations are:

$$\frac{dx}{0} = \frac{dy}{x} = \frac{dz}{0} = \frac{dw}{z},$$

leading to $x = \text{const.}$, $z = \text{const.}$, $yz - xw = \text{const.}$, and

$$f \equiv \phi(x, z, yz - xw).$$

The general quartic of this type is

$$(yz - xw)^2 + 2(yz - xw)(x, z)^2 + (x, z)^4 = 0 \ldots\ldots\ldots\ldots\ldots\ldots\ldots\ldots (7).$$

I. (iv). The auxiliary equations are:

$$\frac{dx}{0} = \frac{dy}{x} = \frac{dz}{0} = \frac{dw}{0},$$

leading to the cone

$$f \equiv \phi(x, z, w) = 0.$$

II. (i). The auxiliary equations are:

$$\frac{dx}{x} = \frac{dy}{x + y} = \frac{dz}{y + z} = \frac{dw}{-3w},$$

of which one integral only, viz. $x^3w = \text{const.}$, is algebraic, the other two being logarithmic. Thus the only possible form of f is $\phi(x^3w)$, leading to a set of planes.

II. (ii). The auxiliary equations are:

$$\frac{dx}{x} = \frac{dy}{x + y} = \frac{dz}{z} = \frac{dw}{-3w},$$

three integrals of which are:

$$y/x - \log x = \text{const.}, \quad z/x = \text{const.}, \quad x^3w = \text{const.},$$

so that the only algebraic form of f is $\phi(z/x, x^3w)$, and the quartic is the degenerate surface

$$(z, x)^3 w = 0.$$

II. (iii). The auxiliary equations are:

$$\frac{dx}{x} = \frac{dy}{y} = \frac{dz}{z} = \frac{dw}{-3w},$$

three integrals of which are:

$$y/x = \text{const.}, \quad z/x = \text{const.}, \quad x^3w = \text{const.},$$

which lead as before to a degenerate surface

$$(x, y, z)^3 w = 0.$$

III. (i). The auxiliary equations are:

$$\frac{dx}{x} = \frac{dy}{x+y} = \frac{dz}{-z} = \frac{dw}{z-w},$$

three integrals of which are:

$$y/x - \log x = \text{const.},\quad w/z + \log z = \text{const.},\quad zx = \text{const.},$$

so that the only possible quartic is the degenerate surface

$$z^2x^2 = 0.$$

III. (ii). The auxiliary equations are:

$$\frac{dx}{x} = \frac{dy}{x+y} = \frac{dz}{-z} = \frac{dw}{-w},$$

three integrals of which are:

$$y/x - \log x = \text{const.},\quad zx = \text{const.},\quad z/w = \text{const.},$$

leading to $f \equiv \phi(zx,\ z/w)$, which gives a cone.

III. (iii). The auxiliary equations are:

$$\frac{dx}{x} = \frac{dy}{y} = \frac{dz}{-z} = \frac{dw}{-w},$$

leading to

$$y/x = \text{const.},\quad xz = \text{const.},\quad xw = \text{const.},$$

whence $f \equiv \phi(xz,\ xw,\ y/x)$, so that the quartic is quadratic in x, y and in z, w, viz. of the form

$$(x,\ y)^2 (z,\ w)^2 = 0 \qquad\text{(8).}$$

IV. (i). The auxiliary equations are:

$$\frac{dx}{ax} = \frac{dy}{x+ay} = \frac{dz}{bz} = \frac{dw}{cw},$$

where

$$2a + b + c = 0.$$

If $a \neq 0$, three integrals are:

$$ay/x - \log x = \text{const.},\quad z^a/x^b = \text{const.},\quad w^a/x^c = \text{const.},$$

of which the first is essentially logarithmic, so that we have $f \equiv \phi(z^a/x^b,\ w^a/x^c)$, leading to a cone.

If $a = 0$, so that $c = -b \neq 0$, three integrals are:

$$x = \text{const.},\quad x\log z - by = \text{const.},\quad zw = \text{const.},$$

so that $f \equiv \phi(zw,\ x)$, leading again to a cone.

IV. (ii). The auxiliary equations are:

$$\frac{dx}{ax} = \frac{dy}{ay} = \frac{dz}{bz} = \frac{dw}{cw},$$

where

$$2a + b + c = 0.$$

We may distinguish at once three sub-cases which may arise, viz.

(α) $a = 0$, $b = -c \neq 0$.

(β) $b = 0$, $c = -2a \neq 0$.

(γ) $a \neq 0$, $b \neq 0$, $c \neq 0$.

In SUB-CASE (α), three integrals are:

$$x = \text{const.}, \quad y = \text{const.}, \quad zw = \text{const.},$$

so that $f \equiv \phi(x, y, zw)$, and the quartic is

$$z^2w^2 + zw(x, y)^2 + (x, y)^4 = 0 \quad \text{.................................(9).}$$

In SUB-CASE (β), three integrals are:

$$z = \text{const.}, \quad y/x = \text{const.}, \quad x^2w = \text{const.},$$

so that

$$f \equiv \phi(x^2w, y/x, z).$$

The only possible quartic terms are:

$$zw(x, y)^2, \quad z^4,$$

so that the surface degenerates.

In SUB-CASE (γ) it is a little simpler to work directly with the corresponding partial differential equation

$$\left(ax\frac{\partial}{\partial x} + ay\frac{\partial}{\partial y} + bz\frac{\partial}{\partial z} + cw\frac{\partial}{\partial w}\right)f = 0,$$

and to consider the possible terms in f.

Since the differential operator only alters the coefficient of any term, each term of f must separately satisfy the differential equation.

We verify at once that the terms z^4, w^4, $(x, y)^4$ cannot exist.

If a term of the type $(x, y)^3 z$ exists, then $3a + b = 0$, whence $a = c$, contrary to hypothesis; similarly no term of the type $(x, y)^3 w$ can exist. Similarly no terms of the types $(x, y)^2 z^2$, $(x, y)^2 w^2$ can exist, as their existence would involve $b = c$.

Any term of the type $(x, y)^2 zw$ satisfies the equation.

If a term of the type $(x, y) z^3$ exists, then $a + 3b = 0$, whence $c = 5b$, so that the equation is

$$-3(xf_x + yf_y) + zf_z + 5wf_w = 0,$$

of which the general integral is

$$f \equiv \phi\,(z^3x,\ x^2zw,\ y/x),$$

leading to

$$z^3(x,\ y) + zw\,(x,\ y)^2 = 0,$$

a degenerate surface.

Similar reasoning shews that no term of the type $(x, y)\,w^3$ can exist.

If a term $(x, y)\,z^2w$, or $(x, y)\,zw^2$ exists, then $a = b$ or $a = c$, contrary to hypothesis; and if a term z^3w or zw^3 exists, then also $a = b$ or $a = c$.

Thus the only possible terms are of the type $(x, y)^2\,zw$ and the surface consequently degenerates.

V. Since no two of a, b, c, d are equal, one of them at most can vanish. We may therefore distinguish two sub-cases:

$$(\alpha)\quad d = 0,\ \ a + b + c = 0,$$

$$(\beta)\quad a \neq 0,\ \ b \neq 0,\ \ c \neq 0,\ \ d \neq 0.$$

SUB-CASE (α). Proceeding as in IV. (ii) (γ) we see that the terms x^4, y^4, z^4 cannot exist in f, but a term w^4 may exist.

If a term x^3y exists, then $b = -3a$, $c = 2a$, so that the differential equation reduces to

$$xf_x - 3yf_y + 2zf_z = 0,$$

whence $$f \equiv \phi\,(x^3y,\ z/x^2,\ w),$$

so that the only possible terms are x^3y, $xyzw$, w^4. The quartic is therefore rational, since y only occurs linearly, if at all.

If a term x^2y^2 exists, then $a + b = 0$, and therefore $c = 0$, contrary to hypothesis.

For the same reasons no terms of the types $(y, z)^4$, $(z, x)^4$, $(x, y)^4$ can exist.

If a term x^2yz exists, then $2a + b + c = 0$, whence $a = 0$, contrary to hypothesis.

Thus no term of the type $(x, y, z)^4$ can exist, so that f contains w as a factor and is degenerate.

SUB-CASE (β). Under the conditions assumed it is evident that no terms such as x^4, or x^2yz can exist; and there cannot be more than one term belonging to a group of the type $(x, y)^4$.

Let the term x^3y exist, then $b = -3a$, $c + d = 2a$, and no other term involving

x^3 can exist. If x^2z^2 exists also, then $a+c=0$, $d=3a$. The differential equation is now

$$xf_x - 3yf_y - zf_z + 3wf_w = 0,$$

whence $$f \equiv \phi(x^3y,\ z^3w,\ xz),$$

so that the most general form of the surface is

$$(x^3y,\ z^3w,\ x^2z^2,\ y^2w^2,\ xyzw)^1 = 0 \qquad\text{.......................(10).}$$

Let the terms x^3y, xz^3 co-exist, then $b=-3a$, $a=-3c$, $d=-7c$; and the differential equation is

$$-3xf_x + 9yf_y + zf_z - 7wf_w = 0,$$

whence $$f \equiv \phi(x^3y,\ xz^3,\ x^7w^3),$$

and the only possible quartic terms are x^3y, xz^3, $xyzw$, so that the surface degenerates.

If the terms x^3y, $xyzw$ co-exist, then we get the surface (10) again. The cases thus considered and those obtained by a mere interchange of variables exhaust all possibilities, if a term such as x^3y exists.

If no term cubic in any one variable exists, then the possible terms to be considered are of the two types x^2y^2, $xyzw$. If only one or no term of the former type exists the surface degenerates; if terms such as x^2y^2, x^2z^2 co-exist, then $b=c$; if x^2y^2, z^2w^2 co-exist we revert to the case of (10).

We have thus considered all possible cases.

§ 4. TABULAR STATEMENT OF RESULTS.

The preceding analysis shews that if we exclude conical and degenerate surfaces, there are five and only five types of quartic surfaces, given by equations (6), (7), (8), (9) and (10), which satisfy Picard's differential equation, and are not *prima facie* rational surfaces. Surfaces which can be obtained from one another by linear transformation of the coordinates are of course not counted as distinct.

After making some slight changes of notation with a view to greater uniformity, arranging the surfaces in the order (9), (8), (7), (6), (10), and adding for convenience the corresponding values of θ_1, θ_2, θ_3, θ_4, we get the following table:

Surface	θ_1	θ_2	θ_3	θ_4	Reference letter
$x^2y^2+2xy\,(z,\ w)^2+(z,\ w)^4=0$	x	$-y$	0	0	A
$z^2\,(x,\ y)_1^2+zw\,(x,\ y)_2^2+w^2\,(x,\ y)_3^2=0$	x	y	$-z$	$-w$	B
$(xw-yz)^2+2\,(xw-yz)\,(z,\ w)^2+(z,\ w)^4=0$	z	w	0	0	C
$(2xw-y^2)^2+2\,(2xw-y^2)(z,\ w)^2+(z,\ w)^4=0$	y	w	0	0	D
$ax^2y^2+bz^2w^2+cxyzw+dxw^3+eyz^3=0$	$3x$	$-3y$	z	$-w$	E

Of these surfaces (A), (B) are the two which Poincaré discovered*; the existence of integrals of the first kind on the other three surfaces was pointed out by the author in a note published in the *Comptes Rendus* for 2 Sept. 1899.

§ 5. Birational Transformations of the Surfaces into Cones.

Corresponding to each of these surfaces we can at once construct a total differential by the formula already given (§ 1); and since the θ's are unique, there cannot be on each surface more than one such differential, the integral of which remains finite. But it has not been proved that such an integral does actually remain finite everywhere. This could be done by examining its behaviour at each singularity of the surface. But it is of interest to shew that each surface can be birationally transformed into a non-singular cubic cone, and as such a cone admits necessarily of an integral of the first kind, we are thus incidentally assured of the finiteness of our integrals. The transformations which effect this object are as follows:

(A) We write the equation in the form

$$\{xy+(z,\ w)^2\}^2=\{(z,\ w)^2\}^2-(z,\ w)^4,$$

and choose as a new variable w one of the factors of the right-hand side, so that the latter becomes $w\,(z,\ w)^3$.

The quadric transformation:

$$\left.\begin{aligned} x : y : z : w &= x'w'-(z',\ w')^2 : y'^2 : y'z' : y'w' \\ x' : y' : z' : w' &= xy\ +(z,\ w)^2 : yw : zw : w^2 \end{aligned}\right\}$$

* *Loc. cit.*

then leads to

$$x'^2w' = (z', w')^3 \text{...(A').}$$

(B) Choosing as a new variable y one of the factors of $(x, y)_3{}^2$, we can write the equation:

$$z^2 (x, y)_1{}^2 + zw (x, y)_2{}^2 + w^2y (x, y)^1 = 0.$$

The quadric transformation:

$$\left.\begin{array}{l} x : y : z : w = x'z' : y'z' : y'w' : z'w' \\ x' : y' : z' : w' = xz : yz : yw : zw \end{array}\right\},$$

then leads to

$$y' (x', y')_1{}^2 + z' (x', y')_2{}^2 + z'^2 (x', y')^1 = 0 \text{..........................(B').}$$

(C) The coordinates can evidently be chosen so that the point $x = y = z = 0$ lies on the surface; z is then a factor of $(z, w)^4$, which may accordingly be written $z (z, w)^3$.

The quadric transformation:

$$\left.\begin{array}{l} x : y : z : w = z' (x' + y') : y'w' : z'w' : w'^2 \\ x' : y' : z' : w' = xw - yz : yz : z^2 : zw \end{array}\right\},$$

then leads to

$$x'^2z' + 2x' (z', w')^2 + (z', w')^3 = 0 \text{ ....(C').}$$

(D) Changing the variables as in (C) and employing the quadric transformation:

$$\left.\begin{array}{l} x : y : z : w = \frac{1}{2} (x'z' + y'^2) : y'w' : z'w' : w'^2 \\ x' : y' : z' : w' = 2xw - y^2 : yz : z^2 : zw \end{array}\right\},$$

we get

$$x'^2z' + 2x' (z', w')^2 + (z', w')^3 = 0 \text{ ....(D').}$$

(E) The cubo-quartic transformation:

$$\left.\begin{array}{l} x : y : z : w = y'^2z'^2 : x'w'^3 : x'y'z'w' : x'y'w'^2 \\ x' : y' : z' : w' = z^2w : xw^2 : xyz : xyw \end{array}\right\},$$

converts the surface into

$$ay'z'^2 + bx'^2y' + cx'y'z' + dx'y'^2 + ex'^2z' = 0 \text{..........................(E').}$$

The five surfaces (A')—(E') are cubic cones, which are in general non-singular, so that each possesses an integral of the first kind. The birational transformation of such an integral converts it into an integral of the first kind on the corresponding quartic surface.

Moreover, if the coefficients which occur in the equations are left arbitrary, the five cones are perfectly general cubic cones, though they occupy special positions relatively to the coordinate planes. Hence we see that a quartic of any of the five types can be birationally transformed—if necessary *via* a cubic cone—into a quartic belonging to any one of the other types. But in order that two such quartics with given coefficients should be transformable into one another it would of course be necessary that there should be a relation between their coefficients equivalent to the condition that the corresponding cubics should have their absolute invariants equal.

It should be noted moreover that we have supposed our quartic surfaces to be the most general of their respective types. For special relations between the coefficients one of the quartics might become a cone—a case that we have excluded—or the corresponding cubic cone might become rational or degenerate, in which cases no integrals of the first kind could exist.

§ 6. Numerical Genus of Surfaces which admit of Integrals of the first kind.

It appears from the preceding analysis that the only quartic surfaces which admit of integrals of the first kind are cones or birational transformations of cones; consequently the (numerical) genus* is in each case negative; the numbers being -3 for a non-singular quartic cone, -2 for a quartic cone with one double line, and otherwise -1.

In the course of an investigation dealing with quintic surfaces I have met with several surfaces which admit of integrals of the first kind, and these surfaces likewise have negative genus. On the other hand Humbert in his well-known memoir on hyperelliptic surfaces† has given some octavic surfaces which admit of integrals of the first kind but are of positive genus. Whether such integrals can exist on any surface of order 5, 6, or 7 with positive genus appears to be at present unknown.

§ 7. Geometrical Characteristics of the five Surfaces.

The surface (A) occurs in Kummer's well-known paper on quartic surfaces which contain families of conics‡. The surface touches itself at each of the points, $y=z=w=0$, $x=z=w=0$; any plane section through these points consists therefore of a plane quartic curve touching itself twice, that is of a pair of conics having double contact. The two points belong to a class of singular points of surfaces which seem to have been little studied; such a point may be defined as a uniplanar double point, which is further a quadruple point on the section by the tangent plane, and is consequently a tacnode on a general section through the point. Kummer speaks of a "Selbstberührungspunct"; tacnode or tacnodal point seems a convenient English name§. It can easily be seen that a tacnode diminishes the order of the reciprocal surface by 12, so that for this purpose it is equivalent to six ordinary double points. As Picard and Simart point out,

* Genre numérique, deficiency. Cf. Cayley's paper "On the deficiency of certain surfaces," quoted before; *Picard et Simart*, ch. VIII. § iv; Castelnuovo & Enriques: "Sur quelques récents résultats dans la théorie des surfaces algébriques," *Math. Ann.* t. XLVIII. (1897).

† *Liouville*, sér. IV. t. 9 (1893).

‡ *Crelle*, t. 64 (1864).

§ According to Picard and Simart this is the name given by 'les géomètres anglais,' but I have not been able to find any such authority for it.

the surface can be transformed by linear substitution ($x' = x + iy$, $y' = x - iy$) into the general quartic surface of revolution.

The birational transformation employed in § 5 establishes a one-one correspondence between points on the conics and points on the generators of the cubic cone.

The surface (B) is the well-known quartic scroll with two non-intersecting double lines, which is Cayley's first* and Cremona's eleventh† species of quartic scroll.

The surface (C) is Cayley's fourth and Cremona's twelfth species of quartic scroll, and is the limiting form assumed by the preceding surface, when the two double lines coincide without cutting one another, thus giving rise to the higher singularity sometimes called a tacnodal line‡.

The generators of the surfaces (B) and (C) correspond to the generators of the cones into which the surfaces can be transformed.

The surface (D) has a double point at $y = z = w = 0$, which is for some purposes at least equivalent to two tacnodes, as defined above; and the surface can be regarded as a limiting form of the surface (A) when the two tacnodes coincide. A section by a plane through $z = w = 0$ breaks up into two conics which have contact of the third order at the singular point. This singularity can be defined—in a form applicable to a surface of any order—as a uniplanar double point such that a section by an arbitrary plane through some fixed tangent line at the point has two branches meeting one another in four points at the singular point. This property implies that in the case of a quartic the section breaks up into two conics. As far as I am aware neither this singularity nor the surface has hitherto received any attention.

As before the conics correspond to the generators of the cubic cone.

It may be observed that though the surfaces (C) and (D) can be regarded, from a geometrical point of view, as limiting cases of Poincaré's surfaces (A) and (B), they are not analytically special cases of them, that is, the equations (C) and (D) cannot be derived from (A) and (B) by giving special values to the coefficients.

The remaining surface (E) does not appear to have been studied hitherto. It has two precisely similar uniplanar points of a rather complicated character, which can be stated in a form applicable to a surface of any order somewhat as follows. The section by the plane tangent at the point has a triple point, there, as always happens with a uniplanar or biplanar point; but in addition the three branches at the triple point coincide in direction, and if we call their common tangent the singular tangent line, this line meets the surface not merely in 4 but in 5 coincident points: thus in the quartic case this tangent line lies wholly on the surface. At an ordinary uniplanar point a section by a plane through a singular tangent line has a tacnode (equivalent to two

* "A Second Memoir on Skew Surfaces, otherwise Scrolls," *Phil. Trans.*, t. 154 (1860): *Coll. Math. Papers*, t. v. no. 340.

† "Sulle superficie gobbe di quarto grado," *Mem. di Bologna*, ser. II. t. VIII. (1868).

‡ Salmon's *Geometry of Three Dimensions*, § 556.

ordinary double points), but in this case the singularity of the section is of a higher order, one of the branches having an inflexion, so that the singularity is equivalent to three ordinary double points. In the quartic case the section is a cubic and a tangent to it at an inflexion.

When the surface is birationally transformed into the cone (E′) the generators of the cone correspond to a family of twisted cubics on the quartic. For to the generator $x' = \lambda y'$, $y' = \mu z'$ (where λ, μ are connected by a cubic equation), corresponds in the x, y, z, w space the variable part of the curve of intersection of the quadrics $z^2 = \lambda xw$, $w^2 = \mu yz$; but these have in common the fixed straight line $z = w = 0$, so that their residual curve of intersection is a twisted cubic.

XVIII. *An Electromagnetic Illustration of the Theory of Selective Absorption of Light by a Gas.* By Professor HORACE LAMB, M.A., F.R.S.

[*Received* 13 December 1899.]

THE calculations of this paper, so far as they are new, were undertaken with a view of obtaining a definite mathematical illustration of the theory of selective absorption of light by a gas. The current theories of selective absorption apply mainly to the case of molecules in close order, and it has not been found possible to represent the dissipation of radiant energy except vaguely by means of a frictional coefficient. It seems therefore worth while to study in detail some case where the dissipation can be exactly accounted for; and to consider in the first instance the impact of a system of plane waves on an isolated molecule.

If we assume that the molecule has a spherical boundary, then, whether we adopt the electric or the elastic theory of light, the requisite mathematical machinery is all ready to hand. It is necessary, however, for our present purpose to devise a molecule which shall have a free period of vibration, whether mechanical or electrical, of the proper order of magnitude. The mechanical analogy was in the first instance pursued, the aether being represented by an incompressible elastic medium. This enables us to illustrate many special points of interest, but for the purpose of a sustained comparison with optical phenomena the elastic-solid theory proved in the end to be unsuited from the present point of view, as well as on other well-known grounds.

As regards the electric theory, the scattering of waves by an insulating sphere has been treated by various writers*, with however the tacit assumption that the dielectric constant (K) of the sphere is not very great. In the present paper attention is specially directed to the case where K is a very large number. On this supposition free oscillations (of two types) are possible, whose wave-lengths (in the surrounding medium) are large compared with the periphery of the sphere, and whose rates of decay (owing to dissipation of energy in the form of divergent waves) are comparatively slow. And when extraneous waves whose period is coincident, or nearly coincident, with that of a free oscillation encounter the sphere, the scattered waves attain an abnormal intensity, and the original wave-system is correspondingly weakened.

* Lord Rayleigh, *Phil. Mag.*, Feb., 1881, and April, 1899; Prof. Love, *Proc. Lond. Math. Soc.*, t. xxx., p. 308; G. W. Walker, *Quart. Journ. Math.*, June, 1899.

The conception of a spherical molecule with an enormous specific inductive capacity is adopted here for purposes of illustration only; and is not put forward as a definite physical hypothesis. In order to comply with current numerical estimates of molecular magnitudes, it is necessary to assume that for the substance of the sphere K has some such value as 10^7. This assumption may be somewhat startling; but it is not necessarily inconsistent with a very moderate value of the specific inductive capacity of a dense medium composed of such molecules arranged in fairly close order. And it may conceivably represent, in a general way, the properties of a molecule, regarded as containing a cluster of positive and negative 'electrons.' In any case the author may perhaps be allowed to state his conviction, that difficulties (such as they are) of the kind here indicated will prove to be by no means confined to the present theory.

The main result of the investigation may be briefly stated. For every free period of vibration (with a wave-length sufficiently large in comparison with the diameter of a molecule), there is a corresponding period (almost exactly, but not quite, coincident with it) of maximum dissipation for the incident waves. When the incident waves have precisely this latter period, the rate at which energy is carried outwards by the scattered waves is, in terms of the energy-flux in the primary waves,

$$\frac{2n+1}{2\pi}\lambda^2 \qquad (1),$$

where λ is the wave-length, and n is the order of the spherical-harmonic component of the incident waves which is effective. In the particular case of $n = 1$, this is equal to $\cdot 477\lambda^2$. Hence in the case of exact synchronism, each molecule of a gas would, if it acted independently, divert per unit time nearly half as much energy as in the primary waves crosses a square whose side is equal to the wave-length. Since under ordinary atmospheric conditions a cube whose side is equal to the wave-length of sodium-light would contain something like 5×10^6 molecules, it is evident that a gaseous medium of the constitution here postulated would be practically impenetrable to radiations of the particular wave-length.

It is found, moreover, on examination that the region of abnormal absorption in the spectrum is very narrowly defined, and that an exceedingly minute change in the wave-length enormously reduces the scattering.

It may be remarked that the law expressed by the formula (1) is of a very general character, and is independent of the special nature of the conditions to be satisfied at the surface of the sphere. It presents itself in the elastic-solid theory; and again in the much simpler acoustical problem where there is synchronism between plane waves of sound and a vibrating sphere on which they impinge.

It has unfortunately not seemed possible to render this paper fairly intelligible without the preliminary recital of a number of formulæ which have done duty before, notably in Prof. Love's paper. The analysis has however been varied and extended in points of detail, with a view to the requirements of the present topic. In particular, the general expression for the dissipation of energy by secondary waves, which is obtained in § 5, is found to take a very simple form, and may have other applications.

Some notations which are of constant use in the sequel may be set down for reference. We write

$$\psi_n(\zeta) = \left(-\frac{d}{\zeta d\zeta}\right)^n \frac{\sin\zeta}{\zeta} = \frac{1}{1.3\ldots(2n+1)}\left\{1 - \frac{\zeta^2}{2(2n+3)} + \frac{\zeta^4}{2.4(2n+3)(2n+5)} - \ldots\right\} \ldots\ldots (2),$$

$$\Psi_n(\zeta) = \left(-\frac{d}{\zeta d\zeta}\right)^n \frac{\cos\zeta}{\zeta} = \frac{1.3\ldots(2n-1)}{\zeta^{2n+1}}\left\{1 - \frac{\zeta^2}{2(1-2n)} + \frac{\zeta^4}{2.4(1-2n)(3-2n)} - \ldots\right\} \ldots\ldots (3).$$

These may be taken as the two standard solutions of the differential equation

$$\frac{d^2F}{d\zeta^2} + \frac{2(n+1)}{\zeta}\frac{dF}{d\zeta} + F = 0 \ldots\ldots (4)^*;$$

the solution $\psi_n(\zeta)$ being that which is finite for $\zeta = 0$. In the representation of waves divergent from the origin we require the combination

$$f_n(\zeta) = \left(-\frac{d}{\zeta d\zeta}\right)^n \frac{e^{-i\zeta}}{\zeta} = \Psi_n(\zeta) - i\psi_n(\zeta) \ldots\ldots (5).$$

The functions $\psi_n(\zeta)$, $\Psi_n(\zeta)$, $f_n(\zeta)$ all satisfy formulæ of reduction of the types

$$\psi_n'(\zeta) = -\zeta\psi_{n+1}(\zeta) \ldots\ldots (6),$$

$$\zeta\psi_n'(\zeta) + (2n+1)\psi_n(\zeta) = \psi_{n-1}(\zeta) \ldots\ldots (7),$$

from which (4) can be verified.

We have also the formula

$$\psi_n'(\zeta)\Psi_n(\zeta) - \psi_n(\zeta)\Psi_n'(\zeta) = \frac{1}{\zeta^{2n+2}} \ldots\ldots (8)\dagger.$$

1. The equations to be satisfied in a medium whose electric and magnetic permeabilities are K and μ may be written, as in Prof. Love's paper,

$$\frac{K}{c}\dot{X} = \frac{d\gamma}{dy} - \frac{d\beta}{dz}, \quad \frac{K}{c}\dot{Y} = \frac{d\alpha}{dz} - \frac{d\gamma}{dx}, \quad \frac{K}{c}\dot{Z} = \frac{d\beta}{dx} - \frac{d\alpha}{dy} \ldots\ldots (9),$$

$$-\frac{\mu}{c}\dot{\alpha} = \frac{dZ}{dy} - \frac{dY}{dz}, \quad -\frac{\mu}{c}\dot{\beta} = \frac{dX}{dz} - \frac{dZ}{dx}, \quad -\frac{\mu}{c}\dot{\gamma} = \frac{dY}{dx} - \frac{dX}{dy} \ldots\ldots (10),$$

where (X, Y, Z) is the electric force, (α, β, γ) the magnetic force, and c denotes the wave-velocity in the aether. Assuming a time-factor $e^{i\sigma t}$, we find

$$(\nabla^2 + h^2)X = 0, \quad (\nabla^2 + h^2)Y = 0, \quad (\nabla^2 + h^2)Z = 0 \ldots\ldots (11),$$

with

$$\frac{dX}{dx} + \frac{dY}{dy} + \frac{dZ}{dz} = 0 \ldots\ldots (12),$$

where

$$h^2 = K\mu\sigma^2/c^2 \ldots\ldots (13).$$

* See *Hydrodynamics*, §§ 267, 305.

† See Lord Rayleigh's *Sound*, § 327.

When values of X, Y, Z satisfying these equations have been found, the corresponding values of α, β, γ are given by (10). Or, we may reverse the procedure, determining the general values of α, β, γ by means of equations similar to (11) and (12) and thence the values of X, Y, Z by means of (9).

The solutions of (11) and (12) subject to the condition of finiteness at the origin are of two types. In the first place we may have

$$\left.\begin{aligned} X &= \{hr\psi_n'(hr) + (n+1)\psi_n(hr)\}\frac{d}{dx}r^n T_n - nhr\psi_n'(hr)\,xr^{n-2}T_n, \\ Y &= \{hr\psi_n'(hr) + (n+1)\psi_n(hr)\}\frac{d}{dy}r^n T_n - nhr\psi_n'(hr)\,yr^{n-2}T_n, \\ Z &= \{hr\psi_n'(hr) + (n+1)\psi_n(hr)\}\frac{d}{dz}r^n T_n - nhr\psi_n'(hr)\,zr^{n-2}T_n \end{aligned}\right\} \quad \text{......} \; (14),$$

where T_n is a spherical surface-harmonic of order n*. These make

$$\left.\begin{aligned} \alpha &= -\frac{i\sigma K}{c}\psi_n(hr)\left(y\frac{d}{dz} - z\frac{d}{dy}\right)r^n T_n, \\ \beta &= -\frac{i\sigma K}{c}\psi_n(hr)\left(z\frac{d}{dx} - x\frac{d}{dz}\right)r^n T_n, \\ \gamma &= -\frac{i\sigma K}{c}\psi_n(hr)\left(x\frac{d}{dy} - y\frac{d}{dx}\right)r^n T_n \end{aligned}\right\} \quad \text{........................} (15).$$

It follows that

$$xX + yY + zZ = n(n+1)\psi_n(hr)\,r^n T_n \text{..........................} (16),$$

$$x\alpha + y\beta + z\gamma = 0 \text{..} (17);$$

also that

$$yZ - zY = \{hr\psi_n'(hr) + (n+1)\psi_n(hr)\}\left(y\frac{d}{dz} - z\frac{d}{dy}\right)r^n T_n, \text{ \&c., \&c. ....} (18),$$

$$y\gamma - z\beta = \frac{i\sigma K}{c}r^2\psi_n(hr)\left(\frac{d}{dx}r^n T_n - nxr^{n-2}T_n\right), \text{ \&c., \&c..........................} (19).$$

In the solutions of the second type we have

$$\left.\begin{aligned} \alpha &= \{hr\psi_n'(hr) + (n+1)\psi_n(hr)\}\frac{d}{dx}r^n U_n - nhr\psi_n'(hr)\,xr^{n-2}U_n, \\ \beta &= \{hr\psi_n'(hr) + (n+1)\psi_n(hr)\}\frac{d}{dy}r^n U_n - nhr\psi_n'(hr)\,yr^{n-2}U_n, \\ \gamma &= \{hr\psi_n'(hr) + (n+1)\psi_n(hr)\}\frac{d}{dz}r^n U_n - nhr\psi_n'(hr)\,zr^{n-2}U_n \end{aligned}\right\} \quad \text{.........} (20),$$

* These are equivalent to the forms given in *Hydrodynamics*, § 305 (6), divided by $2n+1$. The proof of the equivalence requires the use of (6) and (7), together with formulæ relating to spherical solid harmonics, such as

$$x\phi_n = \frac{r^2}{2n+1}\left(\frac{d\phi_n}{dx} - r^{2n+1}\frac{d}{dx}\frac{\phi_n}{r^{2n+1}}\right).$$

where U_n is a surface-harmonic. From these we deduce

$$\left.\begin{aligned} X &= \frac{i\sigma\mu}{c} \psi_n(hr) \left(y\frac{d}{dz} - z\frac{d}{dy} \right) r^n U_n, \\ Y &= \frac{i\sigma\mu}{c} \psi_n(hr) \left(z\frac{d}{dx} - x\frac{d}{dz} \right) r^n U_n, \\ Z &= \frac{i\sigma\mu}{c} \psi_n(hr) \left(x\frac{d}{dy} - y\frac{d}{dx} \right) r^n U_n \end{aligned}\right\} \quad \text{.........................(21).}$$

Hence
$$x\alpha + y\beta + z\gamma = n(n+1)\psi_n(hr) r^n U_n \text{ ....(22),}$$

$$xX + yY + zZ = 0 \text{ ....(23);}$$

also
$$y\gamma - z\beta = \{hr\psi_n'(hr) + (n+1)\psi_n(hr)\} \left(y\frac{d}{dz} - z\frac{d}{dy} \right) r^n U_n, \text{ \&c., \&c.} \text{.........(24),}$$

$$yZ - zY = -\frac{i\sigma\mu}{c} r^2 \psi_n(hr) \left(\frac{d}{dx} r^n U_n - x r^{n-2} U_n \right), \text{ \&c., \&c. ....(25).}$$

It is known that the most general solution of our equations, consistent with finiteness at the origin, can be built up from the preceding types, by giving n the values 1, 2, 3, ...

2. Let us now suppose that a sphere of radius a, having the origin as centre, whose electric and magnetic coefficients are K and μ, is surrounded by an unlimited medium (the aether) for which $K = 1$ and $\mu = 1$. The disturbance in this medium may be regarded as made up of two parts. We have, first, the extraneous disturbance due to sources at a distance; this is supposed to be given. Secondly, we have the waves scattered outwards by the sphere.

The general expression for the extraneous disturbance is conditioned by the fact that if the medium were uninterrupted the electric and magnetic forces at the origin would be finite. It is therefore made up of solutions of the type already given, provided we put $K = 1$, $\mu = 1$, and replace h by k, where

$$k = \sigma/c \text{ ....(26).}$$

As usual, $2\pi/k$ is the wave-length of plane waves of the period $2\pi/\sigma$.

In the corresponding expressions for the divergent waves, we must further replace $\psi_n(hr)$ by $f_n(kr)$, where f_n is the function defined by (5). This is necessary in order that the formulæ may represent waves propagated *outwards*, the complete exponential factor being then $e^{ik(ct-r)}$.

It is necessary to have some notation to distinguish the surface-harmonics used to represent different parts of the disturbance. Those harmonics which occur in the expression for the imposed extraneous disturbance will be denoted by T_n, U_n, simply; those relating to the scattered waves by T_n', U_n'; and those relating to the inside of the sphere by T_n'', U_n''.

We have next to consider the conditions to be satisfied at the surface $r=a$. It appears at once from (16) and (22) that the solenoidal conditions of electric and magnetic *induction* require that

$$\psi_n(ka)\,T_n + f_n(ka)\,T_n{}' = K\psi_n(ha)\,T_n{}'' \quad\text{.........(27)},$$

$$\psi_n(ka)\,U_n + f_n(ka)\,U_n{}' = \mu\psi_n(ha)\,U_n{}'' \quad\text{.........(28)}.$$

Again, it is easily seen that the continuity of the tangential components of electric and magnetic *force* implies the continuity of the vectors

$$(yZ - zY,\ zX - xZ,\ xY - yX)$$

and

$$(y\gamma - z\beta,\quad z\alpha - x\gamma,\quad x\beta - y\alpha),\ \text{respectively.}$$

Hence from (18), (19), and (24), (25), we have, in addition

$$\{ka\psi_n'(ka) + (n+1)\psi_n(ka)\}\,T_n + \{kaf_n'(ka) + (n+1)f_n(ka)\}\,T_n{}'$$
$$= \{ha\psi_n'(ha) + (n+1)\psi_n(ha)\}\,T_n{}'' \quad\text{.........(29)},$$

and $\{ka\psi_n'(ka) + (n+1)\psi_n(ka)\}\,U_n + \{kaf_n'(ka) + (n+1)f_n(ka)\}\,U_n{}'$

$$= \{ha\psi_n'(ha) + (n+1)\psi_n(ha)\}\,U_n{}'' \quad\text{.........(30)}.$$

Hence

$$\frac{T_n{}'}{T_n} = -\frac{K\psi_n(ha)\{ka\psi_n'(ka) + (n+1)\psi_n(ka)\} - \{ha\psi_n'(ha) + (n+1)\psi_n(ha)\}\psi_n(ka)}{K\psi_n(ha)\{kaf_n'(ka) + (n+1)f_n(ka)\} - \{ha\psi_n'(ha) + (n+1)\psi_n(ha)\}f_n(ka)} \quad\text{.........(31)},$$

$$\frac{U_n{}'}{U_n} = -\frac{\mu\psi_n(ha)\{ka\psi_n'(ka) + (n+1)\psi_n(ka)\} - \{ha\psi_n'(ha) + (n+1)\psi_n(ha)\}\psi_n(ka)}{\mu\psi_n(ha)\{kaf_n'(ka) + (n+1)f_n(ka)\} - \{ha\psi_n'(ha) + (n+1)\psi_n(ha)\}f_n(ka)} \quad\text{.........(32)}.$$

We shall suppose that the wave-length of the disturbance in the aether is large compared with the circumference of the sphere, so that ka is a small quantity. If we were further to assume that K and μ are not greatly different from unity, so that ha is also small, we should obtain at once approximate expressions equivalent to those given by Prof. Love, viz.

$$T_n{}' = \frac{(n+1)(K-1)}{nK + (n+1)} \cdot \frac{(ka)^{2n+1}}{\{1\,.\,3\ldots(2n-1)\}^2(2n+1)} \cdot T_n \quad\text{.........(33)},$$

$$U_n{}' = \frac{(n+1)(\mu-1)}{n\mu + (n+1)} \cdot \frac{(ka)^{2n+1}}{\{1\,.\,3\ldots(2n-1)\}^2(2n+1)} \cdot U_n \quad\text{.........(34)}.$$

It is our present object, however, to examine the case where K is large. For simplicity we shall suppose that $\mu=1$, so that $K = h^2/k^2$. It will be found that the first factors on the right hand of (33) and (34) must be replaced by

$$\frac{(n+1)(K-1)\psi_n(ha) - \ldots}{(nK+n+1)\psi_n(ha) + \ldots} \quad\text{.........(35)},$$

and

$$-\frac{ha\,\psi_n'(ha)+\dots}{\psi_{n-1}(ha)+\dots} \qquad \text{.......................................(36),}$$

respectively, where the terms omitted are of the order k^2a^2 compared with those retained. It appears that there will be nothing abnormal in the amplitude of the scattered waves, except when ha is nearly equal either to a root of $\psi_n(ha)=0$, or to a root of $\psi_{n-1}(ha)=0$, in which cases the preceding approximations cease to be valid.

3. If the extraneous disturbance consists of a system of plane waves, then, assuming that the direction of propagation is that of x-negative, and that the electric vibration is parallel to y, we may write, symbolically,

$$X=0, \quad Y=e^{ikx}, \quad Z=0 \qquad \text{.......................................(37),}$$

$$\alpha=0, \quad \beta=0, \quad \gamma=-e^{ikx} \qquad \text{.......................................(38).}$$

If this be resolved into a series of disturbances of the types (14) and (20) we must have, by (13) and (19),

$$\Sigma n(n+1)\,\psi_n(kr)\,r^n\,T_n=ye^{ikx} \qquad \text{.......................................(39),}$$

$$\Sigma n(n+1)\,\psi_n(kr)\,r^n\,U_n=-ze^{ikx} \qquad \text{.......................................(40).}$$

Now if we put

$$x=r\cos\theta, \quad y=r\sin\theta\cos\omega, \quad z=r\sin\theta\sin\omega \qquad \text{.....................(41),}$$

we have

$$ikye^{ikx}=\Sigma\,(2n+1)\,(ikr)^n\,\psi_n(kr)\sin\theta\cos\omega\,P_n'(\cos\theta) \qquad \text{..............(42)*,}$$

where $P_n(\cos\theta)$ is the ordinary zonal harmonic. We infer, by comparison with (39), that

$$T_n=\frac{2n+1}{n(n+1)}(ik)^{n-1}\sin\theta\cos\omega\,P_n'(\cos\theta) \qquad \text{.......................(43).}$$

Similarly, we find

$$U_n=-\frac{2n+1}{n(n+1)}(ik)^{n-1}\sin\theta\sin\omega\,P_n'(\cos\theta) \qquad \text{.......................(44).}$$

In particular

$$T_1=\frac{3}{2}\sin\theta\cos\omega=\frac{3}{2}\frac{y}{r} \qquad \text{.......................................(45),}$$

$$U_1=-\frac{3}{2}\sin\theta\sin\omega=-\frac{3}{2}\frac{z}{r} \qquad \text{.......................................(46).}$$

* Proved most easily by differentiating with respect to $\cos\theta$ the known identity

$$e^{ikr\cos\theta}=\Sigma\,(2n+1)\,(ikr)^n\,\psi_n(kr)\,P_n(\cos\theta).$$

If we substitute the above values of T_n and U_n in the formulæ (31) and (32) we obtain the expressions for the scattered waves.

4. We have now to examine the form which the scattered waves assume at a great distance from the origin. When kr is large we have

$$f_n(kr) = \frac{i^n}{(kr)^{n+1}} e^{-ikr} \qquad (47).$$

Hence, in the first type of solution, analogous to (14), we have

$$\left.\begin{aligned} X &= \frac{i^{n-1}}{(kr)^n} e^{-ikr} \left(\frac{d}{dx} r^n T_n' - nxr^{n-2} T_n'\right), \\ Y &= \frac{i^{n-1}}{(kr)^n} e^{-ikr} \left(\frac{d}{dy} r^n T_n' - nyr^{n-2} T_n'\right), \\ Z &= \frac{i^{n-1}}{(kr)^n} e^{-ikr} \left(\frac{d}{dz} r^n T_n' - nzr^{n-2} T_n'\right) \end{aligned}\right\} \qquad (48),$$

$$\left.\begin{aligned} \alpha &= \frac{i^{n-1}}{k^n r^{n+1}} e^{-ikr} \left(y\frac{d}{dz} - z\frac{d}{dy}\right) r^n T_n', \\ \beta &= \frac{i^{n-1}}{k^n r^{n+1}} e^{-ikr} \left(z\frac{d}{dx} - x\frac{d}{dz}\right) r^n T_n', \\ \gamma &= \frac{i^{n-1}}{k^n r^{n+1}} e^{-ikr} \left(x\frac{d}{dy} - y\frac{d}{dx}\right) r^n T_n' \end{aligned}\right\} \qquad (49).$$

We notice that X, Y, Z are ultimately of the order $1/r$, whilst the radial electric force $(xX + yY + zZ)/r$ is zero to the present order of approximation. It is really of the order $1/r^2$. The radial magnetic force $(x\alpha + y\beta + z\gamma)/r$ is accurately zero. If the contour-lines of the harmonic T_n' be traced on a sphere of large radius r, for equal infinitesimal increments of T_n', the (alternating) magnetic force is everywhere in the direction of these contours, and its amplitude is inversely proportional to the distance between consecutive contours. The electric force is everywhere orthogonal to the contours, and its amplitude is in a constant ratio to that of the magnetic force*.

For instance, in the case $n = 1$, if T_1' be of the type (45), the lines of electric and magnetic force have the configuration of meridians and parallels of latitude, the polar axis being represented by the axis of y.

In the second type, analogous to (20), we have

$$\left.\begin{aligned} \alpha &= \frac{i^{n-1}}{(kr)^n} e^{-ikr} \left(\frac{d}{dx} r^n U_n' - nxr^{n-2} U_n'\right), \\ \beta &= \frac{i^{n-1}}{(kr)^n} e^{-ikr} \left(\frac{d}{dy} r^n U_n' - nyr^{n-2} U_n'\right), \\ \gamma &= \frac{i^{n-1}}{(kr)^n} e^{-ikr} \left(\frac{d}{dz} r^n U_n' - nzr^{n-2} U_n'\right) \end{aligned}\right\} \qquad (50),$$

* Cf. *Proc. Lond. Math. Soc.*, t. XIII., p. 194.

$$\left.\begin{aligned} X &= -\frac{i^{n-1}}{k^n r^{n+1}}\left(y\frac{d}{dz} - z\frac{d}{dy}\right) r^n U_n', \\ Y &= -\frac{i^{n-1}}{k^n r^{n+1}}\left(z\frac{d}{dx} - x\frac{d}{dz}\right) r^n U_n', \\ Z &= -\frac{i^{n-1}}{k^n r^{n+1}}\left(x\frac{d}{dy} - y\frac{d}{dx}\right) r^n U_n' \end{aligned}\right\} \qquad (51),$$

with a similar interpretation. The contour-lines of U_n' are the lines of electric force, and the lines of magnetic force are orthogonal to them.

5. The calculation of the energy carried outwards by the scattered waves leads to some very simple results. By Poynting's theorem*, the rate at which the energy in any given space is increasing is equal to the integral

$$\frac{c}{4\pi}\iint \{l(\gamma Y - \beta Z) + m(\alpha Z - \gamma X) + n(\beta X - \alpha Y)\}\, dS \qquad (52),$$

taken over the boundary of the space, l, m, n denoting the direction-cosines of the normal drawn inwards from the surface-element dS. The ambiguities which are known to attend a partial use of this theorem will disappear if the space in question be that included between a sphere of radius r, in the region of the scattered waves, and a concentric sphere of radius so great that we may imagine it not to have been as yet reached by the waves. The rate of propagation of energy outwards is therefore given by the integral

$$\frac{c}{4\pi r}\iint \{\alpha(yZ - zY) + \beta(zX - xZ) + \gamma(xY - yX)\}\, dS \qquad (53),$$

taken over the sphere of radius r.

Before applying this result, the values of α, β, γ and X, Y, Z must of course be expressed in real form. To take first a solution of the first type, since T_n', as given by (31), will in general be complex, let us write

$$r^n T_n' = \Phi_n + i\phi_n \qquad (54).$$

Restoring the time-factor in (48) and (49), and taking real parts, we find

$$\alpha = \frac{1}{k^n r^{n+1}}\left(y\frac{d}{dz} - z\frac{d}{dy}\right)\{\Phi_n \cos(\sigma t - kr + \epsilon) - \phi_n \sin(\sigma t - kr + \epsilon)\}, \text{ \&c., \&c.,} \qquad (55),$$

and

$$yZ - zY = \frac{1}{k^n r^n}\left(y\frac{d}{dz} - z\frac{d}{dy}\right)\{\Phi_n \cos(\sigma t - kr + \epsilon) - \phi_n \sin(\sigma t - kr + \epsilon)\}, \text{ \&c., \&c.,} \qquad (56),$$

where ϵ may be 0, or $\pm\frac{1}{2}\pi$, or π, according to the value of n Hence the mean value of the expression (53), per unit time, is found to be

$$\frac{c}{8\pi k^{2n} r^{2n+2}}\iint \left\{\left(y\frac{d\Phi_n}{dz} - z\frac{d\Phi_n}{dy}\right)^2 + \left(z\frac{d\Phi_n}{dx} - x\frac{d\Phi_n}{dz}\right)^2 + \left(x\frac{d\Phi_n}{dy} - y\frac{d\Phi_n}{dx}\right)^2 \right.$$
$$\left. + \left(y\frac{d\phi_n}{dz} - z\frac{d\phi_n}{dy}\right)^2 + \left(z\frac{d\phi_n}{dx} - x\frac{d\phi_n}{dz}\right)^2 + \left(x\frac{d\phi_n}{dy} - y\frac{d\phi_n}{dx}\right)^2\right\} dS \qquad (57),$$

* *Phil. Trans.*, 1884, p. 343.

which may also be written

$$\frac{c}{8\pi k^{2n}r^{2n}}\iint\left\{\left(\frac{d\Phi_n}{dx}\right)^2+\left(\frac{d\Phi_n}{dy}\right)^2+\left(\frac{d\Phi_n}{dz}\right)^2-\frac{n^2}{r^2}\Phi_n^2\right.$$

$$\left.+\left(\frac{d\phi_n}{dx}\right)^2+\left(\frac{d\phi_n}{dy}\right)^2+\left(\frac{d\phi_n}{dz}\right)^2-\frac{n^2}{r^2}\phi_n^2\right\}dS \quad\text{.........(58).}$$

The expression under the integral signs in (58) is equal to the sum of the squares of the tangential components of the vectors

$$(d\Phi_n/dx,\ d\Phi_n/dy,\ d\Phi_n/dz) \text{ and } (d\phi_n/dx,\ d\phi_n/dy,\ d\phi_n/dz).$$

Now if S_n be a surface-harmonic of order n, we have

$$\int_0^{2\pi}\int_0^{\pi}\left\{\left(\frac{dS_n}{d\theta}\right)^2+\left(\frac{dS_n}{\sin\theta\, d\omega}\right)^2\right\}\sin\theta\, d\theta\, d\omega = n(n+1)\int_0^{2\pi}\int_0^{\pi}S_n^2\sin\theta\, d\theta\, d\omega \quad\text{......(59)*.}$$

Hence (58) may be written

$$n(n+1)\frac{c}{8\pi k^{2n}r^{2n+2}}\iint(\Phi_n^2+\phi_n^2)\,dS, \quad\text{or}\quad n(n+1)\frac{c}{8\pi k^{2n}}\iint|T_n'|^2\,d\varpi \text{............(60),}$$

where $|T_n'|$ denotes the modulus of T_n', and $d\varpi$ is an elementary solid angle, viz.

$$dS = r^2 d\varpi.$$

In a similar manner, a solution of the second type gives the result

$$n(n+1)\frac{c}{8\pi k^{2n}}\iint|U_n'|^2\,d\varpi \quad\text{................................(61).}$$

It appears, further, on examination, that the parts of the expression (53) which arise from combinations of the two types, or from combinations of the same type with different values of n, will disappear in virtue of the conjugate property of surface-harmonics of different orders†.

Hence, if Σ be a sign of summation with respect to n, the general expression for the rate at which energy is dissipated by the scattered waves is

$$\frac{c}{8\pi}\Sigma\frac{n(n+1)}{k^{2n}}\iint\{|T_n'|^2+|U_n'|^2\}\,d\varpi \text{.............................(62).}$$

In the case of plane incident waves the harmonics are tesseral, of rank 1. Writing, for shortness,

$$T_n' = B_n T_n, \quad U_n' = C_n U_n \text{..................................(63),}$$

* Proved easily by partial integration, making use of the differential equation

$$\frac{1}{\sin\theta}\frac{d}{d\theta}\left(\sin\theta\frac{dS_n}{d\theta}\right)+\frac{1}{\sin^2\theta}\frac{d^2S_n}{d\omega^2}+n(n+1)S_n=0.$$

† The integrals which arise from combinations of the two types are of the form

$$\iint\left\{\frac{d\phi_m}{dx}\left(y\frac{d\chi_n}{dz}-z\frac{d\chi_n}{dy}\right)+\ldots+\ldots\right\}dS.$$

This involves products of surface-harmonics of orders $m-1$ and n, and will therefore vanish unless $m=n+1$. But writing it in the form

$$\iint\left\{\frac{d\chi_n}{dx}\left(z\frac{d\phi_m}{dy}-y\frac{d\phi_m}{dz}\right)+\ldots+\ldots\right\}dS,$$

we see that it also vanishes unless $n=m+1$. Hence it vanishes in any case.

where the values of B_n and C_n are as given by (31), (32), and T_n, U_n have the forms given in (43), (44), then since

$$\iint \{\sin\theta\cos\omega P_n'(\cos\theta)\}^2\, d\varpi = n(n+1).\frac{2\pi}{2n+1} \quad \text{..................(64)*},$$

the expression (62) reduces to

$$\frac{c}{4k^2}\Sigma(2n+1)\{|B_n|^2+|C_n|^2\} \quad \text{..............................(65)}.$$

The proper standard of comparison here is the energy which is propagated per unit time across unit area in the primary waves represented symbolically by (37). On the scale of our formulæ this is $c/8\pi$. Hence, if I denote the ratio which the energy scattered per unit time bears to the energy-flux in the primary waves, we have

$$I = \frac{2\pi}{k^2}\Sigma(2n+1)\{|B_n|^2+|C_n|^2\} \quad \text{.............................(66)}.$$

For example, in the case to which the formulæ (33), (34), refer, the constants K and μ for the sphere being not greatly different from unity, we have

$$B_1 = \frac{2}{3}\frac{K-1}{K+2}k^3a^3,\quad C_1 = \frac{2}{3}\frac{\mu-1}{\mu+2}k^3a^3 \quad \text{.............................(67)},$$

and thence

$$I = \frac{8}{3}\pi a^2\left\{\left(\frac{K-1}{K+2}\right)^2 + \left(\frac{\mu-1}{\mu+2}\right)^2\right\}(ka)^4 \quad \text{.........................(68)†}.$$

6. We may proceed to examine more particularly the case where K is a large number, whilst μ is (for simplicity) put $=1$. The types of *free* vibration which can exist in the absence of extraneous disturbance are found by making $T_n=0$, $U_n=0$ in (31) and (32). In the first type we have

$$\frac{ha\psi_n'(ha)+(n+1)\psi_n(ha)}{\psi_n(ha)} = K\frac{kaf_n'(ka)+(n+1)f_n(ka)}{f_n(ka)} \quad \text{...............(69)},$$

where, it is to be remembered, $k/h = 1/K^{\frac{1}{2}}$. We are specially concerned to find the solutions of this equation for which ka is small. On this hypothesis we have

$$\frac{ha\psi_n'(ha)+(n+1)\psi_n(ha)}{\psi_n(ha)} = -nK \quad \text{.........................(70)},$$

nearly. This is satisfied approximately by $ha=z$, where z is a root of

$$\psi_n(z) = 0 \quad \text{...(71)},$$

and more exactly by

$$ha = \left(1-\frac{1}{nK}\right)z \quad \text{.......................................(72)}.$$

* Ferrers, *Spherical Harmonics*, 1877, p. 86.

† This agrees with a result given by Lord Rayleigh, *Phil. Mag.*, April, 1899, p. 379.

In the case $n=1$, the equation (71) takes the form $\tan z = z$; whence

$$z/\pi = 1{\cdot}4303, \quad 2{\cdot}4590, \quad 3{\cdot}4709, \ldots \qquad (73)^*.$$

Corresponding to any one of these roots we have a simple-harmonic electric oscillation of frequency

$$\frac{\sigma}{2\pi} = \frac{z}{\pi} \cdot \frac{c}{2K^{\frac{1}{2}}a} \qquad (74),$$

and wave-length

$$\lambda = 2K^{\frac{1}{2}}a \div \frac{z}{\pi} \qquad (75).$$

To calculate the rate of decay of the oscillations, which is relatively very slow, we should have to proceed to a higher degree of approximation.

In the second type, we have, from (32), with $\mu = 1$,

$$\frac{ha\psi_n'(ha)}{\psi_n(ha)} = \frac{kaf_n'(ka)}{f_n(ka)} \qquad (76),$$

or

$$\frac{\psi_{n-1}(ha)}{\psi_n(ha)} = \frac{f_{n-1}(ka)}{f_n(ka)} \qquad (77).$$

This is satisfied approximately by $ha = z$, where z is a root of

$$\psi_{n-1}(z) = 0 \qquad (78),$$

and more accurately by

$$ha = \left\{1 - \frac{1}{(2n-1)K}\right\} z \qquad (79).$$

When $n=1$, (78) takes the form $\sin z = 0$, whence

$$z/\pi = 1, \ 2, \ 3, \ldots \qquad (80).$$

7. When in the problem of § 2 the extraneous disturbance has a period coincident, or nearly coincident, with that of a free vibration, the approximate formulæ (33) and (34) will no longer apply. If in the accurate formula (31) we make the substitution

$$f_n(ka) = \Psi_n(ka) - i\psi_n(ka) \qquad (81),$$

we find that it takes the form

$$\frac{T_n'}{T_n} = -\frac{g(ha)}{G(ha) - ig(ha)} \qquad (82),$$

where $g(ha)$ stands for the expression in the numerator† of (31), and $G(ha)$ is derived from $g(ha)$ by the substitution of $\Psi_n(ka)$ for $\psi_n(ka)$. The modulus of the expression

* The lines of electric force in the sphere are for the most part closed curves in planes through the axis of the harmonic T_1. Their forms are given in *Phil. Trans.*, Pt. II. 1883, p. 532; and in J. J. Thomson's *Recent Researches in Electricity and Magnetism*, p. 317.

† Which may be regarded as a function of ha since the ratio of k to h is fixed.

on the right hand of (82) never exceeds unity; but it becomes equal to unity, and the intensity of the scattered waves is therefore a maximum, when

$$G(ha) = 0 \qquad\qquad (83),$$

or

$$\frac{ha\psi_n'(ha) + (n+1)\psi_n(ha)}{\psi_n(ha)} = K\frac{ka\,\Psi_n'(ka) + (n+1)\Psi_n(ka)}{\Psi_n(ka)} \qquad\qquad (84).$$

When K is large, the lower roots of this, considered as an equation in ha, are easily seen to be real and to be very approximately equal to the real parts of the roots of (71). When the period of the incident waves is such that (83) is satisfied exactly, we have

$$T_n' = -iT_n \qquad\qquad (85).$$

If the incident waves be plane, the dissipation-ratio (68) takes the form

$$I = \frac{2(2n+1)\pi}{k^2} = \frac{2n+1}{2\pi}\lambda^2 \qquad\qquad (86).$$

If we compare this with (68), we find that in the case $n = 1$ the effect of synchronism is to increase the dissipation in the ratio

$$\frac{9}{4}(ka)^{-6}.$$

The wave-length of maximum scattering is of course very sharply defined. If we put

$$ha = (1+\epsilon)z \qquad\qquad (87),$$

where z is a root of (84), and ϵ is a small fraction, I find

$$g(ha) = -\frac{\psi_{n-1}(ha)}{n \,.\, 1 \,.\, 3 \ldots (2n-1)}, \quad G(ha) = -\frac{n \,.\, 1 \,.\, 3 \ldots (2n-1)}{(ka)^{2n+1}}\psi_{n-1}(ha) \,.\, K\epsilon \qquad\qquad (88),$$

approximately, whence

$$\frac{T_n'}{T_n} = -\frac{i}{1 + \dfrac{n^2\{1 \,.\, 3 \ldots (2n-1)\}^2}{(ka)^{2n+1}} iK\epsilon} \qquad\qquad (89).$$

For example, in the case $n = 1$ the dissipation sinks to one-half of the maximum when the wave-length deviates from the critical value by the fraction $(ka)^3/K$ of itself.

The second type can be treated in a similar manner. Writing (32), with $\mu = 1$, in the form

$$\frac{U_n'}{U_n} = -\frac{g(ha)}{G(ha) - ig(ha)} \qquad\qquad (90),$$

the equation $G(ha) = 0$ which determines the wave-lengths of maximum dissipation may be written

$$\frac{\psi_{n-1}(ha)}{\psi_n(ha)} = \frac{\Psi_{n-1}(ka)}{\Psi_n(ka)} \qquad\qquad (91).$$

The lower roots (in ha) which satisfy this are very nearly the same as in the case of (78). When (91) is satisfied exactly we have

$$U_n' = -iU_n \quad\text{...(92)},$$

leading to the same formula (86), as before, for the dissipation-ratio when the incident waves are plane.

Also, if we write

$$ha = (1+\epsilon)\,z \quad\text{...(93)},$$

where z is a root of (91), I find

$$g(ha) = \frac{\psi_n(ha)}{1\,.\,3\ldots(2n-1)}, \quad G(ha) = \frac{1\,.\,3\ldots(2n-1)}{(ka)^{2n-1}}\,\psi_n(ha)\,.\,K\epsilon \quad\text{...........(94)},$$

approximately. Hence

$$\frac{U_n'}{U_n} = -\frac{i}{1+\dfrac{\{1\,.\,3\ldots(2n-1)\}^2}{(ka)^{2n-1}}\,iK\epsilon} \quad\text{...........................(95)}.$$

The definition is now less sharp than in the case of (89), in the ratio k^2a^2.

8. It remains to examine what sort of magnitudes must be attributed to the quantities a and K in order that our results may be comparable with ordinary optical relations.

Since $ka\,(=2\pi a/\lambda)$ must in any case be small, and since ha must in the case of synchronism satisfy (71) or (78) approximately, and must therefore be at least comparable with π, it follows that if our molecules are to produce selective absorption within the range of the visible spectrum, the dielectric constant $K\,(=h^2/k^2)$ must be a very large number.

Again, it appears from two distinct lines of argument* that in a gas composed of spherical dielectric molecules the index of refraction (μ_1) for rays which are not specially absorbed is given by the formula

$$\mu_1 - 1 = \frac{3}{2}\,p\,.\,\frac{K-1}{K+2} \quad\text{.....................................(96)},$$

where

$$p = N\,.\,\frac{4}{3}\,\pi a^3 \quad\text{...(97)},$$

N denoting the number of molecules in unit volume. On our present hypothesis this takes the simpler form

$$\mu_1 - 1 = \frac{3}{2}\,p \quad\text{...(98)}.$$

* Maxwell, *Electricity*, § 314; Lord Rayleigh, *Phil. Mag.*, Dec. 1892, and April 1899.

Hence if $\mu_1 = 1{\cdot}0003$, we have $p = 2 \times 10^{-4}$. This determines the product Na^3, for a gas such as oxygen or nitrogen under ordinary atmospheric conditions, but not N or a separately. If in accordance with current mechanical estimates we take $N = 2 \times 10^{19}$, we find $a = 1{\cdot}3 \times 10^{-8}$ cm. Hence if $\lambda = 6 \times 10^{-5}$ cm., we find

$$ka = 1{\cdot}4 \times 10^{-3},$$

so that, if $ha = \pi$, we must have

$$K = h^2/k^2 = 5 \times 10^6.$$

In a dense medium composed of the same molecules the formula (98) is replaced by

$$\frac{\mu_1'^2 - 1}{\mu_1'^2 + 2} = p' \quad \text{.. (99)*},$$

where the accents refer to the altered circumstances. Comparing, we have

$$\frac{\mu_1'^2 - 1}{\mu_1'^2 + 2} = \frac{2}{3}\frac{p'}{p}(\mu_1 - 1) \quad \text{..................................(100)}.$$

The fact that the refractive indices of various substances in the liquid and in the gaseous state have been found to accord fairly well with this formula shews that the observed moderate values of $K' (= \mu'^2)$ for dense media, taken in the bulk, are not incompatible with an enormous value of K for the individual molecules.

The formula (86) for the dissipation-ratio in the case of exact synchronism is independent of any special numerical estimates. It can moreover be arrived at on widely different hypotheses as to the nature of a molecule and of the surrounding medium. Its unqualified application to an *assemblage* of molecules arranged at ordinary intervals may be doubtful, since with dissipation of such magnitude it may be necessary to take account of repeated reflections between the molecules. It is clear however that a gaseous medium of the constitution here imagined would be absolutely impenetrable to radiations of the critical wave-length.

As regards the falling off of the absorption in the neighbourhood of the maximum, the formula (95) in the case $n = 1$ would (on the numerical data given above) make the absorption sink to one-half of the maximum when the wave-length varies only by ·00,000,000,028 of its value. The formula (89) would give a still more rapid declension. The range of absorption in a gaseous assemblage must however be far wider than these results would indicate. So far as it is legitimate to assume that the molecules act independently, the law of enfeeblement of light traversing such a medium is

$$E = E_0 e^{-NIx} \quad \text{.......................................(101)†}.$$

* This is Lorentz' result. Lord Rayleigh's investigations shew that it will hold approximately even if p' be not a very small fraction.

† Lord Rayleigh, *l. c.*

We may inquire what value of the dissipation-ratio I would make the intensity diminish in the ratio $1/e$ in the distance of a wave-length. If we write

$$I_m = \frac{3}{2\pi}\lambda^2 \qquad (102),$$

so that I_m denotes the maximum value of the dissipation-ratio for $n = 1$, the requisite value is given by

$$\frac{I}{I_m} = \frac{2}{3}\pi \div N\lambda^3 \qquad (103).$$

On our previous numerical assumptions this is about 4×10^{-7}. The corresponding value of ϵ in (95) is about 4×10^{-7}. This is comparable with, although distinctly less than, the virtual variation of wave-length which takes place, on Doppler's principle, in a gas with moving molecules, and which is held to be sufficient to explain the actual breadths of the Fraunhofer lines. Having regard to the very much sharper definition which we meet with in the vibrations of the first type, and to the increase of sharpness (in each type) with the index n of the mode considered, it would appear that there is no *primâ facie* difficulty in accounting, on our present hypothesis, for absorption-lines of such breadths as occur in the actual spectrum.

XIX. *The Propagation of Waves of Elastic Displacement along a Helical Wire.* By A. E. H. Love, M.A., F.R.S., Sedleian Professor of Natural Philosophy in the University of Oxford.

[*Received* 4 December 1899.]

1. It is known that the modes of vibration of an elastic wire or rod which in the natural state is devoid of twist and has its elastic central line in the form of a plane curve fall into two classes: in the first class the displacement is in the plane of the wire and there is no twist; in the second class the displacement is at right-angles to the plane of the wire and is accompanied by twist. In particular for a naturally circular wire forming a complete circle when the section of the wire is circular and the material isotropic there are two modes of vibration with n wave-lengths to the circumference; these belong to the first and second of the above classes respectively, and their frequencies $(p/2\pi)$ are given by the equations

$$p_1^2 = \frac{1}{4}\frac{Ec^2}{\rho_0 a^4}\frac{n^2(n^2-1)^2}{1+n^2},$$

and

$$p_2^2 = \frac{1}{4}\frac{Ec^2}{\rho_0 a^4}\frac{n^2(n^2-1)^2}{1+\eta+n^2},$$

where a is the radius of the circle formed by the wire, c the radius of the section, ρ_0 the mass per unit of length, E the Young's modulus and η the Poisson's ratio of the material. These results may be interpreted as giving the velocities with which two types of waves travel round the circle.

So far little or nothing appears to be known about the modes of vibration of wires of which the central line in the natural state forms a curve of double curvature, except that the vibrations do not obviously fall into two classes related to the osculating plane in the same way as the two classes for a plane curve are related to the plane of the curve. The equation connecting the frequency with the wave-length when waves of elastic displacement are propagated along the wire has not been obtained; and although this equation would obviously be quadratic when rotatory inertia is neglected, and so would give two velocities of propagation for waves of a given length, it is by no means obvious what would be the distinguishing marks of the two kinds of waves with the same wave-length.

It seemed to me that it would be not without interest to seek to answer the questions thus proposed in the case of a wire which in the natural state has its elastic central line in the form of a helix. As regards the free vibrations of a terminated portion of such a wire with free ends, or fixed ends, or under the action of given forces at the terminals, it would be possible to form the equation for the frequency, but the equation appears to be so complicated as to be quite uninterpretable; and in fact in the simpler problem presented by a circular wire with ends, which has been treated in some detail by Lamb *, it appears that to interpret the results the total curvature must be taken to be slight, and the results which can then be obtained are such as might be reached by suitable approximate methods. In the case of a helical wire the most important of all the problems of vibration is that of a spiral spring supporting a weight which oscillates up and down; and this can be treated adequately by means of an approximate theory in which the wire is taken to have at any time the form of the helix corresponding to its axial length and to the position of the load. The problem of the propagation of waves along an infinite helical wire remains. I have found that in general for a given wave-length two types of waves are propagated with different velocities; in both types all the kinds of displacement (tangential, normal and torsional) are involved, and there is no rational relation between the different displacements which serves to distinguish the types of the two waves, but these types are finally and completely separated by a circumstance of phase in the different components of the displacement.

2. The helix which is the natural form of the elastic central line of the wire may be thought of as traced on a circular cylinder, and then any particle on this line undergoes a displacement which may be resolved into components u, v, w along the principal normal, the binormal and the tangent to the helix. The principal normal coincides with the radius of the cylinder, and the displacement u is reckoned positive when it is inwards along this normal; the displacement w is reckoned positive when it is in the sense in which the arc is measured, and then the positive sense of the displacement v is determined by the convention that the positive directions of u, v, w are a right-handed system for a right-handed helix. Further there is an angular displacement by rotation of the sections, of amount β, about the tangent to the helix, and β is reckoned positive when β and w form a right-handed rotation and translatory displacement. Now it is found that in general the two waves of given length that can be propagated are distinguished according as the displacements v and w are in the same phase or in opposite phases at all points of the helix. If $1/\rho$ and $1/\sigma$ are the measures of curvature and tortuosity of the helix, and $2\pi/m$ is the wave-length, then in the quicker wave v and w are everywhere in the same phase, and in the slower wave they are in opposite phases, provided $m^2 > 1/\rho^2 - 1/\sigma^2$, but if $m^2 < 1/\rho^2 - 1/\sigma^2$ this relation is reversed.

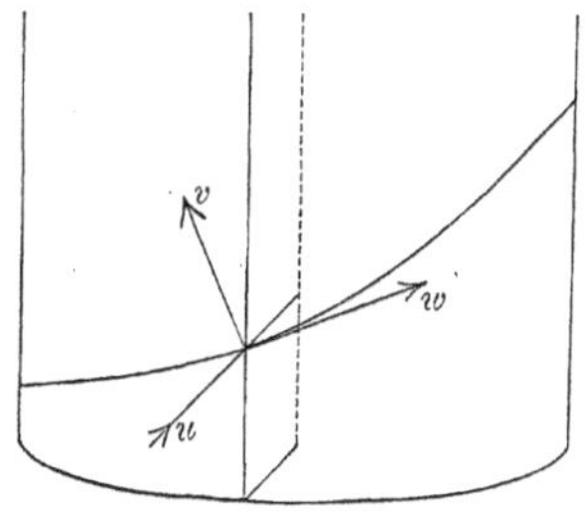

* Proc. Lond. Math. Soc., XIX. 1888.

The fact that there are two waves with different velocities suggests an analogy with the optical theory of rotatory polarization, and leads to the question whether in any sense the two waves can be regarded as right-handed and left-handed. The most obvious possibility of this kind would be that β and w should be always in the same phase for one wave and in opposite phases for the other; it is found however that this is not the case; another possibility would be that the component displacements parallel to the axis and to the circular section of the cylinder on which the helix is traced should be everywhere directed like a right-handed system of axial and circular translatory displacements for one wave and like a corresponding left-handed system for the other; this also is found not to be the case. It appears that up to the degree of approximation which is usually included in the theory of elastic wires there is no rotatory effect involved.

In three particular cases it is found that the equation for the frequency of waves of given length breaks up into two separate equations. This happens (*a*) when $m^2=1/\rho^2+1/\sigma^2$, (*b*) when $m^2=1/\rho^2-1/\sigma^2$, (*c*) when the helix is very flat or $1/\sigma$ can be neglected. In case (*a*) one of the modes of deformation is equivalent to a rigid body displacement of the helix at right angles to its axis, and the corresponding speed of course vanishes; in case (*c*) the types correspond to the two already known for a circle; in case (*b*) the two types are distinguished by the vanishing of the flexural couples in and perpendicular to the osculating plane; this case occurs only if the angle of the helix is less than $\frac{1}{4}\pi$.

3. The wire is taken to be of uniform circular section (radius c), and of homogeneous isotropic material, and in the natural state the line of centres of its sections forms a circular helix of curvature $1/\rho$ and tortuosity $1/\sigma$. The displacement of a point on the central line is specified by components u, v, w along the principal normal, the binormal and the tangent in the senses already defined, but it is necessary to fix the meaning of the angular displacement β. For this purpose we suppose a frame of three coorthogonal lines to move along the helix so that the three lines always coincide with the principal normal, the binormal, and the tangent; if the origin of the frame moves with unit velocity the lines of the frame will rotate with an angular velocity which has components $1/\rho$ about the binormal and $1/\sigma$ about the tangent. We can construct a corresponding frame for the strained wire by taking as origin the displaced position of a point on the strained elastic central line, as one line of reference the tangent to the strained elastic central line through the point, and as one plane of reference the plane through this line which contains the tangent to that line of particles which in the natural state coincided with the principal normal; when the displacement is everywhere very small the lines of this frame very nearly coincide with those of the frame attached to the unstrained wire, and the plane of reference just defined makes a very small angle with the osculating plane of the helix at the corresponding point; this angle is β. The "twist" of the wire is expressed by

$$\frac{1}{\sigma}+\frac{\partial\beta}{\partial s}+\frac{1}{\rho}\left(\frac{\partial v}{\partial s}+\frac{u}{\sigma}\right),$$

where ds is the element of arc of the helix.

4. The action of the part of the wire for which s is greater upon the part for which s is less, across any section, can be reduced to a resultant force at the centre of the section and a couple. The force may be resolved into components N_1 along the principal normal, N_2 along the binormal, and T along the tangent, in the senses in which u, v, w are reckoned positive. The couple may be resolved into two flexural couples G_1, G_2 and a torsional couple H about the same three lines. The couples are expressible in terms of the displacements by the equations

$$\left.\begin{aligned} G_1 &= A\left[\frac{\beta}{\rho} - \frac{\partial}{\partial s}\left(\frac{\partial v}{\partial s} + \frac{u}{\sigma}\right) - \frac{1}{\sigma}\left(\frac{\partial u}{\partial s} - \frac{v}{\sigma} + \frac{w}{\rho}\right)\right], \\ G_2 &= A\left[\frac{\partial}{\partial s}\left(\frac{\partial u}{\partial s} - \frac{v}{\sigma} + \frac{w}{\rho}\right) - \frac{1}{\sigma}\left(\frac{\partial v}{\partial s} + \frac{u}{\sigma}\right)\right], \\ H &= C\left[\frac{\partial \beta}{\partial s} + \frac{1}{\rho}\left(\frac{\partial v}{\partial s} + \frac{u}{\sigma}\right)\right] \end{aligned}\right\} \quad \ldots\ldots\ldots\ldots\ldots(1),$$

in which $A, = \frac{1}{4}E\pi c^4$, is the flexural rigidity, and $C, = \frac{1}{4}E\pi c^4/(1+\eta)$, is the torsional rigidity.

Further, the displacements u, w are connected by the relation of inextensibility of the wire

$$\frac{\partial w}{\partial s} = \frac{u}{\rho} \quad \ldots\ldots\ldots\ldots\ldots(2).$$

When rotatory inertia is neglected the stress-couples are connected with the stress-resultants and with each other by the three equations of moments

$$\left.\begin{aligned} \frac{\partial G_1}{\partial s} - \frac{G_2}{\sigma} + \frac{H}{\rho} - N_2 &= 0, \\ \frac{\partial G_2}{\partial s} \qquad + \frac{G_1}{\sigma} + N_1 &= 0, \\ \frac{\partial H}{\partial s} - \frac{G_1}{\rho} \qquad\qquad &= 0 \end{aligned}\right\} \ldots\ldots\ldots\ldots\ldots(3).$$

The equations of small motion are the three equations of resolution

$$\left.\begin{aligned} \frac{\partial N_1}{\partial s} - \frac{N_2}{\sigma} + \frac{T}{\rho} &= \rho_0\omega\frac{\partial^2 u}{\partial t^2}, \\ \frac{\partial N_2}{\partial s} \qquad + \frac{N_1}{\sigma} &= \rho_0\omega\frac{\partial^2 v}{\partial t^2}, \\ \frac{\partial T}{\partial s} - \frac{N_1}{\rho} \qquad &= \rho_0\omega\frac{\partial^2 w}{\partial t^2} \end{aligned}\right\} \ldots\ldots\ldots\ldots\ldots(4),$$

in which ρ_0 is the density of the material of the wire and ω, $=\pi c^2$, is the area of the cross-section.

5. We shall now suppose that simple harmonic waves are propagated along the wire, and take as expressions for the displacements

$$\left.\begin{aligned} &u = -m\rho W\sin(ms-pt), \quad v = V\cos(ms-pt), \quad w = W\cos(ms-pt), \\ &\beta = B\cos(ms-pt) \end{aligned}\right\} \ldots\ldots(5),$$

in which u and w have been adjusted so as to satisfy the equation (2) of inextensibility. Further, we shall take the forms of G_1, G_2, H to be

$$\left.\begin{aligned} G_1 = Ag_1 \cos(ms - pt), \quad G_2 = Ag_2 \sin(ms - pt), \\ H = (m\rho)^{-1} Ag_1 \sin(ms - pt) \end{aligned}\right\} \qquad (6),$$

in which G_1 and H have been adjusted so that the third of the equations of moments (3) is satisfied identically. We then find by (1)

$$\left.\begin{aligned} g_1 &= \frac{B}{\rho} + \left(m^2 + \frac{1}{\sigma^2}\right) V + \left(\frac{2m^2\rho}{\sigma} - \frac{1}{\rho\sigma}\right) W, \\ g_2 &= \frac{2mV}{\sigma} + W\left(m^3\rho + \frac{m\rho}{\sigma^2} - \frac{m}{\rho}\right), \\ \frac{Ag_1}{m\rho} &= -Cm\left(B + \frac{V}{\rho} + \frac{W}{\sigma}\right) \end{aligned}\right\} \qquad (7),$$

of which the first and third give

$$g_1\left(1 + \frac{A}{Cm^2\rho^2}\right) = V\left(m^2 - \frac{1}{\rho^2} + \frac{1}{\sigma^2}\right) + W\frac{2\rho}{\sigma}\left(m^2 - \frac{1}{\rho^2}\right) \qquad (8),$$

and the second is

$$\frac{g_2}{m\rho} = V\frac{2}{\rho\sigma} + W\left(m^2 - \frac{1}{\rho^2} + \frac{1}{\sigma^2}\right) \qquad (9).$$

If $m^2 - \frac{1}{\rho^2} - \frac{1}{\sigma^2}$ does not vanish we can solve for V and W and obtain

$$\left.\begin{aligned} V\left(m^2 - \frac{1}{\rho^2} - \frac{1}{\sigma^2}\right)^2 &= g_1\left(1 + \frac{A}{Cm^2\rho^2}\right)\left(m^2 - \frac{1}{\rho^2} + \frac{1}{\sigma^2}\right) - g_2\frac{2}{m\sigma}\left(m^2 - \frac{1}{\rho^2}\right), \\ W\left(m^2 - \frac{1}{\rho^2} - \frac{1}{\sigma^2}\right)^2 &= -g_1\left(1 + \frac{A}{Cm^2\rho^2}\right)\frac{2}{\rho\sigma} + g_2\frac{1}{m\rho}\left(m^2 - \frac{1}{\rho^2} + \frac{1}{\sigma^2}\right) \end{aligned}\right\} \qquad (10).$$

The first two of the equations of moments (3) now give us

$$\left.\begin{aligned} N_1 &= -A\left(\frac{1}{\sigma}g_1 + mg_2\right)\cos(ms - pt), \\ N_2 &= -A\left\{\left(m - \frac{1}{m\rho^2}\right)g_1 + \frac{1}{\sigma}g_2\right\}\sin(ms - pt) \end{aligned}\right\} \qquad (11).$$

We eliminate T from the equations of motion (4) and obtain

$$\begin{aligned} \frac{\partial^2 N_1}{\partial s^2} + \frac{N_1}{\rho^2} - \frac{1}{\sigma}\frac{\partial N_2}{\partial s} &= \rho_0\omega p^2(1 + m^2\rho^2)(W/\rho)\cos(ms - pt), \\ \frac{\partial N_2}{\partial s} + \frac{N_1}{\sigma} &= -\rho_0\omega p^2 V\cos(ms - pt), \end{aligned}$$

or, on substituting for N_1 and N_2,

$$\left.\begin{aligned} A\left[g_1\frac{2\rho}{\sigma}\left(m^2 - \frac{1}{\rho^2}\right) + m\rho g_2\left(m^2 - \frac{1}{\rho^2} + \frac{1}{\sigma^2}\right)\right] &= \rho_0\omega p^2(1 + m^2\rho^2)W, \\ A\left[g_1\left(m^2 - \frac{1}{\rho^2} + \frac{1}{\sigma^2}\right) + g_2\frac{2m}{\sigma}\right] &= \rho_0\omega p^2 V \end{aligned}\right\} \qquad (12).$$

6. We may now substitute for g_1 and g_2 in terms of V and W and obtain by elimination of V and W the equation for p^2

$$\left(\frac{\rho_0 \omega p^2}{A}\right)^2 \left(1+\frac{1}{m^2\rho^2}\right)\left(1+\frac{A}{Cm^2\rho^2}\right) - \frac{\rho_0\omega p^2}{A}\left[\left(2+\frac{1}{m^2\rho^2}+\frac{A}{Cm^2\rho^2}\right)\left(m^2-\frac{1}{\rho^2}+\frac{1}{\sigma^2}\right)^2 + \frac{4}{\sigma^2}\left\{\frac{1}{m^2}\left(m^2-\frac{1}{\rho^2}\right)^2 + m^2\left(1+\frac{1}{m^2\rho^2}\right)\left(1+\frac{A}{Cm^2\rho^2}\right)\right\}\right] + \left(m^2-\frac{1}{\rho^2}-\frac{1}{\sigma^2}\right)^4 = 0 \quad \text{.........(13).}$$

If $m^2 - \dfrac{1}{\rho^2} - \dfrac{1}{\sigma^2}$ does not vanish this equation can be written

$$\{1-(1+\kappa_0)x\}\{1-(1+\kappa_1)x\}(1-\kappa_1-\kappa_2)^2 - 8\kappa_2 x(2+\kappa_0-\kappa_1) = 0 \quad \text{...........(14),}$$

by putting

$$\left.\begin{aligned}\kappa_0 = A/Cm^2\rho^2, \quad \kappa_1 = 1/m^2\rho^2, \quad \kappa_2 = 1/m^2\sigma^2 \\ x = A^{-1}(1-\kappa_1-\kappa_2)^{-2}\rho_0\omega p^2 m^{-4}\end{aligned}\right\} \quad \text{.........................(15).}$$

Since $A/C = 1+\eta$, where η is the Poisson's ratio of the material,

$$\kappa_0 - \kappa_1 = \eta\kappa_1,$$

and this is always positive; so that, if for x in the left-hand member of the above equation (14) we substitute the values ∞, $1/(1+\kappa_1)$, $1/(1+\kappa_0)$, 0, the expression has the signs $+--+$, and thus one of the two values of x exceeds $1/(1+\kappa_1)$ and the other is less than $1/(1+\kappa_0)$, both values being positive. It follows that there are two possible velocities for waves of given length, the speed of one exceeding

$$\left[\frac{A}{\rho_0\omega}\frac{m^2\rho^2(m^2-1/\rho^2-1/\sigma^2)^2}{1+m^2\rho^2}\right]^{\frac{1}{2}},$$

and that of the other being less than

$$\left[\frac{A}{\rho_0\omega}\frac{m^2\rho^2(m^2-1/\rho^2-1/\sigma^2)^2}{1+\eta+m^2\rho^2}\right]^{\frac{1}{2}};$$

these two expressions become the speeds of the corresponding waves round a circular ring by writing n for $m\rho$ and omitting $1/\sigma$.

The left-hand member of the equation (14) for x breaks up into factors rational in κ_0, κ_1, κ_2 if

$$[(2+\kappa_0+\kappa_1)(1-\kappa_1-\kappa_2)^2 + 8\kappa_2(2+\kappa_0-\kappa_1)]^2 - 4(1+\kappa_0)(1+\kappa_1)(1-\kappa_1-\kappa_2)^4$$

is the square of a rational function of κ_0, κ_1, κ_2. This is the case when $2+\kappa_0-\kappa_1=0$, or when $1-\kappa_1-\kappa_2=0$, or when $\kappa_2=0$, or when $1-\kappa_1+\kappa_2=0$, for in the last case the expression becomes

$$16(1-\kappa_1)^2[(1-\kappa_1)(\kappa_0-\kappa_1) - 2(\kappa_0+\kappa_1)]^2.$$

Of these cases the first cannot happen since $\kappa_0 > \kappa_1$, and the third is the limiting case in which the helix becomes a circle; the two remaining cases will be discussed later.

7. With the view of determining the character of the motion corresponding to one value of p^2 we observe that by the second of (12) combined with the first of (10)

$$g_1\left\{1-x\left(1+\frac{A}{Cm^2\rho^2}\right)\right\}\left(m^2-\frac{1}{\rho^2}+\frac{1}{\sigma^2}\right)+g_2\frac{2m}{\sigma}\left\{1+x\left(1-\frac{1}{m^2\rho^2}\right)\right\}=0 \quad\text{.........(16)},$$

where x is given by (15), and it has been assumed that $m^2-1/\rho^2-1/\sigma^2$ does not vanish. Hence we find

$$x=\frac{g_1\left(m^2-\frac{1}{\rho^2}+\frac{1}{\sigma^2}\right)+g_2\frac{2m}{\sigma}}{g_1\left(1+\frac{A}{Cm^2\rho^2}\right)\left(m^2-\frac{1}{\rho^2}+\frac{1}{\sigma^2}\right)-g_2\frac{2m}{\sigma}\left(1-\frac{1}{m^2\rho^2}\right)},$$

and therefore

$$1-x(1+\kappa_0)=-\frac{2mg_2}{\sigma V}\left\{2+\left(\frac{A}{C}-1\right)\frac{1}{m^2\rho^2}\right\}\Big/\left(m^2-\frac{1}{\rho^2}-\frac{1}{\sigma^2}\right)^2$$

$$=-\left\{1+\frac{1}{2}\rho\sigma\frac{W}{V}\left(m^2-\frac{1}{\rho^2}+\frac{1}{\sigma^2}\right)\right\}\frac{4m^2}{\sigma^2}\left\{2+\left(\frac{A}{C}-1\right)\frac{1}{m^2\rho^2}\right\}\Big/\left(m^2-\frac{1}{\rho^2}-\frac{1}{\sigma^2}\right)^2 \quad\text{......(17)}.$$

It follows that in the wave for which $x(1+\kappa_0)<1$ we must have

$$1+\frac{1}{2}\rho\sigma\frac{W}{V}\left(m^2-\frac{1}{\rho^2}+\frac{1}{\sigma^2}\right)<0 \quad\text{..............................(18)}.$$

Again, by combining the first of (12) with the second of (10) we find

$$g_1\frac{2\rho}{\sigma}\left[\left(1-\frac{1}{m^2\rho^2}\right)+x(1+\kappa_0)(1+\kappa_1)\right]+g_2\frac{\rho}{m}\left(m^2-\frac{1}{\rho^2}+\frac{1}{\sigma^2}\right)\{1-x(1+\kappa_1)\}=0 \quad\text{...... (19)}.$$

Hence

$$x(1+\kappa_1)=-\frac{g_1\frac{2m}{\sigma}\left(1-\frac{1}{m^2\rho^2}\right)+g_2\left(m^2-\frac{1}{\rho^2}+\frac{1}{\sigma^2}\right)}{g_1(1+\kappa_0)\frac{2m}{\sigma}-g_2\left(m^2-\frac{1}{\rho^2}+\frac{1}{\sigma^2}\right)},$$

and therefore

$$1-x(1+\kappa_1)=-\frac{2g_1}{\sigma\rho W}\left\{2+\left(\frac{A}{C}-1\right)\frac{1}{m^2\rho^2}\right\}\Big/\left(m^2-\frac{1}{\rho^2}-\frac{1}{\sigma^2}\right)^2$$

$$=-\left\{\frac{V}{W}\left(m^2-\frac{1}{\rho^2}+\frac{1}{\sigma^2}\right)+\frac{2\rho}{\sigma}\left(m^2-\frac{1}{\rho^2}\right)\right\}\frac{2}{\rho\sigma}\left\{2+\left(\frac{A}{C}-1\right)\frac{1}{m^2\rho^2}\right\}\Big/(1+\kappa_0)\left(m^2-\frac{1}{\rho^2}-\frac{1}{\sigma^2}\right)^2 \quad\text{......(20)}.$$

It follows that in the wave for which $x(1+\kappa_1)>1$ we must have

$$\frac{V}{W}\left(m^2-\frac{1}{\rho^2}+\frac{1}{\sigma^2}\right)+\frac{2\rho}{\sigma}\left(m^2-\frac{1}{\rho^2}\right)>0 \quad\text{............................(21)}.$$

The two inequalities (18) and (21) are not mutually exclusive for all values of

V/W, but in the present case V and W are not independent. The equation connecting them is obtained by eliminating x from (17) and (20) in the form

$$(\kappa_0-\kappa_1)\left(m^2-\frac{1}{\rho^2}-\frac{1}{\sigma^2}\right)^2=\left(2+\frac{A/C-1}{m^2\rho^2}\right)\left\{\frac{4m^2}{\sigma^2}\left(1+\frac{1}{m^2\rho^2}\right)\left[1+\frac{1}{2}\rho\sigma\frac{W}{V}\left(m^2-\frac{1}{\rho^2}+\frac{1}{\sigma^2}\right)\right]\right.$$
$$\left.-\frac{2}{\rho\sigma}\left[\frac{V}{W}\left(m^2-\frac{1}{\rho^2}+\frac{1}{\sigma^2}\right)+\frac{2\rho}{\sigma}\left(m^2-\frac{1}{\rho^2}\right)\right]\right\},$$

or $$2\{V^2-W^2(1+m^2\rho^2)\}\left(m^2-\frac{1}{\rho^2}+\frac{1}{\sigma^2}\right)$$
$$-WV\left[\frac{8}{\rho\sigma}-\rho\sigma\frac{A/C-1}{2m^2\rho^2+A/C-1}\left(m^2-\frac{1}{\rho^2}-\frac{1}{\sigma^2}\right)^2\right]=0 \quad \text{......(22)},$$

which gives two values for V/W, having a negative product, and thus showing that in the two waves the values of V/W have opposite signs. We now substitute for V/W the values

$$\pm\infty,\quad 0,\quad -\frac{\rho\sigma}{2}\left(m^2-\frac{1}{\rho^2}+\frac{1}{\sigma^2}\right),\quad -\frac{2\rho}{\sigma}\left(m^2-\frac{1}{\rho^2}\right)\Big/\left(m^2-\frac{1}{\rho^2}+\frac{1}{\sigma^2}\right),$$

placing these values in order of decreasing algebraic magnitude. For shortness we write

$$\left.\begin{aligned}-\frac{\rho\sigma}{2}\left(m^2-\frac{1}{\rho^2}+\frac{1}{\sigma^2}\right)&=\alpha,\\ -\frac{2\rho}{\sigma}\left(m^2-\frac{1}{\rho^2}\right)\Big/\left(m^2-\frac{1}{\rho^2}+\frac{1}{\sigma^2}\right)&=\beta\end{aligned}\right\} \quad \text{......(23)},$$

and then $\alpha \gtrless \beta$ according as $(m^2-1/\rho^2+1/\sigma^2) \lessgtr 0$. There are three cases depending on the signs of m^2-1/ρ^2 and of $m^2-1/\rho^2+1/\sigma^2$. In any case when we substitute $V/W=\alpha$, the left-hand member of (22) becomes

$$\rho^2\sigma^2W^2\frac{m^2\rho^2}{2m^2\rho^2+A/C-1}\left(m^2-\frac{1}{\rho^2}-\frac{1}{\sigma^2}\right)^2\left(m^2-\frac{1}{\rho^2}+\frac{1}{\sigma^2}\right),$$

and when we substitute $V/W=\beta$ the left-hand member of (22) becomes

$$-4W^2\frac{m^2\rho^2(m^2\rho^2+A/C)}{2m^2\rho^2+A/C-1}\left(m^2-\frac{1}{\rho^2}-\frac{1}{\sigma^2}\right)^2\Big/\left(m^2-\frac{1}{\rho^2}+\frac{1}{\sigma^2}\right).$$

Now in the slower wave we have

$$1-\alpha\frac{W}{V}<0,$$

which shows that if $m^2-1/\rho^2+1/\sigma^2$ is positive

$$0>V/W>\alpha,$$

and if $m^2-1/\rho^2+1/\sigma^2$ is negative

$$\alpha>V/W>0.$$

In the quicker wave we have

$$(m^2-1/\rho^2+1/\sigma^2)\left(\frac{V}{W}-\beta\right)>0.$$

Thus when $m^2 - 1/\rho^2 + 1/\sigma^2$ and $m^2 - 1/\rho^2$ are both positive we have

$$V/W > \beta,$$

when $m^2 - 1/\rho^2 + 1/\sigma^2$ is positive and $m^2 - 1/\rho^2$ is negative

$$V/W > \beta > 0,$$

when $m^2 - 1/\rho^2 + 1/\sigma^2$ and $m^2 - 1/\rho^2$ are both negative

$$0 > \beta > V/W.$$

When $m^2 - 1/\rho^2$ and $m^2 - 1/\rho^2 + 1/\sigma^2$ are both positive we obtain after substitution in the left-hand member of (22) the signs shown in the table

V/W	=	∞	0	β	α	$-\infty$
		$+$	$-$	$-$	$+$	$+$

When $m^2 - 1/\rho^2$ is negative and $m^2 - 1/\rho^2 + 1/\sigma^2$ is positive we obtain

V/W	=	∞	β	0	α	$-\infty$
		$+$	$-$	$-$	$+$	$+$

When $m^2 - 1/\rho^2$ and $m^2 - 1/\rho^2 + 1/\sigma^2$ are both negative we obtain

V/W	=	∞	α	0	β	$-\infty$
		$-$	$-$	$+$	$+$	$-$

By comparison of these results we see that when $m^2 - 1/\rho^2 + 1/\sigma^2$ is positive V/W is positive in the quicker wave and negative in the slower one, but when $m^2 - 1/\rho^2 + 1/\sigma^2$ is negative the reverse is the case. When V/W is positive the displacements v and w are in the same phase at all points of the helix, and when V/W is negative these displacements are everywhere in opposite phases.

8. If the helix of angle α is wound on a cylinder of radius a the displacement parallel to the axis is $a \sec \alpha \, (w/\sigma + v/\rho)$, and the displacement parallel to the circular section is $a \sec \alpha \, (w/\rho - v/\sigma)$, and the wave is in a certain sense right-handed or left-handed according as

$$(W/\rho - V/\sigma) \div (W/\sigma + V/\rho)$$

is positive or negative. We write ξ for this, and then the values of ξ in the two waves satisfy the equation

$$2\left[(1/\rho - \xi/\sigma)^2 - (1 + m^2\rho^2)(\xi/\rho + 1/\sigma)^2\right](m^2 - 1/\rho^2 + 1/\sigma^2)$$
$$- \left(\frac{1}{\rho} - \frac{\xi}{\sigma}\right)\left(\frac{\xi}{\rho} + \frac{1}{\sigma}\right)\left[\frac{8}{\rho\sigma} - \rho\sigma \frac{A/C - 1}{2m^2\rho^2 + A/C - 1}\left(m^2 - \frac{1}{\rho^2} - \frac{1}{\sigma^2}\right)^2\right] = 0,$$

and the two waves will be respectively right-handed and left-handed if the roots have opposite signs. To show that this is not always the case it is sufficient to take m very great and substitute for ξ in the left-hand member the values

	0	$-\rho/\sigma$	$-\infty$;
the signs are	$-$	$+$	$-$,

showing that both values of ξ are negative, and both waves are left-handed in this sense when m is sufficiently great.

A similar method may be applied to show that there are values of m for which both values of β/w have the same sign, and thus the waves are not respectively right-handed and left-handed in regard to β and w.

9. We have already noted that in three special cases the equation (13) for p^2 can be solved rationally in terms of m, ρ, σ.

Taking $m^2 = 1/\rho^2 + 1/\sigma^2 = a^{-2}\cos^2\alpha$, it is convenient to put $ms = \theta$, and then θ is the angle turned through by the radius of the helix about the axis of the cylinder in passing along the curve from the point from which the arc is measured to the point at which the arc is s.

In this case equations (12) become

$$\left(g_1\frac{1}{\sigma} + g_2 m\right)\frac{2\rho}{\sigma^2} = \frac{\rho_0\omega p^2}{A}(1 + m^2\rho^2)\,W,$$

$$\left(g_1\frac{1}{\sigma} + g_2 m\right)\frac{2}{\sigma} = \frac{\rho_0\omega p^2}{A}\,V,$$

and equations (8) and (9) become

$$g_1\left(1 + \frac{A}{Cm^2\rho^2}\right) = \frac{2}{\sigma^2}\left(V + W\frac{\rho}{\sigma}\right),$$

$$g_2 = \frac{2m}{\sigma}\left(V + W\frac{\rho}{\sigma}\right),$$

so that
$$mg_2 + g_1/\sigma = \frac{2m^2}{\sigma^3}\left\{\sigma^2 + \frac{C\rho^2}{(A + Cm^2\rho^2)}\right\}\left(V + W\frac{\rho}{\sigma}\right),$$

and thus either $V + W\rho/\sigma = 0$ and $p = 0$, or else

$$V = W\frac{\sigma}{\rho}(1 + m^2\rho^2),$$

and
$$\frac{\rho_0\omega p^2}{A}(1 + m^2\rho^2) = \frac{4m^2}{\sigma^4}\left(\sigma^2 + \frac{C\rho^2}{A + Cm^2\rho^2}\right)\Big/\left(\frac{\rho^2}{\sigma^2} + 1 + m^2\rho^2\right).$$

The second kind of motion is an example of the quicker wave, and the speed p is given by

$$p^2 = \frac{8A}{\rho_0\omega}\frac{(\rho^2 + \sigma^2)^2}{\rho^2\sigma^4}\frac{(A + C)\sigma^2 + 2C\rho^2}{(A + C)\sigma^2 + C\rho^2}\frac{1}{(2\sigma^2 + \rho^2)}.$$

In the displacement for which $p = 0$ the equation $V + W\rho/\sigma = 0$ shows that there is no displacement parallel to the axis of the helix; we also have

$$W\cos\alpha - V\sin\alpha = W(\cos\alpha + \sin\alpha\tan\alpha) = W\sec\alpha,$$

and thus the displacement along the tangent to the circular section of the cylinder is

$$W \sec \alpha \cos \theta \, ;$$

the displacement along the radius vector outwards is $-a \sec^2 \alpha \, a^{-1} \cos \alpha \, W \sin ms$, or

$$W \sec \alpha \sin \theta,$$

and thus the displacement is $W \sec \alpha$ at right angles to the plane from which θ is measured. The helix is displaced bodily, and there is no deformation.

10. Again, taking $m^2 = 1/\rho^2 - 1/\sigma^2$, where σ^2 is supposed $> \rho^2$ or $\alpha < \frac{1}{4}\pi$, we find that equations (16) and (19) show that either

$$g_2 = 0, \quad p^2 = \frac{A}{\rho_0 \omega} \frac{(m^2 - 1/\rho^2 - 1/\sigma^2)^2}{1 + A/Cm^2\rho^2} \frac{1 - m^2\rho^2}{1 + m^2\rho^2},$$

or

$$g_1 = 0, \quad p^2 = \frac{A}{\rho_0 \omega} (m^2 - 1/\rho^2 - 1/\sigma^2)^2 \frac{1 - m^2\rho^2}{m^2\rho^2}.$$

The motion for which $g_2 = 0$ is an example of the slower wave, the speed p of this wave is given by

$$p^2 = \frac{A}{\rho_0 \omega} \frac{4}{\sigma^4} \frac{\rho^2 (\sigma^2 - \rho^2)}{(2\sigma^2 - \rho^2) \{(1 + A/C)\sigma^2 - \rho^2\}},$$

and the flexural couple G_2 in the osculating plane and the displacement v along the binormal both vanish at all points of the helix.

The motion for which $g_1 = 0$ is an example of the quicker wave, the speed p of this wave is given by

$$p^2 = \frac{A}{\rho_0 \omega} \frac{4}{\sigma^4} \frac{\rho^2}{\sigma^2 - \rho^2},$$

and the flexural couple G_1 about the principal normal, the torsional couple H, and the displacements u and w along the principal normal and the tangent all vanish at all points of the helix.

XX. *On the Construction of a Model showing the 27 lines on a Cubic Surface.* By H. M. TAYLOR, M.A., F.R.S.

[*Received* 27 January 1900.]

THE general equation of a cubic surface contains 19 constants: 9 conditions are required to make it pass through a given plane section: 6 more are required to make it pass through a second: 3 more to make it pass through a third. It follows that a cubic surface would be determined by three plane sections and one point on the surface.

Any data which determine the surface necessarily determine the straight lines on the surface. It is known that twenty-seven straight lines lie on the general surface of the third degree, and that these lie by threes in forty-five planes, the triple tangent planes to the surface. There are $\frac{45 \times 32 \times 22}{1 \times 2 \times 3}$ sets of three triple tangent planes, no two of which pass through the same line*.

There would be no loss of generality in the form of the cubic surface caused by choosing arbitrarily one of the 5280 sets of three triple tangent planes instead of three ordinary plane sections: among these 5280 sets there are 240 sets such that a second set passes through the same nine lines.

If ABC, $A'B'C'$, $A''B''C''$ be the triangles formed by the three planes of such a set, the letters may be arranged in such a manner that

$$BCB'C'B''C'', \quad CAC'A'C''A'', \quad ABA'B'A''B''$$

are planes.

In this paper and in the model, of which a representation is given (Plates XXIV., XXV.), each of the twenty-seven lines on the surface is denoted by one of the numbers

$$1, 2, 3, \ldots\ldots, 27$$

in agreement with a notation adopted in a former paper*. In accordance with this notation, the lines in these three planes are denoted by Arabic numbers as follows:—

BC, 1	$B'C'$, 6	$B''C''$, 15
CA, 2	$C'A'$, 4	$C''A''$, 12
AB, 3	$A'B'$, 5	$A''B''$, 7

For convenience of reference a complete list of all the triple tangent planes of the surface, showing those in which each line appears, is given in the following table:—

* *Philosophical Transactions of the Royal Society*, Series A, Vol. 185 (1894), p. 64.

Table showing the triple tangent planes which pass through each line on the surface.

1, 2, 3	1, 6, 15	1, 9, 11	1, 16, 19	1, 17, 18
2, 1, 3	2, 4, 12	2, 8, 14	2, 20, 23	2, 21, 22
3, 1, 2	3, 5, 7	3, 10, 13	3, 24, 27	3, 25, 26
4, 2, 12	4, 5, 6	4, 9, 13	4, 16, 27	4, 17, 26
5, 3, 7	5, 4, 6	5, 11, 14	5, 18, 21	5, 19, 20
6, 1, 15	6, 4, 5	6, 8, 10	6, 22, 25	6, 23, 24
7, 3, 5	7, 8, 9	7, 12, 15	7, 16, 23	7, 17, 22
8, 2, 14	8, 6, 10	8, 7, 9	8, 18, 27	8, 19, 26
9, 1, 11	9, 4, 13	9, 7, 8	9, 20, 25	9, 21, 24
10, 3, 13	10, 6, 8	10, 11, 12	10, 16, 21	10, 17, 20
11, 1, 9	11, 5, 14	11, 10, 12	11, 22, 27	11, 23, 26
12, 2, 4	12, 7, 15	12, 10, 11	12, 18, 25	12, 19, 24
13, 3, 10	13, 4, 9	13, 14, 15	13, 18, 23	13, 19, 22
14, 2, 8	14, 5, 11	14, 13, 15	14, 16, 25	14, 17, 24
15, 1, 6	15, 7, 12	15, 13, 14	15, 20, 27	15, 21, 26
16, 1, 19	16, 4, 27	16, 7, 23	16, 10, 21	16, 14, 25
17, 1, 18	17, 4, 26	17, 7, 22	17, 10, 20	17, 14, 24
18, 1, 17	18, 5, 21	18, 8, 27	18, 12, 25	18, 13, 23
19, 1, 16	19, 5, 20	19, 8, 26	19, 12, 24	19, 13, 22
20, 2, 23	20, 5, 19	20, 9, 25	20, 10, 17	20, 15, 27
21, 2, 22	21, 5, 18	21, 9, 24	21, 10, 16	21, 15, 26
22, 2, 21	22, 6, 25	22, 7, 17	22, 11, 27	22, 13, 19
23, 2, 20	23, 6, 24	23, 7, 16	23, 11, 26	23, 13, 18
24, 3, 27	24, 6, 23	24, 9, 21	24, 12, 19	24, 14, 17
25, 3, 26	25, 6, 22	25, 9, 20	25, 12, 18	25, 14, 16
26, 3, 25	26, 4, 17	26, 8, 19	26, 11, 23	26, 15, 21
27, 3, 24	27, 4, 16	27, 8, 18	27, 11, 22	27, 15, 20

In the model the six lines, forming the sides of the triangles ABC, $A'B'C'$, are drawn on the surface of two brass plates which are carefully hinged together in such a manner that the straight line XYZ, which passes through the intersections of the pairs

$$BC,\ B'C';\ CA,\ C'A';\ AB,\ A'B',$$

is in the line of the hinges. Each of the remaining twenty-one straight lines is represented by a stretched string. On each plate the point at which any straight line cuts the plate is marked by the Arabic number which denotes the line. In the explanation, where it is necessary to distinguish between the points where any line, say 9, cuts the two plates, the point where it cuts a side of the triangle ABC, in the left-hand figure, will be denoted by 9_l, and the point where it cuts a side of the triangle $A'B'C'$, in the right-hand figure, will be denoted by 9_r.

It will be observed that the lines $7_l 12_l 15_l$, $7_r 12_r 15_r$, in which the sides of the triangle formed by the lines 7, 12, 15 cut the sides of the triangles ABC, $A'B'C'$, meet on the line XYZ.

We have now chosen three plane sections of the cubic surface, and we have one more condition at our disposal. This is exhausted by the choice of the point 8_l, that is, the point where the line 8, which cuts the three non-intersecting straight lines 2, 6, 7, cuts the line 2. This determines the line 8, and therefore the point 8_r.

As the lines 7, 8, 9 are complanar the straight line $7_l 8_l$ cuts BC in 9_l and cuts the line XYZ in a point such that the straight line joining it to the point 7_r gives the points 8_r, 9_r.

In a similar way

4_l and 9_l give 13_l
6_l „ 8_l „ 10_l
1_r „ 9_r „ 11_r
2_r „ 8_r „ 14_r

Since 10, 11, 12, and 13, 14, 15 form triangles,

10_l and 12_l give 11_l	11_r and 12_r give 10_r
13_l „ 15_l „ 14_l	14_r „ 15_r „ 13_r

Lines 1 to 15 are now determined.

The remaining lines 16 to 27 form a double six.

Any triple tangent plane which passes through one of these twelve lines passes through two of them, and also through one of the lines 1 to 15. We must, therefore, adopt a different method to find one of the lines 16 to 27.

One of them must be found by some quadratic method, and then all the rest can be found as before. The line 17 was found by a method of trial and error from the facts that 17_l lies on BC and 17_r on $C'A'$, and that the pairs of lines $7_l 17_l$, $7_r 17_r$ and $14_l 17_l$,

$14_r, 17_r$ meet on the line XYZ. All the other points were then obtained by drawing straight lines in the following order, in which the suffixes are omitted because the description applies equally both to the left-hand and to the right-hand figures.

7, 17	give	22
10, 17	,,	20
9, 20	,,	25
12, 25	,,	18
13, 18	,,	23
13, 22	,,	19
12, 19	,,	24
9, 24	,,	21
15, 21	,,	26
15, 20	,,	27
10, 21	,,	16

All the lines on the surface are now fully determined.

The diagrams represent not only the lines used in finding the points, but each diagram gives the 32 straight lines which represent the intersections with the plane of the triangle of each of the 32 triple tangent planes that do not pass through a side of the triangle. From these 32 straight lines a selection of 8 lines can be made to pass through all the 24 points in the diagram. This selection of 8 lines can be made in 40 ways. The following numbers give such a set of eight straight lines for the left-hand figure (triangle ABC):—

6, 4, 5; 15, 12, 7; 9, 20, 25; 11, 23, 26; 16, 21, 10; 19, 22, 13;
17, 14, 24; 18, 8, 27.

It may be noticed that in the left-hand figure the points 4...15 lie by threes on eight straight lines, two of the lines passing through each point.

From these eight lines two sets of four can be chosen passing through all the twelve points.

We cannot draw a pair of conics through the twelve points.

Of the remaining twelve points, 16...27, no three lie on a straight line, but eight conics can be drawn, each passing through six points, and there are four pairs of conics passing through all the twelve points.

There are also 48 conics, each of which passes through 6 points in the diagram, and 12 of which pass through each of the 24 points, and from these 48 conics a selection of 4 can be made so as to pass through all the 24 points; such a selection can be made in 168 ways. The following numbers give one such set of four conics for the left-hand figure:—

17, 4, 5, 18, 12, 7; 6, 20, 25, 15, 23, 26; 9, 21, 10, 11, 22, 13;
16, 14, 24, 19, 8, 27.

Let us consider the section of the surface made by a plane passing through one of the lines; for instance, the line 1. We shall find five pairs of points, 2, 3; 6, 15; 9, 11; 16, 19; 17, 18, on this line and the other sixteen points will lie on a conic. In this case there are 40 straight lines, each of which passes through three of the points. Through each point on the conic 5 of the lines pass, and through each point on the line 4 lines pass.

Next, let us consider a section of the surface not passing through a line.

It will be a cubic curve and the points on it where the 27 lines cut the plane lie by threes on 45 straight lines, five straight lines passing through each point. From these 45 straight lines a selection of 9 can be made, to pass through all the points. This selection can be made in 200 ways. There are, also, 360 conics, each of which passes through six of the points, 80 conics passing through each point. From these 360 conics a selection of four can be made to pass through all the points except three lying on a straight line. This selection can be made in 168 ways for each particular set of three points, that is in 7560 ways altogether.

XXI. *On the Dynamics of a System of Electrons or Ions: and on the Influence of a Magnetic Field on Optical Phenomena.* By J. LARMOR, M.A., F.R.S., Fellow of St John's College.

[*Received* 24 January 1900.]

THE DYNAMICS OF A SYSTEM OF INTERACTING ELECTRONS OR IONS.

1. IN the usual electrodynamic units the kinetic and potential energies of a region of aether are given by

$$T = (8\pi)^{-1} \int (\alpha^2 + \beta^2 + \gamma^2)\, d\tau,$$

$$W = 2\pi C^2 \int (f^2 + g^2 + h^2)\, d\tau,$$

wherein $\delta\tau$ represents an element of volume, (α, β, γ) is the magnetic force which specifies the kinetic disturbance, and (f, g, h) is the aethereal 'displacement' which is of the nature of elastic strain. These two vector quantities cannot of course be independent of each other: the constitutive relation between them is, with the present units,

$$\left(\frac{d\gamma}{dy} - \frac{d\beta}{dz}, \frac{d\alpha}{dz} - \frac{d\gamma}{dx}, \frac{d\beta}{dx} - \frac{d\alpha}{dy}\right) = 4\pi \frac{d}{dt}(f, g, h),$$

or say

$$\text{curl}\ (\alpha, \beta, \gamma) = 4\pi \frac{d}{dt}(f, g, h),$$

which restricts (f, g, h) to be a stream vector satisfying the equation of continuity: it also confirms the view that (α, β, γ) is of the nature of a time-fluxion or velocity. It is assumed that (α, β, γ) is itself a stream vector, which must be the case if electric waves are of wholly transverse type. On substituting in these expressions (ξ, η, ζ), the independent variable or coordinate of position, of which (α, β, γ) is the velocity, so that $(\alpha, \beta, \gamma) = d/dt\,(\xi, \eta, \zeta)$, the dynamical equations of the free aether can be directly deduced from the Action formula

$$\delta \int (T - W)\, dt = 0.$$

It is well known that they are identical with MacCullagh's equations for the optical aether, and represent vibratory disturbance propagated by transverse waves.

It will now be postulated that the origin of all such aethereal disturbances consists in the motion of electrons, an electron being defined as a singular point or nucleus of converging intrinsic strain in the aether, such for example as the regions of intrinsic strain in unannealed glass whose existence is revealed by polarized light, but differing in that the electron will be taken to be freely mobile throughout the medium. For all existing problems it suffices to consider the nucleus of the electron as occupying so small a space that it may be taken to be a point, having an electric charge e associated with it whose value is the divergence of (f, g, h), that is, the aggregate normal displacement $\int (lf + mg + nh)\, dS$ through any surface S enclosing the electron: over any surface not enclosing electrons this integral of course vanishes, by the stream character of the vector involved in it. Faraday's laws of electrolysis give a substantial basis for the view that the value of e is numerically the same for all electrons, but may be positive or negative.

As our main dynamical problem is not the propagation of disturbances in the aether, but is the interactions of the electrons which originate these disturbances, it will be necessary to express the kinetic and potential energies of the aether as far as possible in terms of the motions and positions of the electrons. The reduction of T may be effected by introducing the auxiliary variable (F, G, H) defined by

$$\text{curl } (F, G, H) = (\alpha, \beta, \gamma).$$

Thus

$$T = (8\pi)^{-1} \int \left\{ \left(\frac{dH}{dy} - \frac{dG}{dz} \right) \alpha + \left(\frac{dF}{dz} - \frac{dH}{dx} \right) \beta + \left(\frac{dG}{dx} - \frac{dF}{dy} \right) \gamma \right\} d\tau$$

$$= (8\pi)^{-1} \int \{ (\gamma G - \beta H)\, l + (\alpha H - \gamma F)\, m + (\beta F - \alpha G)\, n \}\, dS$$

$$+ (8\pi)^{-1} \int \left\{ F \left(\frac{d\gamma}{dy} - \frac{d\beta}{dz} \right) + G \left(\frac{d\alpha}{dz} - \frac{d\gamma}{dx} \right) + H \left(\frac{d\beta}{dx} - \frac{d\alpha}{dy} \right) \right\} d\tau$$

$$= (8\pi)^{-1} \int \begin{vmatrix} l, & m, & n \\ F, & G, & H \\ \alpha, & \beta, & \gamma \end{vmatrix} dS + \frac{1}{2} \int \left(F \frac{df}{dt} + G \frac{dg}{dt} + H \frac{dh}{dt} \right) d\tau.$$

Now it follows from the definition of (F, G, H) that

$$\nabla^2 F - \frac{d}{dx} \left(\frac{dF}{dx} + \frac{dG}{dy} + \frac{dH}{dz} \right) = - \left(\frac{d\gamma}{dy} - \frac{d\beta}{dz} \right)$$

$$= - 4\pi \frac{df}{dt},$$

with two similar equations. Solutions of these equations can be at once obtained by taking $dF/dx + dG/dy + dH/dz$ to be null: this makes F, G, H the potentials of volume distributions throughout the medium of densities $\dot{f}, \dot{g}, \dot{h}$, together with contributions as yet undetermined from the singular points or electrons. The most general possible solution adds to this one a part (F_0, G_0, H_0) which is the gradient of an arbitrary function of position χ: but this part does not affect the value of (α, β, γ) through which (F, G, H) has been introduced into the problem, so that the definite particular solution is all that is required.

Now the motions of the electrons involve discontinuities, or rather singularities, in this scheme of functions. One mode of dealing with them would involve cutting each electron out of the region of our analysis by a surface closely surrounding it. But a more practicable method can be adopted. The movement of an electron e from A to an adjacent point B is equivalent to the removal of a nucleus of outward radial displacement from A and the establishment of an equal one at B: in other words it involves a transfer of displacement in the medium by flow out of the point B into the point A: now this transfer can be equally produced, on account of the stream character of the displacement, by a constrained transfer of an equal amount e of displacement directly from A to B. Hence as regards the dynamics of the surrounding aether, the motion of such a singular point or electron is equivalent to a constrained flow of aethereal displacement along its path. The advantage of thus replacing it will be great on other grounds: instead of an uncompleted flow starting from B and ending at A, there will now be a continuous stream from B through the surrounding aether to A and back again along the direct line from A to B: in other words the displacement will be strictly a stream vector, and in passing on later to the theory of a distribution of electrons considered as a volume density of electricity, the strictly circuital character of the electric displacement, when thus supplemented by the flow of the electrons, will be a feature of the analysis.

For greater precision, let us avoid for the moment the limiting idea of a point-singularity at which the functions become infinite. An electron will now appear as an extremely small volume in the aether possessing a proportionately great density ρ of electric charge. Its motion will at each instant be represented by an electric flux of intensity $\rho(\dot{x}, \dot{y}, \dot{z})$ distributed throughout this volume, which when added to the aethereal displacement now produces a *continuous* circuital aggregate. For present purposes for which the electron is treated as a point and the translatory velocities of its parts are very great compared with their rotational velocities, this continuous flow may be condensed into an aggregate flux of intensity $e(\dot{x}, \dot{y}, \dot{z})$, concentrated at the point (x, y, z).

At each point in the free aether, outside such nuclei of electrons, the original specification of magnetic force, namely that its curl is equal to $4\pi d/dt$ of the aethereal displacement, remains strictly valid. It has been seen that the effect of the motion of any specified electron, as regards the surrounding aether, is identical with the effect of an impressed change in the stream of aethereal displacement at the place where it is situated: thus the interactions between this electron and the aether will be correctly determined by treating its motion as such an impressed change of displacement. This transformation however considers the nucleus as an aggregate: it will not be available as regards the interactions between different parts of the nucleus: thus in the energy function constructed by means of it, all terms involving interaction between the electron as a whole and the aether which transmits the influence of other electrons will be involved; but the intrinsic or constitutive energy of the electron itself, that is the total mutual energy of the constituent parts of the electron exclusive of the energy involved in its motion as a whole through the aether, will not be included: this latter part is in fact supposed (on ample grounds) to be unchangeable as regards all the phenomena now under discussion, the nuclei of the electrons being taken to occupy a volume extremely small in comparison with that of the surrounding aether*.

This principle leads to an expression for the force acting on each individual moving electron, which is what is wanted for our present purpose. But the equations of ordinary electrodynamic theory belong to a dense distribution of ions treated by continuous analysis, and we have there to employ the averaged equations that will obtain for an effective element of volume of the aether containing a number of electrons that practically is indefinitely great.

We derive then the equations of the aether considered as containing electrons from those of the uniform aether itself by adding to the changing aethereal displacement $(\dot{f}, \dot{g}, \dot{h})$ the flux of the electrons of type $e(\dot{x}, \dot{y}, \dot{z})$ wherever electrons occur. In the transformed expression for T we can, as already explained, treat the part of the surface integral belonging to the surface cutting an electron out of the region of integration (as well as any energy inside that surface) as intrinsic energy of the electron, of unchanging amount†, which is not concerned in the phenomena because it does not involve the state of any other electron. The contribution from the surface integral over the infinite sphere we can take to be zero if we assume that all the disturbances of electrons are in a finite region: the truth of this physical axiom can of course be directly verified.

We have therefore generally

$$T = \frac{1}{2}\int (Fu + Gv + Hw)\, d\tau,$$

wherein

$$(F, G, H) = \int (u, v, w)\, r^{-1}\, d\tau:$$

and in these expressions the total electric current (u, v, w) will consist of a continuous part $(\dot{f}, \dot{g}, \dot{h})$ which is not electric flow at all, and a discrete electric flux or *true* current of amount $e(\dot{x}, \dot{y}, \dot{z})$ for any electron e. When the electrons are considered as forming a volume density of electrification, this latter will be considered as continuous true electric flow constituted as an aggregate of all the different types of conduction current, convection current, polarization current, *etc.* that can be recognized in the phenomena, each being connected by an experimental constitutive relation with the electric force which originates it. The orbital motions of the electrons in the molecule cannot however be thus included in an electric flux, but must be averaged separately as magnetization. Neither the true current nor the aethereal displacement current taken separately need satisfy the

* For a treatment on somewhat different lines cf. *Phil. Trans.* 1897 A, or 'Aether and Matter,' Ch. VI., *Camb. Univ. Press*, 1900.

† It may be formally verified, after the manner of the formula for T in § 2, that this amount tends to a definite limit as the surface surrounds the electron more and more closely.

condition of being a stream, but their sum, the total current of Maxwell, always satisfies this condition.

2. The present problem being that of the interactions of individual electrons transmitted through the aether, it will be necessary to retain these electrons as distinct entities. The value of (F, G, H) at any point is therefore of type

$$F = \int \frac{1}{r}\frac{df}{dt}\,d\tau + \Sigma \frac{e\dot{x}}{r},$$

in which r represents the distance of the point from the element of volume in the integral and from the electron respectively. Thus

$$T = \frac{1}{2}\iint (\dot{f}_1\dot{f}_2 + \dot{g}_1\dot{g}_2 + \dot{h}_1\dot{h}_2)\,r_{12}^{-1}\,d\tau_1 d\tau_2$$

$$+ \Sigma e\dot{x}\int \dot{f}_2 r_{12}^{-1}\,d\tau_2 + \Sigma e\dot{y}\int \dot{g}_2 r_{12}^{-1}\,d\tau_2 + \Sigma e\dot{z}\int \dot{h}_2 r_{12}^{-1}\,d\tau_2$$

$$+ \Sigma\Sigma e_1 e_2\,(\dot{x}_1\dot{x}_2 + \dot{y}_1\dot{y}_2 + \dot{z}_1\dot{z}_2)\,r_{12}^{-1},$$

in which each pair of electrons occurs only once in the double summation.

Also
$$W = 2\pi c^2 \int (f^2 + g^2 + h^2)\,d\tau.$$

In omitting the intrinsic energy of an electron and only taking into account the energy terms arising from the interaction of its electric flux with the other electric fluxes in the field, we have however neglected a definite amount of kinetic energy arising from the motion of the strain-configuration constituting the electron and proportional to the square of its velocity: this will be the translational kinetic energy

$$T_0 = \frac{1}{2} Le^2 (\dot{x}^2 + \dot{y}^2 + \dot{z}^2):$$

or we may write

$$T_0 = \frac{1}{2} m (\dot{x}^2 + \dot{y}^2 + \dot{z}^2),$$

where m is thus the coefficient of inertia or 'mass' of the electron, which may either be wholly of electric origin or may contain elements arising from other sources.

This transformation has introduced the positions of the electrons and the aether-strain (f, g, h) as independent variables. It is *necessary*, for the dynamical analysis, thus to take the aether-strain as the independent variable, instead of the coordinate of which (α, β, γ) is the velocity, which at first sight appears simpler. For part of this strain is the intrinsic strain around the electrons; and the deformations of the medium by which it may be considered to have been primordially produced must have involved the discontinuous processes required to fix the strain in the medium, as otherwise it could not be permanent or intrinsic. If the latter coordinates were adopted the complete specification of the deformation of the medium must include these processes of primary creation of the electrons, and the medium would have to be dissected in order to reveal the discontinuities, after the manner of a Riemann surface in function-theory*.

3. We have now to apply dynamical principles to the specification of the energies of the medium thus obtained. The question arises as to what *are* dynamical principles. It may reasonably be said that an answer for the dynamics of known systems constituted of ordinary matter is superfluous, as the Laws of Motion formulated by Newton practically cover the case. Waiving for the present the question whether the foundations of that subject are so simple as may appear, the present case is one not of ordinary matter but of a medium unknown to direct observation: and its disturbance is expressed in terms of vectors as to the kinematic nature of which we have here abstained from making any hypothesis.

Now the dynamics of material systems was systematized by Lagrange in 1760 into equations which amount to the single variational formula

$$\delta \int (T - W)\, dt = 0,$$

in which the variation is to be taken subject to constant time of passage from the initial to the final configuration, and subject to whatever relations, involved in the constitution of the system, there may be connecting the variables when these are not mutually independent,—the only restriction being that these latter relations are really constitutive, and so do not involve the actual velocities of the motion although they may involve the time. This equation is known to include the whole of the dynamics of material systems in the most general and condensed manner that is possible. It will now be introduced as a *hypothesis* that the cognate equation is the complete expression of the dynamics of the *ultra*-material systems here under consideration. Even in the case of ordinary dynamics it can be held that there is no final resting-place in the effort towards exact formulation of dynamical phenomena, short of this Action principle: in our present more general sphere of operations the very meaning of a dynamical principle must be that it is a deduction from the Action principle. This attitude will not be uncongenial to the school of physicists which recognizes in dynamical science only the shortest and most compact specification of the actual course of events.

We have then to apply the Principle of Action to the present case. In the first place the coordinates in terms of which T and W are expressed are not all independent, for when the distribution of (f, g, h) is given that of the electrons is involved. The connexion between them is completely specified by the relation

$$\int \left(\frac{df}{dx} + \frac{dg}{dy} + \frac{dh}{dz} \right) d\tau = \Sigma e :$$

* More concretely, the relation curl $(\alpha, \beta, \gamma) = 4\pi (\dot{f}, \dot{g}, \dot{h})$ involves $\int (l\dot{f} + m\dot{g} + n\dot{h})\, dS = 0$: now $\int (lf + mg + nh)\, dS$ is not zero but is equal to Σe: hence the displacements, of the kind whose velocity is (α, β, γ), that are required to introduce the existing intrinsic strain must involve discontinuous processes. Cf. 'Aether and Matter,' Appendix E.

provided this is supposed to hold for every domain of integration, great or small, it will follow that the electrons are the poles of a circuital or stream vector (f, g, h). If then we write

$$\Omega = \int \Psi \left(\frac{df}{dx} + \frac{dg}{dy} + \frac{dh}{dz}\right) d\tau - \Sigma e\Psi,$$

the variational equation will by Lagrange's method assume the form

$$\delta \int (T + T_0 - W + \Omega)\, dt = 0$$

in which Ψ is a function of position, initially undetermined but finally to be determined so as to satisfy the above condition restricting the independence of the coordinates.

We have to vary this equation with respect to the displacement (f, g, h) belonging to each element of the aether, supposed on our theory to be effectively at rest, and with respect to the position (x, y, z) of each electron. All these variations being now treated as independent, the coefficient of each of them must vanish, at all points of the aether and for all electrons involved in it.

We now proceed to the variation. Bearing in mind that so far as regards aethereal displacement

$$\tfrac{1}{2}\int F\dot{f} d\tau \text{ involves } \tfrac{1}{2}\iint \dot{f}_1 \dot{f}_2 r_{12}^{-1} d\tau_1 d\tau_2, \text{ that is } \Sigma\Sigma \dot{f}_1 \dot{f}_2 r_{12}^{-1}\, \delta\tau_1 \delta\tau_2,$$

because each pair of elements appear together twice in the double integral of a product, but only once in a double summation, we obtain as the terms involving f in the complete variation

$$\delta \int dt \int F\dot{f} d\tau - 4\pi C^2 \int dt \int f\delta f d\tau + \int dt \int \Psi \frac{d\delta f}{dx} d\tau,$$

leading, through the usual integration by parts, to

$$\left| \int F\delta f\, d\tau \right|_t - \int dt \int \dot{F}\delta f d\tau - 4\pi C^2 \int dt \int f\delta f d\tau + \left| \int dt \iint \Psi f dy dz \right|_x - \int dt \int \frac{d\Psi}{dx} \delta f d\tau.$$

The coefficient of δf must vanish in the volume integral, giving

$$4\pi C^2 f = -\frac{dF}{dt} - \frac{d\Psi}{dx} \quad\text{.. (i).}$$

Similar expressions hold for g and h. Again, the terms in the variation involving the electron e at (x, y, z) are

$$\delta \int dt\, e (\dot{x}F + \dot{y}G + \dot{z}H) + \tfrac{1}{2} m\delta \int dt\, (\dot{x}^2 + \dot{y}^2 + \dot{z}^2) - \delta \int dt\, e\Psi,$$

yielding as regards variation of the position of this electron

$$\int dt\, e (F\delta\dot{x} + G\delta\dot{y} + H\delta\dot{z} + \dot{x}\delta F + \dot{y}\delta G + \dot{z}\delta H) + m \int dt\, (\dot{x}\delta\dot{x} + \dot{y}\delta\dot{y} + \dot{z}\delta\dot{z}) - \int dt\, e\delta\Psi$$

in which $\delta\dot{x}$ means the change of the velocity of the electron, so that we have on integration by parts

$$e \left| F\delta x + G\delta y + H\delta z \right|_t - \int dt\, e \left\{ \left(\frac{DF}{dt}\delta x + \frac{DG}{dt}\delta y + \frac{DH}{dt}\delta z \right) - \dot{x}\left(\frac{dF}{dx}\delta x + \frac{dF}{dy}\delta y + \frac{dF}{dz}\delta z \right) + \ldots \right\}$$
$$+ m \left| \dot{x}\delta x + \dot{y}\delta y + \dot{z}\delta z \right|_t - m \int dt\, (\ddot{x}\delta x + \ddot{y}\delta y + \ddot{z}\delta z) - \int dt\, e \left(\frac{d\Psi}{dx}\delta x + \frac{d\Psi}{dy}\delta y + \frac{d\Psi}{dz}\delta z \right)$$

where DF/dt must represent the rate of change of F at the electron as it moves, namely

$$\frac{DF}{dt} = \frac{dF}{dt} + \dot{x}\frac{dF}{dx} + \dot{y}\frac{dF}{dy} + \dot{z}\frac{dF}{dz}.$$

The vanishing of the coefficient of δx for each element of volume gives

$$m\ddot{x} = e\left(-\frac{DF}{dt} + \dot{x}\frac{dF}{dx} + \dot{y}\frac{dG}{dx} + \dot{z}\frac{dH}{dx} - \frac{d\Psi}{dx}\right)$$

$$= e\left(\gamma\dot{y} - \beta\dot{z} - \frac{dF}{dt} - \frac{d\Psi}{dx}\right) \quad \text{(ii).}$$

Similar expressions hold good for $m\ddot{y}$ and $m\ddot{z}$.

The form of W shows that $4\pi C^2$ is the coefficient of aethereal elasticity corresponding to the type of displacement (f, g, h): the right-hand sides of equations (i) are therefore the expressions for the components of the forcive (P', Q', R') inducing aethereal displacement: thus this force, which will be called the aethereal force, is given by equations of type

$$P' = -\frac{dF}{dt} - \frac{d\Psi}{dx}.$$

The form of equation (ii) shows that the right-hand side is the component of the force $e(P, Q, R)$ inducing movement of an electron e: this force reckoned per unit electric charge is called the electric force (P, Q, R) and is given by

$$P = \gamma\dot{y} - \beta\dot{z} - \frac{dF}{dt} - \frac{d\Psi}{dx},$$

or, in terms of physical quantities only, by

$$P = \gamma\dot{y} - \beta\dot{z} + 4\pi C^2 f.$$

We do not now go into the case of a magnetically polarized material system, for which *in certain connexions** (a, b, c) replaces (α, β, γ) in this formula.

These expressions for the aethereal force and the electric force, together with a complete specification of the electric current and the experimentally determined constitutive relations of the medium, form the foundation of the whole of electrical theory.

Motion in an Impressed Magnetic Field.

When the electrons or ions constituting a molecule describe their orbital motions in a uniform magnetic field $(\alpha_0, \beta_0, \gamma_0)$, its influence is represented by an addition to the vector potential (F, G, H) of the term

$$(\gamma_0 y - \beta_0 z,\ \alpha_0 z - \gamma_0 x,\ \beta_0 x - \alpha_0 y).$$

* Cf. *loc. cit. ante.*

Thus $T_0 + T = \frac{1}{2}\Sigma m(\dot{x}^2 + \dot{y}^2 + \dot{z}^2) + \frac{1}{2}\Sigma e(F\dot{x} + G\dot{y} + H\dot{z}) + \frac{1}{2}\int(F\dot{f} + G\dot{g} + H\dot{h})\,d\tau$

$$+\frac{1}{2}\Sigma e\begin{vmatrix} \dot{x} & \dot{y} & \dot{z} \\ x & y & z \\ \alpha_0 & \beta_0 & \gamma_0 \end{vmatrix} + \frac{1}{2}\int\begin{vmatrix} \dot{f} & \dot{g} & \dot{h} \\ x & y & z \\ \alpha_0 & \beta_0 & \gamma_0 \end{vmatrix} d\tau.$$

As the aether is stagnant, so that the position of the element of volume $\delta\tau$ is fixed, these new terms will not modify the formula for the aethereal force (P', Q', R') unless the impressed magnetic field varies with the time: but they will modify the electric forces acting on the ions by the addition of the term

$$(\gamma_0\dot{y} - \beta_0\dot{z},\quad \alpha_0\dot{z} - \gamma_0\dot{x},\quad \beta_0\dot{x} - \alpha_0\dot{y}).$$

THE SYSTEM REFERRED TO A ROTATING FRAME.

It is part of the Action principle, of which the validity is at the foundation of this analysis, that its formal expression is not affected by constitutive relations involving the time explicitly, provided they do not involve the velocities of the actual motion. Let then the system be referred to axes of coordinates rotating with angular velocity $(\omega_x, \omega_y, \omega_z)$ measured with reference to their instantaneous positions, these quantities being either constant or assigned functions of the time. For the velocity, instead of $(\dot{x}, \dot{y}, \dot{z})$ there must now be substituted, in the formula for $T - W$,

$$(\dot{x} - y\omega_z + z\omega_y,\ \dot{y} - z\omega_x + x\omega_z,\ \dot{z} - x\omega_y + y\omega_x),$$

and for $(\dot{f}, \dot{g}, \dot{h})$ there must be substituted

$$(\dot{f} - g\omega_z + h\omega_y,\ \dot{g} - h\omega_x + f\omega_z,\ \dot{h} - f\omega_y + g\omega_x),$$

while (x, y, z) remain unchanged. Referred to these moving axes the kinetic energy, which was, so far as it involves the ion $e_1(\dot{x}_1, \dot{y}_1, \dot{z}_1)$, given by

$$T_0 + T = \frac{1}{2}m_1(\dot{x}_1^2 + \dot{y}_1^2 + \dot{z}_1^2) + e_1(F_1\dot{x}_1 + G_1\dot{y}_1 + H_1\dot{z}_1) + \ldots,$$

where (F_1, G_1, H_1) is the value of the vector potential at the point (x_1, y_1, z_1), has now additional terms which on neglecting the square of the angular velocity are

$$-m_1\begin{vmatrix} \dot{x}_1 & \dot{y}_1 & \dot{z}_1 \\ x_1 & y_1 & z_1 \\ \omega_x & \omega_y & \omega_z \end{vmatrix} + e_1\begin{vmatrix} x_1 & y_1 & z_1 \\ F_1 & G_1 & H_1 \\ \omega_x & \omega_y & \omega_z \end{vmatrix} + e_1(\dot{x}_1\delta' F_1 + \dot{y}_1\delta' G_1 + \dot{z}_1\delta' H_1),$$

wherein
$$\delta' F_1 = \delta'\left(\Sigma\frac{e_2\dot{x}_2}{r_{12}} + \int\frac{\dot{f}_2 d\tau_2}{r_{12}}\right)$$

$$= \Sigma\frac{e_2(\omega_y z_2 - \omega_z y_2)}{r_{12}} + \int\frac{\omega_y h_2 - \omega_z g_2}{r_{12}}d\tau.$$

The exact dynamical equations referred to moving axes may now be directly obtained by application of the Action principle.

As regards the electron e_1, the first of these terms is the same as that due to an impressed magnetic field given by

$$(\alpha_0, \beta_0, \gamma_0) = -\frac{2m_1}{e_1}(\omega_x, \omega_y, \omega_z).$$

The others give rise to terms in the electric forces which are small compared with the internal electrodynamic forces of the system itself when the angular velocity is small: and in our applications these latter will be themselves negligible compared with the electrostatic forces.

Mutual Forces of Electrons.

When a system of electrons or ions is moving in any manner, with velocities of an order lower than that of radiation, the surrounding aether-strain may be taken as at each instant in an equilibrium conformation: thus the positional forces between the electrons are simply their mutual electrostatic attractions. As regards kinetic effects, the disturbance in the aether can be considered as determined by the motion of the electrons at the time considered, so that the kinetic energy can be expressed entirely in terms of the motions of the electrons; and the motional forces between two of them are derived in the Lagrangian manner from the term in this total kinetic energy

$$e_1 e_2 r_{12}^{-1}(\dot{x}_1\dot{x}_2 + \dot{y}_1\dot{y}_2 + \dot{z}_1\dot{z}_2) + \tfrac{1}{2}e_1 v_1 e_2 v_2 d^2 r_{12}/ds_1 ds_2,$$

where ds_1, ds_2 are elements of their paths described with velocities v_1, v_2. The Weberian theory of moving electric particles involves on the other hand a kinetic energy term $\tfrac{1}{2}e_1 e_2 r_{12}^{-1}(dr_{12}/dt)^2$: in the field of the electrodynamics of ordinary currents it however yields equivalent results as regards mechanical force, and the electromotive force induced round a circuit, though not as regards the electric force at a point.

The Zeeman Effect.

4. On the hypothesis that a molecule is constituted of a system of revolving ions, a magnetic field H impressed in a direction (l, m, n) adds to the force acting on an ion of effective mass m and charge e, situated at the point (x, y, z), the term

$$eH(n\dot{y} - m\dot{z},\ l\dot{z} - n\dot{x},\ m\dot{x} - l\dot{y}),$$

so that its dynamical equations are modified by change of $\ddot{x}$, $\ddot{y}$, $\ddot{z}$ into

$$\ddot{x} - \kappa(n\dot{y} - m\dot{z}),\ \ddot{y} - \kappa(l\dot{z} - n\dot{x}),\ \ddot{z} - \kappa(m\dot{x} - l\dot{y}),$$

where $\kappa = eH/m$, e being in electromagnetic units.

If the ratio e/m is the same for all the ions concerned in the motion, so is κ, and this alteration of the dynamical equations of the molecule will be, to the first order of κ, the same as would arise from a rotation of the axes of coordinates to which the system is referred, with angular velocity $\tfrac{1}{2}\kappa$ around the axis of the impressed magnetic field. Hence the alteration produced in the orbital motions is simply equivalent to a rotation, equal and opposite to this, imposed on the whole system. Each line in the spectrum would thus split up into two lines consisting of radiations circularly polarized around the direction of the magnetic field, and with difference of frequencies constant all along the spectrum, namely $\kappa/2\pi$, together with a third line polarized so that its electric vibration is along the same axis while the frequency is unaltered. In fact each Fourier vibration of an ion, which previously consisted of a component disturbance of the type of an elliptic harmonic motion, is no longer of harmonic type when the precessional rotation $\frac{1}{2}\kappa$ is imposed on it—this precession being imposed additively on the different constituents of the total motion: but it can be resolved into a rectilinear vibration parallel to the axis, and two circular ones around it, each of which maintains its harmonic type after the rotation is impressed and thus corresponds to a spectral line, and which are differently modified as stated. These three spectral lines would be expected to be of about equal intensities *.

It is however essential to this simple state of affairs that the charges belonging to all the ions that are in orbital motion under their mutual influences should be of the same sign, as otherwise e/m could not be the same for all. It is also essential that the ions of opposite sign, or the other centres of attraction under which the orbits are described, should be carried round as well as the orbits with this small angular velocity $\frac{1}{2}\kappa$ in so far as they are not symmetrical with regard to its axis.

If we admit the hypothesis that the effective masses of these positive ions, or other bodies to which the negative ions are attracted, are large compared with those of the negative ions themselves, this state of superposed uniform rotation of the whole system may still be expected to practically ensue from the imposition of the magnetic field. For under the action of the mutual constitutive forces in the molecule, the orbital motions of the larger masses will take place with smaller velocities. As the additional forces introduced by the magnetic field are proportional to the velocities, they will thus also be smaller for the positive ions. Let us then suppose these larger masses to be constrained to the above exact uniform rotation, with angular velocity ω', along with the negative ions, and find the order of magnitude of the forces that must be impressed on them in order to maintain this constraint. The motion of the negative ions will, as has been seen, be entirely free, the forces due to the magnetic field exactly sufficing to induce the additional rotational motion. As regards a positive ion of effective mass m, the radial and transversal forces, in the plane perpendicular to the axis of the magnetic field, that are required to maintain the motion will be altered from

$$m(\ddot{r} - r\omega^2) \text{ and } \frac{m}{r}\frac{d}{dt}(r^2\omega)$$

to

$$m\{\ddot{r} - r(\omega + \omega')^2\} \text{ and } \frac{m}{r}\frac{d}{dt}\{r^2(\omega + \omega')\}.$$

Thus, ω' being small compared with ω, the new forces required will be

$$-2mr\omega\omega' \text{ and } \frac{m}{r}\frac{d}{dt}(r^2\omega');$$

whereas the force arising from the magnetic field acting on an ion moving with velocity v is $2mv\omega'$ at right angles to its path. These two systems of forces are for each ion of the same order of magnitude: thus the forces required to maintain the imposed

* For more detailed statement, cf. *Phil. Mag.*, Dec. 1897.

uniform rotation in the case of the massive positive ions are small compared with the magnetic part of the forces acting on the negative ions. If these maintaining forces are absent, the system can still be regarded as a molecule in its undisturbed motional configuration rotating with uniform angular velocity, but subject to disturbing forces equal and opposite to those required to thus maintain it. Now this undisturbed motional configuration is a stable one: thus the effect of these slight disturbing forces is to modify it, but to an extent much smaller than the uniform rotation induced by the magnetic field.

Our proposition is thus extended to a molecule consisting of an interacting system, constituted of equal negative ions together with much more massive positive ions, and also if so demanded of other massive sources of attraction. It would however be wrong to consider each negative electron as describing an independent elliptic orbit of its own, unaffected by the mutual attractions exerted between it and the other moving negative electrons: for the attractions between ions constitute the main part, if not the whole, of the forces of chemical affinity. But without requiring any knowledge of the constitution of the molecular orbital system, the Zeeman triplication of the lines, with equal intervals of frequencies for each line, will hold good wherever the conditions here stated obtain.

It appears from the observations that the difference of frequencies of the components magnetically separated is not constant for all lines of the spectrum: so that this simple state of affairs does not hold in the molecule. The difference of frequencies seems however to be sensibly constant for those lines of any element which belong to the same series, as well as for those lines of homologous elements which belong to corresponding series*; a result which cannot fail to be fundamental as regards the dynamical structure of molecules, and which supports the suggestion that in a general way the lines of the same series arise from the motions of the same ion or ionic group in the molecule, executed under similar conditions. The directions of the circular polarizations of the constituent lines were shown by Zeeman to be in general such as would correspond in this kind of way to the motions of a system of negative ions in a steady field of force.

It remains to be considered whether we are right in thus taking the stresses transmitted between the electrons, through the aether, as those arising from the configuration of the electrons alone, and in neglecting altogether the motional forces between them. The former assumption is equivalent to taking the strain in the surrounding aether to be at each instant in an equilibrium state: this will be legitimate, because an aethereal disturbance will travel over about 10^3 diameters of the molecule in one of the periods concerned,—the error is in fact of order 10^{-6}. The motional forces between two electrons are of type, as regards one of them,

$$\left(\frac{\delta}{dt}\frac{d}{d\dot{x}_1}-\frac{d}{dx_1}\right)e_1e_2\left(\frac{\dot{x}_1\dot{x}_2+\dot{y}_1\dot{y}_2+\dot{z}_1\dot{z}_2}{r_{12}}+\tfrac{1}{2}v_1v_2\frac{d^2r_{12}}{ds_1ds_2}\right).$$

To obtain a notion of orders of magnitude, let us consider the special case of two electrons $+e$, $-e$ describing circular orbits round each other with radius r. Then $mv^2/\tfrac{1}{2}r=C^2e^2/r^2$,

* Preston, *Phil. Mag.*, Feb. 1899.

while Zeeman's measurements give $e/m = 10^7$: thus $v^2 = \frac{1}{2}C^2e^2/mr$, so that, taking r to be 10^{-8}, $e = 10^{-21}$, we obtain $v = 10^{-3}C$; thus the orbital period comes out just of the order of the periods of ordinary light, which is an independent indication that the general trend of this way of representing the phenomena is legitimate. With these orders of magnitude, the terms in the motional forces between two electrons are of orders $e_1e_2\ddot{x}/r$, $e_1e_2\dot{x}^2/r^2$ as compared with their statical attraction of order $C^2e_1e_2/r^2$ and the forces arising from the impressed magnetic field H of order $e\dot{x}H$; the ratios are thus of the order of 10^{-6} to 1 to $3.10^{-9}H$. Thus when H exceeds 10^3, the forces of the impressed magnetic field are more important than the motional forces between the ions; and in all cases the effects arising from these two causes are so small that they can be taken as independent and simply additive.

THE ZEEMAN EFFECT OF GYROSTATIC TYPE.

5. Sensible damping of the vibrations of the molecule owing to radiation cannot actually come into account, because the sharpness and fixity of position of the spectral lines show that the vibrations subsist for a large number of periods without sensible change of type. In fact it has been seen above that the motion of the system of electrons, on the most general hypothesis, is determined by the principle of Action in the form

$$\delta \int (T' - W)\, dt = 0$$

where

$$T' = \tfrac{1}{2}\Sigma m(\dot{x}^2 + \dot{y}^2 + \dot{z}^2) + \tfrac{1}{2}\Sigma\kappa \begin{vmatrix} \dot{x} & \dot{y} & \dot{z} \\ x & y & z \\ l & m & n \end{vmatrix}:$$

thus it comes under the same class as the motion of a dynamical system involving latent constant cyclic momenta, the Lagrangian function for such a system, as modified through the elimination of the velocities corresponding to these momenta by Routh, Kelvin, and von Helmholtz, being of this type. The influence of the impressed magnetic field is thus of the same character as that of gyrostatic quality imposed on a free system: and the problem comes under the general dynamical theory of the vibrations of cyclic systems*. In the special case above considered of massive positive ions, we can thus assert that the motion relative to the moving axes is the same as the actual motion of the system with its period altered through slight gyrostatic attachments to these positive ions. It is moreover known from the general theory of cyclic systems that each free period is either wholly real or else a pure imaginary, whenever the unmodified system is stable so that its potential energy is essentially positive: thus on no view can a magnetic field do anything towards extinguishing or shortening the duration of the free vibrations of the molecule, it only modifies their periods and introduces differences of phase between the various coordinates into the principal modes of vibration of the system.

In the general case when κ is not the same for each ion in an independently vibrating group in the molecule, the simple solution in terms of a bodily rotation fails, and it might

* Cf. Thomson and Tait, *Nat. Phil.*, Ed. 2, Part I. pp. 370—416.

be anticipated that the equation of the free periods would involve the orientation of the molecule with regard to the magnetic field. But if that were so, these periods would not be definite, and instead of a sharp magnetic resolution of each optical line there would be only broadening with the same general features of polarization. To that extent the phenomenon was in fact anticipated from theory, except as regards its magnitude. The definite resolution of the lines is however an addition to what would have been predicted on an adequate theory, and thus furnishes a clue towards molecular structure.

A Possible Origin of Series of Double Lines.

The definiteness and constancy in the mode of decomposition of a molecule into atoms shows that these atoms remain separate structures when combined under their mutual influence in the molecule, instead of being fused together. Each of them will therefore preserve its free periods of vibrations, slightly modified however by the proximity of the other one. For the case of a molecule containing two identical atoms revolving at a distance large compared with their own dimensions, each of these identical periods would be doubled*: thus the series of lines belonging to the atom would become double lines in the spectrum of the molecule. It has been remarked that the series in the spectra of inactive elements like argon and helium consist of single lines, those of univalent elements such as the sodium group where the molecule consists of two atoms, of double lines, while those of elements of higher valency appear usually as triple lines.

In other words, a diad molecule consists of the two atoms rotating round each other with but slight disturbance of the internal constitution of each of them. Their vibrations relative to a system of axes of reference rotating along with them will thus be but slightly modified: relative to axes fixed in space there must be compounded with each vibration the effect of the rotation, which may be either right-handed or left-handed with respect to the atom: thus on the same principles as above each line will be doubled. If the lines of a spectral series are assumed to belong to a definite atom in the molecule, those of a molecule consisting of two such atoms would thus be a system of double lines with intervals equidistant all along the series, but in this case without definite polarizations.

But if the constituents of the double lines of a series were thus two modifications of the same modes of the simpler atomic system, it would follow that they should be similarly affected by a magnetic field. This is not always the case, so that

* In illustration of the way this can come about, consider two parallel cylindrical vortex columns of finite section in steady rotation round each other. Each by itself has a system of free periods for crispations running round its section: when one of them is rotating round the other, the velocity of the crispations which travel in the direction of rotation is different from the velocity of those that travel in the opposite direction: thus the period of revolution is different, and each single undisturbed period becomes two adjacent disturbed periods. Analogous considerations apply to the interaction of the two atoms of the molecule, rotating round each other.

According however to Smithells, Dawson, and Wilson, *Phil. Trans.* 1899 A, it is the molecule of sodium that gives out the yellow light, that of sodium chloride not being effective.

this kind of explanation cannot be of universal application: it would be interesting to ascertain whether the Zeeman effect is the same for the two sets of constituents of a double series such that the difference of frequencies is the same all along it. At any rate, uniformity in the Zeeman effect along a series of lines is evidence that they are all connected with the same vibrating group: identity of the effect on the two constituents of a doublet is evidence, as Preston pointed out, that these belong to modifications of the same type of vibration.

NATURE OF MAGNETIZATION.

6. The proposition above given determines the changes in the periods of the vibrations of the molecule in the circumstances there defined. But it is not to be inferred from it that the imposition of the magnetic field merely superposes a slight uniform precessional motion on the previously existing orbital system. That orbital system will be itself slightly modified in the transition. For instance, in the ideal case of the magnetic field being imposed instantaneously, the velocities of all the electrons in the system will be continuous through that instant: hence the new orbital system on which the precession is imposed will be the one corresponding to velocities in that configuration which are equal to the actual velocities diminished by those connected with the precessional motion.

On the usual explanation of paramagnetic induction, the steady orbital motion of each electron is replaced by the uniform electric current circulating round the orbit which represents the averaged effect: the circuit of this current is supposed to be rigid so that the averaged forcive acting on it is a steady torque tending to turn it across the imposed magnetic field. This mode of representation must however *à priori* be incomplete: for example it would make the coefficient of magnetization per molecule in a gas increase markedly with length of free molecular path and therefore with fall of density, because this torque would have the longer time to orientate the molecule before the next encounter took place. It appears from the above that the true effect of the imposed magnetic field is not a continued orientation of the orbits but only a slight change in the orbital system, which is proportional to the field; and in the simple circumstances above discussed is made up of a precessional effect of paramagnetic type, accompanied by a modification of the orbital system which is generally of diamagnetic type, both presumably of the same order of magnitude and thus very small.

The recognition of this mode of action of the magnetic field also avoids another discrepancy. If the field acted by orientating the molecules it must induce dielectric polarization as well as magnetic: for each molecule has its own averaged electric moment, as revealed by piezoelectric phenomena, and regular orientation would accumulate the effects of these moments which would otherwise be mutually destructive. But there is nothing either in the disturbance of the free orbital system into a slightly different *free* system, or in the precession imposed on that new system—nor in a more general kind of action of the same type,—which can introduce electric polarization.

The polarization of a dielectric medium by an imposed electric field is effected in a cognate manner. The electric force slightly modifies the orbital system by exerting opposite forces on the positive and negative ions. In this case these forces are independent of the velocities or masses of the ions. The fact that the polarization is proportional to the inducing field shows that the influence produced by the field on the orbital system is always a slight one. Yet the numerical value of the coefficient of electric polarization is always considerable, in contrast with the very small value of the magnetic coefficient; which arises from the very great intrinsic electric polarity of the molecule, due to the magnitude of the electric charge e of an ion. Taking the effective molecular diameter as of the order 10^{-8} cm., there will be 10^{24} molecules per unit volume in a solid or liquid, and the aggregate of their intrinsic electric polarities may be as high as $10^{24} . 10^{-8} eC$ electrostatic units, where eC is $3 . 10^{-11}$. Now the moment of polarization per unit volume for an inducing field F is $(K-1) F/8\pi$; thus even for very strong fields this involves very slight change in the orbital configuration. A similar remark applies to the polarization induced by mechanical pressure in dielectric crystals. It would be unreasonable to expect any aggregate rotational effect around an axis, such as constitutes magnetization, from the polarizing action of an electric field; in fact if it were present, reversal of the direction of the field could not affect its total amount considered as arising from molecules orientated in all directions.

The possibilities as regards the aggregate intrinsic magnetic polarities of all the molecules are of the same high order, viz. eAn/τ, where A is the area and τ the period of a molecular orbit, which is $elnv$ or $10^{-5}v$ per cubic centimetre, where v is the velocity in a molecular orbit whose linear dimension l is 10^{-8}. Thus the superior limit of the magnetization if the molecules were all completely orientated would be of the order $10^{-5}v$, which is large enough to include even the case of iron if v were as much as one per cent. of the velocity of radiation.

In the case of iron a marked discrepancy exists between the enormous Faraday optical effect of a very thin sheet in a magnetic field on the one hand, and the slight Zeeman effect of the radiating molecule, as also the absence of peculiarity in optical reflexion from iron, and the absence of special influence on Hertzian waves, on the other: which must be in relation with the circumstance that at a moderately high temperature the iron loses its intense magnetic quality and comes into line with other kinds of matter. This suggests the explanation that the magnetization of iron at ordinary temperatures depends essentially on retentiveness, owing to facility possessed by groups of molecules for hanging together when once they are put into a new configuration. This is the well-known explanation of the phenomena of hysteresis, which can be effectively diminished by mechanical disturbance of the mass. In soft iron the magnetic cohesion would be less strong and more plastic, and thus readily shaken down by slight disturbance in the presence of a demagnetizing field, so that retentiveness would not be prominent. It is conceivable that the primary effect of an inducing field is to slightly magnetize the different molecules: that then the molecules thus altered change their condition of aggregation, and so are retained mutually in new positions independently of the field, the effect persisting if the field is gently removed: that the field can then act afresh on the molecules thus newly aggregated: and so on by a sort of regenerative process, the inducing field and the retentiveness mutually reinforcing each other, until large polarizations are reached before it comes to a limit. For hard iron these accommodations take place more rapidly than for soft iron, when the field is weak, and thus are of sensibly elastic character over a wider range: cf. Ewing, *Magnetic Induction*, 1892, ch. VI.

ON THE ORIGIN OF MAGNETO-OPTIC ROTATION.

7. The Faraday magneto-optic rotation is obviously connected, through the theory of dispersion, with the different alterations of the free periods of right-handed and left-handed vibrational modes of the molecules, that are produced by the impressed magnetic field. The ascertained law (*infra*) that the mean of the velocities of the two kinds of wave-trains is equal to that of the unaltered radiation, shows that the phenomenon in fact arises wholly from this difference, and is not accompanied by temporary structural change in the molecule such as would involve alteration of the physical constants of the medium.

The general relation connecting the refractive index μ of a transparent medium with the frequencies $(p_1, p_2, \ldots p_n)/2\pi$ of the principal free vibrations of its molecules, which are so great that radiation travels over 10^3 molecular diameters in one period, is of type

$$\frac{\mu^2-1}{\mu^2+2} = \Sigma \frac{A_r}{p^2 - p_r^2},$$

in which A_r is a constant which is a measure of the importance, as regards dispersion, of the free principal period $2\pi/p_r$. The quantity on the right-hand side of this equation, of form $f(p^2)$, is a function of the averaged configuration of the molecule relative to the aethereal wave-train that is passing over it. Now consider a circular wave-train, say a right-handed one, passing along the direction of the magnetic field: on the hypothesis that the spectrum consists of a single series of lines for all of which κ is the same, the influence of this train on the corresponding right-handed vibrations that it excites in the molecule will be to superadd a rotation of the molecule as a whole with angular velocity $\frac{1}{2}\kappa$. This will modify the configuration of the vibrating system relative to the circular wave-train passing over it in the same way as if an equal and opposite angular velocity were instead imparted to the wave-train. Thus the actual effect of the magnetic field on the light will be the same as would be that of a change in the frequency of the light from $p/2\pi$ to $p/2\pi + \kappa/4\pi$, the latter term arising from this imposed angular velocity: the value of the magneto-optic effect may therefore in such a case be derived from inspection of a table of the ordinary dispersion of the medium.

The velocity of propagation of the train of circular waves will, on this hypothesis, be derived by writing $p - \frac{1}{2}\kappa$ or $p + \frac{1}{2}\kappa$ for p according as the train is right-handed or left-handed, thus giving when κ^2 is neglected,

$$\frac{\mu^2-1}{\mu^2+2} = \Sigma \frac{A_r}{p^2 \mp \kappa p - p_r^2}.$$

For the case when there is only a single free period this result coincides with FitzGerald's formula (*Roy. Soc. Proc.* 1898), which has been shown by him to give the actual order of magnitude for a Faraday effect as thus deduced from the Zeeman effect.

If we were to consider that each system of lines in the spectrum arises from an independently vibrating group of ions in the molecule, as (*supra*) there may be some temptation to do, then the value of $(\mu^2-1)/(\mu^2+2)$ in this formula would be obtained by addition of the effects of these independent groups: thus if the value of the Zeeman effect were known for each line of the spectrum of any substance, and the law of dispersion of the substance were known, the Faraday effect could be deduced by calculation. To our order of approximation we should have

$$\delta\left(\frac{\mu^2-1}{\mu^2+2}\right)=\Sigma\,\frac{\pm\,\kappa_r A_r p}{(p^2-p_r^2)^2}:$$

the circumstance that the mean of the velocities of propagation is unaltered points to the A coefficients being unaffected by the magnetism, thus suggesting absence of change in the mean conformation, as already remarked.

For the case in which the free periods that effectively control the dispersion all belong to the same series of spectral lines, so that κ is the same for all of them, the formula for the dispersion need not come into the argument. The influence of the impressed magnetic field on the index of refraction of circularly polarized light is then the same as the change of p to $p\pm\frac{1}{2}\kappa$ according as the polarization is left-handed or right-handed. Because that influence is equivalent to rotation of the optically vibrating molecule with angular velocity $\frac{1}{2}\kappa$, the molecule will now be related in the same way to a wave-train with angular velocity $p\pm\frac{1}{2}\kappa$ as it was previously to one with angular velocity p. Thus light corresponding to angular velocity p is now propagated with velocity $V\pm\frac{1}{2}\kappa\,\frac{dV}{dp}$ instead of V. Now if λ be the wave-length in a vacuum and μ the refractive index, we have $V=c/\mu$, $p=2\pi c/\lambda$: and the rotation of a plane of polarization for a length l of the medium, being $\frac{1}{2}p$ multiplied by the difference of times of transit, is

$$\tfrac{1}{2}(l/V_1-l/V_2)\,.\,2\pi c/\lambda,\ \text{which is}\ \pi lc\,.\,\delta V/V^2\lambda,$$

where $$\delta V=\kappa dV/dp=\frac{\kappa}{2\pi}d\mu^{-1}/d\lambda^{-1},\ \text{so that the result is}\ \frac{\kappa l}{2c}\lambda\frac{d\mu}{d\lambda}.$$

This expression, $\frac{1}{2}\frac{\kappa}{c}\lambda\frac{d\mu}{d\lambda}$, for the coefficient of magnetic rotation as a function of the wave-length, has been given by H. Becquerel* and shown by him to be in good agreement with actual values as regards order of magnitude, and also with Verdet's detailed observations along the spectrum in the cases of carbon disulphide and creosote. The restriction on which it is here based, namely that the dispersion is controlled by free periods for all of which the Zeeman constant is the same, can be neglected for the case of the anomalous dispersion close to an absorption band, because there the dispersion

* *Comptes Rendus*, Nov. 1897: it was based on the assumption that the magnetic field involves rotation of the aether with velocity $\frac{1}{2}\kappa$.

is controlled by that band alone*: thus the Faraday effect is there very large and of anomalous character, in correspondence with the experimental discovery of Macaluso and Corbino. From another aspect of the same effect, we can conclude that light of any given period, very near a natural free period of the medium, will travel in it with sensibly different velocities according as its mode of vibration corresponds to one or other of two principal types, elliptically (or in a special case circularly) polarized in opposite directions, and thus will exhibit phenomena of double refraction.

THE INFLUENCE OF ROTATIONAL TERMS ON OPTICAL PROPAGATION.

8. The purely formal, i.e. non-molecular, theory of the magnetic influence on optical propagation may be developed in a simple and direct manner, by use of the device of a revolving coordinate-system as above employed. In a non-magnetizable medium the exact relations connecting the magnetic force (α, β, γ), the electric force (P, Q, R), and the electric current (u, v, w), are of types

$$\frac{d\gamma}{dy} - \frac{d\beta}{dz} = 4\pi u, \qquad \frac{dR}{dy} - \frac{dQ}{dz} = -\frac{d\alpha}{dt}.$$

Thus
$$\nabla^2 P - \frac{d}{dx}\left(\frac{dP}{dx} + \frac{dQ}{dy} + \frac{dR}{dz}\right) = 4\pi\frac{du}{dt},$$

which will lead to the differential equations of the propagation when in it (u, v, w) is expressed in terms of (P, Q, R) by means of the constitutive relation connecting them.

Now for the aethereal elastic displacement we have $(f, g, h) = (4\pi C^2)^{-1}(P, Q, R)$. To determine the nature of the most general formal connexion between the material polarization (f', g', h') and the electric force, that we are at liberty to assume without implying perpetual motions, we must make use of the method of energy. The energy of this electric polarization in any region is

$$W = \tfrac{1}{2}\int (Pf' + Qg' + Rh')\, d\tau,$$

where $\delta\tau$ is an element of volume: thus its intensity per unit volume is a quadratic function of (P, Q, R), and possibly also of $d/dt\,(P, Q, R)$ and of the spacial gradient of (P, Q, R), and it may be of gradients of higher orders as well: if the first time-gradients alone are included we thus have the expression

$$F_2(P, Q, R) + a_{11}PdP/dt + \ldots + a_{12}PdQ/dt + a_{21}QdP/dt + \ldots,$$

F_2 denoting a quadratic function. The variation of this energy must from the definition of (P, Q, R) as the force moving the electrons, be

$$\delta W = \int (P\delta f' + Q\delta g' + R\delta h')\, d\tau$$
$$= \delta\int (Pf' + Qg' + Rh')\, d\tau - \int (f'\delta P + g'\delta Q + h'\delta R)\, d\tau,$$

* Cf. *Proc. Camb. Phil. Soc.*, Mar. 1899: for similar explanations but restricted to anomalous dispersion, cf. Macaluso and Corbino, *Rend. Lincei*, Feb. 1899.

Reference should also be made to the converse procedure of Voigt (cf. *Annalen der Physik* I. 1900, p. 390), who, by introducing dispersional terms of a certain simple type including a frictional part into the equations of optical propagation in a rotational medium, finds that each absorption line is tripled, but with an asymmetry introduced by the frictional term.

so that, transposing,

$$\delta W = \int (f'\delta P + g'\delta Q + h'\delta R)\, d\tau,$$

in which the independent variable is now (P, Q, R).

On conducting the variation in the usual manner, and reducing from $d\delta P/dt$ to δP by partial integration with respect to time (such as necessarily enters in the reduction of the fundamental dynamical equation of Action) this leads to a relation of type

$$f' = \frac{dF_2}{dP} + \frac{a_3}{4\pi C^2}\frac{dQ}{dt} - \frac{a_2}{4\pi C^2}\frac{dR}{dt},$$

where $$(a_1, a_2, a_3)/4\pi C^2 = (a_{23} - a_{32}, a_{31} - a_{13}, a_{12} - a_{21}).$$

When the system is referred to its principal dielectric axes,

$$F_2 = \frac{K_1 - 1}{8\pi C^2} P^2 + \frac{K_2 - 1}{8\pi C^2} Q^2 + \frac{K_3 - 1}{8\pi C^2} R^2.$$

This analysis shows that rotational quality in the relation connecting (f', g', h') and (P, Q, R) can come in through terms in the energy function that involve the time-gradients: or, as may be shown in a similar manner, it may enter through terms involving the space-gradients: but not otherwise. The latter terms introduce rotational quality of the structural type, with which we are not now concerned. The former terms lead to the magnetic type of rotation, here related to the vector (a_1, a_2, a_3), which must be determined by the impressed magnetic field or other exciting cause of vector character: the existence of such mixed terms, involving (P, Q, R) and $d/dt\,(P, Q, R)$, in fact adds to the polarization a part at right angles to $d/dt\,(P, Q, R)$ and to this vector (a_1, a_2, a_3), and equal to their vector product divided by $4\pi C^2$, which is in all cases entirely of rotational character. Terms of the form of a quadratic function of the gradients of (P, Q, R) by themselves would merely modify the form of the function F_2 so that its coefficients depend in part on the period of the vibration, that is, they would be merged in optical dispersion of the ordinary type. The question also arises whether the ordinary dielectric constants, namely the coefficients of the function $F_2(P, Q, R)$, are sensibly altered by an impressed magnetic field. This point can be settled by aid of the principle of reversal. When the electric force and the impressed magnetic field and the time are all reversed, the effect on the induced electric polarity must be simple reversal: hence a reversal of the magnetic field cannot affect the coefficients in $F_2(P, Q, R)$: hence these coefficients must depend on the square or other even power of the impressed magnetic field: but the rotational terms depending on its first power are actually very small, therefore any terms depending on its second power are wholly negligible. This is in accord with Mascart's experimental result.

The right-hand sides of the equations of propagation in the material medium, as above indicated, can thus, for light of period $2\pi/p$, be expressed in the form

$$p^2 C^{-2}\left(K_1 p^{-2}\frac{d^2P}{dt^2} - a_3\frac{dQ}{dt} + a_2\frac{dR}{dt},\right.$$

$$\left. K_2 p^{-2}\frac{d^2Q}{dt^2} - a_1\frac{dR}{dt} + a_3\frac{dP}{dt},\quad K_3 p^{-2}\frac{d^2R}{dt^2} - a_2\frac{dP}{dt} + a_1\frac{dQ}{dt}\right).$$

In the case of an isotropic medium for which K_1, K_2, K_3 are each equal to K, these equations of vibration can be restored to their normal form, when the square of the magnetic effect is neglected, by employing a coordinate system rotating with angular velocity $\frac{1}{2}K^{-1}p^2(a_1, a_2, a_3)$. Thus the effect of the impressed magnetic field is that the vibrations of the electric force, propagated as if that field were absent, are at the same time carried on by a motion of uniform rotation around its axis: so also, in virtue of the second of the above circuital relations, are the vibrations of the magnetic force. The electric force is not exactly on the wave-front because under the magnetic conditions it is not exactly circuital: the magnetic force is exactly on the wave-front. Thus we have the direct result that a plane-polarized train of electric vibrations, of wave-length λ, travelling along the direction of the impressed magnetic field H, is rotated around its direction of propagation through an angle proportional to $\epsilon H/K\lambda^2$ per unit time, so that the rotational coefficient per unit distance is proportional to $\epsilon H/K^{\frac{1}{2}}\lambda^2$, where ϵ is itself affected by dispersion and is thus to a slight extent a function of the wave-length. When the wave-train is not travelling in the direction of the magnetic field, it is the component of H along the normal to the wave-front that is effective: the other component of the rotation, around an axis in the plane of the wave-front, then gradually deflects the front so as to produce curvature of the rays, but so excessively slight as to be of no account. The magnetic effect is thus a purely rotational one whatever be the direction of the wave-train with respect to the field: and the phenomena in an isotropic medium may be completely described kinematically on that basis.

When the medium is crystalline, its rotational quality is mixed up with its double refraction: yet in ordinary crystals the differences between K_1, K_2, K_3 are slight, so that the phenomena are still approximately represented by each permanent wave-train, polarized in the manner corresponding to its direction of propagation, rotated around that direction with velocity proportional to the cosine of the angle it makes with an axis which need not now be the axis of the impressed magnetic field.

This direct method of exhibiting the nature of the effects may also be applied to the case of structural rotation, in which by an argument similar to the above, but dealing with energy-terms involving space-gradients of the electric force, we obtain for the material medium a constitutive relation of type

$$4\pi c^2(f', g', h') = \left(K_1P + a_3\frac{dQ}{dz} - a_2\frac{dR}{dy},\right.$$

$$\left. K_2Q + a_1\frac{dR}{dx} - a_3\frac{dP}{dz}, \quad K_3R + a_2\frac{dP}{dy} - a_1\frac{dQ}{dx}\right),$$

when the principal axes of the rotational quality coincide with those of the ordinary dielectric quality. For a plane wave-train travelling in the direction (l, m, n), for which

$$(P, Q, R) \propto \exp \iota\frac{2\pi}{\lambda'}(lx + my + nz - Vt),$$

$$p = 2\pi V/\lambda', \quad V = cK^{-\frac{1}{2}},$$

this may be expressed in the form

$$4\pi C^2 (f', g', h') = -\left(K_1 p^{-2} \frac{d^2 P}{dt^2} + \frac{n a_3}{V} \frac{dQ}{dt} - \frac{m a_2}{V} \frac{dR}{dt}, \ldots, \ldots\right),$$

so that, when K_1, K_2, K_3 are each equal to K, the equations of propagation are reducible to the normal form for a non-rotational medium by imparting to the coordinate axes a velocity of rotation $2\pi^2 cK^{-\frac{3}{2}}\lambda^{-2}(la_1, ma_2, na_3)$, which implies a coefficient of rotation of a plane-polarized wave equal per unit distance to $2\pi^2 K^{-1}\lambda^{-2}(la_1, ma_2, na_3)$ where λ is the wave-length in vacuum. This is the law of rotation for wave-trains travelling in various directions in a simply refracting medium with aeolotropic rotational quality. This law also applies approximately to crystals such as quartz, inasmuch as the difference between the principal refractive indices is not considerable: in quartz the vector (a_1, a_2, a_3) must by symmetry coincide with the axis of symmetry of the crystal: thus the coefficient of the effective component, that normal to the wave-front, of the imposed rotation for a wave-train that travels in a direction making an angle θ with that axis is proportional to $\cos^2\theta$, not to $\cos\theta$ as in the magnetic case. In this case the rotational effect is superposed on the double refraction, so that a plane-polarized wave instead of being simply rotated will acquire varying elliptic polarization: it is however a simple problem in kinematics* to determine the types and the velocities of the two elliptically polarized wave-trains that will be propagated without change of form under the two influences, each supposed slight.

It appears from this discussion that magneto-optic rotation is a phenomenon of kinetic origin, related to the free periods of the molecules and not at all to their mean polarization under the action of steady electric force: it is therefore entirely of dispersional character.

Again the intrinsic optical rotation of isotropic chiral media is represented by a constitutive relation of type

$$f = \frac{K}{4\pi C^2} P + C\left(\frac{dQ}{dz} - \frac{dR}{dy}\right),$$

showing that the rotational term is proportional to the time-gradient of the magnetic field: this effect would therefore be entirely absent in statical circumstances, and only appears sensibly in vibratory motion of very high frequency. In this case no physical account of the origin of the term has been forthcoming: we have to be content with the knowledge that the form here stated is the only one that is admissible in accordance with the principles of dynamics.

As the rotatory power, of both types, is thus connected with the dispersion as well as the density of the material, it is not strange that attempts, experimental and theoretical, to obtain a simple connexion with the density alone, have not led to satisfactory results. The existence of a definite rotational constant for each active substance has formed the main experimental resource in the advance of stereochemical theory: but the present considerations prepare us for the fact that no definite relations connecting rotational power with constitution have been found to exist,—that the quality, though definite, is so to speak a slight and accidental one, or rather one not directly expressible in terms either of crystalline structure or of the main constitutive relations with which chemistry can deal.

* Cf. Gouy, *Journ. de Phys.*, 1885; Lefebvre, *loc. cit.*, 1892; O. Wiener, *Wied. Ann.*, 1888.

GENERAL VIBRATING SYSTEM IN WHICH THE PRINCIPAL MODES ARE CIRCULAR.

9. We are entitled to assert, on the basis of Fourier's theorem, that any orbital motion which exactly repeats itself with a definite period can be resolved into constituent simple elliptic oscillations whose periods are equal to its own and submultiples thereof. Such a motion would therefore correspond to a fundamental spectral line and its system of harmonics. The ascertained absence of harmonics in actual spectra shows either that the period corresponding to the steady orbit is outside the optical range, or else that the steady motion emits very little radiation as in fact its steadiness demands. The radiation would then arise from the various independent modes of disturbance, each of elliptic type on account of the absence of harmonics, that are superposed on the steady orbital motion.

To ascertain the nature of the polarization of the vibrations when in a magnetic field, we have first to decompose each orbital motion into its harmonic constituents, which are elliptic oscillations: each of the latter can be resolved into a linear oscillation parallel to the axis of the magnetic field, another at right angles to it, and a circular oscillation around it; and of these the second linear oscillation can be resolved into two equal circular oscillations in different senses around it. Now when the uniform rotation around the axis is superposed on the components they all continue to be of the requisite simple harmonic type, but the periods of the two circular species,—which as has been seen are of amplitudes different as regards the various molecules but equal in the aggregate,—become different: they are the three Zeeman components.

Nothing short of complete circular polarization of the constituent vibrations of permanent type in each molecule will account for the complete circular polarization of each of the flanking Zeeman lines. If these vibrations were only elliptical, but propagated with different velocities according to the sense in which the orbit is described, each would be equivalent to a circular vibration together with a linear one: and as the total illumination is the sum of the contributions from the independent molecules, the circularly polarized light would then be accompanied by unpolarized light of the same order of intensity. This restriction of type of vibration suggests the employment in the analysis of variables each of which corresponds to a circular vibration, as do the ξ, η variables in what follows.

For simplicity let us take the axis of z parallel to the impressed magnetic field, and let (X, Y, Z) represent the statical forces transmitted by aether-strain from the other ions in the molecule to a specified one. The equations of motion of that ion are

$$m(\ddot{x} - \kappa\dot{y}) = X, \quad m(\ddot{y} + \kappa\dot{x}) = Y, \quad m\ddot{z} = Z.$$

We now make no assumption with regard to the magnitude of the electric charges and effective masses of the various ions, which may differ in any manner. In this ion let us change the variables to

$$\xi = x + \iota y, \quad \eta = x - \iota y,$$

so that

$$2x = \xi + \eta, \quad 2\iota y = \xi - \eta,$$

and therefore

$$2\frac{d}{d\xi} = \frac{d}{dx} - \iota\frac{d}{dy}, \quad 2\frac{d}{d\eta} = \frac{d}{dx} + \iota\frac{d}{dy};$$

the equations become

$$m(\ddot{\xi} + \iota\kappa\dot{\xi}) = X + \iota Y,$$
$$m(\ddot{\eta} - \iota\kappa\dot{\eta}) = X - \iota Y,$$
$$m\ddot{z} \qquad = Z.$$

If therefore $X + \iota Y$ is a function only of the ξ coordinates of the electrons, and $X - \iota Y$ a function only of the η coordinates, and Z only of the z coordinates, these groups of coordinates will be determined from three independent systems of equations.

On our hypothesis of ions moving with velocities of an order below that of radiation, the mutual forces acting on them are derived from a potential energy function: thus

$$(X, Y, Z) = -k\left(\frac{d}{dx}, \frac{d}{dy}, \frac{d}{dz}\right)W$$

where k may be supposed to vary from one ion to another, being equal to the electric charge when the mutual forces are considered to be wholly of electric origin. Then

$$\frac{1}{m}(X + \iota Y) = -\frac{2k}{m}\frac{dW}{d\eta}, \quad \frac{1}{m}(X - \iota Y) = -\frac{2k}{m}\frac{dW}{d\xi}.$$

The solution of the complete system of equations, three for each ion, will in any case involve the expression of ξ, η, z for each ion as a sum of harmonic terms of the form $e^{\iota pt}$ each with a complex numerical coefficient; but when the coefficients of one of them are assigned those of the others are determined. The vibration for each ion is thus compounded of a system of elliptic harmonic motions of definite forms and phases. Their components in the plane ξ, η will be circular vibrations only when the ξ and η coordinates vary independently of each other, that is when $dW/d\eta$ is a function of the ξ coordinates of the ions alone and $dW/d\xi$ a function of the η coordinates alone. This condition can only be satisfied, W being real, when it is a linear function of z^2 and of products of the form $\xi_r\eta_r$ or $\xi_r\eta_s$: it may thus be any quadratic function of the coordinates which is invariant in form as regards rotation of the axes of x, y around the axis of z. Under these circumstances the free periods for ξ coordinates, η coordinates, and z coordinates will all be independent, and either real or pure imaginary*: in an actual molecule they will be real. For example a permanent vibration of ξ type will be represented by

$$\xi_r = \Sigma A_r e^{\iota p_r t + \iota\alpha_r},$$

α_r being chosen so that A_r is real: thus

$$x_r = \Sigma A_r \cos(p_r t + \alpha_r), \quad y_r = \Sigma A_r \sin(p_r t + \alpha_r)$$

representing a series of right-handed circular vibrations, each series having definite phases and also amplitudes in definite ratios for the various ions. Again for the η type we have

$$\eta_r = \Sigma B_r e^{\iota q_r t + \iota\beta_r},$$

* Routh, *Essay on Stability*, 1887, p. 78; *Dynamics*, vol. II., § 319.

so that $$x_r = \Sigma B_r \cos(q_r t + \beta_r), \quad y_r = -\Sigma B_r \sin(q_r t + \beta_r),$$

which represents similarly a series of left-handed circular vibrations. The vibrations of z type will of course be linear in form.

Thus supposing the effective masses and charges of the various ions to be entirely arbitrary, the effect of an impressed magnetic field will be to triple the periods and polarize the constituents in the Zeeman manner, provided the potential energy of the mutual forces of the ions is any *quadratic function* of the coordinates of the vibrations which satisfies the condition of being invariant in form with respect to rotation of the axes of coordinates around the axis of the magnetic field.

The essential difference between the type of this system and that of the one previously considered will appear when the latter is derived on the lines of the present procedure. The equations are

$$\ddot{\xi} + \iota\kappa\dot{\xi} = -\frac{2k}{m}\frac{dW}{d\eta},$$

$$\ddot{\eta} - \iota\kappa\dot{\eta} = -\frac{2k}{m}\frac{dW}{d\xi},$$

$$\ddot{z} \qquad = -\frac{k}{m}\frac{dW}{dz}.$$

On writing $$\xi' = e^{\frac{1}{2}\iota\kappa t}\,\xi, \quad \eta' = e^{-\frac{1}{2}\iota\kappa t}\,\eta,$$

they become $$\ddot{\xi}' + \tfrac{1}{4}\kappa^2\xi' = -\frac{2k}{m}\frac{dW}{d\eta'},$$

$$\ddot{\eta}' + \tfrac{1}{4}\kappa^2\eta' = -\frac{2k}{m}\frac{dW}{d\xi'},$$

$$\ddot{z} \qquad = -\frac{k}{m}\frac{dW}{dz}.$$

The form W will be unaltered when it is expressed in terms of ξ', η', provided it depends only on the mutual configuration of the ions, *and* κ *is the same for all of them*; hence when κ^2 is negligible compared with unity, (ξ', η', z) are determined by the same equations as would give (ξ, η, z) on the absence of a magnetic field: and from this the previous results follow.

10. We have thus reached the following position. Let the coordinates (x, y, z) of an ion be resolved into two parts, namely (x_1, y_1, z_1) which are known functions of the time and represent its mean or steady motion, and (x', y', z') which are the small disturbance of the steady motion constituting the optical vibrations. When this substitution is made in the dynamical equations the quantities relating to the steady motion should cancel each other, as usual; and there will remain equations, of the original form, involving (x', y', z') from which the accents may now be removed. The forces relating to these new coordinates will still be derivable from a potential energy function:

and as by hypothesis the vibrations are all 'cycloidal' or simple harmonic, this function must be homogeneous and quadratic in these coordinates. The total potential energy must be determined by the instantaneous configuration of the system, and will therefore remain of the same form when referred to new axes of coordinates. This confines the quadratic part representing the energy of the disturbance to the form given above: the vibration of each ion will then in general consist of a system of elliptic oscillations of all the various free periods, equal in number to the ions: and the effect of an impressed magnetic field will be to triple each vibration-period and to polarize the constituents in the Zeeman manner. The steady or constitutive motion of the system must be so adjusted that it does not sensibly radiate: otherwise it would gradually alter by loss of its energy.

As the axis of the magnetic field may be any axis in the molecule, the function which represents the potential energy must thus be such that the vibrations resolved parallel to any axis form an independent system: hence it is confined to the form

$$W = -\tfrac{1}{2}\Sigma A_{rs}\{(x_r' - x_s')^2 + (y_r' - y_s')^2 + (z_r' - z_s')^2\} + \Sigma B_{rs}(x_r'x_s' + y_r'y_s' + z_r'z_s'),$$

$$= -\tfrac{1}{2}\Sigma A_{rs}\{(\xi_r' - \xi_s')(\eta_r' - \eta_s') + (z_r' - z_s')^2\} + \tfrac{1}{2}\Sigma B_{rs}(\xi_r'\eta_s' + \xi_s'\eta_r' + 2z_r'z_s').$$

Thus in the absence of a magnetic field the vibrations of the x coordinates, of the y coordinates, and of the z coordinates of the ions will form independent systems of precisely similar character. It is in fact only under this condition that it is possible for the components, parallel to any plane, of the elliptic harmonic vibrational types of the various ions, to form a system of circular vibrations with common sense of rotation.

If $m/k = \lambda$ and $m\kappa/k = \lambda'$, the equations of motion are of type

$$\lambda\ddot{\xi} + \iota\lambda'\dot{\xi} + 2\frac{dW}{d\eta} = 0, \quad \lambda\ddot{\eta} - \iota\lambda'\dot{\eta} + 2\frac{dW}{d\xi} = 0, \quad \lambda\ddot{z} + \frac{dW}{dz} = 0.$$

The periods of the right-handed circular vibrations, of type $\xi \propto e^{\iota pt}$, period $2\pi/p$, will be given by the equation

$$\begin{vmatrix} -\lambda_1 p^2 - \lambda_1' p - \Sigma A_{1r}, & C_{12}, & C_{13}, & C_{14}, & \ldots & C_{1n} \\ C_{21}, & -\lambda_2 p^2 - \lambda_2' p - \Sigma A_{2r}, & C_{23}, & C_{24}, & \ldots & C_{2n} \\ C_{31}, & C_{32}, & -\lambda_3 p^2 - \lambda_3' p - \Sigma A_{3r}, & C_{34}, & \ldots & C_{3n} \\ \cdots & \cdots & \cdots & \cdots & \cdots & \cdots \end{vmatrix} = 0,$$

in which $C_{rs} = A_{rs} + B_{rs}$: those of the left-handed circular vibrations by changing the sign of each λ' in this equation: those of the plane-polarized vibrations, which are the natural periods of the molecule, by making λ' null. On account of the great number of the constants, compared with the number of free periods, simple relations among the periods can only arise from limitations of the generality of the system.

The duplication or triplication observed in the constituent Zeeman lines would on this theory arise from the presence of two or three equal roots in the period equation for natural vibrations of the system, which would be differently affected and therefore separated by the impressed magnetic field.

This analysis is wide enough to apply to a system consisting of a continuous electrical distribution, whose parts are held together in their relative positions either by statical constraint or by kinetic stability: for then the potential energy still depends on the relative configurations of the elements of mass of the system.

We have however not arrived at any definite representation of the dynamical system constituting a molecule, except that it consists of moving electric points either limited in number or so numerous as to form a practically continuous distribution: but reasoning from the definiteness and sharpness of the periods in the spectrum, and the facts of polarization of light, it has been inferred that the vibrations of the molecule form a 'cycloidal' system and therefore arise from a quadratic potential energy function: the total potential energy function must therefore consist of two independent parts, that belonging to the steady motion, in which the coordinates of the vibrations do not occur, and this part belonging to the disturbance which is quadratic in its coordinates: as a whole it must depend on the configuration of the system and not on the axes of coordinates, hence this quadratic part is invariant with regard to change of axes: this confines it to the form given above,—which had been found to be demanded by the existence of the Zeeman phenomena.

It has thus been seen that the fact that the vibrations belonging to the Zeeman constituent lines are exactly circular, and not merely elliptic with a definite sense of rotation, requires that the right-handed and left-handed groups of vibrations shall form two independent systems: as the magnetic field may be in any direction as regards the molecule, this requires that its vibrations, when the magnetic field is absent, can be resolved into three independent systems of parallel linear vibrations directed along any three mutually rectangular axes. This again involves that an electric force acting on the molecule will *induce* a polarization exactly in the direction of the force, and proportional to it*: that in fact notwithstanding its numerous degrees of freedom the molecule is isotropic. Thus the source of double refraction in crystals or strained isotropic substances would reside in the aeolotropic arrangement of the molecules and not in their orientation: but there can also be an independent intrinsic electric polarity in the molecule depending on its orientation and not on the electric field, such as is indicated by piezoelectric effects in crystals.

If the molecules were not thus isotropic as regards induced electric polarity, the electric vibration induced in the molecules, when a train of radiation passes across a medium such as air, would not be wholly in the wave-front. In the theory of optical dispersion the coefficients† would then be averages taken for a large number of mole-

* Cf. Kerr's striking result, *Phil. Mag.*, 1895, that in the double refraction produced in a liquid dielectric by an electric field, it is only the vibration polarized so that its electric vector is parallel to the electric field that has its velocity of propagation affected.

† *e.g.* K, c_1, c_2, ... c_1', c_2', ... in *Phil. Trans.* 1897 A, p. 238.

cules orientated in all directions, such as may be considered to exist in an effective element of volume of the medium: and this averaging would constitute the source of its isotropy. But there would remain a question as to whether, when a plane-polarized wave-train is passing, those fortuitous components of the polarization of the molecules that are not in the direction of the electric vibration of the wave-train would not send out radiation as independent sources and thus lead to extinction of the light. The definite features of polarization of the light scattered from a plane-polarized train by very minute particles or molecular aggregations seems also to suggest in a similar manner that the individual molecule is isotropic.

XXII. *On the Theory of Functions of several Complex Variables.*

By H. F. BAKER, M.A., F.R.S., Fellow of St John's College.

[*Received* 9 February 1900.]

THE present paper is primarily a reconsideration of the paper of M. Poincaré in the *Acta Mathematica*, t. XXII. (1898), p. 89; and depends for its interest on the remarkable discovery of the expression of an integral function by means of the potential of the $(n-2)$-fold over which the function vanishes, which is virtually contained in M. Poincaré's paper in t. II. of the *Acta Mathematica* (1883), pp. 105, 106. The following points of novelty may however justify its publication. (i) By means of a generalisation of the theorems of Green and Stokes, for the transformation of multiple integrals, the imaginary part of the function of the complex variables is introduced concurrently with the real part; (ii) and thereby, as would appear, the coefficients in the quadratic function used by M. Poincaré (*Acta Math.*, t. XXII. p. 174) are shewn to be zero. (iii) The theory is put in connection with Kronecker's formulae (*Werke*, Bd. I. p. 200), whereby it follows that the imaginary part of the logarithm of the integral function is a generalised *solid-angle*, just as M. Poincaré has shewn the real part to be a generalised *potential*. In general Kronecker's integral, unlike Cauchy's, does not represent a function of complex variables unless the $(n-1)$-fold of integration is closed; in the present paper there arises a Kronecker integral which is an exception to this rule (the integral ζ_{2r-1}, §§ 12, 17). (iv) The *definite* formula here given for the integral function is not limited to the case of periodic functions; though on the other hand it has not that general application which belongs to the theory of M. Poincaré's earlier paper, in the *Acta Math.* t. II. In that paper there remains in the resulting formula an integral function of which the existence is proved, for which however no definite expression is given; in the present paper, in order to have a definite expression, I have hasarded a limitation which may be regarded as a generalisation of the notion of the *genre* of functions of one variable. This limitation arises by regarding the $(n-2)$-fold integral which enters here as a generalisation of the sum which is obtainable by taking the logarithm in Weierstrass's general factor formula for an integral function of one variable.

The paper is divided into two parts, of which the former contains a formal proof of a theorem constantly employed in the theory developed in Part II.

PART I. PRELIMINARY.

Formal proof of the general Green-Stokes theorem.

1. In Euclidian space of n dimensions we can take near to any point P whose coordinates are $(x_1, \ldots, x_n)$ the n points

$$P_1 \text{ with coordinates } (x_1 + d_1x_1, \ldots, x_n + d_1x_n),$$
$$\ldots\ldots\ldots\ldots\ldots\ldots$$
$$P_n \text{ with coordinates } (x_1 + d_nx_1, \ldots, x_n + d_nx_n),$$

it being supposed that the determinant, M, of n rows and columns, whose (r, s)th element is d_rx_s, is not zero. At each of the points $P_1, \ldots, P_n$ we can similarly take n independent consecutive points, those at P_r being $P_{r1}, P_{r2}, \ldots, P_{rn}$; at each of these points of two suffixes we can take n others of three suffixes, and so on. Making the convention that the sth satellite point of P_r, namely P_{rs}, is the same as the rth satellite point of P_s, or P_{sr}, or in other words that the suffixes shall be commutative, we can associate the determinant M with the 'cell' which is defined by the 2^n points

$$P, P_1, \ldots, P_n, P_{12}, \ldots, P_{1n}, \ldots, P_{12\ldots n},$$

whose suffixes consist of all the combinations of not more than n different numbers from 1, 2, ..., n. We may suppose space of n dimensions to be divided into such cells, and call the absolute value of the determinant M the element of extent of the space, denoting it by dS_n.

Similarly if we have in n dimensions a space of $(n-r)$ dimensions, defined suppose by r equations

$$f_1(x_1, \ldots, x_n) = 0, \ \ldots, f_r(x_1, \ldots, x_n) = 0,$$

with a certain number of inequalities, we can associate with every point P of this space $(n-r)$ satellite points, $P_1, \ldots, P_{n-r}$, also lying in this space, the coordinates of these points being denoted by

$$x_1 + d_kx_1, \ \ldots, \ x_n + d_kx_n, \qquad k = 1, 2, \ldots, (n-r),$$

and with each of these $(n-r)$ others, and so on; and so we can suppose the space of $(n-r)$ dimensions divided into cells, each defined by 2^{n-r} points; with each of these cells we can as before associate an element of extent for this space, which we denote by dS_{n-r}; this is defined as the positive square root of the sum of the squares of all the determinants of $(n-r)$ rows and columns which can be formed from the matrix of n columns and $(n-r)$ rows

$$| d_kx_1, d_kx_2, \ldots, d_kx_n |, \qquad k = 1, 2, \ldots, (n-r),$$

or, what is the same thing, as the positive square root of the determinant of $(n-r)$ rows and columns which is formed by multiplying this matrix into itself, row into row, in the ordinary way.

2. In what follows we call the aggregate of all the points of a space of $(n-r)$ dimensions, limited or not, an $(n-r)$-fold. We also use $\binom{n}{r}$ quantities, called the direction cosines of the normal to the $(n-r)$-fold; let the $(n-1)$-folds

$$f_1=0, \ \ldots, \ f_r=0$$

be always supposed taken in the same order, given by the suffixes; let $b, d, e, \ldots, h, k$ be any r of the numbers $1, 2, \ldots, n$, no two of them equal; then the ratio of the Jacobian

$$J_{b,d,\ldots,h,k}=\frac{\partial(f_1, \ldots, f_r)}{\partial(x_b, \ldots, x_k)}$$

to the positive square root of the sum of the squares of all the possible $\binom{n}{r}$ such Jacobians is denoted by $\kappa_{b,d,e,\ldots,h,k}$, and is one of the direction cosines in question; we suppose in general the suffixes taken in their natural ascending order; from each of the $\binom{n}{r}$ direction cosines $\underline{|r}-1$ others can be formed by permutation of the suffixes, every interchange of two suffixes causing a change in sign in the direction cosine.

We have then the following theorem:

Suppose that a finite portion of the (non-singular) $(n-r+1)$-fold given by

$$f_1=0, \ \ldots, \ f_{r-1}=0,$$

is completely bounded by a closed (non-singular) $(n-r)$-fold given by

$$f_1=0, \ \ldots, \ f_{r-1}=0, \ \ f_r=0,$$

and that throughout the limited portion of the $(n-r+1)$-fold we have $f_r<0$; let P be any function of $x_1, \ldots, x_n$ for which it is supposed that itself and its first differential coefficients are finite and continuous (and single-valued) throughout the space considered; then

$$\iint\left[(-1)^{r-1}\kappa_{de\ldots hk}\frac{\partial P}{\partial x_b}+(-1)^{r-2}\kappa_{be\ldots hk}\frac{\partial P}{\partial x_d}+\ldots+\kappa_{bd\ldots h}\frac{\partial P}{\partial x_k}\right]dS_{n-r+1}$$

$$=\int\kappa_{bd\ldots hk}P \, . \, dS_{n-r},$$

wherein the second integral is taken over the complete closed $(n-r)$-fold, and the first integral over the enclosed portion of the $(n-r+1)$-fold; in the first integrand there are r terms, the suffix in any one of them consisting of $(r-1)$ numbers in their natural ascending order.

If we introduce $\binom{n}{r}$ functions such as P, and make the rule that an interchange of two numbers of a suffix shall entail a change in the sign of the function, we can put the result in a clearer form

$$\iint\Sigma\kappa_{de\ldots hk}\,\Sigma\frac{\partial P_{de\ldots hkm}}{\partial x_m}\,dS_{n-r+1}=\int\Sigma\kappa_{bd\ldots hk}P_{bd\ldots hk}dS_{n-r},$$

where on the left under the integral sign the first summation extends to every combination of $(r-1)$ different numbers $d, e, \ldots, h, k$ from $1, 2, \ldots, n$, and the second summation extends to the $(n-r+1)$ different values from $1, 2, \ldots, n$ which m can have so as not to be equal to any one of $d, e, \ldots, h, k$; on the right under the integral sign the summation extends to every combination of r different numbers $b, d, e, \ldots, h, k$ from $1, 2, \ldots, n$.

3. Of this result it will be sufficient to give a proof for the case $r=3$, the general case being similar.

We suppose then a finite (non-singular) portion H_{n-2} of an $(n-2)$-fold, which is given by the equations

$$f_1(x_1, \ldots, x_n)=0, \quad f_2(x_1, \ldots, x_n)=0,$$

to be bounded by a closed (non-singular) $(n-3)$-fold H_{n-3} given by

$$f_1(x_1, \ldots, x_n)=0, \quad f_2(x_1, \ldots, x_n)=0, \quad f_3(x_1, \ldots, x_n)=0.$$

We can imagine H_{n-2} divided into cells in a manner before indicated, the satellite points of P, whose coordinates are $(x_1, \ldots, x_n)$, being denoted by P_k whose coordinates are

$$(x_1+d_k x_1, \ldots, x_n+d_k x_n), \qquad k=1, 2, \ldots, (n-2).$$

In general the differentials $d_k x_r$ are arbitrary, save that the determinants of $(n-2)$ rows and columns formed from their matrix must not all be zero; but we shall ultimately find it convenient for our purpose to suppose that of the differentials

$$d_{n-2}x_1, \; d_{n-2}x_2, \; \ldots, \; d_{n-2}x_n$$

all but three, say all but $d_{n-2}x_b$, $d_{n-2}x_e$, $d_{n-2}x_h$, are zero; the ratios of these three will then be determined from

$$\frac{\partial f_1}{\partial x_b} d_{n-2}x_b + \frac{\partial f_1}{\partial x_e} d_{n-2}x_e + \frac{\partial f_1}{\partial x_h} d_{n-2}x_h = 0,$$

$$\frac{\partial f_2}{\partial x_b} d_{n-2}x_b + \frac{\partial f_2}{\partial x_e} d_{n-2}x_e + \frac{\partial f_2}{\partial x_h} d_{n-2}x_h = 0;$$

it is clear, in fact, that we can draw on H_{n-2} through every point P a one-fold (or curve) along which all the coordinates except x_b, x_e, x_h are constant; taking then any point P and taking $(n-3)$ of its satellite points $P_1, \ldots, P_{n-3}$ arbitrarily, we can draw such a curve through P and each of $P_1, \ldots, P_{n-3}$, and take for the satellite point P_{n-2} a point near to P along the curve through P; we thus arrange the cells into 'strips,' each strip having $(n-2)$ curves, such as those through $P, P_1, \ldots, P_{n-3}$, as edges.

4. A set of $(n-3)$ neighbouring points $Q_1, \ldots, Q_{n-3}$ in which the curves drawn on H_{n-2} through $P_1, \ldots, P_{n-3}$ intersect the $(n-3)$-fold H_{n-3} may then be taken as the satellite points on H_{n-3} of the neighbouring point Q in which the curve through P intersects H_{n-3}; we have thus a possible basis for the division of H_{n-3} into cells, which it will later be convenient to adopt. We assume that the curve on H_{n-2} which is drawn

through P intersects the closed H_{n-3} in an even number of points; and to shorten the proof we shall speak only of two, say $Q^{(0)}$ and $Q^{(1)}$. Then if the differentials $d_{n-2}x_b$, $d_{n-2}x_e$, $d_{n-2}x_h$ be always taken in the same direction along this curve $Q^{(0)}PQ^{(1)}$, the expression

$$d_{n-2}f_3 = \frac{\partial f_3}{\partial x_b} d_{n-2}x_b + \frac{\partial f_3}{\partial x_e} d_{n-2}x_e + \frac{\partial f_3}{\partial x_h} d_{n-2}x_h$$

will have different signs at $Q^{(0)}$ and $Q^{(1)}$, and in fact, since $f_3 < 0$ over H_{n-2}, the expression will be positive at the point, say $Q^{(1)}$, where the curve through P leaves H_{n-2}, and negative at the point $Q^{(0)}$, where the curve enters H_{n-2}.

5. Considering now any point P of H_{n-2}, and its satellite points

$$(x_1 + d_k x_1, \ \dots, \ x_n + d_k x_n), \qquad k = 1, 2, \dots, (n-2),$$

in regard to which we do not until special mention is made of the fact introduce the convention that all but three of the differentials

$$(d_{n-2}x_1, \ \dots, \ d_{n-2}x_n)$$

are zero, we have

$$\left.\begin{aligned} \frac{\partial f_1}{\partial x_1} d_k x_1 + \dots + \frac{\partial f_1}{\partial x_n} d_k x_n = 0, \\ \frac{\partial f_2}{\partial x_1} d_k x_1 + \dots + \frac{\partial f_2}{\partial x_n} d_k x_n = 0, \end{aligned}\right\} \qquad k = 1, 2, \dots, (n-2),$$

and hence easily find

$$\frac{J_{12}}{M_{12}} = \dots = \frac{J_{rs}}{M_{rs}} = \dots, = \epsilon_{n-2}, \text{ say},$$

wherein

$$J_{rs} = \begin{vmatrix} \dfrac{\partial f_1}{\partial x_r}, & \dfrac{\partial f_1}{\partial x_s} \\ \dfrac{\partial f_2}{\partial x_r}, & \dfrac{\partial f_2}{\partial x_s} \end{vmatrix},$$

and M_{rs} denotes a determinant of $(n-2)$ rows and columns, obtained by taking the determinant which remains when in the matrix of n columns and $(n-2)$ rows

$$| \ d_k x_1, \ \dots, \ d_k x_n \ |, \qquad k = 1, 2, \dots, (n-2),$$

the rth and sth columns are omitted, and prefixing to this determinant the sign $(-1)^{r+s-1}$ or $(-1)^{r+s}$ according as $r < s$ or $r > s$.

We require now to make it clear that we can suppose the sign of the ratios ϵ_{n-2} to be the same for all points of the limited H_{n-2}; for this purpose suppose

P_{n-1}, with coordinates $(x_1 + d_{n-1}x_1, \ \dots, \ x_n + d_{n-1}x_n)$,

and P_n, with coordinates $(x_1 + d_n x_1, \ \dots, \ x_n + d_n x_n)$, to be satellite points of P of which P_{n-1} is on $f_1=0$ but not on $f_2=0$, and P_n is not on either of the two $f_1=0$, $f_2=0$; then we have

$$\epsilon_{n-2}=\frac{J_{r1}}{M_{r1}}=\ldots=\frac{J_{rn}}{M_{rn}},$$

$$=\frac{J_{r1}d_{n-1}x_1+\ldots+J_{rn}d_{n-1}x_n}{M_{r1}d_{n-1}x_1+\ldots+M_{rn}d_{n-1}x_n},$$

$$=-\frac{\dfrac{\partial f_1}{\partial x_r}d_{n-1}f_2-\dfrac{\partial f_2}{\partial x_r}d_{n-1}f_1}{M_r},$$

where M_r denotes the value obtained by taking the determinant left when in the matrix of n columns and $(n-1)$ rows

$$|\, d_k x_1, \ldots, d_k x_n \,|, \qquad k=1, 2, \ldots, (n-1),$$

the rth column is omitted and prefixing the sign $(-1)^{n+r}$ to this determinant; hence as $d_{n-1}f_1=0$ we have

$$-\frac{\epsilon_{n-2}}{d_{n-1}f_2}=\frac{\dfrac{\partial f_1}{\partial x_r}}{M_r}$$

$$=\frac{\dfrac{\partial f_1}{\partial x_1}}{M_1}=\ldots=\frac{\dfrac{\partial f_1}{\partial x_n}}{M_n},$$

$$=\frac{\dfrac{\partial f_1}{\partial x_1}d_n x_1+\ldots+\dfrac{\partial f_1}{\partial x_n}d_n x_n}{M_1 d_n x_1+\ldots+M_n d_n x_n},$$

$$=\frac{d_n f_1}{M},$$

where M is as before the determinant

$$|\, d_k x_1, \ldots, d_k x_n \,|, \qquad k=1, 2, \ldots, n.$$

Thus on the whole we have

$$\epsilon_{n-2}=\frac{J_{12}}{M_{12}}=\ldots=\frac{J_{rs}}{M_{rs}}=\ldots=-\frac{d_n f_1 \,.\, d_{n-1}f_2}{M}.$$

We now make the assumptions (i) *that for all points P of H_{n-2} the satellite point P_n is taken in space on that side of the $(n-1)$-fold $f_1=0$ for which $f_1>0$, so that $d_n f_1$ is constantly positive,* (ii) *that the satellite point P_{n-1} is taken on $f_1=0$ on that side of $f_2=0$ for which $f_2>0$, so that $d_{n-1}f_2$ is positive,* (iii) *that the satellite points $P_1, \ldots, P_{n-2}$ are constantly taken on $f_1=0$, $f_2=0$ in such a relation to P_{n-1} and P_n that M is constantly positive over H_{n-2}.*

Under these assumptions each of the ratios J_{rs}/M_{rs} maintains a positive sign over

H_2, and the direction cosine κ_{rs} of the $(n-2)$-fold $f_1=0$, $f_2=0$, which by definition is given by

$$\kappa_{rs} = J_{rs} \div |\sqrt{\Sigma J^2_{rs}}|,$$

and is therefore equal to

$$\operatorname{sgn} \epsilon_{n-2} \,.\, M_{rs} \div |\sqrt{\Sigma M^2_{rs}}|,$$

where $\operatorname{sgn} \epsilon_{n-2}$ means $+1$ or -1 according as ϵ_{n-2} is positive or negative, has throughout H_{n-2} the sign of M_{rs}. Thus

$$\kappa_{rs} dS_{n-2} = M_{rs} \operatorname{sgn}\left(\frac{J_{rs}}{M_{rs}}\right) = M_{rs} \operatorname{sgn}\left(-\frac{d_n f_1 \,.\, d_{n-1} f_2}{M}\right) = M_{rs}.$$

6. Next we consider any point Q of H_{n-3}, and its satellite points

$$(x_1 + d_k x_1, \;\ldots,\; x_n + d_k x_n), \qquad k = 1, 2, \ldots, (n-3).$$

From the equations

$$f_1 d_k x_1 + \ldots + f_1 d_k x_n = 0,$$
$$f_2 d_k x_1 + \ldots + f_2 d_k x_n = 0,$$
$$f_3 d_k x_1 + \ldots + f_3 d_k x_n = 0, \qquad k = 1, 2, \ldots, (n-3),$$

we find as before

$$\frac{J_{123}}{M_{123}} = \ldots = \frac{J_{rst}}{M_{rst}} = \ldots, = \epsilon_{n-3}, \text{ say,}$$

where

$$J_{rst} = \begin{vmatrix} \frac{\partial f_1}{\partial x_r}, & \frac{\partial f_1}{\partial x_s}, & \frac{\partial f_1}{\partial x_t} \\ \frac{\partial f_2}{\partial x_r}, & \frac{\partial f_2}{\partial x_s}, & \frac{\partial f_2}{\partial x_t} \\ \frac{\partial f_3}{\partial x_r}, & \frac{\partial f_3}{\partial x_s}, & \frac{\partial f_3}{\partial x_t} \end{vmatrix},$$

and M_{rst} is the value obtained by omitting the rth, sth and kth columns in the matrix of n columns and $(n-3)$ rows

$$|\, d_k x_1, \;\ldots,\; d_k x_n \,|, \qquad k = 1, 2, \ldots, (n-3),$$

and prefixing a certain sign to the resulting determinant. This sign is supposed to be given, as for the two previous cases and as in general, by the following rule; consider the determinant of n rows and columns whose first $(n-3)$ rows are formed by the matrix just described, whose $(n-2)$th row is $A_1, \ldots, A_n$, whose $(n-1)$th row is $B_1, \ldots, B_n$, whose nth row is $C_1, \ldots, C_n$; then the expansion of this determinant is

$$\sum_{r \neq s \neq t}^{1 \text{ to } n} \Sigma\Sigma\, A_r B_s C_t M_{rst};$$

thus when r, s, t are in ascending order the sign to be prefixed to the determinant by which M_{rst} is formed is $(-1)^{n+r+s+t-1}$. Hence, taking the satellite point Q_{n-2}, of Q, upon $f_1=0$ and $f_2=0$, but not upon $f_3=0$, we have

$$\epsilon_{n-3} = \frac{J_{rs1}}{M_{rs1}} = \frac{J_{rs2}}{M_{rs2}} = \dots = \frac{J_{rsn}}{M_{rsn}},$$

$$= \frac{J_{rs1} d_{n-2}x_1 + \dots + J_{rsn} d_{n-2}x_n}{M_{rs1} d_{n-2}x_1 + \dots + M_{rsn} d_{n-2}x_n};$$

here the numerator is

$$\begin{vmatrix} \frac{\partial f_1}{\partial x_r}, & \frac{\partial f_1}{\partial x_s}, & d_{n-2}f_1 \\ \frac{\partial f_2}{\partial x_r}, & \frac{\partial f_2}{\partial x_s}, & d_{n-2}f_2 \\ \frac{\partial f_3}{\partial x_r}, & \frac{\partial f_3}{\partial x_s}, & d_{n-2}f_3 \end{vmatrix},$$

and therefore, since $d_{n-2}f_1=0$, $d_{n-2}f_2=0$, is equal to

$$J_{rs} d_{n-2}f_3;$$

the denominator can be seen to be exactly equal to M_{rs}; thus we have

$$\epsilon_{n-3} = \frac{J_{rs}}{M_{rs}} d_{n-2}f_3,$$

and so obtain

$$\kappa_{rst} = J_{rst} \div | \sqrt{\Sigma J^2_{rst}} |$$

$$= \frac{M_{rst}}{dS_{n-3}} \operatorname{sgn}\left(\frac{J_{rs}}{M_{rs}} d_{n-2}f_3\right),$$

the element of extent dS_{n-3} being by definition equal to $| \sqrt{\Sigma M^2_{rst}} |$.

7. At this point it is convenient to recall the connection which has been established above (§ 4) between the division of H_{n-2} and H_{n-3} into cells. With that arrangement the J_{rs} and M_{rs} now arising in the consideration of κ_{rst} may be regarded as identical with those that arose just previously in considering κ_{rs}. We proceed to utilise this. Consider the determinant of $n-2$ rows and columns

$$\begin{vmatrix} d_1P_{rst}, & d_1x_1, & \dots, & d_1x_n \\ \dots & \dots & \dots & \dots \\ d_{n-2}P_{rst}, & d_{n-2}x_1, & \dots, & d_{n-2}x_n \end{vmatrix},$$

wherein $(x+d_1x, \dots, x+d_{n-2}x)$ are satellite points of (x), upon H_{n-2}, the columns containing x_r, x_s, x_t are omitted, and P_{rst} is a function which is single-valued, continuous and finite upon H_{n-2} and H_{n-3}, and possessed of single-valued finite differential coefficients. The suffix of P_{rst} is not necessary for our present purpose; but it is convenient, as enabling us to define functions derived from this one by interchange of two elements of the suffix, with corresponding change of sign of the function. The determinant, if r, s, t are in ascending order, is equal to

$$(-1)^{r+s+t}\left[\frac{\partial P_{rst}}{\partial x_r} M_{st} - \frac{\partial P_{rst}}{\partial x_s} M_{rt} + \frac{\partial P_{rst}}{\partial x_t} M_{rs}\right].$$

On the other hand, supposing as in § 3 that all the differentials $d_{n-2}x_1, \ldots, d_{n-2}x_n$ except* $d_{n-2}x_r, d_{n-2}x_s, d_{n-2}x_t$ are zero, the determinant is equal to

$$(-1)^{r+s+t} d_{n-2}P_{rst} \,.\, M_{rst}.$$

Hence finally we can evaluate the integral

$$\iint\left(\kappa_{st}\frac{\partial P_{str}}{\partial x_r} + \kappa_{rt}\frac{\partial P_{rts}}{\partial x_s} + \kappa_{rs}\frac{\partial P_{rst}}{\partial x_t}\right) dS_{n-2},$$

taken over H_{n-2}. Suppose H_{n-2} divided into strips as in § 3, and find the contribution of one of these strips. The integral is

$$\iint \operatorname{sgn}\left(\frac{J_{rs}}{M_{rs}}\right) . \left[M_{st}\frac{\partial P_{str}}{\partial x_r} + M_{rt}\frac{\partial P_{rts}}{\partial x_s} + M_{rs}\frac{\partial P_{rst}}{\partial x_t}\right],$$

which by the identity just found, and because we can suppose $\operatorname{sgn}(J_{rs}/M_{rs})$ to be the same over the whole of H_{n-2}, is equal to

$$\operatorname{sgn}\left(\frac{J_{rs}}{M_{rs}}\right) \iint M_{rst} d_{n-2} P_{rst};$$

as we pass along the strip under consideration the determinant M_{rst} is constant; thus the integration along the strip gives

$$\operatorname{sgn}\left(\frac{J_{rs}}{M_{rs}}\right) \int M_{rst}\,[P^{(1)}_{rst} - P^{(0)}_{rst}],$$

where the single integral sign indicates an integration extending to all the strips, and $P^{(1)}_{rst}$, $P^{(0)}_{rst}$ are the values of P_{rst} at the points $Q^{(1)}$, $Q^{(0)}$ where the curve of integration through the point P, along which only the three coordinates x_r, x_s, x_t vary, respectively leaves and enters H_{n-3}. We have seen that

$$\kappa_{rst} dS_{n-3} = M_{rst} \operatorname{sgn}\left(\frac{J_{rs}}{M_{rs}}\, d_{n-2} f_3\right),$$

and moreover that $d_{n-2}f_3$ is positive at $Q^{(1)}$ and negative at $Q^{(0)}$; hence the element

$$\operatorname{sgn}\left(\frac{J_{rs}}{M_{rs}}\right) . M_{rst}\,[P^{(1)}_{rst} - P^{(0)}_{rst}]$$

is the sum of the two elements of the integral over H_{n-3} which is expressed by

$$\int \kappa_{rst} P_{rst}\, dS_{n-3},$$

which arise corresponding to the cells at $Q^{(1)}$ and $Q^{(0)}$. Thus we have proved that the

* In § 3 the differentials not zero were denoted by $d_{n-2}x_b$, $d_{n-2}x_e$, $d_{n-2}x_h$.

latter integral, over H_{n-3}, is equal to the integral from which we started which is taken over H_{n-2}; and this is what was desired.

We can then by a summation infer that

$$\int \sum_{r, s, t} \kappa_{rst} P_{rst}\, dS_{n-3} = \iint \sum_{r, s} \kappa_{r, s} \sum_{t} \frac{\partial P_{rst}}{\partial x_t} \,.\, dS_{n-2},$$

which is a convenient way in which to state the result. There are $\binom{n}{3}$ terms in the left-hand integral, and $(n-2)\binom{n}{2} = 3\binom{n}{3}$ terms in the right-hand integral.

A similar argument will be found to lead to the general result stated in § 2.

8. If we put, in the case for which the proof has been carried out,

$$X_{rs} = \sum_{t} \frac{\partial P_{rst}}{\partial x_t},$$

we have

$$\sum_{s} \frac{\partial X_{rs}}{\partial x_s} = 0,$$

as n necessary conditions that the integral

$$\iint \Sigma_{rs}\, \kappa_{rs} X_{rs}\, dS_{n-2},$$

taken over a finite portion of an $(n-2)$-fold may be capable of being represented as an integral over the closed $(n-3)$-fold bounding this portion. If these conditions are satisfied, functions P_{rst} satisfying the equations

$$X_{rs} = \sum_{t} \frac{\partial P_{rst}}{\partial x_t}$$

must be found, in order that the expression may be possible; but it is necessary that the functions P_{rst} so found should be finite on the $(n-3)$-fold (cf. § 28).

The equations

$$\sum_{s} \frac{\partial X_{rs}}{\partial x_s} = 0$$

have been given by Poincaré (*Acta Math.* IX. (1887), p. 337) from a somewhat different point of view. We can as an application generalise Cauchy's theorem to the p-fold integral

$$\int \ldots\ldots \int \phi\, (\xi_1, \ \ldots, \ \xi_p)\, d\xi_1 \ldots d\xi_p,$$

where $\xi_1, \ldots, \xi_p$ are complex variables. For example, for $n = 4$, the integral

$$\iint f(\xi_1, \ \xi_2)\, d\xi_1 d\xi_2,$$

taken over a closed $(n-2)$-fold, which (see § 9 below) may be interpreted as

$$\iint f(\xi_1, \xi_2)(\kappa_{13}+i\kappa_{14}+i\kappa_{23}-\kappa_{24})\, dS_{n-2},$$

is equal to the integral

$$\int\left[(\kappa_1+i\kappa_2)\left(\frac{\partial}{\partial x_3}+i\frac{\partial}{\partial x_4}\right)f-(\kappa_3+i\kappa_4)\left(\frac{\partial}{\partial x_1}+i\frac{\partial}{\partial x_2}\right)f\right]dS_{n-1}$$

taken over the $(n-1)$-fold bounded by the $(n-2)$-fold; and this vanishes identically on account of

$$\left(\frac{\partial}{\partial x_1}+i\frac{\partial}{\partial x_2}\right)f=0, \quad \left(\frac{\partial}{\partial x_3}+i\frac{\partial}{\partial x_4}\right)f=0.$$

It is supposed that the original $(n-2)$-fold of integration is not one given by the vanishing of a single equation involving the two complex variables, since otherwise (cf. § 9 below) $\kappa_{13}=\kappa_{24}$, $\kappa_{14}=-\kappa_{23}$, *and therefore*

$$\kappa_{13}+i\kappa_{14}+i\kappa_{23}-\kappa_{24}=0.$$

PART II.

The expression of an integral function whose zeros are given.

9. In what follows we consider a space of n dimensions, n being even and equal to $2p$. The points of this space being as before given by the n coordinates $x_1, \ldots, x_n$, we define from these p complex variables by means of the equations

$$\xi_r = x_{2r-1}+ix_{2r}, \qquad (r=1, 2, \ldots, p).$$

As it is desirable to take the various points separately we begin by supposing that we have defined in this space an $(n-2)$-fold, given in sufficiently near neighbourhood of any point $(x_1^{(0)}, \ldots, x_n^{(0)})$ of itself by the vanishing of an ordinary power series in the quantities $\xi_1-\xi_1^{(0)}, \ldots, \xi_p-\xi_p^{(0)}$, where $\xi_r^{(0)}=x_{2r-1}^{(0)}+ix_{2r}^{(0)}$. We proceed to shew that the $(n-2)$-fold can be given throughout its extent by the vanishing of a single-valued integral function of $\xi_1, \ldots, \xi_p$ (§ 15).

Such an $(n-2)$-fold, given by relations involving only complex variables, may be called a *complex $(n-2)$-fold*; its direction cosines satisfy particular relations, as we now prove. It is determined in sufficiently near neighbourhood of any point of itself by the two equations arising, say, from

$$\phi(\xi_1, \ldots, \xi_p)=u+iv=0,$$

where u, v are real functions of the n real variables $x_1, \ldots, x_n$, which satisfy the equations

$$\frac{\partial u}{\partial x_{2r-1}}=\frac{\partial v}{\partial x_{2r}}, \quad \frac{\partial u}{\partial x_{2r}}=-\frac{\partial v}{\partial x_{2r-1}};$$

thus if we denote $\partial u/\partial x_s$ and $\partial v/\partial x_s$ respectively by u_s and v_s, the direction cosines of the $(n-2)$-fold, defined in § 2 *ante*, are given by

$$\kappa_{r,s} = (u_r v_s - u_s v_r)/h,$$

where h is the positive square root of

$$\sum_{r,s} (u_r v_s - u_s v_r)^2 = (u_1^2 + \ldots + u_n^2)^2 = (v_1^2 + \ldots + v_n^2)^2;$$

now we have

$$u_{2r-1} v_{2s-1} - u_{2s-1} v_{2r-1} = -v_{2r} u_{2s} + v_{2s} u_{2r} = -u_{2r-1} u_{2s} + u_{2r} u_{2s-1},$$

$$u_{2r-1} v_{2s} - u_{2s} v_{2r-1} = v_{2r} u_{2s-1} - v_{2s-1} u_{2r} = u_{2r-1} u_{2s-1} + u_{2r} u_{2s},$$

so that

$$\kappa_{2r-1,2s-1} = \kappa_{2r,2s} = \frac{u_{2r} u_{2s-1} - u_{2r-1} u_{2s}}{u_1^2 + \ldots + u_n^2},$$

$$\kappa_{2r-1,2s} = -\kappa_{2r,2s-1} = \frac{u_{2r-1} u_{2s-1} + u_{2r} u_{2s}}{u_1^2 + \ldots + u_n^2},$$

and

$$\kappa_{12} + \kappa_{34} + \ldots + \kappa_{n-1,n} = 1.$$

These relations are of importance to us. They of course require modification at any singular points of the $(n-2)$-fold; the present paper is so far incomplete that the consideration of the effect of the singular points is omitted; the final results obtained are expressed in a form which is believed to be unaffected by the existence of such singular points.

10. Consider now a limited portion of an $(n-2)$-fold, bounded by a closed $(n-3)$-fold. Denote by $x_1, \ldots, x_n$ the coordinates of a point on the $(n-2)$-fold or on the $(n-3)$-fold, and by $(t_1, \ldots, t_n)$ the coordinates of a finite point of space not on either of these, the corresponding complex variables being as before given by

$$\tau_r = t_{2r-1} + it_{2r}, \qquad r = 1, 2, \ldots, p.$$

Let $L_1, \ldots, L_n$ and $R_1, \ldots, R_n$ be single-valued functions of $x_1, \ldots, x_n$ and of $t_1, \ldots, t_n$ which are continuous and finite, with their differential coefficients, so long as $(x_1, \ldots, x_n)$ is upon the $(n-2)$-fold or $(n-3)$-fold under consideration, and the point $(t_1, \ldots, t_n)$ is in finite space and not upon the $(n-2)$-fold or $(n-3)$-fold; further suppose that these functions are such that

$$\frac{\partial L_i}{\partial t_s} = -\frac{\partial R_i}{\partial x_s}, \qquad (i, s = 1, 2, \ldots, n),$$

and

$$\frac{\partial R_1}{\partial x_1} + \frac{\partial R_2}{\partial x_2} + \ldots + \frac{\partial R_n}{\partial x_n} = 0.$$

Consider the n integrals

$$\zeta_r = \int (\kappa_{r1} L_1 + \ldots + \kappa_{rn} L_n)\, dS_{n-2}, \qquad (r = 1, 2, \ldots, n),$$

taken over the limited portion of the $(n-2)$-fold; we have

$$\frac{\partial \zeta_r}{\partial t_s}-\frac{\partial \zeta_s}{\partial t_r}=-\int\left(\kappa_{r1}\frac{\partial R_1}{\partial x_s}+\ldots+\kappa_{rn}\frac{\partial R_n}{\partial x_s}-\kappa_{s1}\frac{\partial R_1}{\partial x_r}-\ldots-\kappa_{sn}\frac{\partial R_n}{\partial x_r}\right)dS_{n-2},$$

and therefore, adding to the right hand the vanishing quantity

$$\int \kappa_{rs}\left(\frac{\partial R_1}{\partial x_1}+\frac{\partial R_2}{\partial x_2}+\ldots+\frac{\partial R_n}{\partial x_n}\right)dS_{n-2},$$

we have

$$\frac{\partial \zeta_r}{\partial t_s}-\frac{\partial \zeta_s}{\partial t_r}=\sum_{i=1}^{n}\int\left(\kappa_{ir}\frac{\partial R_i}{\partial x_s}+\kappa_{rs}\frac{\partial R_i}{\partial x_i}+\kappa_{si}\frac{\partial R_i}{\partial x_r}\right)dS_{n-2},$$

where i does not take the values r, s. Thus by the formula proved in Part I. we have

$$\frac{\partial \zeta_r}{\partial t_s}-\frac{\partial \zeta_s}{\partial t_r}=\int\sum_{i=1}^{n}\kappa_{rsi}R_i\,.\,dS_{n-3},$$

where the integral is taken over the $(n-3)$-fold bounding the limited $(n-2)$-fold over which the integrals $\zeta_1, \ldots, \zeta_n$ are taken.

11. It follows that if the $(n-3)$-fold integral vanishes, the expression

$$\zeta_1 dt_1+\ldots+\zeta_n dt_n$$

is a perfect differential; on grounds further considered below (§§ 12, 22) we suppose that this $(n-3)$-fold integral does vanish; we suppose also that $L_{2r}=iL_{2r-1}$ and that the $(n-2)$-fold is a complex $(n-2)$-fold; then from the equations

$$\kappa_{2r-1,2s-1}=\kappa_{2r,2s}, \quad \kappa_{2r-1,2s}=-\kappa_{2r,2s-1}$$

it follows that

$$\zeta_{2r}=\int\{(\kappa_{2r,1}+i\kappa_{2r,2})L_1+\ldots+(\kappa_{2r,2r-1})L_{2r-1}+\ldots+(\kappa_{2r,n-1}+i\kappa_{2r,n})L_{n-1}\}\,dS_{n-2}$$

$$=i\int\{(\kappa_{2r-1,1}+i\kappa_{2r-1,2})L_1+\ldots+(i\kappa_{2r-1,2r})L_{2r-1}+\ldots+(\kappa_{2r-1,n-1}+i\kappa_{2r-1,n})L_{n-1}\}\,dS_{n-2},$$

so that

$$\zeta_{2r}=i\zeta_{2r-1},$$

and therefore

$$\frac{\partial \zeta_{2r-1}}{\partial t_{2s}}=\frac{\partial \zeta_{2s}}{\partial t_{2r-1}}=i\,\frac{\partial \zeta_{2s-1}}{\partial t_{2r-1}}=i\,\frac{\partial \zeta_{2r-1}}{\partial t_{2s-1}},$$

which gives

$$\left(\frac{\partial}{\partial t_{2s-1}}+i\,\frac{\partial}{\partial t_{2s}}\right)\zeta_{2r-1}=0.$$

Thus, under the hypotheses introduced, *all the functions* $\zeta_1, \zeta_2, \ldots, \zeta_n$ *are functions of the complex variables* $\tau_1, \ldots, \tau_p$, and there is a function

$$\Phi=\int(\zeta_1 dt_1+\zeta_2 dt_2+\ldots+\zeta_n dt_n)=\int(\zeta_1 d\tau_1+\zeta_3 d\tau_2+\ldots+\zeta_{n-1}d\tau_p)$$

for which

$$\frac{\partial \Phi}{\partial \tau_r} = \zeta_{2r-1}.$$

12. We now give a more special value to the functions $L_1, \ldots, L_n$. Let

$$\wp(x|t) = -\frac{1}{n-2}\left[(x_1 - t_1)^2 + \ldots + (x_n - t_n)^2\right]^{-\frac{n-2}{2}}$$

and

$$H_m = \wp(x|t) - \wp(x|0) + \left(t\frac{\partial}{\partial x}\right)\wp(x|0) - \ldots + \frac{(-1)^{m-1}}{m!}\left(t\frac{\partial}{\partial x}\right)^m \wp(x|0),$$

m being a finite positive integer or zero, and

$$\left(t\frac{\partial}{\partial x}\right) = t_1\frac{\partial}{\partial x_1} + \ldots + t_n\frac{\partial}{\partial x_n}.$$

When r^2, $=t_1^2 + \ldots + t_n^2$, is sufficiently small in regard to R^2, $= x_1^2 + \ldots + x_n^2$, we have

$$H_m = \frac{(-1)^{m+1}}{(m+1)!}\left(t\frac{\partial}{\partial x}\right)^{m+1}\wp(x|0) + \frac{(-1)^{m+2}}{(m+2)!}\left(t\frac{\partial}{\partial x}\right)^{m+2}\wp(x|0) + \ldots \text{ to } \infty,$$

$$= \frac{r^{m+1}}{R^{n+m-1}}K_{m+1}(\mu) + \frac{r^{m+2}}{R^{n+m}}K_{m+2}(\mu) + \ldots \text{ to } \infty,$$

where μ denotes $(x_1t_1 + \ldots + x_nt_n)/Rr$ and is numerically less than unity, and $K_s(\mu)$ denotes, save for a factor independent of μ but depending on n and s,

$$(\mu^2 - 1)^{-\frac{n-3}{2}}\frac{d^s}{d\mu^s}\left[(\mu^2-1)^{s+\frac{n-3}{2}}\right].$$

As we can find a real angle $\theta = \cos^{-1}\mu$, we have

$$\wp(x|t) = -\frac{1}{n-2}\cdot\frac{1}{R^{n-2}}\left(1 - \frac{r}{R}e^{i\theta}\right)^{-\frac{n-2}{2}}\left(1 - \frac{r}{R}e^{-i\theta}\right)^{-\frac{n-2}{2}};$$

by expanding the binomials and considering the explicit expression for the coefficient of r^{k+1}/R^{n+k-1} it is immediately obvious that this coefficient is not greater than if θ were zero. Thus when $r < R$ the absolute value of H_m is of the form

$$\frac{r^{m+1}}{R^{n+m-1}}\frac{(n-2)(n-1)\ldots(n+m-2)}{\underline{|m+1}}\frac{1}{1-\epsilon},$$

where, supposing n, m, r fixed, ϵ is only unity when $R = r$, but for $R > r$ has zero for limiting value as R increases indefinitely. It follows that a value R_0 can be chosen such that for fixed n, m, r and all values of $R > R_0$, we may have

$$|H_m| < \frac{B}{R^{n+m-1}},$$

with B a finite constant independent of R.

It is easily seen that

$$\frac{\partial H_m}{\partial t_i} = -\frac{\partial H_{m-1}}{\partial x_i},$$

an equation which holds also for negative m provided H_m be then understood to mean $\wp(x \mid t)$; and thus

$$\left(\frac{\partial^2}{\partial t_1^2} + \frac{\partial^2}{\partial t_2^2} + \dots + \frac{\partial^2}{\partial t_n^2}\right) H_m = \left(\frac{\partial^2}{\partial x_1^2} + \frac{\partial^2}{\partial x_2^2} + \dots + \frac{\partial^2}{\partial x_n^2}\right) H_{m-2} = 0.$$

Hence if we put

$$L_{2r} = iL_{2r-1} = -\left(\frac{\partial H_m}{\partial x_{2r-1}} - i\frac{\partial H_m}{\partial x_{2r}}\right),$$

$$R_{2r} = iR_{2r-1} = -\left(\frac{\partial H_{m-1}}{\partial x_{2r-1}} - i\frac{\partial H_{m-1}}{\partial x_{2r}}\right),$$

where m is to be kept the same throughout the investigation, we have

$$\frac{\partial L_i}{\partial t_s} = -\frac{\partial R_i}{\partial x_s},$$

$$\sum_{r=1}^{p}\left(\frac{\partial R_{2r-1}}{\partial x_{2r-1}} + \frac{\partial R_{2r}}{\partial x_{2r}}\right) = i\sum_{r=1}^{p}\left(\frac{\partial^2 H_{m-1}}{\partial x_{2r-1}^2} + \frac{\partial^2 H_{m-1}}{\partial x_{2r}^2}\right) = 0,$$

so that the conditions of § 10 are satisfied.

We suppose also the further condition, of § 11, namely that *the integrals*

$$\int \sum_{k=1}^{p}(\kappa_{r,s,2k-1} + i\kappa_{r,s,2k})\left(\frac{\partial H_{m-1}}{\partial x_{2k-1}} - i\frac{\partial H_{m-1}}{\partial x_{2k}}\right) dS_{n-3},$$

taken over the closed $(n-3)$-fold, bounding the $(n-2)$-fold under consideration, *are all zero,* to be satisfied. This hypothesis arises as follows. We suppose the $(n-2)$-fold, over a limited portion of which our $(n-2)$-fold integral is taken, to extend to infinity; when $(t_1, \dots, t_n)$ is in finite space and $(x_1, \dots, x_n)$ is very distant, the function H_{m-1} is a small quantity of the order of $(x_1^2 + \dots + x_n^2)^{-\frac{1}{2}(n+m-2)}$; we may therefore suppose that if the $(n-3)$-fold be taken entirely at sufficiently great distance from the finite parts of space and m be sufficiently great, the $(n-3)$-fold integral can be made less in absolute value than any assigned quantity. A particular examination is given below (§§ 20—24); it can be definitely shewn that the hypothesis is verified, even for $m = 1$, for a large class of cases, which includes the case which arises in the consideration of periodic functions. The application of the present paper is limited to the cases where some finite value of m is sufficient; as will be seen this is a limitation which we may regard as analogous to that, for functions of one complex variable, to functions of finite *genre.*

Connected with this hypothesis is a further one; supposing the $(n-2)$-fold integrals $\zeta_1, \dots, \zeta_n$ to extend over the whole infinite extent of the $(n-2)$-fold, we suppose that they and their differential coefficients in regard to $t_1, \dots, t_n$ are convergent.

Then we have the result; the p functions

$$\zeta_{2r-1} = i \int \sum_{s=1}^{p} (\kappa_{2r-1,\, 2s-1} + i\kappa_{2r-1,\, 2s}) \left(\frac{\partial H_m}{\partial x_{2s-1}} - i \frac{\partial H_m}{\partial x_{2s}}\right) dS_{n-2},$$

extended over the infinite complex $(n-2)$-fold, are functions of the complex variables $\tau_1, \ldots, \tau_p$, and are the partial differential coefficients of a function

$$\Phi = \int (\zeta_1 d\tau_1 + \zeta_3 d\tau_2 + \ldots + \zeta_{n-1} d\tau_p).$$

13. We proceed now to put this result into a new form, from which it will appear that the real part of the function Φ is equivalent with a result given by Poincaré, being a generalised potential function, and that the imaginary part is a generalised solid angle function.

Putting
$$\zeta_{2r-1} = \delta_{2r} + i\delta_{2r-1},$$
we have, clearly,

$$\delta_{2r-1} = \int \left(\kappa_{2r-1,\,1} \frac{\partial H_m}{\partial x_1} + \kappa_{2r-1,\,2} \frac{\partial H_m}{\partial x_2} + \ldots + \kappa_{2r-1,\,n} \frac{\partial H_m}{\partial x_n}\right) dS_{n-2},$$

$$\delta_{2r} = \int \left(-\kappa_{2r-1,\,2} \frac{\partial H_m}{\partial x_1} + \kappa_{2r-1,\,1} \frac{\partial H_m}{\partial x_2} - \ldots + \kappa_{2r-1,\,n-1} \frac{\partial H_m}{\partial x_n}\right) dS_{n-2};$$

of these the latter, in virtue of the equations

$$\kappa_{2r-1,\, 2s-1} = \kappa_{2r,\, 2s}, \quad \kappa_{2r-1,\, 2s} = -\kappa_{2r,\, 2s-1},$$

can be written

$$\delta_{2r} = \int \left(\kappa_{2r,\,1} \frac{\partial H_m}{\partial x_1} + \kappa_{2r,\,2} \frac{\partial H_m}{\partial x_2} + \ldots + \kappa_{2r,\,n} \frac{\partial H_m}{\partial x_n}\right) dS_{n-2}.$$

We proceed now to shew that in fact

$$\delta_{2r-1} = \int \frac{\partial H_m}{\partial x_{2r}} dS_{n-2}, \quad \delta_{2r} = -\int \frac{\partial H_m}{\partial x_{2r-1}} dS_{n-2},$$

these integrals, like the others, being extended over the whole infinite complex $(n-2)$-fold, and supposed convergent. Take the first of the two forms given for δ_{2r}, namely

$$\delta_{2r} = -\int \kappa_{2r-1,\,2r} \frac{\partial H_m}{\partial x_{2r-1}} dS_{n-2} + \sum_{k=1}^{p} \int \left(\kappa_{2k,\,2r-1} \frac{\partial H_m}{\partial x_{2k-1}} + \kappa_{2r-1,\,2k-1} \frac{\partial H_m}{\partial x_{2k}}\right) dS_{n-2},$$

where k does not assume the value r; over a finite portion of the $(n-2)$-fold, bounded by a closed $(n-3)$-fold, the integral

$$\int \left(\kappa_{2k,\,2r-1} \frac{\partial H_m}{\partial x_{2k-1}} + \kappa_{2r-1,\,2k-1} \frac{\partial H_m}{\partial x_{2k}} + \kappa_{2k-1,\,2k} \frac{\partial H_m}{\partial x_{2r-1}}\right) dS_{n-2}$$

is by the results of Part I. equal to

$$\int \kappa_{2k-1,\,2k,\,2r-1} H_m dS_{n-3},$$

taken over the closed $(n-3)$-fold; assuming now, what is a similar assumption to those already made, that this integral diminishes without limit when the $(n-3)$-fold passes to infinity, we have

$$\delta_{2r} = -\int \kappa_{2r-1,\,2r} \frac{\partial H_m}{\partial x_{2r-1}}\, dS_{n-2} - \sum_{k=1}^{p} \int \kappa_{2k-1,\,2k} \frac{\partial H_m}{\partial x_{2r-1}}\, dS_{n-2},$$

which, since

$$\kappa_{12} + \kappa_{34} + \ldots + \kappa_{n-1,\,n} = 1,$$

is the result stated, namely that

$$\delta_{2r} = -\int \frac{\partial H_m}{\partial x_{2r-1}}\, dS_{n-2}.$$

The corresponding form for δ_{2r-1} can be proved in a similar way, starting from

$$\delta_{2r-1} = \int \left(\kappa_{2r,\,2} \frac{\partial H_m}{\partial x_1} - \kappa_{2r,\,1} \frac{\partial H_m}{\partial x_2} + \ldots - \kappa_{2r,\,n-1} \frac{\partial H_m}{\partial x_n} \right) dS_{n-2}.$$

Thus also
$$\frac{\partial \Phi}{\partial \tau_r} = \zeta_{2r-1} = -\int \left(\frac{\partial H_m}{\partial x_{2r-1}} - i \frac{\partial H_m}{\partial x_{2r}} \right) dS_{n-2},$$

and, if we put (Poincaré, *Acta Math.* t. XXII. p. 168)

$$V = \int H_{m+1}\, dS_{n-2},$$

$$\delta_{2r} = \frac{\partial V}{\partial t_{2r-1}}, \qquad \delta_{2r-1} = -\frac{\partial V}{\partial t_{2r}},$$

so that V, which may be regarded as a generalised potential, of the $(n-2)$-fold of integration at the point $(t_1, \ldots, t_n)$, is the real part of Φ, or differs therefrom by a constant.

14. Supposing that the integral is taken from the point $t_1 = 0 = t_2 = \ldots = t_n$, which is supposed not to be on the $(n-2)$-fold of integration, we may write

$$\Phi = \int_0 (\zeta_1 d\tau_1 + \zeta_3 d\tau_2 + \ldots + \zeta_{2p-1} d\tau_p),$$

$$= \int_0 (\delta_2 dt_1 - \delta_1 dt_2 + \ldots + \delta_{2p} dt_{2p-1} - \delta_{2p-1} dt_{2p})$$

$$+ i \int_0 (\delta_1 dt_1 + \delta_2 dt_2 + \ldots + \delta_{2p-1} dt_{2p-1} + \delta_{2p} dt_{2p});$$

of this, in virtue of the results of § 13, bearing in mind that H_{m+1}, and therefore also V, vanishes for $t_1 = 0, \ldots, t_n = 0$, the real part is exactly V; the imaginary part is $i\Omega$ where

$$\Omega = \int_0 (\delta_1\, dt_1 + \ldots + \delta_n dt_n)$$

$$= \int_0 \int dS_{n-2} \sum_{r=1}^{p} \left\{ dt_{2r-1} \left(\kappa_{2r-1,\,1} \frac{\partial H_m}{\partial x_1} + \ldots + \kappa_{2r-1,\,n} \frac{\partial H_m}{\partial x_n} \right) + dt_{2r} \left(\kappa_{2r,\,1} \frac{\partial H_m}{\partial x_1} + \ldots + \kappa_{2r,\,n} \frac{\partial H_m}{\partial x_n} \right) \right\},$$

$$= \int_0 \int dS_{n-2} \sum_{r,\,s} \kappa_{r,\,s} \left(dt_r \frac{\partial H_m}{\partial x_s} - dt_s \frac{\partial H_m}{\partial x_r} \right),$$

the summation extending to all pairs of different numbers r, s from 1, 2, ..., n; now we have seen (§ 5) that if M_{rs} denote, for $r < s$, the product of $(-1)^{r+s-1}$ and the determinant obtained by erasing the rth and sth columns in the matrix

$$| d_k x_1,\ d_k x_2,\ \ldots,\ d_k x_n |, \qquad k = 1, 2, \ldots, (n-2),$$

then $\kappa_{rs} dS_{n-2}/M_{rs}$ is independent of r and s, and equal to $+1$ or -1; denote it here by ϵ; thus Ω can be put into the form

$$\Omega = \int_0 \int \epsilon \begin{vmatrix} dt_1, & dt_2, & \ldots, & dt_n \\ \dfrac{\partial H_m}{\partial x_1}, & \dfrac{\partial H_m}{\partial x_2}, & \ldots, & \dfrac{\partial H_m}{\partial x_n} \\ d_1 x_1, & d_1 x_2, & \ldots, & d_1 x_n \\ \cdots & \cdots & \cdots & \cdots \\ d_{n-2} x_1, & d_{n-2} x_2, & \ldots, & d_{n-2} x_n \end{vmatrix}.$$

This shews that Ω may be regarded as a generalised solid angle, namely that subtended at the point $(t_1, \ldots, t_n)$ by the $(n-2)$-fold of integration. (Compare Gauss's well-known form given for instance in Maxwell's *Electricity and Magnetism* (1881), Vol. II. p. 39; or Gauss, *Werke*, Bd. V. p. 605.) The same will appear anew from a transformation of Ω into an $(n-1)$-fold integral (§ 17). The result is not merely curious; the function Ω is in fact a single-valued function of $t_1, \ldots, t_p$ save for integral additive multiples of the quantity

$$\varpi = \frac{2\pi^{\frac{n}{2}}}{\Gamma\left(\frac{n}{2}\right)} = \frac{2\pi^p}{(p-1)!},$$

which is the complete solid angle in n dimensions, namely the total extent of the $(n-1)$-fold

$$t_1^2 + t_2^2 + \ldots + t_n^2 = 1.$$

As the function V is clearly single-valued it follows that the function

$$e^{\frac{2\pi}{\varpi}\Phi} = e^{\frac{2\pi}{\varpi}(V + i\Omega)}$$

is a single-valued function of $(\tau_1, \ldots, \tau_p)$.

15. The interest of the results just obtained arises from the following fact. Suppose that, in the neighbourhood of any point $(\zeta_1^{(0)}, \ldots, \zeta_p^{(0)})$ of itself, the equation of the $(n-2)$-fold of integration is expressed by $\phi(\xi_1 - \xi_1^{(0)}, \ldots, \xi_p - \xi_p^{(0)})$, the expression ϕ being an ordinary power series of presumably only limited range of convergence; then, with a proper signification for the logarithm, *the difference*

$$\frac{2\pi}{\varpi}\Phi(\tau_1, \ldots, \tau_p) - \log\phi(\tau_1 - \xi_1^{(0)}, \ldots, \tau_p - \xi_p^{(0)})$$

remains finite and continuous as $(\tau_1, \ldots, \tau_p)$ *approaches indefinitely near to the* $(n-2)$*-fold.* This capital result is taken from the paper of Poincaré, already referred to, *Acta Math.* XXII. (1898), p. 169. Other proofs, themselves important to us for another purpose, which shew how the result follows from Kronecker's theory, are given below (§ 16); the most natural method of verification is however by direct evaluation of Φ in the neighbourhood of the $(n-2)$-fold of integration (§ 25). The result itself is a direct generalisation of well-known facts for $p = 1$.

If for the present it be assumed, it follows, putting

$$\Theta(\tau_1, \ldots, \tau_p) = e^{\frac{2\pi}{\varpi}\Phi(\tau_1, \ldots, \tau_p)}$$

that the ratio

$$\frac{\Theta(\tau_1, \ldots, \tau_p)}{\phi(\tau)} = e^{\frac{2\pi}{\varpi}\Phi(\tau) - \log\phi(\tau)},$$

wherein $\phi(\tau)$ is written for $\phi(\tau_1 - \xi_1^{(0)}, \ldots, \tau_p - \xi_p^{(0)})$, is not infinite or zero in the neighbourhood of the $(n-2)$-fold $\phi(\tau) = 0$. It can be seen however from the form of the integrals by which $\Phi(\tau_1, \ldots, \tau_p)$ is defined that, for finite values of $t_1, \ldots, t_n$, this function can become infinite only when $(t_1, \ldots, t_n)$ approaches the $(n-2)$-fold of integration. Thus we have the main result of the enquiry.

The equation of the arbitrarily given $(n-2)$*-fold of integration is obtained by the vanishing of the integral function*

$$\Theta(\tau_1, \ldots, \tau_p) = 0,$$

which is equal to

$$\exp\left\{-\frac{2\pi}{\varpi}\int_0 \sum_{r=1}^{p} d\tau_r \int\left(\frac{\partial H_m}{\partial x_{2r-1}} - i\frac{\partial H_m}{\partial x_{2r}}\right) dS_{n-2}\right\},$$

or

$$\exp\left\{\frac{2\pi}{\varpi}\int_0 \sum_{r=1}^{p} d\tau_r \int\left(\frac{\partial H_{m+1}}{\partial t_{2r-1}} - i\frac{\partial H_{m+1}}{\partial t_{2r}}\right) dS_{n-2}\right\}.$$

16. Denoting as before by ϕ any one of the series by the vanishing of which the $(n-2)$-fold of integration is defined, we have, as already quoted from Poincaré, the theorem that the difference

$$\frac{2\pi}{\varpi}(V + i\Omega) - \log\phi$$

remains finite and continuous even indefinitely near to the $(n-2)$-fold on which ϕ vanishes.

To the proof given by Poincaré we may add the two following, both of which make use of some results in Poincaré's paper.

(*a*) Denote the $(n-2)$-fold of integration by I; let $(x_1, \ldots, x_n)$ be the coordinates of a varying point on I, so that $(x_1, \ldots, x_n)$ are functions of $(n-2)$ parameters; then if $(x_1', \ldots, x_n')$ be current coordinates, and ϵ a fixed small quantity, the envelope of the spheres

$$(x_1' - x_1)^2 + \ldots + (x_n' - x_n)^2 = \epsilon^2$$

is an $(n-1)$-fold Σ, surrounding I, of which, when $(x_1, \ldots, x_n)$ is not a singular point of I, the points are given by

$$x_i' = x_i + \frac{\epsilon}{h}(u_i \cos\theta + v_i \sin\theta), \qquad (i = 1, 2, \ldots, n),$$

where θ is a variable quantity, so that $(x_1', \ldots, x_n')$ are functions of $(n-1)$ parameters; here u_i denotes $\partial u/\partial x_i$, v_i denotes $\partial v/\partial x_i$ and h is the positive square root of $u_1^2 + \ldots + u_n^2$. The point $(x_1', \ldots, x_n')$ lies on one of the single infinity of normals which can be drawn to the $(n-2)$-fold I at $(x_1, \ldots, x_n)$, and is at a distance ϵ from I. The direction cosines of the normal to Σ at $(x_1', \ldots, x_n')$ are the quantities $(u_i \cos\theta + v_i \sin\theta)/h$; the element of extent of Σ at $(x_1', \ldots, x_n')$ is $dS_{n-1} = \epsilon d\theta dS_{n-2}$, ultimately, squares of ϵ being neglected, where dS_{n-2} is a corresponding element of extent for I. If $\xi_r = x_{2r-1} + ix_{2r}$, $\xi'_r = x'_{2r-1} + ix'_{2r}$, we have

$$\frac{\xi_1' - \xi_1}{(\phi_1)'} = \ldots = \frac{\xi_p' - \xi_p}{(\phi_p)'} = \frac{\epsilon e^{i\theta}}{h} = \frac{\phi}{h^2},$$

where $(\phi_r)'$ is the conjugate complex of $\partial\phi/\partial\xi_r$, and therefore equal to $u_{2r-1} - iv_{2r-1}$; and, what is permissible to the first order of small quantities, ϕ is written for

$$\phi_1(\xi_1' - \xi_1) + \ldots + \phi_p(\xi_p' - \xi_p).$$

With these results we combine now the following, which is a particular case of a theorem of Kronecker's. Let $f(\tau_1, \ldots, \tau_p)$ be a single-valued function finite and continuous upon a certain closed $(n-1)$-fold, whereof $\kappa_1, \ldots, \kappa_n$ are the direction cosines; consider the integral

$$\frac{1}{\varpi}\int f(\xi_1, \ldots, \xi_p)\left\{(\kappa_1 + i\kappa_2)\left(\frac{\partial}{\partial x_1} - i\frac{\partial}{\partial x_2}\right)\wp(x \mid t) + \ldots + (\kappa_{n-1} + i\kappa_n)\left(\frac{\partial}{\partial x_{n-1}} - i\frac{\partial}{\partial x_n}\right)\wp(x \mid t)\right\} dS_{n-1},$$

where $(x_1, \ldots, x_n)$ denotes a varying point upon the $(n-1)$-fold. By Green's theorem it is immediately clear that this integral is unaltered by any deformation of the $(n-1)$-fold of integration which does not involve a crossing of the point $(t_1, \ldots, t_n)$ or of any point where $f(\tau_1, \ldots, \tau_p)$ ceases to be finite, continuous and single-valued. For the condition for this is simply (Part I. of this paper)

$$\left(\frac{\partial}{\partial x_1} + i\frac{\partial}{\partial x_2}\right) f(\xi_1, \ldots, \xi_p)\left(\frac{\partial}{\partial x_1} - i\frac{\partial}{\partial x_2}\right)\wp(x \mid t) + \ldots = 0,$$

namely
$$\left(\frac{\partial^2}{\partial x_1^2} + \frac{\partial^2}{\partial x_2^2} + \ldots\right)\wp(x \mid t) = 0.$$

Hence, if $f(\tau_1, \ldots, \tau_p)$ be single-valued, finite and continuous for the whole interior of the $(n-1)$-fold of integration, the integral is zero when $(t_1, \ldots, t_n)$ is outside, and, when $(t_1, \ldots, t_n)$ is inside the $(n-1)$-fold, it is equal to $f(\tau_1, \ldots, \tau_p)$, as we see by supposing the $(n-1)$-fold of integration to be deformed to

$$(x_1 - t_1)^2 + \ldots + (x_n - t_n)^2 = r^2,$$

and then taking r to diminish without limit.

Now consider, in the region of convergence of the series ϕ, a (multiply-connected) closed region, bounded by (i) part of the $(n-1)$-fold Σ surrounding the $(n-2)$-fold $\phi = 0$ which has already been described, (ii) part of a closed $(n-1)$-fold S described in the region of convergence of ϕ, the part being limited by the (closed) $(n-2)$-folds in which S is intersected by Σ; and take

$$f(\tau) = \frac{\partial}{\partial \tau_r} \log \phi,$$

where r is one of $1, 2, \ldots, p$. Then when $(t_1, \ldots, t_p)$ is interior to the (multiply-connected) region above described, we shall have

$$f(\tau) = \frac{1}{\varpi} \int f(\xi) \left\{ (\kappa_1 + i\kappa_2) \left(\frac{\partial}{\partial x_1} - i \frac{\partial}{\partial x_2} \right) \wp (x \mid t) + \ldots \right\} dS_{n-1},$$

where the integral is taken over the two partial $(n-1)$-folds denoted by (i) and (ii). The part (ii) of this integral is finite for all the positions of $(t_1, \ldots, t_n)$ under consideration; consider the limiting value of the part (i) as the $(n-1)$-fold Σ is taken nearer and nearer to the $(n-2)$-fold I, namely by the decrease of the quantity denoted above by ϵ. By what has been stated above we may ultimately put

$$\kappa_{2s-1} + i\kappa_{2s} = -(\phi_s)' \frac{\phi}{h^2} \frac{1}{\epsilon}, \quad f(\xi) = \frac{\phi_r}{\phi}, \quad dS_{n-1} = \epsilon d\theta dS_{n-2};$$

then, if $(t_1, \ldots, t_n)$ have some fixed position at finite, not infinitely small, distance from the $(n-2)$-fold I, we obtain, for this part of the integral,

$$-\frac{1}{\varpi} \int d\theta \int \frac{\phi_r}{\phi} \epsilon dS_{n-2} \left\{ \sum_{s=1}^{p} (\phi_s)' \frac{\phi}{h^2} \frac{1}{\epsilon} \left(\frac{\partial}{\partial x_{2s-1}} - i \frac{\partial}{\partial x_{2s}} \right) \wp (x \mid t) \right\},$$

$$= -\frac{2\pi}{\varpi} \int \frac{\phi_r}{h^2} \left\{ \sum_{s=1}^{p} (\phi_s)' \left(\frac{\partial}{\partial x_{2s-1}} - i \frac{\partial}{\partial x_{2s}} \right) \wp (x \mid t) \right\} dS_{n-2};$$

now the direction cosines of the $(n-2)$-fold I are (§ 9) such that

$$\kappa_{2r-1,\, 2s-1} + i\kappa_{2r-1,\, 2s} = \frac{u_{2r-1} v_{2s-1} - u_{2s-1} v_{2r-1} + i (u_{2r-1} v_{2s} - u_{2s} v_{2r-1})}{h^2},$$

$$= \frac{i}{h^2} (u_{2r-1} + iv_{2r-1}) (u_{2s-1} - iv_{2s-1}),$$

$$= \frac{i}{h^2} \phi_r (\phi_s)';$$

thus this integral becomes

$$\frac{2\pi i}{\varpi}\int \sum_s (\kappa_{2r-1,\,2s-1} + i\kappa_{2r-1,\,2s})\left(\frac{\partial}{\partial x_{2s-1}} - i\frac{\partial}{\partial x_{2s}}\right)\wp(x \mid t)\, dS_{n-2}.$$

Therefore it follows that $f(\tau)$ differs from this integral by a function which is finite and continuous for all positions of $(t_1, \ldots, t_n)$ in the region of convergence of ϕ, except actually upon $\phi = 0$.

Recalling a previous notation (§ 12) this is equivalent to the fact that

$$\frac{\partial}{\partial \tau_r}\log\phi(\tau) - \frac{2\pi}{\varpi}\zeta_{2r-1}$$

remains finite and continuous as $(\tau_1, \ldots, \tau_p)$ approaches the $(n-2)$-fold I, so that also

$$\log\phi(\tau) - \frac{2\pi}{\varpi}\int(\zeta_1 d\tau_1 + \ldots + \zeta_{n-1}\, d\tau_p)$$

remains finite and continuous as $(\tau_1, \ldots, \tau_p)$ approaches the $(n-2)$-fold; as was to be shewn.

(*b*) By using Kronecker's integral in a different way we can obtain the same result otherwise. Consider the region of convergence of one of the series ϕ by which the $(n-2)$-fold I is defined; describe in this region as before a closed $(n-1)$-fold S, containing in its interior a portion of the $(n-2)$-fold I; about I suppose as before an $(n-1)$-fold Σ satisfying the condition that every point of it is at a small distance ϵ from some point of I. Then the portion of n-fold space inside S and outside Σ is multiply-connected; but it can be rendered simply-connected by supposing an $(n-1)$-fold diaphragm P to be drawn, bounded partly by the $(n-1)$-fold Σ and partly by the $(n-1)$-fold S, each of which it intersects in an $(n-2)$-fold.

Within the n-fold simply-connected space so constructed the function $\log\phi$ is single-valued. Hence, if $(\tau_1, \ldots, \tau_p)$ be a point within this space, we have, as explained above,

$$\log\phi(\tau) = \frac{1}{\varpi}\int \log\phi(\xi)\left[(\kappa_1 + i\kappa_2)\left(\frac{\partial}{\partial x_1} - i\frac{\partial}{\partial x_2}\right)\wp(x \mid t) + \ldots\right] dS_{n-1},$$

where the integral consists of three parts:—

(i) that over the part of S lying outside the closed $(n-2)$-folds in which S is intersected by Σ, and excluding the $(n-2)$-fold in which the diaphragm intersects S;

(ii) that over the part of Σ lying within S, excluding the $(n-2)$-fold in which P intersects Σ;

(iii) that over the two sides of the (limited) diaphragm P.

The part (i) remains finite and continuous for all positions of $(\tau_1, \ldots, \tau_p)$ within the n-fold space under consideration. The part (ii) ultimately vanishes when the quantity ϵ diminishes indefinitely; for we have seen that $dS_{n-1} = \epsilon d\theta dS_{n-2}$, and it can be shewn, as by Poincaré (*Acta Math.* XXII.), that as the point $(\xi_1', \ldots, \xi_p')$ on a normal of I, at a distance ϵ from I, approaches indefinitely near to I, the limit of $\epsilon \log \phi(\xi')$, when ϵ and therefore $\phi(\xi')$ vanishes, is zero. The part (iii) of the integral is equal to

$$\frac{2\pi i}{\varpi}\int\left[(\kappa_1 + i\kappa_2)\left(\frac{\partial}{\partial x_1} - i\frac{\partial}{\partial x_2}\right)\wp(x \mid t) + \dots\right] dS_{n-1},$$

taken over only one side of the (limited) diaphragm P; *for the values of log ϕ at two near points on opposite sides of P differ by $2\pi i$.*

Consider now the real part of this integral, namely

$$\frac{2\pi}{\varpi}\int\left(\kappa_1\frac{\partial\wp}{\partial x_2} - \kappa_2\frac{\partial\wp}{\partial x_1} + \dots\right) dS_{n-1};$$

by the theorem of Part I. of this paper we can replace this by an $(n-2)$-fold integral taken over the $(n-2)$-fold which forms the boundary of the diaphragm; this $(n-2)$-fold lies partly on Σ and partly on S; the $(n-2)$-fold is

$$\frac{2\pi}{\varpi}\int(\kappa_{12} + \kappa_{34} + \dots + \kappa_{n-1,\,n})\,\wp(x \mid t)\, dS_{n-2},$$

as is immediately obvious on applying the theorem. If we now suppose that the diaphragm is so chosen that the bounding $(n-2)$-fold is a complex $(n-2)$-fold (§ 9), we can infer that, when $(\tau_1, \dots, \tau_p)$ is within the region considered, $\log\phi(\tau)$ differs only by a finite and continuous function from a function whose real part is equal to

$$\frac{2\pi}{\varpi}\int\wp(x|t)\, dS_{n-2},$$

where the integral may be supposed to be taken only over the part of I which lies within S; for we have seen (§ 9) that for a complex $(n-2)$-fold

$$\kappa_{12} + \kappa_{34} + \dots + \kappa_{n-1,n} = 1.$$

The theorem to be proved can then be immediately deduced.

17. Incidentally we have remarked in § 16 that if a finite portion of an $(n-1)$-fold be bounded by a closed complex $(n-2)$-fold, then, under certain conditions of continuity and single-valuedness for the function U, we have

$$\int U\, dS_{n-2} = \int\left(\kappa_1\frac{\partial U}{\partial x_2} - \kappa_2\frac{\partial U}{\partial x_1} + \dots\right) dS_{n-1},$$

the first integral being taken over the closed $(n-2)$-fold, and the second over the bounded portion of the $(n-1)$-fold.

We now extend this idea to the $(n-2)$-fold I, given by the aggregate of the series ϕ. We imagine this $(n-2)$-fold, which is defined only for finite space, to be completed into a closed $(n-2)$-fold by means of a complex $(n-2)$-fold at infinity; and, as before, we assume tentatively, that *the part of the integrals under consideration which is contributed by the portion of the $(n-2)$-fold of integration lying at infinity vanishes* (see § 22).

Then, firstly, we may put

$$V=\int H_{m+1}\,dS_{n-2}=\iint\left(\kappa_1\frac{\partial H_{m+1}}{\partial x_2}-\kappa_2\frac{\partial H_{m+1}}{\partial x_1}+\dots\right)dS_{n-1},$$

where the right-hand integral is taken over the infinitely extended $(n-1)$-fold diaphragm bounded by the complex $(n-2)$-fold.

And, similarly, we have (§ 14)

$$\frac{\partial\Omega}{\partial t_r}=\int\left(\kappa_{r1}\frac{\partial H_m}{\partial x_1}+\dots+\kappa_{rn}\frac{\partial H_m}{\partial x_n}\right)dS_{n-2}$$

$$=\iint\left[\kappa_1\left(-\frac{\partial^2 H_m}{\partial x_1\partial x_r}\right)+\dots+\kappa_n\left(-\frac{\partial^2 H_m}{\partial x_n\partial x_r}\right)+\kappa_r\left(\frac{\partial^2 H_m}{\partial x_1{}^2}+\dots+\frac{\partial^2 H_m}{\partial x_n{}^2}\right)\right]dS_{n-1},$$

$$=\frac{\partial}{\partial t_r}\iint\left(\kappa_1\frac{\partial H_{m+1}}{\partial x_1}+\dots+\kappa_r\frac{\partial H_{m+1}}{\partial x_r}+\dots+\kappa_n\frac{\partial H_{m+1}}{\partial x_n}\right)dS_{n-1},$$

where we have put

$$\frac{\partial^2 H_m}{\partial x_1{}^2}+\dots+\frac{\partial^2 H_m}{\partial x_n{}^2}=-\frac{\partial^2 H_m}{\partial x_r{}^2};$$

thus, taking Ω to vanish when $(t_1, \dots, t_n)=(0, \dots, 0)$, we have

$$\Omega=\iint\left(\kappa_1\frac{\partial H_{m+1}}{\partial x_1}+\dots+\kappa_n\frac{\partial H_{m+1}}{\partial x_n}\right)dS_{n-1}.$$

Thus, as has been indicated in connexion with the definition of Ω as an $(n-2)$-fold integral, Ω is a generalised solid angle. It is not a single-valued function of $(t_1, \dots, t_n)$; its values at two near points on opposite sides of the $(n-1)$-fold of integration differ by integral multiples of ϖ; this follows, in a well-known way, from the fact that the value of the integral taken over the closed $(n-1)$-fold

$$(x_1-t_1)^2+\dots+(x_n-t_n)^2=r^2$$

is ultimately ϖ when r diminishes indefinitely.

Thus it is obvious that

$$\Theta(\tau_1, \dots, \tau_p)=e^{\frac{2\pi}{\varpi}(V+i\Omega)}$$

is a single-valued function.

18. We come now to the consideration of the question of the convergence and vanishing of the infinitely extended integrals used in this paper.

Some guidance may be sought in the comparison of the general case, when $p>1$, with the case of functions of one variable, for which $p=1$. *For this latter case there is no continuous $(n-2)$-fold of integration; the corresponding thing is a series of discrete points, in general of infinite number.* We have in this paper found a formula,

$$\Theta(\tau_1, \dots, \tau_p)=0,$$

to represent the equation of a given complex $(n-2)$-fold extending to infinity; let us apply this to find the equation of the $(n-2)$-fold constituted when $n=2$ by any enumerable system of discrete points $\xi_1, \xi_2, \ldots$, having infinity as a point of condensation, in regard to which it is assumed that for some positive integer, m, the series

$$\xi_1^{-m-2} + \xi_2^{-m-2} + \ldots$$

is absolutely convergent; this condition corresponds to the general one that the integral $\int H_{m+1}\, dS_{n-2}$ is convergent; for instance the points may be those given by a formula

$$a + 2k\omega + 2k'\omega',$$

where k, k' are integers and ω'/ω is not real, in which case, as is well known, it is sufficient to take $m=1$. Taking

$$\wp(x|t) = \frac{1}{2}\log\left[(x_1 - t_1)^2 + (x_2 - t_2)^2\right],$$

and, as in the general case (§§ 13, 14),

$$V = \int H_{m+1}\, dS_{n-2} = \Sigma H_{m+1}$$

$$= \Sigma\left[\wp(x|t) - \wp(x|0) + \ldots + \frac{(-1)^m}{(m+1)!}\left(t\frac{\partial}{\partial x}\right)^{m+1}\wp(x|0)\right],$$

where the summation extends to all the points $\xi = x_1 + ix_2$, and

$$\Omega = \int_0 \int \left(dt_1 \frac{\partial H_m}{\partial x_2} - dt_2 \frac{\partial H_m}{\partial x_1}\right) dS_{n-2},$$

$$= \Sigma \int_0 \left(dt_1 \frac{\partial H_m}{\partial x_2} - dt_2 \frac{\partial H_m}{\partial x_1}\right),$$

we find easily

$$V + i\Omega = \sum_\xi \left[\log\left(1 - \frac{\tau}{\xi}\right) + \frac{\tau}{\xi} + \frac{1}{2}\frac{\tau^2}{\xi^2} + \ldots + \frac{1}{m+1}\frac{\tau^{m+1}}{\xi^{m+1}}\right];$$

hence as $\varpi = 2\pi$ for $n=2$ we have

$$\Theta(\tau) = \prod_\xi \left[\left(1 - \frac{\tau}{\xi}\right) e^{\frac{\tau}{\xi} + \ldots + \frac{\tau^{m+1}}{(m+1)\xi^{m+1}}}\right],$$

*namely the theorem gives the general integral function of finite genre**; whereas in Weierstrass's factor formula for a general integral function the number of terms it is necessary to take in the exponential may increase beyond all limit as we take a more and more advanced factor of the product, our theorem limits itself to the case where the same finite value of m will suffice for every factor.

19. In the case of functions of one variable a simple case of functions of finite *genre* arises for periodic functions, the value of m for the sigma functions being $m=1$. And in the general case the fundamental $(n-2)$-fold of integration may be periodic;

* The usual exponential outside the infinite product being absent.

in the sense that it is possible to divide n-fold space into period parallelograms, the interior of any one of these being given by the p equations

$$\tau_i = \lambda + 2\omega_{i,1}\lambda_1 + \ldots + 2\omega_{i,2p}\lambda_{2p}, \qquad (i = 1, \ldots, p),$$

where λ is a constant and $\lambda_1, \ldots, \lambda_{2p}$ are real variables each between 0 and 1, and to regard the portions of the $(n-2)$-fold lying within these various parallelograms as repetitions of one of these portions. Then it can be proved, under a certain hypothesis, that the value $m=1$ is sufficient for the convergence of the integrals. The hypothesis is that the extent of the $(n-2)$-fold contained in any one such parallelogram is finite; and the truth of this hypothesis is deducible from the mode in which the $(n-2)$-fold of integration has been supposed to be defined.

Of this result, which is given by Poincaré, the proof is included in the investigation below (§ 22); it may be remarked at once however that the formula obtained here is not limited to the case of periodic functions; as we may see by taking a simple example. We apply the formula when $n=4$, to form the equation of the complex $(n-2)$-fold

$$\xi_1 = \gamma;$$

putting $\gamma = a + ib$ this is then the two-fold given by $x_1 = a$, $x_2 = b$. The matrix

$$\begin{vmatrix} d_1x_1 & d_1x_2 & d_1x_3 & d_1x_4 \\ d_2x_1 & d_2x_2 & d_2x_3 & d_2x_4 \end{vmatrix},$$

with the help of which the direction cosines may be defined, may be taken to be

$$\begin{vmatrix} 0 & 0 & dx_3 & 0 \\ 0 & 0 & 0 & dx_4 \end{vmatrix},$$

so that $\kappa_{rs} = 0$ except $\kappa_{12} = 1$, and $dS_{n-2} = dx_3 dx_4$. As the integral

$$\iint \frac{dx_3\, dx_4}{(a^2 + b^2 + x_3^2 + x_4^2)^2} = \int_0^{2\pi} d\theta \int_{R_0}^{R} \frac{r\,dr}{(D + r^2)^2}$$

vanishes when R, R_0 are infinite we infer that it is sufficient to take $m=0$, and therefore

$$H_m = \wp(x|t) - \wp(x|0), \quad H_{m+1} = \wp(x|t) - \wp(x|0) + \left(t\frac{\partial}{\partial x}\right)\wp(x|0);$$

then (§ 12) we obtain, for

$$\zeta_1 = i\int\left\{i\kappa_{12}\left(\frac{\partial H_m}{\partial x_1} - i\frac{\partial H_m}{\partial x_2}\right) + (\kappa_{13} + i\kappa_{14})\left(\frac{\partial H_m}{\partial x_3} - i\frac{\partial H_m}{\partial x_4}\right)\right\} dS_{n-2},$$

$$\zeta_3 = i\int\left\{(\kappa_{31} + i\kappa_{32})\left(\frac{\partial H_m}{\partial x_1} - i\frac{\partial H_m}{\partial x_2}\right) + i\kappa_{34}\left(\frac{\partial H_m}{\partial x_3} - i\frac{\partial H_m}{\partial x_4}\right)\right\} dS_{n-2},$$

the respective values

$$\zeta_3 = 0$$

$$\zeta_1 = -\iint dx_3\, dx_4 \left\{\frac{x_1 - t_1 - i(x_2 - t_2)}{[(x_1 - t_1)^2 + \ldots + (x_4 - t_4)^2]^2} - \frac{x_1 - ix_2}{[x_1^2 + \ldots + x_4^2]^2}\right\},$$

wherein, in the latter, $x_1 = a$ and $x_2 = b$, and the integration in regard to x_3, x_4 is to be taken for each of them over the whole range $-\infty$ to $+\infty$. Hence we obtain

$$\zeta_1 = \pi\left(\frac{1}{\gamma} - \frac{1}{\gamma - \tau_1}\right),$$

which, as the general theory requires, is a function of the complex variables (in fact only of $\tau_1 = t_1 + it_2$). Thence

$$\Phi = \int_0 (\zeta_1 d\tau_1 + \zeta_3 d\tau_2) = \pi\left[\frac{\tau_1}{\gamma} + \log\left(1 - \frac{\tau_1}{\gamma}\right)\right],$$

and therefore, as $\varpi = 2\pi^2$ for $n = 4$,

$$\Theta(\tau_1, \tau_2) = e^{\frac{2\pi}{\varpi}\Phi} = \left(1 - \frac{\tau_1}{\gamma}\right)e^{\frac{\tau_1}{\gamma}},$$

which is precisely right.

20. Transcendental functions of one variable which have no essential singularity in the finite part of the plane of the variable may be distinguished into two classes according as, to speak first of all somewhat roughly, their zeros become indefinitely dense or not, as we pass to the infinite part of the plane. If circles be described in all possible ways, each to contain a certain definite number, say N, of the zeros of the function, N being at least two, the areas of these circles may have zero as lower outside value as we pass to the infinite part of the plane, or may have some quantity greater than zero as lower outside value. More precisely, in the former case, however small A may be, and however great R may be, among the circles described to contain N zeros whose centres are at distance at least R from some definite finite point of the plane taken as origin, one or more can be found whose area is less than A; in the latter case it is possible to assign a quantity A finitely greater than zero, and a finite R, such that among the circles described to contain N zeros whose centres are at greater distance than R from the origin, no circle can be found whose area is less than A. The most obvious example of the latter possibility is the case of a periodic function; here a period parallelogram necessarily contains only a finite number of zeros; and this parallelogram is indefinitely repeated to however great finite distance we pass. As example of the former possibility we may take the case of an integral function whose zeros are the real quantities log 2, log 3, log 4, ... The length of the streak which contains the N zeros beginning with $\log R$ is at most

$$\log(R + N) - \log R = \log\left(1 + \frac{N}{R}\right),$$

which diminishes without limit as R increases.

21. Consider now an integral function of one variable of the former of the two kinds, for which circles containing a specified number N of the zeros of the function are formed of as small area as we desire, however great be the distance R of their centres from a finite point of the plane. It is still conceivable that for proper choice of the constant m, independent of R, and not less than unity, the product

$$R^{m-1}C,$$

where C is the area of such a circle, may be finitely greater than zero for all values of R greater than a certain assignable R_0.

We proceed to shew that under this hypothesis the infinite series formed by the sum of the negative $(2+m)$th powers of the zeros of the function is an absolutely convergent series. The case $m=1$ is that of the latter of the two kinds of functions considered in § 20.

Let concentric circles be described with centre at a finite point of the plane; consider the greatest number of zeros of such a function which can lie in the annulus between two such circles of radii r and r' $(r'>r)$, the circles being supposed to be drawn so that no zeros lie actually upon them. By the hypothesis, if r be taken great enough (and finite), the annulus may be divided into regions each containing a finite number, say M, of zeros, such that if C be the area of every such region

$$r'^{m-1}C \geqq B,$$

where B is some quantity greater than zero. Let k be the number of these regions, which is finite so long as r' is finite. Then

$$\pi(r'^2-r^2)\,r'^{m-1} \geqq kB;$$

as there are kM zeros in the annulus, the sum of the moduli of the inverse $(2+m)$th powers of these zeros is less than

$$\frac{kM}{r^{2+m}},$$

which in turn is less than

$$\frac{\pi M}{B}\frac{(r'^2-r^2)\,r'^{m-1}}{r^{2+m}},$$

which, if $r'=r(1+\epsilon)$, is equal to

$$\frac{\pi M}{B}(1+\epsilon)^m(2+\epsilon)\left(\frac{1}{r}-\frac{1}{r'}\right);$$

we can suppose the successive circles drawn so that ϵ remains constant; then the sum of the moduli of the inverse $(2+m)$th powers of all the zeros of the function which lie beyond the circle of radius r_0 is less than

$$\frac{\pi M}{B}(1+\epsilon)^m(2+\epsilon)\frac{1}{r_0},$$

and can be made as small as we please by taking r_0 large enough. This proves the convergence of the series.

22. Pass now to consider an integral function of p complex variables, and consider the $(n-2)$-fold over which the function vanishes, this being supposed to extend to infinity. Imagine closed $(n-1)$-folds to be described everywhere convex, and as far as possible, for the sake of definiteness, of spherical form, with the condition that the extent of the zero $(n-2)$-fold contained in any one of them shall be some definite

quantity, say A. In regard to the shape of these closed $(n-1)$-folds the important point is that the linear dimensions shall be always of the same order of magnitude in all directions. In regard then to the n-fold extent, V, of these closed $(n-1)$-folds two things are possible as we pass to the infinite parts of space. Either V may have a lower outside value B finitely greater than zero, which case arises in considering functions having $2p$ sets of simultaneous periods. Or, the zero $(n-2)$-fold may become so bent and crumpled upon itself that at sufficient (not infinite) distance from the finite parts of space it may be possible to find an n-fold extent V *less than any assigned quantity,* which shall still contain an extent A of the zero $(n-2)$-fold; or in other words, that the volumes V may have zero for lower outside value as we pass off to infinity. When this latter is the case it is conceivable, denoting by R the average distance of the points of a closed $(n-1)$-fold from some finite point, that its n-fold extent V may not diminish faster than some positive power of R increases, namely that there may be a quantity m, not less than unity, such that

$$R^{m-1}V \geqq B,$$

where B is a finite constant, *for all values of* R which are not too small.

Under this hypothesis it can be shewn that the integral

$$\int \frac{dS_{n-2}}{R^{n+m}},$$

extended over the whole infinite $(n-2)$-*fold, is convergent,* R denoting the distance of a point of the $(n-2)$-fold from some finite point.

For suppose concentric spherical $(n-1)$-folds to be described, with centre at the finite point from which R is measured, and consider the extent of the $(n-2)$-fold lying in an annulus bounded by two of these spheres, of radii r and r_1 $(r_1 > r)$. In accordance with the hypothesis we can suppose the n-fold content of the annulus divided into regions each containing a finite extent, say M, of the $(n-2)$-fold, such that if V be the n-fold extent of any such region

$$r_1^{m-1}V \geqq B,$$

where B is some constant greater than zero. Let k be the number of these regions, which will be finite when r_1 is finite. Then

$$\frac{\varpi}{n}(r_1^n - r^n)\, r_1^{m-1} \geqq kB;$$

as the total extent of the $(n-2)$-fold lying in the annulus is kM, the contribution to the integral

$$\int \frac{dS_{n-2}}{R^{n+m}}$$

which arises from the annulus is less than

$$\frac{kM}{r^{n+m}},$$

and therefore less than

$$\frac{\varpi}{n}\frac{M}{B}\frac{(r_1^n - r^n)\, r_1^{m-1}}{r^{n+m}},$$

which, if $r_1 = r(1+\epsilon)$, is equal to

$$\frac{\varpi}{n}\frac{M}{B}(1+\epsilon)^m \frac{(1+\epsilon)^n - 1}{\epsilon}\left(\frac{1}{r} - \frac{1}{r_1}\right);$$

we can suppose the spheres chosen so that ϵ does not become infinite; it is therefore obvious that the integral is convergent.

It is tacitly assumed in this arrangement that the extent of the $(n-2)$-fold lying in any finite n-fold extent taken entirely in the finite part of space is finite. This follows from the method by which the $(n-2)$-fold is supposed to be defined; for it can be shewn that if $\phi(\tau_1, \ldots, \tau_p)$ be a power series, the extent of the $(n-2)$-fold $\phi = 0$ which lies within a closed $(n-1)$-fold lying within the region of convergence is necessarily finite*. This generalises the well-known theorem for functions of one variable, that a power series cannot have an infinite number of zeros lying within a region which is actually within its circle of convergence, that is, cannot have an infinite number of zeros with point of condensation actually within the circle of convergence.

23. The investigation of § 22 applies to the integral (§ 13)

$$V = \int H_{m+1}\, dS_{n-2};$$

denote by $(x_1, \ldots, x_n)$ as before a point of the $(n-2)$-fold, and by $(t_1, \ldots, t_n)$ a finite point not upon the $(n-2)$-fold of integration; when $R^2 = x_1^2 + \ldots + x_n^2$ is large, that is, for the very distant elements of the integral, and $r^2 = t_1^2 + \ldots + t_n^2$ is finite, we have

$$H_{m+1} = \frac{r^{m+2}}{R^{n+m}} K_{m+2}(\mu) + \ldots,$$

and it will (§ 12) be sufficient for the convergence of the integral that for any assigned small quantity ϵ it be possible to find a finite R_0 such that the integral

$$\int \frac{dS_{n-2}}{R^{n+m}},$$

taken over the part of the $(n-2)$-fold of integration, extending to infinity, for which $R > R_0$, shall be less than ϵ. We have in § 22 proved that this is so under the hypothesis advanced.

24. The method just applied to the integral

$$\int H_{m+1}\, dS_{n-2}$$

avails to justify the assumptions which have been made in regard to the other $(n-2)$-fold integrals considered in this paper.

* A sketch of a proof is added below, § 27.

There remain certain assumptions in regard to $(n-3)$-fold integrals, and in regard to $(n-1)$-fold integrals.

We have assumed that if a finite portion of the $(n-2)$-fold of integration be bounded by closed $(n-3)$-folds, the corresponding $(n-3)$-fold integrals

$$\int \sum_{\kappa=1}^{p} (\kappa_{r,s,2k-1} + i\kappa_{r,s,2k}) \left(\frac{\partial H_{m-1}}{\partial x_{2k-1}} - i\frac{\partial H_{m-1}}{\partial x_{2k}}\right) dS_{n-3}$$

ultimately vanish as these $(n-3)$-folds pass to infinity.

This really follows from what has been demonstrated. The $(n-3)$-fold integral arose as equal to an $(n-2)$-fold integral. In the course of the proof above it has been shewn that this $(n-2)$-fold integral is such that if taken over infinitely distant portions of the $(n-2)$-fold the corresponding contributions ultimately vanish. Thus it is legitimate to regard the $(n-2)$-fold as closed at infinity, namely by an $(n-2)$-fold for which our hypothesis (§ 22) remains valid. In which case the $(n-3)$-fold integrals that arise are mutually destructible.

We have considered also the $(n-1)$-fold integrals

$$V = \iint \left(\kappa_1 \frac{\partial H_{m+1}}{\partial x_2} - \kappa_2 \frac{\partial H_{m+1}}{\partial x_1} + \ldots\right) dS_{n-1},$$

$$\Omega = \iint \left(\kappa_1 \frac{\partial H_{m+1}}{\partial x_1} + \kappa_2 \frac{\partial H_{m+1}}{\partial x_2} + \ldots\right) dS_{n-1},$$

taken over the infinite $(n-1)$-fold bounded by the hypothetically closed $(n-2)$-fold just considered. It is necessary to see that these are convergent. This follows because the portion of either of these $(n-1)$-fold integrals taken over the portion of the $(n-1)$-fold which lies at infinity can be replaced by an $(n-2)$-fold integral taken over a closed $(n-2)$-fold lying entirely at infinity—and by the proof given above this $(n-2)$-fold integral ultimately vanishes.

25. *Note to* § 15. In the course of this demonstration we have utilised the fact that as $(t_1, \ldots, t_n)$ approaches indefinitely near to the $(n-2)$-fold of integration the integral

$$\frac{2\pi}{\varpi} \int \wp\,(x|t)\, dS_{n-2}$$

becomes infinite like log mod. ϕ, where $\phi = 0$ is the equation of the $(n-2)$-fold in the neighbourhood. The following direct verification of this fact is of interest.

To a first approximation the points of the element dS_{n-2} satisfy the following equations, the origin of reckoning being taken at the point of the $(n-2)$-fold,

$$u_1x_1 + u_2x_2 + \ldots + u_nx_n = 0,$$

$$v_1x_1 + v_2x_2 + \ldots + v_nx_n = 0;$$

these give

$$x_1 = -\frac{(u_3v_2 - u_2v_3)\,x_3 + \dots}{u_1v_2 - u_2v_1}, \quad x_2 = -\frac{(u_1v_3 - u_3v_1)\,x_3 + \dots}{u_1v_2 - u_2v_1}, \quad x_3 = x_3, \quad x_4 = x_4, \dots$$

whereby all the coordinates are expressed in terms of the $(n-2)$ quantities $x_3, \dots, x_n$. Thence, using the equation $\kappa_{12}\, dS_{n-2} = M_{12}$, we have

$$dS_{n-2} = \frac{u_1^2 + \dots + u_n^2}{u_1^2 + u_2^2}\, dx_3 \dots dx_n.$$

We can further suppose the axes so chosen that

$$u_3 = \dots = u_n = v_3 = \dots = v_n = 0,$$

so that, for dS_{n-2}, $x_1 = 0$ and $x_2 = 0$; and $dS_{n-2} = dx_3 dx_4 \dots dx_n$. Also, the origin being at the point of dS_{n-2} which is to be considered, $x_3, \dots, x_n$ are, for dS_{n-2}, subject to a condition of the form

$$x_3^2 + \dots + x_n^2 \lesseqgtr a^2,$$

where a is small and fixed; these coordinates are otherwise unrestricted; we can therefore put

$$dS_{n-2} = r^{n-3} \sin^{n-4}\theta_3 \sin^{n-5}\theta_4 \dots \sin\theta_{n-2}\, dr\, d\theta_3 \dots d\theta_{n-1},$$

where the limits are

$$r = 0 \text{ to } a, \quad \theta_3 = 0 \text{ to } \pi, \quad \theta_4 = 0 \text{ to } \pi, \dots, \quad \theta_{n-2} = 0 \text{ to } \pi, \quad \theta_{n-1} = 0 \text{ to } 2\pi.$$

The point $(t_1, \dots, t_n)$, as it approaches the $(n-2)$-fold, can be taken subject to

$$x_1t_1 + \dots + x_nt_n = 0, \quad t_1^2 + \dots + t_n^2 = \epsilon^2,$$

where $x_1 = 0$, $x_2 = 0$ and $(0, 0, x_3, \dots, x_n)$ is any point of dS_{n-2}.

Then to the integral

$$\frac{2\pi}{\varpi} \int \wp(x|t)\, dS_{n-2}$$

the contribution arising from dS_{n-2} is

$$-\frac{1}{n-2} \frac{2\pi}{\varpi} \int_0^a \frac{r^{n-3}\, dr}{(r^2 + \epsilon^2)^{\frac{1}{2}n-1}} \int \sin^{n-4}\theta_3 \dots \sin\theta_{n-2}\, d\theta_3 \dots d\theta_{n-1},$$

which is easily seen to be

$$-\int_0^a \frac{r^{n-3} dr}{(r^2 + \epsilon^2)^{\frac{1}{2}n-1}};$$

putting $n = 2p$, $r^2 = \epsilon^2 z$, $z + 1 = t$, this is

$$-\frac{1}{2} \int_1^{1+\frac{a^2}{\epsilon^2}} \frac{(t-1)^{p-2}}{t^{p-1}}\, dt,$$

$$= -\frac{1}{2} \left\{ \log\left(1 + \frac{a^2}{\epsilon^2}\right) + (p-2)\left(\frac{1}{1 + \frac{a^2}{\epsilon^2}} - 1\right) + \dots + \frac{(-1)^{p-1}}{p-2} \left[\frac{1}{\left(1 + \frac{a^2}{\epsilon^2}\right)^{p-2}} - 1\right] \right\},$$

of which the infinite part, for diminishing ϵ and fixed a, is exactly $\log \epsilon$. But as we approach the $(n-2)$-fold in the way here taken we can put $\phi = h\epsilon e^{i\theta}$, (see § 16); so that the infinite part of $\log \phi$ is also $\log \epsilon$. Thus in the limit the difference

$$\frac{2\pi}{\varpi}\int \wp(x|t)\, dS_{n-2} - \log \phi$$

remains finite, as stated.

26. In this paper we have hitherto supposed the $(n-2)$-fold of integration to be given *à priori*, by means of a succession of power series. Some remarks must be made in regard to the problem in which this conception has arisen.

Suppose that a single-valued function $F(\tau_1, \ldots, \tau_p)$ is known to exist for all finite values of $\tau_1, \ldots, \tau_p$, and to have no essential singularities for any finite values of $\tau_1, \ldots, \tau_p$, namely can be represented in the neighbourhood of any finite point $(\tau_1^{(0)}, \ldots, \tau_p^{(0)})$ in the form

$$F = \psi_0(\tau_1 - \tau_1^{(0)}, \ldots, \tau_p - \tau_p^{(0)}) \div \phi_0(\tau_1 - \tau_1^{(0)}, \ldots, \tau_p - \tau_p^{(0)}),$$

where ψ_0, ϕ_0 are ordinary power series (of positive powers) with a presumably limited common region of convergence. If the series ψ_0, ϕ_0 have a common vanishing factor at $(\tau_1^{(0)}, \ldots, \tau_p^{(0)})$, that is, are both divisible by another convergent series which vanishes at $(\tau_1^{(0)}, \ldots, \tau_p^{(0)})$, this factor may be supposed divided out (Weierstrass, *Werke*, II. (1895), p. 151). There is then a region about $(\tau_1^{(0)}, \ldots, \tau_p^{(0)})$, within the common region of convergence of ψ_0 and ϕ_0, but not necessarily coextensive with it, such that, if

$$(c_1 + \tau_1^{(0)}, \ldots, c_p + \tau_p^{(0)})$$

be any point in this region, and the series ψ_0, ϕ_0 be written as power series with this point as centre, by putting $\tau_k - \tau_k^{(0)} = c_k + u_k$, the resulting series in $u_1, \ldots, u_p$ have no common factor vanishing at $u_1 = 0, \ldots, u_p = 0$ (Weierstrass, *loc. cit.*, p. 154). This region we may temporarily call the proper region of $(\tau_1^{(0)}, \ldots, \tau_p^{(0)})$ for the function F. There may be points within this region at which ψ_0, ϕ_0 both vanish without having a common factor vanishing there, such points lying upon an $(n-4)$-fold at every point of which F has no determinate value. If the series ψ_0, ϕ_0 as originally given have no common factor vanishing at $(\tau_1^{(0)}, \ldots, \tau_p^{(0)})$ there will similarly be a region about this point at no point of which have they a common vanishing factor. This region also we call the proper region of $(\tau_1^{(0)}, \ldots, \tau_p^{(0)})$ for the function F.

By hypothesis there is then a proper region belonging to *every* finite point. We assume further, what is not quite obviously a deduction from the former hypothesis, that *the whole of finite space can be divided into regions, each of finite extent, each having the property of being entirely contained in the proper region of every point of itself.*

The function F will then be represented in one of these regions K_0 by an expression, belonging to an interior point $\tau^{(0)}$,

$$F = \frac{\psi_0}{\phi_0},$$

wherein ψ_0, ϕ_0 have no common factor vanishing at any point of K_0; as we pass to a contiguous region K_1 we need a representation belonging to a point $(\tau_1^{(1)}, \ldots)$ interior to K_1 of the form

$$F = \frac{\psi_1}{\phi_1}.$$

By considering the equality

$$\frac{\psi_0}{\phi_0} = \frac{\psi_1}{\phi_1}$$

in the region common to the proper regions of $(\tau_1^{(0)}, \ldots, \tau_p^{(0)})$ and $(\tau_1^{(1)}, \ldots, \tau_p^{(1)})$ we are then able to deduce that all the points for which $\psi_0 = 0$ are also points for which $\psi_1 = 0$, and conversely.

We thus build up the idea of a zero $(n-2)$-fold for the function F, and an infinity $(n-2)$-fold. If the former be represented by $\Theta = 0$, and the latter by $\Phi = 0$, the function F can be represented in the form

$$F = \frac{\Theta}{\Phi} e^{\lambda},$$

where λ is an integral function; and Θ, Φ have no common zero other than points belonging to an $(n-4)$-fold at every point of which F is indeterminate.

27. *Note to* § 22. If an n-fold space bounded by a closed $(n-1)$-fold be taken actually within the region of convergence of a power series in the complex variables $\xi_1, \ldots, \xi_p$, say $\phi(\xi_1, \ldots, \xi_p)$, where $n = 2p$, the extent of the portion of the $(n-2)$-fold given by $\phi = 0$ which lies within the $(n-1)$-fold is finite. For consider the points of this portion for which $\xi_2 = \gamma_2, \ldots, \xi_p = \gamma_p$, where $\gamma_2, \ldots, \gamma_p$ are certain definite values; these points are given by the equation in ξ_1, $\phi(\xi_1, \gamma_2, \ldots, \gamma_p) = 0$, wherein ξ_1 is capable only of a limited range of values determined by the $(n-1)$-fold; as this range is included within the region of convergence of the ξ_1-power series $\phi(\xi_1, \gamma_2, \ldots, \gamma_p)$, there cannot be an infinite number of values of ξ_1 within this range for which $\phi(\xi_1, \gamma_2, \ldots, \gamma_p) = 0$. Thus on the portion of the $(n-2)$-fold $\phi(\xi_1, \xi_2, \ldots, \xi_p) = 0$ lying within the $(n-1)$-fold there exists only a finite number of values of ξ_1 corresponding to given definite values of $\xi_2, \ldots, \xi_p$.

Let dS_{n-2} be an element of the $(n-2)$-fold $\phi = 0$; we have

$$\int dS_{n-2} = \int \kappa_{12} dS_{n-2} + \ldots + \int \kappa_{n-1,\, n}\, dS_{n-2},$$

the integrals being taken over the portion of the $(n-2)$-fold which lies within the $(n-1)$-fold; to prove that $\int dS_{n-2}$ is finite it will be sufficient to prove that every one of the integrals on the right is finite; we prove that the first of them is finite. Take upon the $(n-2)$-fold, $\phi = 0$, $(n-2)$ independent sets of differentials given by the rows

$$\begin{array}{lllllll}
d_1x_1, & d_1x_2, & dx_3, & 0, & 0, & 0, & \ldots \\
d_2x_1, & d_2x_2, & 0, & dx_4, & 0, & 0, & \ldots \\
d_3x_1, & d_3x_2, & 0, & 0, & dx_5, & 0, & \ldots \\
d_4x_1, & d_4x_2, & 0, & 0, & 0, & dx_6, & \ldots \\
\ldots & \ldots & \ldots & \ldots & \ldots & \ldots & \ldots,
\end{array}$$

where, for instance, $d_{2r-1}x_1$, $d_{2r-1}x_2$ are determined in terms of dx_{2r+1} by the equation

$$\phi_1(d_{2r-1}x_1 + id_{2r-1}x_2) + \phi_{r+1}dx_{2r+1} = 0,$$

and $d_{2r}x_1$, $d_{2r}x_2$ are determined in terms of dx_{2r+2} by the equation

$$\phi_1(d_{2r}x_1 + id_{2r}x_2) + i\phi_{r+1}dx_{2r+2} = 0.$$

Then $\kappa_{12}dS_{n-2}$ may (§ 5) be replaced by

$$dx_3 dx_4 \dots dx_{n-1} dx_n;$$

since then the range of values for each of $x_3, x_4, \dots, x_n$, for points under consideration, is finite, and, as proved, there is only a finite number of points of the $(n-2)$-fold for which $x_3, \dots, x_n$ have a given value, it follows that the integral

$$\int dx_3 \dots dx_n$$

taken over the whole extent of the $(n-2)$-fold within the region considered can only be finite.

28. *Note to* § 8. The following example, relating to the transformation of integrals considered in Part I. of this paper, seems worth preserving.

For $n=4$ we have for the transformation from a closed $(n-2)$-fold to an $(n-1)$-fold bounded thereby, the equation

$$\begin{aligned}\int(\kappa_{23}P_{23} + \kappa_{31}P_{31} + \kappa_{12}P_{12} + \kappa_{14}P_{14} + \kappa_{24}P_{24} + \kappa_{34}P_{34})\, dS_{n-2} \\ = \int dS_{n-1}\left\{\kappa_1\left(\frac{\partial P_{12}}{\partial x_2} + \frac{\partial P_{13}}{\partial x_3} + \frac{\partial P_{14}}{\partial x_4}\right)\right. \\ + \kappa_2\left(\frac{\partial P_{21}}{\partial x_1} + \frac{\partial P_{23}}{\partial x_3} + \frac{\partial P_{24}}{\partial x_4}\right) + \kappa_3\left(\frac{\partial P_{31}}{\partial x_1} + \frac{\partial P_{32}}{\partial x_2} + \frac{\partial P_{34}}{\partial x_4}\right) \\ \left. + \kappa_4\left(\frac{\partial P_{41}}{\partial x_1} + \frac{\partial P_{42}}{\partial x_2} + \frac{\partial P_{43}}{\partial x_3}\right)\right\}, \\ = \int dS_{n-1}(\kappa_1 Q_1 + \kappa_2 Q_2 + \kappa_3 Q_3 + \kappa_4 Q_4), \text{ say;}\end{aligned}$$

thus

$$\frac{\partial P_{12}}{\partial x_2} - \frac{\partial P_{31}}{\partial x_3} - \frac{\partial P_{41}}{\partial x_4} = Q_1,$$

$$\frac{\partial P_{23}}{\partial x_3} - \frac{\partial P_{12}}{\partial x_1} - \frac{\partial P_{42}}{\partial x_4} = Q_2,$$

$$\frac{\partial P_{31}}{\partial x_1} - \frac{\partial P_{23}}{\partial x_2} - \frac{\partial P_{43}}{\partial x_4} = Q_3,$$

$$\frac{\partial P_{41}}{\partial x_1} + \frac{\partial P_{42}}{\partial x_2} + \frac{\partial P_{43}}{\partial x_3} = Q_4;$$

therefore
$$\frac{\partial Q_1}{\partial x_1}+\frac{\partial Q_2}{\partial x_2}+\frac{\partial Q_3}{\partial x_3}+\frac{\partial Q_4}{\partial x_4}=0,$$

which is a necessary condition for the consistence of the four equations just written. It is satisfied for instance by

$$Q_2=iQ_1=i\left(\frac{\partial f}{\partial x_3}+i\frac{\partial f}{\partial x_4}\right),\quad Q_4=iQ_3=-i\left(\frac{\partial f}{\partial x_1}+i\frac{\partial f}{\partial x_2}\right),$$

f being any function of x_1, x_2, x_3, x_4; corresponding to these values the four equations just written are satisfied by

$$P_{12}=P_{34}=0,\quad P_{13}=f,\quad P_{14}=if,\quad P_{23}=if,\quad P_{24}=-f.$$

But it does not thence follow that

$$\int(\kappa_{13}+i\kappa_{14}+i\kappa_{23}-\kappa_{24})\,f\,.\,dS_{n-2}$$
$$=\int\left\{(\kappa_1+i\kappa_2)\left(\frac{\partial f}{\partial x_3}+i\frac{\partial f}{\partial x_4}\right)-(\kappa_3+i\kappa_4)\left(\frac{\partial f}{\partial x_1}+i\frac{\partial f}{\partial x_2}\right)\right\}dS_{n-1};$$

for the first integral vanishes for a complex $(n-2)$-fold, and the second integral does not necessarily vanish, as we see by taking for instance

$$f=\frac{1}{2(\xi_1-\tau_1)(\xi_2-\tau_2)}\,\frac{(x_1-t_1)^2+(x_2-t_2)^2}{(x_1-t_1)^2+(x_2-t_2)^2+(x_3-t_3)^2+(x_4-t_4)^2},$$

when we get

$$\frac{\partial f}{\partial x_1}+i\frac{\partial f}{\partial x_2}=\left(\frac{\partial}{\partial x_3}-i\frac{\partial}{\partial x_4}\right)\wp(x|t),\quad \frac{\partial f}{\partial x_3}+i\frac{\partial f}{\partial x_4}=-\left(\frac{\partial}{\partial x_1}-i\frac{\partial}{\partial x_2}\right)\wp(x|t),$$

whereby the second integral becomes

$$-\int dS_{n-1}\left\{(\kappa_1+i\kappa_2)\left(\frac{\partial}{\partial x_1}-i\frac{\partial}{\partial x_2}\right)\wp(x|t)+(\kappa_3+i\kappa_4)\left(\frac{\partial}{\partial x_3}-i\frac{\partial}{\partial x_4}\right)\wp(x|t)\right\},$$

which is not always zero.

In explanation it may be noticed that on the $(n-2)$-fold there are points where $\xi_2=\tau_2$; and for these f is infinite.

25 *July* 1899.

INDEX.

CAMBRIDGE: PRINTED BY J. AND C. F. CLAY, AT THE UNIVERSITY PRESS.

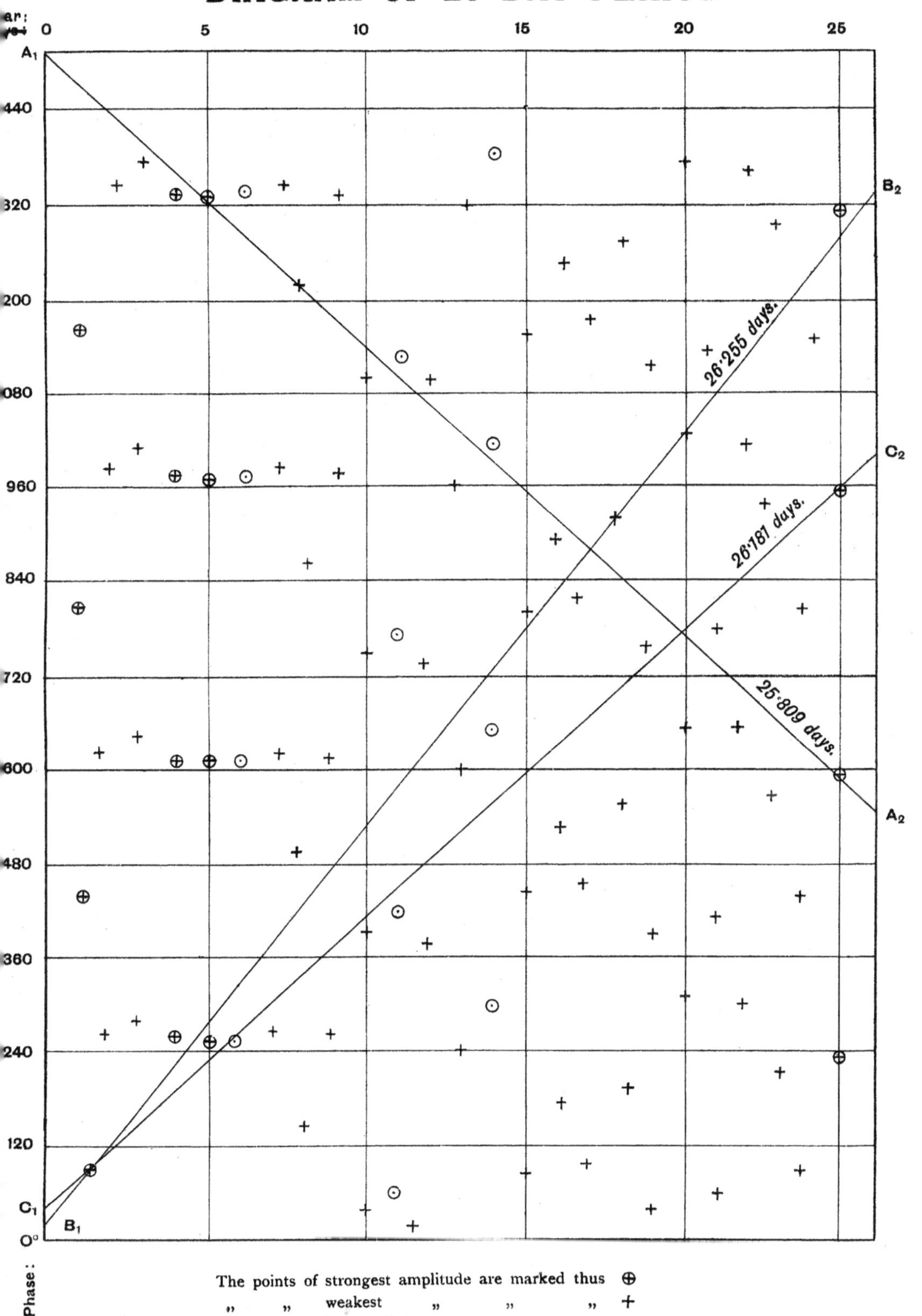
DIAGRAM OF 26 DAY PERIOD
0
5
10
15
20
25
A1
440
320
200
080
960
840
720
600
480
360
240
120
C1
B1
O°
B2
C2
A2
26·255 days.
26·187 days.
25·809 days.
Phase:
The points of strongest amplitude are marked thus ⊕
" " weakest " " " +
" " intermediate " " " ⊙

DIAGRAM OF 27 DAY PERIOD.

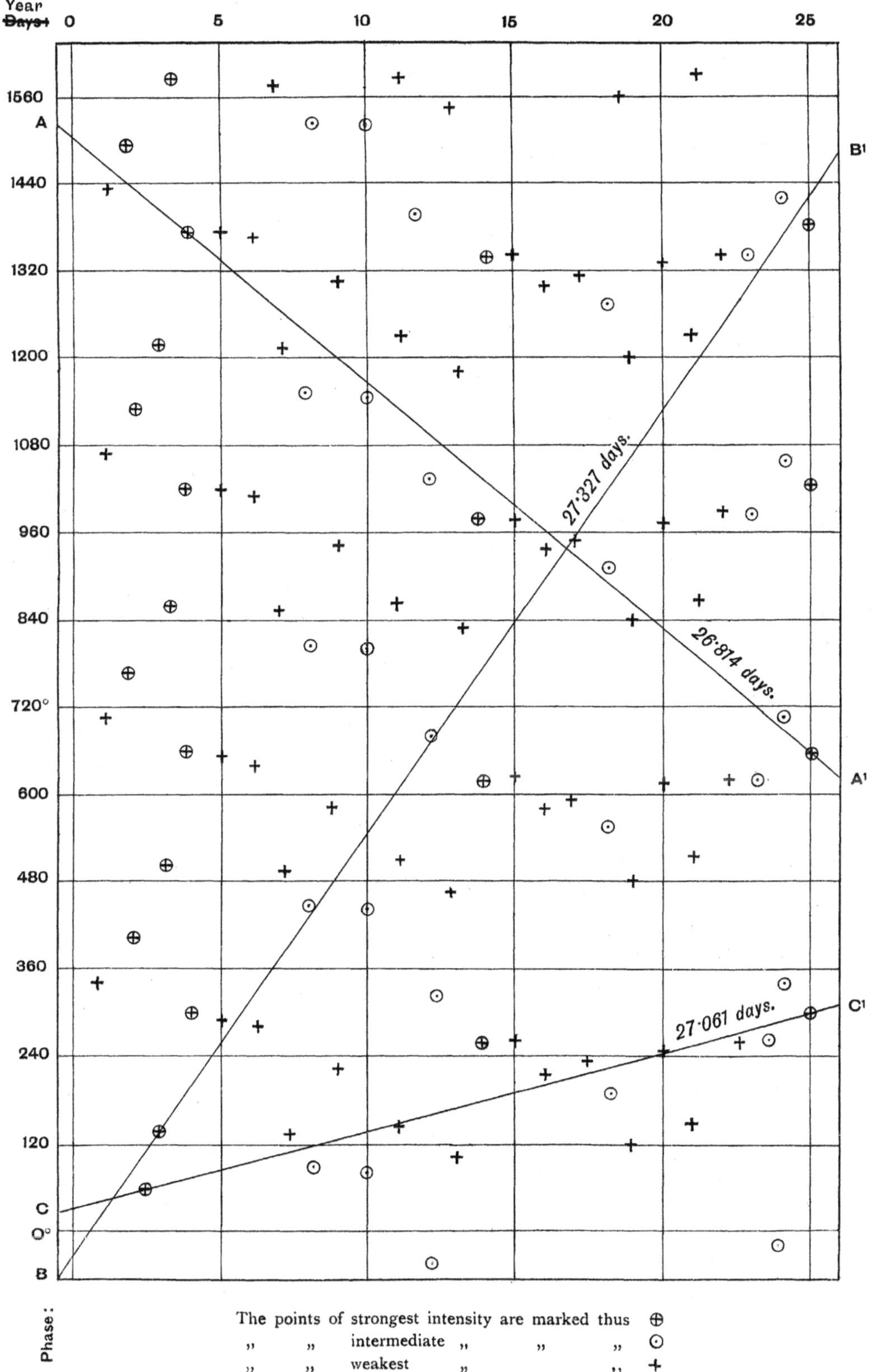

The points of strongest intensity are marked thus ⊕
" " intermediate " " " ⊙
" " weakest " " +

PLATES 3—23 ILLUSTRATING PROFESSOR LIVEING'S PAPER (pp. 298—315), *On the effects of Dilution, Temperature, and other circumstances, on the Absorption Spectra of solutions of Didymium and Erbium salts.*

These plates are all reproductions, enlarged to double the size, of photographs of some of the spectra from which the conclusions in the text have been deduced. In the processes of enlargement and reproduction some of the fainter details visible in the original negatives have (perhaps unavoidably) been lost: but they present the salient features of the changes in the spectra produced by the variations of circumstance.

The references to these plates in the text applied to the original negatives and were printed before the reproductions were ready. The latter, being positives, are reversed, and in order that the references may be easily intelligible it has been necessary to place the red ends of the spectra on the *left* hand.

The figures at the top of each plate are the approximate wave lengths of the bands in the spectra beneath them, and sufficiently indicate the range of the spectrum photographed.

PLATE 3.

Absorptions of solutions of didymium chloride in four degrees of dilution in thicknesses inversely as the dilutions. The most concentrated solution contained 140·7 grams per litre, and the absorbent thickness of this solution was 38 mm.

596 531 510 483 469 444 427 403

1 solution 1/8 strength 305 mm. thick

2 strongest solution 38 mm. thick

3 solution 1/4 strength 152·5 mm. thick

4 solution 1/2 strength 76 mm. thick

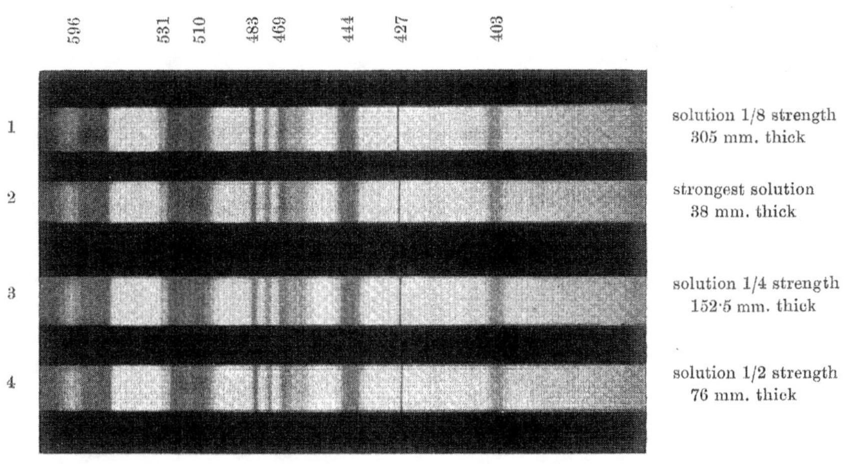

It will be noticed how very nearly identical these four spectra are. The original photograph shews a number of faint bands which have not come out in the reproduction. They are however as nearly identical in all four spectra as are the stronger bands here reproduced.

PLATE 4.

Absorptions of solution of didymium sulphate in four degrees of dilution.

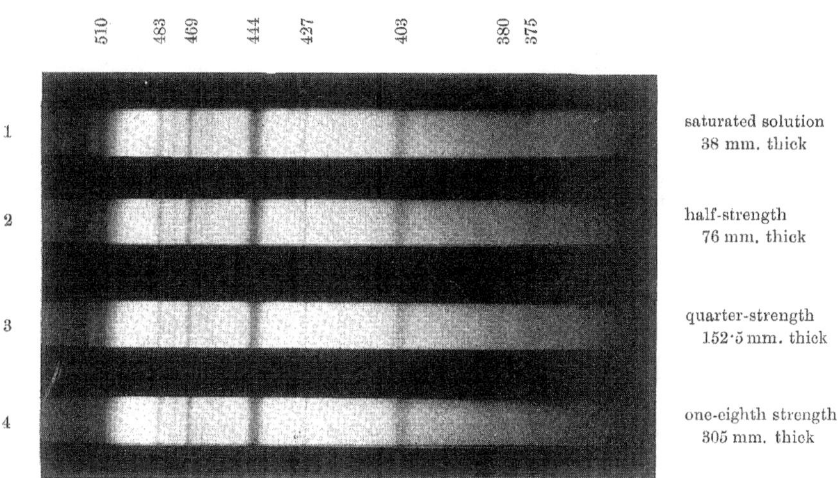

The diffuse bands at about λ 380, 375 and 364, are quite visible in the original photograph, but have nearly disappeared in the reproduction.

PLATE 5.

Absorptions by solution of erbium nitrate in four degrees of dilution, the strongest containing 566 grams of the salt to the litre.

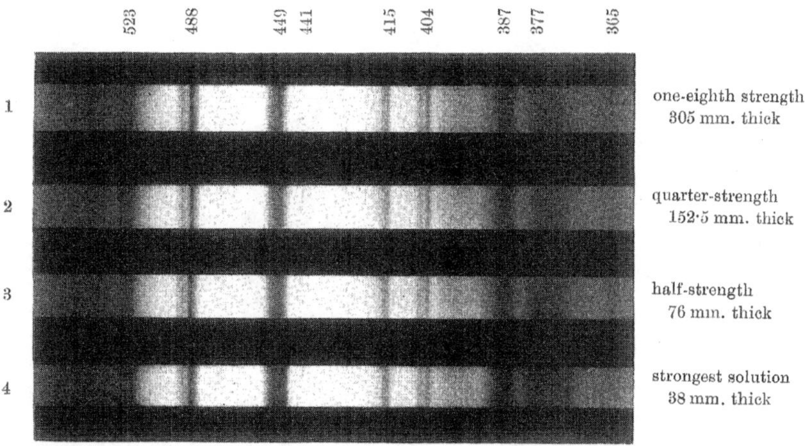

The increasing diffuseness of the bands with increased concentration of the solution is seen in this series; the weak band about λ441 seeming to be washed out when the solution is concentrated while that about λ449 is much broader and the details within it obliterated.

PLATE 6.

Absorptions by solutions of didymium nitrate, concentrated, and extremely dilute. The most concentrated had 611·1 grams of the salt per litre; the other was part of the same solution diluted to 45·5 times its bulk.

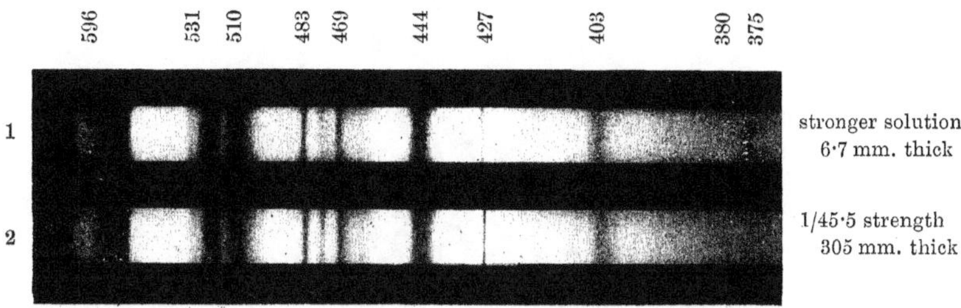

There is very little difference between these two spectra except that the band in the yellow is broader with the stronger solution, and those at λ476 and 427 more washed out.

PLATE 7.

Absorptions by solutions of didymium chloride of concentrations equivalent to those of the nitrate used for plate 6: the stronger containing 462·9 grams of the chloride per litre.

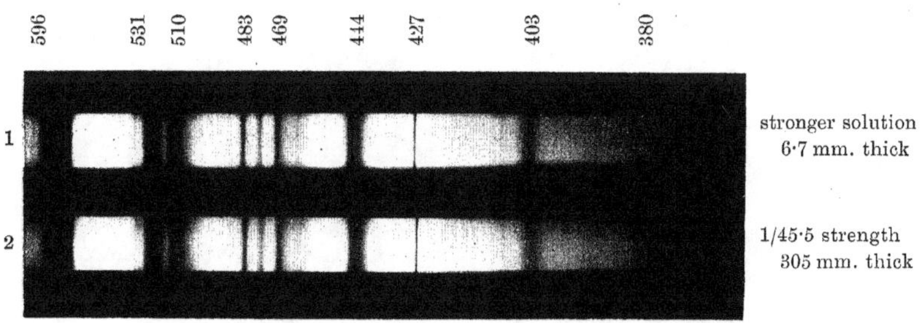

There is no definite difference between these two spectra.

PLATE 8.

Absorptions of a solution of erbium nitrate containing 467·6 grams of the salt per litre, and of a solution made by diluting the former to 45·5 times its bulk.

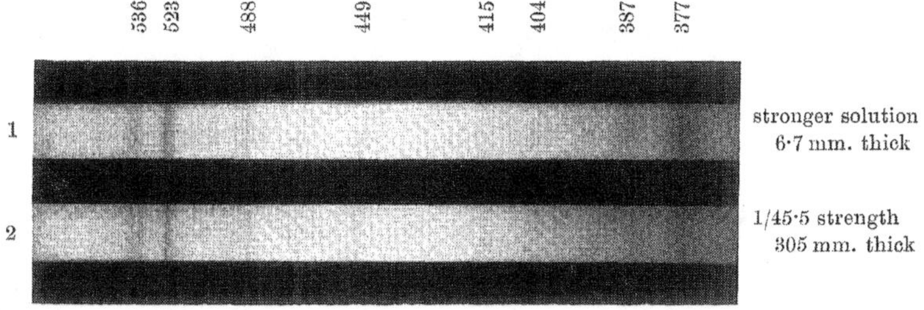

The bands are more diffuse with the stronger solution, that at about λ377 being decidedly broader. The band at about λ449 is more distinctly seen in the original and is more diffuse with the stronger solution than with the weaker.

PLATE 9.

Absorptions by solutions of erbium chloride of concentrations equivalent to those of the nitrate used for plate 8; the stronger solution containing 363·3 grams of the salt per litre.

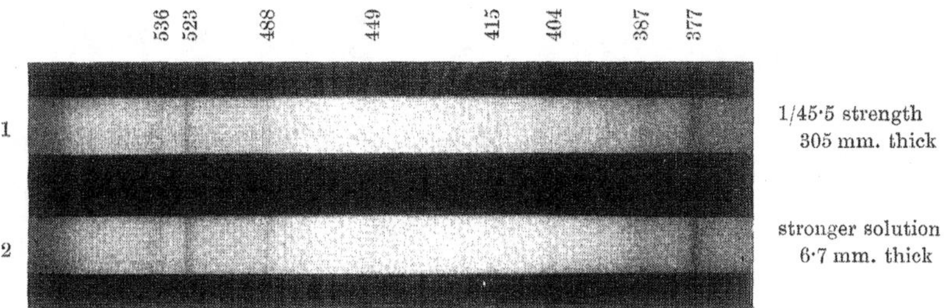

There is hardly any difference between these two spectra except that the band about λ377 is rather stronger with the more concentrated than with the dilute solution, owing probably to the overlapping of the general diffuse absorption of the concentrated chloride at the more refrangible end. The fainter bands which are visible in the original photograph can hardly be traced in the reproduction.

PLATE 10.

Absorptions by solutions of erbium chloride and equivalent solutions of erbium nitrate, alternately: four degrees of concentration, the strongest having 726·6 grams of the anhydrous chloride to the litre, and the equivalent nitrate 935·2 grams to the litre.

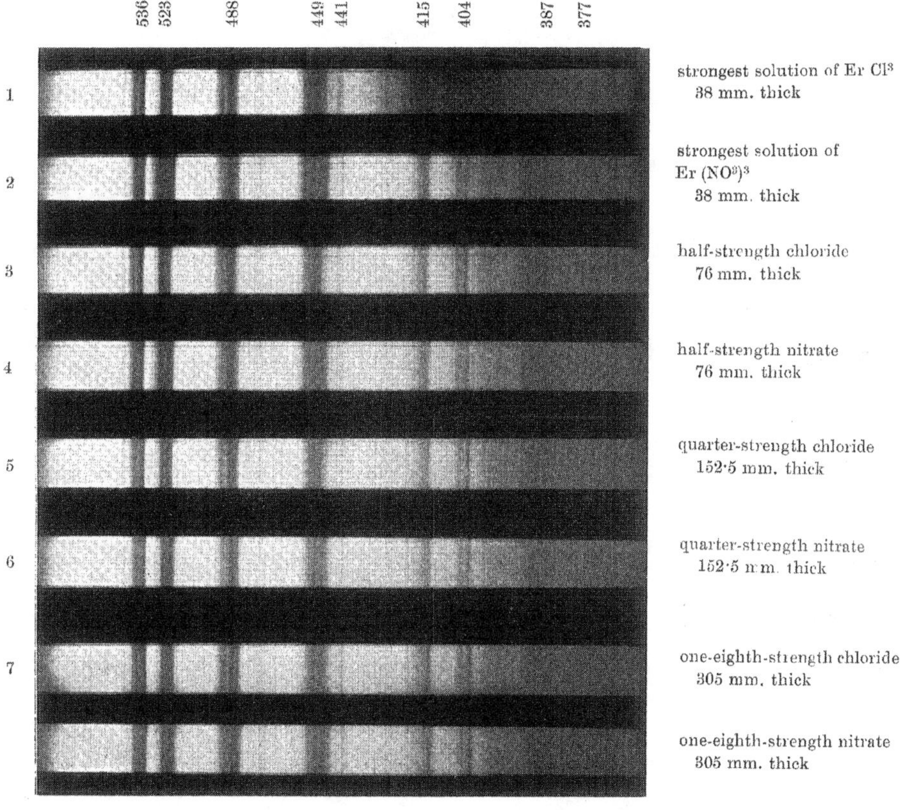

The greater diffuseness of the bands with the more concentrated solutions of the nitrate is evident, and so is the extension of the general absorption at the more refrangible end of the spectrum with the most concentrated solution of the chloride.

The difference between the absorptions by the chloride and nitrate diminishes with dilution and has almost, or quite, disappeared in the case of the weakest solutions.

PLATE 11.

Absorptions by didymium chloride and nitrate, alternately, in equivalent solutions of four degrees of concentration, beginning with the strongest solution containing 462·9 grams of the anhydrous chloride to the litre, followed next with the equivalent solution containing 611·1 grams of nitrate to the litre.

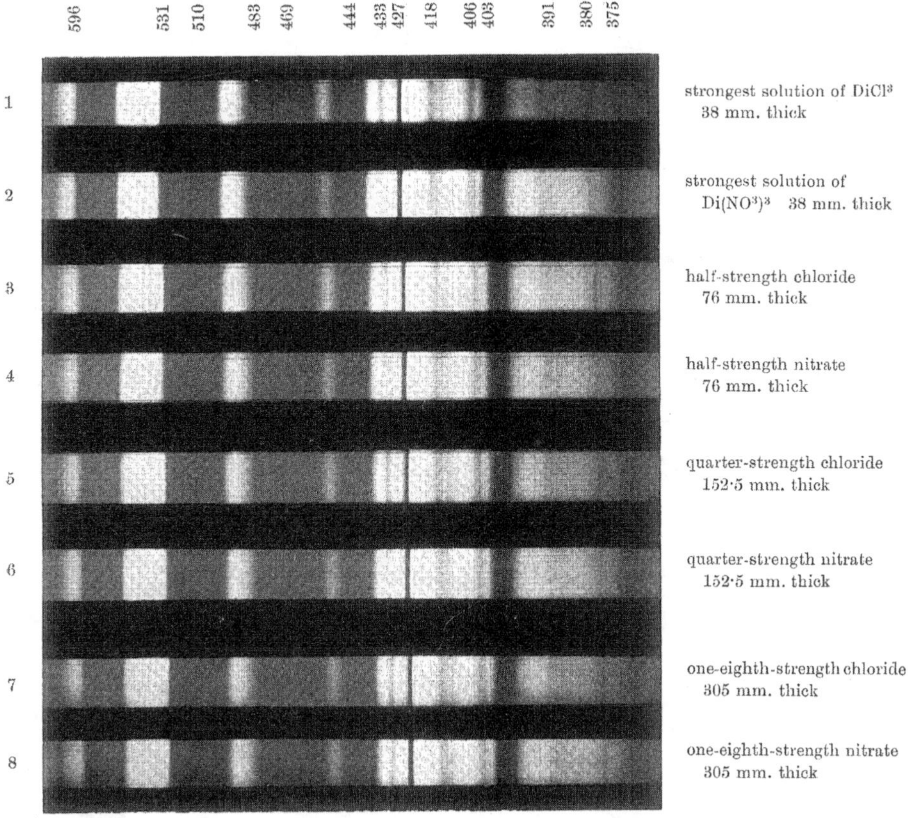

The extension of the general absorption at the most refrangible end of the spectrum with the concentrated solution of chloride is evident in the uppermost figure. With such strong solutions as were used for these photographs other differences between the absorptions by chloride and nitrate can be seen only in the weaker bands such as those from λ433 to λ406. These are weakened by diffusion in the case of the nitrate, but there is very little difference between the absorptions by chloride and nitrate in the most dilute solutions.

PLATE 12.

Absorptions by solutions of hydrochloric acid in alcohol, and in water, compared with the absorption by pure water.

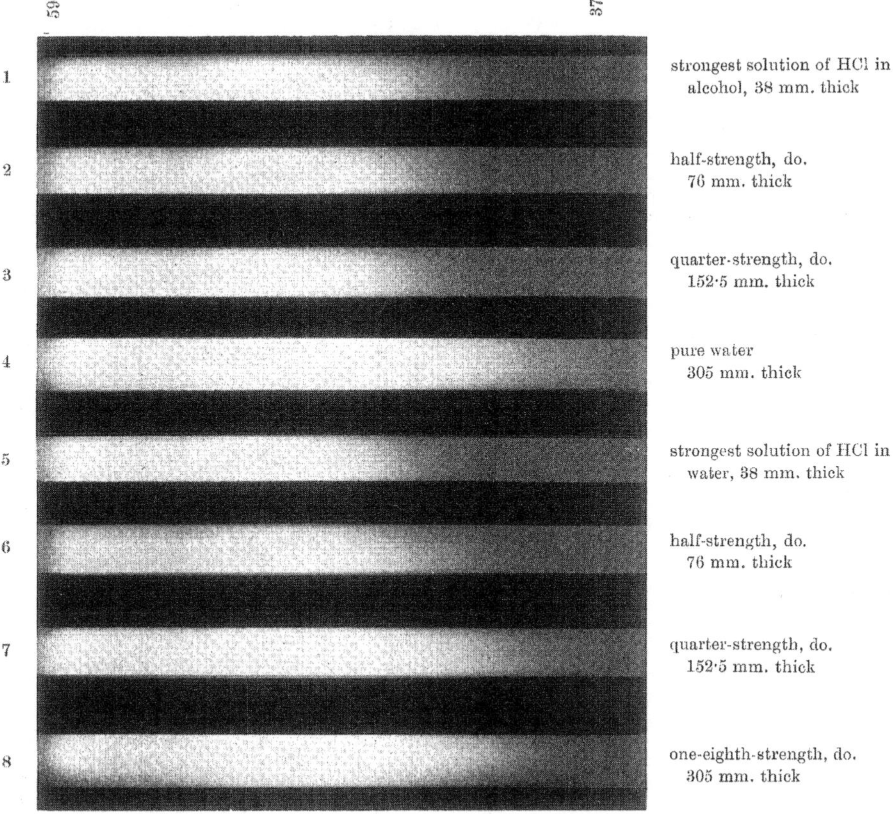

1	strongest solution of HCl in alcohol, 38 mm. thick
2	half-strength, do. 76 mm. thick
3	quarter-strength, do. 152·5 mm. thick
4	pure water 305 mm. thick
5	strongest solution of HCl in water, 38 mm. thick
6	half-strength, do. 76 mm. thick
7	quarter-strength, do. 152·5 mm. thick
8	one-eighth-strength, do. 305 mm. thick

The effect of the hydrochloric acid at the more refrangible end is visible, and the diminution of the absorption with diminished concentration of the acid is seen in the aqueous solutions Nos. 5, 6, 7, while diminished concentration has little or no effect in the case of the alcoholic solutions Nos. 1, 2, 3.

PLATE 13.

Absorptions by solution of erbium chloride, cold and hot alternately, in two degrees of concentration.

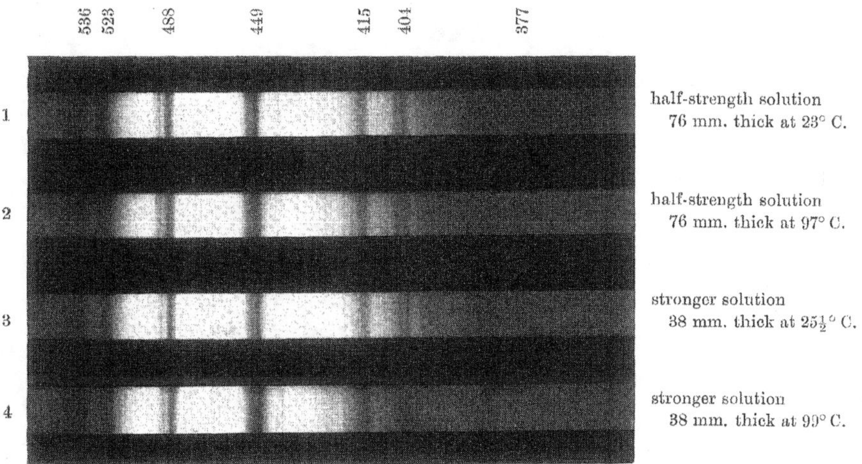

The extension of the general absorption at the more refrangible end of the spectrum by a rise of temperature is manifest in these photographs, and so is the greater diffuseness of the bands at about λ449 and λ488.

PLATE 14.

Absorptions by solutions of erbium nitrate, cold and hot alternately, in four degrees of dilution, in thicknesses inversely as the dilutions. The strongest solution had 566 grams of erbium nitrate per litre.

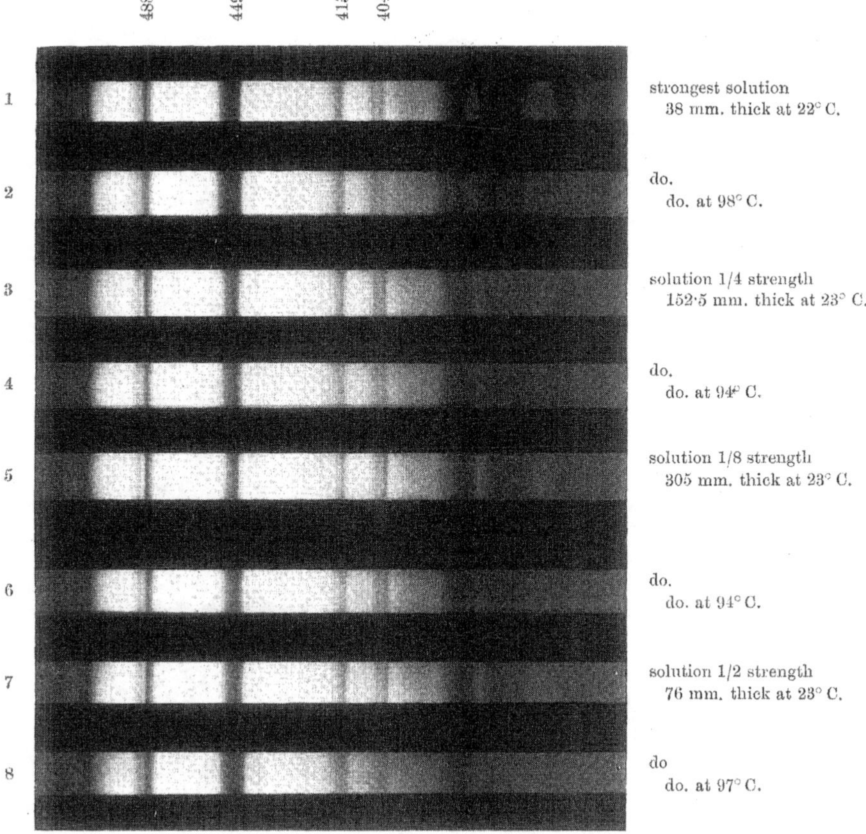

It will be noticed that the effect of heating the solution is in general to render the absorption bands more diffuse, and that it is the bands that increase in diffuseness with increasing concentration of the solution which are most affected by the rise of temperature.

The original photographs shew several fainter bands which have not come out in the reproduction, and also shew the lighter interspaces between the absorptions in the ultra violet much more distinctly than the reproduction. Even in the reproduction these lighter interspaces in the ultra violet are more distinct in the spectra of the cold solutions than in those of the hot solutions.

PLATE 15.

Absorptions by solution of didymium sulphate, cold and hot, in two degrees of concentration. The stronger solution was a saturated solution at 20° C.

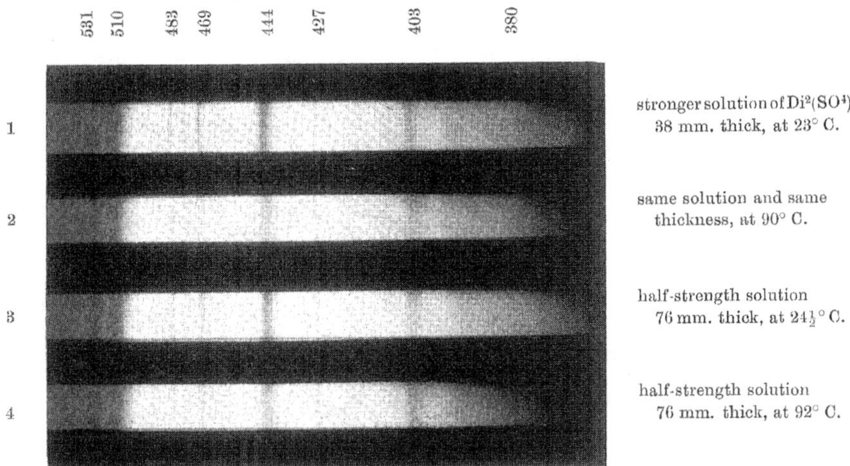

The extension of the general absorption at the more refrangible end of the spectrum, and the increased diffuseness of the bands in the blue, by the rise of temperature is plainly seen in these photographs.

PLATE 16.

Absorptions by solution of erbium chloride, neutral and acid, in two degrees of concentration; the stronger neutral solution having 726·6 grams of the chloride to the litre, and the acid solution having besides an amount of hydrochloric acid equivalent to the amount of neutral salt.

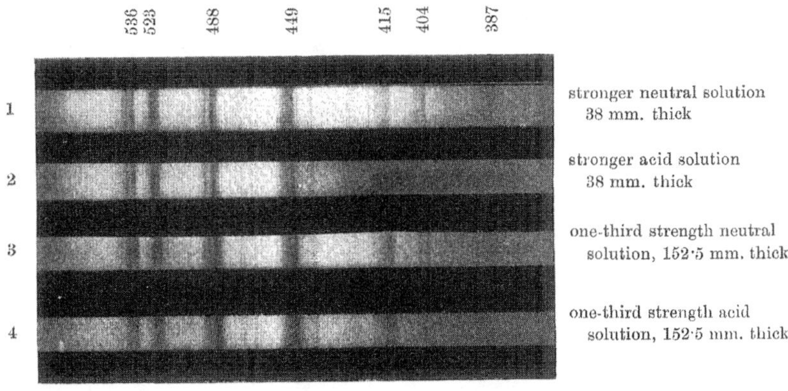

The thickness of the absorbent solutions is not proportional to the dilutions, so that the absorptions of figures 3 and 4 are produced by a quantity of salt one-third greater than that which gave figures 1 and 2, which makes the bands of 3 and 4 stronger.

The effect of the acid is chiefly to extend the general absorption at the more refrangible end of the spectrum.

PLATE 17.

Absorptions by solutions of erbium nitrate, neutral and acid, in two degrees of concentration. The stronger neutral solution had 935·2 grams of the salt per litre, and the acid solution had in it besides as much nitric acid as was equivalent to the amount of neutral salt.

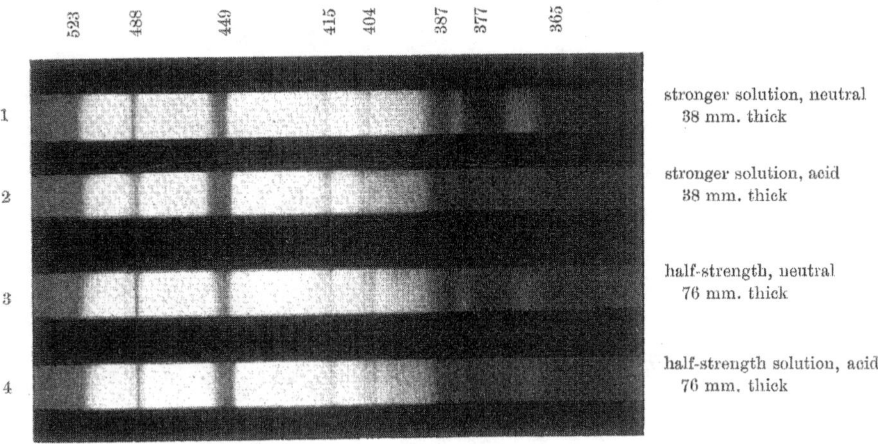

The effect of the acid in rendering the bands more diffuse is seen in these photographs, and in the extension of the general absorption at the more refrangible end of the second figure.

PLATE 18.

Absorptions by solutions of didymium chloride, neutral and acid, in two degrees of concentration: the acid solutions containing the same amount of didymium per litre as the neutral solutions but with hydrochloric acid in addition.

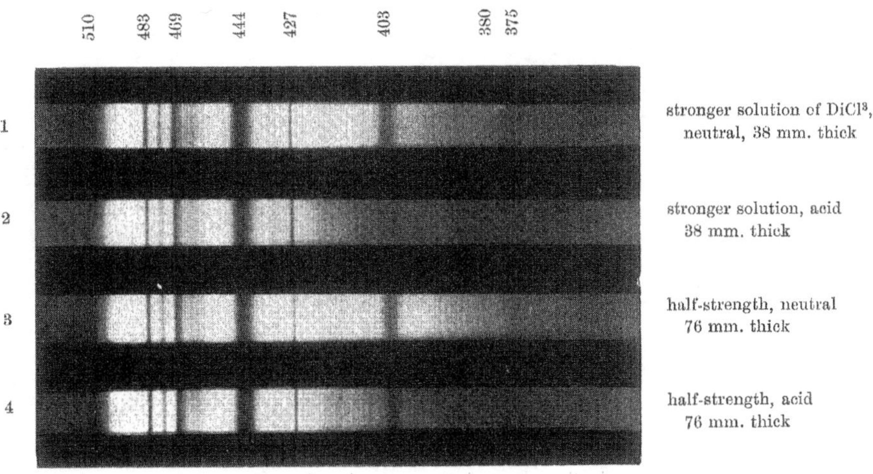

The chief effect of the acid is to extend the general absorption at the more refrangible end of the spectrum.

PLATE 19.

Absorptions by nearly equivalent solutions of didymium chloride in water, in alcohol, and in alcohol charged with hydrochloric acid. The acid solution was prepared from the neutral alcoholic solution by passing hydrochloric acid gas into it and was found to be about nine-tenths of the strength in didymium of the neutral solution.

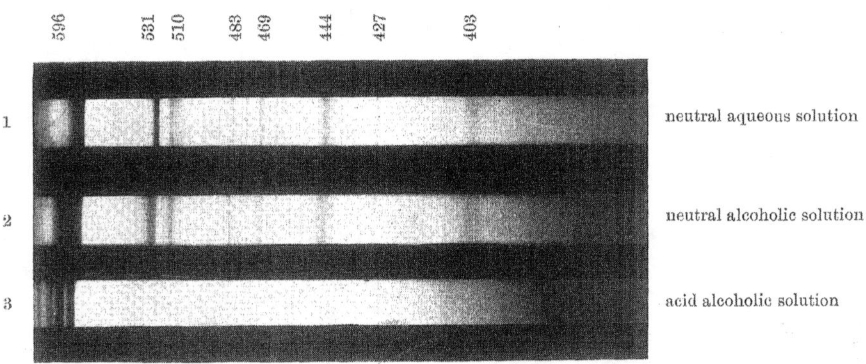

The general absorption at the more refrangible end is extended a little by the alcohol, and still more by the addition of acid.

The bands are generally rendered more diffuse by alcohol and a little shifted towards the red end of the spectrum, the shift increasing as the refrangibility decreases.

The acid seems to diffuse away the bands in the blue, the strong pair at about λ520 are just visible in the spectrum of the acid solution considerably shifted towards the red. And the strong group in the yellow is still more shifted, and so spread out that several of the component bands are separated.

PLATE 20.

Absorptions by equivalent solutions of didymium nitrate in water and in glycerol.

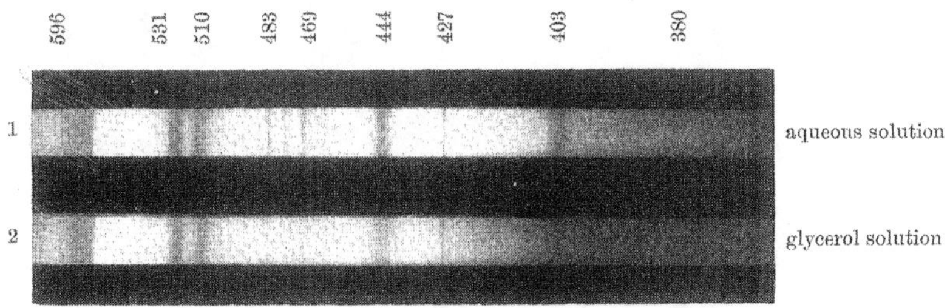

No definite shift of the bands by the glycerol appears in the photograph, but there is an extension of the general absorption at the more refrangible end of the spectrum, and the bands are rendered more diffuse by the glycerol.

PLATE 21.

Absorptions by glass of borax coloured with didymium oxide and by a solution in water of didymium nitrate containing a quantity of didymium equal to that in the glass.

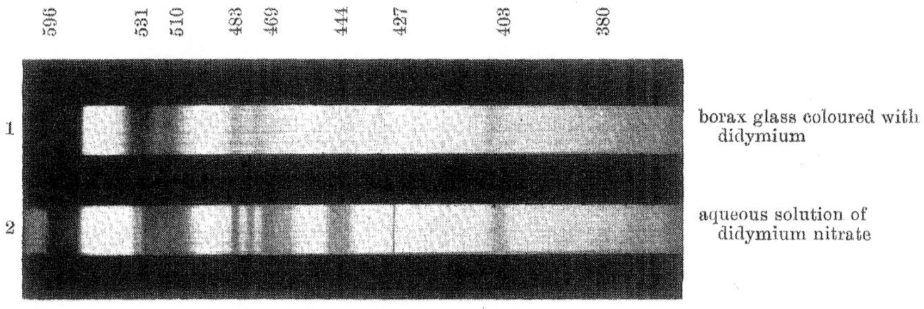

These photographs are disfigured with horizontal lines due to dust on the slit of the spectroscope. It will be seen that the bands are for the most part shifted by the borax but very unequally so; also that the bands are rendered more diffuse by the borax and some almost diffused away.

PLATE 22.

Absorptions by equivalent solutions of didymium acetate in acetic acid and of didymium nitrate in water.

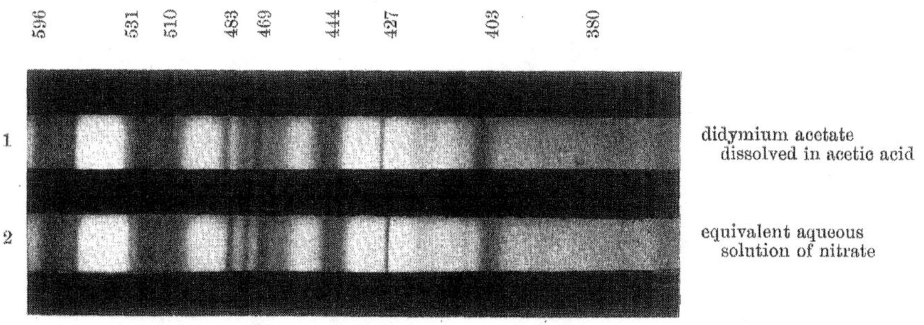

The bands are generally shifted towards the red by the acetic acid, and in the photograph the shift diminishes as the band is less refrangible; but the dispersion of the spectroscope also diminishes as the light is less refrangible; so the apparent diminution of the shift is not altogether real.

The acetic acid also increases the diffuseness of the bands, as is very manifest in the case of the band at about λ476, and may be traced in others.

PLATE 23.

Absorptions by solutions of didymium chloride in water, and of didymium tartrate in water charged with ammonia.

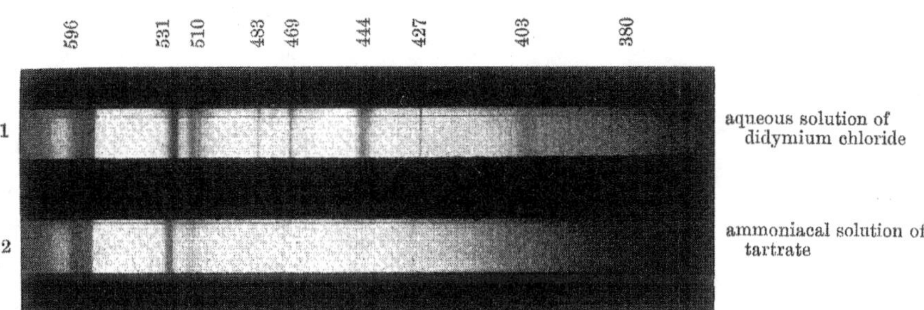

The tartrate has all its bands more diffuse than the chloride, some of them almost diffused away, and they are shifted towards the red.

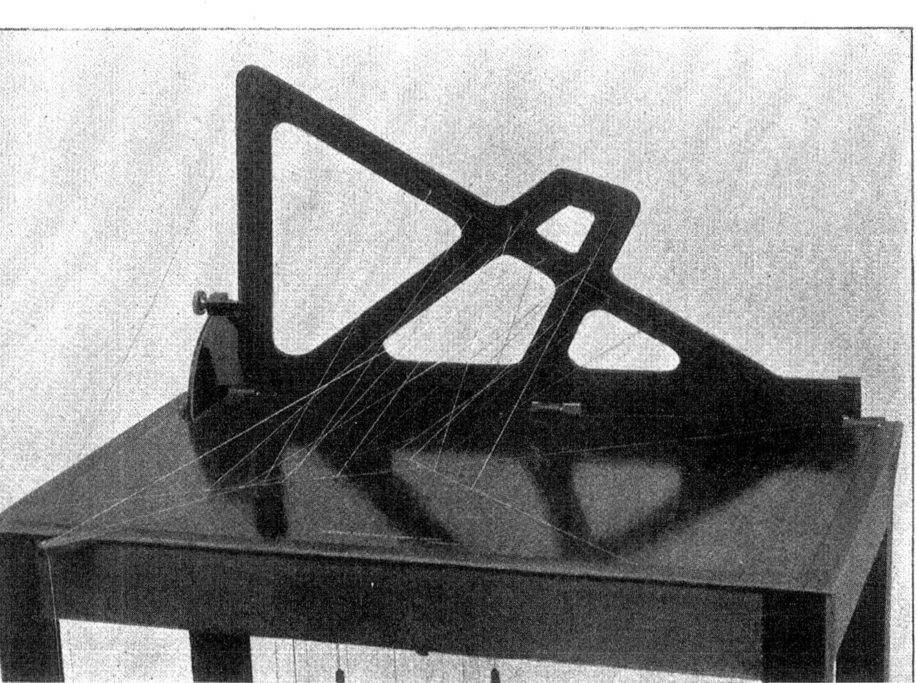

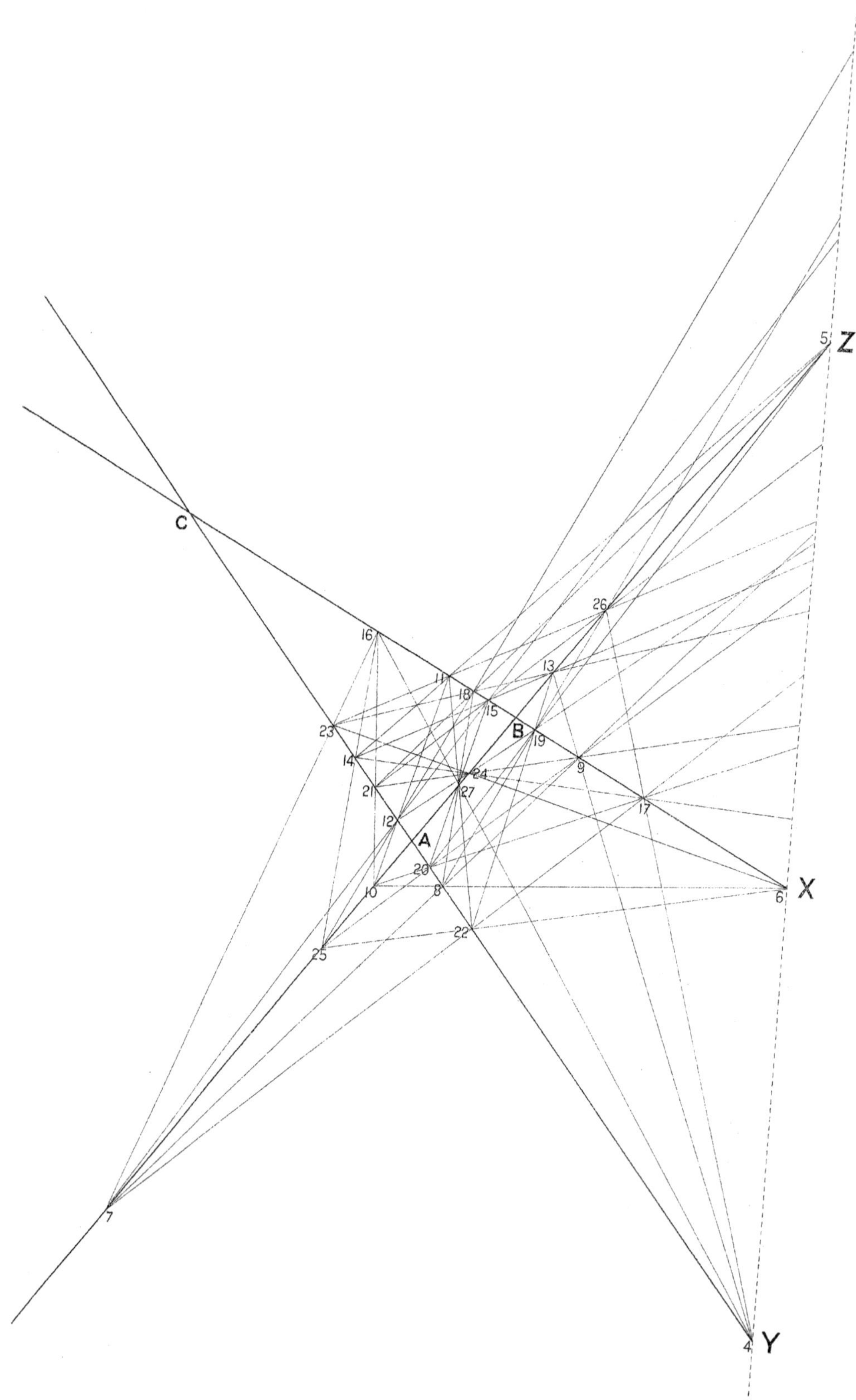

5
Z
C
26
16
13
11
18
15
B
19
23
14
9
24
21
27
17
12
A
20
X
10
8
6
22
25
7
4
Y

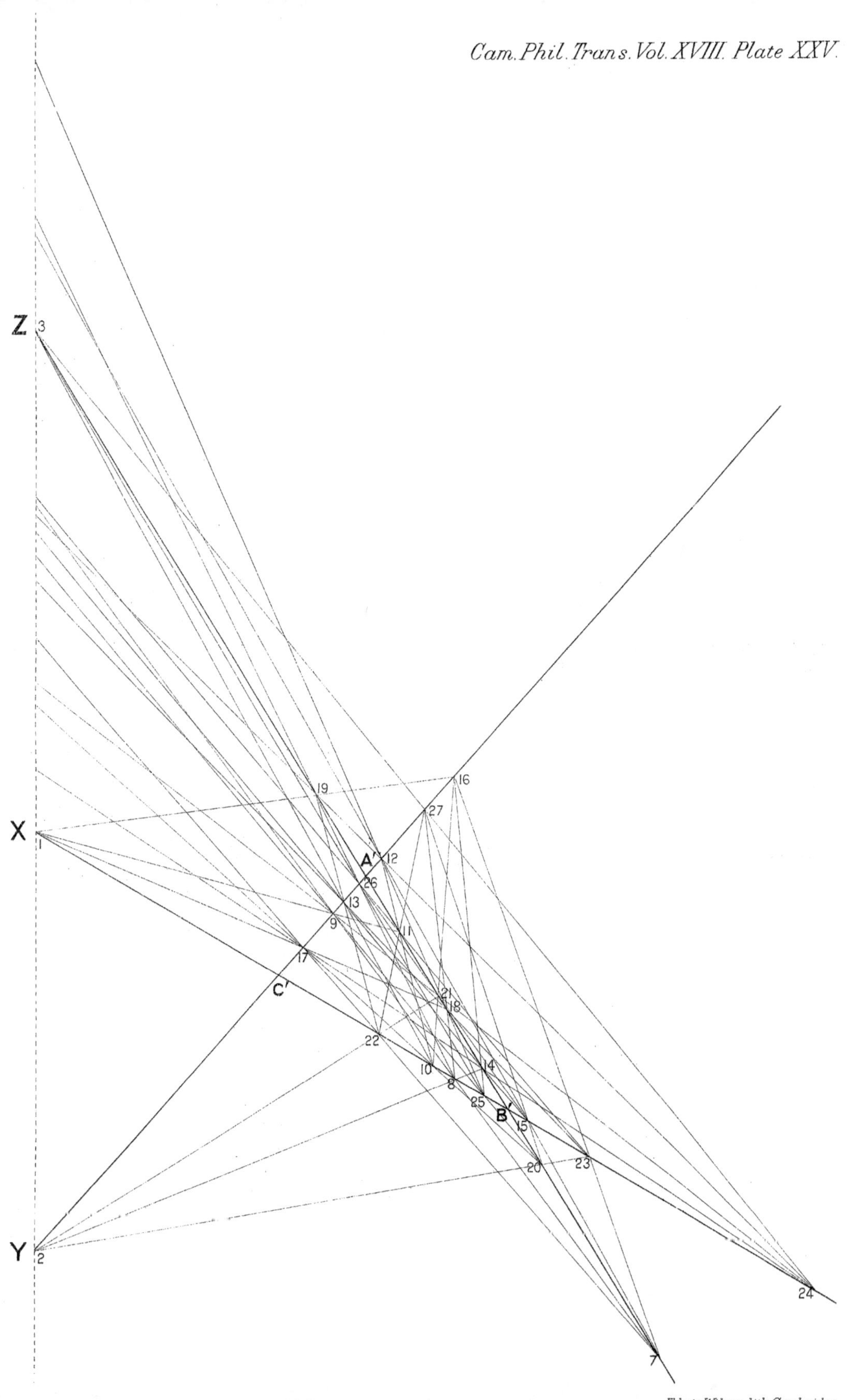

Edwin Wilson, lith Cambridge

www.ingramcontent.com/pod-product-compliance
Lightning Source LLC
LaVergne TN
LVHW011256110826
845149LV00001B/148

* 9 7 8 1 4 1 8 1 8 4 9 5 7 *